陀螺与惯性导航原理

■ 戴洪德 戴邵武 王希彬 刘伟 王瑞 编著

U0215156

清华大学出版社
北京

版权所有，侵权必究。举报：010-62782989，beiqinquan@tup.tsinghua.edu.cn。

图书在版编目(CIP)数据

陀螺与惯性导航原理/戴洪德等编著. —北京：清华大学出版社，2022.6(2023.11 重印)
ISBN 978-7-302-60396-2

Ⅰ. ①陀… Ⅱ. ①戴… Ⅲ. ①陀螺仪 ②惯性导航 Ⅳ. ①TN96

中国版本图书馆 CIP 数据核字(2022)第 048655 号

责任编辑：黎 强
封面设计：刘艳芝
责任校对：王淑云
责任印制：宋 林

出版发行：清华大学出版社
网 址：http://www.tup.com.cn，http://www.wqbook.com
地 址：北京清华大学学研大厦 A 座 邮 编：100084
社 总 机：010-83470000 邮 购：010-62786544
投稿与读者服务：010-62776969，c-service@tup.tsinghua.edu.cn
质量反馈：010-62772015，zhiliang@tup.tsinghua.edu.cn
印 装 者：三河市龙大印装有限公司
经 销：全国新华书店
开 本：185mm×260mm 印 张：22.25 字 数：537 千字
版 次：2022 年 7 月第 1 版 印 次：2023 年 11 月第 2 次印刷
定 价：89.00 元

产品编号：055484-02

前言
PREFACE

本书以陀螺仪表和惯性导航系统的结构、组成、基本工作原理为主要内容，在编写过程中，从内容体系、编排顺序等方面认真汲取了国内外相关文献的经验，并结合多年教学经验，尽可能做到既有利于相关专业的教学，也有利于学生自学。

陀螺仪表作为重要的机载设备，能够测量飞机的姿态角、航向角、角速度等信号，是飞行员操纵飞机、自动飞行控制系统操纵飞机的重要信息来源。

惯性导航可以不依靠任何其他信息而独立地完成导航任务，是一种自主性非常强的导航方法；惯性导航对磁、电、光、热及核辐射等形成的波、场、线的影响都不敏感，具有极强的抗干扰能力，不易被敌方发现，也不易被敌方干扰；同时也不受气象条件限制，能满足全天候导航的要求；还不受地面形状、沙漠或海面影响，能满足全球范围导航的要求。

机载惯性导航系统能够为机上用户提供加速度、速度、位置、姿态和航向等十分全面的导航参数，可以与飞行控制系统交联，实现飞机的自动驾驶；与飞机火控系统交联，实时提供火控计算所需的速度、姿态和航向等信号，极大地提高瞄准和攻击精度；与飞机着陆系统配合，保证安全可靠着陆。另外，光学瞄准系统、侦察照相系统、电视摄像系统以及雷达天线系统等机载设备都离不开惯性导航系统输出的有关信息，惯性导航的这些优势是其他导航系统无法比拟的。所以惯性导航系统成为了现代飞机、导弹等系统必备的核心导航设备。即使与其他导航系统构成组合导航系统，惯性导航系统也处于非常重要的位置。所以，西方国家一直把惯性技术作为对我国严格封锁的技术之一。

二十年前笔者在求学时，几乎找遍了纸质图书和各大数据库，陀螺与惯性导航类的教材和专著只有老一辈专家撰写的几本经典著作。但是最近这十几年，仅国内就出版了大量的相关教材、专著。足见工程实际对陀螺与惯性导航技术的需求之大，以及大量专家学者对该领域的热情之高。但是业内人员都普遍反映学习陀螺与惯性导航的门槛很高，需要具有自动控制原理、理论力学等诸多的背景知识，难度很大。参加工作后，笔者一直在高校从事陀螺与惯性导航的教学、科研和惯性导航设备服务保障工作，也一直在思考如何通俗易懂地来讲授这门课，让具备一定控制理论基础的同志能够较容易地理解并掌握陀螺与惯性导航的基本原理。于是笔者在国内外专家学者所进行的大量工作的基础上，编写了这本教材。从更容易理解的角度编排各内容间的前后逻辑；以通俗易懂的语言加上必要的严谨推导介绍基本原理；辅以计算机仿真来演示陀螺与惯性导航的基本工作原理。

本书以飞机上陀螺仪表及惯性导航系统基本原理为重点。首先对陀螺基本理论进行讲述，重点介绍了双自由度陀螺仪、飞机的姿态角及其测量、飞机航向角及其测量、单自由度陀螺仪及新型陀螺仪；然后在简单介绍惯性导航系统基本原理、发展历史、核心器件的基础上，重点介绍了陀螺稳定平台、平台式惯性导航系统、捷联式惯性导航系统、惯性导航系统中的卡尔曼滤波算法、惯性导航系统初始对准以及组合导航等内容。

本书由戴洪德任主编，戴邵武任副主编，王希彬、刘伟、王瑞共同参与编著。其中戴邵武负责第1～3章的编写，戴洪德负责第8～11章的编写，王希彬负责第4章和第5章的编写，刘伟、王瑞负责第6、7、12和13章的编写，全书由戴洪德负责统稿。在编写过程中，笔者参阅了国内外陀螺与惯性导航类的诸多专著及学术论文，在此对这些学术资料的原作者深表感谢！

刘爱元副教授在百忙中审阅了全书，提出了许多宝贵的意见；徐胜红副教授为本书的编写提供了诸多帮助，在此表示衷心的感谢。

虽然经过反复审阅、校对，书中难免有不妥甚至错误之处，敬请读者斧正。

编著者

2020年2月14日

目录

CONTENTS

第 1 章

陀螺仪基本理论

1.1 陀螺仪概述

1.1.1 陀螺仪

广义而言,陀螺仪是泛指用来测量航行体相对惯性空间的旋转角速度及角度的装置。陀螺仪这一术语的英文为"gyroscope",它源于希腊语,意思是"旋转指示器"。随着科学技术的发展,人们发现近百种物理现象可以用来测量航行体相对惯性空间的旋转参数。基于经典牛顿力学研制出的许多不同原理和类型的陀螺仪,称为经典陀螺仪;另一类是以非经典力学为基础的陀螺仪,称为非经典陀螺仪,也叫新型陀螺仪。

经典陀螺仪包含刚体转子陀螺仪、挠性陀螺仪、半球谐振陀螺仪、静电陀螺仪和音叉陀螺仪等,它们的特点是具有高速旋转的刚体转子或振动构件。新型陀螺仪有激光陀螺仪、光纤陀螺仪和原子陀螺仪等,这些陀螺仪没有高速旋转的刚体转子或振动的构件,但它们具有感测旋转参数的功能。

在工程技术上发展最早,现在仍被广泛应用的是刚体转子陀螺仪。刚体转子陀螺仪主要由两部分组成:一是绕自身的对称轴(又称自转轴、转子轴或陀螺主轴)高速旋转的刚体转子,通常称之为陀螺转子;二是用来安装转子的支承机构,如图 1.1 所示。

陀螺转子是刚体转子陀螺仪的核心部分。它一般由高相对密度的金属材料做成空心圆柱体或实心圆柱体,如不锈钢、黄铜或钨镍铜合金等。陀螺转子通常采用陀螺电动机驱动,用陀螺电动机驱动的陀螺仪叫作电动陀螺仪,电动陀螺仪的转子就是陀螺电动机的转子;陀螺转子也可以采用高压气体驱动,用高压气体驱动的陀螺仪叫作气动陀螺仪。陀螺转子的转速可达每分钟几千转至几万转,这样才能使转子具有较大的自转角动量,从而得到所需要的陀螺特性。

支承机构用来支承高速旋转的陀螺转子,保证转子在空间能够自由转动,使转子轴相对基座有两个或一个转动自由度,且不受基座运动的影响,这样就构成了陀螺仪的两种类型:双自由度陀螺仪和单自由度陀螺仪。在工程应用中为简单起见,陀螺仪往往简称陀螺。

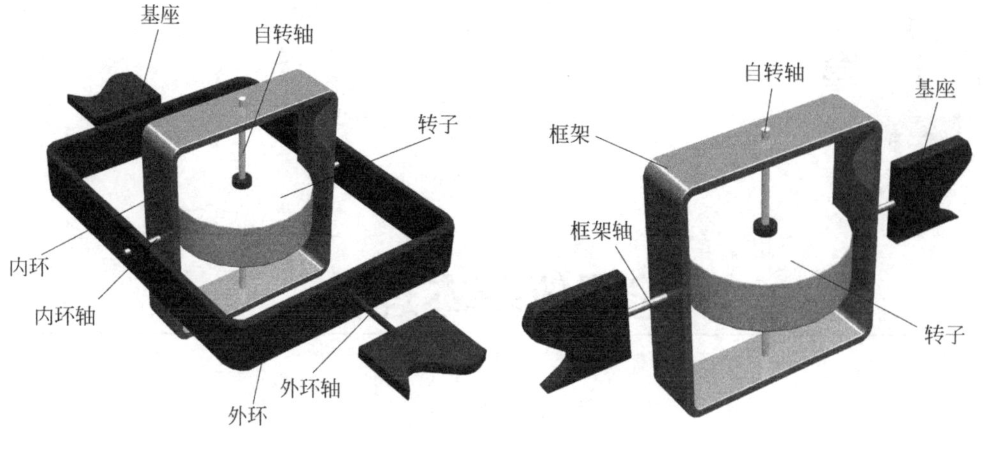

图 1.1 刚体转子陀螺仪的转子和支承机构

(a) 双自由度陀螺仪；(b) 单自由度陀螺

1.1.2 双自由度陀螺仪的基本组成

双自由度陀螺仪是指自转轴具有两个转动自由度的陀螺仪。双自由度陀螺仪的支承机构有多种,采用框架装置来支承刚体转子的叫作框架式刚体转子陀螺仪；采用动压气浮支承的叫作动压气浮陀螺仪；采用挠性支承的叫作挠性陀螺仪；采用液体悬浮支承的叫作液浮陀螺仪；采用静电支承的叫作静电陀螺仪,等等。如图 1.1～图 1.5 所示。

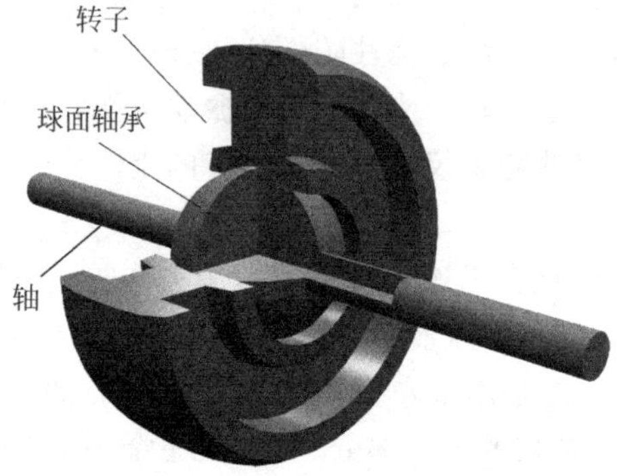

图 1.2 动压气浮陀螺仪

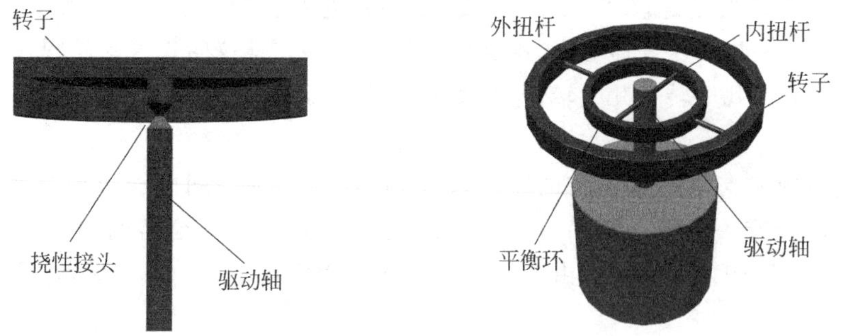

图 1.3 挠性陀螺仪

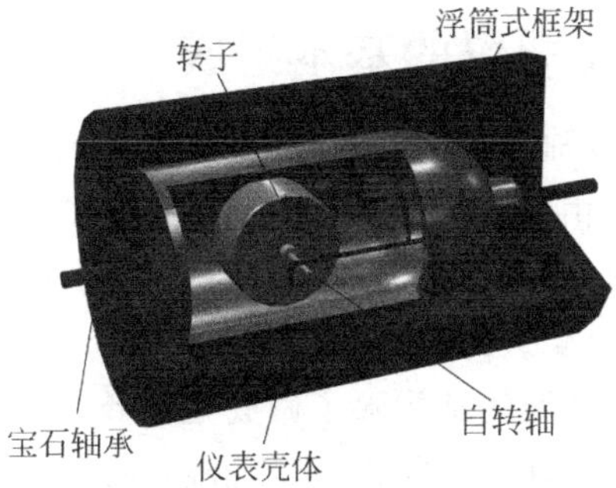

图 1.4 液浮陀螺仪

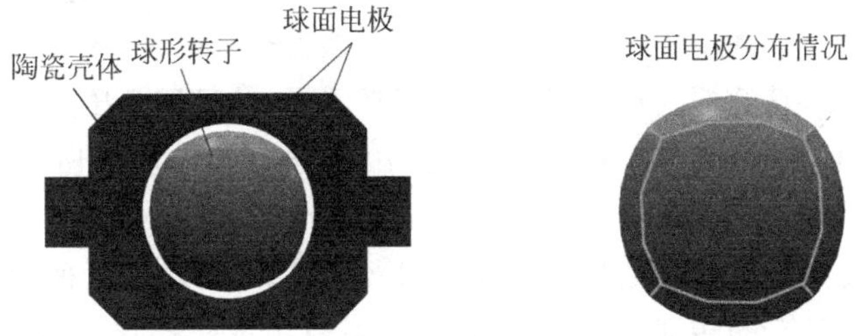

图 1.5 静电陀螺仪

双自由度框架式刚体转子陀螺仪主要由两部分组成：一是绕自转轴高速旋转的刚体转子；二是用来支承刚体转子，由内环和外环组成的框架机构。如图 1.1(a)所示：刚体转子借助自转轴上一对轴承安装于内环(又称内框)上，内环借助内环轴上一对轴承安装于外环(又称外框架)上，外环借助外环轴上一对轴承安装在基座(仪表壳体)上。由于由内环和外环组成的框架机构可以使陀螺自转轴在空间指向任意方向，所以由内环和外环组成的框架机构又叫作万向支架。

在这种框架式双自由度陀螺仪中，自转轴和内环轴垂直且相交，但自转轴与外环轴不一定垂直；当自转轴、内环轴和外环轴这 3 根轴线相交于一点时，该交点叫作万向支点，它实际上就是陀螺仪的支承中心。转子由电动或气动装置驱动绕自转轴高速旋转，转子连同内环和外环又可绕外环轴转动。对转子而言，具有绕自转轴、内环轴和外环轴这 3 根轴转动的 3 个转动自由度。而对于自转轴而言，仅具有绕内环轴和外环轴的两个转动自由度。

在实际的陀螺仪结构中，内环和外环的材料一般采用滚珠轴承的框架式陀螺仪俗称常规陀螺仪，目前在航空陀螺仪表、飞行自动控制系统以及许多场合中仍然被广泛应用。但由于滚珠轴承存在摩擦力矩，因此不可能使陀螺仪达到很高的精度。为了减少框架轴上支承的摩擦力矩，以满足惯性导航和惯性制导对陀螺仪精度的要求，通常采用液体悬浮的办法，这种陀螺仪称为液浮陀螺仪。液浮陀螺仪的内环做成空心球形密封浮子，并且用特殊液体将内环组件和外环悬浮起来，而框架轴上的支承则采用宝石轴承。当液体对内环组件及外环的浮力与内环组件及外环的质量相等时，可以极大减小框架轴上支承的摩擦力矩。

刚体转子陀螺仪按精度来分类，又可分为常规陀螺仪和精密陀螺仪(又称惯导级陀螺仪)。框架式刚体转子陀螺仪属于常规陀螺仪。液浮陀螺仪、动压气浮陀螺仪、挠性陀螺仪和静电陀螺仪等，都属于精密陀螺仪。

1.1.3 单自由度陀螺仪的基本组成

单自由度陀螺仪是指自转轴具有一个转动自由度的陀螺仪，其基本组成如图 1.1(b)所示。同双自由度陀螺仪相比，由于它只有一个框架，故少了一个转动自由度。对于转子而言，其具有绕自转轴和框架轴这两根轴的两个转动自由度。而对自转轴而言，其仅具有绕框架轴这一根轴的一个转动自由度。

在实际的陀螺仪结构中，框架的结构除了做成方块形外，也常做成陀螺房形式。框架轴的支承，应用比较广泛的是滚珠轴承。同样，采用液浮的办法可以提高陀螺仪的精度。单自由度液浮陀螺仪如图 1.4 所示。它的框架做成圆筒形密封浮子，并且用特殊的液体将框架组件悬浮起来，而框架轴上的支承则采用宝石轴承。当液体对框架组件的浮力与框架组件的质量相等时，便极大地减小了框架轴上支承的摩擦力矩。此外，还可采用静压气浮的办法来提高陀螺仪的精度，它的框架也做成圆筒形密封浮子，并且用高压气体将框架组件悬浮起来。高压气体用气泵冲入到浮筒与表壳的间隙中，由于气体的静压所产生的支承力对框架组件起到了支承作用，因此便消除了框架轴上支承的摩擦力矩。

应当指出，按转动自由度的数目对陀螺仪进行分类，有两种并行的称法：一种是按前面所说的，依据自转轴具有的转动自由度数目，分为双自由度陀螺仪和单自由度陀螺仪(本书采用此种称法)；另一种是计算转子绕自转轴的转动自由度，即按转子具有的转动自由度数目，分为三自由度陀螺仪和二自由度陀螺仪，也就是说，把上述双自由度陀螺仪对应叫作三自由度陀螺仪，而把上述单自由度陀螺仪对应叫作二自由度陀螺仪。美、英两国采用前一种称法，苏联采用后一种称法。我们应该弄清两种称法的对应关系，以免在阅读参考书时和今后的工作中产生混淆。

1.1.4 陀螺仪的应用

在双自由度陀螺仪或单自由度陀螺仪的基础上，附加适当的元件、装置或机构，则可做成各种用途的陀螺仪，通常称之为陀螺仪表或陀螺仪器。陀螺仪的主要功用是测量运载体(如飞机、导弹、舰船等)的角位移和角速度，此外还能测量运载体的加速度和角速度。

在航空领域，陀螺仪的基本用途是测量飞机的姿态角(俯仰角和倾斜角)、航向角和角速度，因此它是飞机航行驾驶的重要仪表。飞机自动控制系统，如自动驾驶仪和增稳系统，以及其他机载设备，如机载雷达系统、火力控制系统和航空照相系统等，也需要用陀螺仪测量出飞机的这些参数，因此它也是这些系统和设备的重要部件。

从使用角度看，陀螺仪表可以分为指示式和传感式两类，给出判读指示即目视信号的属于指示式陀螺仪表；输出电气信号的属于传感式陀螺仪表，即通常所称的陀螺传感器。

导弹、人造卫星和宇宙飞船的姿态控制系统也采用陀螺仪来测量姿态角及其变化。舰船则使用陀螺罗盘测量航向，使用陀螺稳定平台测量纵摇和横摇。陀螺仪还用于鱼雷和反坦克导弹的定向以及坦克火炮的控制系统。在民用方面，陀螺仪可用于矿山开采和石油钻井的定向、铁轨倾斜度和汽车性能的测量以及衡器的精密制造等。

在惯性导航和惯性制导系统中，陀螺仪是极其重要的敏感元件。所谓惯性导航，就是通过测量运载体的加速度，经过计算机的数学运算，从而确定出运载体的瞬时速度和瞬时位置。所谓惯性制导，则是在得到这些参数的基础上，控制运载体的位置以及速度的大小和方向，从而引导运载体飞向预定的目标。

特别需要指出的是，以陀螺仪和加速度计为敏感元件的惯性导航和惯性制导系统，是一种完全自主式的系统。它不依赖外界的任何信息，也不向外界发射任何能量，具有隐蔽性、全天候和全球导航能力。因此，惯性导航成为现代飞机、大型舰船和核潜艇的一种重要导航手段，而惯性制导则成为战术导弹、战略导弹、巡航导弹和运载火箭的一种重要制导方法。此外，惯性导航还可用于陆军炮兵测位、地面战车导航以及大地测绘等领域。

由此可见，陀螺仪在航空、航天、航海、兵器领域和国民经济的某些部门都有着广泛的应用。掌握好陀螺仪的理论知识，研制出高性能的陀螺仪及基于陀螺仪的产品，对于实现新时代强军梦是十分重要的。

1.2　角动量定理

1.2.1　哥氏加速度

根据运动学理论，在牵连运动为转动的情况下，刚体内质点的加速度除了相对加速度和牵连加速度外，还有一项附加加速度，这项附加加速度称为哥氏(哥里奥利斯)加速度。此时动点的绝对加速度 $\boldsymbol{a}$ 应等于相对加速度 $\boldsymbol{a}_r$、牵连加速度 $\boldsymbol{a}_e$ 与哥氏加速度 $\boldsymbol{a}_c$ 三者的矢量和，即有如下关系：

$$\boldsymbol{a}=\boldsymbol{a}_r+\boldsymbol{a}_e+\boldsymbol{a}_c \tag{1.1}$$

当动点的牵连运动为转动 $\boldsymbol{\omega}$ 时，牵连转动会使相对速度 $\boldsymbol{v}_r$ 的方向不断发生改变，而相对运动又使牵连速度的大小不断发生改变。这两种原因都造成了同一方向上附加的速度变化率，该附加的速度变化率即为哥氏加速度。或简言之，哥氏加速度是受相对运动与牵连运动的相互影响而形成的。哥氏加速度的表达式为

$$\boldsymbol{a}_c=2\boldsymbol{\omega}\times\boldsymbol{v}_r \tag{1.2}$$

即在一般情况下哥氏加速度的大小为

$$a_c=2\omega v_r\sin(\omega,v_r) \tag{1.3}$$

哥氏加速度 $\boldsymbol{a}_c$ 的方向垂直于牵连角速度 $\boldsymbol{\omega}$ 与相对速度 $\boldsymbol{v}_r$ 所组成的平面，$\boldsymbol{\omega}$ 沿最短路径握向 $\boldsymbol{v}_r$ 的右手旋进方向即为 $\boldsymbol{a}_c$ 的方向，如图 1.6 所示。

图 1.7 是从陀螺自转轴 z 正向俯视陀螺仪，设转子绕自转轴 z 正向以角速度 $\boldsymbol{\Omega}$ 相对内环作匀速转动，转子又连同内、外环绕外环轴 x 正向以角速度 $\boldsymbol{\omega}_x$ 相对基座作匀速转动，亦即转子各质点都参与此相对运动和牵连运动，并且该牵连运动为定轴转动。现在分析转子各质点所具有的加速度。

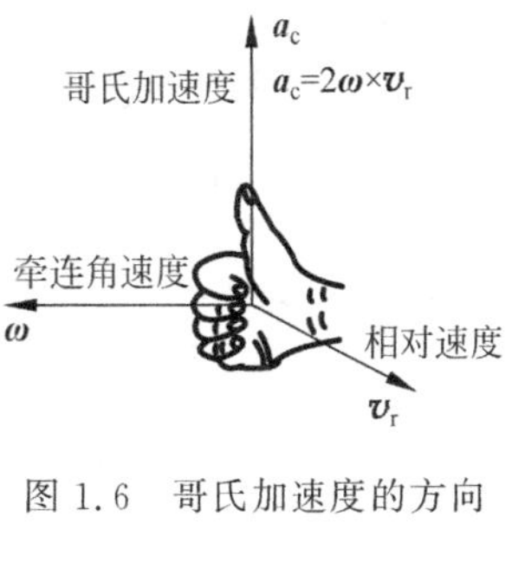

图 1.6　哥氏加速度的方向

1. 相对加速度

转子各质点的相对运动是绕自转轴的匀速转动，各质点相对速度的大小不会发生改变，因而没有切向加速度，但各质点相对速度的方向却发生改变，表明存在向心加速度。所以，当转子绕自转轴作匀速转动时，转子各质点的相对加速度都

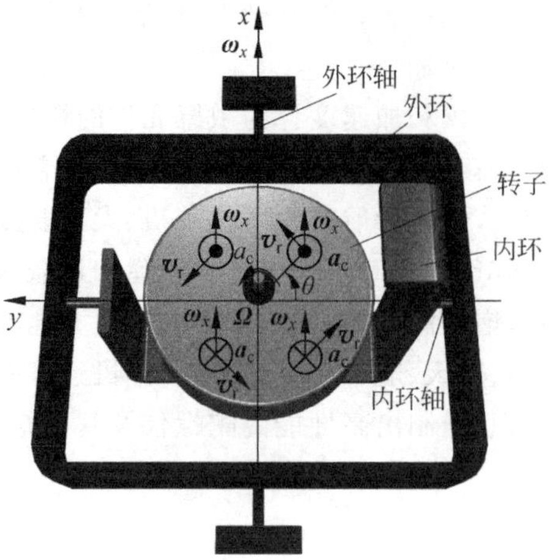

图 1.7　转子各质点的哥氏加速度方向

为向心加速度。其方向垂直于自转轴 z 并指向该转轴，而大小是 $a_r = r\Omega^2$，式中 r 为该质点到自转轴的垂直距离。

2. 牵连加速度

转子各质点的牵连运动是绕外环轴的匀速转动，各质点牵连速度的大小不会发生改变，因而没有切向加速度，但各质点牵连速度的方向却发生改变，表明存在向心加速度。所以，当转子绕外环轴作匀速转动时，转子各质点的牵连加速度都为向心加速度。其方向垂直于外环轴 x 并指向该转轴，而大小是 $a_e = L\omega_x^2 = r\omega_x^2\cos\theta$，式中 L 为该质点到外环轴的垂直距离。

3. 哥氏加速度

转子各质点对框架作相对运动，同时框架又作牵连转动。由于相对运动与牵连运动的相互影响，转子各质点具有哥氏加速度。在图 1.8 中，各质点相对速度的大小为 $v_r = r\Omega$，方向沿切线方向，各质点牵连角速度的大小均为 ω_x，方向均平行于外环轴 x，转子各质点哥氏加速度的大小为

$$a_c = 2\omega_x \Omega r \sin\theta \tag{1.4}$$

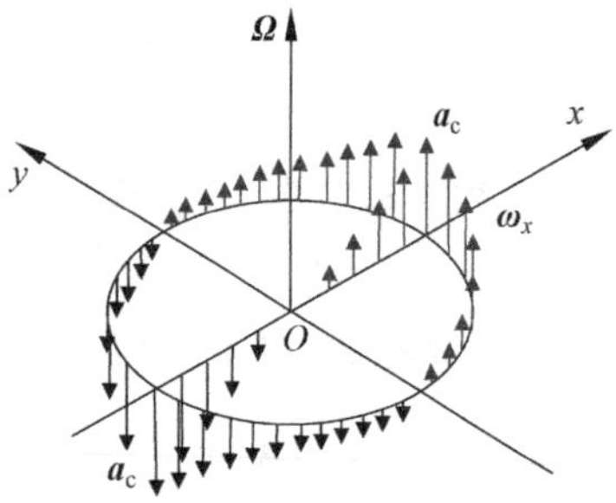

图 1.8　转子各质点哥氏加速度分布规律

方向按上述右手规则确定。在第一、四象限中，哥氏加速度方向垂直于转子的旋转平面且矢端向上；在第二、三象限中，哥氏加速度方向垂直于转子的旋转平面且矢端向下。

由式(1.4)可以看出，转子各质点哥氏加速度的大小与该质点的位置有关，其按角度 θ 成正弦变化，并按半径 r 成比例变化。图 1.8 表示了实心圆柱形转子上一个薄圆片各质点哥氏加速度的分布规律。若在转子上取任意一个薄圆片，其分布规律都与此相同。

上述分析是以转子绕外环轴作牵连转动的情况来进行的。如果转子绕内环轴作牵连转动，也可按照类似的方法来分析，这里不再赘述。

1.2.2 转动惯量

质量是物体移动时惯性大小的量度，转动惯量则是物体转动时惯性大小的量度。物体的转动惯量愈大，愈不容易起动，一旦起动后也不容易停转，某些机器上的飞轮、陀螺转子等便是实例。

1. 转动惯量的定义和表达式

刚体内各质点的质量与其到某轴距离平方乘积的总和，称为刚体对该轴的转动惯量或惯性矩，此定义用式子表述就是

$$J_L = \Sigma m_i r_i^2 \tag{1.5}$$

其中，J_L 为刚体对轴 L 的转动惯量；m_i 为刚体内任意质点的质量；r_i 为该质点到轴 L 的距离。

转动惯量的大小取决于物体质量的大小和质量分布的情况。几何形状相同的物体，材料相对密度较大即质量较大的，转动惯量也较大；质量相同而几何形状不同的物体，质量分布离转轴较远的，转动惯量也较大。一般来说，同一个物体对不同轴的质量分布情况不相同，所以它对不同轴的转动惯量也不相同。由于这个缘故，转动惯量应指明是对哪一根轴而言的。

2. 陀螺转子的转动惯量

在陀螺仪中，转子的转动惯量是一个很重要的参数。为在限定的仪表体积内使转子绕自转轴得到较大的转动惯量，以便获得较大的角动量，陀螺电动机的结构与一般电动机不同，其定子在内而转子在外，即所谓“内定子、外转子”结构。这样，转子大体上呈空心圆柱体形状，以使质量分布离自转轴远些，而且转子一般采用相对密度较大的金属材料做成，使其具有较大的质量。

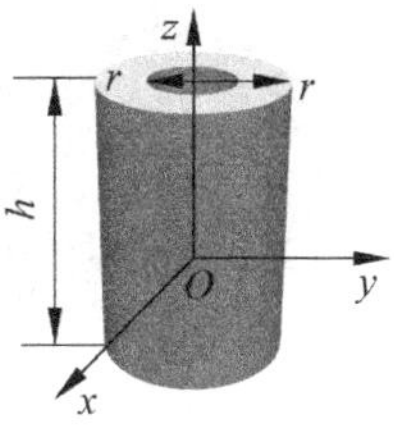

图 1.9 空心圆柱型转子

转子对自转轴的转动惯量常简称为极转动惯量，对赤道轴的转动惯量常简称为赤道转动惯量。对于如图 1.9 所示的匀质空心圆柱体形状的转子，外半径为 R，内半径为 r，高度为 h，材料的质量密度为 ρ。经积分运算得该转子对自转轴 z 和赤道轴 x、y 的转动惯量分别为

$$\begin{cases} J_z = \dfrac{\pi}{2}(R^4 - r^4)h\rho \\ J_x = J_y = \dfrac{\pi}{12}[3(R^4 - r^4) + (R^2 - r^2)h^2]h\rho \end{cases} \tag{1.6}$$

根据式(1.6)可得赤道转动惯量 J_x（或 J_y）与极转动惯量 J_z 之比为

$$\frac{J_x}{J_z} = \frac{J_y}{J_z} = \frac{1}{6}\left[3 + \frac{(h/R)^2}{1+(r/R)^2}\right] \tag{1.7}$$

在实际的陀螺仪结构中，通常 $h/R \approx 1$、$r/R \approx 0.5 \sim 0.8$，代入式(1.7)得 $J_x/J_z = J_y/J_z \approx 0.6 \sim 0.63$。这表明转子极转动惯量大于赤道转动惯量，但它们又相差不多，即具有同一数量级。

应当看到，实际陀螺转子的几何形状往往比较复杂，而且转子体本身的几何形状也不是简单的空心圆柱体。因此，精确计算转子的转动惯量时，首先应将陀螺转子的几何形状划分

成形状简单的几个部分(每个部分的材料应相同),分别计算出每个部分的转动惯量,然后再把它们相加,便可得到整个转子的转动惯量。

最后,说明一下转动惯量的单位。在国际单位制(SI)中,转动惯量的单位采用千克·米^2(kg·m^2)。但目前在陀螺仪的计算中,通常采用克·厘米^2(g·cm^2)和克力·厘米·秒^2(gf·cm·s^2)。这些单位的换算关系为

$$1\ \mathrm{kg\cdot m^2}=10^7\ \mathrm{g\cdot cm^2}=\frac{10^7}{980}\ \mathrm{gf\cdot cm\cdot s^2} \tag{1.8}$$

现有资料中,往往把克力·厘米·秒^{2}写成克·厘米·秒^2,要注意其中的克是指克力,指质量为1 g的物体在地球表面受到的重力。

$$\frac{1}{980}\ \mathrm{gf}=1\ \mathrm{g\cdot cm/s^2}=1\ \mathrm{dyn}=10^{-5}\ \mathrm{kg\cdot m/s^2}=10^{-5}\ \mathrm{N} \tag{1.9}$$

其中,dyn为力学单位达因,1 dyn=10^{-5} N。

关于框架式刚体转子陀螺仪的框架系统(内环、外环)的转动惯量,由于其数量不大,因此与转子的极转动惯量和赤道转动惯量相比可以忽略不计,但当需精确分析陀螺仪运动时,则必须考虑其影响。

1.2.3 角动量及角动量定理

定点转动刚体动力学的核心是角动量定理以及由它导出的欧拉动力学方程式。这些内容是进行陀螺仪动力学分析的重要工具。

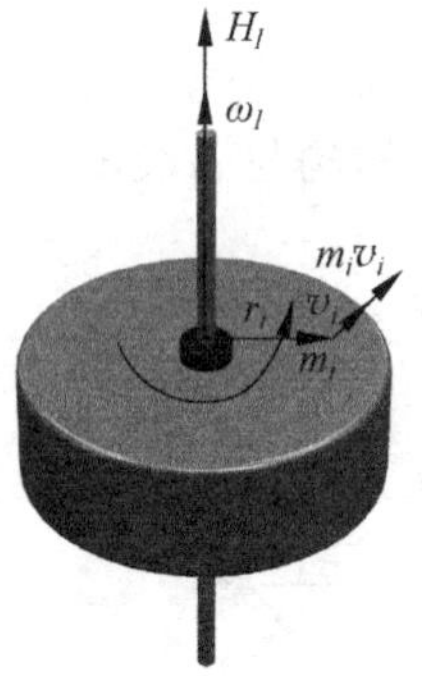

图1.10 绕定轴转动刚体的角动量

1. 角动量的定义和表达式

对于绕定轴转动的刚体,如图1.10所示,刚体内各质点的动量与其到转轴的距离之乘积的总和,也即刚体内各质点的动量对轴之矩的总和,称为刚体对该轴的角动量或动量矩。此定义可用公式表示为

$$\boldsymbol{H}_l=\Sigma r_i m_i \boldsymbol{v}_i \tag{1.10}$$

其中,$\boldsymbol{H}_l$为刚体对轴l的角动量;r_i为该质点到轴l的距离;m_i为刚体内任意质点的质量;$\boldsymbol{v}_i$为该质点的速度。

设刚体绕轴l的转动角速度为$\boldsymbol{\omega}_l$,则刚体内任意质点的速度$\boldsymbol{v}_i$可表示成

$$\boldsymbol{v}_i=r_i\boldsymbol{\omega}_l \tag{1.11}$$

将其代入式(1.10)得

$$\boldsymbol{H}_l=\Sigma m_i r_i^2\boldsymbol{\omega}_l \tag{1.12}$$

因刚体内所有质点的转动角速度$\boldsymbol{\omega}_l$都是相同的,故

$$\boldsymbol{H}_l=\boldsymbol{\omega}_l\Sigma m_i r_i^2$$

其中,$\Sigma m_i r_i^2$是刚体对轴l的转动惯量J_l。故定轴转动刚体对轴l的角动量表达式为

$$\boldsymbol{H}_l=J_l\boldsymbol{\omega}_l \tag{1.13}$$

2. 陀螺转子的角动量

角动量是陀螺仪很重要的特性参数。转子的角动量愈大,自转轴的空间方位越不容易

改变，陀螺特性就表现得越明显。

陀螺转子绕自转轴作高速自转运动，同时又绕框架轴作牵连转动。转子的角动量应当包括自转运动和牵连运动这两部分运动所产生的角动量。

首先研究由转子自转运动产生的角动量，这种角动量称为自转角动量。设转子对自转轴的转动惯量为 J_z，它绕自转轴的自转角速度为 Ω，则转子自转角动量的大小为

$$\boldsymbol{H}_z = J_z\Omega \tag{1.14}$$

方向沿自转轴并与转子自转角速度 Ω 的方向一致。

由转子的牵连转动所产生的角动量称为转子的牵连运动角动量。设转子对赤道轴的转动惯量为 J_e，它绕赤道轴的角速度为$\boldsymbol{\omega}_e$，则转子的牵连角动量是

$$\boldsymbol{H}_e = J_e\boldsymbol{\omega}_e \tag{1.15}$$

方向沿赤道轴(框架轴)并与转子绕赤道轴的转动角速度$\boldsymbol{\omega}_e$ 方向一致。

参看图 1.11 所示的关系，在同时考虑自转角动量与牵连转动角动量的情况下，转子角动量为

$$\boldsymbol{H} = \sqrt{(J_z\Omega)^2 + (J_e\boldsymbol{\omega}_e)^2} \tag{1.16}$$

这时转子角动量与自转轴之间有一夹角

$$\boldsymbol{\varepsilon} = \arctan\frac{J_e\boldsymbol{\omega}_e}{J_z\Omega} \tag{1.17}$$

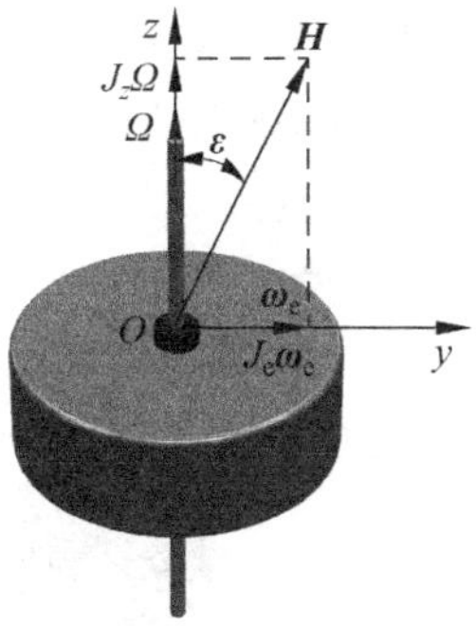

图 1.11 转子的角动量

在实际陀螺仪中，转子赤道转动惯量与轴转动惯量的比值一般为 $J_e/J_z \approx 0.6$，表明两者具有同一个数量级。但陀螺仪进入正常工作状态时，转子的转速一般达到 22 000～24 000 r/min，而转子绕框架轴的转动角速度(牵连角速度)一般都在几度每分钟以内，因此，可以看出转子绕框架轴的转动角速度仅为转子绕自转轴转动角速度的百万分之一，所以转子自转角动量 $J_z\Omega$ 远远大于牵连角动量 $J_e\boldsymbol{\omega}_e$。

因此，转子角动量的量值非常接近自转角动量的量值，而方向也非常接近自转角动量的方向。我们可以忽略非自转角动量的影响，认为转子角动量的大小和方向都与自转角动量相同。

由此得到一个基本概念：陀螺转子角动量的大小，等于转子对自转轴的转动惯量 J_z 与转子自转角速度的乘积，即

$$\boldsymbol{H} = J_z\Omega \tag{1.18}$$

其方向沿自转轴并与转子自转角速度的方向一致。

为在限定的仪表体积内获得较大的转子角动量，转子应尽可能设计成具有较大的极转动惯量，并具有较高的转速。

例 1.1 设转子极转动惯量 $\boldsymbol{J}_z = 398\ \text{g}\cdot\text{cm}^2$，转子转速 $n = 24\ 000\ \text{r/min}$，求转子角动量。

解：首先计算出转子自转角速度：

$$\Omega = \frac{2\pi n}{60} = \frac{2\pi \times 24\ 000}{60} = 2513.27\ \text{rad/s} \tag{1.19}$$

然后根据式(1.18)计算出转子角动量：

$$\begin{aligned}\boldsymbol{H} &= J_z\Omega = 398\ \text{g}\cdot\text{cm}^2 \times 2513.27\ \text{rad/s} = 10^6\ \text{g}\cdot\text{cm}^2/\text{s} = 1020\ \text{gf}\cdot\text{cm}\cdot\text{s} \\ &= 0.102\ \text{kg}\cdot\text{m}^2/\text{s}\end{aligned}$$

3. 研究角动量表达式时动坐标系的选取

前面所取的动坐标系与刚体固联，刚体相对动坐标轴的位置不随时间而改变，所以刚体对各动坐标轴的转动惯量和惯量积均保持为常数。如果各动坐标轴又取得与刚体的惯性主轴重合，那么刚体对各动坐标轴的惯量积都等于零。

如果所取的动坐标系不与刚体固联，刚体相对动坐标轴的位置就随时间而改变，所以刚体对各动坐标轴的转动惯量和惯量积均随时间而改变。但是，当刚体相对动坐标轴的相对位置改变，而各动坐标轴仍始终是刚体的惯性主轴时，刚体对各动坐标轴的转动惯量也保持为常数，惯量积也等于零。

为了便于分析和研究陀螺仪的运动，无论动坐标系取得是否与刚体固联，首先应该满足各动坐标轴与刚体惯性主轴重合的条件，其次还应考虑刚体转动角速度在各动坐标轴上的投影较为简单，这样才能使刚体角动量具有比较简单的表达形式。

现在结合陀螺仪来说明这个问题。对于转子安装在框架上的双自由度陀螺仪，包含 3 个刚体，即转子、内环和外环，可以分别用转子坐标系、内环坐标系和外环坐标系代表，如图 1.12 所示。

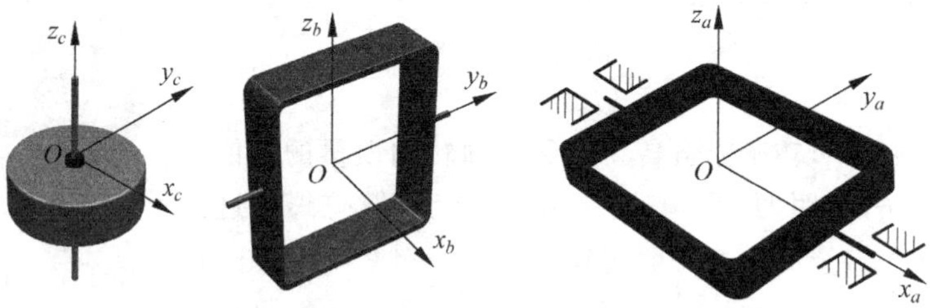

图 1.12　转子坐标系、内环坐标系和外环坐标系

转子坐标系 $Ox_cy_cz_c$ 与转子固联，坐标原点与框架支点 O 重合，z_c 轴沿自转轴向，x_c 和 y_c 轴在转子赤道平面内，并与 z_c 轴组成右手直角坐标系。

内环坐标系 $Ox_by_bz_b$ 与内环固联，坐标原点与环(框)架支点 O 重合，y_b 轴沿内环轴向，z_b 轴沿自转轴向，x_b 轴与 y_b 和 z_b 轴组成右手直角坐标系。内环坐标系是研究陀螺仪运动常用的一个坐标系。

外环坐标系 $Ox_ay_az_a$ 与外环固联，坐标原点与环架支点 O 重合，x_a 轴沿外环轴向，y_a 轴沿内环轴向，x_a 轴与 y_a 和 z_a 轴组成右手直角坐标系。

当采用转子坐标系来列写转子角动量的表达式时，转子坐标系各轴均是转子的惯性主轴。但转子坐标系与转子固联的结果，是使其中的 x_c 和 y_c 轴跟随转子的自转而转动，转子绕内、外环轴的转动角速度在这些轴上的投影将随转子的自转而改变。因而使角动量的表达式变得比较复杂难解。

当采用外环坐标系来列写转子角动量的表达式时，由于外环坐标系与外环固联，当陀螺仪绕内环轴有转动时，外环坐标系的 x_a 和 z_a 轴就不与陀螺转子的惯性主轴相重合，从而使角动量的表达式变得比较复杂。

当采用内环坐标系来列写转子角动量的表达式时，虽然转子绕自转轴相对内环坐标系转动，但因转子具有对称性，因此自转轴和任意赤道轴都是转子的惯性主轴，在转子自转时，内环坐标系的 z_b 轴始终与自转轴重合，而 x_b 轴和 y_b 轴始终位于转子的赤道平面内，所以内环坐标系各轴始终与转子的惯性主轴重合。另外，由于内环坐标系的 x_b 轴和 y_b 轴不跟随转子的自转而转动，转子绕内、外环轴的转动角速度在这些轴上的投影也就不随转子的自转而改变。

由此看出，对于框架式刚体转子陀螺仪来说，采用内环坐标系来列写转子角动量的表达式是更为简便的。

4. 角动量定理（动量矩定理）

角动量定理是定点转动刚体动力学的一个基本定理，它描述了刚体角动量的变化率与作用在刚体上的外力矩之间的关系，其证明可参阅力学经典书籍，本书直接引用它的结果。绕定点转动时刚体的角动量定理如下：

$$\frac{\mathrm{d}\boldsymbol{H}}{\mathrm{d}t}=\boldsymbol{M} \tag{1.20}$$

这个关系表明，刚体对定点的角动量矢量对时间的矢导数 $\frac{\mathrm{d}\boldsymbol{H}}{\mathrm{d}t}$，等于绕该点作用于刚体的外力矩矢量 $\boldsymbol{M}$。

定点转动刚体的角动量是一个矢量，因此，在外力矩作用下角动量出现变化率，就表示角动量的大小改变或方向改变或二者同时都有改变。

如果作用于刚体的外力矩为零，则刚体的角动量 $\boldsymbol{H}$ 为常数。这表明：角动量的大小是一个常数，它在空间的方向也是恒定不变的，这叫作动量矩守恒。

上述角动量定理还可写成另外的形式。由运动学可以得知，一个定点矢径对时间的矢导数 $\frac{\mathrm{d}\boldsymbol{r}}{\mathrm{d}t}$，等于该矢径端点的速度 $\boldsymbol{v}$，即有 $\frac{\mathrm{d}\boldsymbol{r}}{\mathrm{d}t}=\boldsymbol{v}$。与此对应，可把角动量矢量对时间的矢导数 $\frac{\mathrm{d}\boldsymbol{H}}{\mathrm{d}t}$ 看成角动量矢量端点的速度 $\boldsymbol{v}_{\mathrm{H}}$，如图 1.13 所示，即有 $\frac{\mathrm{d}\boldsymbol{H}}{\mathrm{d}t}=\boldsymbol{v}_{\mathrm{H}}$。

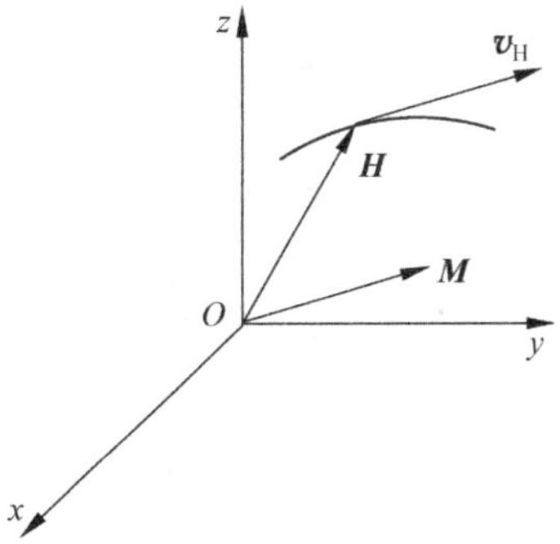

图 1.13　角动量矢量端点的速度

这样，角动量定理又可写成

$$\boldsymbol{M}=\boldsymbol{v}_{\mathrm{H}} \tag{1.21}$$

这个关系表明：刚体对定点的角动量的矢端速度等于绕该点作用于刚体的外力矩矢量，角动量定理的这种表达形式又称为莱查定理。它可使角动量定理有一个明晰的图示概念，在讨论陀螺仪的进动性时极为有用。

刚体对定点的角动量定理，描述了在外力矩作用下刚体定点转动运动的规律。这个定理是刚体动力学的一个基本定理。

1.3　陀螺与惯性导航原理中的坐标系

1.3.1　有关地球的一些参数

在研究陀螺仪运动时，常用到有关地球的一些参数及定义，如地球半径、地球自转角速度、垂线、子午线、经度和纬度等。

1. 地球的形状

地球实际上是一个质量非均匀分布、形状不规则的几何体，在工程技术应用中必须采取某种近似。通常把地球看成一个旋转椭球体，其赤道半径为 6378.137 km，极半径为 6356.752 km。在研究陀螺仪运动时，通常把地球看成一个质量均匀分布的圆球，近似取其平均半径为 $R_e=6370$ km。但是，实际上地球表面的形状起伏、高低不平，有高山、盆地、深谷和海洋等，它的真实形状很不规则，并不是一个理想的规则圆球。由于地球内部是熔岩，受地球绕其极轴自转的影响，地球沿赤道方向鼓出，南极稍微凹入，所以赤道各处的地球半径比极轴方向的半径要长，也就是说地球呈扁圆状，一般可以将地球简化为一个扁平的椭球体。椭球体的表面可以用数学模型来描述。那么该如何描述呢？

海洋中各处的海平面与该处的重力矢量相垂直，若采用海平面作为基准，把它延伸到全部陆地形成一个封闭曲面，称为“大地水准面”，而这个面所包围的几何体是一个椭球体，这就是所谓的“大地水准体”，其长、短轴由大地测量确定。大地水准面体现了地球各处重力矢量的分布情况，且因地球各处经纬度的测量与重力测量有关，所以用大地水准体表示地球形状是比较合理的。由于地球质量分布不均，加上太阳、月亮等天体运动的影响，大地水准体也不是一个规则的几何体，但是可以近似为一个旋转椭球体。

地球近似为旋转椭球体，中心为地心，其长轴在赤道平面内，也称赤道半径，表示为 R_e，短轴与地球自转轴重合，称为极轴半径，表示为 R_p，赤道半径 R_e 比极轴半径 R_p 长。在椭球上建立坐标系 $Ox_ey_ez_e$，原点设在椭球中心，坐标轴的取向同前面介绍的地球坐标系，Ox 轴及 Oy 轴在赤道平面内，Oz 轴与地球自转轴重合，如图 1.14 所示。

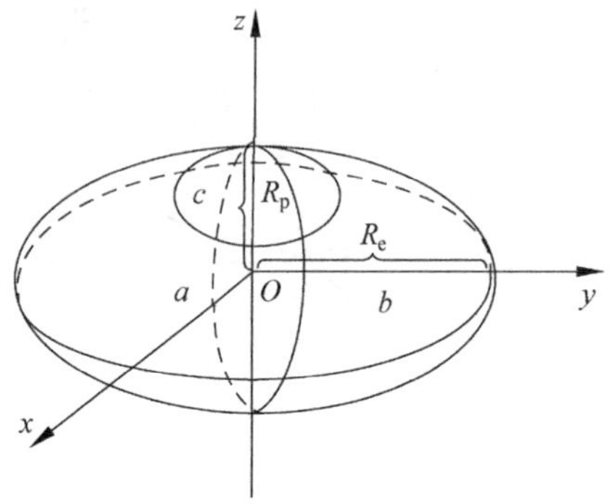

图 1.14 参考椭球体

这样地球的数学模型可以用椭球近似表示为

$$\frac{x_e^2}{R_e^2}+\frac{y_e^2}{R_e^2}+\frac{z_e^2}{R_p^2}=1 \tag{1.22}$$

通过大地测量取得参数并用数学形式表达的椭球称为地球参考椭球，世界各国采用的参考椭球有十余种，但大部分都是仅在局部地区测量大地水准面的基础上确定的，仅在局部地区适用。目前世界上广泛采用的地球模型是在世界大地坐标系（World Geodetic System，WGS-84）中描述的。在 WGS-84 中：

长半轴，$R_e=6\ 378\ 137$ m

短半轴，$R_p=6\ 356\ 752$ m

扁率（椭圆度），$e=\dfrac{R_e-R_p}{R_e}=\dfrac{1}{298.257}$

2. 地球上的经纬度

飞机相对于地球的姿态和航向的测量基准分别是垂线和子午线，飞机相对于地球的位置则由经度和纬度来确定。

垂线可分为地心垂线、引力垂线、地理垂线和重力垂线，如图 1.15 所示。

这 4 种垂线的定义分别如下。

地心垂钱：地球表面一点与地心连线。

引力垂线：地球引力的作用线。

地理垂线：地球表面某一点参考椭球法线方向的直线。

重力垂线：地球重力的作用线，即地球引力与地球自转引起的离心力二者合力的作用线，也叫天文垂线。

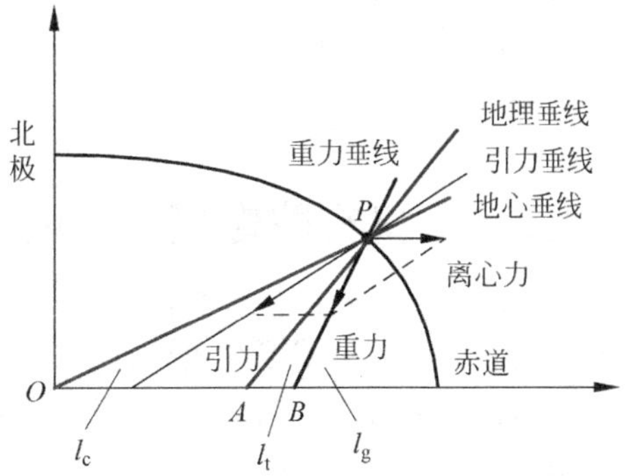

图 1.15 地垂线

在地球表面的同一点上，这 4 种垂线的方向各不相同，但它们之间的偏差是很小的，最大的偏差仅 11′。在研究陀螺仪运动时，通常忽略这些垂线之间的偏差，用地理垂线取代 4 种垂线。地球上某点的地理垂线称为当地地垂线。

地球表面某点的垂线与赤道平面之间的夹角叫作纬度，纬度的数值是以赤道平面为始点计算的。在北半球，以赤道平面为始点向北计算的纬度叫作北纬，北纬共分 90°；在南半球，以赤道平面为始点向南计算的纬度叫作南纬，南纬共分 90°。设 P 为地球表面某一点，对应垂线的定义，地球纬度的定义有如图 1.15 所示的 4 种。

(1) 地心纬度 φ_c——地心垂线 P_0O 和赤道平面之间的夹角 l_c 称为地心纬度，对于精度要求不高的导航问题，通常采用地心纬度，这时实际上是把地球看作圆球体。

(2) 引力纬度 φ_G——引力垂线和赤道平面之间的夹角称为引力纬度。由于它和地心纬度之间的差别很小，并且不易测量，一般不使用引力纬度。

(3) 地理纬度 φ——地理垂线(椭球法线)P_0A 和赤道平面之间的夹角 l_t 称为地理纬度。地理纬度是大地测量工作中需要测量的参数，所以也叫测地纬度。通常所说的纬度就是指地理纬度，用来决定地理位置。

(4) 天文纬度 φ_{ce}——天文垂线(重力方向)P_0B 和赤道平面之间的夹角 l_g，可以通过天文方法进行测定，所以称为天文纬度。因为地理垂线和天文垂线之间的偏差很小，所以地理纬度和天文纬度通常可以看作近似的。往往把这两种纬度统称为地理纬度，并用 φ 表示。

子午线是地球上表示地理南北方向的方向线，如图 1.16 所示。

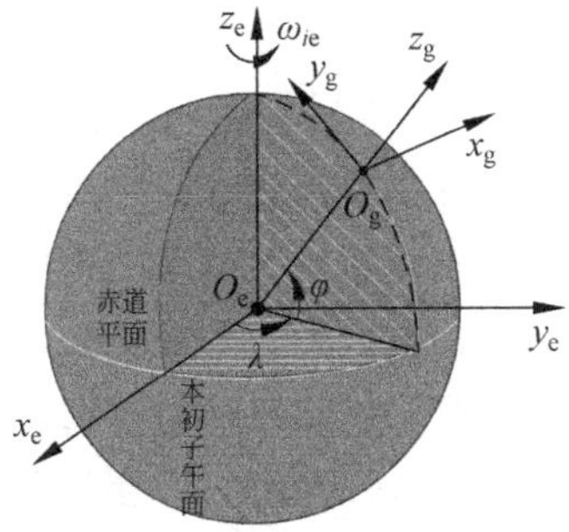

图 1.16 子午线、纬度线及经纬度线

对整个地球来说，子午线是通过地理南、北极的大圆弧线，但对地面某点来说，子午线则是一条水平指北的方向线，子午线与地球自转轴构成的平面叫作子午面，通过英国格林尼治天文台的子午线叫作本初子午线(初始子午线)。某地的子午面与初始子午面之间的夹角叫作经度，经度数值以初始子午面为始点计算，在东半球，以初始子午面为始点向东计算的经度叫作东经，东经共分 180°，在西半球，以初始子午面为始点向西计算的经度叫作西经，西经共分 180°。

精确的导航系统中，把地球看成圆球所带来的误差是不允许存在的，必须把地球看成椭球。

3. 地球的运动

地球绕自转轴(或称极轴)作自转运动,地球相对于太阳自转一周所需的时间(太阳日)是 24 h,转动角速度为

$$\omega_e = 15(°)/h = 7.27 \times 10^{-5}\ \text{rad/s} \tag{1.23}$$

1.3.2 研究陀螺仪运动的参考坐标系

一个物体在空间的位置只能相对另一个物体而确定,这样,后一个物体就构成了描述前一个物体运动时的参考系。当物体对于参考系的位置有了改变时,我们说这个物体已经发生了运动;反之,如果一个物体对参考系没有任何位置的改变,我们就说这个物体是静止的。所谓运动或静止,都是一个物体对于另一个物体的相对位置而言。因此,物体的运动和静止都只具有相对意义。在描述物体运动时,必须说明所采用的参考系,这样才能使所描述的运动具有正确的意义。参考系通常采用直角坐标系来代表,称为参考坐标系或简称参考系。在研究陀螺仪或运动载体的运动时,同样需要有参考坐标系。

1. 惯性坐标系

惯性坐标系表示为 $Ox_iy_iz_i$(简称 i 系)。在研究物体的运动时,一般都是应用牛顿力学定律以及由它导出的各种定理。通常就把使牛顿力学定律成立的参考坐标系称为惯性坐标系或简称惯性系。

所谓惯性坐标系是指原点取不动点或作匀速直线运动的点,而且没有转动的坐标系。然而,按照这样定义的惯性坐标系实际上是不存在的,因为宇宙间的一切物质包括空间在内,运动是绝对的,静止仅是相对的。地球绕自转轴作自转运动,并和其他行星一起绕太阳作公转运动,整个太阳系又绕银河系的中心转动,且整个银河系本身也在转动,也不可能找到一个作匀速直线运动的物体,因此惯性空间实际上是不存在的,所以惯性坐标系的选择都是近似的,取决于所要求或达到的精度。这里所谓的“惯性空间”只是人为的规定,以它作为参考基准来研究陀螺仪的运动。

实践表明,在地球上研究一般物体的运动时,取与地球相连接的坐标系是足够精确的。虽然因地球的自转和绕太阳公转使该坐标系具有转动角速度,且其原点还具有向心加速度,但这些并不会影响所研究问题的精确性。

但在地球上研究陀螺仪的运动时,必须考虑地球自转的影响。这时应选取与太阳系相联的空间作为惯性空间:虽然这个空间仍在不断转动,但不影响所研究问题的精确性。惯性坐标系的 3 根坐标轴所构成的空间就实体地代表了惯性空间。我们常用的有日心惯性坐标系和地心惯性坐标系,对于航空导航来说,地心惯性坐标系就足够准确了。如果没有特殊说明,本书使用的惯性坐标系指的就是地心惯性坐标系。地心惯性坐标系相对于惯性空间固定,与地球自转无关,不参与地球自转,即坐标轴的空间指向不随地球的转动而转动。地心惯性坐标系的坐标原点为地心,x_i 轴和 y_i 轴在地球赤道平面内,x_i 指向春分点(春分点是天文测量中确定恒星时的起始点),z_i 轴指向地球自转轴(地球极轴),y_i 轴按右手法则确定。

为了便于研究陀螺仪的运动,通常把惯性坐标系的原点取在陀螺仪的支承中心,而 3 根

坐标轴分别指向确定的恒星。这种惯性坐标系的原点是跟随陀螺仪移动的，但它仍然是一个相对恒星没有转动的坐标系。

2. 地球坐标系

地球坐标系表示为$Ox_ey_ez_e$(简称 e 系)。地球坐标系也称为地心固联坐标系，它与地球固联，坐标轴的空间指向随地球的转动而转动，其坐标原点位于地心。当前使用的地球坐标系的具体定义有多种。国内常用的地球坐标系以地球中心为原点，Ox_ey_e 在赤道平面，z_e 轴指向北极，与地球自转轴重合，x_e 轴指向零经度线(赤道平面与本初子午面的交线)，y_e 轴按右手法则确定(指向东经 90°的子午线)，如图 1.16 所示。

3. 地理坐标系

地理坐标系表示为$Ox_gy_gz_g$(简称 g 系)。地理坐标系如图 1.16 所示，其原点与运载体重心重合，x_g 轴水平并指向东，y_g 轴水平并指向北，z_g 轴与当地地垂线重合并指向天顶。显然，地理坐标系 3 根坐标轴是按"东—北—天"顺序构成右手直角坐标系的，其中 Ox_gy_g 平面即为当地水平面，Oy_gz_g 平面即为当地子午面，所以地理坐标系是测量运载体姿态角和航向角的参考坐标系。当然，也常有采用北西天系或北东地系作为地理坐标系的，图 1.16 所标出的地理坐标系即为东北天系。地理坐标系轴向的确定与沿用习惯、使用便捷性以及地处东半球还是西半球等情况有关，从导航方便计算的意义上来讲，差别不大。

地理坐标系是跟随运载体运动的，确切地说，应称为当地地理坐标系。不管运载体运动到哪里，3 根坐标轴的方向总是按上述规定来确定的。由此可见，不仅地球自转要带着地理坐标系一起相对惯性空间旋转，而且载体的运动也将引起地理坐标系相对地球产生转动。

在研究陀螺仪相对地理坐标系的运动时，可将其坐标原点取在环架支点，各坐标轴的取向仍然同上。

4. 地平坐标系

地平坐标系表示为$Ox_hy_hz_h$(简称 h 系)。地平坐标系如图 1.17 所示，坐标原点取在运载体重心，y_h 轴水平并指向航行方向，z_h 轴与当地地垂线重合并指向天顶，x_h 轴也是水平的并与 y_h 和 z_h 轴构成右手直角坐标系。其中 Ox_hy_h 平面就是当地水平面，Oy_hz_h 平面就是运载体的纵向铅垂面。因此，在确定运载体姿态角时，采用地平坐标系更为直接和方便。

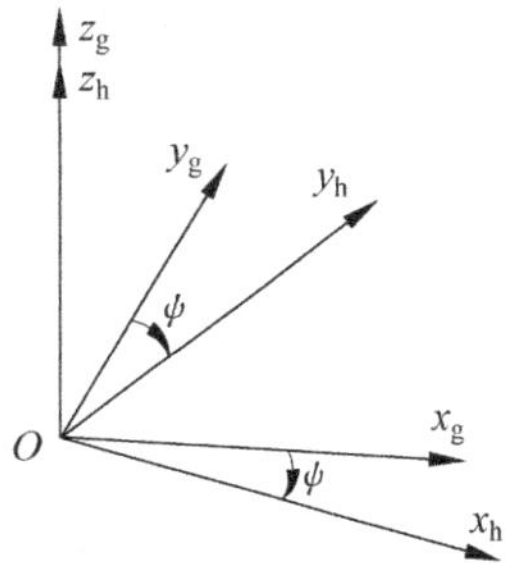

图 1.17 地平坐标系及其与地理坐标系的关系

地平坐标系也是跟随运载体运动的，所以称为当地地平坐标系。地平坐标系也跟随地球自转。地平坐标系与飞机航行轨迹有联系，故又称航迹坐标系。地平坐标系 h 与地理坐标系 g 只相差一个航向角 ψ，其关系如图 1.17 所示。在研究陀螺仪相对地平坐标系的运动时，可将其坐标原点取在环架支点，各坐标轴的取向仍然同上。

5. 载体坐标系

载体坐标系表示为$Ox_by_bz_b$(简称 b 系)。载体坐标系与载体固联，如图 1.18(a)所示，其坐标原点与飞机重心重合，x_b 轴沿载体的横轴方向，向右为正；y_b 轴沿载体纵轴方向，向前为正；z_b 轴沿载体立轴方向，向上为正。3 个坐标轴构成右手直角坐标系。其中 Oy_bz_b 平面就是飞机的纵向对称面。载体坐标系与载体固联并且定义在携带导航系统的载体内，该坐标系固定在载体上，时刻随着载体的运动而运动。对于捷联惯导系统，导航系统 3 个惯性传感器的测量轴通常与载体坐标系 3 个坐标轴是一致的。机体坐标系和地平坐标系的位置关系如图 1.18(b)所示。

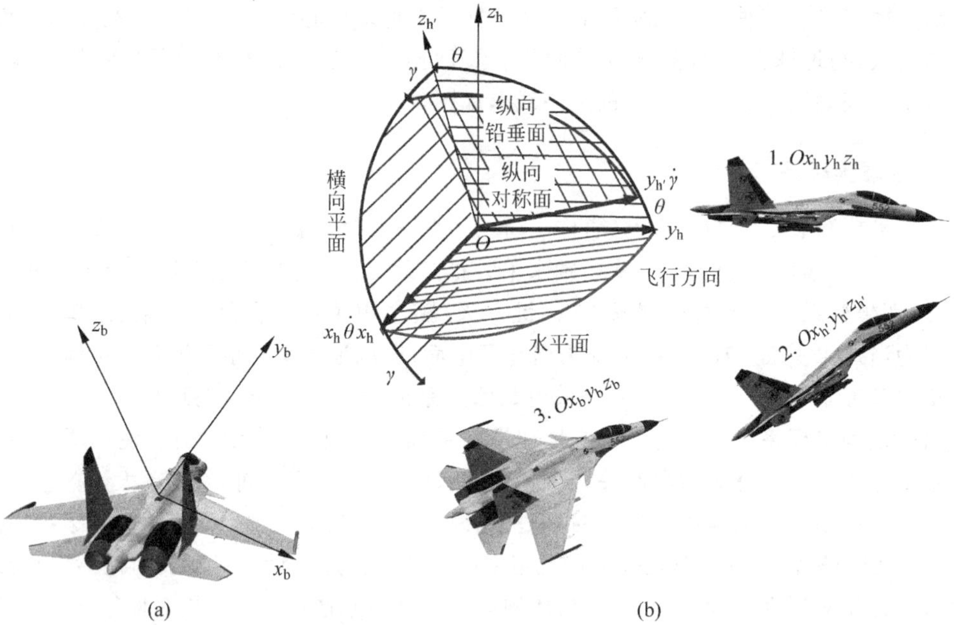

图 1.18　机体坐标系和地平坐标系

(a) 机体坐标系；(b) 机体坐标系和地平坐标系的位置关系

飞机在空中相对地平面的角位置，即航向角、俯仰角和倾斜角，可以用机体坐标系相对地理坐标系的角位置来表示。载体坐标系和地理坐标系的相对位置如图 1.19 所示，定义了偏航角 ψ、俯仰角 θ 和滚动角 γ。

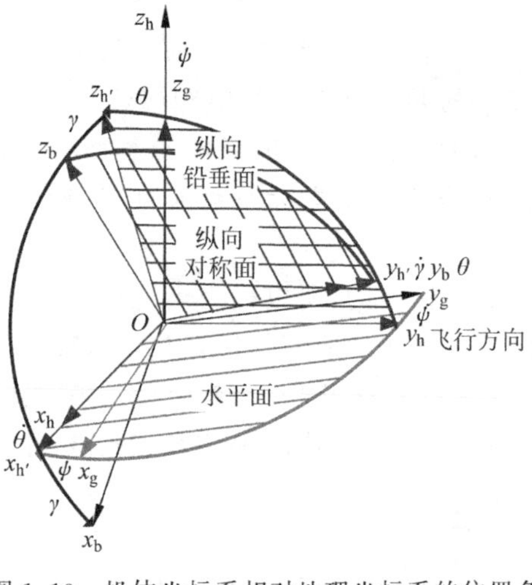

图 1.19　机体坐标系相对地理坐标系的位置角

偏航角 ψ：纵轴 y_b 在水平面上的投影与地理坐标系中 y_g 之间的夹角，y_g 沿 z_g 负方向旋转为正。

俯仰角 θ：载体纵轴 y_b 和水平面之间的夹角，水平向上逆时针旋转至 y_b 轴时为正。

倾斜角 γ：竖轴与通过机体纵轴的铅垂面之间的夹角，从尾部看，由垂直面向右滚动为正。

可以认为载体坐标系 $Ox_by_bz_b$ 是地理坐标系 $Ox_gy_gz_g$ 进行 3 次转动而获得的。

假设飞机以航向角 ψ 水平飞行，此时机体坐标系和地理坐标系只相差一个航向角 ψ。当机体坐标系绕 x_h 轴正向以角速度 $\dot{\theta}$ 转一俯仰角 θ，达到新的位置 $Ox'_hy'_hz'_h$，飞机再绕 y'_h 轴正向以角速度 $\dot{\gamma}$ 转动一个倾斜角 γ，达到位置 $Ox_by_bz_b$ 时，机体坐标系 b 和地平坐标系 h 之间相差一个俯仰角 θ 和一个倾斜角 γ，俯仰角 θ 和倾斜角 γ 叫作飞机的姿态角。

由此可见，如果在飞机上用陀螺仪建立一个人工地理坐标系，并将机体坐标系与它比较，则可测量出飞机的航向角、俯仰角和倾斜角。同理，如果在飞机上用陀螺仪建立一个人工地平坐标系，并将机体坐标系与地平坐标系比较，则可测出飞机的俯仰角和倾斜角。在飞机平飞时，机体坐标系和地平坐标系各轴是重合的。

6. 导航坐标系

导航坐标系表示为 $Ox_ny_nz_n$（简称 n 系）。惯导系统在求解导航参数时所采用的坐标系称为导航坐标系。对于平台惯导系统来说，理想的平台坐标系就是导航坐标系；对于捷联惯导系统来说，因为它的导航参数求解不在载体坐标系内，而必须将加速度计的信号在某个计算导航参数较为方便的坐标系内进行分解，然后进行导航计算，而这个坐标系就是导航坐标系。

7. 平台坐标系

平台坐标系表示为 $Ox_py_pz_p$（简称 p 系）。在平台惯导系统中，该坐标系描述的是真实平台（物理平台）所指向的坐标系；在捷联惯导系统中，由于没有真实的物理平台存在，该坐标系描述的是数学平台。平台坐标系是导航计算与姿态参考的重要坐标系，在理想情况下，认为平台无误差，这样的平台坐标系就称为理想平台坐标系，它可以是地理坐标系或其他一些坐标系。

8. 计算坐标系

计算坐标系表示为 $Ox_cy_cz_c$（简称 c 系）是为了便于导航计算而人为引进的一种虚拟坐标系，通常它是以计算所得的经纬度(λ,φ)为原点建立起来的地理坐标系，其与载体实际位置建立的地理坐标系 $Ox_gy_gz_g$ 不一致，两个坐标系之间的夹角即为惯导系统的定位误差，一般在描述惯导误差和推导惯导误差方程时经常用到。

注意：平台坐标系 $Ox_py_pz_p$ 相对于地理坐标系 $Ox_gy_gz_g$ 的夹角称为平台的姿态角 ϕ，而平台坐标系 $Ox_py_pz_p$ 相对于计算坐标系 $Ox_cy_cz_c$ 的夹角称为平台漂移角 ψ。

1.3.3　地理坐标系和地平坐标系相对惯性空间的转动角速度

地球自转及飞机相对地球运动会引起地理坐标系和地平坐标系相对惯性空间不断转动。而双自由度陀螺仪在无外力矩作用下，其自转轴相对惯性空间保持方位稳定，从而使陀螺自转轴相对地理坐标系和地平坐标系产生相对运动。在用陀螺仪建立人工地理坐标系或人工地平坐标系时，必须考虑地理坐标系及地平坐标系相对惯性空间的转动角速度。

1. 地理坐标系相对惯性空间的转动角速度

(1) 地球自转引起地理坐标系相对惯性空间转动

参考图 1.20，地球自转角速度$\boldsymbol{\omega}_e$沿地球自转轴方向，把它平移到纬度为 φ 处的地理坐标系的原点，并投影到地理坐标系的各轴上，可得

$$\begin{cases}\boldsymbol{\omega}_{iex}^{g}=0\\ \boldsymbol{\omega}_{iey}^{g}=\boldsymbol{\omega}_e\cos\varphi\\ \boldsymbol{\omega}_{iez}^{g}=\boldsymbol{\omega}_e\sin\varphi\end{cases}\tag{1.24}$$

其中，$\boldsymbol{\omega}_{iex}^{g}$、$\boldsymbol{\omega}_{iey}^{g}$、$\boldsymbol{\omega}_{iez}^{g}$ 分别为地球自转角速度在纬度为 φ 处的东向分量、北向分量和天向分量，式(1.24)表明，地球自转将引起地理坐标系绕地理北向和垂线方向相对惯性空间转动。因地球自转角速度垂直于东西方向，故沿地理东向的角速度分量为 0。

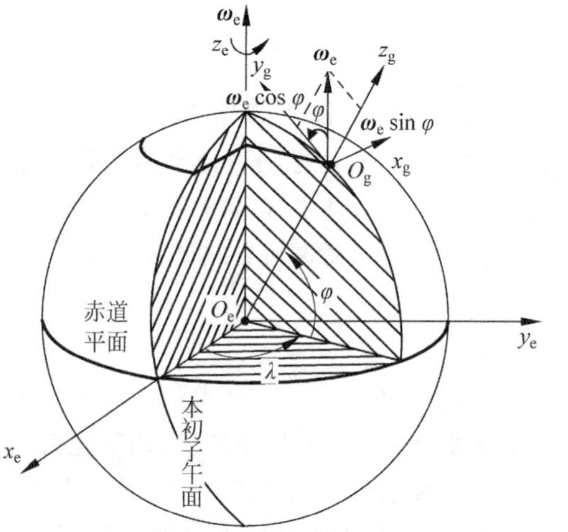

图 1.20　地球自转角速度在地理坐标系的分解

(2) 飞行速度引起地理坐标系相对地球(地球坐标系)转动

飞机在地球上空飞行时，飞机相对地球的位置不断改变，而地球上不同地点的地理坐标系相对地球坐标系的角位置不同，即飞机相对地球运动将引起地理坐标系相对地球坐标系转动。参见图 1.21，设飞机在纬度为 φ 的上空作水平飞行，飞行高度为 h，飞行速度为 v，飞机航向角为 ψ。把飞行速度 v 分解为沿地理北向和地理东向两个分量：

$$\begin{cases}v_N=v\cos\psi\\ v_E=v\sin\psi\end{cases}\tag{1.25}$$

飞行速度北向分量 v_N 引起地理坐标系绕着平行于地理东西方向的地心轴相对地球坐标系转动，其转动角速度为

$$\dot{\varphi}=\frac{v_N}{R+h}=\frac{v\cos\psi}{R+h}\tag{1.26}$$

飞行速度东向分量 v_E 引起的地理坐标系绕着地球自转轴相对地球坐标系转动，其转

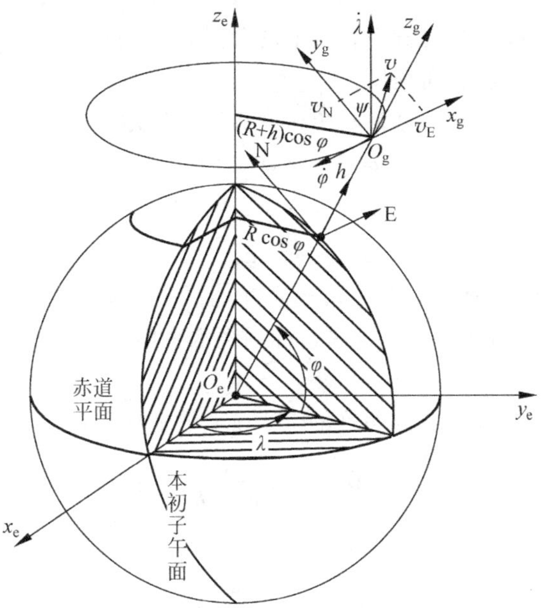

图 1.21　飞行速度引起的地理坐标系的转动角速度

动角速度为

$$\dot{\lambda}=\frac{v_E}{(R+h)\cos\varphi}=\frac{v\sin\psi}{(R+h)\cos\varphi} \tag{1.27}$$

把上述飞行等效转动角速度 $\dot{\varphi}$ 与 $\dot{\lambda}$ 平移到地理坐标系的原点，并投影到地理坐标系的各轴上，可得

$$\begin{cases}\boldsymbol{\omega}_{egx}^{g}=-\dot{\varphi}=-\dfrac{v\cos\psi}{R+h}\\ \boldsymbol{\omega}_{egy}^{g}=\dot{\lambda}\cos\varphi=\dfrac{v\sin\psi}{R+h}\\ \boldsymbol{\omega}_{egz}^{g}=\dot{\lambda}\sin\varphi=\dfrac{v\sin\psi}{R+h}\tan\varphi\end{cases} \tag{1.28}$$

其中，$\boldsymbol{\omega}_{egx}^{g}$、$\boldsymbol{\omega}_{egy}^{g}$ 和 $\boldsymbol{\omega}_{egz}^{g}$ 分别为飞行等效转动角速度的东向、北向和天向分量。式(1.25)表明，飞行速度将引起地理坐标系绕地理东向、北向和天向相对地球坐标系转动。

综合考虑地球自转和飞行速度的影响，地理坐标系相对惯性空间的转动角速度在地理坐标系各轴上的投影表达式为

$$\begin{cases}\boldsymbol{\omega}_{igx}^{g}=-\dfrac{v\cos\psi}{R+h}\\ \boldsymbol{\omega}_{igy}^{g}=\boldsymbol{\omega}_{e}\cos\varphi+\dfrac{v\sin\psi}{R+h}\\ \boldsymbol{\omega}_{igz}^{g}=\boldsymbol{\omega}_{e}\sin\varphi+\dfrac{v\sin\psi}{R+h}\tan\varphi\end{cases} \tag{1.29}$$

2. 地平坐标系相对惯性空间的转动角速度

由于地球自转及飞机相对地球运动，引起地理坐标系和地平坐标系相对惯性空间不断

转动。因为地平坐标系与地理坐标系的关系是相差一个航向角 ψ，只要把地理坐标系相对惯性空间的转动角速度在地理坐标系各轴上的分量投影到地平坐标系的各轴上，便得到地平坐标系相对惯性空间的转动角速度。

根据图 1.22 的关系，可得地球自转角速度在地平坐标系各轴上的分量为

$$\begin{cases}\boldsymbol{\omega}_{iex}^{\mathrm{h}}=-\boldsymbol{\omega}_{\mathrm{e}}\cos\varphi\sin\psi\\ \boldsymbol{\omega}_{iey}^{\mathrm{h}}=\boldsymbol{\omega}_{\mathrm{e}}\cos\varphi\cos\psi\\ \boldsymbol{\omega}_{iez}^{\mathrm{h}}=\boldsymbol{\omega}_{\mathrm{e}}\sin\varphi\end{cases}\tag{1.30}$$

其中，$\boldsymbol{\omega}_{iex}^{\mathrm{h}}$、$\boldsymbol{\omega}_{iey}^{\mathrm{h}}$ 和 $\boldsymbol{\omega}_{iez}^{\mathrm{h}}$ 分别为地球自转角速度在地平坐标系横向、纵向和垂线方向上的分量。式(1.30)表明，地球自转将引起地平坐标系绕水平横向、水平纵向和垂线方向相对惯性空间转动。

根据图 1.23 的关系，可得飞行等效角速度在地平坐标系各轴上的分量如下：

$$\begin{cases}\boldsymbol{\omega}_{\mathrm{eg}x}^{\mathrm{h}}=-\dfrac{v}{R+h}\\ \boldsymbol{\omega}_{\mathrm{eg}y}^{\mathrm{h}}=0\\ \boldsymbol{\omega}_{\mathrm{eg}z}^{\mathrm{h}}=\dfrac{v\sin\psi}{R+h}\tan\varphi\end{cases}\tag{1.31}$$

其中，$\boldsymbol{\omega}_{\mathrm{eg}x}^{\mathrm{h}}$、$\boldsymbol{\omega}_{\mathrm{eg}y}^{\mathrm{h}}$、$\boldsymbol{\omega}_{\mathrm{eg}z}^{\mathrm{h}}$ 分别为飞行等效转动角速度的横向、纵向和垂直分量。式(1.31)表明，飞行速度将引起地平坐标系绕水平横向和垂线方向相对地球坐标系转动。因飞行速度总是沿飞机纵向的前方(Oy_{h} 方向)，故它不会引起地平坐标系绕水平纵向(Oy_{h} 方向)转动。

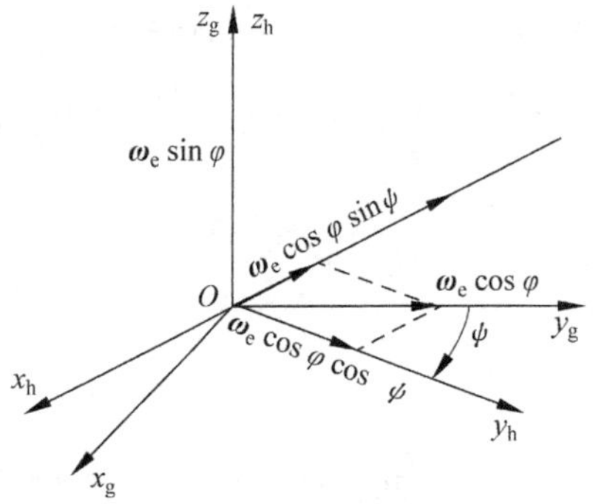

图 1.22　ω_{e} 在地平坐标系各轴上的分量

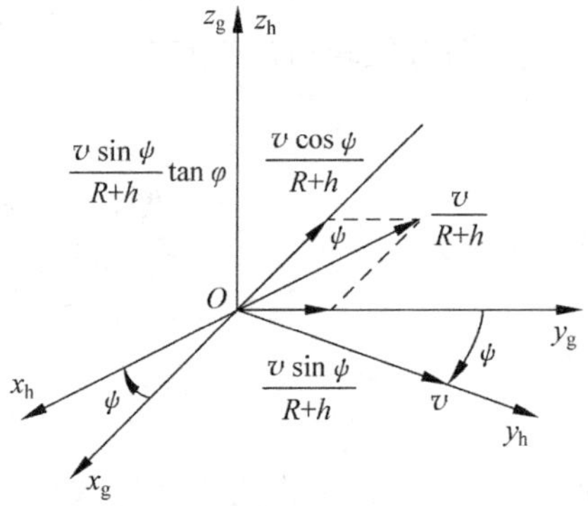

图 1.23　飞行等效角速度在地平坐标系各轴上的分量

本节先介绍大圆航行与等角线航行的概念。飞机由 A 点飞向 B 点，一般有两种航行法：第一种是飞行过程中始终保持航向角 ψ 不变，即沿与各子午线相交的角度都相等的曲线飞行，称为等角线航行，如图 1.24(a)所示；第二种是沿通过 A、B 两点的大圆圈线飞行，如图 1.24(b)所示。

由于地球表面的经线最终都汇集在南北极，所以等角线航行的轨迹在一般情况下是一条逐渐向两极收敛的螺旋线，为了保持等角线航行，飞机必须不断地转弯。显然大圆圈航线是 A 与 B 间距离最近的航线，而且不用转弯，在高纬度地区或长距离飞行时，最好沿大圆圈线飞行。但是，大圆航行中航向角 ψ 却是在不断变化的，故利用普通罗盘来实现大圆航行不如等角线航行容易控制，飞机作大圆航行时，由于飞行中不转弯，所以飞机相对地平坐标

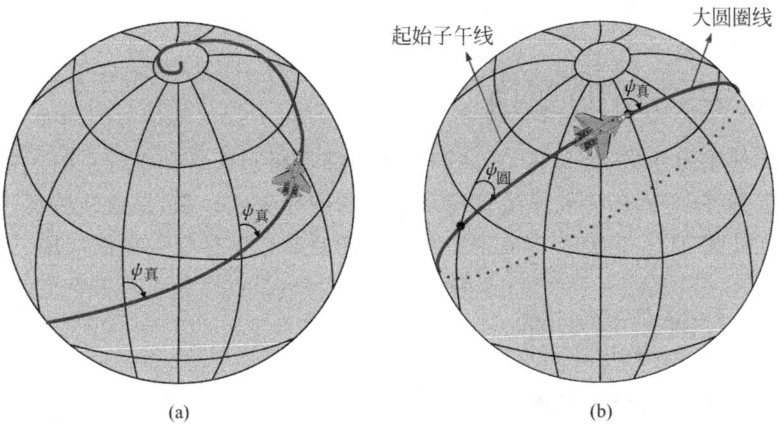

图 1.24 大圆圈航行和等角线航行

(a) 等角线航行；(b) 大圆圈线航行

系 Oz_h 轴(地垂线)没有旋转角速度：而只有沿通过大圆圆心(地心)、垂直于大圆平面的轴向(平行于 Ox_h 轴)的旋转角速度，即飞行等效角速度在地平坐标系中只有横向分量，也即

$$\begin{cases}\boldsymbol{\omega}_{ehx}^{h}=-\dfrac{v}{R+h}\\ \boldsymbol{\omega}_{ehy}^{h}=0\\ \boldsymbol{\omega}_{ehz}^{h}=0\end{cases}\tag{1.32}$$

式(1.32)是飞机作大圆航行时，飞行等效角速度在地平坐标系中的投影，式(1.31)是飞机作等角线航行时，飞行等效角速度在地平坐标系中的投影式。

综合考虑地球自转和飞行速度的影响，飞机作大圆航行时，地平坐标系相对惯性空间的转动角速度在地平坐标系各轴上的投影表达式为

$$\begin{cases}\boldsymbol{\omega}_{ihx}^{h}=-\boldsymbol{\omega}_{e}\cos\varphi\sin\psi-\dfrac{v}{R+h}\\ \boldsymbol{\omega}_{ihy}^{h}=\boldsymbol{\omega}_{e}\cos\varphi\cos\psi\\ \boldsymbol{\omega}_{ihz}^{h}=\boldsymbol{\omega}_{e}\sin\varphi\end{cases}\tag{1.33}$$

飞机作等角线航行时，地平坐标系相对惯性空间的转动角速度在地平坐标系各轴上的投影表达式为

$$\begin{cases}\boldsymbol{\omega}_{ihx}^{h}=-\boldsymbol{\omega}_{e}\cos\varphi\sin\psi-\dfrac{v}{R+h}\\ \boldsymbol{\omega}_{ihy}^{h}=\boldsymbol{\omega}_{e}\cos\varphi\cos\psi\\ \boldsymbol{\omega}_{ihz}^{h}=\boldsymbol{\omega}_{e}\sin\varphi+\dfrac{v\sin\psi}{R+h}\tan\varphi\end{cases}\tag{1.34}$$

用陀螺仪来建立人工地理坐标系或人工地平坐标系时，当陀螺仪安装在飞机上跟随飞机运动时，该地理坐标系或地平坐标系相对惯性空间的转动角速度表达式与式(1.29)、式(1.33)或式(1.34)相同。当陀螺仪在地面静基座上进行试验时，转动角速度表达式中不存在飞机运动的影响，即这时式(1.29)、式(1.33)和式(1.34)的 $v=0$。式(1.34)中，地球半径 $R=6370$ km，而飞机飞行高度 h 一般不超过 30 km，所以常常忽略飞行高度而使式(1.34)稍加简化。本书不再列出它们的简化表达式。

1.4 坐标系之间的变换

导航系统的输出参数，如位置、速度和姿态等都是相对某一个坐标系的。目前用于导航的坐标系有很多种，不同的导航系统往往采用不同的导航坐标系，导航领域不同坐标系统之间如何实现变换呢，本节将介绍方向余弦矩阵和四元数在坐标变换中的作用。

1.4.1 方向余弦矩阵

1. 坐标变换与方向余弦矩阵

方向余弦矩阵(direction cosine matrix,DCM)是导航系统中十分重要的矩阵，它通过将一个坐标系中表示的向量元素转换为在另一个坐标系中表示的向量元素(通常还伴随着第二个坐标系相对于原始坐标系的旋转)，把原始坐标系中的向量与第二个坐标系中的向量定量地联系起来。

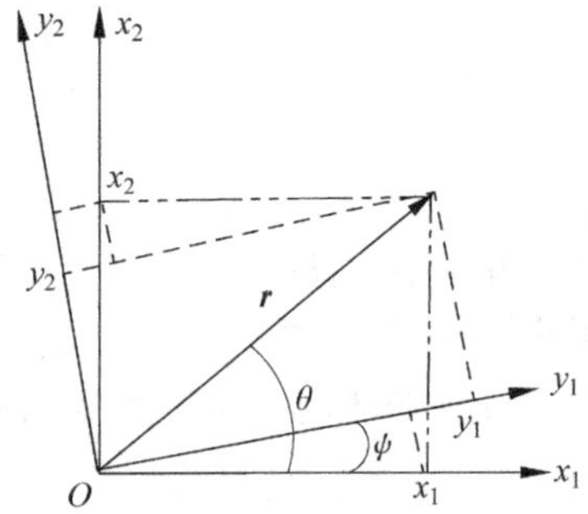

图 1.25 向量在各坐标系的分量关系示意

考虑图 1.25 中的向量 $\boldsymbol{r}$。在 x 坐标系中，这个向量表示为 $\boldsymbol{r}^x$。坐标系 y 相对于 x 坐标系旋转 ψ 角度，$\boldsymbol{r}$ 向量的长度没有改变，在坐标系 y 中表示为 $\boldsymbol{r}^y$。要求确定这个向量在旋转后的坐标系 y 中的坐标分量值。

方向余弦矩阵证明一：根据图 1.25，利用简单的几何关系，可得下面的关系成立：

$$\begin{cases} y_1 = \cos\psi x_1 + \sin\psi x_2 \\ y_2 = -\sin\psi x_1 + \cos\psi x_2 \end{cases} \tag{1.35}$$

方向余弦矩阵证明二：设 $\boldsymbol{r}$ 与 x_1 的夹角为 θ，则

$$\begin{cases} x_1 = \boldsymbol{r}\cos\theta \\ x_2 = \boldsymbol{r}\sin\theta \end{cases} \tag{1.36}$$

y_1 与 x_1 的夹角为 ψ，则

$$\begin{cases} y_1 = \boldsymbol{r}\cos(\theta-\psi) = \boldsymbol{r}\cos\theta\cos\psi + \boldsymbol{r}\sin\theta\sin\psi \\ y_2 = \boldsymbol{r}\sin(\theta-\psi) = \boldsymbol{r}\sin\theta\cos\psi - \boldsymbol{r}\cos\theta\sin\psi \end{cases} \tag{1.37}$$

将式(1.36)代入式(1.37)得

$$\begin{cases} y_1 = \cos\psi x_1 + \sin\psi x_2 \\ y_2 = -\sin\psi x_1 + \cos\psi x_2 \end{cases} \tag{1.38}$$

将式(1.38)写成向量形式为

$$\boldsymbol{y} = \boldsymbol{C}_x^y \boldsymbol{x} \tag{1.39}$$

其中，转换矩阵 $\boldsymbol{C}_x^y$ 为

$$\boldsymbol{C}_x^y = \begin{bmatrix} \cos\psi & \sin\psi \\ -\sin\psi & \cos\psi \end{bmatrix} \tag{1.40}$$

这个矩阵把 x 坐标系中的分量和 y 坐标系中的分量联系起来了，即方向余弦矩阵。方

向余弦矩阵的行向量和列向量是正交单位向量，所以它们之间的点积为零。因此，对于上面二维的方向余弦矩阵有

行列式：

$$|\boldsymbol{C}_x^y| = \begin{vmatrix} \cos\psi & \sin\psi \\ -\sin\psi & \cos\psi \end{vmatrix} = \cos^2\psi + \sin^2\psi = 1$$

求逆：

$$\begin{aligned}(\boldsymbol{C}_x^y)^{\mathrm{T}}\boldsymbol{C}_x^y &= \begin{bmatrix} \cos\psi & -\sin\psi \\ \sin\psi & \cos\psi \end{bmatrix}\begin{bmatrix} \cos\psi & \sin\psi \\ -\sin\psi & \cos\psi \end{bmatrix} \\ &= \begin{bmatrix} \cos^2\psi + \sin^2\psi & -\cos\psi\sin\psi + \sin\psi\cos\psi \\ -\sin\psi\cos\psi + \cos\psi\sin\psi & \sin^2\psi + \cos^2\psi \end{bmatrix} \\ &= \begin{bmatrix} 1 & 0 \\ 0 & 1 \end{bmatrix}\end{aligned}$$

正交性：

$$[\cos\psi \quad \sin\psi]\begin{bmatrix} -\sin\psi \\ \cos\psi \end{bmatrix} = -\cos\psi\sin\psi + \sin\psi\cos\psi = 0$$

通常，在导航系统中采用的坐标系是右手笛卡儿坐标系。前面图 1.25 所示的二维方向余弦矩阵例子中，坐标系 y 相对于 x 坐标系旋转 ψ 角，从三维空间角度来看，可以将之看成坐标系绕垂直于纸平面的第 3 个轴旋转 ψ 角。显然，向量沿第 3 个轴方向的数值保持不变，如图 1.26 所示。

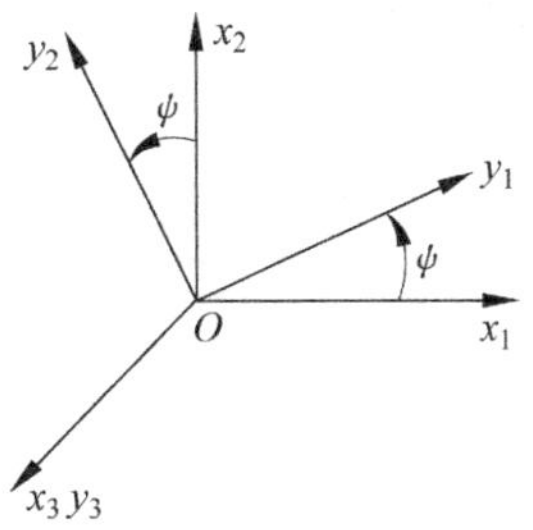

图 1.26　三轴坐标系的一次旋转

在三维空间中，表示绕第 3 个轴旋转关系的方向余弦矩阵 $\boldsymbol{C}$ 可表示为

$$\boldsymbol{C} = \begin{bmatrix} \cos\psi & \sin\psi & 0 \\ -\sin\psi & \cos\psi & 0 \\ 0 & 0 & 1 \end{bmatrix} \tag{1.41}$$

这个矩阵有 3 个明显特征：

(1) 方向余弦矩阵中发生旋转的轴所对应的行或列中的元素要么是 1，要么是 0；

(2) 方向余弦矩阵中的其他元素要么是旋转角的正弦值，要么是旋转角的余弦值，余弦值在对角线上，而正弦值在非对角线上；

(3) 正弦项中的负号对应于旋转出由原坐标轴所构成象限之外的分量。

2. 方向余弦矩阵的变化率

惯导解算等重要方程的推导过程中还将用到表示方向余弦矩阵时间变化率的微分方程。为简便起见，首先推导在图 1.26 中单一轴旋转的情况：如图 1.27 所示，y 坐标系经过时间间隔 Δt 产生了旋转角度增量 $\Delta\psi$。

现讨论移动坐标系 y 中向量 $\boldsymbol{r}$ 的分量 y_1 和 y_2 的变化情况。在 $t+\Delta t$ 时刻，近似有

$$\begin{cases} y_1(t+\Delta t) = y_1(t) + \Delta\psi y_2(t) \\ y_2(t+\Delta t) = y_2(t) - \Delta\psi y_1(t) \end{cases} \tag{1.42}$$

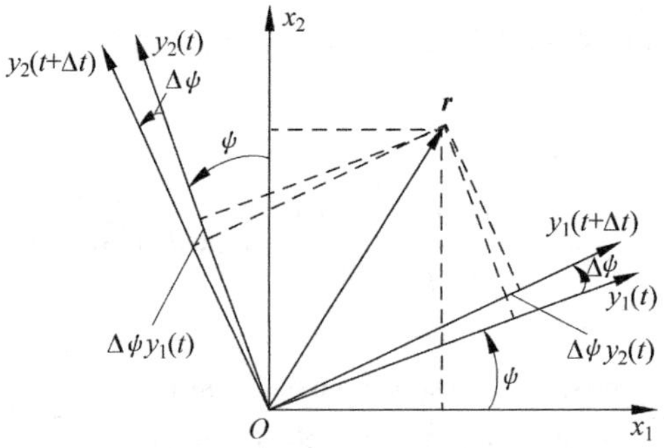

图 1.27　旋转矢量/坐标系分量

或者，用矩阵形式表示为

$$\begin{bmatrix} y_1(t+\Delta t) \\ y_2(t+\Delta t) \end{bmatrix} = \begin{bmatrix} 1 & \Delta\psi \\ -\Delta\psi & 1 \end{bmatrix} \begin{bmatrix} y_1(t) \\ y_2(t) \end{bmatrix} \tag{1.43}$$

定义

$$\begin{bmatrix} 1 & \Delta\psi \\ -\Delta\psi & 1 \end{bmatrix} = \boldsymbol{I} - \Delta\psi$$

其中，

$$\Delta\psi \equiv \begin{bmatrix} 0 & -\Delta\psi \\ \Delta\psi & 0 \end{bmatrix}$$

在 t 时刻，y 坐标系中的分量可以用 x 坐标系中的分量来表示：

$$\boldsymbol{y}(t) = \boldsymbol{C}(t)\boldsymbol{x} \tag{1.44}$$

根据 x 坐标系中的分量，$t+\Delta t$ 时刻 y 坐标系中的值可表示为

$$\begin{aligned} \boldsymbol{y}(t+\Delta t) &= (\boldsymbol{I}-\Delta\psi)\boldsymbol{y}(t) \\ &= (\boldsymbol{I}-\Delta\psi)\boldsymbol{C}(t)\boldsymbol{x} \\ &= \boldsymbol{C}(t+\Delta t)\boldsymbol{x} \end{aligned} \tag{1.45}$$

矩阵 $\boldsymbol{C}$ 的时间变化率定义如下：

$$\begin{aligned} \dot{\boldsymbol{C}}(t) &= \lim_{\Delta t\to 0}\frac{\boldsymbol{C}(t+\Delta t)-\boldsymbol{C}(t)}{\Delta t} \\ &= \lim_{\Delta t\to 0}\frac{\boldsymbol{C}(t)-\Delta\psi\boldsymbol{C}(t)-\boldsymbol{C}(t)}{\Delta t} \\ &= \lim_{\Delta t\to 0}\left(-\frac{\Delta\psi}{\Delta t}\right)\boldsymbol{C}(t) \end{aligned} \tag{1.46}$$

或

$$\dot{\boldsymbol{C}}_x^y(t) = -\boldsymbol{\Omega}_{xy}^y(t)\boldsymbol{C}_x^y(t) \tag{1.47}$$

其中，$\boldsymbol{\Omega}_{xy}^y$ 是斜对称旋转矩阵：

$$\boldsymbol{\Omega}_{xy}^y = \begin{bmatrix} 0 & -\omega_3 \\ \omega_3 & 0 \end{bmatrix}$$

此处，ω_3 是 y 坐标系相对于 x 坐标系的旋转角速率：

$$\omega_3 = \lim_{\Delta t\to 0}\frac{\Delta\psi}{\Delta t}$$

斜对称旋转矩阵$\boldsymbol{\Omega}_{xy}^{y}$ 的上标和下标可解释为 y 坐标系相对于 x 坐标系的旋转角速度在 y 坐标系中的坐标。

将式(1.47)转置后等价于

$$\dot{\boldsymbol{C}}_{y}^{x}=-\boldsymbol{C}_{y}^{x}(\boldsymbol{\Omega}_{xy}^{y})^{\mathrm{T}}=\boldsymbol{C}_{y}^{x}\boldsymbol{\Omega}_{xy}^{y} \tag{1.48}$$

将式(1.48)的结果推广到 3 个轴都发生旋转的情况，结果为

$$\dot{\boldsymbol{C}}_{y}^{x}=\boldsymbol{C}_{y}^{x}\boldsymbol{\Omega}_{xy}^{y} \tag{1.49}$$

其中，

$$\boldsymbol{\Omega}_{xy}^{y}=\begin{bmatrix} 0 & -\omega_3 & \omega_2 \\ \omega_3 & 0 & -\omega_1 \\ -\omega_2 & \omega_1 & 0 \end{bmatrix}$$

此处，$\omega_i(i=1,2,3)$分别是绕 x、y、z 轴旋转的角速率。

若令$\boldsymbol{\omega}_{xy}^{y}=[\omega_1 \quad \omega_2 \quad \omega_3]^{\mathrm{T}}$，则斜对称矩阵等同于该角速率向量的叉乘，即($\boldsymbol{\omega}_{xy}^{y}\times$)。

通过相似变换，在一个坐标系下表示的斜对称旋转矩阵可与在另一个坐标系下表示的斜对称旋转矩阵相联系：

$$\boldsymbol{\Omega}_{xy}^{x}=\boldsymbol{C}_{y}^{x}\boldsymbol{\Omega}_{xy}^{y}\boldsymbol{C}_{x}^{y} \tag{1.50}$$

1.4.2　四元数基础

1. 四元数定义

四元数是由 1 个实数单位与 3 个虚数单位 i_1、i_2 和 i_3 组成的包含 4 个实元的超复数，其表达式为

$$\boldsymbol{\Lambda}=\lambda_0\cdot 1+\lambda_1\cdot \mathrm{i}_1+\lambda_2\cdot \mathrm{i}_2+\lambda_3\cdot \mathrm{i}_3 \tag{1.51}$$

或

$$\boldsymbol{\Lambda}=\lambda_0+\boldsymbol{\lambda} \tag{1.52}$$

其中，

$$\boldsymbol{\lambda}=\lambda_1\mathrm{i}_1+\lambda_2\mathrm{i}_2+\lambda_3\mathrm{i}_3$$

当$\boldsymbol{\lambda}=0$ 时，四元数变成实数；当 $\lambda_2=\lambda_3=0$ 时，四元数变成复数。

几个特殊的四元数定义如下。

单元：$1=1+0\mathrm{i}_1+0\mathrm{i}_2+0\mathrm{i}_3$

零元：$0=0+0\mathrm{i}_1+0\mathrm{i}_2+0\mathrm{i}_3$

负元：$-\boldsymbol{\Lambda}=-\lambda_0-\lambda_1\mathrm{i}_1-\lambda_2\mathrm{i}_2-\lambda_3\mathrm{i}_3$

共轭元：$\boldsymbol{\Lambda}^{*}=\lambda_0-\lambda_1\mathrm{i}_1-\lambda_2\mathrm{i}_2-\lambda_3\mathrm{i}_3$

逆元：$\boldsymbol{\Lambda}^{-1}=\dfrac{1}{\boldsymbol{\Lambda}}=\dfrac{\boldsymbol{\Lambda}^{*}}{\boldsymbol{\Lambda}\cdot\boldsymbol{\Lambda}^{*}}=\dfrac{\boldsymbol{\Lambda}^{*}}{\lambda_0^2+\lambda_1^2+\lambda_2^2+\lambda_3^2}$

2. 规范化四元数

设 $N=\sqrt{\lambda_0^2+\lambda_1^2+\lambda_2^2+\lambda_3^2}$，则 N 称为四元数的范数。于是有

$$\boldsymbol{\Lambda}=\lambda_0+\boldsymbol{\lambda}=N\left(\frac{\lambda_0}{N}+\frac{\boldsymbol{\lambda}}{N}\right)=N\left(\frac{\lambda_0}{N}+\frac{\boldsymbol{\lambda}}{|\boldsymbol{\lambda}|}\frac{|\boldsymbol{\lambda}|}{N}\right) \tag{1.53}$$

其中，$|\boldsymbol{\lambda}|=\sqrt{\lambda_1^2+\lambda_2^2+\lambda_3^2}$为向量$\boldsymbol{\lambda}$的模。引入按向量$\boldsymbol{\lambda}$定向的单位向量$\boldsymbol{\xi}$：

$$\boldsymbol{\xi}=\frac{\boldsymbol{\lambda}}{|\boldsymbol{\lambda}|} \tag{1.54}$$

因为

$$\left(\frac{\lambda_0}{N}\right)^2+\left(\frac{|\boldsymbol{\lambda}|}{N}\right)^2=1$$

所以可令

$$\frac{\lambda_0}{N}=\cos\theta,\quad \frac{|\boldsymbol{\lambda}|}{N}=\sin\theta$$

则四元数可写为

$$\boldsymbol{\Lambda}=N(\cos\theta+\xi\sin\theta) \tag{1.55}$$

当 $N=1$ 时，$\boldsymbol{\Lambda}$ 称为规范化四元数。

3. 四元数乘法

四元数有如下基本乘法法则：

$$\begin{cases} \mathrm{i}_1\circ\mathrm{i}_1=\mathrm{i}_2\circ\mathrm{i}_2=\mathrm{i}_3\circ\mathrm{i}_3=-1\\ \mathrm{i}_1\circ\mathrm{i}_2=-\mathrm{i}_2\circ\mathrm{i}_1=\mathrm{i}_3\\ \mathrm{i}_2\circ\mathrm{i}_3=-\mathrm{i}_3\circ\mathrm{i}_2=\mathrm{i}_1\\ \mathrm{i}_3\circ\mathrm{i}_1=-\mathrm{i}_1\circ\mathrm{i}_3=\mathrm{i}_2 \end{cases} \tag{1.56}$$

四元数相乘仍为四元数：

$$\boldsymbol{\Lambda}=\boldsymbol{P}\circ\boldsymbol{Q}=p_0q_0+p_0\cdot\boldsymbol{q}+q_0\cdot\boldsymbol{p}-\boldsymbol{p}\cdot\boldsymbol{q}+\boldsymbol{p}\times\boldsymbol{q} \tag{1.57}$$

其中，$\boldsymbol{\Lambda}=\lambda_0+\lambda_1\mathrm{i}_1+\lambda_2\mathrm{i}_2+\lambda_3\mathrm{i}_3$；$P=p_0+\boldsymbol{p}=p_0+p_1\mathrm{i}_1+p_2\mathrm{i}_2+p_3\mathrm{i}_3$；

$Q=q_0+\boldsymbol{q}=q_0+q_1\mathrm{i}_1+q_2\mathrm{i}_2+q_3\mathrm{i}_3$。

用矩阵表示如下：

$$\begin{bmatrix}\lambda_0\\ \lambda_1\\ \lambda_2\\ \lambda_3\end{bmatrix}=\begin{bmatrix}p_0 & -p_1 & -p_2 & -p_3\\ p_1 & p_0 & -p_3 & p_2\\ p_2 & p_3 & p_0 & -p_1\\ p_3 & -p_2 & p_1 & p_0\end{bmatrix}\begin{bmatrix}q_0\\ q_1\\ q_2\\ q_3\end{bmatrix} \tag{1.58}$$

四元数连乘时，若$\boldsymbol{\Gamma}=\boldsymbol{Q}\circ\boldsymbol{P}\circ\boldsymbol{\Lambda}$，则有

$$\begin{bmatrix}\gamma_0\\ \gamma_1\\ \gamma_2\\ \gamma_3\end{bmatrix}=\begin{bmatrix}q_0 & -q_1 & -q_2 & -q_3\\ q_1 & q_0 & -q_3 & q_2\\ q_2 & q_3 & q_0 & -q_1\\ q_3 & -q_2 & q_1 & q_0\end{bmatrix}\begin{bmatrix}p_0 & -p_1 & -p_2 & -p_3\\ p_1 & p_0 & -p_3 & p_2\\ p_2 & p_3 & p_0 & -p_1\\ p_3 & -p_2 & p_1 & p_0\end{bmatrix}\begin{bmatrix}\lambda_0\\ \lambda_1\\ \lambda_2\\ \lambda_3\end{bmatrix} \tag{1.59}$$

4. 四元数表示的刚体旋转运动

设有矢量$\boldsymbol{\gamma}$，经过下面的规范化四元数变换后变为矢量$\boldsymbol{\gamma}'$：

$$\boldsymbol{Q}=\cos\frac{\theta}{2}+\boldsymbol{\xi}\sin\frac{\theta}{2} \tag{1.60}$$

此时,$\boldsymbol{\gamma}'$可以看作由$\boldsymbol{\gamma}$以单位矢量$\boldsymbol{\xi}$为轴旋转θ角而成,如图1.28所示。其中,角度α、β和γ定义了单位矢量$\boldsymbol{\xi}$相对于各坐标轴的方向。

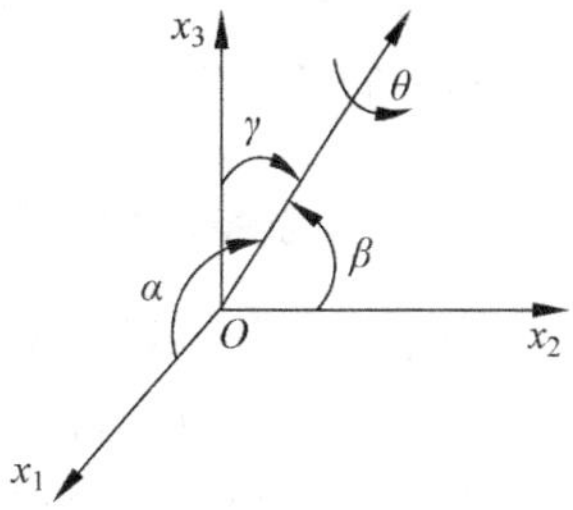

图1.28　单位矢量的方向和旋转角

当把$\boldsymbol{\gamma}$、$\boldsymbol{\gamma}'$分别看成四元数$\boldsymbol{\Gamma}$、$\boldsymbol{\Gamma}'$的矢量部分时,则有关系式(1.61)成立:

$$\boldsymbol{\Gamma}'=\boldsymbol{Q}\circ\boldsymbol{\Gamma}\circ\boldsymbol{Q}^{-1} \tag{1.61}$$

矢量$\boldsymbol{\gamma}'$相对矢量$\boldsymbol{\gamma}$的运动可由四元数$\boldsymbol{Q}$的变化来表示,即$\boldsymbol{\gamma}'$绕$\boldsymbol{\xi}$轴转动,其角速率为$\mathrm{d}\theta/\mathrm{d}t$,则以矢量$\boldsymbol{\omega}$表示为

$$\boldsymbol{\omega}=\frac{\mathrm{d}\theta}{\mathrm{d}t}\boldsymbol{\xi} \tag{1.62}$$

$\boldsymbol{\omega}$也可以表示为分量形式:$\boldsymbol{\omega}=\omega_x\mathrm{i}_1+\omega_y\mathrm{i}_2+\omega_z\mathrm{i}_3$,其中,$\omega_x$、$\omega_y$、$\omega_z$为矢量对固定坐标系的旋转角速率在固定坐标系上的投影。

上述表示方法常用于刚体旋转的定量描述。

当$\boldsymbol{Q}$的四元数表达式为$\boldsymbol{Q}=q_0+q_1\mathrm{i}_1+q_2\mathrm{i}_2+q_3\mathrm{i}_3$时,可推导出用四元数表示的刚体旋转运动学方程如下:

$$\begin{bmatrix}\dot{q}_0\\ \dot{q}_1\\ \dot{q}_2\\ \dot{q}_3\end{bmatrix}=\frac{1}{2}\begin{bmatrix}q_0 & -q_1 & -q_2 & -q_3\\ q_1 & q_0 & q_3 & -q_2\\ q_2 & -q_3 & q_0 & q_1\\ q_3 & q_2 & -q_1 & q_0\end{bmatrix}\begin{bmatrix}0\\ \omega_x\\ \omega_y\\ \omega_z\end{bmatrix} \tag{1.63}$$

展开即为

$$\begin{cases}\dot{q}_0=\dfrac{1}{2}(-\omega_x q_1-\omega_y q_2-\omega_z q_3)\\ \dot{q}_1=\dfrac{1}{2}(\omega_x q_0+\omega_y q_3-\omega_z q_2)\\ \dot{q}_2=\dfrac{1}{2}(\omega_y q_0+\omega_z q_1-\omega_x q_3)\\ \dot{q}_3=\dfrac{1}{2}(\omega_z q_0+\omega_x q_2-\omega_y q_1)\end{cases} \tag{1.64}$$

式(1.64)组成了用四元数表示的刚体旋转运动学方程组,其参数有4个。这是一组非奇异线性微分方程组,在正交变换情况下,其范数为1,即

$$q_0^2+q_1^2+q_2^2+q_3^2=1 \tag{1.65}$$

与其他刚体旋转运动方程相比,上述方程组具有以下特点:

(1) 与欧拉角表示的旋转运动方程不同,它是一组非奇异线性微分方程,没有奇点,任何参数均可解。

(2) 与方向余弦阵相比,四元数有最低数目的非奇异参数和最低数目的联系方程。通过四元数的形式运算,可单值地给定正交变换运算。

(3) 四元数能够以唯一形式表示两个表征刚体运动的重要物理量,即角速度(刚体转动

特性)和有限转动矢量(刚体位置特性),这两个量以瞬时欧拉旋转矢量和等价的欧拉旋转矢量表示。

(4) 四元数代数法,可以用超复数空间元素来表示欧拉旋转矢量,超复数空间与三维实空间对应,所以用四元数研究刚体旋转运动特性是很方便的。

5. 方向余弦矩阵的四元数表示

方向余弦矩阵可以用来表示两个坐标系之间的旋转变换关系,而四元数也可以表示刚体的旋转。因此,我们可以用四元数的 4 个参数来表示一个方向余弦矩阵。

根据式(1.61)通过简单推导,可得方向余弦矩阵用四元数表示为

$$\boldsymbol{C}=\begin{bmatrix} q_0^2+q_1^2-q_2^2-q_3^2 & 2(q_1q_2+q_0q_3) & 2(q_1q_3-q_0q_2) \\ 2(q_1q_2-q_0q_3) & q_0^2-q_1^2+q_2^2-q_3^2 & 2(q_0q_1+q_2q_3) \\ 2(q_1q_3+q_0q_2) & 2(q_2q_3-q_0q_1) & q_0^2-q_1^2-q_2^2+q_3^2 \end{bmatrix} \tag{1.66}$$

其中,q_i 满足规范化约束条件。

用四元数来表示坐标系旋转变换关系的优点是减少了动态变量,且消除了三变量欧拉角方程中可能产生奇异的问题;缺点是结果中包含非线性项,在循环计算中还必须进行四元数的重新规范化处理。

1.4.3 矢量在常用坐标系之间的变换

借助方向余弦矩阵,可以将常用的坐标系进行相互变换。

1. 地球坐标系到地理坐标系

从地球坐标系到当地地理坐标系的转换矩阵可按下面的旋转顺序进行两次旋转得到。

首先,绕地球坐标系的 z 轴旋转 $\lambda+90°$,得到中间坐标系 $Ox'y'z$,使 x'轴与 e 轴指向一致:

$$\boldsymbol{C}_1=\begin{bmatrix} \cos(\lambda+90°) & \sin(\lambda+90°) & 0 \\ -\sin(\lambda+90°) & \cos(\lambda+90°) & 0 \\ 0 & 0 & 1 \end{bmatrix}=\begin{bmatrix} -\sin\lambda & \cos\lambda & 0 \\ -\cos\lambda & -\sin\lambda & 0 \\ 0 & 0 & 1 \end{bmatrix} \tag{1.67}$$

然后,绕 x'轴旋转 $90°-\varphi$,得到东北天地理坐标系:

$$\boldsymbol{C}_2=\begin{bmatrix} 1 & 0 & 0 \\ 0 & \cos(90°-\varphi) & \sin(90°-\varphi) \\ 0 & -\sin(90°-\varphi) & \cos(90°-\varphi) \end{bmatrix}=\begin{bmatrix} 1 & 0 & 0 \\ 0 & \sin\varphi & \cos\varphi \\ 0 & -\cos\varphi & \sin\varphi \end{bmatrix} \tag{1.68}$$

于是,从地球坐标系到东北天地理坐标系的转换矩阵为

$$\boldsymbol{C}_e^g=\boldsymbol{C}_2\boldsymbol{C}_1=\begin{bmatrix} -\sin\lambda & \cos\lambda & 0 \\ -\cos\lambda\sin\varphi & -\sin\lambda\sin\varphi & \cos\varphi \\ \cos\lambda\cos\varphi & \sin\lambda\cos\varphi & \sin\varphi \end{bmatrix} \tag{1.69}$$

2. 地球坐标系到导航坐标系

地理坐标系、游移方位坐标系和自由方位坐标系是惯导系统中最常见的导航坐标系。

从地球坐标系到游移方位坐标系的转换可以分两步完成：第一步由地球坐标系变换到地理坐标系，第二步由地理坐标系绕 ξ 轴旋转游移方位角 α 到游移方位坐标系，即

$$
\begin{aligned}
\boldsymbol{C}_e^n &= \boldsymbol{C}_g^n \boldsymbol{C}_e^g \\
&= \begin{bmatrix} \cos\alpha & \sin\alpha & 0 \\ -\sin\alpha & \cos\alpha & 0 \\ 0 & 0 & 1 \end{bmatrix} \begin{bmatrix} -\sin\lambda & \cos\lambda & 0 \\ -\cos\lambda\sin\phi & -\sin\lambda\sin\phi & \cos\phi \\ \cos\lambda\cos\phi & \sin\lambda\cos\phi & \sin\phi \end{bmatrix} \\
&= \begin{bmatrix} -\sin\lambda\cos\alpha - \cos\lambda\sin\phi\sin\alpha & \cos\lambda\cos\alpha - \sin\lambda\sin\phi\sin\alpha & \cos\phi\sin\alpha \\ \sin\lambda\sin\alpha - \cos\lambda\sin\phi\cos\alpha & -\cos\lambda\sin\alpha - \sin\lambda\sin\phi\cos\alpha & \cos\phi\cos\alpha \\ \cos\lambda\cos\phi & \sin\lambda\cos\phi & \sin\phi \end{bmatrix}
\end{aligned} \tag{1.70}
$$

类似地，可以由地球坐标系变换得到自由方位坐标系：

$$
\boldsymbol{C}_e^n = \begin{bmatrix} -\sin\lambda\cos K - \cos\lambda\sin\phi\sin K & \cos\lambda\cos K - \sin\lambda\sin\phi\sin K & \cos\phi\sin K \\ \sin\lambda\sin K - \cos\lambda\sin\phi\cos K & -\cos\lambda\sin K - \sin\lambda\sin\phi\cos K & \cos\phi\cos K \\ \cos\lambda\cos\phi & \sin\lambda\cos\phi & \sin\phi \end{bmatrix} \tag{1.71}
$$

其中，角度 K 是自由方位坐标系的自由方位角。

3. 地心惯性坐标系到地理坐标系

地球坐标系相对地心惯性坐标系绕 z 轴进行角速率为 ω_{ie}（地球自转角速率）的匀速转动，于是由地心惯性坐标系变换到地理坐标系可以先由地心惯性坐标系转换到地球坐标系，再由地球坐标系变换到地理坐标系：

$$
\begin{aligned}
\boldsymbol{C}_i^g &= \boldsymbol{C}_e^g \boldsymbol{C}_i^e \\
&= \begin{bmatrix} -\sin\lambda & \cos\lambda & 0 \\ -\cos\lambda\sin\phi & -\sin\lambda\sin\phi & \cos\phi \\ \cos\lambda\cos\phi & \sin\lambda\cos\phi & \sin\phi \end{bmatrix} \begin{bmatrix} \cos\theta_{ie} & \sin\theta_{ie} & 0 \\ -\sin\theta_{ie} & \cos\theta_{ie} & 0 \\ 0 & 0 & 1 \end{bmatrix} \\
&= \begin{bmatrix} -\sin\lambda\cos\theta_{ie} - \cos\lambda\sin\theta_{ie} & -\sin\lambda\sin\theta_{ie} + \cos\lambda\cos\theta_{ie} & 0 \\ -\cos\lambda\sin\phi\cos\theta_{ie} + \sin\lambda\sin\phi\sin\theta_{ie} & -\cos\lambda\sin\phi\sin\theta_{ie} - \sin\lambda\sin\phi\cos\theta_{ie} & \cos\phi \\ \cos\lambda\cos\phi\cos\theta_{ie} - \sin\lambda\cos\phi\sin\theta_{ie} & \cos\lambda\cos\phi\sin\theta_{ie} + \sin\lambda\cos\phi\cos\theta_{ie} & \sin\phi \end{bmatrix}
\end{aligned} \tag{1.72}
$$

其中，$\theta_{ie} = \omega_{ie} t$。

4. 导航坐标系到载体坐标系

由导航坐标系 n 变换到载体坐标系 b，可以按照偏航（ψ）、俯仰（θ）和滚动（γ）的次序将导航坐标系的坐标轴旋转 3 次变换到载体坐标系：

$$
\begin{aligned}
\boldsymbol{C}_n^b &= \begin{bmatrix} \cos\gamma & 0 & -\sin\gamma \\ 0 & 1 & 0 \\ \sin\gamma & 0 & \cos\gamma \end{bmatrix} \begin{bmatrix} 1 & 0 & 0 \\ 0 & \cos\theta & \sin\theta \\ 0 & -\sin\theta & \cos\theta \end{bmatrix} \begin{bmatrix} \cos\psi & \sin\psi & 0 \\ -\sin\psi & \cos\psi & 0 \\ 0 & 0 & 1 \end{bmatrix} \\
&= \begin{bmatrix} \cos\gamma\cos\psi - \sin\gamma\sin\theta\sin\psi & \cos\gamma\sin\psi + \sin\gamma\sin\theta\cos\psi & -\sin\gamma\cos\theta \\ -\cos\theta\sin\psi & \cos\theta\cos\psi & \sin\theta \\ \sin\gamma\cos\psi + \cos\gamma\sin\theta\sin\psi & \sin\gamma\sin\psi - \cos\gamma\sin\theta\cos\psi & \cos\gamma\cos\theta \end{bmatrix}
\end{aligned} \tag{1.73}
$$

1.5 陀螺仪运动的表示方法

陀螺仪的运动通常是指它绕环架轴的转动运动，至于转子绕自转轴的高速自转运动，是为了使陀螺仪获得较大的角动量；而且当陀螺仪进入正常工作状态时，其转速基本上保持一个恒定的数值，我们无须再来研究转子绕自转轴的转动运动。

那么如何表示陀螺仪绕内、外环轴的转动情况呢？如图 1.29 所示，本书选取两个坐标系，一是参考坐标系 $Ox_0y_0z_0$，作为陀螺仪运动的参考基准；另一是内环坐标系 $Oxyz$（在前面内环坐标系用 $Ox_by_bz_b$ 代表，为简单起见，这里省略其下标），它可以表示自转轴的位置，但不参与转子的自转。这两个坐标系的原点均与环架支点 O 重合。

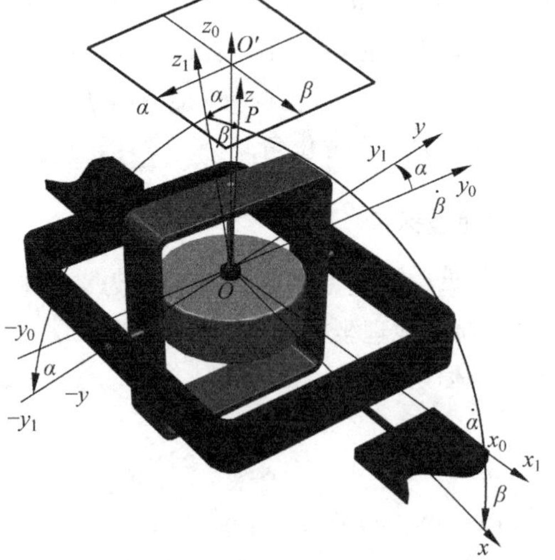

图 1.29 用尖顶在相平面上的运动表示陀螺仪的运动

设在起始位置时，两个坐标系各轴均相重合。而陀螺仪绕内、外环轴转动时，内环坐标系就相对参考坐标系转动了。当陀螺仪绕外环轴以角速度 $\dot{\alpha}$ 转动并转过 α 角时，内环坐标系从原来与参考坐标系相重合的 $Ox_0y_0z_0$ 位置转动到 $Ox_1y_1z_1$ 位置。当陀螺仪绕内环轴以角速度 $\dot{\beta}$ 转动并转过 β 角时，内环坐标系从第一次转动后的 $Ox_1y_1z_1$ 位置转动到 $Oxyz$ 位置。注意，$\dot{\alpha}$ 通常是假设沿外环轴的正向，$\dot{\beta}$ 可假设沿内环轴的正向，也可假设沿内环轴的负向，本书采用的是前者。

由此可见，陀螺仪绕内、外环轴的转动情况，可用内环坐标系相对参考坐标系的转动情况来表示。实际上，只要内环坐标系的 z 轴（代表陀螺自转轴）相对参考坐标系的转动情况确定了，陀螺仪绕内、外环轴的转动情况便可完全确定。换句话说，陀螺仪绕内、外环轴的转动情况，可用自转轴相对参考坐标系的转动情况来表示。但是，这时自转轴相对参考坐标系的转动角速度和转角仍然必须在惯性空间描述。自转轴相对参考坐标系的运动轨迹，是一个以环架支点 O 为顶点的锥面，这种图形不但描绘困难，而且使用不便，所以有必要找出一个既简便又实用的运动表示方法。

本书作一个与参考坐标系相固联的球面(图 1.29 中未画出),其球心与环架支点 O 重合,而半径为单位长度,该球面与参考坐标系 z_0 轴的交点为 O',该点叫作自转轴的极点或尖顶。这样,自转轴相对参考坐标系的转动情况,就可用极点或尖顶在球面上的运动情况来表示。这种方法称为尖顶轨迹法。但是,在球面上表示运动仍然不是很方便。

为进一步简化陀螺仪运动的表示方法,在原点 O' 处作一与球面相切的平面,并在切平面上取两根坐标轴,其中 $O'\alpha$ 平行于 Oy_0,$O'\beta$ 平行于 Ox_0(见图 1.29),该切平面叫作相平面。当自转轴绕内、外环轴相对参考坐标系转角 α 和 β 不大时,尖顶在相平面上相对原点 O' 的偏离即坐标值 α 和 β,近似地表示了自转轴相对参考坐标系的转角 α 和 β;尖顶在相平面上移动的线速度 $\dot{\alpha}$ 和 $\dot{\beta}$,近似地表示了自转轴相对参考坐标系的转动角速度 $\dot{\alpha}$ 和 $\dot{\beta}$;而尖顶在相平面上的运动轨迹则近似地表示了自转轴在空间的运动轨迹。这样,尖顶在球面上的运动情况,就可以简化成由尖顶在相平面上的运动情况来表示。

这种表示陀螺仪运动的方法在讨论陀螺仪运动时常要用到。我们必须弄清尖顶在相平面上移动与陀螺仪转动二者之间的对应关系:在相平面上尖顶沿 α 轴正向的坐标值 α 和线速度 $\dot{\alpha}$,对应了陀螺仪绕外环轴正向的转角 α 和角速度 $\dot{\alpha}$;尖顶沿 β 轴正向的坐标值 β 和线速度 $\dot{\beta}$,对应了陀螺仪绕内环轴正向的转角 β 和角速度 $\dot{\beta}$;而尖顶在相平面上的运动轨迹,则反映了自转轴在惯性空间的运动轨迹。

1.6 小结

陀螺仪是泛指用来测量航行体相对惯性空间的旋转角速度及角度的装置。

哥氏加速度的形成原因是:当动点的牵连运动为转动时,牵连转动会使相对速度的方向不断发生改变,而相对运动又使牵连速度的大小不断发生改变。这两种原因都造成了同一方向上附加的速度变化率,该附加的速度变化率即为哥氏加速度。或简言之,哥氏加速度是由于相对运动与牵连运动的相互影响而形成的。

转动惯量则是物体转动时惯性大小的量度。由于刚体转子陀螺仪框架系统(内环、外环)的转动惯量的数量不大,因此其与转子的极转动惯量和赤道转动惯量相比可以忽略不计,但当需精确分析陀螺仪运动时,则必须考虑其影响。

角动量代表陀螺转动能量的指标,是陀螺仪很重要的特性参数。转子的角动量越大,自转轴的空间方位越不容易改变,陀螺特性就表现得越明显。陀螺转子绕自转轴作高速自转运动,同时又绕框架轴作牵连运动。转子的角动量应当包括自转运动和牵连运动这两部分运动所产生的角动量。

角动量定理描述了在外力矩作用下刚体定点转动运动的规律。这个定理是刚体动力学的一个基本定理。

由于地球自转及飞机相对地球运动,引起地理坐标系和地平坐标系相对惯性空间不断转动。而双自由度陀螺仪在无外力矩作用下,其自转轴相对惯性空间保持方位稳定,从而使陀螺自转轴相对地理坐标系和地平坐标系产生相对运动。在用陀螺仪建立人工地理坐标系或人工地平坐标系时,必须考虑地理坐标系及地平坐标系相对惯性空间的转动角速度。

通过建立相平面,陀螺自转轴在空间的运动轨迹可以通过尖顶在相平面上的运动轨迹来近似地表示。这样，尖顶在球面上的运动情况，就可以简化成尖顶在相平面上的运动情况。

习题

1.1 请说明陀螺仪的定义与分类。

1.2 介绍刚体转子陀螺的基本组成。

1.3 描述哥氏加速度，并介绍其形成原因、大小和方向判断。

1.4 如何理解转动惯量的定义？

1.5 写出陀螺转子的角动量表达式。

1.6 推导并说明角动量定理的两种形式。

1.7 画图表示从地理坐标系到机体坐标系的变换。

1.8 如何选择研究陀螺仪运动的坐标系？

1.9 写出地理坐标系相对惯性空间的运动。

1.10 写出地平坐标系相对惯性空间的运动。

1.11 描述大圆航行和等角线航行的区别。

1.12 请论述方向余弦矩阵的作用。

1.13 四元数的表示方法有哪些？与方向余弦矩阵是什么关系？

1.14 什么是描述双自由度陀螺运动的相平面？它的作用是什么？

第 2 章

双自由度陀螺仪

2.1 双自由度陀螺仪的进动性

各种类型的陀螺仪表都是以陀螺仪为基础构成的，掌握陀螺仪的基本特性，是学习各种陀螺仪表工作原理的重要前提。双自由度陀螺仪的基本特性是进动性和稳定性。

2.1.1 陀螺仪的进动性及其规律

双自由度陀螺仪受外力矩作用时，若外力矩绕外环轴作用，当陀螺仪转子没有自转角速度时，则陀螺仪绕外环轴作角加速转动，其转动方向与外力矩方向一致，如图 2.1 所示。当陀螺转子高速自转后，若外力矩绕外环轴作用，则陀螺仪绕内环轴转动，其转动方向与外力矩方向不一致，表现为相互垂直。

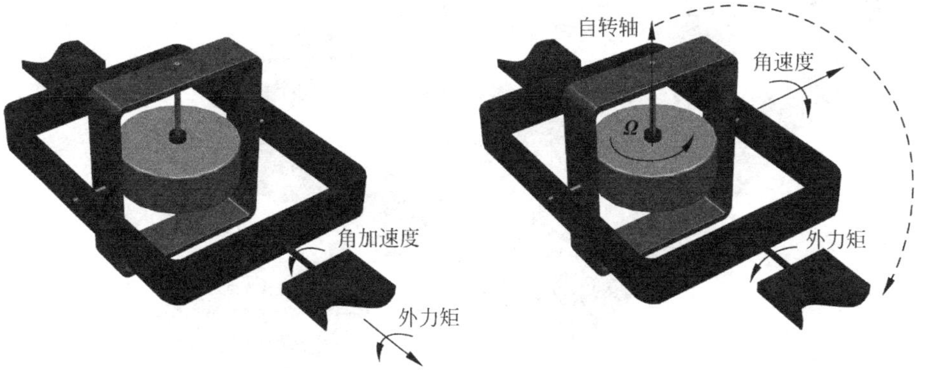

图 2.1 外力矩绕外环轴作用时陀螺仪的运动现象

若外力矩绕内环轴作用，当陀螺转子没有自转角速度时，则陀螺仪绕内环轴作角加速转动，其转动方向与外力矩方向一致，如图 2.2 所示。当陀螺转子高速自转时外力矩绕内环轴作用，则陀螺仪绕外环轴转动，其转动方向与外力矩方向不一致，表现为相互垂直。

当陀螺转子高速自转时，陀螺仪在外力矩作用下，其转动方向与外力矩方向相垂直的特性是双自由度陀螺仪的一个基本特性。

为了同一般刚体的转动相区分，我们把陀螺仪这种绕着与外力矩方向相垂直方向的转

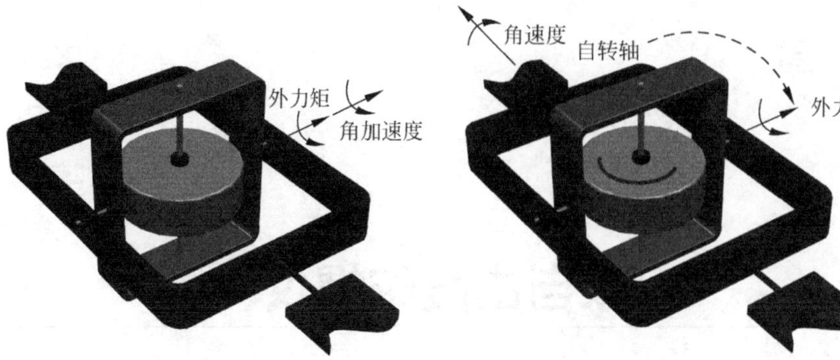

图 2.2 外力矩绕内环轴作用时陀螺仪的运动现象

动叫作进动，其转动角速度叫作进动角速度，有时还把陀螺仪进动所绕的轴，即内、外环轴叫作进动轴。

陀螺进动角速度的方向，取决于角动量的方向和外力矩的方向。其规律如图 2.3 所示。角动量 $\boldsymbol{H}$ 沿最短路径趋向外力矩 $\boldsymbol{M}$ 的转动方向，即为陀螺进动的方向。或者说从角动量矢量 $\boldsymbol{H}$ 沿最短路径握向外力矩矢量 $\boldsymbol{M}$ 的右手旋进方向，即为进动角速度 $\boldsymbol{\omega}$ 的方向。这就是用来确定进动角速度方向的右手定则。

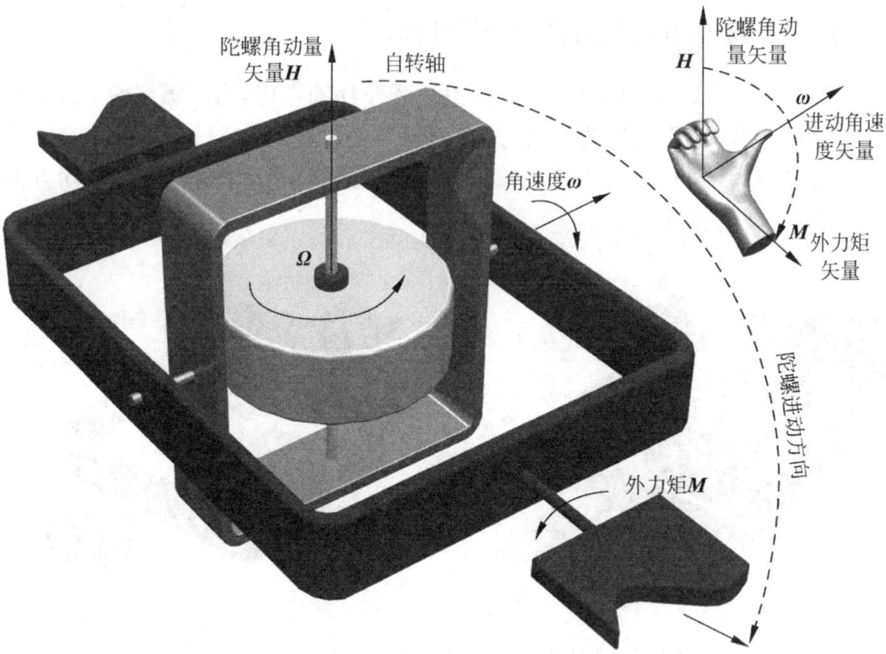

图 2.3 进动角速度矢量

陀螺进动角速度的大小，取决于角动量的大小和外力矩的大小。其计算式为

$$\boldsymbol{\omega}=\frac{\boldsymbol{M}}{\boldsymbol{H}} \tag{2.1}$$

陀螺角动量 $\boldsymbol{H}$ 等于转子对自转轴的转动惯量 J_z 与转子自转角速度 $\boldsymbol{\Omega}$ 的乘积，因此式(2.1)又可写成

$$\boldsymbol{\omega}=\frac{\boldsymbol{M}}{J_z\boldsymbol{\Omega}} \tag{2.2}$$

这就是说，角动量为一定值时，进动角速度与外力矩成正比；外力矩为一定值时，进动角速度与角动量成反比；当角动量和外力矩均为一定值时，进动角速度保持为一定值。

计算进动角速度时，角动量和外力矩应采用同一种单位制的单位。国际单位制(SI)中，角动量单位采用千克·米^2/秒(kg·m^2/s)，力矩单位采用牛·米(N·m)。但目前在陀螺仪的计算中，角动量单位通常采用克·厘米^2/秒(g·cm^2/s)或克力·厘米·秒(gf·cm·s)，这时力矩的单位则应分别采用达因·厘米(dyn·cm)或克力·厘米(gf·cm)。但无论采用何种单位制，所计算出进动角速度的单位均是弧度/秒(rad/s)。在实际应用中为直观起见，进动角速度单位通常采用度/分((°)/min)或度/时((°)/h)来表示。它们之间的换算关系是

$$1\ \text{rad/s}=(180/\pi)\times 60(°)/\text{min}=3.44\times 10^3(°)/\text{min}=2.06\times 10^5(°)/\text{h}$$

例 2.1　设陀螺角动量 $\boldsymbol{H}=10^6$ g·cm^2/s，绕内环轴作用的外力矩 $\boldsymbol{M}=5$ dyn·cm，则陀螺仪绕外环轴的进动角速度为

$$\boldsymbol{\omega}=\frac{\boldsymbol{M}}{\boldsymbol{H}}=\frac{5}{10^6}=5\times 10^{-6}\ \text{rad/s}=1.03(°)/\text{h}$$

例 2.2　设陀螺角动量 $\boldsymbol{H}=4000$ gf·cm·s，绕内环轴作用的外力矩 $\boldsymbol{M}=0.2$ gf·cm，则陀螺仪绕外环轴的进动角速度为

$$\boldsymbol{\omega}=\frac{\boldsymbol{M}}{\boldsymbol{H}}=\frac{0.2}{4000}=5\times 10^{-5}\ \text{rad/s}=0.172(°)/\text{min}$$

陀螺仪的进动可以说是“无惯性”的。外力矩加上的瞬间，它立即出现进动；外力矩去除的瞬间，它立即停止进动；外力矩的大小或方向改变，进动角速度的大小或方向也立即发生相应的改变。实际上，完全的“无惯性”是不存在的，只是因为惯性小，我们用眼睛不易观察出它的惯性表现而已。

从双自由度陀螺仪的基本组成可知，内环的结构保证了自转轴与内环轴的垂直关系，外环的结构保证了内环轴与外环轴的垂直关系。然而，自转轴与外环轴的几何关系则应根据两者之间的相对转动情况而定。当作用在外环轴上的外力矩使自转轴绕内环轴进动，或基座带动外环轴绕内环轴转动时，自转轴与外环轴之间就不能保持垂直关系。若自转轴偏离外环轴垂直位置一个 θ 角，如图 2.4 所示，则陀螺角动量的有效分量是 $\boldsymbol{H}\cos\theta$，这时进动角速度的大小应按式(2.3)计算：

$$\omega=\frac{\boldsymbol{M}}{\boldsymbol{H}\cos\theta} \tag{2.3}$$

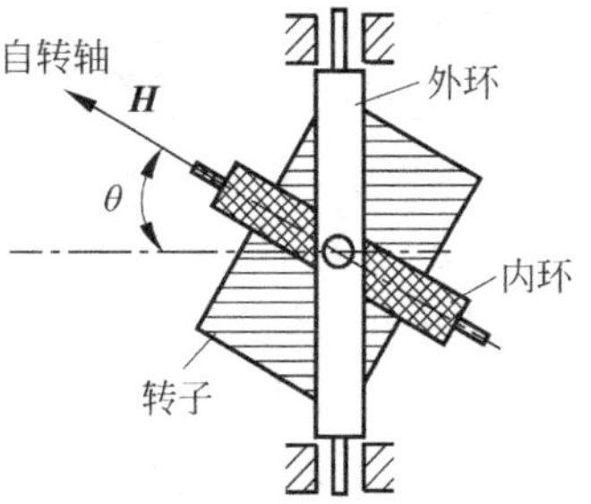

图 2.4　自转轴与外环轴不垂直的情况

式(2.3)与式(2.1)对比可以看出，当自转轴与外环轴垂直即 $\theta=0°$时，两个式子计算结果一致；当自转轴偏离垂直位置的角度 θ 较小，如 $\theta<20°$时，陀螺角动量的有效分量$\boldsymbol{H}\cos\theta>0.94\boldsymbol{H}$，仍然接近原来的角动量数值，因而采用式(2.1)的计算结果仍足够精确；但当自转轴的偏离角 θ 较大，如 $\theta=60°$时，陀螺角动量的有效分量 $\boldsymbol{H}\cos\theta=0.5\boldsymbol{H}$，仅为原来角动量数值的一半，则应采用式(2.3)来计算。

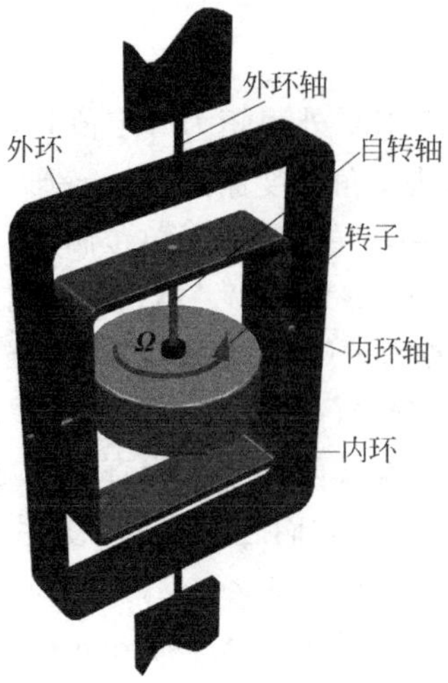

图 2.5 陀螺失去一个转动自由度的情况

如果自转轴偏离外环轴垂直位置的角度达到 90°，即自转轴与外环轴重合在一起，如图 2.5 所示，陀螺仪就失去一个转动自由度。在这种情况下，绕外环轴作用的外力矩将使外环和内环一起绕外环轴转动起来，陀螺仪将变得与一般刚体没有区别。这种现象叫作“环架自锁”，因为当把内、外环架锁定在一起时，也将会出现这种现象。

由此可见，双自由度陀螺仪的进动性，只有在陀螺仪不失去一个转动自由度的情况下才会表现出来。所以，在双自由度陀螺仪构成的陀螺仪表中，要避免陀螺仪失去转动自由度的情况出现。不过，有些陀螺仪表为了缩短起动时间，在起动时往往利用这种原理（自转轴不垂直外环轴），使陀螺仪迅速转动到预定的位置上。

2.1.2 用角动量定理解释陀螺仪的进动性

角动量定理描述了刚体定点转动的运动规律。在陀螺仪中，陀螺转子的运动属于刚体的定点转动，故其运动规律可由角动量定理加以解释。

联系到陀螺问题时，首先应弄清角动量定理$\frac{\mathrm{d}\boldsymbol{H}}{\mathrm{d}t}=\boldsymbol{M}$中各项符号的具体含义：$\boldsymbol{H}$ 表示陀螺角动量即转子角动量，$\boldsymbol{H}=J_z\boldsymbol{\Omega}$；$\frac{\mathrm{d}\boldsymbol{H}}{\mathrm{d}t}$表示陀螺角动量在惯性空间中对时间的导数，即陀螺角动量在惯性空间中的变化率；$\boldsymbol{M}$ 表示绕内环轴或外环轴作用在陀螺仪上的外力矩。

这样，角动量定理在这里所表示的具体含义就是：陀螺角动量矢量在惯性空间中的变化率，等于作用在陀螺仪上的外力矩。

陀螺角动量通常是由陀螺电动机驱动转子高速旋转而产生的。当陀螺仪进入正常工作状态时，转子的转速达到额定数值，角动量的大小为一常值。若外力矩绕内环轴或外环轴作用在陀螺仪上，由于内、外环的结构特点，该外力矩不会绕自转轴传递到转子上使它的转速发生改变，因而不会引起角动量的大小发生改变。但从角动量定理可以看出，在外力矩作用下，角动量在惯性空间中将出现变化率。既然角动量的大小保持不变，那么角动量在惯性空间中的变化率，就意味着角动量在惯性空间中的方向发生改变。

从角动量定理的另一表达形式，即莱查定理 $\boldsymbol{M}=\boldsymbol{v}_{\mathrm{H}}$ 可知，陀螺角动量矢量的矢端速度 $\boldsymbol{v}_{\mathrm{H}}$，等于作用在陀螺仪上的外力矩矢量 $\boldsymbol{M}$。$\boldsymbol{v}_{\mathrm{H}}$ 与 $\boldsymbol{M}$ 不仅大小相等，而且方向相同。根据角动量矢端速度 $\boldsymbol{v}_{\mathrm{H}}$ 的方向与外力矩 $\boldsymbol{M}$ 的方向相一致的关系，便可确定出角动量 $\boldsymbol{H}$ 的方向变化，从而也就确定出陀螺进动的方向。这与上面提到的判断进动方向的规则完全一致。若把这个关系说成“外力矩拉着角动量矢端跑”，用来记忆陀螺进动的方向，更是一种形象而简便的方法。

若用陀螺角动量在惯性空间的转动角速度来表达角动量矢端速度 $\boldsymbol{v}_{\mathrm{H}}$，则有

$$\boldsymbol{v}_{\mathrm{H}}=\boldsymbol{\omega}\times\boldsymbol{H} \tag{2.4}$$

再根据莱查定理可得

$$\boldsymbol{\omega} \times \boldsymbol{H} = \boldsymbol{M} \tag{2.5}$$

很显然,陀螺角动量在惯性空间中的转动角速度即为陀螺进动角速度,所以这个关系表明了陀螺进动角速度与角动量以及外力矩三者之间的关系。若已知角动量和外力矩,根据矢量积的运算规则,便可确定出进动角速度的大小和方向。式(2.5)就是以矢量形式表示的陀螺仪进动方程式。

此外,用角动量定理还可解释陀螺仪进动的"无惯性",外力矩加上的瞬间,陀螺角动量立刻出现变化率而相对惯性空间改变方向,因而陀螺仪立刻出现进动。外力矩去除的瞬间,陀螺角动量的变化率立刻为零而相对惯性空间保持方向不变,因而陀螺仪也立刻停止进动。这里需要强调指出,在外力矩作用下陀螺角动量的变化率是相对惯性空间而言的,因此陀螺仪的进动是相对惯性空间而言的。

根据上面的分析我们应当明确:陀螺仪进动的内因是转子的高速自转即角动量的存在,外因则是外力矩的作用。外力矩之所以会使陀螺仪产生进动,是因为外力矩改变了陀螺角动量方向。如果转子没有自转,即角动量为零,或者作用于陀螺仪的外力矩为零,或者外力矩矢量与角动量矢量共线(如出现"环架自锁"时,作用在外环轴上的外力矩矢量便与角动量矢量共线),那么陀螺仪就不会表现出进动性。

2.1.3 陀螺力矩与陀螺效应

从牛顿第三定律得知,有作用力(或力矩),必有反作用力(或力矩),二者大小相等,方向相反,且分别作用在两个不同的物体上。当外界对陀螺仪施加力矩使它进动时,陀螺仪也必然存在反作用力矩,其大小与外力矩的大小相等,方向与外力矩的方向相反,并且作用在给陀螺仪施加力矩的物体上。这就是陀螺仪进动时的反作用力矩,通常简称为"陀螺力矩"。

$$\boldsymbol{M}_{\mathrm{G}} = -\boldsymbol{M} \tag{2.6}$$

将式(2.5)代入式(2.6),则得陀螺力矩、角动量以及进动角速度之间的关系式:

$$\boldsymbol{M}_{\mathrm{G}} = \boldsymbol{H} \times \boldsymbol{\omega} \tag{2.7}$$

当角动量与进动角速度相垂直时,陀螺力矩的大小为

$$\boldsymbol{M}_{\mathrm{G}} = H\omega \tag{2.8}$$

陀螺力矩的方向示于图2.6中。从角动量 $\boldsymbol{H}$ 沿最短路径握向进动角速度 $\boldsymbol{\omega}$ 的右手旋进方向,即为陀螺力矩 $\boldsymbol{M}_{\mathrm{G}}$ 的方向。

陀螺力矩实为哥氏惯性力所形成的哥氏惯性力矩。我们知道,当一个物体(或质点)受到外力作用使之产生加速度时,该物体(或质点)必因惯性而表现出它的反抗,对施力物体以反作用力,这种力叫作惯性力。惯性力与作用力大小相等,方向相反;但应特别注意,它是物体(或质点)处于加速状态时,作用在给物体(或质点)施力的物体上的力。对陀螺仪而言,当外力矩绕框架轴作用在陀螺仪上时,转子各质点将受到外力作用而产生哥氏加速度;同时,转子各质点必然存在哥氏惯性力。

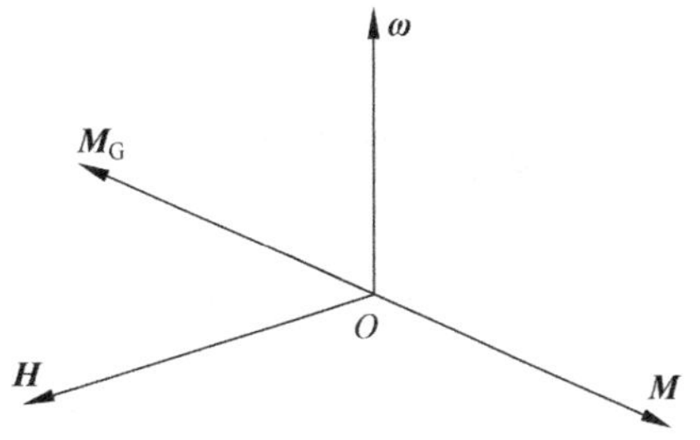

图2.6 陀螺力矩的方向

转子各质点的哥氏惯性力与作用在各质点上的外力大小相等，方向相反，由此所形成的哥氏惯性力矩必然与外力矩大小相等，方向相反，并且反作用到给陀螺仪施加力矩的物体上。这就是陀螺仪的反作用力矩即陀螺力矩。

必须强调，陀螺力矩并不作用在转子本身，而是作用在给陀螺仪施加力矩的物体上，如我们用手绕外环轴给陀螺仪施加力矩，这个力矩通过外环传递到内环轴上的一对轴承上，再通过内环传递到自转轴上一对轴承而作用在转子上，这样才使转子产生绕内环轴的进动。转子绕内环轴进动的同时所产生的绕外环轴的陀螺力矩，又通过这些构件传递到外环而反作用到手上。因此，对陀螺仪中的转子而言，它仅受到外力矩作用，转子处于进动状态，而不处于平衡状态。

但是，对陀螺仪中的外环而言，由于它在这里担当传递力矩，所以同时受到外力矩和陀螺力矩作用，二者方向相反且大小相等，这样就使外环处于平衡状态，而绕外环轴相对惯性空间保持方位稳定。陀螺力矩所产生的这种外环稳定效应，叫作陀螺动力稳定效应或简称陀螺动力效应。当然，一旦自转轴绕内环轴进动到与外环轴重合即出现“环架自锁”时，陀螺力矩就不存在，陀螺动力稳定效应也不复存在了。

对工程上某些具有高速旋转部件的机械装置来说，当这些装置的基座有角运动时，也会有陀螺力矩存在。例如，飞机上活塞式发动机的螺旋桨、喷气式发动机的涡轮和压气机转子以及轮船上的汽轮机转子等，当运载体有角运动带动这些高速旋转部件的转轴在空间改变方向时，将会产生陀螺力矩而带来不利影响。这就是工程上存在的陀螺效应。

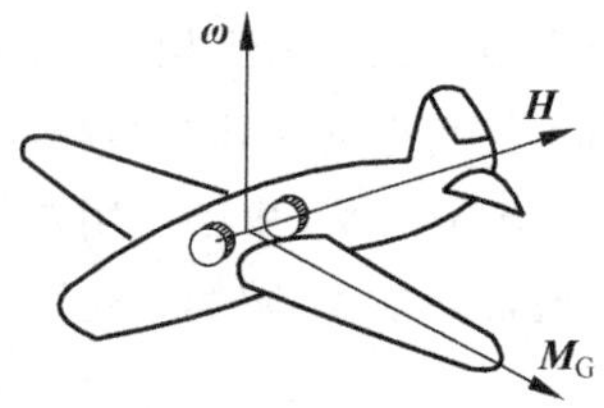

图 2.7 飞机的陀螺效应

如图 2.7 所示，飞机发动机转子的自转动量矩 $\boldsymbol{H}$ 方向向后，当飞机有一左盘旋角速度时，将产生一指向左机翼的陀螺力矩 $\boldsymbol{M}_G$。此陀螺力矩一方面使发动机转子轴的轴承承受相当大的附加动压力，另一方面将会造成飞机低头从而影响飞机的操纵和稳定。因而驾驶员必须进行协调操纵，使飞机盘旋时在舵面上同时受到空气动力矩 $\boldsymbol{M}_a$ 来和陀螺力矩 $\boldsymbol{M}_G$ 保持平衡，这样才能使飞机保持正常盘旋而不产生低头现象。

例 2.3 设某喷气式飞机的涡轮转子对其转轴的转动惯量 $J_z=225\ \text{kgf}\cdot\text{cm}\cdot\text{s}^2$，转子自转角速度 $\boldsymbol{\Omega}=10\,000$ r/min（相当于 1048 rad/s），当飞机转弯角速度 $\boldsymbol{\omega}=0.262$ rad/s（相当于 15(°)/s）时，产生的陀螺力矩 $\boldsymbol{M}_G=\boldsymbol{H}\boldsymbol{\omega}=J_z\boldsymbol{\Omega}\boldsymbol{\omega}=61\,780\ \text{kgf}\cdot\text{cm}$。

从例 2.3 看出，当转子极转动惯量 J_z 和自转角速度 $\boldsymbol{\Omega}$ 很大，而基座（飞机）的角速度 $\boldsymbol{\omega}$ 又较大时，陀螺力矩及附加动压力将达到相当大的量值，甚至会导致转轴发生弯曲或轴承发生破坏，同时对飞机的稳定性造成不利影响。

2.2 双自由度陀螺仪的稳定性

2.2.1 陀螺仪的稳定性及其表现

双自由度陀螺仪具有抵抗干扰力矩，力图保持自转轴相对惯性空间方位稳定的特性，叫作陀螺仪的稳定性，也叫作定轴性。稳定性或定轴性是双自由度陀螺仪的又一基本特性。

如果陀螺仪不受任何外力矩作用，则根据角动量定理有 $\mathrm{d}\boldsymbol{H}/\mathrm{d}t=0$，由此得出 $\boldsymbol{H}$ 为常

数，即这时陀螺角动量 $\boldsymbol{H}$ 在惯性空间中的大小及方向均无改变，自转轴相对惯性空间处在原来给定的方位上。而且，不管安装陀螺仪的基座如何转动，自转轴相对惯性空间仍然处在原来给定的方位上。

但是，仅仅说在不受任何外力矩作用时，自转轴能相对惯性空间保持方位不变，并不能表明陀螺仪的特性。因为对一般的定点转动刚体(如转子没有自转的陀螺仪即为一般的定点转动刚体)来说，如果不受任何外力矩作用，它也能做到相对惯性空间保持方位不变。另一方面，在实际的陀螺仪中，由于结构和工艺的不尽完善，总是不可避免地存在干扰力矩，例如，框架轴上支承的摩擦力矩，陀螺组件的质量不平衡力矩等，这些都是作用在陀螺仪上的干扰力矩。因此，要在有干扰力矩的情况下来讨论陀螺仪的稳定性或定轴性问题，才有实际的意义。

在干扰力矩作用下，陀螺仪将产生进动，使自转轴相对惯性空间偏离原来给定的方位。在干扰力矩作用下陀螺自转轴的方位偏离运动，称为陀螺漂移或简称漂移。在干扰力矩作用下的陀螺进动角速度即为陀螺漂移角速度，进动的方向即为漂移的方向。设陀螺角动量为 $\boldsymbol{H}$，作用在陀螺仪的干扰力矩为 $\boldsymbol{M}_{\mathrm{d}}$，则漂移角速度的量值显然为

$$\boldsymbol{\omega}_{\mathrm{d}}=\frac{\boldsymbol{M}_{\mathrm{d}}}{\boldsymbol{H}} \tag{2.9}$$

虽然在干扰力矩作用下陀螺仪会产生漂移，但只要具有较大的角动量，漂移角速度就较小，因而在一定的时间内，自转轴相对惯性空间的方位变化是很微小的。在干扰力矩作用下，陀螺仪以进动形式作缓慢漂移，这是陀螺仪稳定性的一种表现。陀螺角动量越大，则漂移越缓慢，陀螺仪的稳定性就越高。

如果作用在陀螺仪上的干扰力矩是一种量值相当大而作用时间非常短的冲击力矩，那么自转轴将在原来的空间方位附近作锥形振荡运动。陀螺仪的实际运动称为陀螺章动或简称章动。虽然在冲击力矩作用下陀螺仪会产生章动，但只要具有较大的角动量，章动的频率就很高，一般高于 100 Hz，而其振幅却很小，一般小于角分量级，因而自转轴相对惯性空间的方位变化是极为微小的。

在冲击力矩作用下，陀螺仪以章动的形式作高频、微幅振动，这是陀螺仪稳定性的又一表现。陀螺角动量越大，则章动振幅越小，陀螺仪的稳定性就越高。

在干扰力矩作用下，陀螺仪所表现出的稳定性与转子不自转(一般的定点转动刚体)相比有很大区别。

从常值干扰力矩作用的结果来看，陀螺仪绕正交轴(指与外力矩方向相垂直的轴)按等角速度的进动规律漂移，漂移角度与时间成正比。一般的定点转动刚体则绕同轴(指与外力矩同方向的轴)按等角加速度的转动规律偏转，偏转角速度与时间成正比，偏转角度与时间平方成正比。因此，在同样大小的常值干扰力矩作用下，经过相同的时间，陀螺仪相对惯性空间的方位改变远比一般的定点转动刚体小得多。

从冲击干扰力矩作用结果看，陀螺仪仅仅是作高频、微幅的章动运动。一般定点转动刚体则顺着冲击力矩方向作等角速转动，偏转角度与时间成正比。因此，在同样大小的冲击力矩作用下，陀螺仪相对惯性空间的方位改变也远比一般定点转动刚体小得多。

必须指出，对于陀螺仪的稳定性或定轴性，我们不应该理解成在没有干扰力矩作用的情况下，其自转轴相对惯性空间保持方位不变，因为任何一个定点转动刚体(包括转子没有自

转的陀螺仪），在完全没有干扰力矩作用的情况下，它也会相对惯性空间保持方位不变，但它没有抵抗外界干扰力矩而保持方位稳定的能力，只能理解为陀螺仪在干扰力矩作用下，其自转轴相对惯性空间的方位改变很微小，即自转轴方位的相对稳定性，这样来理解陀螺仪的稳定性或定轴性才有实际意义。

2.2.2 衡量陀螺仪精度的主要指标——漂移率

陀螺仪的基本功用是提供一个精确的测量转动运动的基准。但在实际的陀螺仪中，总是不可避免地存在干扰力矩使之产生漂移和章动，从而引起自转轴相对惯性空间改变方位。在这两种形式的运动中，章动所引起的方位改变极为微小，它的影响一般来说可以忽略；而漂移所引起的方位改变却比较显著，因为它将造成自转轴相对原来惯性空间方位的偏角随时间增加，所以，陀螺漂移是影响陀螺仪精度的主要因素。

陀螺漂移的快慢及其方向，用漂移角速度来表示。漂移角速度的量值通常叫作漂移率。当需要用自转轴来提供惯性空间某一确定的方位时，漂移率越小，则方位稳定精度越高。当需要施加控制力矩使自转轴跟踪空间某一变动的方位时，陀螺漂移率越小，则方位跟踪精度越高。因此，漂移率是衡量陀螺仪精度的主要指标。

陀螺漂移率的计算式如式(2.9)所示，它与干扰力矩成正比，而与角动量成反比。漂移率的单位一般采用(°)/min 或(°)/h 来表示。在惯性导航系统的分析中，有时还采用千分之一地球自转角速度作为漂移率的单位，这种单位叫作毫地率(英文缩写为 meru)，即 1 meru=0.015(°)/h。

根据干扰力矩的性质及其变化规律，大体上可以把它分为两种类型，一类是有规律性的干扰力矩，另一类是随机性的干扰力矩。在陀螺仪中这两种类型的干扰力矩是同时存在的，所以陀螺漂移率中包含了有规律性漂移率和随机性漂移率两个部分。

有规律性漂移率指漂移率中有规律性的分量。它由干扰力矩中有规律性的部分引起，其变化有确定的形式，可以用确定性的函数关系加以描述。例如，不平衡力矩、阻尼力矩、弹性力矩、非等弹性力矩等都属于有规律性的干扰力矩，它们会引起有规律性的漂移率。因为这种漂移率的变化是有规律性的，故可设法加以补偿。

随机性漂移率指漂移率中随机性的分量，即在规定工作条件下漂移率中无规律性的随时间变化的分量。它由干扰力矩中随机性的部分引起。例如，摩擦力矩和结构变形等引起的干扰力矩属于随机性质。随机漂移率的变化规律没有确定的形式，无法用确定性的函数关系描述。但可借助数理统计方法，对大量漂移数据进行统计分析，从中找出统计规律，随机漂移率通常用各个漂移数值的标准偏差来表示。因为这种漂移率是随机性的，故无法用常规方法补偿，只有应用卡尔曼滤波技术才能把这种随机干扰的影响大大削弱。在惯性导航系统的应用中，陀螺随机漂移率将严重影响导航系统的定位精度，故惯性导航系统对陀螺随机漂移率有严格要求，一般应达到 0.01(°)/h 甚至更小。

实际上，规律性干扰力矩也不是一成不变的，经过一段时间使用后它的数值也可能发生变化，所以规律性干扰力矩也存在随机变动的问题。

若按照干扰力矩与航行体加速度(或比力)的关系，又可以把漂移率分为与加速度(或比力)无关的、与加速度(或比力)成比例的以及与加速度(或比力)平方成比例的 3 类。例如，摩擦力矩、阻尼力矩、弹性力矩及电磁干扰力矩等与加速度无关。不平衡力矩与加速度成比例。非等弹性力矩与加速度平方成比例。这里的所谓比力是指单位质量所受到的引力(宇宙空间中天体的引力场引起)与惯性力(运载体相对惯性空间的加速度引起)的合力。

此外,还有表征陀螺漂移长期稳定性的一种随机漂移率,叫作逐次漂移率。它主要由规律性干扰力矩在逐次起动时的随机变化引起。逐次漂移率反映了陀螺仪在各次工作中漂移率的变化情况。根据抽样时间间隔,又可把它分成逐日漂移率、逐月漂移率和逐年漂移率。逐次漂移率通常用各次漂移率数值的标准偏差来表示。

陀螺仪可以在多种对象和系统中应用,随着使用场合的不同,对陀螺漂移率的要求也不相同。一般而言,在指示仪表或在飞行控制系统中应用时,对陀螺仪精度的要求相对低些,其漂移率要求一般为几十度每时到 1 度每时;在飞机和舰船惯性导航或战略导弹惯性制导系统中应用时,对陀螺仪精度的要求就必须很高,其漂移率要求一般为 0.001～0.01(°)/h 甚至更小(漂移率达到或小于 0.01(°)/h 的陀螺仪常称为惯性级陀螺仪)。而且,工作时间愈长,对陀螺仪精度的要求也愈高,如长时间在水下潜伏航行的核潜艇中使用的惯性导航系统,就需要配备极低漂移率的陀螺仪。在表 2.1 中列举了各种使用对象和系统对陀螺漂移率要求的大致范围。

表 2.1 各种使用对象和系统对陀螺漂移率的要求

使用对象和系统	对漂移率要求/((°)/h)
飞行控制系统中的垂直陀螺仪	10～30
陀螺地平仪	
飞行控制系统中的航向陀螺仪	1～12
陀螺磁罗盘中的航向陀螺仪	
战术导弹惯性制导系统中的陀螺仪	0.05～1
船用陀螺罗盘	0.01～0.2
飞机惯性导航系统中的陀螺仪	0.001～0.01
舰船惯性导航系统中的陀螺仪	
战略导弹惯性制导系统中的陀螺仪	0.0005～0.01

为降低陀螺漂移率,应尽量减小干扰力矩。在陀螺仪中造成干扰力矩的因素很多,如框架轴上支承的摩擦、陀螺组件的质量不平衡、结构的非等弹性、输电装置的接触摩擦或弹性约束、电磁元件的电磁干扰以及制造工艺上的误差等。在陀螺仪的设计、结构、材料和工艺等方面,都应尽量减小造成干扰力矩的各种因素。另一方面,则是不断寻求各种新颖支承方法和新颖工作原理的陀螺仪,以期获得更低的漂移率。各种类型陀螺仪的漂移率目前所能达到的大致范围如表 2.2 所示。

表 2.2 各种类型陀螺仪漂移率目前所能达到的大致范围

陀螺仪类型	漂移率可达范围/((°)/h)
滚珠轴承的陀螺仪	30～1
旋转轴承的陀螺仪	1～0.1
液浮陀螺仪	0.01～0.0001
气浮陀螺仪	0.01～0.001
挠性陀螺仪	0.01～0.001
静电陀螺仪	0.001～0.0001

为降低陀螺漂移率,还必须适当增加陀螺角动量。这可通过适当增大转子转动惯量和自转角速度来实现,但过多加大角动量会带来仪表体积、质量、功耗和发热增大等不利影响,而且对降低漂移率并无明显效果。这是因为随着质量的增大,与质量有关的干扰力矩如轴承摩擦和质心偏移等引起的干扰力矩也相应增大。而且随着发热的增加,与发热有关的干扰力矩如热变形和热对流等引起的干扰力矩也相应增大。这样一来,使得增大角动量的效果在很大程度上被干扰力矩的增大所抵消,甚至还会适得其反。

2.2.3 陀螺仪的表观运动(视在运动)

如果陀螺仪的漂移率足够小,如达到 0.1(°)/h 或更小量级,则陀螺自转轴相对惯性空间的方位变化很微小,同地球自转引起的地球相对惯性空间的方位变化(15(°)/h)相比较,可近似认为陀螺自转轴相对惯性空间的方位不变。由于陀螺自转轴相对惯性空间保持方位稳定,而地球以其自转角速度绕地轴相对惯性空间转动,所以,观察者若以地球作为参考基准,将会看到陀螺仪相对地球的转动。这种相对运动叫作陀螺仪的"表观运动"。当然,观察者若以恒星作为参考基准,将看不到陀螺仪的这种相对运动,而是看到它相对恒星的漂移运动。

例如,在地球北极处放置一个高精度的陀螺仪,并使其外环轴处于地垂线位置,自转轴处于水平位置,如图 2.8 所示,这时俯视陀螺仪将会看到陀螺自转轴在水平面内相对地球作顺时针转动,每 24 h 转动一周。若在地球赤道处放置一个高精度的陀螺仪,并使自转轴处于当地地垂线位置,如图 2.9 所示,这时将会看到陀螺自转轴相对地平面(地球)转动,每 24 h 转动一周。

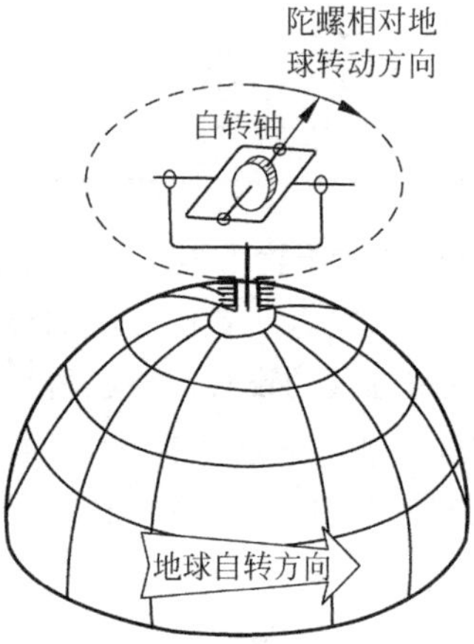

图 2.8 地球北极处陀螺仪的表观运动

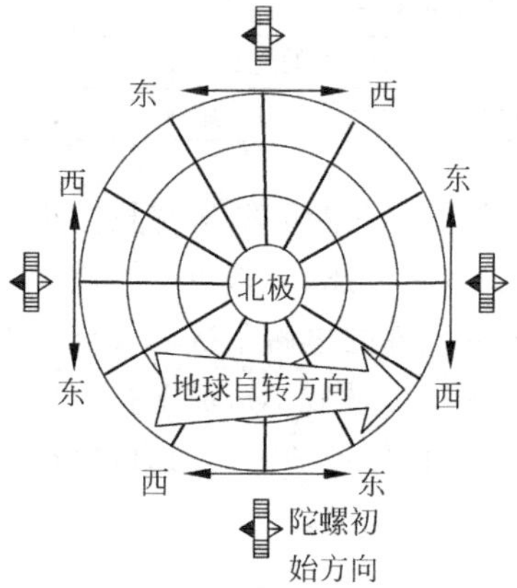

图 2.9 地球赤道处陀螺仪的表观运动

这种由表观运动所引起的陀螺自转轴偏离当地地垂线或当地子午线的误差,称为陀螺仪的"表观误差"。显而易见,若要使陀螺自转轴始终重现当地地垂线或当地子午线,则必须对陀螺仪施加一定的控制力矩或修正力矩,以使其自转轴始终跟踪当地地垂线或当地子午线相对惯性空间的方位变化。

又如,在地球任意纬度处放置一个高精度的陀螺仪,并使其自转轴处于当地地垂线位置，如图 2.10(a)所示，这时将会看到陀螺自转轴逐渐偏离当地地垂线，而相对地球作圆锥轨迹的转动，每 24 h 转动一周。若使其自转轴处于当地子午线位置，如图 2.10(b)所示，这时将会看到陀螺自转轴逐渐偏离当地子午线，相对地球作圆锥轨迹的转动，每 24 h 转动一周。

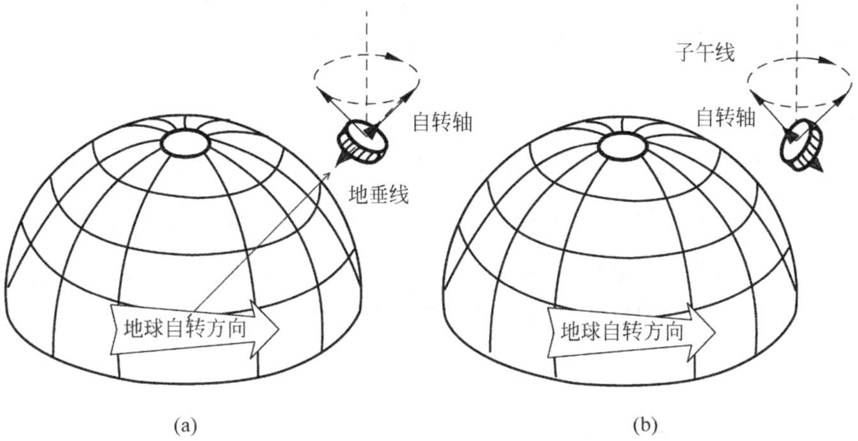

图 2.10 任意纬度处陀螺仪的表观运动

(a) 自转轴起始指地垂线；(b) 自转轴起始指子午线

2.3 双自由度陀螺仪的运动方程式

在外力矩作用下陀螺仪的转动角速度和转角将按照什么规律变化？这是双自由度陀螺仪动力学所要解决的基本内容。要分析陀螺仪的动力学问题，首先需建立它的动力学方程式。这种动力学方程式即通常所说的陀螺仪运动方程式，可应用欧拉动力学方程式、拉格朗日方程式和动静法来建立。这里以双自由度框架式陀螺仪为对象，采用其中最简便的方法即动静法来进行推导。

2.3.1 应用动静法推导陀螺仪相对惯性坐标系的运动方程式

牛顿第二定律 $\boldsymbol{F}=m\boldsymbol{a}$ 表达的是动力学问题，但将它移项后可得

$$\boldsymbol{F}-m\boldsymbol{a}=0 \tag{2.10}$$

或写成

$$\boldsymbol{F}+\boldsymbol{Q}=0 \tag{2.11}$$

这里 $\boldsymbol{Q}=-m\boldsymbol{a}$ 表示物体的惯性力，一般情况下，它应等于相对惯性力、牵连惯性力与哥氏惯性力三者的矢量和。

式(2.10)和式(2.11)的意思是，物体的惯性力与作用于物体的外力互成“平衡”(实为一种形式上的平衡)，这就是达朗伯原理。基于这个原理，在作用于物体的外力之外，另加上惯性力，即可使动力学问题转变为静力学问题求解。这种处理动力学问题的方法称为动静法。如果物体作转动运动，则在作用于物体的外力矩之外，另加上惯性力矩，即可使动力学问题转变为静力学问题求解。

但应注意，在用动静法处理动力学问题时，另加惯性力或惯性力矩，只是为了处理问题的方便，从形式上把物体的受力运动状态转变为受力平衡状态。实际上，惯性力或惯性力矩并不作用在运动物体上，而是作用在给运动物体施力或力矩的物体上。由动静法所得的静力学方程式，其实质仍是动力学方程式。

应用动静法可以直接而方便地导出陀螺仪的运动方程式。现以双自由度框架式陀螺仪为对象进行推导。这种陀螺仪包含 3 个刚体，即转子、内环和外环。如图 2.11 所示，取内环坐标系 $Ox_by_bz_b$ 与内环固联，外环坐标系 $Ox_ay_az_a$ 与外环固联，惯性坐标系 $Ox_iy_iz_i$ 与惯性空间固联。

这 3 个坐标系的原点均与陀螺仪的支承中心重合，在初始位置时各对应的坐标轴均相互重合。假设陀螺仪绕外环轴相对惯性坐标系转动的角加速度和角速度分别为 $\ddot{\alpha}$ 和 $\dot{\alpha}$，陀螺仪绕内环轴相对惯性坐标系转动的角加速度和角速度分别为 $\ddot{\beta}$ 和 $\dot{\beta}$，并且它们沿各自轴的正向定义为正。当陀螺仪绕外环轴转动 α 角并绕内环轴转动 β 角时，各坐标系之间的关系如图 2.11 所示。

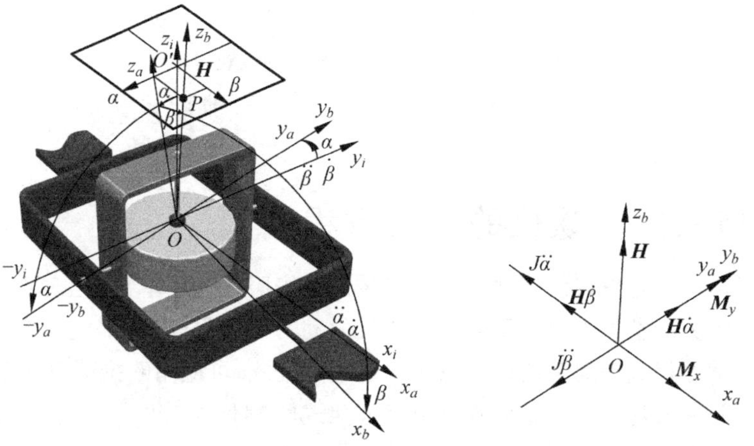

图 2.11　双自由度陀螺仪相对惯性坐标系的运动及其力矩

假设陀螺转子角动量为 $\boldsymbol{H}$，陀螺仪对内、外环轴的转动惯量分别为 J_y 和 J_x。此外，假设绕内、外环轴作用在陀螺仪上的外力矩分别为 $\boldsymbol{M}_y$ 和 $\boldsymbol{M}_x$，并且它们沿各自轴的正向定义为正。在外力矩作用下陀螺仪将产生绕内、外环轴的转动运动，这是一个动力学问题。根据动静法处理动力学问题的基本原理，除外力矩外另加惯性力矩，即可使之转变为静力学问题求解。现在来求陀螺仪运动时的惯性力矩。

由于陀螺仪具有绕内环轴和外环轴的转动惯量 J_y 和 J_x，当陀螺仪绕内环轴和外环轴出现角加速度 $\ddot{\beta}$ 和 $\ddot{\alpha}$ 时，就有一般定轴转动刚体的转动惯性力矩。转动惯性力矩的方向与角加速度的方向相反，如图 2.11 所示。其表达式为

$$\begin{cases} \boldsymbol{M}_{Jx} = -J_x\ddot{\alpha} \\ \boldsymbol{M}_{Jy} = -J_y\ddot{\beta} \end{cases} \tag{2.12}$$

由于陀螺仪具有角动量 $\boldsymbol{H}$，当陀螺仪绕内环轴和外环轴出现角速度 $\dot{\beta}$ 和 $\dot{\alpha}$ 时，就有哥氏惯性力矩即陀螺力矩。陀螺力矩的方向按角动量转向角速度的右手旋进规则确定，如图 2.11 所示。在假设转角 β 为小量角的情况下，其表达式为

$$\begin{cases} \boldsymbol{M}_{Gx} = -\boldsymbol{H}\dot{\beta} \\ \boldsymbol{M}_{Gy} = \boldsymbol{H}\dot{\alpha} \end{cases} \tag{2.13}$$

根据惯性力矩与外力矩互成平衡原理，可以写出陀螺仪绕外环轴和内环轴的力矩平衡方程式如下：

$$\begin{cases} \boldsymbol{M}_{Jx} + \boldsymbol{M}_{Gx} + \boldsymbol{M}_{x} = 0 \\ \boldsymbol{M}_{Jy} + \boldsymbol{M}_{Gy} + \boldsymbol{M}_{y} = 0 \end{cases} \tag{2.14}$$

将式(2.12)和式(2.13)代入式(2.14)并整理得

$$\begin{cases} J_x\ddot{\alpha} + \boldsymbol{H}\dot{\beta} = \boldsymbol{M}_x \\ J_y\ddot{\beta} - \boldsymbol{H}\dot{\alpha} = \boldsymbol{M}_y \end{cases} \tag{2.15}$$

这里的转动惯量 J_y 是陀螺仪内环组件(包括转子和内环)对内环轴的转动惯量。转子对内环轴的转动惯量，因转子相对内环坐标系转动的过程中内环轴始终与它的赤道轴重合，故等于转子赤道转动惯量 J_e，内环对内环轴的转动惯量设为 J_{by}，这样，陀螺仪内环组件对内环轴的转动惯量可表示为

$$J_y = J_e + J_{by} \tag{2.16}$$

转动惯量 J_x 是陀螺仪外环组件(包括转子、内环和外环)对外环轴的转动惯量。当转角 β 为小量角时，转子对外环轴的转动惯量可近似用转子赤道转动惯量代表；内环对外环轴的转动惯量可近似用内环对 x_b 轴的转动惯量 J_{bx} 代表；外环对外环轴的转动惯量设为 J_{ax}，这样，陀螺仪外环组件对外环轴的转动惯量可表示为

$$J_x = J_e + J_{bx} + J_{ax} \tag{2.17}$$

式(2.15)就是考虑转子赤道转动惯量和框架转动惯量情况下，双自由度陀螺仪的运动方程式。这种方程式也常叫作陀螺仪的技术方程式，表示在工程技术实际应用中，采用这样的方程式研究陀螺仪的动力学问题是足够精确的。

如果忽略转子赤道转动惯量和框架转动惯量的影响，则双自由度陀螺仪的运动方程式可简化为 $\dot{\beta}$ 和 $\dot{\alpha}$：

$$\begin{cases} \boldsymbol{H}\dot{\beta} = \boldsymbol{M}_x \\ -\boldsymbol{H}\dot{\alpha} = \boldsymbol{M}_y \end{cases} \tag{2.18}$$

或采用 $\dot{\alpha} = \boldsymbol{\omega}_x$，$\dot{\beta} = \boldsymbol{\omega}_y$ 将式(2.18)写成

$$\begin{cases} \boldsymbol{H}\,\boldsymbol{\omega}_y = \boldsymbol{M}_x \\ -\boldsymbol{H}\,\boldsymbol{\omega}_x = \boldsymbol{M}_y \end{cases} \tag{2.19}$$

式(2.18)和式(2.19)就是以投影形式表示的双自由度陀螺仪的进动方程式，应注意，式中 $\dot{\beta}$ 和 $\dot{\alpha}$ 或 $\boldsymbol{\omega}_y$ 和 $\boldsymbol{\omega}_x$ 均为陀螺仪相对惯性坐标系即惯性空间的进动角速度。

2.3.2 双自由度陀螺仪的结构图和传递函数

随着科学技术的发展,陀螺仪已广泛地应用在各种控制系统中,作为一个环节参与系统工作。如在自动驾驶仪回路及惯性导航平台回路中,它是不可缺少的环节,因而有必要采用控制原理的分析方法对其进行研究。

假设陀螺仪绕外环轴和内环轴运动的初始条件为:$\alpha(0)=0$、$\dot{\alpha}(0)=0$、$\beta(0)=0$、$\dot{\beta}(0)=0$,对陀螺仪技术方程式进行拉氏变换,即可得

$$\begin{cases} J_x s^2\alpha(s)+\boldsymbol{H}s\beta(s)=\boldsymbol{M}_x(s) \\ J_y s^2\beta(s)-\boldsymbol{H}s\alpha(s)=\boldsymbol{M}_y(s) \end{cases} \tag{2.20}$$

将式(2.20)稍加变化后可得

$$\begin{cases} \alpha(s)=\dfrac{1}{J_x s^2}[\boldsymbol{M}_x(s)-\boldsymbol{H}s\beta(s)] \\ \beta(s)=\dfrac{1}{J_y s^2}[\boldsymbol{M}_y(s)+\boldsymbol{H}s\alpha(s)] \end{cases} \tag{2.21}$$

其中,$\alpha(s)$、$\beta(s)$为输出。于是,根据式(2.21)可分别作出与其对应的结构图,如图 2.12 所示。

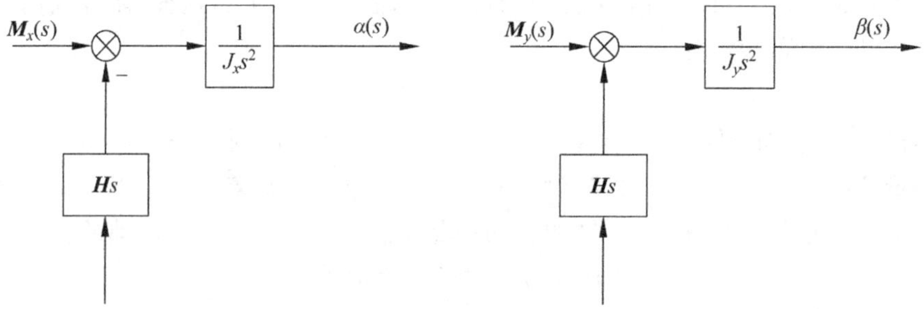

图 2.12　陀螺仪两个环的结构

由图 2.12 可见,陀螺仪绕两个环架轴的运动,都可看作一个双重积分环节,其传递函数分别为 $1/J_x s^2$ 和 $1/J_y s^2$,输出量分别为 $\alpha(s)$、$\beta(s)$,输入量则各由两项组成,一是绕同轴作用的外力矩,另一项则是由另一轴的角速度所引起的陀螺力矩。而两个环节的开环结构图正好构成闭环回路,如图 2.13 所示。

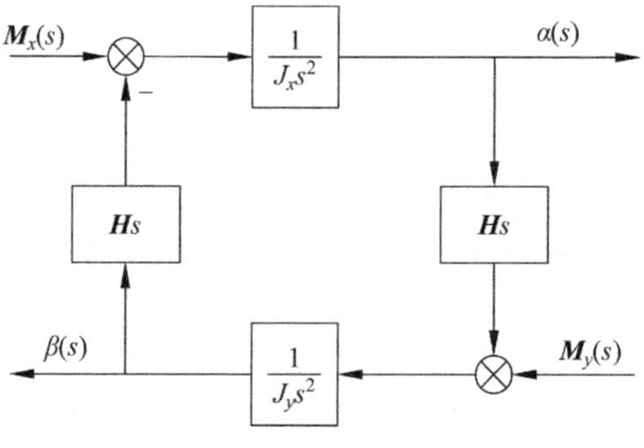

图 2.13　陀螺仪的闭环回路结构

可以看出,结构图把陀螺仪各参量的作用原理更加形象化了,它表明陀螺仪绕外环轴运动和绕内环轴运动并不是孤立的两个定轴转动,而是通过陀螺力矩产生了互相交联关系。这种交联影响,对任一轴的运动来说都具有位置负反馈性质,还因为如此,所以某一轴上的外力矩在稳态时并不导致同轴角度的连续增长,而是引起绕另一轴的不断进动。

根据结构图 2.12,可求出陀螺仪的开环传递函数 $W(s)$ 和闭环传递函数 $\Phi(s)$。由于这是一个单环反馈回路,故其开环传递函数只有一种形式,即

$$W(s)=\frac{\boldsymbol{H}s\cdot\boldsymbol{H}s}{J_xs^2\cdot J_ys^2}=\frac{\boldsymbol{H}^2}{J_xJ_y}\frac{1}{s^2}=\frac{\omega_0^2}{s^2} \tag{2.22}$$

其中,$\omega_0=\frac{\boldsymbol{H}}{\sqrt{J_xJ_y}}$为陀螺仪的固有频率。

按照陀螺仪的两个输出量(或被调量)$\alpha(s)$ 和 $\beta(s)$ 和两个输入量 $\boldsymbol{M}_x(s)$ 和 $\boldsymbol{M}_y(s)$,应当有 4 种不同的闭环传递函数,它们分别为

$$\Phi_1(s)=\frac{\alpha(s)}{\boldsymbol{M}_x(s)}=\frac{\frac{1}{J_xs^2}}{1+W(s)}=\frac{1}{J_x}\frac{1}{s^2+\omega_0^2} \tag{2.23}$$

$$\Phi_2(s)=\frac{\alpha(s)}{\boldsymbol{M}_y(s)}=\frac{-1/J_ys^2\cdot\boldsymbol{H}s\cdot1/J_xs^2}{1+W(s)}=\frac{-\boldsymbol{H}}{J_xJ_y}\frac{1}{s(s^2+\omega_0^2)} \tag{2.24}$$

$$\Phi_3(s)=\frac{\beta(s)}{\boldsymbol{M}_x(s)}=\frac{\boldsymbol{H}}{J_xJ_y}\frac{1}{s(s^2+\omega_0^2)} \tag{2.25}$$

$$\Phi_4(s)=\frac{\beta(s)}{\boldsymbol{M}_y(s)}=\frac{1}{J_y}\frac{1}{s^2+\omega_0^2} \tag{2.26}$$

闭环传递函数表明,对于同轴输入量来说,陀螺仪的闭环传递函数为一无阻尼二阶振荡环节;而对于交轴输入量来说,陀螺仪的闭环传递函数由一个积分环节与一个振荡环节串联构成,积分环节体现了陀螺仪的进动,振荡环节体现了陀螺仪的章动。

2.4　双自由度陀螺仪的典型动态分析

陀螺仪的运动方程式描述了陀螺仪运动与外力矩之间的关系。外力矩的形式不同,陀螺仪的运动规律也将不同。在考虑陀螺仪对内、外环轴转动惯量的情况下,双自由度陀螺仪的运动将遵循什么规律呢?为了回答这个问题,我们必须对陀螺仪的技术方程式进行求解。本节取 3 种典型的外力矩,即冲击力矩、常值力矩和简谐变化力矩,来分析陀螺仪的运动规律。

2.4.1　冲击力矩作用下陀螺仪的运动规律

冲击力矩是瞬间作用在陀螺仪上的,所以又叫瞬时冲击力矩,它的特点是力矩的数值很大,但作用时间极短。显然,瞬时冲击力矩具有脉冲函数的形式。瞬时冲击力矩对时间的积分即冲量矩,是一个有限的数值。

瞬时冲击力矩是一种抽象化的力矩,但它可以代表陀螺仪在使用过程中所受到的冲击干扰。例如,舰载机弹射起飞、着舰(陆)瞬间,火箭发动机点火的瞬间,飞机发射导弹、火炮

射击瞬间，装在这些动载体上的陀螺仪将受到冲击干扰力矩的作用。

设绕内环轴负方向加上一瞬时冲击力矩 $\boldsymbol{M}_y$，因冲击力矩数值很大，故陀螺仪角加速度很大，与角加速度有关的惯性力矩也很大。因冲击力矩作用时间非常短，故使绕内环轴的角速度 $\dot{\beta}(t)$刚产生，$\boldsymbol{M}_y$ 的作用便迅速停止，故绕交轴的角速度 $\dot{\alpha}(t)$可认为还来不及反映。于是运动方程中陀螺力矩项可以忽略，那么陀螺仪绕内环轴的运动方程式为

$$J_y\ddot{\beta}=-\boldsymbol{M}_y \tag{2.27}$$

设在冲击力矩作用之前，所有初始条件均为零，即有 $\dot{\alpha}(0)=0$、$\alpha(0)=0$、$\dot{\beta}(0)=0$、$\beta(0)=0$。冲击力矩在一个很短的时间 Δt 内使陀螺仪加速转动，作用完后形成一绕内环轴负方向的角速度$-\dot{\beta}_0$，它等于角加速度的积分，即

$$\begin{cases}-\dot{\beta}_0=-\displaystyle\int_0^{\Delta t}\ddot{\beta}(t)\mathrm{d}(t)=\frac{1}{J_y}\int_0^{\Delta t}\boldsymbol{M}_y\mathrm{d}t\\-J_y\dot{\beta}_0=\displaystyle\int_0^{\Delta t}\boldsymbol{M}_y\mathrm{d}t\end{cases} \tag{2.28}$$

由式(2.28)可知，冲击力矩确实是一个脉冲函数，它的面积等于$-J_y\dot{\beta}_0$。脉冲函数的强度通常用它的面积表示。面积等于 1 的脉冲函数称为单位脉冲函数。于是，强度为$-J_y\dot{\beta}_0$ 的脉冲函数 $\boldsymbol{M}_y(t)$可表示为

$$\boldsymbol{M}_y(t)=-J_y\dot{\beta}_0\delta(t) \tag{2.29}$$

所以，$-J_y\dot{\beta}_0\delta(t)$就是陀螺仪绕内环轴负方向受到的瞬时冲击力矩的表达式，其拉氏变换为

$$\boldsymbol{M}_y(s)=-J_y\dot{\beta}_0 \tag{2.30}$$

其中，$J_y\dot{\beta}_0$ 为常数。将冲击力矩的拉氏变换 $\boldsymbol{M}_y(s)$代入陀螺仪的闭环传递函数式(2.24)和式(2.26)，可得转角 α 和 β 的拉氏变换式：

$$\begin{aligned}\alpha(s)&=\Phi_2(s)\boldsymbol{M}_y(s)\\&=-\frac{\boldsymbol{H}}{J_xJ_y}\frac{1}{s(s^2+\omega_0^2)}(-J_y\dot{\beta}_0)\\&=\frac{-J_y\dot{\beta}_0}{\boldsymbol{H}}\left(\frac{s}{s^2+\omega_0^2}-\frac{1}{s}\right)\end{aligned} \tag{2.31}$$

$$\begin{aligned}\beta(s)&=\Phi_4(s)\boldsymbol{M}_y(s)\\&=\frac{1}{J_y}\frac{1}{s^2+\omega_0^2}(-J_y\dot{\beta}_0)\\&=\frac{-\dot{\beta}_0}{s^2+\omega_0^2}\end{aligned} \tag{2.32}$$

求 $\alpha(s)$和 $\beta(s)$的拉氏反变换得

$$\begin{cases}\alpha(t)=-\dfrac{J_y\dot{\beta}_0}{\boldsymbol{H}}(\cos\omega_0t-1)\\\beta(t)=-\dfrac{\dot{\beta}_0}{\omega_0}\sin\omega_0t\end{cases} \tag{2.33}$$

令 $\lambda=\dfrac{\dot{\beta}_0}{\omega_0}$，代入式(2.33)后变为

$$\begin{cases}\alpha(t)=\sqrt{\dfrac{J_y}{J_x}}\lambda(1-\cos\omega_0 t)\\ \beta(t)=-\lambda\sin\omega_0 t\end{cases}\tag{2.34}$$

结果表明，在绕内环轴负方向冲击力矩作用下，陀螺仪绕内环轴作简谐振荡运动，振幅为 λ。绕外环轴相对起始位置出现常值偏角并以该角作简谐振，振幅为 $\sqrt{\dfrac{J_y}{J_x}}\lambda$，振动频率均为 ω_0，相位相差 $\pi/2$，如图 2.14 所示。

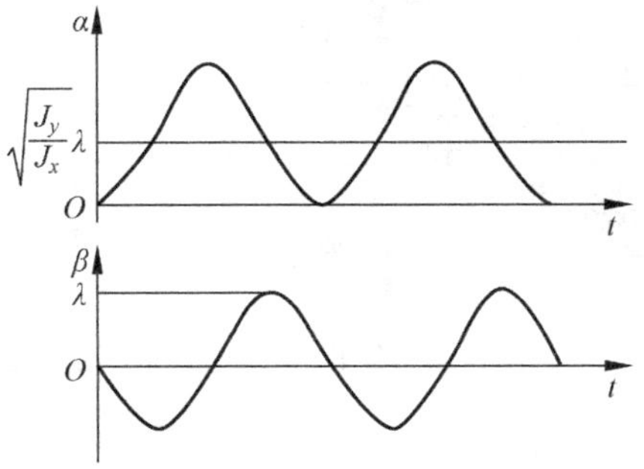

图 2.14　冲击力矩作用下 α、β 的变化规律

将式(2.34)中的时间 t 消去，相平面上的陀螺尖顶轨迹方程如式(2.35)所示：

$$\frac{\left(\alpha-\sqrt{\dfrac{J_y}{J_x}}\lambda\right)^2}{\left(\sqrt{\dfrac{J_y}{J_x}}\lambda\right)^2}+\frac{\beta^2}{\lambda^2}=1\tag{2.35}$$

这是一个椭圆方程式，说明陀螺尖顶轨迹是一个椭圆。圆心坐标为 $\left(\sqrt{\dfrac{J_y}{J_x}}\lambda,0\right)$，长轴为 λ(因一般 $J_x>J_y$)，短轴为 $\sqrt{\dfrac{J_y}{J_x}}\lambda$，如图 2.15 所示。

很明显，陀螺仪的这种振荡运动就是章动。陀螺章动的角频率与幅值由式(2.36)决定：

$$\begin{cases}\omega_n=\omega_0=\dfrac{\boldsymbol{H}}{\sqrt{J_xJ_y}}=\dfrac{J_z}{\sqrt{J_xJ_y}}\Omega\\ \alpha_n=\sqrt{\dfrac{J_y}{J_x}}\lambda=\dfrac{J_y\dot{\beta}_0}{\boldsymbol{H}}\\ \beta_n=\lambda=\dfrac{\dot{\beta}_0}{\omega_0}\end{cases}\tag{2.36}$$

如果陀螺仪仅受到绕外环轴的冲击力 $\boldsymbol{M}_x$ 的作用，产生绕外环轴的角速度 $\dot{\boldsymbol{\alpha}}_0$，则冲击力矩作用后陀螺仪绕外、内环轴的运动规律为

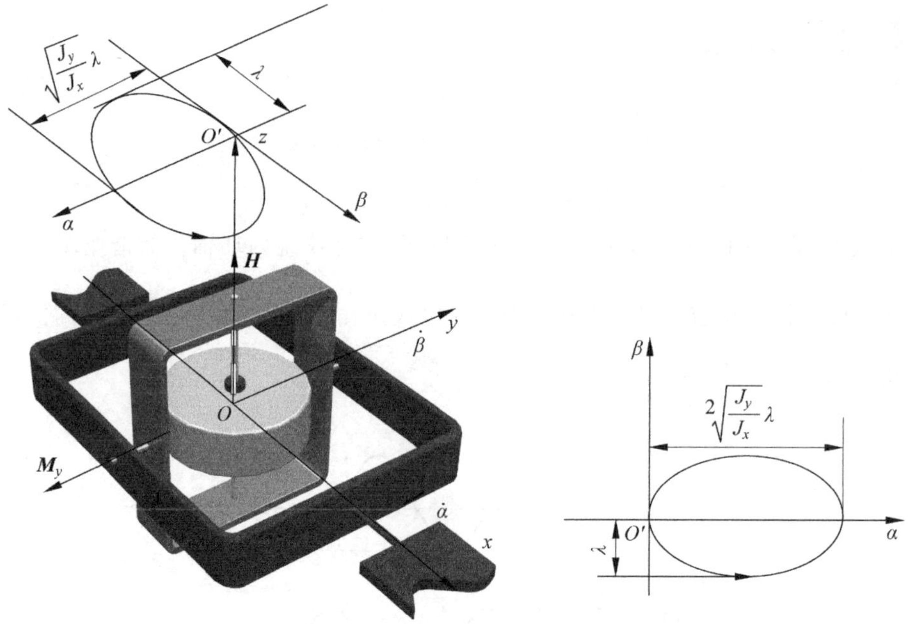

图 2.15 冲击力矩作用下陀螺仪运动轨迹

$$\begin{cases}\alpha(t)=\dfrac{\dot{\alpha}_0}{\omega_0}\sin\omega_0 t\\ \beta(t)=\sqrt{\dfrac{J_x}{J_y}}\lambda(1-\cos\omega_0 t)\end{cases}\tag{2.37}$$

令 $\lambda=\dfrac{\dot{\alpha}_0}{\omega_0}$ 代入式(2.37)后得

$$\begin{cases}\alpha(t)=\lambda\sin\omega_0 t\\ \beta(t)=\sqrt{\dfrac{J_x}{J_y}}\lambda(1-\cos\omega_0 t)\end{cases}\tag{2.38}$$

也就是说,陀螺仪绕外环轴作简谐振荡运动,绕内环轴则出现偏角 $\sqrt{\frac{J_x}{J_y}}\lambda$,并以该偏角为中心作简谐振荡运动。这同样是陀螺仪的章动运动,章动频率仍与上述相同,而章动振幅则等于

$$\begin{cases}\alpha_n=\lambda=\dfrac{\dot{\alpha}_0}{\omega_0}\\ \beta_n=\sqrt{\dfrac{J_x}{J_y}}\lambda=\dfrac{J_x\dot{\alpha}_0}{\boldsymbol{H}}\end{cases}\tag{2.39}$$

陀螺尖顶轨迹仍为一椭圆,圆心在 $\left(0,\sqrt{\frac{J_x}{J_y}}\lambda\right)$ 处,长轴为 $\sqrt{\frac{J_x}{J_y}}\lambda$,短轴为 λ。

例 2.4 设陀螺角动量 $\boldsymbol{H}=4000\ \text{g}\cdot\text{cm}\cdot\text{s}$,陀螺仪对外环轴的转动惯量 $J_x=2\ \text{g}\cdot\text{cm}\cdot\text{s}^2$,对内环轴的转动惯量 $J_y=1.5\ \text{g}\cdot\text{cm}\cdot\text{s}^2$,绕内环轴作用的冲击力矩 $\boldsymbol{M}_y=1000\ \text{g}\cdot\text{cm}$,作用时间 $\Delta t=0.001\ \text{s}$,求章动频率和绕内、外环轴的最大偏角 β_m、α_m。

解：$\omega_n = \omega_0 = \dfrac{\boldsymbol{H}}{\sqrt{J_x J_y}}$

$$f_n = \frac{\omega_n}{2\pi} = \frac{\boldsymbol{H}}{2\pi\sqrt{J_x J_y}} = \frac{4000}{2\pi\sqrt{1.5\times 2}}\ \text{Hz} = 368\ \text{Hz}$$

$$\dot{\beta}_0 = \frac{\boldsymbol{M}_y \Delta t}{J_y} = \frac{2}{3}/\text{s}$$

$$\beta_m = \lambda = \frac{\dot{\beta}_0}{\omega_0} = \frac{\boldsymbol{M}_y \Delta t}{\boldsymbol{H}}\sqrt{\frac{J_x}{J_y}} = \frac{1000\times 0.001}{4000}\sqrt{\frac{2}{1.5}} = 0.99'$$

$$\alpha_m = 2\sqrt{\frac{J_y}{J_x}}\lambda = 1.72'$$

若在陀螺仪起动过程中的某个瞬时，转子的转速为正常工作转速的 1/200，这时陀螺角动量仅为 20 g·cm·s，则可计算得到：$f_n = 1.84$ Hz，$\beta_m = 3.3°$，$\alpha_m = 5.72°$。

对采用双自由度陀螺仪做成的垂直陀螺仪或航向陀螺仪，当陀螺仪进入正常工作状态时，转子转速很高，自转角速度通常达 22 000～44 000 r/min，陀螺角动量达几千克·厘米·秒的量级。在受到冲击力矩作用后，章动频率很高，一般达数百赫兹，而章动幅值很小，一般在角分量级内。而且因轴承摩擦和空气(或液体)介质阻尼等因素影响，这种高频微幅的章动会很快衰减下来。章动衰减后，若冲击力矩绕外环轴作用，自转轴就稳定在很小的常值偏角 $\beta_0\left(=\dfrac{J_x\dot{\beta}_0}{\boldsymbol{H}} = \dfrac{\boldsymbol{M}_x\Delta t}{\boldsymbol{H}}\right)$ 的位置上；若冲击力矩绕内环轴作用时，自转轴稳定在 α_0 $\left(=\dfrac{J_y\dot{\beta}_0}{\boldsymbol{H}} = \dfrac{\boldsymbol{M}_y\Delta t}{\boldsymbol{H}}\right)$ 的位置上。故在冲击力矩作用下，自转轴相对惯性空间的方位改变极为微小，这就表明双自由度陀螺仪具有很高的稳定性。当然，若陀螺仪不断地受到同方向的冲击力矩作用，则其偏角将不断积累，仍会形成一定误差。

但应指出，当陀螺仪处在起动状态或停转过程中时，转子的转速较低，陀螺角动量较小，受到冲击力矩作用后，陀螺章动的频率很低而振幅很大，振荡较剧烈，易损坏接触部件(如输电滑环、电位器等)，并加速轴承磨损，从而影响陀螺仪的性能和使用寿命。有些仪表为了缩短起动时间，会加装锁定机构或采用程序起动，这些措施可以消除起动时陀螺章动的影响。

2.4.2　常值力矩作用下陀螺仪的运动规律

常值力矩的特点是力矩的大小和方向均不随时间而改变。为修正陀螺仪而施加的控制力矩、由陀螺组件静平衡不精确而形成的质量不平衡力矩，一般来说可看成常值力矩。

设绕内环轴负方向加上一常值力矩 $-\boldsymbol{M}_{y0}$，则陀螺仪的运动方程式为

$$\begin{cases} J_x\ddot{\alpha} + \boldsymbol{H}\dot{\beta} = 0 \\ J_y\ddot{\beta} - \boldsymbol{H}\dot{\alpha} = -\boldsymbol{M}_{y0} \end{cases} \tag{2.40}$$

因 $\boldsymbol{M}_{y0}$ 是在瞬时加上去的，故它实际上是一个幅值为 $-\boldsymbol{M}_{y0}$ 的阶跃函数。阶跃函数的表达式为

$$\boldsymbol{M}_y(t) = -\boldsymbol{M}_{y0} I(t) \tag{2.41}$$

其中，$I(t)$为单位阶跃函数。

阶跃常值力矩的拉氏变换为

$$\boldsymbol{M}_y(s)=-\frac{\boldsymbol{M}_{y0}}{s} \tag{2.42}$$

若陀螺仪初始角速度和初始转角均为零，即 $\dot{\alpha}(0)=\dot{\beta}(0)=0$、$\alpha(0)=\beta(0)=0$，同前，将常值力矩的拉氏变换代入式(2.24)和式(2.26)，并令 $\omega_n=\omega_0$，可得

$$\begin{cases}\alpha(s)=\Phi_2(s)\boldsymbol{M}_y(s)\\ \quad=\dfrac{-\boldsymbol{H}}{J_xJ_y}\dfrac{1}{s(s^2+\omega_0^2)}\left(-\dfrac{\boldsymbol{M}_{y0}}{s}\right)=\dfrac{\boldsymbol{M}_{y0}}{\boldsymbol{H}}\left(\dfrac{1}{s^2}-\dfrac{1}{s^2+\omega_0^2}\right)\\ \beta(s)=\Phi_4(s)\cdot\boldsymbol{M}_y(s)\\ \quad=\dfrac{1}{J_y}\dfrac{1}{s^2+\omega_0^2}\left(-\dfrac{\boldsymbol{M}_{y0}}{s}\right)=-\sqrt{\dfrac{J_x}{J_y}}\dfrac{\boldsymbol{M}_{y0}}{\boldsymbol{H}\omega_0}\left(\dfrac{1}{s}-\dfrac{s}{s^2+\omega_0^2}\right)\end{cases} \tag{2.43}$$

再求 $\alpha(s)$和 $\beta(s)$的拉氏反变换，可得

$$\begin{cases}\alpha(t)=\dfrac{\boldsymbol{M}_{y0}}{\boldsymbol{H}}\left(t-\dfrac{1}{\omega_0}\sin\omega_0 t\right)\\ \beta(t)=-\sqrt{\dfrac{J_x}{J_y}}\dfrac{\boldsymbol{M}_{y0}}{\boldsymbol{H}\omega_0}(1-\cos\omega_0 t)\end{cases} \tag{2.44}$$

令

$$\begin{cases}\omega_p=\dfrac{\boldsymbol{M}_{y0}}{\boldsymbol{H}}\\ \lambda_1=\dfrac{\omega_p}{\omega_0}=\dfrac{\boldsymbol{M}_{y0}}{\boldsymbol{H}\omega_0}\end{cases}$$

于是式(2.44)可写成

$$\begin{cases}\alpha(t)=\omega_p t-\lambda_1\sin\omega_0 t\\ \beta(t)=-\sqrt{\dfrac{J_x}{J_y}}\lambda_1(1-\cos\omega_0 t)\end{cases} \tag{2.45}$$

式(2.45)表明，在绕内环轴负向阶跃常值力矩作用下，陀螺仪绕内环轴相对起始位置出现常值偏角，并以该偏角为中心作简谐振荡运动；绕外环轴转角则随时间而增大，并附加简谐振荡运动。其运动规律如图 2.16 所示。

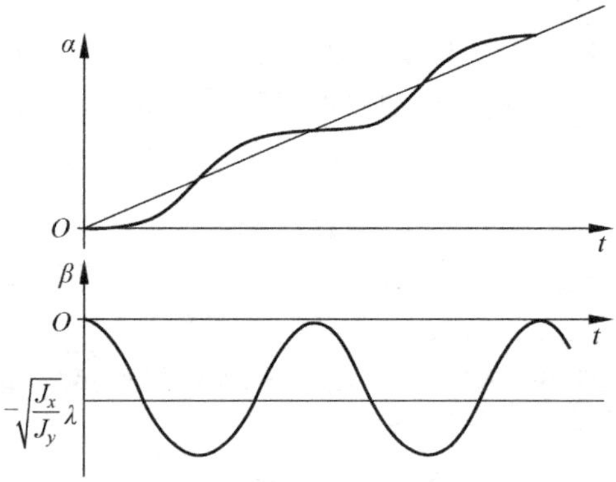

图 2.16 常值力矩作用下 α、β 的变化规律

为了清晰表示，可把上述运动分为两部分，式(2.45)可写成

$$\begin{cases}\alpha(t)=\alpha_1(t)+\alpha_2(t)\\ \beta(t)=\beta_1(t)+\beta_2(t)\end{cases}\tag{2.46}$$

其中，式(2.46)解的第一部分为

$$\begin{cases}\alpha_1(t)=\omega_p t\\ \beta_1(t)=0\end{cases}\tag{2.47}$$

它表示陀螺仪绕外环轴作等速进动，尖顶轨迹如图2.17(a)所示，进动角速度为 $\omega_p=\dfrac{\boldsymbol{M}_{y0}}{\boldsymbol{H}}$=常数。

式(2.46)解的第二部分为

$$\begin{cases}\alpha_2(t)=-\lambda_1\sin\omega_0 t\\ \beta_2(t)=-\sqrt{\dfrac{J_x}{J_y}}\lambda_1(1-\cos\omega_0 t)\end{cases}\tag{2.48}$$

式(2.48)表示陀螺仪绕平衡位置 $\left(0,-\sqrt{\dfrac{J_x}{J_y}}\lambda_1\right)$ 作微幅章动，如图2.17(b)所示。

如果把两部分运动合起来看，式(2.45)是一个摆线方程，陀尖轨迹如图2.18所示。它由一连串的摆线组成。这就是我们在陀螺仪低速自转时，加上常值力矩以后所观察到的现象。陀螺仪的这种运动是进动与章动的组合运动，显而易见，进动角速度和进动转角分别为

$$\begin{cases}\dot{\alpha}=\omega_p=\dfrac{\boldsymbol{M}_{y0}}{\boldsymbol{H}}\\ \alpha=\omega_p t=\dfrac{\boldsymbol{M}_{y0}}{\boldsymbol{H}}t\end{cases}\tag{2.49}$$

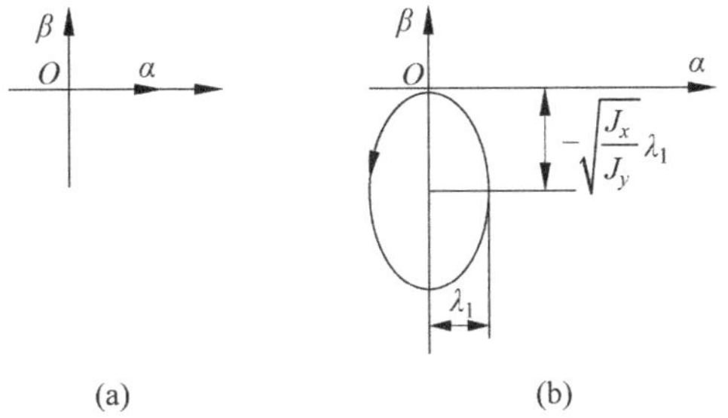

图2.17 常值力矩作用下陀螺仪运动的两种成分

(a) 尖端轨迹；(b) 陀螺仪绕平衡位置作微幅章动

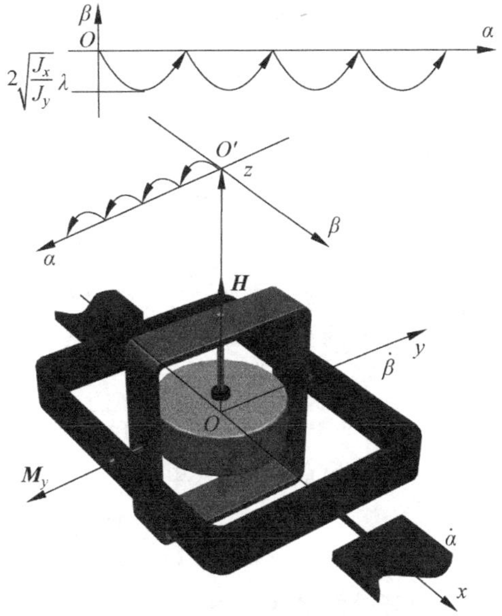

图2.18 常值力矩作用下陀螺仪的运动轨迹

章动角频率和章动振幅分别为

$$\begin{cases}\omega_n=\omega_0=\dfrac{\boldsymbol{H}}{\sqrt{J_xJ_y}}\\ \alpha_n=\lambda_1=\dfrac{\omega_p}{\omega_n}=\dfrac{\boldsymbol{M}_{y0}}{\boldsymbol{H}\omega_n}=\dfrac{\boldsymbol{M}_{y0}}{\boldsymbol{H}^2}\sqrt{J_xJ_y}\\ \beta_n=\dfrac{\boldsymbol{M}_{y0}}{\boldsymbol{H}\omega_n}\sqrt{\dfrac{J_x}{J_y}}=\dfrac{J_x}{\boldsymbol{H}^2}\boldsymbol{M}_{y0}\end{cases} \tag{2.50}$$

可见，当 $\boldsymbol{H}$ 值足够大时，章动振幅 α_n 和 β_n 的数值很小，甚至达到可以忽略的程度，这时轨迹中的摆线也便退缩到 α 轴上去了，而陀螺仪的运动主要表现为进动。

如果仅绕外环轴作用常值力矩 $\boldsymbol{M}_{x0}$ 并设陀螺仪的初始角速度和初始转角均为零，则得到陀螺仪绕内、外环轴的运动方程如下：

$$\begin{cases}\alpha(t)=\dfrac{\boldsymbol{M}_{x0}}{\boldsymbol{H}\omega_n}\sqrt{\dfrac{J_y}{J_x}}(1-\cos\omega_n t)\\ \beta(t)=\dfrac{\boldsymbol{M}_{x0}}{\boldsymbol{H}}\left(t-\dfrac{1}{\omega_n}\sin\omega_n t\right)\end{cases} \tag{2.51}$$

这就是说，陀螺仪在绕内环轴进动的同时，还有绕平衡位置$\left(\dfrac{\boldsymbol{M}_{x0}J_y}{\boldsymbol{H}^2},0\right)$的章动，章动频率同上，章动振幅为

$$\begin{cases}\alpha_n=\dfrac{\boldsymbol{M}_{x0}}{\boldsymbol{H}^2}J_y\\ \beta_n=\dfrac{\boldsymbol{M}_{x0}}{\boldsymbol{H}^2}\sqrt{J_xJ_y}\end{cases} \tag{2.52}$$

例 2.5 设陀螺角动量 $\boldsymbol{H}=4000\ \text{g}\cdot\text{cm}\cdot\text{s}$，陀螺仪对内环轴的转动惯量 $J_y=1.5\ \text{g}\cdot\text{cm}\cdot\text{s}^2$，对外环轴的转动惯量 $J_z=2\ \text{g}\cdot\text{cm}\cdot\text{s}^2$，绕内环轴作用的常值力矩均为 10 g·cm，作用时间 $t=60$ s，则陀螺仪绕外环轴的进动转角(单位：°)为

$$\alpha=\omega_p t=\frac{\boldsymbol{M}_y}{\boldsymbol{H}}t=\frac{10}{4000}\times 60\ \text{rad}=8.6°$$

陀螺仪的章动频率(单位：Hz)为

$$f_n=\frac{\omega_n}{2\pi}=\frac{\boldsymbol{H}}{2\pi\sqrt{J_xJ_y}}=\frac{4000}{2\pi\sqrt{1.5\times 2}}\ \text{Hz}=368\ \text{Hz}$$

绕外环轴的章动振幅(单位：″)为

$$\alpha_n=\frac{\sqrt{J_xJ_y}}{\boldsymbol{H}^2}\boldsymbol{M}_y=\frac{1.5\times 2}{4000^2}\times 10\ \text{rad}=0.22''$$

绕内环轴的章动振幅(单位：″)为

$$\beta_n=\frac{\boldsymbol{M}_y}{\boldsymbol{H}^2}J_x=\frac{2}{4000^2}\times 10\ \text{rad}=0.26''$$

绕内环轴的最大偏角(单位：″)为

$$\beta_m=2\beta_n=0.52''$$

若陀螺仪起动过程中某瞬时转子转速为正常工作转速的 1/200，这时陀螺角动量仅为

$20\ \mathrm{g\cdot cm\cdot s}$，则可得 $f_n=1.84\ \mathrm{Hz}$，$a_n=2.48°$，$\beta_n=2.87°$，$\beta_m=2\beta_n=5.74°$。

当陀螺仪进入正常工作状态时，陀螺角动量较大，故章动频率很高，即使有较大的常值力矩作用，章动振幅仍很小。而且，因轴承摩擦和空气阻尼等因素影响，使得章动很快衰减下来，若常值力矩绕内环轴作用，自转轴在很小的常值偏角 $\beta=\dfrac{J_x\boldsymbol{M}_y}{\boldsymbol{H}^2}$ 位置上，绕外环轴以角速度 $\dot{\alpha}=\dfrac{\boldsymbol{M}_y}{\boldsymbol{H}}$ 进动；若常值力矩绕外环轴作用，自转轴在很小的常值偏角 $\alpha=\dfrac{J_y\boldsymbol{M}_x}{\boldsymbol{H}^2}$ 位置上绕内环轴以角速度 $\dot{\beta}=\dfrac{\boldsymbol{M}_x}{\boldsymbol{H}}$ 进动。由此可见，在常值力矩作用下，陀螺仪的运动主要表现为绕正交轴的进动，可以忽略章动的影响，而把上述摆线（旋轮线）运动轨迹看成直线运动轨迹，这在陀螺技术应用中是足够精确的。

也应指出，当陀螺仪处在起动状态或在停转过程中时，陀螺角动量较小，在常值力矩作用下，陀螺仪的运动除表现出进动外，还明显地表现出章动。例如，在未装锁定机构或程序起动装置的陀螺地平仪、垂直陀螺仪以及陀螺半罗盘或航向陀螺仪中，当仪表开始起动时，在修正力矩作用下，陀螺仪作进动运动的同时，还出现明显的章动运动。随着转子转速的增大，章动频率逐渐增高，振幅逐渐减小到零。此后，在修正力矩作用下，陀螺仪作纯进动运动而修正到预定的方位上。

2.4.3　简谐变化力矩作用下陀螺仪的运动规律

简谐变化力矩的特点是力矩按正弦或余弦规律变化。由飞机振荡等因素引起的作用在陀螺仪上的周期性力矩，可以用傅里叶级数展成具有各次谐波的简谐变化力矩之和。

设绕外环轴作用有简谐力矩：

$$M_x(t)=M_{x0}\sin\omega_a t \tag{2.53}$$

其中，M_{x0} 为正弦交变力矩的幅值；ω_a 为交变频率。

$M_x(t)$ 的拉氏变换为

$$M_x(s)=\frac{\omega_a M_{x0}}{s^2+\omega_a^2} \tag{2.54}$$

将 $M_x(s)$ 代入陀螺仪的闭环传递函数式(2.23)和式(2.25)可得

$$\begin{aligned}\alpha(s)&=\Phi_1(s)M_x(s)\\&=\frac{1}{J_x}\frac{1}{s^2+\omega_a^2}\frac{\omega_a M_{x0}}{s^2+\omega_0^2}\\&=\frac{1}{J_x}\frac{\omega_a}{\omega_0^2-\omega_a^2}\left(\frac{1}{s^2+\omega_a^2}-\frac{1}{s^2+\omega_0^2}\right)\end{aligned}$$

$$\begin{aligned}s\beta(s)&=s\Phi_3(s)M_x(s)\\&=\frac{\boldsymbol{H}}{J_xJ_y}\frac{1}{s^2+\omega_0^2}\frac{\omega_a M_{x0}}{s^2+\omega_a^2}\\&=\frac{\boldsymbol{H}M_{x0}}{J_xJ_y}\frac{\omega_a}{\omega_0^2-\omega_a^2}\left(\frac{1}{s^2+\omega_a^2}-\frac{1}{s^2+\omega_0^2}\right)\end{aligned}$$

对 $\alpha(s)$ 和 $\beta(s)$ 进行拉氏反变换得

$$
\begin{cases}
\alpha(t)=\dfrac{M_{x0}}{J_x}\dfrac{\omega_a}{\omega_0^2-\omega_a^2}\left(\dfrac{1}{\omega_a}\sin\omega_a t-\dfrac{1}{\omega_0}\sin\omega_0 t\right)\\
\dot{\beta}(t)=\dfrac{\boldsymbol{H}M_{x0}}{J_xJ_y}\dfrac{\omega_a}{\omega_0^2-\omega_a^2}\left(\dfrac{1}{\omega_a}\sin\omega_a t-\dfrac{1}{\omega_0}\sin\omega_0 t\right)
\end{cases}
\tag{2.55}
$$

设初始条件均为零，即 $\alpha(0)=0,\dot{\alpha}(0)=0,\beta=0,\dot{\beta}=0$，将 $\dot{\beta}(t)$ 对时间积分得

$$
\begin{cases}
\alpha(t)=\dfrac{M_{x0}}{J_x}\dfrac{\omega_a}{\omega_0^2-\omega_a^2}\left(\dfrac{1}{\omega_a}\sin\omega_a t-\dfrac{1}{\omega_0}\sin\omega_0 t\right)\\
\beta(t)=\dfrac{\boldsymbol{H}M_{x0}}{J_xJ_y}\dfrac{\omega_a}{\omega_0^2-\omega_a^2}\left(\dfrac{1}{\omega_a^2}(1-\cos\omega_a t)-\dfrac{1}{\omega_0^2}(1-\cos\omega_0 t)\right)
\end{cases}
\tag{2.56}
$$

令

$$
\begin{cases}
\omega_n=\omega_0\\
\lambda_1=\dfrac{M_{x0}}{J_x}\dfrac{1}{\omega_n^2-\omega_a^2}\\
\lambda_2=\dfrac{M_{x0}}{J_x}\dfrac{\omega_a}{\omega_n}\dfrac{1}{\omega_n^2-\omega_a^2}=\dfrac{\omega_a}{\omega_n}\lambda
\end{cases}
\tag{2.57}
$$

式(2.57)可写成

$$
\begin{cases}
\alpha(t)=\lambda_1\sin\omega_a t-\lambda_2\sin\omega_n t\\
\beta(t)=\dfrac{\boldsymbol{H}}{J_y\omega_a}\lambda_1(1-\cos\omega_a t)-\dfrac{\boldsymbol{H}}{J_y\omega_n}\lambda_2(1-\cos\omega_n t)
\end{cases}
\tag{2.58}
$$

上述结果表明，陀螺仪在按正弦规律变化的简谐力矩作用下，陀螺仪的运动可分为两个锥形振荡运动，一个是与外力矩同频率的受迫振荡运动，一个为章动。陀尖轨迹如图 2.19 所示。虚线表示两个锥形振荡的轨迹，实线则为合成后的轨迹。

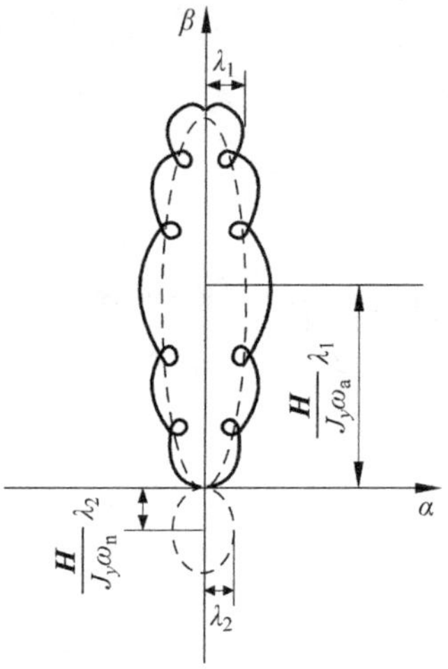

图 2.19　强迫振荡与章动分量

若 ω_a 和 ω_n 接近，则 λ_1 和 λ_2 将无限增大，这就是发生共振的情况，应当绝对避免。

若 $\omega_a \ll \omega_n$，则 $\lambda_2 \ll \lambda_1$，$\omega_n^2-\omega_a^2\approx\omega_n^2$，章动分量可以忽略不计，则可得到陀螺仪绕内、外环轴转角变化规律的近似表达式：

$$
\begin{cases}
\alpha(t)=\lambda_1\sin\omega_a t=\dfrac{M_{x0}}{\boldsymbol{H}\omega_n}\sqrt{\dfrac{J_y}{J_x}}\sin\omega_a t\\
\beta(t)=\dfrac{\boldsymbol{H}}{J_y\omega_a}\lambda_1(1-\cos\omega_a t)=\dfrac{M_{x0}}{\boldsymbol{H}\omega_a}(1-\cos\omega_a t)
\end{cases}
\tag{2.59}
$$

这时陀螺仪绕外环轴作简谐振荡运动，绕内环轴则相对起始位置出现常值偏角，并以该偏角为中心作简谐振荡运动，振荡频率同外力矩的频率。

设陀螺仪对内、外环轴的转动惯量相等，即 $J_x=J_y$ 并将式(2.59)中的两个式子经整理后两边平方再相加，则得陀螺仪的运动轨迹方程式：

$$
\left[\frac{\alpha(t)}{M_{x0}/\boldsymbol{H}\omega_n}\right]^2+\left[\frac{\beta(t)-M_{x0}/\boldsymbol{H}\omega_a}{M_{x0}/\boldsymbol{H}\omega_a}\right]^2=1
\tag{2.60}
$$

这表明陀尖轨迹是一个椭圆，如图 2.19 所示。圆心坐标是$\left(0,\dfrac{M_{x0}}{\boldsymbol{H}\omega_a}\right)$，长半轴为$\dfrac{M_{x0}}{\boldsymbol{H}\omega_a}$（沿 β 轴），短半轴为$\dfrac{M_{x0}}{\boldsymbol{H}\omega_n}$（沿 α 轴）。

如果绕内环轴的负方向作用有按正弦规律变化的外力矩$-M_{y0}\sin\omega_b t$，而且 $\omega_n \gg \omega_b$，在初始角速度和初始转角为零时，陀螺仪绕内、外环轴的运动规律如下：

$$\begin{cases}\alpha(t)=\dfrac{M_{y0}}{\boldsymbol{H}\omega_b}(1-\cos\omega_b t)\\[2ex] \beta(t)=\dfrac{-M_{y0}}{\boldsymbol{H}\omega_n}\sqrt{\dfrac{J_y}{J_x}}\sin\omega_b t\end{cases}\tag{2.61}$$

这时陀螺仪绕内环轴作简谐振荡运动，绕外环轴则相对起始位置出现常值偏角，并以该偏角为中心作简谐振荡运动，陀尖轨迹也是椭圆。

陀螺仪的这种振荡运动称为受迫振动或强迫振动。受迫振动的频率与外力矩变化的频率相同，受迫振动的振幅可以由式(2.59)或式(2.61)得到。当陀螺仪受到绕外环轴的简谐力矩作用时，绕内、外环轴作受迫振动的振幅等于

$$\begin{cases}\alpha_f=\dfrac{M_{x0}}{\boldsymbol{H}\omega_n}\sqrt{\dfrac{J_y}{J_x}}\\[2ex] \beta_f=\dfrac{M_{x0}}{\boldsymbol{H}\omega_a}\end{cases}\tag{2.62}$$

当陀螺仪绕内环轴受到简谐力矩作用时，绕内、外环轴作受迫振荡的振幅等于

$$\begin{cases}\alpha_f=\dfrac{M_{y0}}{\boldsymbol{H}\omega_b}\sqrt{\dfrac{J_y}{J_x}}\\[2ex] \beta_f=\dfrac{M_{y0}}{\boldsymbol{H}\omega_n}\sqrt{\dfrac{J_y}{J_x}}\end{cases}\tag{2.63}$$

例 2.6　设陀螺角动量 $\boldsymbol{H}=4000\ \mathrm{g\cdot cm\cdot s}$，陀螺仪对内环轴的转动惯量 $J_y=1.5\ \mathrm{g\cdot cm\cdot s^2}$，对外环轴的转动惯量 $J_x=2\ \mathrm{g\cdot cm\cdot s^2}$，绕内环轴作用有按正弦规律变化的力矩 $M_{y0}\sin\omega_b t=10\sin t\ \mathrm{g\cdot cm}$。根据式(2.63)，可计算得到陀螺仪章动角频率(单位：rad/s)为

$$\omega_n=\frac{\boldsymbol{H}}{\sqrt{J_x J_y}}=\frac{4000}{\sqrt{1.5\times 2}}=2310$$

绕内环轴受迫振动的振幅即绕内环轴的最大偏角为

$$\beta_f=\frac{M_{y0}}{\boldsymbol{H}\omega_n}\sqrt{\frac{J_x}{J_y}}=\frac{10}{4000\times 2310}\sqrt{\frac{2}{1.5}}\ \mathrm{rad}=0.26''$$

绕外环轴作受迫振动的振幅为

$$\alpha_f=\frac{M_{y0}}{\boldsymbol{H}\omega_b}=\frac{10}{4000\times 1}\ \mathrm{rad}=8.6'$$

绕外环轴的最大偏角为

$$\alpha_m=2\alpha_f=17.2'$$

两个轴向受迫振动的振幅之比为

$$\frac{\beta_f}{\alpha_f}=\frac{0.26}{8.6\times 60}=\frac{1}{1985}$$

一般来说，陀螺章动角频率比外力矩变化角频率 ω_n 要大得多，所以陀螺仪绕正交轴受迫振动的振幅比绕同轴受迫振动的振幅要大得多。即在简谐力矩作用下，陀螺仪的运动主要表现为绕正交轴的受迫振动。我们可以忽略同轴受迫振动的影响，这在技术应用上是足够精确的。还可看出，陀螺仪绕正交轴受迫振动的振幅与外力矩变化的角频率 ω 成反比，随着 ω 增大，振幅将减小。若以外力矩作为输入量，角位移作为输出量，那么陀螺仪就类似一个机械低通滤波器。

实际上，陀螺仪绕正交轴的受迫振动，是通过进动产生的。

在简谐力矩作用下陀螺仪的进动角速度，可直接由进动方程式得到：

$$\dot{\alpha}=\frac{\boldsymbol{M}_y\sin\omega t}{\boldsymbol{H}} \tag{2.64}$$

将式(2.64)对时间积分，则得到与式(2.59)的第二式以及式(2.61)的第一式完全相同的结果。可见，这种绕正交轴的受迫振动，仍然是陀螺仪的进动性表现。

2.4.4 双自由度陀螺仪的进动方程式及其结构

通过以上对于技术方程式进行求解的典型分析，再次证明了双自由度陀螺仪运动的特征是缓慢进动与微幅章动的组合。在陀螺角动量较大时，章动分量完全可以忽略不计，而只研究陀螺仪的进动运动。忽略章动实际上就是忽略 J_x 和 J_y 在运动中的作用，也就是忽略技术方程中的非陀螺特性项 $J_x\ddot{\alpha}$ 和 $J_y\ddot{\beta}$，这样一来，陀螺仪的技术方程式就简化为

$$\begin{cases}\boldsymbol{H}\dot{\beta}=\boldsymbol{M}_x\\-\boldsymbol{H}\dot{\alpha}=\boldsymbol{M}_y\end{cases} \tag{2.65}$$

式(2.65)称为双自由度陀螺仪的进动方程式。对其进行拉氏变换得

$$\begin{cases}\boldsymbol{H}s\beta(s)=\boldsymbol{M}_x(s)\\\boldsymbol{H}s\alpha(s)=-\boldsymbol{M}_y(s)\end{cases} \tag{2.66}$$

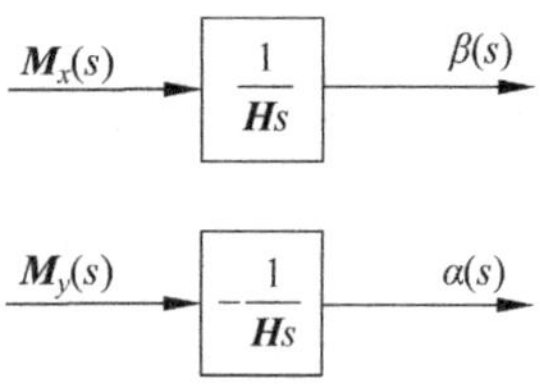

图 2.20 进动方程结构

这时式(2.66)中的两个关系式已不是联立方程式，它们是彼此独立的，因而陀螺仪绕内、外环轴的运动也不交连。在这样简化的情形下，双自由度陀螺仪的结构如图 2.20 所示。

由图 2.20 可以看出，当以外力矩为输入、转角为输出时，双自由度陀螺仪就成为积分环节了。这时内环轴上外力矩 $\boldsymbol{M}_y$ 引起陀螺仪绕外环轴的转角 α 随时间增大，外环轴上外力矩 $\boldsymbol{M}_x$ 引起陀螺仪绕内环轴的转角 β 随时间增大。可见，图 2.20 表明了陀螺仪的进动规律。一般情况下，采用这样的方块图进行研究分析是足够精确的。

2.4.5 在动坐标系中表示的陀螺仪进动方程式

在双自由度陀螺仪的进动方程式中，$\dot{\alpha}$ 和 $\dot{\beta}$ 是陀螺仪相对惯性坐标系即惯性空间的转动(进动)角速度。但在有的陀螺仪表中，我们并不需要了解陀螺仪相对惯性空间的运动情

况，而是需要了解陀螺仪相对动参考系（地理系、地平系等）的运动情况。因此，双自由度陀螺仪的进动方程应写成如下形式：

$$\begin{cases} \boldsymbol{H}\dot{q} = \boldsymbol{H}(\dot{\beta} + \omega_y) = \boldsymbol{M}_x \\ -\boldsymbol{H}\dot{p} = -\boldsymbol{H}(\dot{\alpha} + \omega_x) = \boldsymbol{M}_y \end{cases} \tag{2.67}$$

其中，$\dot{p}$、$\dot{q}$ 分别是陀螺仪绕外环轴、内环轴相对惯性空间的转动角速度（绝对速度）；$\dot{\alpha}$、$\dot{\beta}$ 分别是陀螺仪绕外环轴、内环轴相对动参考系的转动角速度（相对角速度）；ω_x、ω_y 分别是动参考系绕外环轴、内环轴相对惯性空间的转角速度（牵连角速度）；$\boldsymbol{M}_x$、$\boldsymbol{M}_y$ 分别是绕外环轴、内环轴作用于陀螺仪上的外力矩。

在动参考系的牵连角速度 ω_x、ω_y 已知的情况下，求解在动坐标系中表示的陀螺仪进动方程式，便可求得陀螺仪相对动参考坐标系的运动参数。

2.4.6 对双自由度陀螺仪运动分析的小结

通过上述对陀螺仪运动的分析，我们应当明确以下几点。

(1) 对于陀螺仪而言，陀螺特性和非陀螺特性同时存在其中。式(2.14)所表达的陀螺仪技术方程式反映了考虑这两种特性时陀螺仪的运动规律。陀螺仪技术方程式中的 $J_x\ddot{\alpha}$ 和 $J_y\ddot{\beta}$ 项是由转动惯量 J_x 和 J_y 引起的非陀螺特性项，它表明与外力矩同轴向的角加速转动特性；而 $\boldsymbol{H}\dot{\alpha}$ 和 $\boldsymbol{H}\dot{\beta}$ 项是由陀螺角动量 $\boldsymbol{H}$ 引起的陀螺特性项，它表明与外力矩交叉轴向的进动特性。

因陀螺特性项与非陀螺特性项的相互影响，使得陀螺仪在外力矩作用下出现章动。章动频率的大小与陀螺角动量大小成正比，并与转动惯量 $\sqrt{J_yJ_x}$ 大小成反比，而章动振幅的大小则与陀螺角动量大小成反比。

(2) 一般情形下，陀螺角动量较大而转动惯量 J_x 和 J_y 较小，因此章动频率很高而振幅极小，可以忽略章动的影响。

这种情形下，当冲击力矩作用时陀螺仪绕交叉轴产生常值偏角的量值，或当常值力矩作用时陀螺仪绕同轴产生常值偏角的量值，都是与章动振幅相同的，也可以忽略这些常值偏角的影响。而且，当简谐力矩作用时陀螺仪绕同轴受迫振动的振幅也极小，可忽略这个偏角的影响。

在冲击力矩作用下，陀螺仪相对惯性空间的方位改变极为微小，这就表现出陀螺仪的稳定性。在常值力矩作用下，陀螺仪主要产生绕交叉轴的转动运动，这就表现出陀螺仪的进动性。在简谐力矩作用下，陀螺仪主要产生绕交叉轴的受迫振动，实际上这也是进动性的表现。

本书忽略章动以及忽略绕同轴的常值偏角或绕同轴的受迫振动偏角，就是忽略非陀螺特性项对陀螺仪运动的影响。而忽略陀螺仪技术方程式中的非陀螺特性项 $J_x\ddot{\alpha}$ 和 $J_y\ddot{\beta}$，所得结果即为进动方程式。由此可知，在一般情形下，本书采用陀螺仪进动方程式来研究陀螺仪的运动是足够精确的。

(3) 若陀螺角动量较小而转动惯量 J_x 和 J_y 较大，则在外力矩作用下陀螺仪表现出明显的章动，这时非陀螺特性项的影响就很明显。也就是说，在这种特殊情形下，我们必须采用陀螺仪技术方程式才能说明它的运动规律。

若陀螺角动量为零，则在外力矩作用下陀螺仪表现出绕同轴的转动，这时的陀螺仪实际上就是一般刚体，它的运动特性与一般刚体完全相同。而陀螺仪技术方程式中的陀螺特性项 $\boldsymbol{H}\dot{\alpha}$ 和 $\boldsymbol{H}\dot{\beta}$ 为零时，所得结果即为刚体定轴转动方程式。也就是说，在这种特殊情形下，本书采用刚体定轴转动方程式便可说明它的运动规律。

(4) 当陀螺仪进入正常工作状态时，即转子达到工作转速的情况下，能够满足陀螺角动量较大而转动惯量 J_x 和 J_y 较小的条件，故其运动的基本形式就是进动。

但在陀螺仪处于起动状态时，即转子从转速为零到达工作转速的过程中，虽然陀螺仪对内、外环轴的转动惯量 J_y 和 J_x 并无改变，但是陀螺角动量 $\boldsymbol{H}$ 却从零逐渐增大。在这个过程中如有外力矩作用，则陀螺仪从有明显的同轴转动到有明显的章动，随着陀螺角动量的继续增大，章动的频率逐渐增高而振幅逐渐减小，最后转变为进动。由此可见，陀螺仪的起动过程实质上就是从一般刚体运动特性占主导地位转变到陀螺运动特性占主导地位的过程，而促使这种运动特性转化的条件则是转子的高速自转。陀螺仪在停转过程中的工作情况与起动过程相反。

2.5 干扰力矩对陀螺仪运动的影响

2.5.1 干扰力矩的种类

在陀螺仪方程式中，$\boldsymbol{M}_x$ 是绕外环轴的总外力矩，$\boldsymbol{M}_y$ 是绕内环轴的总外力矩。它们包括人为的控制力矩 $\boldsymbol{M}_{\mathrm{G}}$ 和干扰力矩 $\boldsymbol{M}_{\mathrm{d}}$ 两大部分，即

$$\begin{cases}\boldsymbol{M}_x=\boldsymbol{M}_{\mathrm{G}x}+\boldsymbol{M}_{\mathrm{d}x}\\ \boldsymbol{M}_y=\boldsymbol{M}_{\mathrm{G}y}+\boldsymbol{M}_{\mathrm{d}y}\end{cases}\tag{2.68}$$

其中，$\boldsymbol{M}_{\mathrm{G}}$ 主要是外加控制电路在力矩器中产生的电磁控制力矩，它使陀螺仪按照我们的需要运动；$\boldsymbol{M}_{\mathrm{d}}$ 主要是由外界干扰造成的干扰力矩，它主要影响陀螺仪的运动，必须尽量减小它。

根据干扰力矩与航行体加速度之间的关系，可把干扰力矩分成 3 类：与加速度(或比力)无关的干扰力矩、与加速度(或比力)成比例的干扰力矩、与加速度(或比力)平方成比例的干扰力矩。

1. 与加速度(或比力)无关的干扰力矩

与加速度(或比力)无关的干扰力矩主要有以下几种。

(1) 摩擦力矩

当陀螺仪绕环架轴转动或有转动趋势时，由于构件之间的接触将形成摩擦力矩。例如，环架轴上支撑采用滚珠轴承时滚珠在滑道上的滚动，采用宝石轴承时轴尖在宝石孔内的滑动，均会产生摩擦力矩。又如，输电装置采用电刷与滑环时电刷在滑环上的滑动，信号传感器(或角度传感器)采用电位器时电刷在绕组上的滑动，采用换向器时电刷在换向环或换向

片上的滑动，也都会产生摩擦力矩。

作用于陀螺仪的摩擦力矩的方向与陀螺仪相对转动的方向相反，而大小与接触压力、接触点半径以及摩擦系数等因素有关。可参考有关摩擦力矩的计算公式来近似估算出它的量值。

在低转速情况下，摩擦力矩可以看成常值。如以 $\boldsymbol{M}_{\mathrm{f}}$ 表示其幅值，$\dot{\theta}$ 表示角速度，则摩擦力矩可表示为 $-\boldsymbol{M}_{\mathrm{f}}\mathrm{sgn}\dot{\theta}$。符号函数 $\mathrm{sgn}\dot{\theta}$ 的定义是

$$\mathrm{sgn}\dot{\theta}=\begin{cases}+1, & 当\ \dot{\theta}>0\ 时\\ 0, & 当\ \dot{\theta}=0\ 时\\ -1, & 当\ \dot{\theta}<0\ 时\end{cases} \tag{2.69}$$

当航行体周期振荡时，将带动陀螺仪框架轴上滚珠轴承的外圈相对内圈也作周期振荡，使轴承摩擦力矩的方向周期交变而成方波力矩。如果轴承正、反两个方向的摩擦力矩大小相等，则方波力矩幅值对称；力矩大小不相等时，则方波力矩幅值不对称，如图 2.21 所示。前者方波力矩的幅值是对称的，后者不对称。

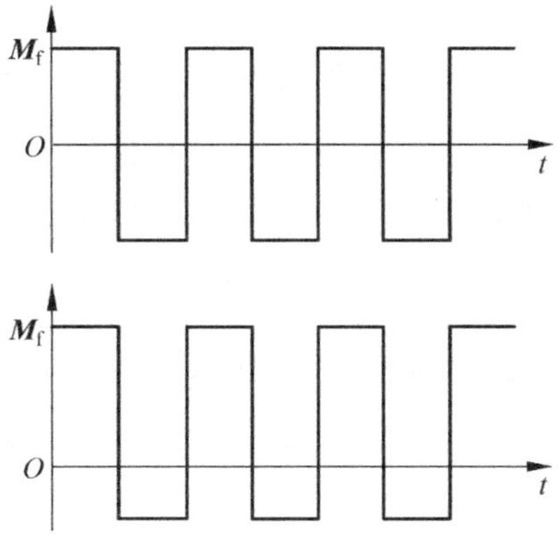

图 2.21 方波力矩

(2) 阻尼力矩

在双自由度液浮陀螺仪中，陀螺组件与壳体之间充满了浮液。当陀螺仪与壳体之间出现相对角速度时，因液体的黏性摩擦阻力，将产生阻尼力矩作用在陀螺仪上。液体的黏性越大，阻尼也越大。这种由介质黏性摩擦而形成的阻尼，也称为“黏性耦合”。在非液浮式陀螺仪中，若有空气介质，也将产生阻尼。此外，陀螺仪中某些电磁元件的电磁感应所产生的涡流力矩，也具有阻尼作用。不过它们的阻尼要比液体阻尼小得多。

阻尼力矩的特点是力矩的大小与相对角速度的大小成正比，而力矩的方向与相对角速度的方向相反。

假设陀螺仪绕外环轴相对壳体转动的角速度为 $\dot{\alpha}$，绕内环轴相对壳体转动的角速度为 $\dot{\beta}$，则绕外、内环轴作用于陀螺仪的阻尼力矩可表示成

$$\begin{cases}\boldsymbol{M}_{cx}=-K_{cx}\dot{\alpha}\\ \boldsymbol{M}_{cy}=-K_{cy}\dot{\beta}\end{cases} \tag{2.70}$$

其中，K_{cx} 和 K_{cy} 分别为绕外、内环轴的阻尼系数，即陀螺仪绕外、内环轴以单位角速度转动时，由阻尼效应产生的阻尼力矩。阻尼系数的单位在国际单位制中采用牛·米·秒(N·m·s)，但目前在陀螺仪的计算中通常采用达因·厘米·秒(dyn·cm·s)或克力·厘米·秒(gf·cm·s)。它们之间的换算关系是

$$1\ \mathrm{N\cdot m\cdot s}=10^{7}\ \mathrm{dyn\cdot cm\cdot s}=\frac{10^{7}}{980}\ \mathrm{gf\cdot cm\cdot s}$$

不难看出，阻尼系数的量纲与角动量的量纲是相同的。

(3) 弹性力矩

有些双自由度陀螺仪采用具有弹性效应的元件，如弹性悬丝式输电装置或挠性支承等，使陀螺仪与壳体之间存在弹性约束。当陀螺仪与壳体之间出现相对角位移时，弹性元件的弹性变形将产生弹性力矩作用在陀螺仪上。此外，陀螺仪中某些电磁元件的电磁反力矩，也具有弹性力矩的性质。

弹性力矩的特点是力矩的大小与相对角位移的大小成正比，而力矩的方向与相对角位移的转向相反。假设陀螺仪绕外环轴相对壳体的角位移为 α，绕内环轴相对壳体的角位移为 β，则绕外、内环轴作用于陀螺仪的弹性力矩可表示为

$$\begin{cases} \boldsymbol{M}_{sx} = -K_{sx}\alpha \\ \boldsymbol{M}_{sy} = -K_{sy}\beta \end{cases} \tag{2.71}$$

2. 与加速度(或比力)成比例的干扰力矩

与加速度(或比力)成比例的干扰力矩是由陀螺仪质心与支点不重合引起的，如陀螺组件静平衡不精确或材料热膨胀系数不匹配，都会造成陀螺仪组件的质量中心偏离支承中心，从而形成质量不平衡力矩。

3. 与加速度(或比力)平方成比例的干扰力矩

与加速度(或比力)平方成比例的干扰力矩是由陀螺仪结构的非等弹性所引起的，也叫非等弹性力矩。

如果按照干扰力矩是否有规律性，可将其分为规律性与随机性两类。规律性是指干扰力矩的大小和方向均有一定的规律，如不平衡力矩、阻尼力矩、弹性力矩、非等弹性力矩等都是有规律的。随机性干扰力矩的大小和方向均无一定规律。如摩擦力矩是属于随机性的。实际上规律性干扰力矩的数值在一定时间后也可能发生变化，也存在随机变动的问题，下面我们分析几种比较主要和比较典型的干扰力矩对陀螺仪运动的影响。

2.5.2 干扰力矩对陀螺仪运动的影响

1. 摩擦力矩对陀螺仪运动的影响

(1) 摩擦力矩引起陀螺漂移。

陀螺漂移中，摩擦力矩所引起的漂移通常占很大比例。当摩擦力矩为 $\boldsymbol{M}_f$ 时，由摩擦力矩引起的漂移速度 $\omega = \dfrac{\boldsymbol{M}_f}{\boldsymbol{H}}$，漂移角度随时间不断积累，如图 2.22 所示。

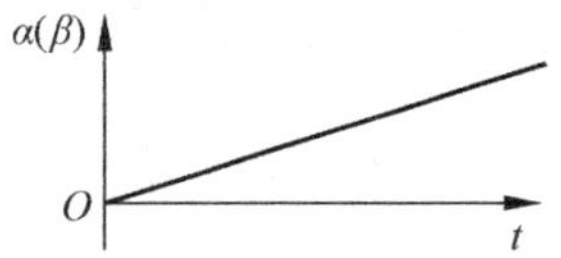

图 2.22 摩擦力矩引起的漂移

当摩擦力矩为方波力矩时，因为航空陀螺仪的基座就是运动着的飞机，而飞机在空中总是有一定的摆动运动，又由于陀螺仪自转轴相对惯性空间基本保持稳定，外环轴则按某一方式安装在飞机上，所以飞机的摆动最终将转化为内、外环轴承的内外座圈之间的周期摆动，从而形成方

波形式的摩擦力矩。

分析方波力矩作用下陀螺仪的运动规律，可将方波力矩展开成傅里叶级数，此时陀螺仪的运动规律就是各次谐波力矩作用结果的叠加。由 2.4 节的学习已知，在简谐力矩作用下，可以忽略章动和绕同轴的受迫振动，陀螺仪主要产生绕交叉轴的受迫振动。因此可以直接从进动方程式得到陀螺仪的运动规律。例如，假设绕内环轴作用有方波力矩，当正、反方向的力矩幅值相等时，如图 2.23(a)所示，则得陀螺仪绕外环轴的运动规律如图 2.24(a)所示，陀尖轨迹为三角波，即陀螺仪以三角波的形式漂移。当方波力矩正、反方向的幅值不等时，可将它分解成一个对称方波和一个常值力矩，如图 2.23(b)所示，其运动规律如图 2.24(b)所示。如果绕外环轴作用有方波摩擦力矩，那么陀螺仪绕内环轴也将出现与此类似的运动规律。

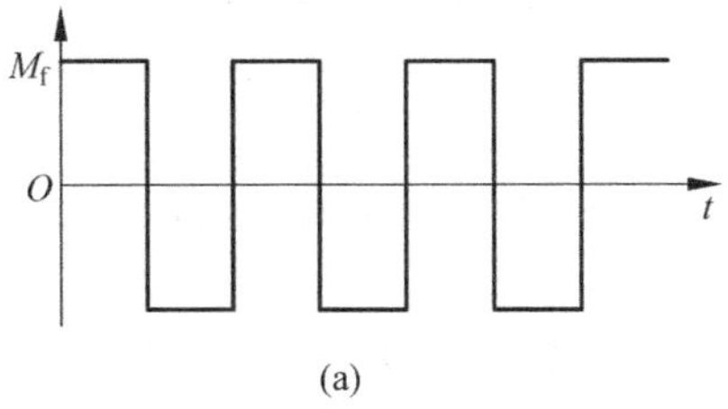

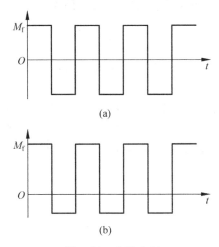

图 2.23 方波力矩

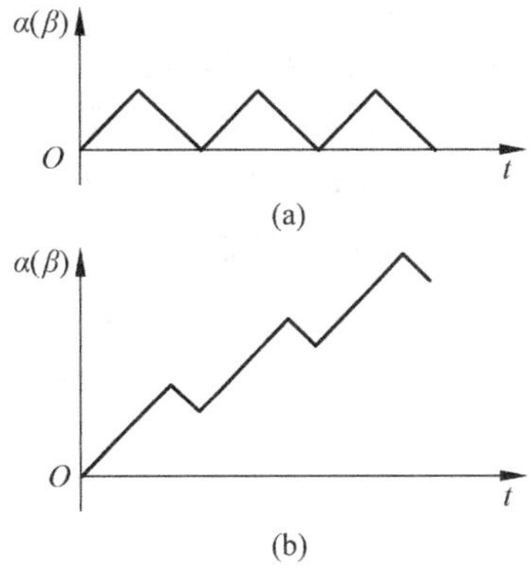

图 2.24 方波力矩作用下陀螺仪的运动规律

由此可见，要减小陀螺漂移，不仅要尽力减小摩擦力矩，而且最好将摩擦力矩变为对称的方波形式，且方波力矩频率愈高、三角波幅值愈小，陀螺漂移愈小。采用旋转轴承就可达到这一目的。旋转轴承的结构如图 2.25 所示，它同一般滚珠轴承的区别是多了一个中座圈和一层双排滚珠而成为三圈式滚珠轴承，中座圈上带有齿轮(或滑轮)，以便旋转机构驱动旋转。旋转机构的电动机旋转时，通过机械传动使框架轴(图 2.25 中所示为内环轴)两端旋转轴承的中座圈产生相反方向的旋转运动，或简称对转运动。而且电动机的旋转方向是周期改变的，当电动机旋转方向改变时，两个旋转轴承中座圈的旋转方向将同时改变，即这个对转运动是周期换向的。

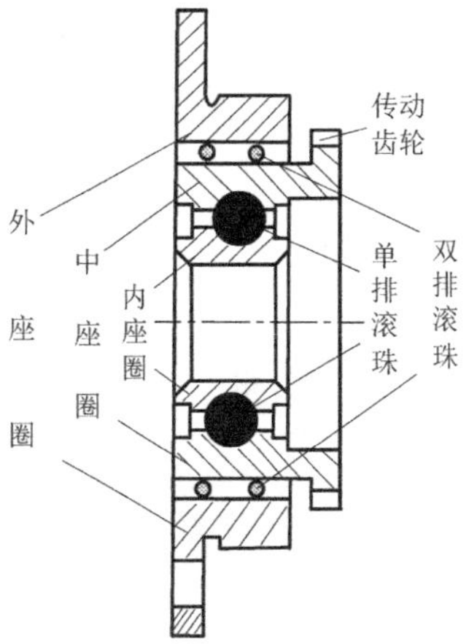

图 2.25 旋转轴承

由于中座圈的旋转运动，使静摩擦变为动摩擦，个别点摩擦变为平均转动的摩擦，因而减小了滚珠轴承的摩擦力矩。当中座圈的旋转速度取 60～100 r/min 时，可使摩擦力矩减小 10～20 倍。很显然，中座圈的旋转速度大大超过了陀螺仪的进动速度，所以旋转轴承作用在陀螺仪上的摩擦力矩的方向与中座圈的旋转方向一致。尤其是两个旋转轴承中座圈的旋转运动都是周期换向的(一般转动 1～5 圈换向),使得两个旋转轴承的摩擦力矩都变为方波力矩的形式。再加上两个旋转轴承的中座圈始终在做对转运动,使得两个轴承摩擦力矩的方向始终相反,从而产生了相互抵消的效果。若是通过实际测定来选配旋转轴承,把摩擦力矩相等或相近的组合成一对,则可收到更为显著的效果。采用旋转轴承同采用一般的滚珠轴承相比,陀螺仪的精度可提高一个数量级以上。

若采用滚珠轴承,应要求高精度和低摩擦力矩,在装配前应严格测定摩擦力矩的数值,符合技术条件规定的要求时方可装表。装配时应进行选配,使配合松紧适度,如果配合过紧易造成轴承变形而使摩擦系数增大,如果配合过松则在振动冲击条件下易造成轴承损坏而使摩擦系数增大。装配时还应认真清洗去掉机械颗粒和化学污物,并应适当润滑以降低摩擦系数。若采用电刷滑环式输电装置或采用电位器、换向器等接触式信号传感器,应尽量减小这些元件的直径尺寸,接触表面应进行抛光使之具有较高光洁度,且接触压力应调节适当,以降低摩擦力矩的数值。

若陀螺采用液浮支承、挠性支承、静电支承等支承机构,陀螺精度可达更高数量级。

(2) 摩擦力矩对章动有衰减作用。

采用滚珠轴承的常规陀螺仪,绕外环轴和内环轴都有摩擦力矩,大致范围是绕外环轴为10 g·cm左右,绕内环轴为1 g·cm左右。本书忽略绕内环轴的摩擦力矩,只考虑绕外环轴的摩擦力矩对章动的影响。为此,把绕外环轴的摩擦力矩$-\boldsymbol{M}_{fx}\,\mathrm{sgn}\dot{\alpha}$代入陀螺仪技术方程式,可以得到

$$\begin{cases} J_x\dot{\alpha}+\boldsymbol{H}\dot{\beta}=-\boldsymbol{M}_{fx}\,\mathrm{sgn}\,\alpha \\ J_y\ddot{\beta}-\boldsymbol{H}\dot{\alpha}=0 \end{cases} \tag{2.72}$$

设陀螺仪以频率ω_n作章动运动,$\alpha(t)$、$\dot{\alpha}(t)$以及$\boldsymbol{M}_{dx}$的波形如图2.26所示,其表达式为

$$\begin{cases} \alpha(t)=\alpha_m\sin\omega_n t \\ \alpha(t)=\omega_n\alpha_m\cos\omega_n t \\ \boldsymbol{M}_{dx}=-\boldsymbol{M}_{fx}\,\mathrm{sgn}\alpha \end{cases} \tag{2.73}$$

显然,$\boldsymbol{M}_{dx}$为以$2\pi/\omega_n$为周期的方波函数,将它展开成傅里叶级数,可得

$$\begin{aligned} \boldsymbol{M}_{dx}&=-\boldsymbol{M}_{fx}\,\mathrm{sgn}\,\alpha \\ &=-\frac{4\boldsymbol{M}_{fx}}{\pi}\sum\frac{1}{k}\cos k\omega_n t \quad (k\text{ 为奇数}) \end{aligned} \tag{2.74}$$

忽略式(2.74)中的高次谐波可得

$$\boldsymbol{M}_{dx}=-\frac{4\boldsymbol{M}_{fx}}{\pi}\cos(\omega_n t)=-\frac{4\boldsymbol{M}_{fx}}{\pi\omega_n\alpha_m}\dot{\alpha}(t) \tag{2.75}$$

代入式(2.15)得

$$\begin{cases} J_x\ddot{\alpha}+\dfrac{4\boldsymbol{M}_{fx}}{\pi\omega_n\alpha_m}\dot{\alpha}+\boldsymbol{H}\dot{\beta}=0 \\ J_y\ddot{\beta}-\boldsymbol{H}\dot{\alpha}=0 \end{cases} \tag{2.76}$$

令$K_D=\dfrac{4\boldsymbol{M}_{fx}}{\pi\omega_n\alpha_m}$,称为等效阻尼系数,并近似地把它看成常值,同时给出初始条件$\alpha(0)=0$、

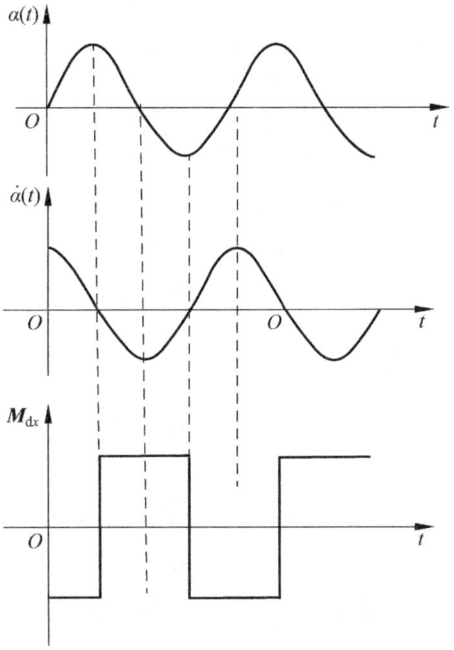

图 2.26 α、$\dot{\alpha}(t)$和 $\boldsymbol{M}_{dx}$ 的波形

$\dot{\alpha}(0)=\omega_n\alpha_m$、$\beta(0)=0$、$\dot{\beta}(0)=0$，对式(2.76)进行拉氏变换，并解出 $\alpha(s)$为

$$\alpha(s)=\frac{\omega_n\alpha_m}{s^2+2\zeta\omega_n s+\omega_n^2}$$

$$=\frac{\sqrt{1-\zeta^2}\,\omega_n}{(s+\zeta\omega_n)^2+(\sqrt{1-\zeta^2}\,\omega_n)^2}\frac{\alpha_m}{\sqrt{1-\zeta^2}} \tag{2.77}$$

其中，$\zeta=\dfrac{K_D}{2\omega_n J_x}=\dfrac{2\boldsymbol{M}_{fx}}{\pi\omega_n\alpha_m}$称为相对阻尼系数。对式(2.77)进行拉式反变换，可得

$$\alpha(t)=a_m\frac{1}{\sqrt{1-\zeta^2}}e^{-\zeta\omega_n t}\sin(\sqrt{1-\zeta^2}\,\omega_n t)$$

上述结果表明，摩擦力矩的等效阻尼作用使章动成为衰减振荡，振幅 α_m 将以指数规律衰减，如图 2.27 所示。

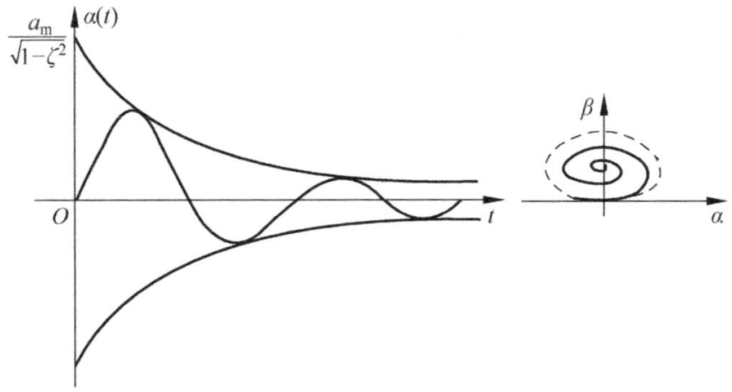

图 2.27 衰减振荡曲线

其稳定时间为衰减振荡的包络线减小到振幅 α_m 初始值的5%所需的时间 t_p，即

$$t_p=\frac{1}{\zeta\omega_n}\ln\frac{20}{\sqrt{1-\zeta^2}} \tag{2.78}$$

利用式(2.78)计算显然有误差，因为 ζ 并不是常数，它将随 α_m 的减小而增大，故按式(2.78)计算出的稳定时间将比实际的长，但用其估计稳定时间的上限是可以的。

例 2.7 某双自由度陀螺仪的角动量 $\boldsymbol{H}=4000\ \mathrm{g\cdot cm\cdot s}$，$\sqrt{J_xJ_y}=4\ \mathrm{g\cdot cm\cdot s^2}$，当内环轴加一常值力矩为 $\boldsymbol{M}_{y0}=5\ \mathrm{g\cdot cm}$ 时，求进动角速度 ω_p、章动频率 ω_n 和幅值 λ_1，设 $\boldsymbol{M}_{fx}=5\ \mathrm{g\cdot cm}$，$J_x=4\ \mathrm{g\cdot cm\cdot s^2}$，求衰减振荡的稳定时间 t_p。

解：

$$\omega_p=\frac{\boldsymbol{M}_{y0}}{\boldsymbol{H}}=\frac{5}{4000}=0.001\,25\ \mathrm{rad/s}$$

$$\omega_n=\frac{\boldsymbol{H}}{\sqrt{J_xJ_y}}=\frac{4000}{4}=1000\ \mathrm{rad/s}$$

$$\lambda_1=\frac{\omega_p}{\omega_n}=\alpha_m=\frac{0.001\,25}{1000}\ \mathrm{rad}=0.26''$$

$$\zeta=\frac{2\boldsymbol{M}_{fx}}{\pi\omega_n^2J_x\alpha_m}=\frac{2\times5}{\pi\times1000^2\times4\times1.25\times10^{-6}}=0.635$$

$$t_p=\frac{1}{\zeta\omega_n}\ln\frac{20}{\sqrt{1-\zeta^2}}=\frac{3.26}{0.635\times1000}\ \mathrm{s}=0.0051\ \mathrm{s}$$

通过例2.6可以看出，在研究实际陀螺仪的进动过程中，可把章动分量完全忽略，不仅因为章动幅值很小，而且还因在轴承摩擦力矩作用下，它将以极快的速度衰减掉。

2. 弹性力矩及阻尼力矩对陀螺仪运动的影响

当陀螺仪结构中采用了具有弹性效应的元件时，在陀螺仪与表壳间出现相对角位移的情况下，弹性元件的弹性变形将产生弹性力矩作用在陀螺仪上。假设陀螺仪绕外环轴相对表壳的角位移为 α，陀螺仪绕内环轴相对表壳的角位移为 β，则绕外、内环轴作用于陀螺仪上的弹性力矩可以写成

$$\begin{cases}\boldsymbol{M}_{sx}=-K_s\alpha\\ \boldsymbol{M}_{sy}=-K_s\beta\end{cases} \tag{2.79}$$

其中，K_s 为弹性元件的弹性系数。这里假设绕内、外环轴的弹性系数相等。

现在讨论弹性力矩作用下陀螺仪的基本运动规律，先假设其他外力矩为零。因为章动的影响很小，可认为 $J_x\ddot{\alpha}=J_y\ddot{\beta}=0$，陀螺仪的运动方程式为

$$\begin{cases}\boldsymbol{H}\dot{\beta}+K_s\alpha=0\\ \boldsymbol{H}\dot{\alpha}-K_s\beta=0\end{cases} \tag{2.80}$$

假设初始条件为 $\alpha(0)=\alpha_0$、$\beta(0)=\beta_0$，求解上述微分方程组(2.80)可得在弹性力矩作用时陀螺仪绕外、内环轴转角的变化规律为

$$\begin{cases}\alpha=\varepsilon_0\sin(\omega_0t+\phi_0)\\ \beta=\varepsilon_0\cos(\omega_0t+\phi_0)\end{cases} \tag{2.81}$$

其中，$\varepsilon_0=\sqrt{\alpha_0^2+\beta_0^2}$ 为振荡的幅度；$\omega_0=Ks/\boldsymbol{H}$ 为振荡角频率；$\phi_0=\arctan(\beta_0/\alpha_0)$ 为初相角。

由此看出，在弹性力矩作用下陀螺仪绕内、外环轴都是作不衰减的周期振荡运动。将式(2.81)中的两个式子两边平方后相加，则得陀螺仪的运动轨迹方程式如下：

$$\alpha^2+\beta^2=\varepsilon_0^2 \tag{2.82}$$

这表明陀螺尖顶在相平面上的运动轨迹是一个圆，其圆心在相平面的坐标原点，而半径等于初始偏角 ε_0，如图 2.28 所示。锥形进动方向在弹性力矩作用下，自转轴在空间的运动轨迹是一个圆锥面，陀螺仪的这种运动叫作锥形进动。进动角速度为

$$\begin{cases}\dot{\alpha}=\varepsilon_0\omega_0\cos(\omega_0 t+\phi_0)\\ \dot{\beta}=-\varepsilon_0\omega_0\sin(\omega_0 t+\phi_0)\end{cases} \tag{2.83}$$

进动角速度与初始偏角 ε_0、锥形进动角频率 ω_0 等因素有关。

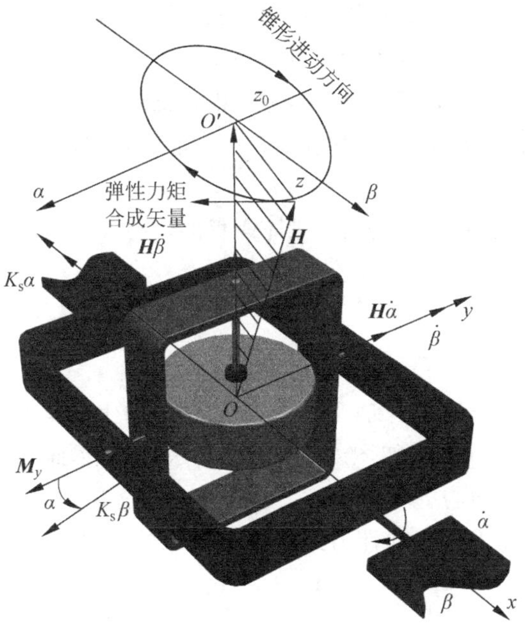

图 2.28　弹性力矩作用下陀螺仪的锥形进动

这种运动规律可从物理概念上加以解释，由图 2.28 可以看出，当自转轴相对壳体有偏移角时，弹性力矩合成矢量垂直于偏离平面，使自转轴进动离开原先的偏离平面而出现新的偏离平面，弹性力矩也随之改变方向而垂直于新的偏离平面，这样的过程不断出现，结果使自转轴的进动轨迹成为一个圆锥面。圆锥的顶点在陀螺仪的支承中心上，顶角等于两倍初始偏角，锥形进动的周期可由式(2.84)得出：

$$T_0=\frac{2\pi}{\omega_0}=2\pi\frac{\boldsymbol{H}}{K_s} \tag{2.84}$$

在有弹性约束的情况下，只要陀螺仪与壳体间出现相对角位移，就会产生弹性力矩而引起锥形进动，使自转轴偏离原来所稳定的空间方位。也就是说，弹性约束的存在会造成附加的漂移。只有在弹性约束的弹性系数 K_s 趋近零，使锥形进动角频率 ω_0 趋近零或使锥形进

动周期 T_0 趋于无限大时，锥形进动才会消失，陀螺仪才具有高的方位稳定性。因此，当双自由度陀螺仪作为角位移敏感元件使用时，应将弹性约束减至最小，或采用补偿的办法来抵消弹性力矩。

当陀螺组合件周围充满空气或液体等介质时，陀螺仪与表壳间就存在黏性耦合。当陀螺仪与表壳间出现相对转动角速度时，液体黏性摩擦将产生阻尼力矩作用在陀螺仪上。

假设陀螺仪绕外环轴相对表壳转动的角速度为 $\dot{\alpha}$，绕内环轴相对表壳转动的角速度为 $\dot{\beta}$，则绕外、内环轴作用于陀螺仪的阻尼力矩可以写成

$$\begin{cases}\boldsymbol{M}_{cx}=-K_c\dot{\alpha}\\ \boldsymbol{M}_{cy}=-K_c\dot{\beta}\end{cases}\tag{2.85}$$

其中，K_c 表示黏性耦合的阻尼系数。这里假设绕内、外环轴的阻尼系数相等。

由于黏性耦合的存在，当陀螺仪绕某一轴有相对转动角速度时，将产生绕该轴作用的阻尼力矩，从而引起陀螺仪绕交叉轴进动。也就是说，黏性耦合的结果将使陀螺仪以进动的形式漂移。在双自由度陀螺仪的一般应用中，黏性耦合虽对阻尼章动振荡有些益处，但却会引起漂移，故应将其黏性耦合减至最小，如在双自由度液浮陀螺仪中应采用黏性系数小的液体作为浮液。

如果同时存在弹性约束和黏性耦合，则陀螺仪的运动方程式为

$$\begin{cases}\boldsymbol{H}\dot{\beta}+K_c\dot{\alpha}+K_s\alpha=0\\ \boldsymbol{H}\dot{\alpha}-K_c\dot{\beta}-K_s\beta=0\end{cases}\tag{2.86}$$

求解微分方程组(2.86)可看到，陀螺尖顶在相平面上的运动轨迹是收敛螺线，最后趋向相平面上的坐标原点稳定，如图 2.29 所示。这时自转轴在空间的运动轨迹是一个收敛的螺旋锥面，最后趋向与壳体坐标系 z_0 轴重合。这是因为当自转轴相对壳体轴 z_0 有角位移时，垂直于偏离平面的弹性力矩使自转轴作锥形进动，与此同时，存在着与进动

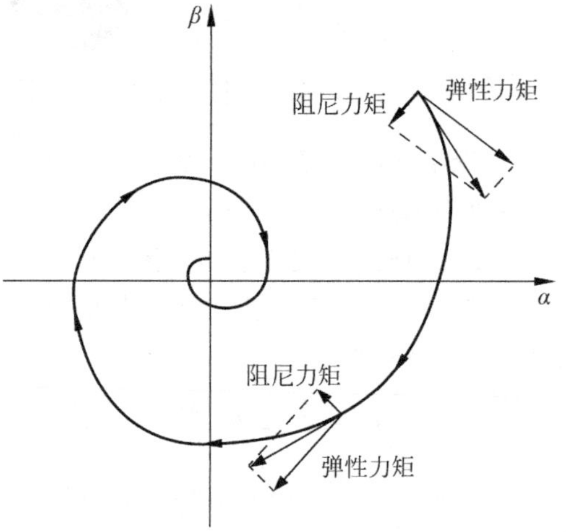

图 2.29　弹性力矩与阻尼力矩共同作用下陀螺仪的运动

角速度方向相反的阻尼力矩，该力矩位于偏离平面内并指向壳体轴 z_0，使自转轴趋于向壳体轴 z_0 的位置进动，故其轨迹成为收敛的螺旋锥面并趋向与壳体轴 z_0 重合。如图 2.28 和图 2.29 所示。

弹性约束和黏性耦合共同作用的结果，仍是使陀螺产生漂移。在双自由度陀螺仪的应用中，应尽量减小或避免这些因素的影响，也是提高陀螺仪精度的一个重要问题。

3. 静不平衡力矩引起陀螺漂移

在陀螺仪的装配工艺中，内环组合件和外环组合件要进行静平衡，调整内环组合件的质心位于内环轴线上，并调整外环组合件的质心位于外环轴线上。但是，绝对平衡的情况即陀螺仪质心正好位于支点上的情况是不存在的。陀螺仪的质心偏离环架轴线，就叫作静不平衡。若在重力场内或基座有加速度时，则因陀螺仪的质心偏离环架轴线，故作用于陀螺仪的重力或惯性力便对环架轴形成力矩，这种力矩就叫作不平衡力矩。例如，陀螺组件静平衡不精确或材料热膨胀系数不匹配，都会造成陀螺仪组件的质量中心偏离支承中心，从而形成质量不平衡力矩。

先说明一下比力的概念，如图 2.30 所示，陀螺仪的质心 G 与陀螺仪支点 O 不相重合，G 的矢径为 $\boldsymbol{R}_G$。首先，质心 G 要受到地球引力 $m\boldsymbol{g}$ 的作用，m 为陀螺仪的质量，$\boldsymbol{g}$ 为重力加速度，即单位质量所受到的引力。设基座有绝对加速度 $\boldsymbol{a}$，则质心 G 还要受到惯性力 $m\boldsymbol{a}$ 的作用，总的作用力 $\boldsymbol{F}$ 为

$$\begin{cases}\boldsymbol{F}=m\boldsymbol{g}-m\boldsymbol{a}=m(\boldsymbol{g}-\boldsymbol{a})\\ \boldsymbol{f}=\boldsymbol{g}-\boldsymbol{a}=\dfrac{\boldsymbol{F}}{m}\end{cases}\tag{2.87}$$

其中，f 叫作比力，即单位质量受到的引力和惯性力的合力。

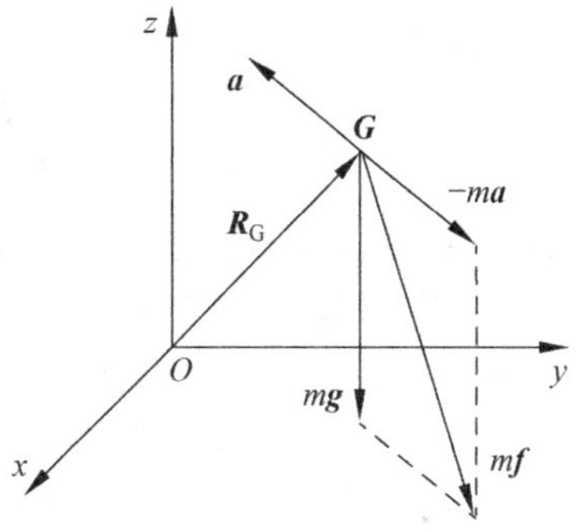

图 2.30　静不平衡与比力

设内环组件的质量 m_b，其质心沿陀螺各轴偏离支承中心的距离分别为 l_x、l_y 和 l_z，并设沿陀螺各轴的比力分别为 $\boldsymbol{f}_x$、$\boldsymbol{f}_y$ 和 $\boldsymbol{f}_z$。根据图 2.31(a)的关系，可以列出绕内环轴 y 的质量不平衡力矩(也产生绕外环轴的质量不平衡力矩)表达式为

$$\boldsymbol{M}_{dy}=m_b\boldsymbol{f}_x l_z-m_b\boldsymbol{f}_z l_x=m_b(\boldsymbol{f}_x l_z-\boldsymbol{f}_z l_x)\tag{2.88}$$

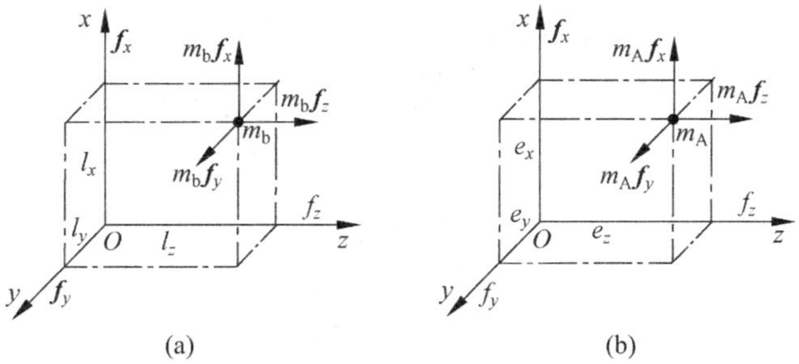

图 2.31　内、外环组件的质心偏移

(a) 内环组件；(b) 外环组件

设外环组件的质量为 m_{A}，其质心沿陀螺各轴偏离支承中心的距离分别为 e_x、e_y、e_z，并设沿陀螺各轴的比力分别为 $\boldsymbol{f}_x$、$\boldsymbol{f}_y$ 和 $\boldsymbol{f}_z$。根据图 2.31(b)的关系，可列出绕外环轴 x 的质量不平衡力矩表达式为(绕内环轴的质量平衡力矩被基座直接承受)

$$\boldsymbol{M}_{\mathrm{d}x}=m_{\mathrm{A}}\boldsymbol{f}_z e_y-m_{\mathrm{A}}\boldsymbol{f}_y e_z=m_{\mathrm{A}}(\boldsymbol{f}_z e_y-\boldsymbol{f}_y e_z) \tag{2.89}$$

从上面分析可以看出，不平衡力矩是有规律性的并且与加速度(或比力)成比例，故由它引起的漂移也是有规律性的并且与比力成比例。由不平衡力矩引起绕内、外环轴的漂移角速度为

$$\begin{cases}\omega_{\mathrm{d}y}=\dfrac{\boldsymbol{M}_{\mathrm{d}y}}{\boldsymbol{H}}=\dfrac{m_{\mathrm{A}}}{\boldsymbol{H}}(\boldsymbol{f}_z e_y-\boldsymbol{f}_y e_z)\\ \omega_{\mathrm{d}x}=\dfrac{\boldsymbol{M}_{\mathrm{d}x}}{\boldsymbol{H}}=\dfrac{m_{\mathrm{b}}}{\boldsymbol{H}}(\boldsymbol{f}_x l_z-\boldsymbol{f}_z l_x)\end{cases} \tag{2.90}$$

静不平衡是陀螺仪重要的误差源，为了减小这项漂移，陀螺仪在装配时，内、外环组合件都应进行精细的静平衡。静平衡精度取决于静平衡支承上摩擦力矩的大小，常采用蜂鸣振动的办法减小摩擦以提高静平衡精度。陀螺仪中还装有配重块或配重螺钉，便于装配调试时调节静平衡。

温度变化往往会影响陀螺仪静平衡变化。若陀螺仪各零件所用材料的线膨胀系数不同，则温度变化时其热胀冷缩程度也不同，这将导致陀螺仪质心偏离环架轴线而形成不平衡力矩。因此，陀螺仪各零件应尽量采用线膨胀系数相同或相近的材料，以保证温度变化时静平衡的稳定性。而且，陀螺组合件在常温(+20℃)条件下进行静平衡后，一般还要在低温(−60℃)和高温(+50℃)条件下检查它的静平衡变化情况。

为了在温度变化时补偿静平衡的变化，有些陀螺仪的内环或外环上加装了带有配重的双金属片。图 2.32 所示的是双金属片装在陀螺房(内环)的端盖上，双金属片的小长槽上装有配重。双金属片由钢和因瓦钢两种金属薄片焊接而成，钢的温度膨胀系数较大，因瓦钢的温度膨胀系数很小。这样，在常温时如果双金属片保持平直，到了高温或低温则会发生弯曲变形，高温时双金属片向因瓦钢的一边弯曲，低温时双金属片向钢的一边弯曲。当温度变化时双金属片的弯曲方向即配重质心的偏移方向，恰好与陀螺仪质心的偏移方向相反，从而起到补偿陀螺仪静平衡变化的作用。

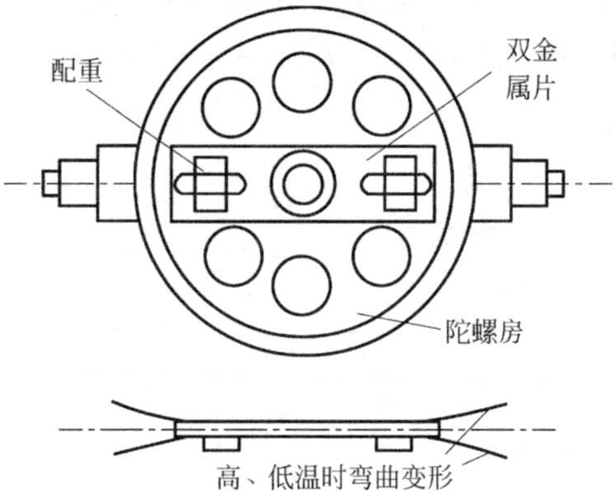

图 2.32　双金属片补偿静平衡变化

转子的质量在陀螺组合件的质量中占有较大的比例，设法避免转子沿自转轴向的质心偏移，这是陀螺电动机结构设计中必须注意的一个重要问题。较好的一种办法是将转子的端盖做成对称弹性壁结构，即转子两边端盖的材料相同、结构对称，并加工成有一定的薄壁部分，因而沿自转轴向具有一定的弹性。陀螺电动机装配好后，两边端盖应呈稍许鼓出状态，使之产生一定的预变形而获得一定的预紧力，从而防止转子沿自转轴向的任意窜动。当温度变化时，由于两边端盖的弹性变形相等，从而避免了转子沿自转轴向的质心偏移。在陀螺电动机装配时预紧力应调节适当，如果预紧力过大，会使自转轴的轴承摩擦增大，降低陀螺电动机的使用寿命，还会使起动困难甚至无法起动；如果预紧力过小，很可能在转子本身质量的作用下出现质心偏移，而形成绕环架轴的不平衡力矩。

内环组合件沿内环轴向以及外环组合件沿外环轴向都留有一定的轴向间隙，以保证温度变化时内、外环组合件能够灵活转动，并避免环架轴上支承的摩擦力矩增大。但是，内环轴向的间隙将造成内环组合件沿内环轴向的质心偏移，而形成绕外环轴的不平衡力矩。外环轴向的间隙将造成外环组合件沿外环轴向的质心偏移，虽不形成不平衡力矩作用在陀螺仪上，但若间隙过大，则在振动冲击条件下轴承易被损坏。因此，在陀螺仪装配时，内、外环轴向的间隙都应调节适当。

4. 非等弹性力矩引起陀螺漂移

当陀螺组件沿 3 个轴向受到力的作用时，因结构的弹性变形，其质心沿 3 个轴向将产生位移，如图 2.33 所示。

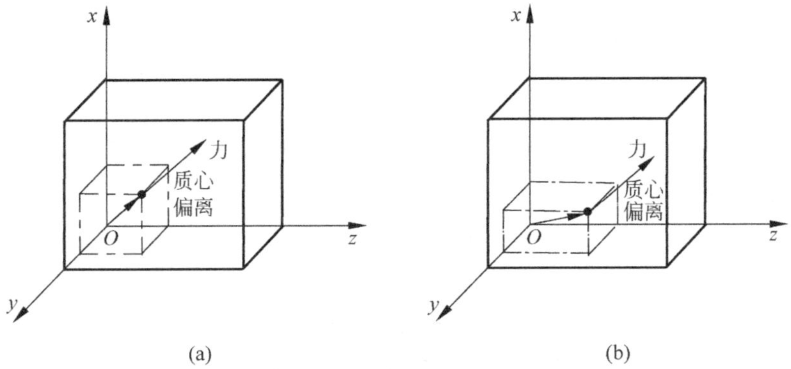

图 2.33 等弹性变形与非等弹性变形

(a) 等弹性变形；(b) 非等弹性变形

质心沿每个轴向的弹性变形位移均可表示为

$$\delta = KF \tag{2.91}$$

其中，F 为作用力；K 为柔性系数(刚性系数的倒数)，表示单位力所引起的陀螺组件质心的弹性变形位移。

若陀螺组件质心沿 3 个轴向的弹性变形位移与沿这些轴向作用力的比值均相等，即沿 3 个轴向的柔性系数均相等，则此结构是等弹性或等刚度的；若不相等，则是非等弹性或非等刚度的。

在陀螺仪结构等弹性的情况下，若受到力的作用，其质心将沿力的作用方向偏离支承中心，见图 2.33(a)，也就是力的作用线将通过支承中心，不会对框架轴形成力矩。在陀螺仪结构非等弹性的情况下，若受到力的作用，其质心正好沿力的作用方向偏离支承中心，见图 2.33(b)，也就是力的作用线不通过支承中心，从而对框架轴形成力矩。这种性质的力矩叫作非等弹性力矩。非等弹性力矩要引起陀螺漂移。

设内环组件沿陀螺各轴的柔性系数不等并分别为 K_{xx}、K_{yy} 和 K_{zz}，则内环组件质心沿陀螺各轴的弹性变形位移可表示为

$$\begin{cases} \boldsymbol{S}_x = K_{xx} m_b \boldsymbol{f}_x \\ \boldsymbol{S}_y = K_{yy} m_b \boldsymbol{f}_y \\ \boldsymbol{S}_z = K_{zz} m_b \boldsymbol{f}_z \end{cases} \tag{2.92}$$

根据图 2.34(a)的关系，可列出绕内环轴 y 的非等弹性力矩表达式：

$$\boldsymbol{M}_{dy} = m_b \boldsymbol{f}_x \boldsymbol{S}_z - m_b \boldsymbol{f}_z \boldsymbol{S}_x = m_b^2 (K_{zz} - K_{xx}) \boldsymbol{f}_x \boldsymbol{f}_z \tag{2.93}$$

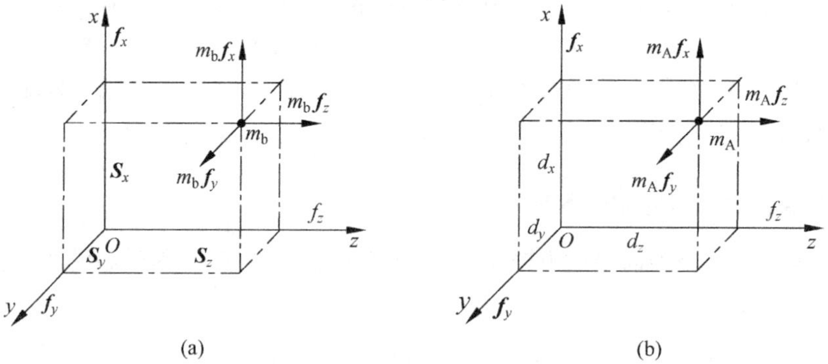

图 2.34 内、外环组件质心的弹性变形位移

(a) 内环组件；(b) 外环组件

设外环组件沿陀螺各轴的柔性系数不等并分别为 K'_{xx}、K'_{yy}、K'_{zz}，则外环组件质心沿陀螺各轴的弹性变形位移可表示为

$$\begin{cases} \boldsymbol{d}_x = K'_{xx} m_A \boldsymbol{f}_x \\ \boldsymbol{d}_y = K'_{yy} m_A \boldsymbol{f}_y \\ \boldsymbol{d}_z = K'_{zz} m_b \boldsymbol{f}_z \end{cases} \tag{2.94}$$

根据图 2.34(b)的关系，可列写出绕外环轴 x 的非等弹性力矩表达式：

$$\boldsymbol{M}_{dx} = m_A \boldsymbol{f}_z \boldsymbol{d}_y - m_A \boldsymbol{f}_y \boldsymbol{d}_z = m_A^2 (K'_{yy} - K'_{zz}) \boldsymbol{f}_y \boldsymbol{f}_z \tag{2.95}$$

从上面的分析可以看出，非等弹性力矩是有规律性的并且与加速度(或比力)的平方成比例，故由它引起的漂移率也是有规律性的并且与比力平方成比例。由非等弹性力矩引起陀螺绕内、外环轴的漂移角速度为

$$\begin{cases} \boldsymbol{\omega}_{dy} = \dfrac{\boldsymbol{M}_{dy}}{\boldsymbol{H}} = \dfrac{m_A^2}{\boldsymbol{H}} (K'_{yy} - K'_{zz}) \boldsymbol{f}_y \boldsymbol{f}_z \\ \boldsymbol{\omega}_{dx} = \dfrac{\boldsymbol{M}_{dx}}{\boldsymbol{H}} = \dfrac{m_b^2}{\boldsymbol{H}} (K'_{zz} - K'_{xx}) \boldsymbol{f}_x \boldsymbol{f}_z \end{cases} \tag{2.96}$$

显而易见，非等弹性力矩只有在陀螺仪结构非等弹性的情况下才会出现。对于在大加速度条件下工作的陀螺仪，非等弹性力矩引起的漂移是明显的。为了减小这项漂移，陀螺仪

应设计成具有较大的结构刚度，还应尽可能设计成等弹性即等刚度结构。

2.6　小结

当陀螺转子高速自转时，陀螺仪在外力矩作用下，其转动方向与外力矩方向相垂直的进动性是双自由度陀螺仪的一个基本特性。

双自由度陀螺仪具有抵抗干扰力矩，力图保持自转轴相对惯性空间方位稳定的特性，叫作陀螺仪的稳定性，也叫作定轴性。

陀螺漂移的快慢及其方向，用漂移角速度来表示。漂移角速度的量值通常叫作漂移率。当需要用自转轴来提供惯性空间某一确定的方位时，漂移率越小，则方位稳定精度越高。当需要施加控制力矩使自转轴跟踪空间某一变动的方位时，陀螺漂移率越小，则方位跟踪精度越高。因此，漂移率是衡量陀螺仪精度的主要指标。

由于陀螺自转轴相对惯性空间保持方位稳定，而地球以其自转角速度绕地轴相对惯性空间转动，观察者以地球作为参考基准，将会看到陀螺仪相对地球的转动，称为陀螺仪的表观运动。

陀螺仪的技术方程式是在考虑转子赤道转动惯量和框架转动惯量情况下双自由度陀螺仪的运动方程式，在工程技术实际应用中，采用这样的方程式研究陀螺仪的动力学问题是足够精确的。如果忽略转子赤道转动惯量和框架转动惯量的影响，则双自由度陀螺仪的运动方程式称为进动方程式。

陀螺仪闭环传递函数表明，对于同轴输入量来说，陀螺仪的闭环传递函数为无阻尼二阶振荡环节；而对于交轴输入量来说，陀螺仪的闭环传递函数由一个积分环节与一个振荡环节串联构成，积分环节体现了陀螺仪的进动，振荡环节体现了陀螺仪的章动。

习题

2.1　陀螺仪的特性有哪些？

2.2　如何利用角动量定理解释陀螺仪的进动性与稳定性？

2.3　如何理解陀螺漂移率？

2.4　陀螺技术方程式与进动方程式的区别是什么？

2.5　如何利用陀螺仪传递函数与结构图分析陀螺仪特性？

2.6　陀螺仪的干扰力矩的分类以及对陀螺仪运动的影响有哪些？

2.7　在外环和内环冲击以及常值力矩作用下陀螺仪的运动规律是什么？

第 3 章

飞机的姿态角及其测量

3.1 飞机姿态角的定义及其测量原理

双自由度陀螺仪的基本功用是测量运载体的角位移(俯仰角、倾斜角和航向角),也可作为陀螺稳定平台的敏感元件。在测量飞机角位移的应用中,比较典型的仪表有垂直陀螺仪、地平仪等。本章主要介绍这些飞机姿态测量仪表的结构组成和工作原理。

3.1.1 飞机俯仰角、倾斜角的定义

飞机的飞行姿态是用姿态角表示的,飞机的姿态角表示飞机相对地平面的空间位置角,也就是说它是相对地平面而言的,通常用俯仰角 θ 和倾斜角 γ 两个转角表示。俯仰角是指飞机纵轴与水平面之间的夹角,它是绕飞机横向水平轴转动出来的角度,如图 3.1 所示;而倾斜角则是飞机纵向对称平面与纵向铅垂面之间的夹角,它是绕飞机纵轴转动出来的角度。俯仰角和倾斜角确定后,飞机相对地平面的姿态也就确定了。

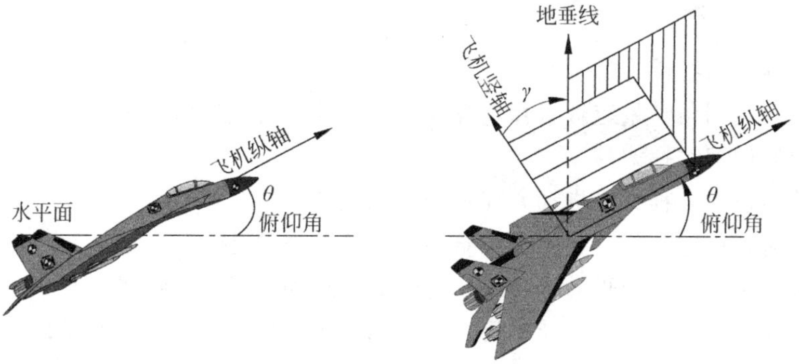

图 3.1 飞机的俯仰角与倾斜角

实际上,飞机相对地平面的角位置就是机体坐标系 $Ox_by_bz_b$ 与当地地平坐标系 $Ox_hy_hz_h$ 之间的相对角位置,为讨论方便,本书把当地地平坐标系移到飞机上,并使两坐标原点重合,以 O 表示。

由图 3.2 可以看出,机体坐标系相对当地地平坐标系的角位置,也就是飞机的姿态角,

可以通过机体坐标系相对当地地平坐标系的两次旋转得出。第一次旋转得到俯仰角，第二次旋转得到倾斜角。

开始时两坐标系重合，俯仰角 θ 是指飞机(机体坐标系)绕地平坐标系的 Ox_h 轴(飞机的横向水平轴)正方向的转角，也就是指飞机纵轴 Oy_b 相对当地地平面 Ox_hy_h 的偏角，它处于过飞机纵轴的铅垂面 y_bOz_h 之内。横向水平轴 Ox_h 是俯仰角的定义轴。

倾斜角 γ 是指飞机(机体坐标系)绕纵轴 Oy_b 的转角，也就是飞机纵向对称平面 Oy_bz_b 相对纵向铅垂平面 Oy_bz_h 的偏角。它处于飞机的横向平面 Ox_bz_b 之内。飞机纵轴 Oy_b 是倾斜角的定义轴。

根据以上规定测得的 θ 角和 γ 角，称为真实俯仰角和真实倾斜角。

由图 3.2 可以看到，倾斜角也就是飞机立轴 Oz_b 与过纵轴 Oy_b 的铅垂面所构成的夹角；而俯仰角就是飞机立轴 Oz_b 在该铅垂面的投影 $Oz_{h'}$ 与当地地垂线 Oz_h 所构成的夹角。由此可见，飞机的姿态角实际上也可以说是飞机立轴 Oz_b 与当地地垂线 Oz_h 的相对角位置。

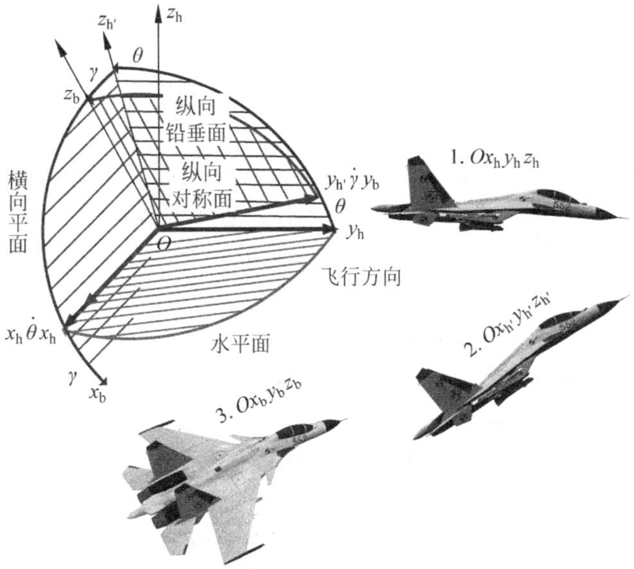

图 3.2 飞机的俯仰角与倾斜角

3.1.2 飞机俯仰角、倾斜角测量原理——人工当地地垂线基准的建立

根据俯仰角、倾斜角的定义，我们要想测出飞机的俯仰角和倾斜角，实际上就是如何在飞机上实现机体坐标系与当地地平坐标系相互比较的问题，也就是如何实现飞机立轴与当地地垂线相互比较的问题。

机体坐标系的 3 根坐标轴就是飞机的 3 根形体轴，在飞机上是容易确定的；而在运动着的飞机上确定当地地平坐标系(当地地垂线或当地地平面)就不那么容易了。可见，测量飞机俯仰角和倾斜角的关键问题，是在飞机上建立人工当地地垂线(或水平面)基准。

1. 利用摆式元件模拟当地地垂线

悬挂的摆锤能敏感重力的方向，其摆线所指为重力垂线(俗称铅垂线或地垂线，以下称为垂线)，可以用它测量物体相对垂线的倾斜程度。气泡水平仪中的液面指示水平面，可以用它测量物体相对水平面的倾斜程度。水平面与垂线相互垂直，指示出水平面就相当于指示出垂线，所以气泡水平仪的功能也相当于一个摆，从广义上理解，可把它看作液体摆，其摆线即为与液面相垂直的一根直线，如图 3.3 所示。重力摆或液体摆能够自动找到地垂线方位，也就是说，摆具有敏感地垂线的方向选择性。

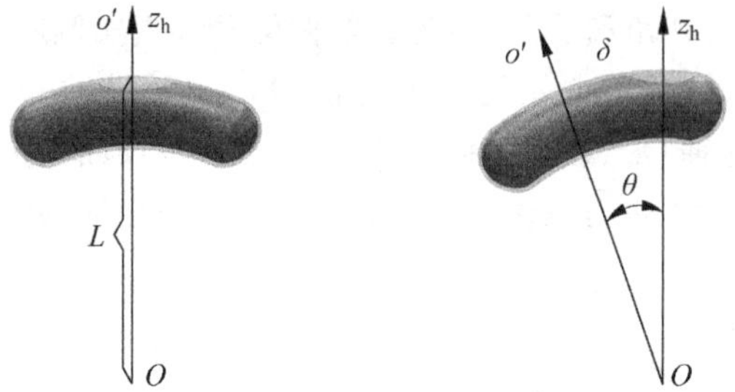

图 3.3　液体摆

运动的飞机上使用的摆式元件大多是液体摆，即前面介绍的气泡水平仪，其结构如图 3.3 所示。在一个曲率半径为 L 的弯管形容器内装入液体且留出一个气泡，液体对气泡产生一垂直向上的浮力作用，使气泡最终停在弯管最高处。若使容器的弯管平面与一铅垂面(相当于纸面)重合，则气泡在容器中的位置，即为当地地垂线 Oz_h 的方向。若在容器对称位置作一标线 OO'，将容器绕着它的曲率半径 L 转轴(过 O 点垂直于纸面)转动，当气泡中心与标线 OO'重合时，说明标线已与当地地垂线重合。若弯管绕着它的曲率半径 L 转轴倾斜一个角度 δ，标线 OO'将偏离当地地垂线 Oz_h 位置，但标志当地地垂线的气泡总要停在弯管最高处，因而由标线与气泡中心线之间的偏差角 δ，即可得出液体摆的倾斜角(液体摆相对地垂线的偏离角)。

由此可见，液体摆与单摆的功能一样。但作用原理却有明显的区别，单摆的摆锤在支承轴下方，依靠重力作用使其摆线定位，本书称之为下摆，而摆锤的密度与周围介质的密度相比要大得多，因而介质的质量可以忽略不计。液体摆依靠气泡表示地垂线，气泡在曲率轴的上方，它是依靠浮力定位的，故称之为上摆，气泡的密度与液体的密度相比小得多，因而气泡本身质量可忽略不计。由于液体摆灵敏度较高，结构也较简单，因此在陀螺仪表中被广泛用作修正装置的敏感元件。

飞机上能否单独用重力摆或液体摆建立地垂线呢？在飞机等速直线飞行的情况下，由于摆只受到重力 mg 的作用，因此摆线是能够真实地指示地垂线的，但飞机速度经常发生改变，绝对等速飞行的情况并不存在，而且飞机经常作加速或转弯飞行，参阅图 3.4，在飞机存在加速度的情况下，摆除了受重力作用外，还受到惯性力作用，这将引起摆线偏离地垂线，其偏角为 $\arctan(a/g)$。这时摆线所指为重力与惯性力二者合力的作用线，这时的摆线所指示的叫作虚假地垂线或视在垂线。因重力摆或液体摆在加速度干扰下，摆线不能稳定地指示出地垂线，故摆不具有抵抗干扰的方向稳定性。因此，在飞机上如果直接使用摆指示地垂线测量飞机的俯仰角和倾斜角，将会产生很大的误差。

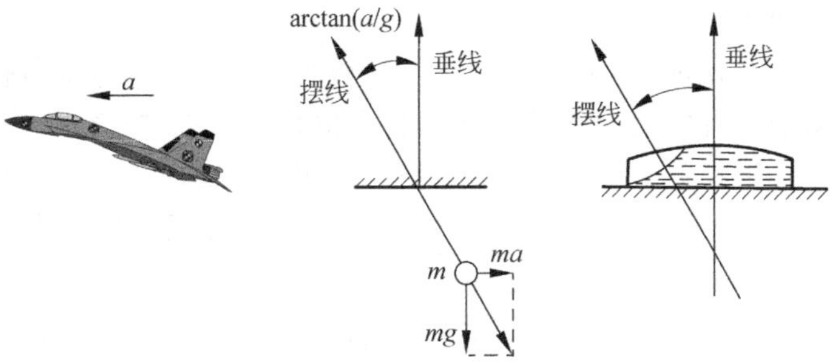

图 3.4 飞机加速度引起摆线偏离垂线

2. 用双自由度陀螺仪建立当地地垂线

由双自由度陀螺仪的基本特性可知，双自由度陀螺仪的自转轴具有很高的方位稳定性，因此可以利用陀螺仪进行方位稳定。若在飞机上安装一个双自由度陀螺仪，并将其自转轴调整到当地地垂线方向，则当飞机存在加速度时，仅会造成与加速度有关的干扰力矩作用在陀螺仪上，陀螺仪仅会出现缓慢的进动漂移，自转轴不会像摆那样偏离地垂线很大的角度。在加速度干扰下，陀螺自转轴能够相当精确地保持其原来的方位稳定，这就是说，陀螺仪具有抵抗干扰的方位稳定性。

双自由度陀螺仪的自转轴是相对惯性空间保持方位稳定的。因地球自转，地垂线相对惯性空间方位不断改变，而陀螺自转轴相对惯性空间的方位仍不变，这就使原来与地垂线相重合的自转轴逐渐偏离当地地垂线，如图 3.5 所示。而且，飞机又总是相对地球运动，从一个地点飞到另一个地点，地球上不同地点的地垂线相对惯性空间的方位是不同的，而陀螺自转轴相对惯性空间的方位却仍然保持和原来的相同，这也将引起自转轴逐渐偏离当地地垂线(见图 3.6)。此外，在实际的陀螺仪中，总是不可避免地存在着干扰力矩而造成漂移，也会引起自转轴逐渐偏离当地地垂线。这些因素使陀螺自转轴不能长时间地指示出当地地垂线，所以陀螺仪不具有敏感当地地垂线的方向选择性。因此，在飞机上如果单独使用陀螺仪指示当地地垂线测量飞机的俯仰角和倾斜角，也将产生很大的误差。

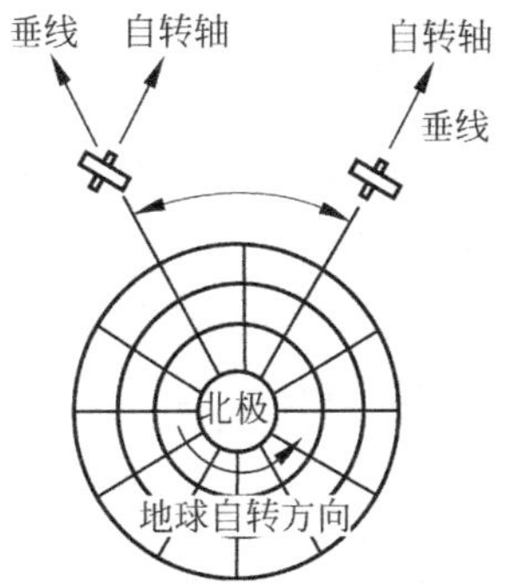

图 3.5 地球自转引起陀螺自转轴偏离垂线

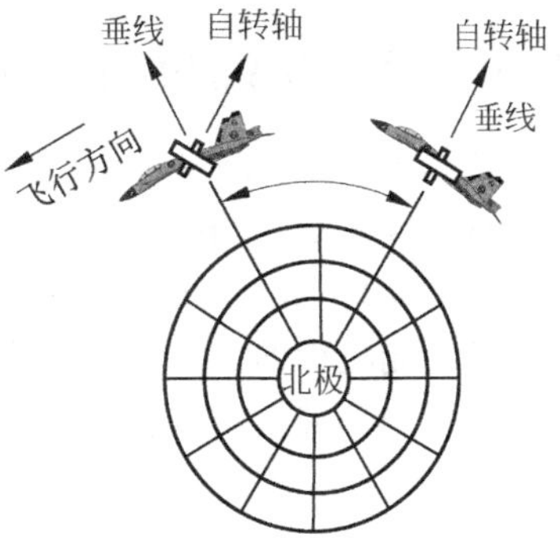

图 3.6 飞机运动引起陀螺自转轴偏离垂线

将摆和陀螺仪作一对比：摆具有敏感当地地垂线的方向选择性，但没有抵抗干扰的方向稳定性；陀螺仪则具有抵抗干扰的方向稳定性，但却没有敏感地垂线的方向选择性。很显然，要精确测量飞机的俯仰角和倾斜角，对仪表的要求应当是具备这两种特性。解决这个矛盾的途径有以下两种。

一种途径是使具有方向选择性的摆获得方向稳定性。从摆的运动特性可知，这需要增大摆的自由振荡周期，使它对加速度干扰不敏感。舒拉于1923年提出，当摆的自由振荡周期等于84.4 min时，便可完全消除加速度对摆的干扰。然而对于一般的单摆，要达到此振荡周期，其摆长需要达到地球半径的长度，显然这在技术上是无法实现的。即使是对于一般的复摆，要达到这个振荡周期，也是难以办到的。

另一种途径则是使具有方向稳定性的陀螺仪获得方向选择性。为此，我们可采用取长补短的办法，利用陀螺仪抵抗干扰的方向稳定性，以陀螺仪作为仪表的工作基础，并利用摆敏感地垂线的方向选择性对陀螺仪进行修正，使它获得敏感地垂线的方向选择性。垂直陀螺仪和地平仪就是通过这种途径在飞机上建立一个精确而稳定的地垂线基准，从而测得飞机的俯仰角和倾斜角。

3.2 垂直陀螺仪

垂直陀螺仪和地平仪都是利用双自由度陀螺仪与摆的结合这种途径做成的陀螺仪表，它们能够在飞机上建立一个精确而稳定的当地地垂线或水平面基准，用来测量飞机的俯仰角和倾斜角。垂直陀螺仪和地平仪两者并无本质上的区别，它们在基本结构、工作原理和使用误差等方面都是相同的，所不同的只是在地平仪中装有指示机构，可直接指示出飞机的姿态角，而在垂直陀螺仪中装有信号传感器，可用来传输姿态信号。

飞行员在空中根据地平仪判读飞机的俯仰角和倾斜角，才能正确地驾驶飞机，完成飞行和作战任务。因此，地平仪是飞机上主要的航行驾驶仪表之一，享有"仪表之王"的美誉。

当使用自动驾驶仪操纵飞机时，则需要垂直陀螺仪作为飞机姿态角的敏感元件，测量出俯仰角和倾斜角并转换成电信号传输给控制系统，才能控制飞机按照预定的姿态飞行。因此，垂直陀螺仪是飞机自动驾驶仪的主要部件之一。此外，飞机上的其他特种设备，如综合罗盘(或航向系统)、机载雷达系统、武器控制系统和投弹轰炸系统等，也需要垂直陀螺仪提供飞机的俯仰角和倾斜角信号，以保证这些系统工作的精确性。

3.2.1 垂直陀螺仪的基本组成

垂直陀螺仪的功用：测量飞机的姿态角，并转换成相应的电信号。为实现其功用，垂直陀螺仪用双自由度陀螺仪与摆结合，其基本原理就是摆对陀螺仪的修正原理。从垂直陀螺仪的功用和基本原理可以看出，它的基本组成是双自由度陀螺仪、修正系统、信号传感器或指示系统以及控制机构四个部分。歼击机上使用的垂直陀螺仪(或地平仪)在双自由度陀螺仪中还设置了托架伺服系统，其组成如图3.7所示。

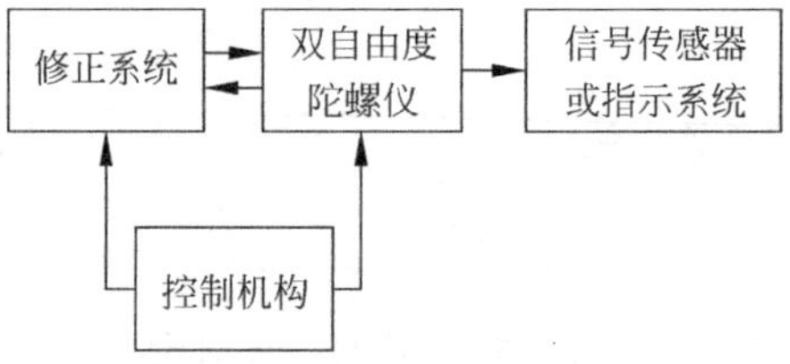

图3.7 纵向安装的陀螺仪测量原理

3.2.2 双自由度陀螺仪

双自由度陀螺仪是垂直陀螺仪(或地平仪)的基础部分，它由陀螺转子、内环和外环组成。陀螺转子通常采用三相异步陀螺电动机，转子的转速可达 22 000～23 000 r/min，陀螺角动量一般约为几千克力·厘米·秒，常见的为 4000 gf·cm·s。

为测得俯仰角和倾斜角，双自由度陀螺仪有两种基本安装方式，一种是外环轴平行于飞机的纵轴，称为纵向安装，如图 3.8(a)所示，另一种是外环轴平行于飞机的横轴，称为横向安装，如图 3.8(b)所示。

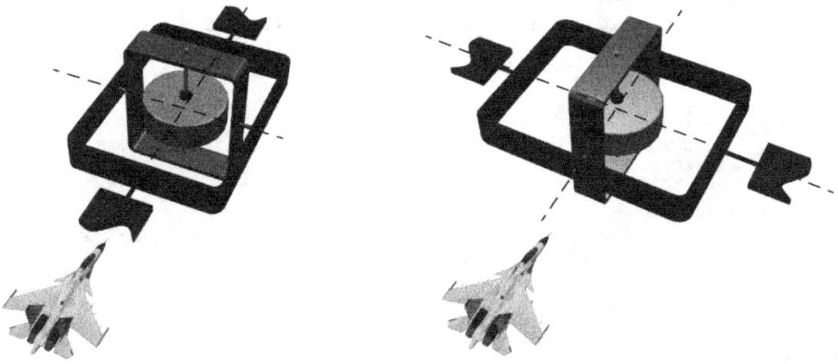

(a)　　(b)

图 3.8　陀螺仪安装形式
(a) 纵向安装；(b) 横向安装

本书将分别讨论这两种不同安装方式的陀螺仪测量原理、测量误差和测量范围。

纵向安装的陀螺仪的测量原理如图 3.9 所示。当飞机俯仰时，带动表壳和外环跟随机体一起转动，而内环绕内环轴保持稳定，外环绕内环轴相对内环转过的角度，即为仪表测出的飞机俯仰角，因而内环轴成为仪表俯仰角的测量轴。当飞机倾斜时，带动表壳跟随机体一起转动，而外环绕外环轴保持稳定，表壳绕外环轴相对外环转过的角度，即为仪表测出的飞机倾斜角，因而外环轴成为仪表倾斜角的测量轴。

从测量误差看，外环轴纵向安装，其方向始终与飞机纵轴平行，因而无论是在飞机俯仰的情况下测量倾斜角，或是在飞机倾斜的情况下测量俯仰角，仪表姿态角的测量轴均始终与飞机姿态角的定义轴重合，这样仪表所测量到的是飞机的真实俯仰角和真实倾斜角，即纵向安装的陀螺仪，对飞机姿态角的测量是没有测量方法误差的。

从测量范围看，对于纵向安装的陀螺仪，当飞机俯仰 90°时，外环轴与自转轴重合，出现“环架自锁”而不能正常工作，所以俯仰角测量范围小于 90°；当飞机倾斜或横滚 360°时，外环轴与自转轴始终保持垂直关系，所以测量倾斜角的范围可达 360°。

在机动性能较差的飞机上使用的垂直陀螺仪或地平仪，其双自由度陀螺仪一般采用纵向安装。

横向安装的双自由度陀螺仪的测量原理如图 3.10 所示。当飞机俯仰时，带动表壳跟随机体一起转动，而外环绕外环轴保持稳定；表壳绕外环轴相对外环转过的角度，即为仪表测出的飞机俯仰角，因而外环轴成为仪表俯仰角的测量轴。当飞机倾斜时，带动表壳和外环跟

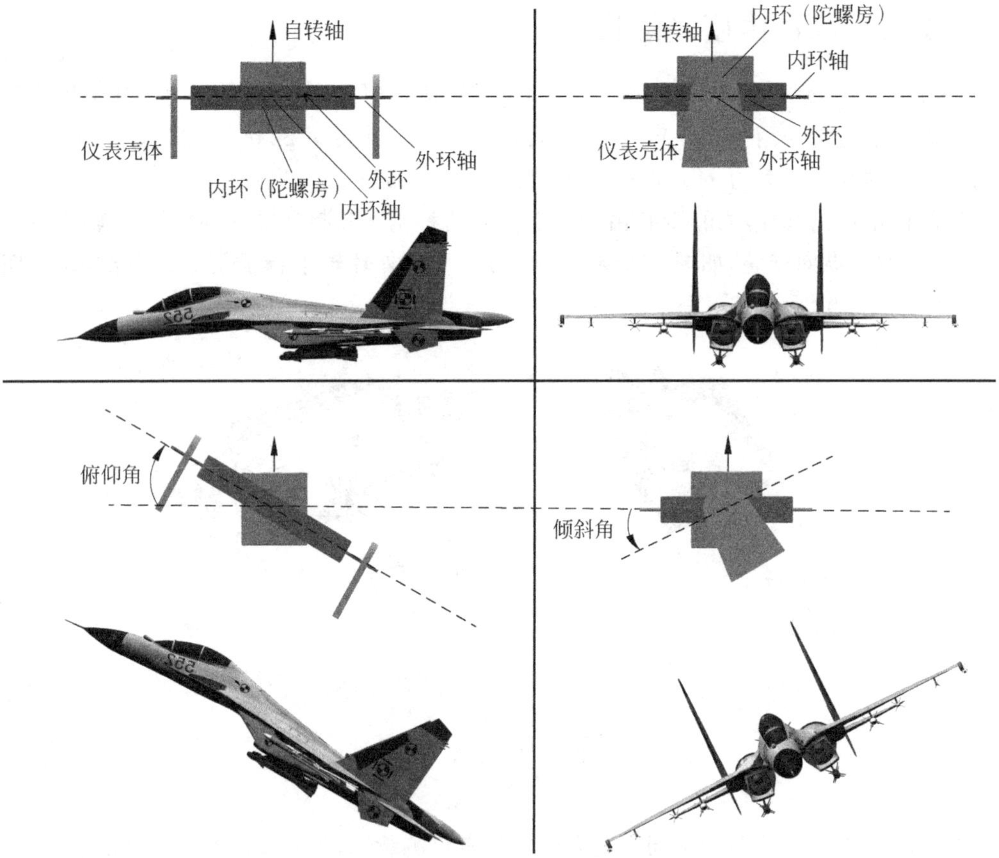

图 3.9　纵向安装的陀螺仪测量原理

随机体一起转动，而内环绕内环轴保持稳定；外环绕内环轴相对内环转过的角度，即为仪表测出的飞机倾斜角，因而内环轴成为仪表倾斜角的测量轴。

从测量误差看，外环轴横向安装，其方向始终与飞机横轴平行。因而无论是在飞机俯仰情况下测量倾斜角，或是在飞机倾斜情况下测量俯仰角，仪表姿态角的测量轴均与飞机姿态角的定义轴不重合，这样仪表就出现了姿态角的测量误差。这种测量误差叫作垂直陀螺仪或地平仪的支架误差。从测量范围看，对于横向安装的陀螺仪，当飞机倾斜或横滚 90°时，外环轴与自转轴重合，出现“环架自锁”现象而不能正常工作，所以测量倾斜角范围小于 90°；当飞机俯仰 360°时，外环轴与自转轴始终保持垂直关系，所以测量俯仰角范围可达 360°。

在机动性能较好的歼击机上使用的垂直陀螺仪或地平仪，其双自由度陀螺仪的外环轴不是直接安装在表壳上的，而是安装在一个始终保持水平的随动托架(也叫伺服托架)上，而托架轴纵向安装在表壳(飞机)上。这时倾斜角的测量轴已变为托架轴，俯仰角的测量轴已变为外环轴，这种安装方法既保证了不会造成测量误差，又保证了俯仰角和倾斜角的测量范围可达 360°。

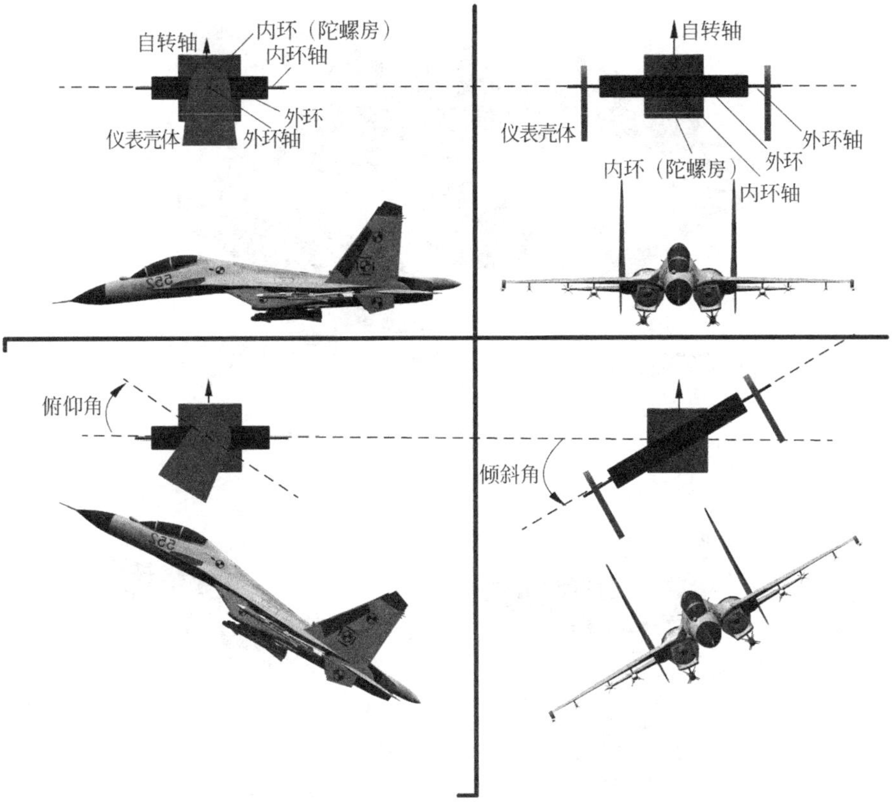

图 3.10　横向安装的陀螺仪的测量原理

3.2.3　修正系统

修正系统是垂直陀螺仪(或地平仪)建立当地地垂线基准的修正部分。它必须完成两项任务,一是测量陀螺自转轴偏离当地地垂线的偏差角;二是自动产生修正力矩,将偏差角消除。因此修正系统由敏感元件和执行机构组成。敏感元件通常采用摆式开关安装在内环上,用来敏感自转轴相对地垂线的偏差角并转换成相应电信号输出。执行机构通常用力矩电机安装在内环轴或外环轴方向,用来产生修正力矩以消除自转轴相对地垂线的偏差角。下面介绍几种比较典型的修正系统的结构组成、工作原理和修正特性。

1. 五极式液体开关与扁环形修正电机组成的修正系统

五极式液体开关与扁环形修正电机组成的修正装置如图 3.11 所示。五极式液体开关实际上是一种可以敏感陀螺自转轴相对地垂线偏离角并转换成电信号的气泡水平仪,其结构原理如图 3.12 所示。它为扁平圆形的密封容器,其中装有特殊导电液体并留有气泡。导电液体以氯化锂或硝酸锂作溶质,以酒精作溶剂配制而成。容器上部的紫铜底座具有一定曲率半径。底座上装有 4 个相互绝缘的紫铜电极,组成对称而又相互垂直的两对电极。而紫铜底座本身与下部的紫铜外壳相通,构成中心电极。

当液体开关水平时,如图 3.12 所示,气泡处于中央位置,气泡盖住 4 个电极的面积相等,导电液体覆盖 4 个电极的面积也相等,因而 4 个电极经导电液体至中心电极的电阻是相

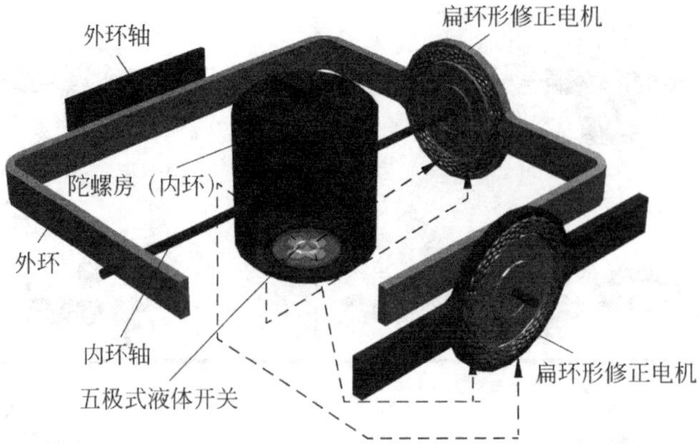

图 3.11　五极式液体开关安装示意图

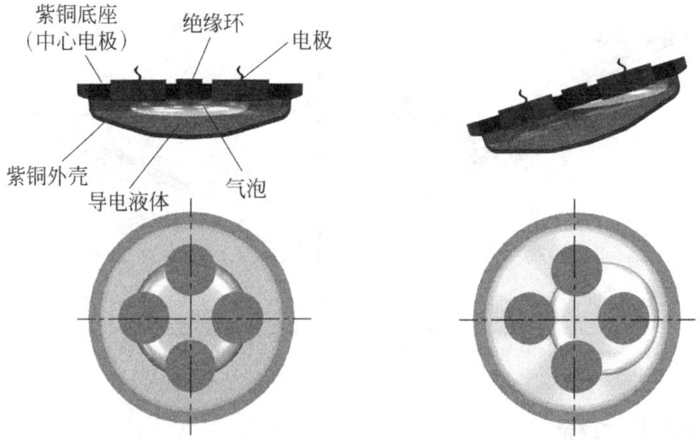

图 3.12　五极式液体开关的结构原理及工作情况

等的。当液体开关倾斜时，气泡偏离中央位置，气泡覆盖对应两个电极的面积不再相等，导电液体覆盖这两个电极的面积也不相等，被液体覆盖面积小的电极至中心电极的电阻增大，被液体覆盖面积大的电极至中心电极的电阻减小。当液体开关倾斜的方向相反时，这两个电极至中心电极的电阻变化情况恰好与此相反。显然，五极式液体开关可以同时敏感出一个平面绕两个相互正交轴线的倾斜，并转换成对应电极的电阻变化。

五极式液体开关安装在陀螺房的底面上，如图 3.11 所示，该平面垂直于自转轴，这样液体开关便能敏感出自转轴相对地垂线的偏离角。其中一对电极的中心连线与内环轴线相垂直，以敏感自转轴绕内环轴的偏角；另一对电极的中心连线与外环轴线相垂直，以敏感自转轴绕外环轴的偏角。

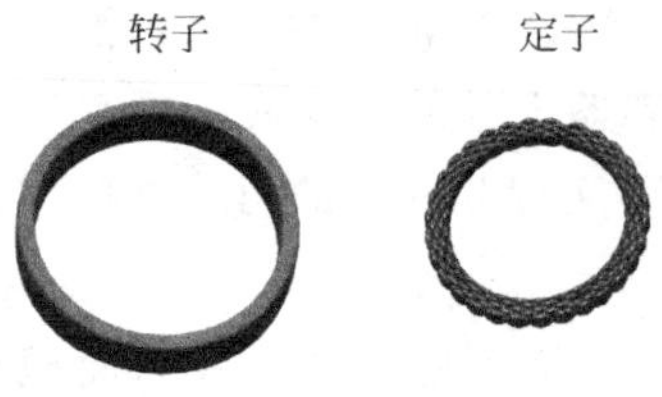

图 3.13　扁环形修正电机

扁环形修正电机实际上是一种特殊结构的两相异步感应电机，它由扁环形定子和转子组成，如图 3.13 所示。定子由导磁性能好的硅钢片叠合，在其叠片槽中通常嵌有一个激磁绕组和两个匝数相同但绕向相反的控制绕组。转子由导磁性能好的硅钢片叠合，再用铝合金浇出鼠笼式短路环。如果定子中的控制电流与激磁电流之间具有 90°相位差，便会形成旋转磁场；转子上的鼠笼条在旋转磁场作用下，将产生感应电势并出现感应电流；而感应电流与旋转磁场作用的结果是产生力矩。修正电机定子、转子的安装方式及陀螺仪进动性的特点，决定了修正电机在工作时不旋转即转差率等于1，故它工作在制动状态而输出力矩。

在垂直陀螺仪或地平仪的修正系统中需要两个修正电机，它们分别安装在内环轴方向和外环轴方向，如图3.11所示。对于内环轴向的修正电机，其定子和转子分别固装在内环和外环上，以产生绕内环轴作用的修正力矩；对于外环轴向的修正电机，其定子和转子分别固装在外环和壳体上，以产生绕外环轴作用的修正力矩。

根据垂直陀螺仪或地平仪的修正原理，液体开关所敏感出的自转轴绕内环轴的偏离角信号，应当用来控制外环轴向的修正电机；液体开关所敏感出的自转轴绕外环轴的偏离角信号，应当用来控制内环轴向的修正电机。并且修正电机产生的修正力矩的作用应该是使自转轴的偏离角减小。这是通过修正电路的正确联接实现的。修正电路联接的方案之一如图3.14所示。为使修正电机的激磁电流与控制电流具有90°的相位差，修正电路中的激磁绕组应采用不同相的电源供电。

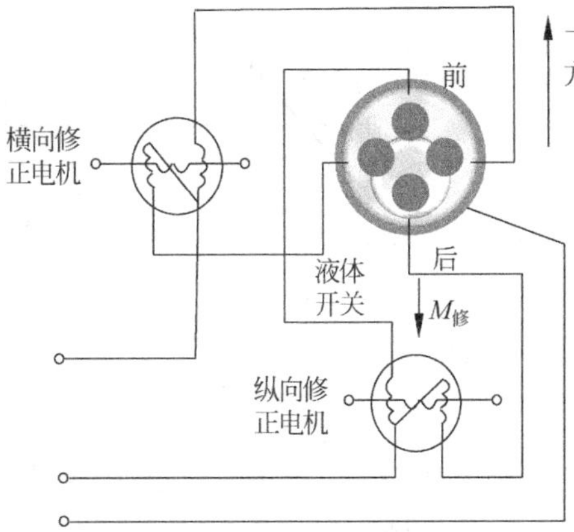

图3.14　修正系统的原理

当自转轴位于地垂线位置时，液体开关处于水平状态。这时中心电极至各电极电阻都相等，因而每个修正电机中两个控制绕组所流过的电流也都相等。因两控制绕组匝数相同而绕向相反，在控制电流相同的情况下，它们所产生的力矩正好相互抵消，因此内、外环轴向的修正电机均没有修正力矩作用在陀螺仪上。

当自转轴偏离地垂线时，液体开关处于倾斜状态。这时被气泡覆盖面积大的电极至中心电极的电阻增大，修正电机中与该电极相联的控制绕组所流过的电流减小；而被液体覆盖面积大的电极至中心电极的电阻减小，修正电机中与该电极相联的控制绕组所流过的电流增大。由于两个控制绕组所流过的电流不等，便产生两个方向相反而大小不等的力矩，修正力矩即为两力矩之差，且其方向指向减小偏离角的方向。在此修正力矩作用下，陀螺仪朝着减小偏离角的方向进动，从而使自转轴恢复到地垂线位置。

修正力矩与自转轴偏离角的关系特性叫作修正特性。本章先介绍液体开关的特性。液体开关上部表面一般都有一定的曲率半径，当倾斜角在一定范围内变化时，对应两个电极被液体覆盖的面积差值成比例变化，故电阻差值成比例变化，电流差值也成比例变化。但当倾斜角增大到一定范围后，因一个电极已被气泡完全覆盖，故再增大倾斜角时，其电阻差值及电流差值都不再变化而保持为常值。这种液体开关的特性曲线如图 3.15(a)所示。电阻差值或电流差值随自转轴偏离角成比例变化的范围，叫作液体开关的比例区。比例区的大小与曲率半径大小、电极形状、面积大小和相互位置以及气泡大小等因素有关。常用的一种五极式液体开关的曲率半径为 760 mm，其比例区约为 30′。

本书接下来介绍修正电机的特性。在额定的控制电流范围内，修正电机所产生的修正力矩是与流过两个控制绕组的电流差值成比例的，因而它的特性曲线如图 3.15(b)所示。

当自转轴的偏角在液体开关的比例区范围内变化时，修正电机两控制绕组的电流差值成比例变化，它所产生的修正力矩大小与自转轴的偏角大小成比例。当自转轴的偏角在液体开关的比例区范围外变化时，修正电机两控制绕组的电流差值就不再改变，它所产生的修正力矩大小就与自转轴的偏角大小无关而保持为常值了。因此，这种修正装置具有比例和常数两种组合的修正特性，通常称为复合修正特性，如图 3.15(c)所示。复合修正特性的比例区大小取决于液体开关的比例区大小，一般约为 30′。

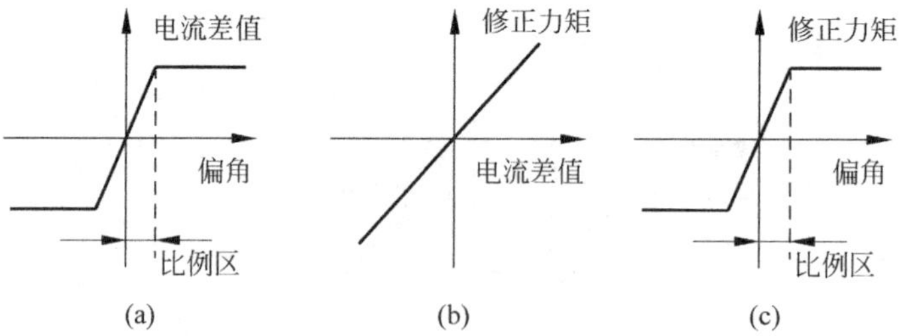

图 3.15 五极式液体开关与扁环形修正电机组成的修正特性

(a) 液体开关特性；(b) 修正电机特性；(c) 复合修正特性

应当指出，虽然一个五极式液体开关可以同时敏感出自转轴绕内、外环轴的偏离角，但它却存在着交联影响，即绕某一轴的比例区大小受到绕交叉轴的偏角大小的影响。因为在绕交叉轴已有偏角的情况下，需要偏转较大的角度，气泡才能将其中的一个电极完全覆盖，所以造成比例区增大。绕交叉轴的偏角愈大，比例区也增大得愈多。图 3.16 表示出这种交联影响所造成的比例区变化情况。液体开关比例区范围的变化，也带来修正特性比例区范围的变化。

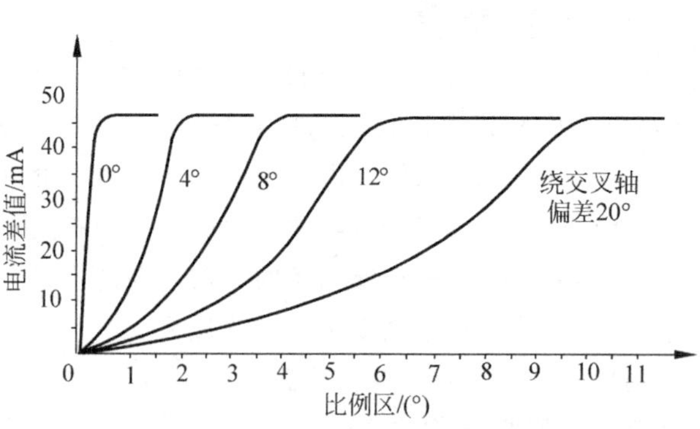

图 3.16 五极式液体开关交联影响造成的比例区变化

2. 三极式液体开关与弧形修正电机组成的修正系统

三极式液体开关与弧形修正电机组成的修正系统如图 3.17 所示。

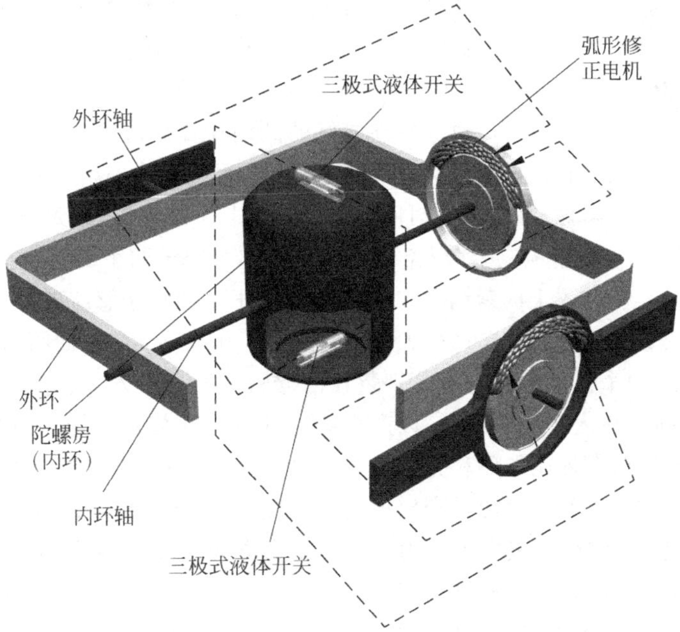

图 3.17 三极式液体开关与弧形修正电机组成的修正装置

三极式液体开关实际上也是一种可以敏感自转轴偏离角,并转换成电信号输出的气泡水平仪,其结构如图 3.18 所示。它在密封的玻璃管内装有特殊的导电液体并留有气泡。导电液体由碘化钠或碘化钾用酒精或二异丙基甲酮做溶剂配制而成。玻璃管内装有 3 个电极,其中两个电极对称分布在上部的两端,而中心电极横置在下部。电极材料的温度膨胀系数应当与玻璃相匹配,以保证在高温或低温条件下的密封性。

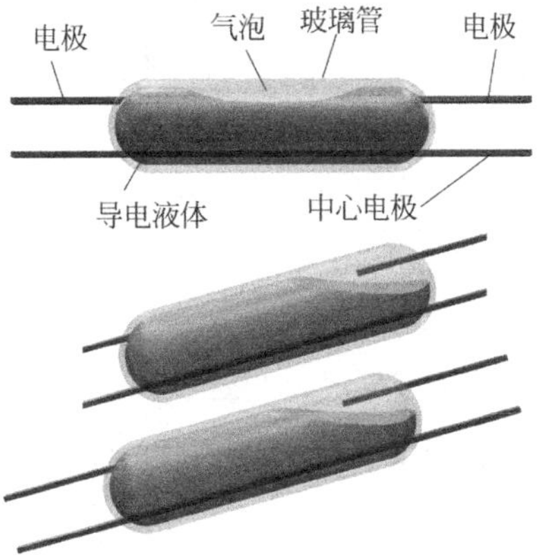

图 3.18 三极式液体开关

三极式液体开关工作原理与五极式的相同,但它只能敏感出自转轴绕一个轴的偏角。在垂直陀螺仪或地平仪的修正系统中,需要两个三极式液体开关(见图 3.17),其中一个固

图 3.19 弧形修正电机

装在陀螺房顶面上并与内环轴相垂直,用以敏感自转轴绕内环轴的偏角;另一个固装在陀螺房底面上并与外环轴相垂直,用以敏感自转轴绕外环轴的偏角。

弧形修正电机实际上也是一种特殊结构的两相异步感应电机,它由弧形定子和环形转子两部分组成,如图 3.19 所示。该定子相当于扁环形修正电机整个定子的一个局部弧段,弧角一般为30°左右,由导磁性能好的硅钢片叠合,在其叠片槽中嵌有两个匝数相同的绕组,一个为激磁绕组,另一个为控制绕组。转子用电工纯铁做成圆环,在圆环外圆表面镀上一层紫铜,起到鼠笼铝导条的作用,在圆环两侧表面镀上一层紫铜,起到短路环的作用。如果定子两个绕组通相位差为 90°的电流,便会形成旋转磁场,转子上的紫铜层在旋转磁场作用下,将产生感应电势并出现感应电流,感应电流与旋转磁场作用的结果是产生力矩。它也是工作在制动状态而给出力矩的。

修正系统也需两个弧形修正电机分别装在内、外环轴方向,对于内环轴向修正电机,其定子和转子分别固装在内环和外环上,以产生绕内环轴作用修正力矩。对外环轴向修正电机,其定子和转子分别固装在外环和壳体上,以产生绕外环轴作用修正力矩。因弧形修正电机是一个不对称元件,定子会对转子产生径向的电磁吸力,所以仪表结构设计时一般都将定子配置在转子的上半部分,使其电磁吸力方向与重力方向相反,以减轻环架轴上支承所受的正压力,这对于减小轴承摩擦力矩是有利的。

对于这种修正系统来说,敏感自转轴绕内环轴偏角的液体开关,应当用来控制外环轴向的修正电机;敏感自转轴绕外环轴偏角的液体开关,应当用来控制内环轴向的修正电机。其修正电路的连接方案之一如图 3.20 所示,图中仅表示出一个方向的修正电路,另一方向的修正电路与此完全相同。

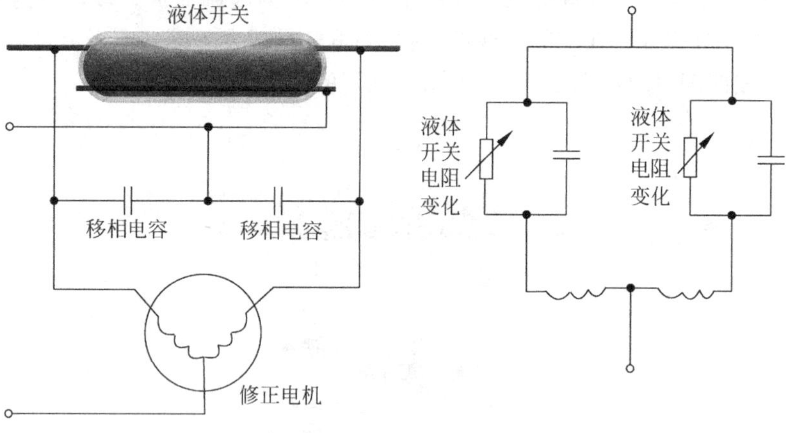

图 3.20 三极式液体开关与弧形修正电机组成的修正电路

当自转轴处在地垂线位置时,液体开关的气泡处于中间位置,中心电极至两端电极的电阻相等。又由于两个移相电容的电容量相等,并且修正电机两个绕组的匝数相同,故此时两支路的阻抗相同。这样,修正电机两个绕组所流过的电流大小相等且相位相同,不会形成旋转磁场,因此修正电机不产生修正力矩。

当自转轴偏离地垂线时,液体开关的气泡偏离中间位置,中心电极至两端电极的电阻不等，造成两支路阻抗不同。这样，修正电机两个绕组所流过的电流大小不等且相位不同，形成旋转磁场，因此修正电机产生修正力矩，其方向指向减小偏角的方向。

这种液体开关的特性曲线也是复合性质的，因而这种修正系统的修正特性也是复合修正特性。常用的一种三极式液体开关的曲率半径为 170 mm，其比例区为 1°～2°，故修正特性的比例区为 1°～2°。

这种修正装置与前述相比有其优点。这是因为两个三极式液体开关分别敏感两个方向的偏角，消除了交联影响造成的修正特性比例区的变化；由于电极呈针状，所用材料较少，可采用抗腐蚀性强的某些贵重金属制造，如铂金或钨金等，易于提高液体开关的使用寿命。此外，由于采用了弧形修正电机，其转子结构简化，定子只是一段弧，占据较小的空间位置。这样整个垂直陀螺仪或地平仪的结构可以安排得比较紧凑。

3. 水银开关与修正电机组成的修正系统

水银开关结构原理如图 3.21 所示，它在具有一定曲率半径的密封玻璃管内装有水银珠和 3 个电极，其中两个电极对称分布在下部的两端，中心电极横置在上部。玻璃管内抽成真空，防止水银氧化，并防止电极与水银珠接通或断开时因跳火而被烧坏。

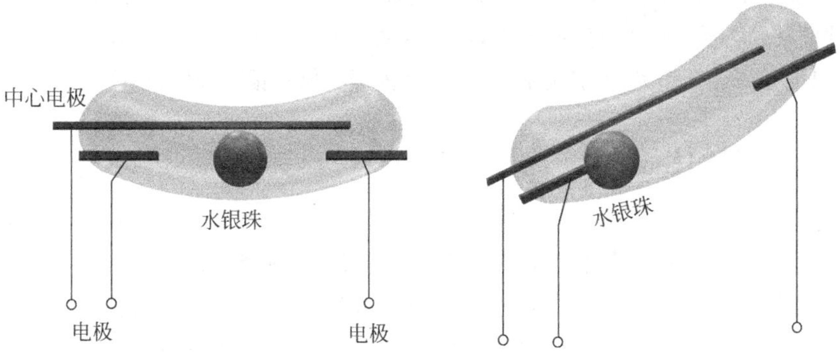

图 3.21　水银开关

在垂直陀螺仪或地平仪中，这种修正系统需要两个水银开关与两个修正电机，它的安装情况与三极式液体开关和弧形修正电机组成的修正系统一样，修正电路如图 3.22 所示。在水银开关中，中心电极与两端电极的接通或断开由水银珠控制。

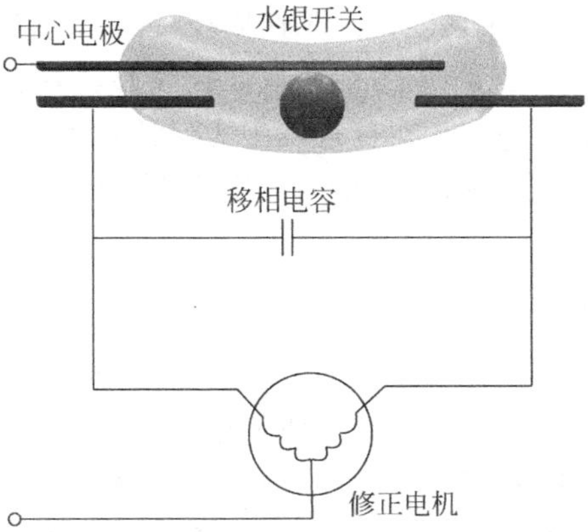

图 3.22　水银开关与修正电机组成的修正电路

当自转轴处在地垂线位置时，水银开关的水银珠处于中间位置，中心电极与两端电极均不接通，修正电机两个绕组均无电流流过，因此修正电机不产生修正力矩。

当自转轴偏离地垂线时，水银开关的水银珠流向低的一端，中心电极与该端电极接通，修正电机的两个绕组均有电流流过。由于电容的移相作用，使得流向两个绕组的电流相位不同，因此修正电机产生了修正力矩。

水银开关仅起到接通修正电路的作用，所以修正电机所产生的修正力矩总是一常数。实际上，水银珠在玻璃管内移动不可避免地存在摩擦阻力和附着力，这就造成了迟滞效应，故这种修正系统修正特性是具有迟滞区的常数修正特性，其特性曲线如图 3.23 所示。该修正特性迟滞区的大小取决于水银开关迟滞区的大小。目前水银开关迟滞区可做到几[角]分内。

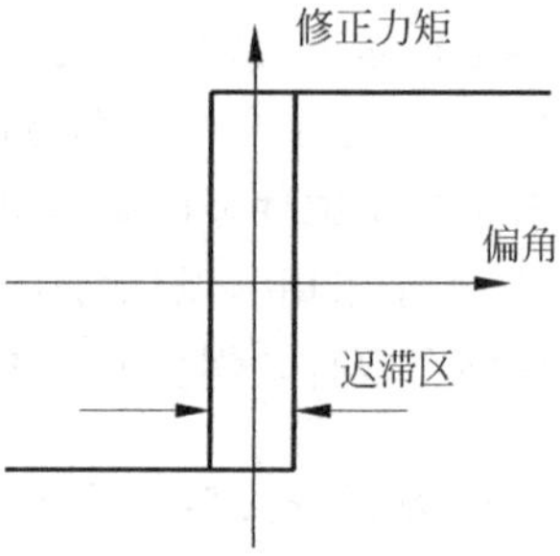

图 3.23 水银开关与修正电机组成的修正特性

现将液体开关与水银开关作对比：从灵敏度看，液体开关较高，不灵敏区一般小于 $1'\sim2'$，而水银开关的迟滞区一般都有几[角]分；从使用寿命看，五极式液体开关中导电液体对紫铜电极的腐蚀比较严重而会影响使用寿命，三极式液体开关已有很大改变，而水银开关不存在电极的腐蚀问题；从所允许通过的电流看，液体开关较小，一般限制在 60 mA 以内，如果电流过大，则液体温度升高甚至沸腾，不能正常工作，而水银开关靠水银珠导电，允许通过较大的电流。

3.2.4 信号传感器

为将飞机俯仰角和倾斜角转换成电信号传输给地平仪指示器、飞行控制系统及其他机载特种设备，必须在陀螺仪的环架轴上装有信号传感器，通常采用环形电位器或自整角机(也称同步器)作为信号传感器。当飞机改变姿态角时，环形电位器的电刷相对绕组位移，或者自整角机中的转子相对定子转动，其输出信号与飞机的姿态角成正比。

3.2.5 控制机构

控制机构可分为修正系统的控制机构和陀螺仪的控制机构。

飞机有加速度时，修正系统的控制机构可自动断开修正电路，停止对陀螺仪的错误修正，避免垂直陀螺仪或地平仪产生误差。其工作原理将在 3.4.2 节介绍。

陀螺仪的控制机构是锁定装置，它可用来保证仪表起动时或在机动飞行后陀螺自转轴能够迅速恢复到地垂线位置。在仪表运输过程中为保证仪表不被损坏，也需要这种锁定装置。不同型号的垂直陀螺仪或地平仪，采用的锁定装置是有区别的。

3.2.6 托架伺服系统

托架伺服系统是为适应歼击机战术性能要求，在歼击机用的垂直陀螺仪或地平仪中增设的一个附加部分。它的功用是借助该系统使伺服托架始终处于水平状态，从而保持外环轴与自转轴的相互垂直，消除陀螺仪的"环架自锁"，保证横向安装的垂直陀螺仪的俯仰角、倾斜角测量范围均可达到 360°，并保证垂直陀螺仪不会产生测量误差。

3.3 垂直陀螺仪的运动方程式

为了研究垂直陀螺仪或地平仪的运动及误差问题，必须推导出它的运动方程式。因为垂直陀螺仪或地平仪是陀螺仪与摆的结合，所以先推导出陀螺仪和摆的运动方程式，然后将二者联立起来，就可以得到垂直陀螺仪或地平仪的运动方程式。

3.3.1 陀螺仪的运动方程式及结构图

从双自由度陀螺仪的动力学分析中可知，采用进动方程式研究陀螺仪的运动和误差问题是足够精确的，故可直接引用前面已推导出的进动方程式。对于垂直陀螺仪或地平仪来说，本书所关心的是陀螺自转轴相对地平坐标系（动参考系）的运动情况，即自转轴相对地垂线的运动情况，故本书引用在动坐标系中表示的陀螺仪进动方程式。

设飞机等速平飞（大圆航行），如图 3.24 所示，以纵向安装的陀螺仪为研究对象。取地平坐标系 $Ox_hy_hz_h$、外环坐标系 $Ox_1y_1z_1$ 和内环坐标系 $Ox_2y_2z_2$，原点取在环架支点均用 O 表示。设陀螺仪绕外环轴（Ox_1）正向相对地平坐标系（当地地垂线）的转动角速度为 $\dot{\alpha}$，转角为 α；绕内环轴（Oy_2）正向相对地平坐标系的转动角速度为 $\dot{\beta}$，转角为 β。

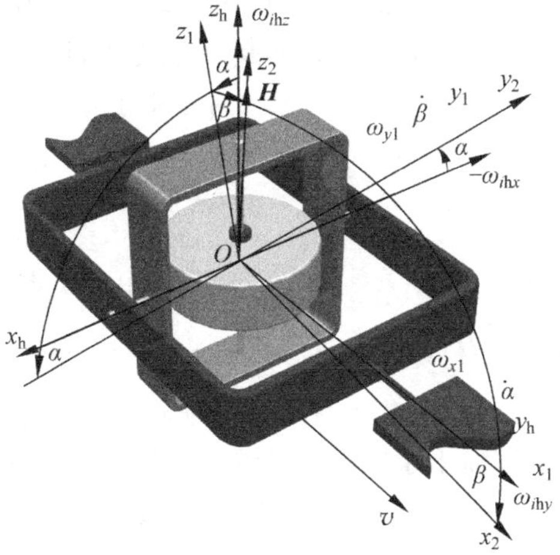

图 3.24 垂直陀螺仪坐标运动关系

在外环坐标系中的陀螺仪进动方程式为

$$\begin{cases} \boldsymbol{H}\dot{\boldsymbol{q}} = \boldsymbol{H}(\dot{\boldsymbol{\beta}} + \boldsymbol{\omega}_{y1}) = \boldsymbol{M}_{x1} \\ -\boldsymbol{H}\dot{\boldsymbol{p}} = -\boldsymbol{H}(\dot{\boldsymbol{\alpha}} + \boldsymbol{\omega}_{x1}) = \boldsymbol{M}_{y1} \end{cases} \tag{3.1}$$

其中，$\dot{\boldsymbol{p}}$、$\dot{\boldsymbol{q}}$ 分别是陀螺仪绕外环轴、内环轴相对惯性空间的转动角速度；$\boldsymbol{\omega}_{x1}$、$\boldsymbol{\omega}_{y1}$ 分别是地平坐标系绕外环轴、内环轴相对惯性空间的转动角速度。地平坐标系相对惯性空间的转动角速度在地平坐标系各轴上的投影式由式（1.30）给出。向陀螺仪外环轴和内环轴上投影，得到

$$
\begin{cases}
\boldsymbol{\omega}_{x1}=\boldsymbol{\omega}_{i\mathrm{hy}}=\boldsymbol{\omega}_{\mathrm{e}}\cos\varphi\cos\psi \\
\boldsymbol{\omega}_{y1}=-\boldsymbol{\omega}_{i\mathrm{h}x}\cos\alpha+\boldsymbol{\omega}_{i\mathrm{hz}}\sin\alpha \\
\quad=\left(\boldsymbol{\omega}_{\mathrm{e}}\cos\varphi\sin\psi+\dfrac{\boldsymbol{v}}{R_{\mathrm{e}}}\right)\cos\alpha+\boldsymbol{\omega}_{\mathrm{e}}\sin\varphi\sin\alpha
\end{cases}
\tag{3.2}
$$

式(3.2)中忽略了飞机的飞行高度 h，虽然$\boldsymbol{\omega}_{x1}$、$\boldsymbol{\omega}_{y1}$ 不是常数，但由于飞机作大圆航行，φ、ψ 和 $\boldsymbol{v}$ 变化很慢，α 角也很小，因此可近似地把$\boldsymbol{\omega}_{x1}$、$\boldsymbol{\omega}_{y1}$ 作常值处理。

$\boldsymbol{M}_{x1}$、$\boldsymbol{M}_{y1}$ 为作用于陀螺仪外环轴、内环轴上的外力矩。外力矩包括修正力矩 $\boldsymbol{M}_{\mathrm{c}}$ 和干扰力矩 $\boldsymbol{M}_{\mathrm{d}}$ 两部分，即

$$
\begin{cases}
\boldsymbol{M}_{x1}=\boldsymbol{M}_{\mathrm{c}x1}+\boldsymbol{M}_{\mathrm{d}x1} \\
\boldsymbol{M}_{y1}=\boldsymbol{M}_{\mathrm{cy}1}+\boldsymbol{M}_{\mathrm{dy}1}
\end{cases}
\tag{3.3}
$$

干扰力矩 $\boldsymbol{M}_{\mathrm{d}}$ 包括环架轴干摩擦力矩 $\boldsymbol{M}_{\mathrm{f}}$ 和陀螺组合件静不平衡力矩 $\boldsymbol{M}_{\mathrm{g}}$，表达式为

$$
\begin{cases}
\boldsymbol{M}_{\mathrm{d}x1}=-\boldsymbol{M}_{\mathrm{f}x1}\operatorname{sgn}\dot{\alpha}+\boldsymbol{M}_{\mathrm{g}x1} \\
\boldsymbol{M}_{\mathrm{dy}1}=-\boldsymbol{M}_{\mathrm{fy}1}\operatorname{sgn}\dot{\beta}+\boldsymbol{M}_{\mathrm{gy}1}
\end{cases}
\tag{3.4}
$$

修正力矩的表达式为

$$
\begin{cases}
\boldsymbol{M}_{\mathrm{c}x1}=f(\theta_{\beta}) \\
\boldsymbol{M}_{\mathrm{cy}1}=f(\theta_{\alpha})
\end{cases}
\tag{3.5}
$$

其中，$\boldsymbol{M}_{\mathrm{c}x1}$ 为作用于外环轴的修正力矩，用来修正自转轴绕内环轴的偏离角 θ_{β}（纵向偏离角），也称纵向修正力矩；$\boldsymbol{M}_{\mathrm{cy}1}$ 为作用于内环轴的修正力矩，用来修正自转轴绕外环轴的偏离角 θ_{α}（横向偏离角），也称横向修正力矩；$\boldsymbol{M}_{\mathrm{d}x1}$ 为作用于外环轴的干扰力矩；$\boldsymbol{M}_{\mathrm{dy}1}$ 为作用于内环轴的干扰力矩。

将式(3.4)和式(3.5)代入式(3.3)，再代入式(3.1)得陀螺仪运动方程式为

$$
\begin{cases}
\boldsymbol{H}\dot{\boldsymbol{q}}=\boldsymbol{H}(\dot{\boldsymbol{\beta}}+\boldsymbol{\omega}_{y1})=f(\theta_{\beta})-\boldsymbol{M}_{\mathrm{f}x1}\operatorname{sgn}\dot{\boldsymbol{\alpha}}+\boldsymbol{M}_{\mathrm{g}x1} \\
-\boldsymbol{H}\dot{\boldsymbol{p}}=-\boldsymbol{H}(\dot{\boldsymbol{\alpha}}+\boldsymbol{\omega}_{x1})=f(\theta_{\alpha})-\boldsymbol{M}_{\mathrm{fy}1}\operatorname{sgn}\dot{\boldsymbol{\beta}}+\boldsymbol{M}_{\mathrm{gy}1}
\end{cases}
\tag{3.6}
$$

当自转轴的初始偏角一定时，在自转轴向当地地垂线位置进行修正的过程中，$\dot{\boldsymbol{\alpha}}$ 和$\dot{\boldsymbol{\beta}}$ 都有确定的方向，且速度较慢，因而干摩擦力矩可看作常值，静不平衡力矩自然也是常值。

在 $\alpha(0)=\alpha_0$、$\beta(0)=\beta_0$ 的初始条件下，对式(3.6)进行拉氏变换得

$$
\begin{cases}
\boldsymbol{H}\left[s\beta(s)-\beta_0+\dfrac{\omega_{y1}}{s}\right]=f(\theta_{\beta})(s)-\dfrac{\boldsymbol{M}_{\mathrm{f}x1}\operatorname{sgn}\dot{\boldsymbol{\alpha}}}{s}+\dfrac{\boldsymbol{M}_{\mathrm{g}x1}}{s} \\
-\boldsymbol{H}\left[s\alpha(s)-\alpha_0+\dfrac{\omega_{x1}}{s}\right]=f(\theta_{\alpha})(s)-\dfrac{\boldsymbol{M}_{\mathrm{fy}1}\operatorname{sgn}\dot{\boldsymbol{\beta}}}{s}+\dfrac{\boldsymbol{M}_{\mathrm{gy}1}}{s}
\end{cases}
\tag{3.7}
$$

其中，$f(\theta_{\alpha})(s)$和 $f(\theta_{\beta})(s)$均为修正力矩的拉氏变换式。

对式(3.7)移项整理得

$$
\begin{cases}
q(s)=\beta(s)+\dfrac{\omega_{y1}}{s^2}=\dfrac{1}{\boldsymbol{H}s}\left[f(\theta_{\beta})(s)-\dfrac{\boldsymbol{M}_{\mathrm{f}x1}\operatorname{sgn}\dot{\boldsymbol{\alpha}}}{s}+\dfrac{\boldsymbol{M}_{\mathrm{g}x1}}{s}\right]+\dfrac{\beta_0}{s} \\
p(s)=\alpha(s)+\dfrac{\omega_{x1}}{s^2}=-\dfrac{1}{\boldsymbol{H}s}\left[f(\theta_{\alpha})(s)-\dfrac{\boldsymbol{M}_{\mathrm{fy}1}\operatorname{sgn}\dot{\boldsymbol{\beta}}}{s}+\dfrac{\boldsymbol{M}_{\mathrm{gy}1}}{s}\right]+\dfrac{\alpha_0}{s}
\end{cases}
\tag{3.8}
$$

其中，$p(s)$、$q(s)$为自转轴的绝对转角，$\alpha(s)$、$\beta(s)$为自转轴的相对转角，$\frac{\omega_{x1}}{s^2}$、$\frac{\omega_{y1}}{s^2}$为自转轴的牵连转角。

根据式(3.8)作出陀螺仪结构如图 3.25 所示。

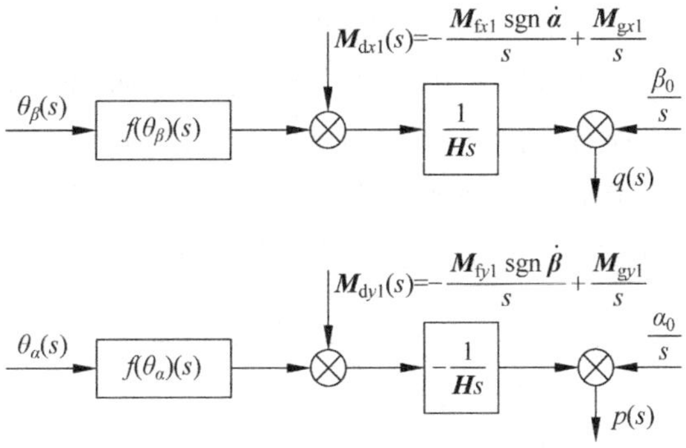

图 3.25 陀螺仪结构

3.3.2 液体摆的运动方程式和结构图

液体摆和单摆功能都可以用来模拟地垂线。前者用气泡模拟地垂线，后者用摆线模拟地垂线。故液体摆中气泡运动方程式与单摆运动方程式形式相同，这里直接引用：

$$\ddot{\theta} + 2\zeta\omega_n\dot{\theta} + \omega_n^2\theta = \omega_n^2(A - A') \tag{3.9}$$

其中，ζ为相对阻尼系数；$\omega_n = \sqrt{\frac{g}{l}}$为液体摆的固有频率，其中$g$为重力加速度，$l$为液体摆的曲率半径。

设飞机作直线加速飞行，如图 3.26 所示，液体摆的气泡停在视在垂线$z_{h'}$位置上，视在垂线相对地垂线偏离角为A'，如图 3.26(b)所示。陀螺在错误修正力矩作用下，自转轴在向视在垂线修正过程中某一瞬时，自转轴相对气泡偏离角为θ，自转轴相对地垂线偏离角为A，如图 3.26(c)所示。

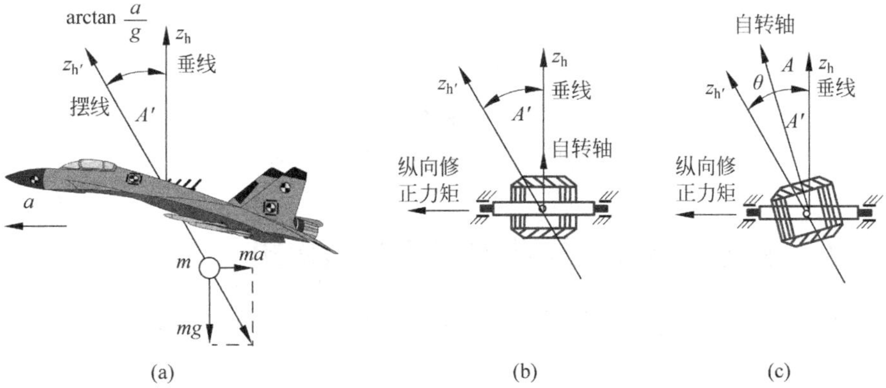

图 3.26 摆的运动关系

纵向液体开关与横向液体开关运动方程式为

$$\begin{cases}\ddot{\theta}_{\beta}+2\zeta\omega_{\mathrm{n}}\dot{\theta}_{\beta}+\omega_{\mathrm{n}}^{2}\theta_{\beta}=\omega_{\mathrm{n}}^{2}(\beta-\beta') \\ \qquad =\omega_{\mathrm{n}}^{2}[(\beta+\omega_{y1}t)-(\beta'+\omega_{y1}t)]=\omega_{\mathrm{n}}^{2}(q-q') \\ \ddot{\theta}_{\alpha}+2\zeta\omega_{\mathrm{n}}\dot{\theta}_{\alpha}+\omega_{\mathrm{n}}^{2}\theta_{\alpha}=\omega_{\mathrm{n}}^{2}(\alpha-\alpha') \\ \qquad =\omega_{\mathrm{n}}^{2}[(\alpha+\omega_{x1}t)-(\alpha'+\omega_{x1}t)]=\omega_{\mathrm{n}}^{2}(p-p')\end{cases} \tag{3.10}$$

其中,θ_{β}、θ_{α} 为自转轴沿纵向、横向相对气泡偏离角;p、q 为自转轴绕外环轴、内环轴相对惯性空间绝对转角;p'、q'为视在垂线绕外环轴、内环轴相对惯性空间绝对转角。

假设初始条件为零,对式(3.10)进行拉氏变换得

$$\begin{cases}\theta_{\beta}(s)=\dfrac{\omega_{\mathrm{n}}^{2}}{s^{2}+2\zeta\omega_{\mathrm{n}}s+\omega_{\mathrm{n}}^{2}}[\beta(s)-\beta'(s)] \\ \theta_{\alpha}(s)=\dfrac{\omega_{\mathrm{n}}^{2}}{s^{2}+2\zeta\omega_{\mathrm{n}}s+\omega_{\mathrm{n}}^{2}}[\alpha(s)-\alpha'(s)]\end{cases} \tag{3.11}$$

绝对运动方程式的拉氏变换式为

$$\begin{cases}\theta_{\beta}(s)=\dfrac{\omega_{\mathrm{n}}^{2}}{s^{2}+2\zeta\omega_{\mathrm{n}}s+\omega_{\mathrm{n}}^{2}}[q(s)-q'(s)] \\ \theta_{\alpha}(s)=\dfrac{\omega_{\mathrm{n}}^{2}}{s^{2}+2\zeta\omega_{\mathrm{n}}s+\omega_{\mathrm{n}}^{2}}[p(s)-p'(s)]\end{cases} \tag{3.12}$$

由式(3.12)画出液体开关的结构如图 3.27 所示。

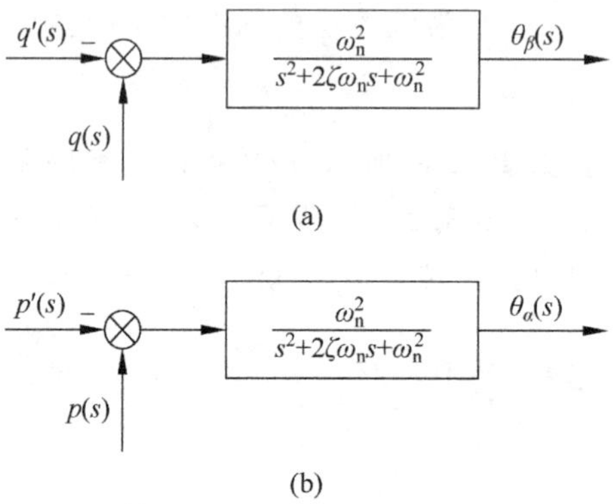

图 3.27 液体开关结构

(a) 纵向液体开关结构;(b) 横向液体开关结构

3.3.3 垂直陀螺仪的运动方程式和结构图

把式(3.6)和式(3.10)联立得到垂直陀螺仪的运动方程组如下:

$$\begin{cases} \boldsymbol{H}\dot{q} = \boldsymbol{H}(\dot{\beta} + \omega_{y1}) = f(\theta_\beta) - \boldsymbol{M}_{fx1}\,\mathrm{sgn}\,\dot{\alpha} + \boldsymbol{M}_{gx1} \\ \ddot{\theta}_\beta + 2\zeta\omega_n\dot{\theta}_\beta + \omega_n^2\theta_\beta = \omega_n^2(q - q') \\ -\boldsymbol{H}\dot{p} = -\boldsymbol{H}(\dot{\alpha} + \omega_{x1}) = f(\theta_\alpha) - \boldsymbol{M}_{fy1}\,\mathrm{sgn}\,\dot{\beta} + \boldsymbol{M}_{gy1} \\ \ddot{\theta}_\alpha + 2\zeta\omega_n\dot{\theta}_\alpha + \omega_n^2\theta_\alpha = \omega_n^2(p - p') \end{cases} \tag{3.13}$$

把式(3.8)和式(3.12)联立得到垂直陀螺仪运动方程组的拉氏变换式为

$$\begin{cases} q(s) = \dfrac{1}{\boldsymbol{H}s}\left[f(\theta_\beta)(s) - \dfrac{\boldsymbol{M}_{fx1}\,\mathrm{sgn}\,\dot{\alpha}}{s} + \dfrac{\boldsymbol{M}_{gx1}}{s}\right] + \dfrac{\beta_0}{s} \\ \theta_\beta(s) = \dfrac{\omega_n^2}{s^2 + 2\zeta\omega_n s + \omega_n^2}[q(s) - q'(s)] \\ p(s) = -\dfrac{1}{\boldsymbol{H}s}\left[f(\theta_\alpha)(s) - \dfrac{\boldsymbol{M}_{fy1}\,\mathrm{sgn}\,\dot{\beta}}{s} + \dfrac{\boldsymbol{M}_{gy1}}{s}\right] + \dfrac{\alpha_0}{s} \\ \theta_\alpha(s) = \dfrac{\omega_n^2}{s^2 + 2\zeta\omega_n s + \omega_n^2}[p(s) - p'(s)] \end{cases} \tag{3.14}$$

把图 3.25 和图 3.27 互相连接起来便得到图 3.28 所示垂直陀螺仪的总结构图。

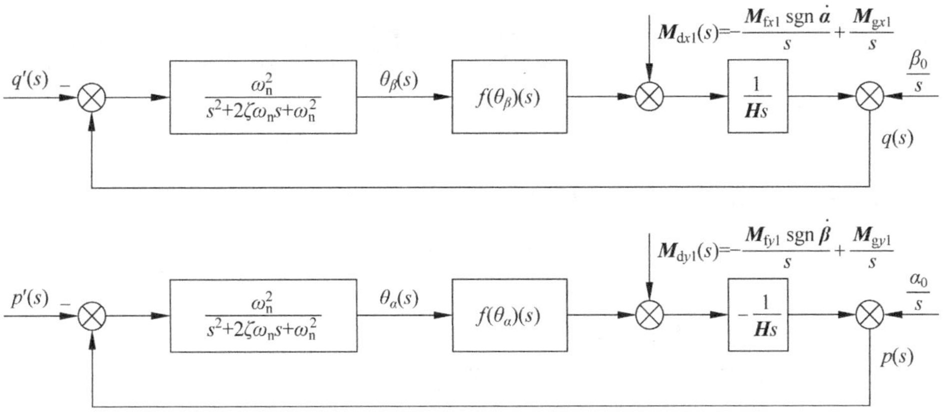

图 3.28 垂直陀螺仪总结构

由结构图 3.28 可以看出，纵向、横向两套修正回路都是闭环回路。

因液体开关装在陀螺内环上，故可感受陀螺自转轴绕外环轴、内环轴的绝对转角 $p(s)$、$q(s)$ 作为液体开关的输入，同时液体开关把偏角 $p(s)$、$q(s)$ 同它建立的视在垂线偏角 $p'(s)$、$q'(s)$ 进行比较，得到陀螺自转轴相对地垂线的偏角 $\theta_\alpha(s)$、$\theta_\beta(s)$，并转换成相应电信号送给力矩电机，力矩电机产生与 $\theta_\alpha(s)$、$\theta_\beta(s)$ 相对应的修正力矩，此力矩加在陀螺仪上使陀螺进动，从而消除陀螺自转轴相对地垂线的偏角 $\theta_\alpha(s)$ 和 $\theta_\beta(s)$，陀螺仪输出为 $p(s)$、$q(s)$，当 $p(s)=p'(s)$、$q(s)=q'(s)$ 时，则 $\theta_\alpha(s)=0$、$\theta_\beta(s)=0$，陀螺仪停止进动。

每个闭环回路都有 3 个输入口，第一输入口输入量是由加速度造成的视在垂线偏角，通常称为间接干扰输入；第二输入口输入量是绕环架轴的干摩擦和静不平衡力矩，通常称为直接干扰输入；第三输入口输入量是自转轴初始位置角，它等效为相应常值输入。

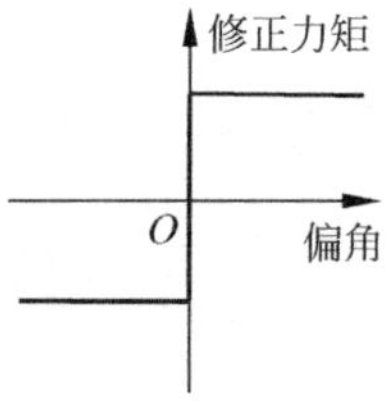

图 3.29　常值修正特性

若修正特性是常值，如图 3.29 所示，则属于非线性环节，常值力矩在进行拉氏变换时，可作为阶跃函数处理，即

$$\begin{cases} f(\theta_\beta)(s) = -\dfrac{\boldsymbol{M}_{cx1}\operatorname{sgn}\theta_\beta}{s} \\ f(\theta_\alpha)(s) = \dfrac{\boldsymbol{M}_{cy1}\operatorname{sgn}\theta_\alpha}{s} \end{cases} \tag{3.15}$$

因为常值修正属于非线性环节，不能直接用线性理论研究，但因系统惯性(时间常数)很大，而由特性的跃变部分($\theta=0$)引起的过渡过程相当于一种微幅章动，这种衰减很快的章动分量，对陀螺仪的进动运动几乎没有什么影响，故完全可以不予考虑。这样，只需按 θ_α、θ_β 分别为正或为负的情况，对陀螺仪的运动分段进行研究即可，而各段之间互相衔接部分的过渡过程完全可以忽略不计。由于分段研究时修正力矩 $\boldsymbol{M}_c$ 的大小不再是偏差角 θ 的函数，所以系统的结构图应画成开环形式，如图 3.30 所示。

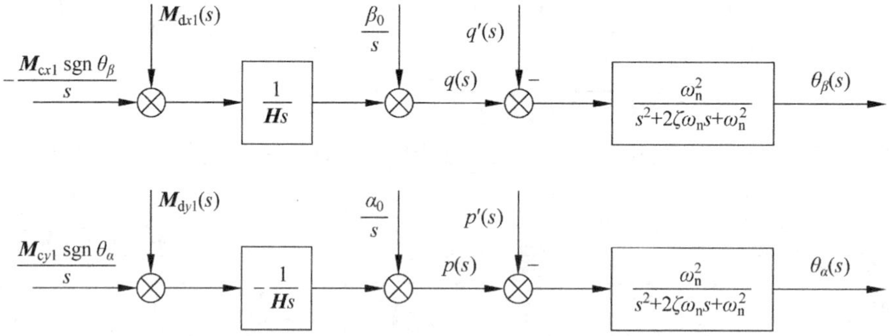

图 3.30　常数修正垂直陀螺仪的结构

当修正系统为比例修正特性时，修正力矩的拉氏变换式为

$$\begin{cases} f(\theta_\beta)(s) = -K_{x1}\theta_\beta(s) \\ f(\theta_\alpha)(s) = K_{y1}\theta_\alpha(s) \end{cases} \tag{3.16}$$

其中，K_{x1}、K_{y1} 为修正特性的修正系数。

利用式(3.16)，由图 3.28 可以得到比例修正垂直陀螺仪的结构。

3.3.4　垂直陀螺仪的动态特性

为更清楚阐明垂直陀螺仪的优点，下面从结构出发，对垂直陀螺仪的动态特性作必要研究。由式(3.12)得液体开关的开环传递函数为

$$W(s) = \frac{\omega_n^2}{s^2 + 2\zeta\omega_n s + \omega_n^2} = \frac{1}{\dfrac{1}{\omega_n^2}s^2 + \dfrac{2\zeta}{\omega_n}s + 1} \tag{3.17}$$

先求出液体开关的开环频率特性，即令 $s=\mathrm{j}\omega$ 代入式(3.17)得

$$W(s) = \frac{1}{\dfrac{1}{\omega_n^2}(\mathrm{j}\omega)^2 + \dfrac{2\zeta}{\omega_n}(\mathrm{j}\omega) + 1} \tag{3.18}$$

目前常用的五极式液体开关的曲率半径 l 约为 76 cm，因而由此可作出液体开关的对

数幅频特性 $L(\omega)$，如图 3.31 所示。整个特性曲线转折频率为 ω_n（单位：rad/s），转折后斜率为 −40 dB/dec。又因为 $\zeta \geqslant 1$，故转折处曲线没有峰值。显然液体开关的通频带较宽，为 $0 \sim \omega_n$，因而容易受外界干扰。飞机在飞行中受到气流干扰时，会引起纵向或侧向摆动，其摆动频率范围为 0～5 rad/s，它们都将引起同频率的交变线加速度。这种情况下，若单独利用液体开关在飞机上模拟地垂线，则由交变的线加速度所引起的地垂线摆动，其频率范围与液体开关的通频带大体一致，因而基本上都会被液体开关感受并反映出来，所以不可能得到比较稳定的人工当地地垂线。

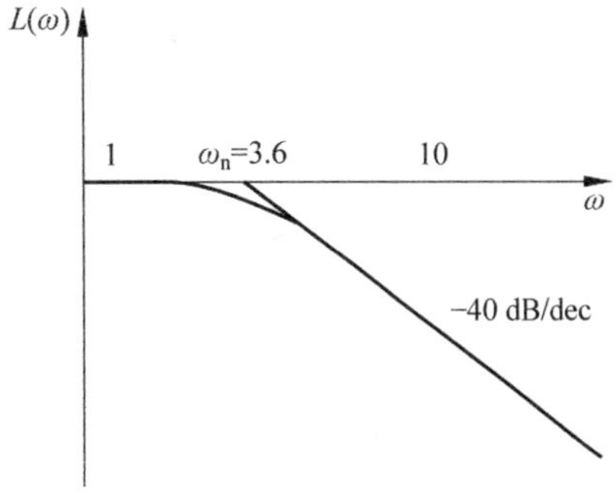

图 3.31　液体开关的对数幅频特性

当液体开关与双自由度陀螺仪结合在一起组成垂直陀螺仪时，就能模拟当地地垂线。以图 3.30 中常数修正垂直陀螺仪的纵向修正系统为例，暂不考虑直接干扰力矩和初始偏角，于是系统的结构图可表示为图 3.32。

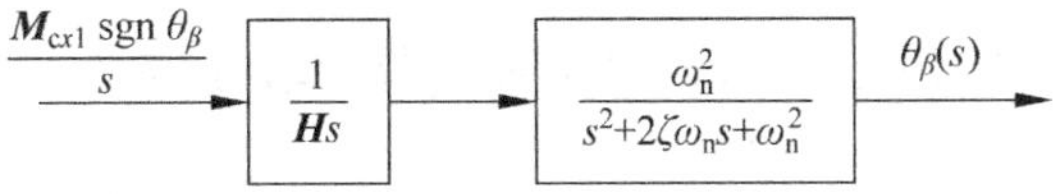

图 3.32　简化后常数修正垂直陀螺仪纵向修正系统结构

系统的开环传递函数为

$$W(s)=\frac{1}{\dfrac{1}{\omega_n^2}s^2+\dfrac{2\zeta}{\omega_n}s+1}\,\frac{1}{\boldsymbol{H}s}$$

令 $\omega_1=\dfrac{1}{\boldsymbol{H}}$ 为系统的进动频率，则

$$W(s)=\frac{1}{\dfrac{1}{\omega_n^2}s^2+\dfrac{2\zeta}{\omega_n}s+1}\,\frac{1}{\dfrac{1}{\omega_1}s} \tag{3.19}$$

系统的开环频率特性为

$$W(s)=\frac{1}{\dfrac{1}{\omega_n^2}(\mathrm{j}\omega)^2+\dfrac{2\zeta}{\omega_n}(\mathrm{j}\omega)+1}\,\frac{1}{\dfrac{1}{\omega_1}(\mathrm{j}\omega)} \tag{3.20}$$

对于常用的航空垂直陀螺仪来说，$\boldsymbol{H}=4000$ g·cm·s，则 $\omega_1=0.000\,25$ rad/s，又取 $\omega_n=3.6$ rad/s，求出对应的对数幅频特性曲线 $L(\omega)$，如图 3.33 所示。整个特性曲线由两部分组成，第一部分是截止频率为 ω_1 的积分环节；第二部分是转折频率为 ω_n 的二阶环节。显然，常数修正垂直陀螺仪纵向修正系统的通频带为 $0 \sim \omega_1$，比单个液体开关的通频带大大变窄了。

对于比例修正的纵向修正系统而言，开环频率特性与式(3.20)一致，只是积分环节的截止频率 $\omega_1=\dfrac{K_{x1}}{\boldsymbol{H}}$，当 $K_{x1}=250$ g·cm 时，则 $\omega_1 \approx 0.06$ rad/s，其系统的通频带比单个液体

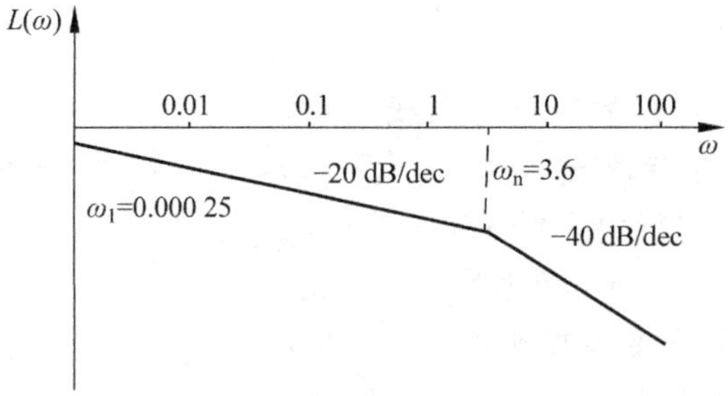

图 3.33 垂直陀螺仪开环对数幅频特性

开关的通频带(0～3.6 rad/s)也窄得多。

可见,垂直陀螺仪的动态特性与单个液体开关的动态特性相比,其通频带大大变窄,这是由于陀螺仪本身是一个进动频率 ω_1 很低的积分环节,与液体开关组成闭环系统以后,它不能跟上液体开关气泡反映出的较高频率的摆动,通过陀螺仪的慢速积分把较高频的信号滤掉,这种作用称为陀螺仪的"低通滤波"作用。因此,垂直陀螺仪能够建立起比较稳定的人工当地地垂线。

考虑陀螺仪低通滤波作用后,在研究垂直陀螺仪运动时,完全可忽略传递函数中高频部分,故可近似认为

$$\frac{1}{\frac{1}{\omega_{\mathrm{n}}^{2}}s^{2}+\frac{2\zeta}{\omega_{\mathrm{n}}}s+1}\approx 1 \tag{3.21}$$

因此液体开关变为一个简单的比较环节:

$$\begin{cases}\theta_{\beta}(s)=q(s)-q'(s)=\beta(s)-\beta'(s)\\ \theta_{\alpha}(s)=p(s)-p'(s)=\alpha(s)-\alpha'(s)\end{cases} \tag{3.22}$$

于是垂直陀螺仪的运动方程式为

$$\begin{cases}\boldsymbol{H}\dot{\boldsymbol{q}}=\boldsymbol{H}(\dot{\boldsymbol{\beta}}+\omega_{y1})=f(\theta_{\beta})-\boldsymbol{M}_{\mathrm{f}x1}\operatorname{sgn}\dot{\boldsymbol{\alpha}}+\boldsymbol{M}_{\mathrm{g}x1}\\ \theta_{\beta}=q-q'\\ -\boldsymbol{H}\dot{\boldsymbol{p}}=-\boldsymbol{H}(\dot{\boldsymbol{\alpha}}+\omega_{x1})=f(\theta_{\alpha})-\boldsymbol{M}_{\mathrm{f}y1}\operatorname{sgn}\dot{\boldsymbol{\beta}}+\boldsymbol{M}_{\mathrm{g}y1}\\ \theta_{\alpha}=p-p'\end{cases} \tag{3.23}$$

垂直陀螺仪的结构图简化成如图 3.34 和图 3.35 所示的形式。

综上所述,液体摆与双自由度陀螺仪组成垂直陀螺仪(或地平仪)后,它们相互制约,取长补短,当基座处于静止状态时(相当于飞行器作等速直线平飞),液体摆通过修正回路不断地对陀螺仪起修正作用,克服由于干扰力矩和表观运动引起的陀螺仪自转轴相对地垂线的偏离角,液体摆给陀螺仪提供修正信号以克服陀螺仪自转轴不能自动定向的缺点。但当基座(飞机)有加速度时,陀螺仪反过来对液体摆的高频分量起抑制和滤波作用,从而克服了液体摆不抗干扰的缺点。使垂直陀螺仪(或地平仪)能在飞机上建立稳定的人工垂线,以实现在飞机上进行俯仰角和倾斜角的测量。

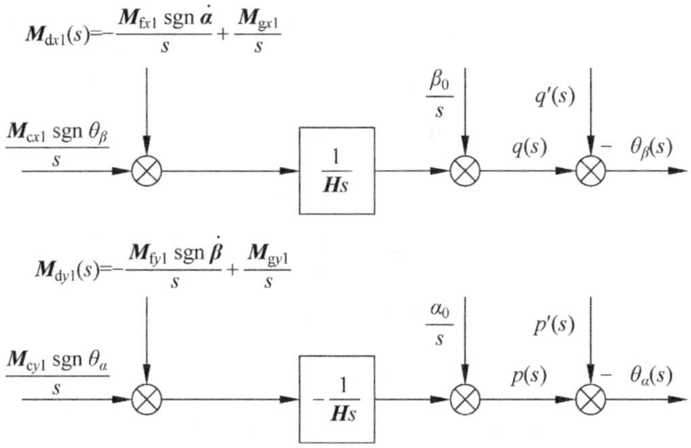

图 3.34 常数修正垂直陀螺仪简化结构

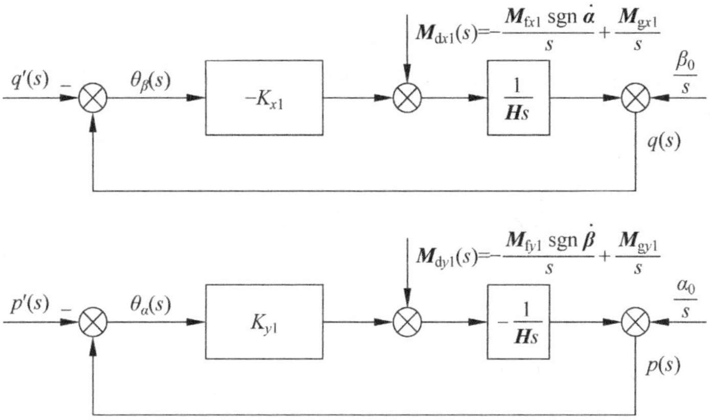

图 3.35 比例修正垂直陀螺仪简化结构

3.4 垂直陀螺仪的修正规律和修正误差

垂直陀螺仪或地平仪利用陀螺自转轴作为测量飞机姿态角的基准。垂直陀螺仪的使用条件及干扰因素的影响,会使自转轴重现当地地垂线时出现误差,这将直接造成测量飞机姿态角的误差。因此,本书有必要分析自转轴重现当地地垂线的误差,并且从维护、使用中找出减小误差的办法,对提高垂直陀螺仪的测量精度是很重要的。

飞行状态不同,垂直陀螺仪修正规律和修正误差形式也不同。本节利用垂直陀螺仪的运动方程式和结构图,分析在各种条件下,垂直陀螺仪的修正规律和修正误差。

3.4.1 无加速度条件下垂直陀螺仪的修正规律和修正误差

1. 不考虑地球自转、飞机运动和干扰力矩时,垂直陀螺仪的修正规律

忽略地球自转、飞机运动和干扰力矩,即设 $\omega_{x1}=\omega_{y1}=0$、$\boldsymbol{M}_{dx1}=\boldsymbol{M}_{dy1}=0$,故有

$$p'=0、\quad q'=0$$

$$\begin{cases} p=\alpha+\omega_{x1}t=\alpha \\ q=\beta+\omega_{y1}t=\beta \end{cases}$$

$$\begin{cases} \theta_\alpha=p-p'=\alpha \\ \theta_\beta=q-q'=\beta \end{cases}$$

将上述条件代入式(3.23)，垂直陀螺仪的运动方程式变为如下形式：

$$\begin{cases} \boldsymbol{H}\dot{\boldsymbol{\beta}}=f(\beta) \\ -\boldsymbol{H}\dot{\boldsymbol{\alpha}}=f(\alpha) \end{cases} \tag{3.24}$$

在初始条件 $\alpha(0)=\alpha_0$、$\beta(0)=\beta_0$ 的情况下，对式(3.24)求拉氏变换得

$$\begin{cases} \beta(s)=\dfrac{1}{\boldsymbol{H}s}f(\beta)(s)+\dfrac{\beta_0}{s} \\ \alpha(s)=-\dfrac{1}{\boldsymbol{H}s}f(\alpha)(s)+\dfrac{\alpha_0}{s} \end{cases} \tag{3.25}$$

下面按常数修正、比例修正和复合修正三种情况分别进行分析讨论。

(1) 常数修正

设 $\alpha_0>0$、$\beta_0>0$，即均在第一象限，则

$$\begin{cases} f(\alpha)(s)=\dfrac{\boldsymbol{M}_{cy1}\,\mathrm{sgn}\alpha}{s}=\dfrac{\boldsymbol{M}_{cy1}}{s} \\ f(\beta)(s)=\dfrac{-\boldsymbol{M}_{cx1}\,\mathrm{sgn}\beta}{s}=-\dfrac{\boldsymbol{M}_{cx1}}{s} \end{cases} \tag{3.26}$$

常数修正垂直陀螺仪结构由图 3.34 变为图 3.36 的形式。

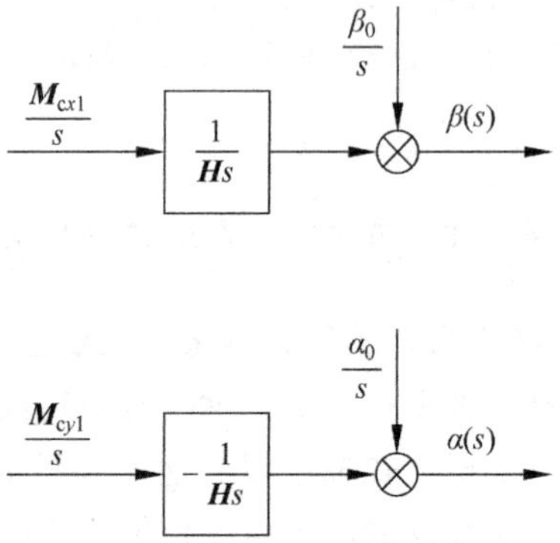

图 3.36　不考虑 ω_e，V，$\boldsymbol{M}_d$ 时常数修正垂直陀螺仪的结构

由结构图 3.36 得绕外环轴 x_1、内环轴 y_1 相对地垂线转角 α、β 的拉氏变换式：

$$\begin{cases} \alpha(s)=\dfrac{\alpha_0}{s}-\dfrac{1}{\boldsymbol{H}s}\dfrac{\boldsymbol{M}_{cy1}}{s} \\ \beta(s)=\dfrac{\beta_0}{s}-\dfrac{1}{\boldsymbol{H}s}\dfrac{\boldsymbol{M}_{cx1}}{s} \end{cases} \tag{3.27}$$

进行拉氏反变换得垂直陀螺仪的修正运动规律：

$$\begin{cases}\alpha(t)=\alpha_0-\dfrac{\boldsymbol{M}_{cy1}}{\boldsymbol{H}}t\\ \beta(t)=\beta_0-\dfrac{\boldsymbol{M}_{cx1}}{\boldsymbol{H}}t\end{cases}\tag{3.28}$$

陀螺自转轴在修正力矩作用下进动时的进动角速度称为修正角速度。纵向修正力矩作用下产生的修正角速度称为纵向修正角速度；横向修正力矩作用下产生的修正角速度称为横向修正角速度。式(3.28)中$\dfrac{\boldsymbol{M}_{cy1}}{\boldsymbol{H}}=\omega_{cx1}$为绕外环轴$x_1$的常值修正角速度(横向修正角速度)，$\dfrac{\boldsymbol{M}_{cx1}}{\boldsymbol{H}}=\omega_{cy1}$为绕内环轴$y_1$的常值修正角速度(纵向修正角速度)。式(3.28)表明，在常值力矩作用下，自转轴以大小不变的常值修正角速度返回当地地垂线；自转轴相对当地地垂线的偏角是随时间按比例减小的。将式(3.29)中t消去，即得到垂直陀螺仪的尖顶轨迹方程：

$$\begin{cases}\dfrac{\beta-\beta_0}{\alpha-\alpha_0}=\dfrac{\boldsymbol{M}_{cx1}}{\boldsymbol{M}_{cy1}}=k\\ \beta=k(\alpha-\alpha_0)+\beta_0\\ \quad=k\alpha+(\beta_0-k\alpha_0)\\ \quad=k\alpha+b\end{cases}\tag{3.29}$$

式(3.29)表明，常数修正垂直陀螺仪的尖顶轨迹是一条斜率为k、截距为b的直线。若$\boldsymbol{M}_{cx1}=\boldsymbol{M}_{cy1}$，直线斜率$k=1$，直线与纵坐标轴夹角为45°，陀螺尖顶在纵向修正线速度$v_{c\beta}$和横向修正线速度$v_{c\alpha}$的作用下，将沿合成修正速度方向运动，合成修正速度方向与纵坐标轴夹角为45°。当尖顶运动到纵(横)坐标$\beta(\alpha)$轴后，横(纵)向修正线速度为零，于是在纵(横)向修正线速度作用下，尖顶沿纵(横)坐标$\beta(\alpha)$轴直接回到原点，如图3.40所示。因自转轴有不同的初始偏角(α_0、β_0)，故在常数修正力矩作用下，尖顶轨迹在每一象限内都是一族平行线。若$\boldsymbol{M}_{cx1}\neq\boldsymbol{M}_{cy1}$，即$k\neq1$，尖顶轨迹仍为一族平行线，但每一条直线与纵坐标轴夹角不为45°，如图3.37中虚线所示。

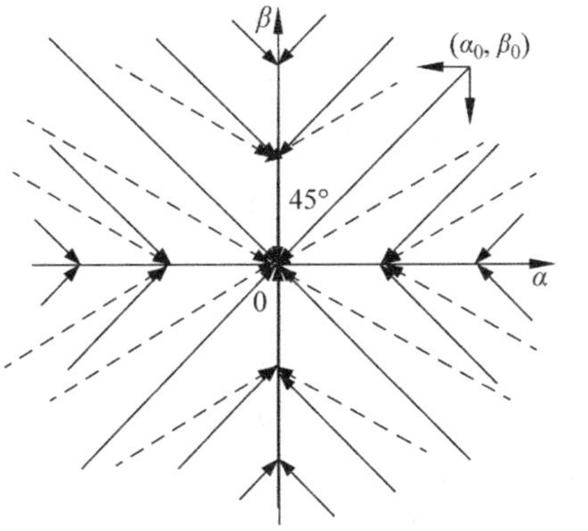

图3.37 常数修正的垂直陀螺仪尖顶轨迹

(2) 比例修正

设$\alpha_0>0$、$\beta_0>0$，即均在第一象限，则

$$\begin{cases}f(\alpha)(s)=K_{y1}\alpha(s)\\ f(\beta)(s)=K_{x1}\beta(s)\end{cases}\tag{3.30}$$

比例修正垂直陀螺仪结构由图 3.35 变为图 3.38。

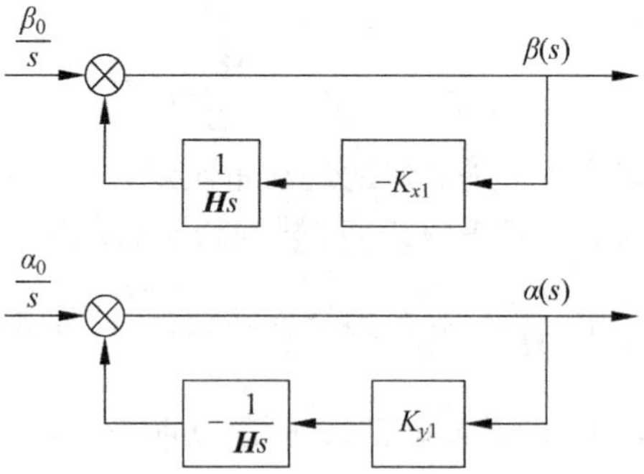

图 3.38 不考虑 ω_e、v、$\boldsymbol{M}_d$ 时比例修正垂直陀螺仪的结构

由结构图 3.38 得自转轴绕外环轴 x_1、内环轴 y_1 的转角 α、β 的拉氏变换式：

$$\begin{cases}\alpha(s)=\dfrac{1}{1+\dfrac{K_{y1}}{\boldsymbol{H}s}}\dfrac{\alpha_0}{s}=\dfrac{T_{y1}}{T_{y1}s+1}\alpha_0\\[2ex]\beta(s)=\dfrac{1}{1+\dfrac{K_{x1}}{\boldsymbol{H}s}}\dfrac{\beta_0}{s}=\dfrac{T_{x1}}{T_{x1}s+1}\beta_0\end{cases}\tag{3.31}$$

其中，K_{x1}、K_{y1} 分别为纵(横)向修正系数；$T_{x1}=\dfrac{\boldsymbol{H}}{K_{x1}}$、$T_{y1}=\dfrac{\boldsymbol{H}}{K_{y1}}$分别为纵(横)向修正系统的时间常数。

对式(3.31)进行拉氏反变换，得垂直陀螺仪的修正运动规律如下：

$$\begin{cases}\alpha(t)=\alpha_0\mathrm{e}^{-\frac{t}{T_{y1}}}\\[1ex]\beta(t)=\beta_0\mathrm{e}^{-\frac{t}{T_{x1}}}\end{cases}\tag{3.32}$$

式(3.32)表明，在比例修正力矩作用下，自转轴相对当地地垂线的偏角是随时间按指数规律衰减的。将式(3.32)中时间 t 消去，即得到垂直陀螺仪的尖顶轨迹方程：

$$\alpha=\alpha_0\left(\frac{\beta}{\beta_0}\right)^{K_{y1}/K_{x1}}\tag{3.33}$$

当 $K_{x1}=K_{y1}$ 时，尖顶轨迹方程为

$$\alpha=\frac{\alpha_0}{\beta_0}\beta\tag{3.34}$$

由式(3.33)和式(3.34)可以看出，当 $K_{x1}\neq K_{y1}$ 时，比例修正垂直陀螺仪的尖顶轨迹是过原点的幂曲线；当 $K_{x1}=K_{y1}$ 时，其尖顶轨迹是过原点的直线，直线的斜率取决于尖顶的起始坐标(初始偏角 α_0、β_0)，如图 3.39 所示。

(3) 复合修正

在复合修正的比例区内，即$|\alpha|<|\Delta\alpha|$、$|\beta|<|\Delta\beta|$时，其修正规律和比例修正特性的陀尖运动规律相同；在常值区内，即$|\alpha|>|\Delta\alpha|$、$|\beta|>|\Delta\beta|$时，其修正规律和常值修正特性的陀尖运动规律相同。当自转轴偏角 α 在常值区，β 角在比例区时，垂直陀螺仪的运动方程

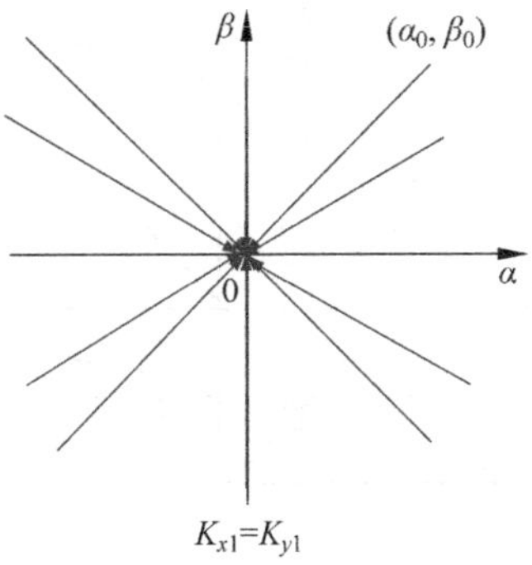

图 3.39 比例修正的垂直陀螺仪尖顶轨迹

式、修正规律及陀尖轨迹方程分别为

$$\begin{cases}\dot{\boldsymbol{\alpha}}=-\dfrac{\boldsymbol{M}_{\mathrm{cy1}}\,\mathrm{sgn}\alpha}{\boldsymbol{H}}\\ \dot{\boldsymbol{\beta}}+\dfrac{K_{x1}}{\boldsymbol{H}}\beta=0\end{cases} \tag{3.35}$$

$$\begin{cases}\alpha(t)=\alpha_{01}-\dfrac{\boldsymbol{M}_{\mathrm{cy1}}\,\mathrm{sgn}\alpha}{\boldsymbol{H}}t\\ \beta(t)=\beta_{01}\mathrm{e}^{-\frac{t}{T_{x1}}}\end{cases} \tag{3.36}$$

$$\beta=\beta_{01}\mathrm{e}^{-\frac{K_{x1}(\alpha-\alpha_{01})}{\boldsymbol{M}_{\mathrm{cy1}}\mathrm{sgn}\alpha}} \tag{3.37}$$

当自转轴的偏角 α 在比例区，β 角在常值区时，垂直陀螺仪的运动方程式、修正规律及陀尖轨迹方程分别为

$$\begin{cases}\dot{\boldsymbol{\alpha}}+\dfrac{K_{y1}}{\boldsymbol{H}}\alpha=0\\ \dot{\boldsymbol{\beta}}=-\dfrac{\boldsymbol{M}_{\mathrm{cx1}}\,\mathrm{sgn}\beta}{\boldsymbol{H}}\end{cases} \tag{3.38}$$

$$\begin{cases}\alpha(t)=\alpha_{02}\mathrm{e}^{-\frac{t}{T_{y1}}}\\ \beta(t)=\beta_{02}-\dfrac{\boldsymbol{M}_{\mathrm{cx1}}\,\mathrm{sgn}\beta}{\boldsymbol{H}}t\end{cases} \tag{3.39}$$

$$\alpha=\alpha_{02}\mathrm{e}^{-\frac{K_{y1}(\beta-\beta_{02})}{\boldsymbol{M}_{\mathrm{cx1}}\mathrm{sgn}\beta}} \tag{3.40}$$

陀螺尖顶在相平面上的运动轨迹如图 3.40 所示。由于复合修正垂直陀螺仪的修正特性比例区为 10′～30′，而飞机上使用的垂直陀螺仪垂直精度在 1°以上，因此它总是工作在常值区。所以，在分析问题时把复合修正垂直陀螺仪近似为常数修正陀螺仪。

上述三种修正特性下的尖顶轨迹均未考虑不灵敏区和迟滞区。

从上面的分析可以看出，陀螺仪处在静基座上(基座静止或作匀速直线运动)，忽略地球自转、飞机运动及干扰力矩影响，垂直陀螺仪没有修正误差。即不论自转轴相对地垂线偏离至任何方向，都能使自转轴准确无误地修正到地垂线上。因为在这种情况下，陀螺仪只受修

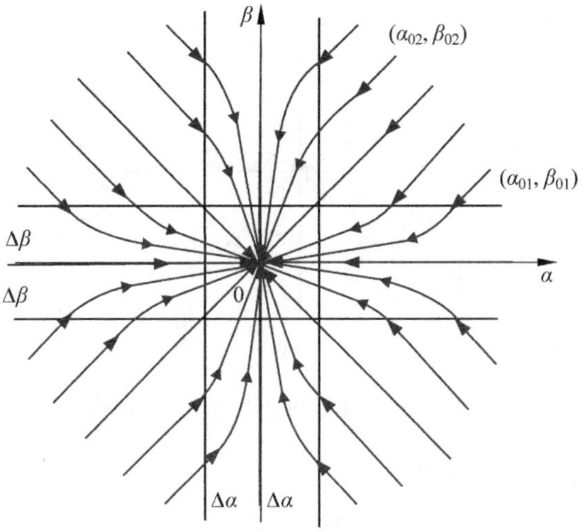

图 3.40　具有复合修正特性时陀螺仪尖顶的运动轨迹

正力矩作用，修正力矩总是使自转轴向地垂线方向修正，直到 $\alpha=\beta=0$ 时，即自转轴处于地垂线方向时，修正力矩才消失，自转轴才停止修正运动。

2. 考虑地球自转、飞机运动和干扰力矩影响时垂直陀螺仪修正规律和修正误差

地球自转和飞行速度的影响，使当地地垂线相对惯性空间转动，而陀螺自转轴相对惯性空间的方位是不变的，干扰力矩的存在，使自转轴产生进动漂移。这样，陀螺自转轴将不断地偏离当地地垂线。但由于垂直陀螺仪有修正系统，会使自转轴不断跟踪当地地垂线。系统稳定时，自转轴能否修正到与当地地垂线重合？如果不能重合，其修正误差大小又如何计算？这必须根据修正特性的不同作具体分析。

(1) 考虑地球自转和飞机运动影响时

由于飞机的加速度 a 为零，并忽略干扰力矩的影响，所以有

$$\begin{cases}\boldsymbol{M}_{\mathrm{d}x1}=\boldsymbol{M}_{\mathrm{d}y1}=0\\ \alpha'=\beta'=0\\ \theta_{\alpha}=p-p'=(\alpha+\omega_{x1}t)-(\alpha'+\omega_{x1}t)=\alpha\\ \theta_{\beta}=q-q'=(\beta+\omega_{y1}t)-(\beta'+\omega_{y1}t)=\beta\end{cases}\tag{3.41}$$

其中，α'、β' 分别为视在垂线绕外环轴 x_1、内环轴 y_1 相对地垂线的转角。

$$\begin{cases}f(\theta_{\alpha})=f(\alpha)\\ f(\theta_{\beta})=f(\beta)\end{cases}\tag{3.42}$$

将条件(3.42)代入式(3.23)中，垂直陀螺仪的运动方程式变为如下形式：

$$\begin{cases}\boldsymbol{H}\dot{\boldsymbol{q}}=\boldsymbol{H}(\dot{\boldsymbol{\beta}}+\omega_{y1})=f(\beta)\\ -\boldsymbol{H}\dot{\boldsymbol{p}}=-\boldsymbol{H}(\dot{\boldsymbol{\alpha}}+\omega_{x1})=f(\alpha)\end{cases}\tag{3.43}$$

① 常数修正

假设初始条件为 $\beta(0)=\beta_0=0$、$\alpha(0)=\alpha_0=0$，对式(3.43)求拉氏变换得

$$\begin{cases} \boldsymbol{H}\left[s\beta(s)+\dfrac{\omega_{y1}}{s}\right]=-\dfrac{\boldsymbol{M}_{cx1}\,\mathrm{sgn}\beta}{s} \\ -\boldsymbol{H}\left[s\alpha(s)+\dfrac{\omega_{x1}}{s}\right]=\dfrac{\boldsymbol{M}_{cy1}\,\mathrm{sgn}\alpha}{s} \end{cases} \tag{3.44}$$

设 α、β 均为正，即在第一象限，则

$$\begin{cases} \beta(s)=-\dfrac{1}{\boldsymbol{H}s}\dfrac{\boldsymbol{M}_{cx1}}{s}-\dfrac{\omega_{y1}}{s^2} \\ \alpha(s)=-\dfrac{1}{\boldsymbol{H}s}\dfrac{\boldsymbol{M}_{cy1}}{s}-\dfrac{\omega_{x1}}{s^2} \end{cases} \tag{3.45}$$

再求拉氏反变换，得

$$\begin{cases} \beta(t)=-\omega_{y1}t-\dfrac{\boldsymbol{M}_{cx1}}{\boldsymbol{H}}t \\ \alpha(t)=-\omega_{x1}t-\dfrac{\boldsymbol{M}_{cy1}}{\boldsymbol{H}}t \end{cases} \tag{3.46}$$

式(3.46)表明，对于常数修正垂直陀螺仪，地球自转、飞机运动会使陀螺自转轴以一定的角速度不断偏离当地地垂线。只要常数修正力矩作用下陀螺自转轴的进动角速度大于上述偏离角速度，即满足如下关系：

$$\begin{cases} \boldsymbol{M}_{cx1}\geqslant-\boldsymbol{H}\omega_{y1} \\ \boldsymbol{M}_{cy1}\geqslant-\boldsymbol{H}\omega_{x1} \end{cases} \tag{3.47}$$

那么，陀螺自转轴便能够始终跟踪当地地垂线，保持在当地地垂线方向。正常工作的常数修正垂直陀螺仪都能满足式(3.47)的要求，即使自转轴相对当地地垂线出现微小的偏角，也立即会有常数修正力矩作用使它修正到与当地地垂线重合。因此，在无加速度条件下，常数修正的垂直陀螺仪无修正误差。

② 比例修正

比例修正时，垂直陀螺仪的运动方程式变为

$$\begin{cases} \boldsymbol{H}\dot{\boldsymbol{q}}=\boldsymbol{H}(\dot{\boldsymbol{\beta}}+\omega_{y1})=-K_{x1}\beta \\ -\boldsymbol{H}\dot{\boldsymbol{p}}=-\boldsymbol{H}(\dot{\boldsymbol{\alpha}}+\omega_{x1})=K_{y1}\alpha \end{cases} \tag{3.48}$$

假设初始条件为 $\beta(0)=\beta_0=0$、$\alpha(0)=\alpha_0=0$，对式(3.48)求拉氏变换得

$$\begin{cases} \beta(s)=\dfrac{1}{1+\dfrac{K_{x1}}{\boldsymbol{H}s}}\left(-\dfrac{\omega_{y1}}{s^2}\right)=-\dfrac{T_{x1}}{T_{x1}s+1}\dfrac{\omega_{y1}}{s} \\ \alpha(s)=\dfrac{1}{1+\dfrac{K_{y1}}{\boldsymbol{H}s}}\left(-\dfrac{\omega_{x1}}{s^2}\right)=-\dfrac{T_{y1}}{T_{y1}s+1}\dfrac{\omega_{x1}}{s} \end{cases} \tag{3.49}$$

陀螺自转轴在跟踪当地地垂线情况下，稳态误差 β_s、α_s 可用拉氏变换终值定理求得：

$$\begin{cases} \beta_s=\lim\limits_{s\to0}[s\beta(s)]=\lim\limits_{s\to0}\left[-\dfrac{T_{x1}}{T_{x1}s+1}\omega_{y1}\right]=-T_{x1}\omega_{y1} \\ \alpha_s=\lim\limits_{s\to0}[s\alpha(s)]=\lim\limits_{s\to0}\left[-\dfrac{T_{y1}}{T_{y1}s+1}\omega_{x1}\right]=-T_{y1}\omega_{x1} \end{cases} \tag{3.50}$$

将式(3.2)代入式(3.50)中得

$$\begin{cases}\beta_s=-T_{x1}\left[\left(\omega_e\cos\phi\sin\psi+\dfrac{v}{R_e}\right)\cos\alpha+\omega_e\sin\phi\sin\alpha\right]\\ \alpha_s=-T_{y1}\omega_e\cos\phi\cos\psi\end{cases}\tag{3.51}$$

由于β、α很小，所以$\cos\alpha\approx1$，$\sin\alpha\approx0$，式(3.51)可近似成

$$\begin{cases}\beta_s=-T_{x1}\left(\omega_e\cos\varphi\sin\psi+\dfrac{v}{R_e}\right)=\beta_{se}+\beta_{sr}\\ \alpha_s=-T_{y1}\omega_e\cos\varphi\cos\psi=\alpha_{se}+\alpha_{sr}\end{cases}\tag{3.52}$$

其中，$\beta_{se}=-T_{x1}\omega_e\cos\varphi\sin\psi$和$\alpha_{se}=-T_{y1}\omega_e\cos\varphi\cos\psi$是地球自转引起的误差，称为地球自转误差。

地球自转误差形成的原因是地球自转引起当地地垂线相对惯性空间转动，只有当自转轴偏离一个角度，形成一个与该偏离角成比例的修正力矩，该修正力矩产生的修正速度正好等于地球自转所引起的当地地垂线的转动角速度时，才能实现陀螺自转轴跟踪当地地垂线。自转轴偏离角α_{se}、β_{se}就是地球自转误差。其中α_{se}叫作横向修正误差，是由地球自转角速度北向分量($\omega_e\cos\varphi$)在飞机纵向的分量$\omega_e\cos\varphi\cos\psi$引起当地地垂线横向转动造成的；$\beta_{se}$叫作纵向修正误差，是由地球自转角速度横向分量$\omega_e\cos\varphi\sin\psi$引起当地地垂线纵向转动造成的。

式(3.52)中α_{sr}是飞行速度引起的误差，叫作速度误差。速度误差形成的原因是飞行速度引起当地地垂线相对惯性空间转动，只有当自转轴偏离一个角度，形成一个与该偏离角成比例的修正力矩，该修正力矩产生的修正速度正好等于飞行速度所引起的当地地垂线的转动角速度时，才能实现陀螺自转轴跟踪当地地垂线。自转轴的偏离角β_{sr}就是速度误差。因为飞行速度形成的等效角速度v/R_e总是沿着飞机横向(大圆航行时)，引起当地地垂线只有纵向转动，故它仅造成纵向修正误差。

③ 复合修正

复合修正特性下自转轴跟踪当地地垂线的情况，在比例区内和比例修正特性下的情况相同；在常数区内和常数修正特性下的情况相同。但在复合修正特性下所形成的最大修正误差不会超过比例区范围。

(2) 考虑环架轴干摩擦力矩影响时

干扰力矩主要指的是环架轴的干摩擦力矩$\boldsymbol{M}_f$和陀螺组合件的静不平衡力矩$\boldsymbol{M}_g$。这两个因素直接影响陀螺自转轴重现当地地垂线的精度。为了把摩擦和静不平衡力矩限制在允许的范围内，各种垂直陀螺仪或地平仪对陀螺自转轴倾斜一定角度后的恢复时间和恢复过程中出现的误差，都在技术条件中作了明文规定。本书首先分析干摩擦力矩对垂直陀螺仪或地平仪的修正规律和修正误差的影响。

由于飞机加速度为零，且只考虑摩擦力矩影响，故有$\alpha'=\beta'=0$、$\omega_{x1}=\omega_{y1}=0$、$\boldsymbol{M}_{gx1}=\boldsymbol{M}_{gy1}=0$、$\theta_\alpha=p-p'=\alpha$、$\theta_\beta=q-q'=\beta$，代入式(3.23)后垂直陀螺仪的运动方程式变为

$$\begin{cases}\boldsymbol{H}\dot{\boldsymbol{q}}=\boldsymbol{H}\dot{\boldsymbol{\beta}}=f(\beta)-\boldsymbol{M}_{fx1}\operatorname{sgn}\dot{\boldsymbol{\alpha}}\\ -\boldsymbol{H}\dot{\boldsymbol{p}}=-\boldsymbol{H}\dot{\boldsymbol{\alpha}}=f(\alpha)-\boldsymbol{M}_{fy1}\operatorname{sgn}\dot{\boldsymbol{\beta}}\end{cases}\tag{3.53}$$

① 常数修正

在初始条件$\alpha(0)=\alpha_0>0$、$\beta(0)=\beta_0>0$的情况下，对式(3.53)求拉氏变换得

$$\begin{cases}\beta(s)=\left(-\dfrac{\boldsymbol{M}_{cx1}\operatorname{sgn}\beta}{s}-\dfrac{\boldsymbol{M}_{fx1}\operatorname{sgn}\dot{\boldsymbol{\alpha}}}{s}\right)\dfrac{1}{\boldsymbol{H}s}+\dfrac{\beta_0}{s}\\ \alpha(s)=\left(\dfrac{\boldsymbol{M}_{cy1}\operatorname{sgn}\alpha}{s}-\dfrac{\boldsymbol{M}_{fy1}\operatorname{sgn}\dot{\boldsymbol{\beta}}}{s}\right)\left(-\dfrac{1}{\boldsymbol{H}s}\right)+\dfrac{\alpha_0}{s}\end{cases}\tag{3.54}$$

由于 α_0、β_0 均为正值，则 $\operatorname{sgn}\alpha=1$、$\operatorname{sgn}\beta=1$。由图 3.24 可以看出，当 α_0、β_0 均为正时，陀螺尖顶返回角速度$\boldsymbol{\alpha}$ 、$\boldsymbol{\beta}$ 分别沿 x_1、y_1 轴负向，所以 $\operatorname{sgn}\boldsymbol{\alpha}=-1$、$\operatorname{sgn}\boldsymbol{\beta}=-1$。因此式(3.54)变为如下形式：

$$\begin{cases}\beta(s)=\left(-\dfrac{\boldsymbol{M}_{cx1}}{s}+\dfrac{\boldsymbol{M}_{fx1}}{s}\right)\dfrac{1}{\boldsymbol{H}s}+\dfrac{\beta_0}{s}\\ \alpha(s)=\left(\dfrac{\boldsymbol{M}_{cy1}}{s}+\dfrac{\boldsymbol{M}_{fy1}}{s}\right)\left(-\dfrac{1}{\boldsymbol{H}s}\right)+\dfrac{\alpha_0}{s}\end{cases}\tag{3.55}$$

求拉氏反变换得

$$\begin{cases}\beta(t)=\beta_0-\left(\dfrac{\boldsymbol{M}_{cx1}}{\boldsymbol{H}}-\dfrac{\boldsymbol{M}_{fx1}}{\boldsymbol{H}}\right)t\\ \alpha(t)=\alpha_0-\left(\dfrac{\boldsymbol{M}_{cy1}}{\boldsymbol{H}}+\dfrac{\boldsymbol{M}_{fy1}}{\boldsymbol{H}}\right)t\end{cases}\tag{3.56}$$

消去时间 t 得轨迹方程：

$$\frac{\beta-\beta_0}{\alpha-\alpha_0}=\frac{\boldsymbol{M}_{cx1}-\boldsymbol{M}_{fx1}}{\boldsymbol{M}_{cy1}+\boldsymbol{M}_{fy1}}=K'\tag{3.57}$$

陀尖轨迹图如图 3.41 所示。

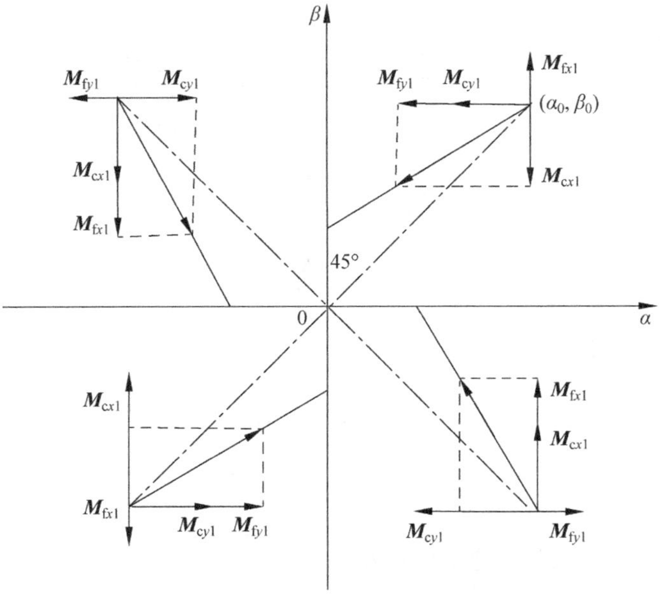

图 3.41 摩擦力矩影响下常数修正垂直陀螺仪的尖顶轨迹

由图 3.41 可见，当尖顶起始位置在第一象限时，纵向摩擦力矩 $\boldsymbol{M}_{fx1}$ 与纵向修正力矩 $\boldsymbol{M}_{cx1}$ 方向相反，使尖顶纵向运动速度变慢；横向摩擦力矩 $\boldsymbol{M}_{fy1}$ 与横向修正力矩 $\boldsymbol{M}_{cy1}$ 方向相同，使尖顶横向运动速度变快。当 $\boldsymbol{M}_{fx1}=\boldsymbol{M}_{fy1}$、$\boldsymbol{M}_{cx1}=\boldsymbol{M}_{cy1}$ 时，$K'<1$，尖顶运动轨迹仍为

一条直线。但由于摩擦力矩影响，使尖顶轨迹向修正方向的右侧偏离，与纵坐标的夹角要大于 45°。因而尖顶沿纵坐标轴运动到坐标原点的时间增长。

对常数修正垂直陀螺仪来说，设计时保证常数修正力矩足以克服干摩擦力矩，并使自转轴进动跟上当地地垂线转动，即使自转轴相对当地地垂线出现极微小偏角，也立即会在常值修正力矩作用下返回当地地垂线，故认为常数修正垂直陀螺仪无修正误差。

② 比例修正

当垂直陀螺仪具有比例修正特性时，其运动方程由式(3.53)变为

$$\begin{cases} \boldsymbol{H}\dot{\boldsymbol{\beta}} + K_{x1}\beta = -\boldsymbol{M}_{fx1}\,\mathrm{sgn}\,\dot{\boldsymbol{\alpha}} \\ -\boldsymbol{H}\dot{\boldsymbol{\alpha}} - K_{y1}\alpha = -\boldsymbol{M}_{fy1}\,\mathrm{sgn}\,\dot{\boldsymbol{\beta}} \end{cases} \tag{3.58}$$

在初始条件 $\alpha(0)=\alpha_0>0$、$\beta(0)=\beta_0>0$ 的情况下，对式(3.58)求拉氏变换得

$$\begin{cases} \beta(s) = \dfrac{1}{1+\dfrac{K_{x1}}{\boldsymbol{H}s}}\dfrac{\beta_0}{s} + \dfrac{\dfrac{1}{\boldsymbol{H}s}}{1+\dfrac{K_{x1}}{\boldsymbol{H}s}}\left(-\dfrac{\boldsymbol{M}_{fx1}\,\mathrm{sgn}\,\dot{\boldsymbol{\alpha}}}{s}\right) \\ \alpha(s) = \dfrac{1}{1+\dfrac{K_{y1}}{\boldsymbol{H}s}}\dfrac{\alpha_0}{s} - \dfrac{\dfrac{1}{\boldsymbol{H}s}}{1+\dfrac{K_{y1}}{\boldsymbol{H}s}}\left(-\dfrac{\boldsymbol{M}_{fy1}\,\mathrm{sgn}\,\dot{\boldsymbol{\beta}}}{s}\right) \end{cases} \tag{3.59}$$

因为 α_0、β_0 均为正值，陀尖返回角速度为负值。对式(3.59)加以整理得

$$\begin{cases} \beta(s) = \dfrac{T_{x1}}{T_{x1}s+1}\beta_0 + \dfrac{1}{(T_{x1}s+1)s}\dfrac{\boldsymbol{M}_{fx1}}{K_{x1}} \\ \alpha(s) = \dfrac{T_{y1}}{T_{y1}s+1}\alpha_0 - \dfrac{1}{(T_{y1}s+1)s}\dfrac{\boldsymbol{M}_{fy1}}{K_{y1}} \end{cases} \tag{3.60}$$

求拉氏反变换，得

$$\begin{cases} \beta(t) = \beta_0 e^{-\frac{t}{T_{x1}}} + \dfrac{\boldsymbol{M}_{fx1}}{K_{x1}}\left(1-e^{-\frac{t}{T_{x1}}}\right) \\ \alpha(t) = \alpha_0 e^{-\frac{t}{T_{y1}}} - \dfrac{\boldsymbol{M}_{fy1}}{K_{y1}}\left(1-e^{-\frac{t}{T_{y1}}}\right) \end{cases} \tag{3.61}$$

对式(3.61)加以整理得

$$\begin{cases} \beta(t) = \dfrac{\boldsymbol{M}_{fx1}}{K_{x1}} + \left(\beta_0 - \dfrac{\boldsymbol{M}_{fx1}}{K_{x1}}\right)e^{-\frac{t}{T_{x1}}} \\ \alpha(t) = -\dfrac{\boldsymbol{M}_{fy1}}{K_{y1}} + \left(\alpha_0 + \dfrac{\boldsymbol{M}_{fy1}}{K_{y1}}\right)e^{-\frac{t}{T_{y1}}} \end{cases} \tag{3.62}$$

当 t 趋向无穷时，陀尖最终稳定位置为

$$\begin{cases} \beta_{sf} = \lim\limits_{t\to\infty}\beta(t) = \dfrac{\boldsymbol{M}_{fx1}}{K_{x1}} \\ \alpha_{sf} = \lim\limits_{t\to\infty}\alpha(t) = -\dfrac{\boldsymbol{M}_{fy1}}{K_{y1}} \end{cases} \tag{3.63}$$

设 $K_{x1}=K_{y1}=K$，则将式(3.62)中的时间 t 消去得轨迹方程式为

$$\frac{\beta-\frac{\boldsymbol{M}_{\mathrm{f}x1}}{K}}{\alpha+\frac{\boldsymbol{M}_{\mathrm{f}y1}}{K}}=\frac{\beta_0-\frac{\boldsymbol{M}_{\mathrm{f}x1}}{K}}{\alpha_0+\frac{\boldsymbol{M}_{\mathrm{f}y1}}{K}}=m \tag{3.64}$$

陀尖轨迹图形如图 3.42 所示。

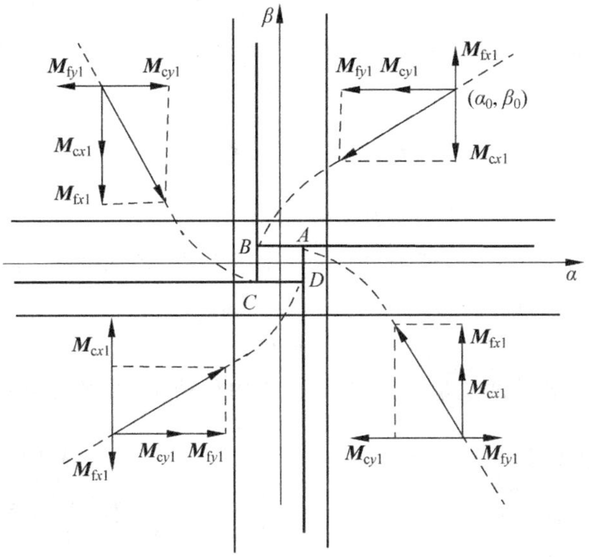

图 3.42　摩擦力矩引起的停滞误差

由图 3.42 可见，当 $K_{x1}=K_{y1}$ 时，陀尖轨迹为直线。由于摩擦力矩的影响，比例修正垂直陀螺仪自转轴偏离当地地垂线后，修正系统不能使自转轴完全恢复到当地地垂线位置，而有一定的剩余角度，这个剩余角度叫作停滞误差。图 3.42 中四边形 $ABCD$ 是停滞区。

摩擦力矩对陀尖运动轨迹影响与常数修正情况相同，使轨迹向修正方向右侧偏离。

③ 复合修正

由于摩擦力矩影响，复合修正垂直陀螺仪陀尖在常值区内的修正速度将发生变化，使陀尖轨迹与纵坐标轴夹角不是 45°；在比例区内，不仅修正速度发生变化，而且最终要形成停滞角，陀尖稳定在停滞区内。其陀尖轨迹图形如图 3.43 所示。当摩擦力矩小于复合修正垂直陀螺仪修正力矩的最大值时，停滞误差不会超过比例修正范围。

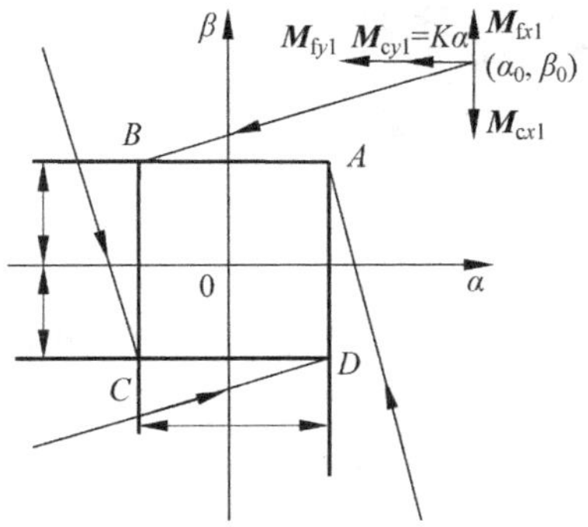

图 3.43　摩擦力矩引起下复合修正垂直陀螺仪尖顶轨迹

3. 考虑静不平衡力矩影响时

静不平衡力矩是指经过静平衡调整后，陀螺组合件所残存的静不平衡力矩 $\boldsymbol{M}_g$。它主要是由装配不正和高低温条件下陀螺组合件各部分膨胀系数不一致引起质心沿轴向偏移造成的，静不平衡力矩在短时间内可看成不变的。

由于飞机的加速度 $a=0$，且只考虑静不平衡力矩对垂直陀螺仪的影响，所以有 $\alpha'=\beta'=0$、$\omega_{x1}=\omega_{y1}=0$、$\boldsymbol{M}_{fx1}=\boldsymbol{M}_{fy1}=0$、$\theta_\alpha=p-p'=\alpha$、$\theta_\beta=q-q'=\beta$，代入式(3.23)后垂直陀螺仪的运动方程变为

$$\begin{cases}\boldsymbol{H}\dot{\boldsymbol{\beta}}=f(\beta)+\boldsymbol{M}_{gx1}\\-\boldsymbol{H}\dot{\boldsymbol{\alpha}}=f(\alpha)+\boldsymbol{M}_{gy1}\end{cases}\tag{3.65}$$

设陀螺内环组合件质心沿内环轴 y_1 的正向偏离(左偏)如图 3.44 所示，则在外环轴 x_1 负向有不平衡力矩 $\boldsymbol{M}_{gx1}$，其大小为

$$M_{gx1}=Ga_{y1}\tag{3.66}$$

其中，G 为陀螺内环组合件的质量；a_{y1} 为质心沿内环轴 y_1 偏离的距离。

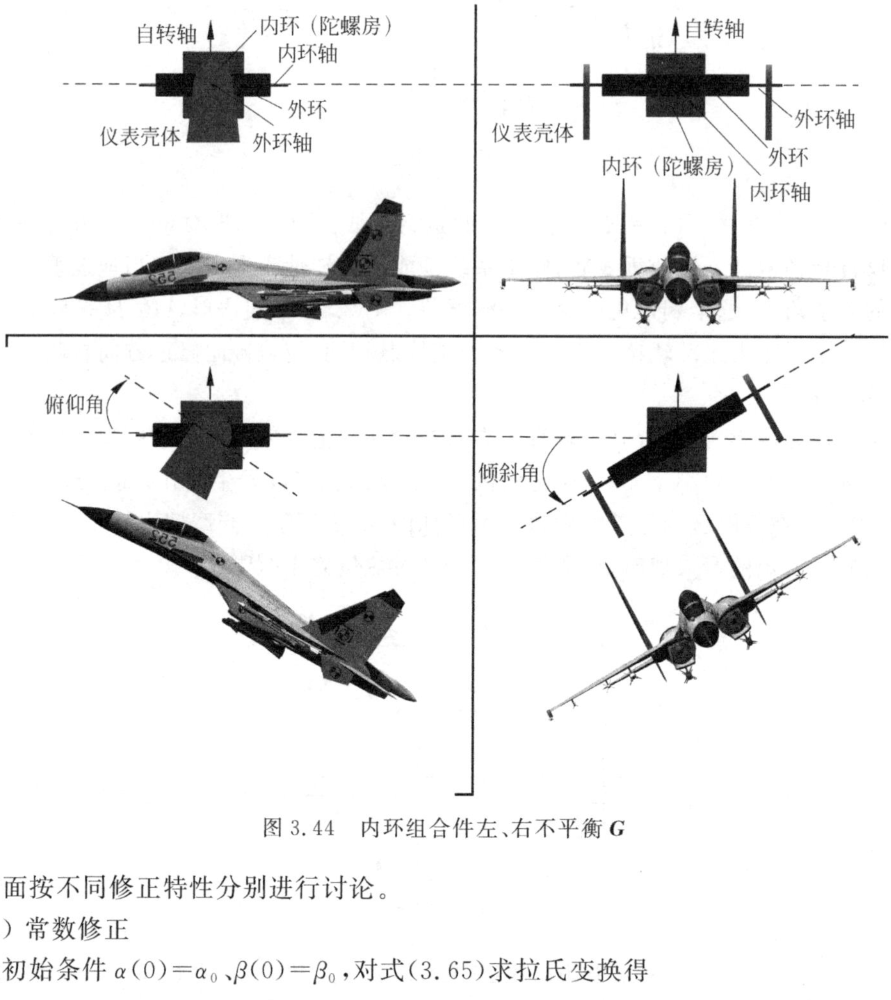

图 3.44　内环组合件左、右不平衡 $\boldsymbol{G}$

下面按不同修正特性分别进行讨论。

(1) 常数修正

设初始条件 $\alpha(0)=\alpha_0$、$\beta(0)=\beta_0$，对式(3.65)求拉氏变换得

$$\begin{cases}\beta(s)=\left(-\dfrac{\boldsymbol{M}_{cx1}\operatorname{sgn}\beta}{s}-\dfrac{\boldsymbol{M}_{gx1}}{s}\right)\dfrac{1}{\boldsymbol{H}s}+\dfrac{\beta_0}{s}\\ \alpha(s)=-\dfrac{\boldsymbol{M}_{cy1}\operatorname{sgn}\alpha}{s}\dfrac{1}{\boldsymbol{H}s}+\dfrac{\alpha_0}{s}\end{cases}\tag{3.67}$$

对式(3.67)求拉氏反变换得

$$\begin{cases}\beta(t)=\beta_0-\left(\dfrac{\boldsymbol{M}_{cx1}\operatorname{sgn}\beta}{\boldsymbol{H}}+\dfrac{\boldsymbol{M}_{gx1}}{\boldsymbol{H}}\right)t\\ \alpha(t)=\alpha_0-\dfrac{\boldsymbol{M}_{cy1}\operatorname{sgn}\alpha}{\boldsymbol{H}}t\end{cases}\tag{3.68}$$

设 α_0、β_0 均在第一象限，则式(3.68)可写成

$$\begin{cases}\beta(t)=\beta_0-\left(\dfrac{\boldsymbol{M}_{cx1}}{\boldsymbol{H}}+\dfrac{\boldsymbol{M}_{gx1}}{\boldsymbol{H}}\right)t\\ \alpha(t)=\alpha_0-\dfrac{\boldsymbol{M}_{cy1}}{\boldsymbol{H}}t\end{cases}\tag{3.69}$$

设 α_0、β_0 均在第四象限，则式(3.68)可写成

$$\begin{cases}\beta(t)=\beta_0-\left(-\dfrac{\boldsymbol{M}_{cx1}}{\boldsymbol{H}}+\dfrac{\boldsymbol{M}_{gx1}}{\boldsymbol{H}}\right)t\\ \alpha(t)=\alpha_0-\dfrac{\boldsymbol{M}_{cy1}}{\boldsymbol{H}}t\end{cases}\tag{3.70}$$

由式(3.69)和式(3.70)可以看出，陀螺内环组合件质心左右静不平衡会引起自转轴前后偏离当地地垂线时修正速度不等，以致前后恢复时间不等，而对左右恢复时间并无影响；同理，陀螺内环组合件前后静不平衡会引起左右恢复时间不等。

上述现象对于比例修正、复合修正的垂直陀螺仪来说均相同。

(2) 比例修正

设 $\boldsymbol{M}_{gx1}=-Ga_{y1}$、$\boldsymbol{M}_{gx1}=Ga_{x1}$、$\alpha(0)=\alpha_0$、$\beta(0)=\beta_0$，且均在第一象限，则垂直陀螺仪的运动方程式为

$$\begin{cases}\boldsymbol{H}\dot{\boldsymbol{\beta}}+K_{x1}\beta=-Ga_{y1}\\ -\boldsymbol{H}\dot{\boldsymbol{\alpha}}-K_{y1}\alpha=Ga_{x1}\end{cases}\tag{3.71}$$

对式(3.71)求拉氏变换，再经拉氏反变换得

$$\begin{cases}\beta(t)=\beta_0\mathrm{e}^{-\frac{t}{T_{x1}}}-\dfrac{Ga_{y1}}{K_{x1}}\left(1-\mathrm{e}^{-\frac{t}{T_{x1}}}\right)\\ \alpha(t)=\alpha_0\mathrm{e}^{-\frac{t}{T_{y1}}}-\dfrac{Ga_{x1}}{K_{y1}}\left(1-\mathrm{e}^{-\frac{t}{T_{y1}}}\right)\end{cases}\tag{3.72}$$

当 t 趋向无穷时，陀螺尖顶最终稳定位置为

$$\begin{cases}\beta_{sg}=\lim\limits_{t\to\infty}\beta(t)=\dfrac{Ga_{y1}}{K_{x1}}\\ \alpha_{sg}=\lim\limits_{t\to\infty}\alpha(t)=-\dfrac{Ga_{x1}}{K_{y1}}\end{cases}\tag{3.73}$$

(3) 复合修正

复合修正垂直陀螺仪其尖顶在常数区内,与常数修正情况相同;尖顶在比例区内,与比例修正情况相同。

综上分析,干扰力矩的存在使比例修正垂直陀螺仪以及复合修正垂直陀螺仪尖顶在比例区时会产生修正误差,这项误差形成的原因是干扰力矩作用引起陀螺漂移,只有在陀螺自转轴相对当地地垂线出现一个误差角的情况下,与该误差角成比例的修正力矩才正好克服干扰力矩,或者说这时修正角速度才正好抵消漂移速度,使自转轴始终跟踪当地地垂线。纵向干扰力矩造成纵向修正误差,横向干扰力矩造成横向修正误差。对常数修正垂直陀螺仪来说,不会造成修正误差。

总的来说,具有比例修正特性的垂直陀螺仪(或地平仪)在跟踪当地地垂线的过程中,自转轴必须有一个落后角,以产生足够的修正力矩去克服地球自转、飞机运动速度和干扰力矩的影响。这个落后角就是修正误差。按最不利的情况考虑,假定以上几项误差是叠加的,则无加速度条件下最大修正误差表达式为

$$\begin{cases}\beta_{\mathrm{smax}}=(\boldsymbol{H}\omega_{y1}+\boldsymbol{M}_{\mathrm{f}x1}+\boldsymbol{M}_{\mathrm{g}x1})\dfrac{1}{K_{x1}}\\ \alpha_{\mathrm{smax}}=(\boldsymbol{H}\omega_{x1}+\boldsymbol{M}_{\mathrm{f}y1}+\boldsymbol{M}_{\mathrm{g}y1})\dfrac{1}{K_{y1}}\end{cases}\tag{3.74}$$

要减小上述误差,先尽量减小环架轴上干扰力矩,其次使修正系数 K_{x1}、K_{y1} 足够大。

3.4.2 有加速度条件下垂直陀螺仪的误差

1. 垂直陀螺仪的加速度误差

(1) 加速度误差形成原因

飞机在空中经常作加速度飞行,如起飞、加力、减速、着陆等飞行状态。这时垂直陀螺仪或地平仪修正系统的敏感元件液体开关受到纵向加速度干扰,气泡停在比力的方向,即沿纵向偏离当地地垂线,而处在视在垂线 $z_{h'}$ 的位置,如图 3.45(b)所示。

设飞机以加速度作水平直线飞行,气泡沿纵向的偏差角 β' 为

$$\beta'=\arctan\frac{a}{g}\tag{3.75}$$

当飞机有纵向加速度时,液体开关中液体在惯性力作用下向后移动,气泡沿纵向向前偏离当地地垂线位置。液体开关给出错误的纵向修正信号,在错误信号控制下,纵向修正电机产生错误的修正力矩,导致自转轴向视在垂线 z'_{h} 进行错误修正而沿纵向偏离当地地垂线 z_{h},以致出现纵向偏离角,如图 3.45(c)所示,由此造成测量飞机俯仰角误差。这种由飞机纵向加速度引起的误差,叫作加速度误差,记为 β_{a}。

一般飞机纵向加速度可达 2~3 m/s^2,这时气泡纵向偏角可达 10°~15°。若单独使用液体开关,以此为基准测量飞机俯仰角,其误差也将达到 10°~15°,显然这是不允许的。若使用垂直陀螺仪,因陀螺仪的稳定作用(陀螺仪进动很慢),又加上飞机连续加速或减速的时间很短,气泡纵向偏差角反映在垂直陀螺仪自转轴纵向偏差角只有几度,因此使用垂直陀螺仪测量飞机俯仰角的精度比单独使用液体开关高得多。

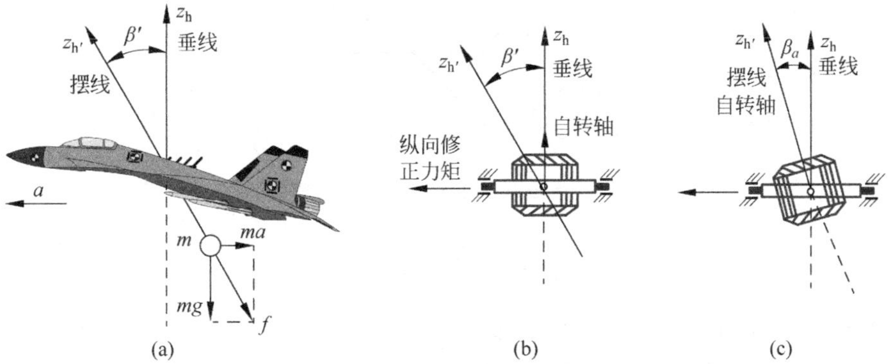

图 3.45　飞机加速度对垂直陀螺仪修正系统的干扰影响

(2) 加速度误差计算

一般飞机加速度可达 2～3 m/s^2，这时 β' 可达 $10°$～$15°$，对具有复合修正特性的垂直陀螺仪来说，其比例区 $\Delta\beta$ 与 β' 相比小得多，故可近似看作常数修正。

由于飞机纵向加速度仅对纵向液体开关形成干扰，它只引起自转轴沿纵向偏离，故只需讨论纵向修正系统即可。

设 $\boldsymbol{M}_{fx1}=\boldsymbol{M}_{gx1}=0$、$\omega_{y1}=0$、$\beta(0)=\beta_0=0$、$\theta_\beta=q-q'=(\beta+\omega_{y1}t)-(\beta'+\omega_{y1}t)=\beta-\beta'$，代入垂直陀螺仪的纵向运动方程式，得

$$\boldsymbol{H}\dot{\boldsymbol{\beta}}=f(\theta_\beta)=f(\beta-\beta') \tag{3.76}$$

因为是常数修正，所以有

$$\boldsymbol{H}\dot{\boldsymbol{\beta}}=-\boldsymbol{M}_{cx1}\operatorname{sgn}(\beta-\beta') \tag{3.77}$$

对式(3.77)求拉氏变换得

$$\beta(s)=-\frac{1}{\boldsymbol{H}s}\frac{\boldsymbol{M}_{cx1}\operatorname{sgn}(\beta-\beta')}{s} \tag{3.78}$$

再求拉氏反变换得

$$\beta(t)=\frac{\boldsymbol{M}_{cx1}}{\boldsymbol{H}}t\cdot\operatorname{sgn}(\beta'-\beta) \tag{3.79}$$

当飞机作匀加速飞行时，a 为正，如图 3.46 所示，视在垂线向机头方向偏离，β' 沿 Ox_1 轴正向，本身为正，$\operatorname{sgn}(\beta'-\beta)=1$，则产生沿 Ox_1 轴正向的修正力矩，自转轴向视在垂线靠拢，产生正的加速度误差 β_a 为

$$\beta_a=\frac{\boldsymbol{M}_{cx1}}{\boldsymbol{H}}t=\omega_{cy1}t \tag{3.80}$$

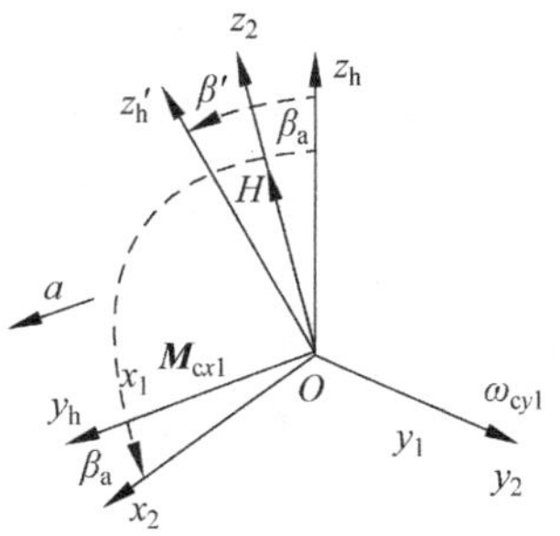

图 3.46　加速度误差的形成

加速度误差 β_a 与时间的关系曲线如图 3.47 所示。由图 3.47 可见，若飞机作匀加速飞行，β' 为常数，加速度误差的最大值 $\beta_{amax}\leqslant\beta'$。

由于飞机加速飞行时间较短，自转轴不会错误修正到与视在垂线 $z_{h'}$ 重合。在未到达最大值之前，加速度误差与加速度大小无关，而与垂直陀螺仪的常数修正角速度 ω_{cy1} 以及飞机的加速时间 t 有关。

同理，当飞机作匀减速飞行时，垂直陀螺仪加速度为负，产生负的加速度误差为

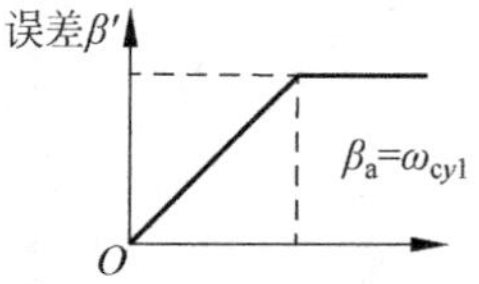

图 3.47　常数修正垂直陀螺仪的加速度误差

$$\beta_a=-\frac{\boldsymbol{M}_{cx1}}{\boldsymbol{H}}t=-\omega_{cy1}t \tag{3.81}$$

例 3.1　设垂直陀螺仪的陀螺角动量 $\boldsymbol{H}=4000\ \text{g}\cdot\text{cm}\cdot\text{s}$，纵向常数修正力矩 $\boldsymbol{M}_{cx1}=3.5\ \text{g}\cdot\text{cm}$，飞机加速度 $a=3.7\ \text{m/s}^2$，加速度时间为 1 min。试计算加速度误差。

解：视在垂线偏角(单位：(°))$\beta'=a\tan(3.7/9.8)=20.7$

自转轴错误修正到视在垂线所需时间(单位：s)：

$$t'=\frac{4000}{3.5}\beta'=412$$

因加速时间 $t<t'$，故加速度误差(单位：(°))按式(3.80)计算：

$$\beta_a=\omega_{cy1}t=\frac{3.5}{4000}\times 60=3$$

由上述分析可以看出，当飞机有加速度时，视在垂线偏离当地地垂线，由于陀螺的稳定作用，陀螺自转轴的误差大大小于液体开关误差，但也可达到 2°以上，会影响飞机俯仰角测量精度，特别是近代飞机战术技术性能不断提高，连续加速时间也随之增长，加速度误差就成为垂直陀螺仪不可忽视的一项使用误差，因此必须设法加以消除。

(3) 加速度误差消除方法

从上述分析可知，适当减小纵向修正速度 ω_{cy1}，即适当增大陀螺角动量 $\boldsymbol{H}$ 和减小纵向修正力矩 $\boldsymbol{M}_{cx1}$，可减小加速度误差。但减小加速度误差较理想的方法是在飞机出现加速度时切断纵向修正电路，这样可以避免自转轴沿纵向的错误修正，从而提高垂直陀螺仪或地平仪的测量精度。具体办法是利用加速度传感器测量飞机纵向加速度，自动断开垂直陀螺仪或地平仪纵向修正电路。目前，通常采用两极式液体开关或水银开关作为加速度传感器，如图 3.48 所示，这种液体开关的两个接触点沿飞机纵向安装。垂直陀螺仪或地平仪纵向修正电路经过液体开关的两个接触点和导电液构成通路。当飞机沿纵向产生的加速度达到一定值时，惯性力使测量纵向加速度的两极式液体开关(纵向断修电门)的导电液前后移动，气泡即可将纵向修正电路断开。对于机动性大的歼击机使用的垂直陀螺仪或地平仪，一般选定加速度量值达到 1.67 m/s^2(相当于视在垂线偏离当地地垂线 9.5°)时，切断纵向修正电路。在没有纵向加速度的情况下，陀螺自转轴偏离当地地垂线的角度小于 9.5°时，纵向断修电门不会将纵向修正电路断开，纵向修正系统仍起修正作用，从而使陀螺自转轴恢复到当地地垂线位置。

2. 垂直陀螺仪的盘旋误差

(1) 盘旋误差形成原因

飞机在空中经常作转弯或盘旋飞行，这种飞行状态下就有沿横向的向心加速度存在。设飞机以速度 v、角速度 ω_t 作水平盘旋飞行，则向心加速度为 $\omega_t v$。这时垂直陀螺仪或地平

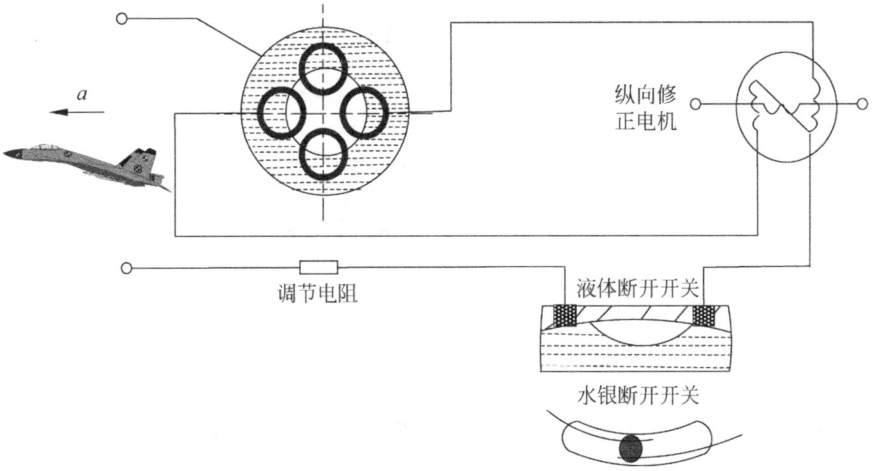

图 3.48 用纵向修正断开开关断开纵向修正电路

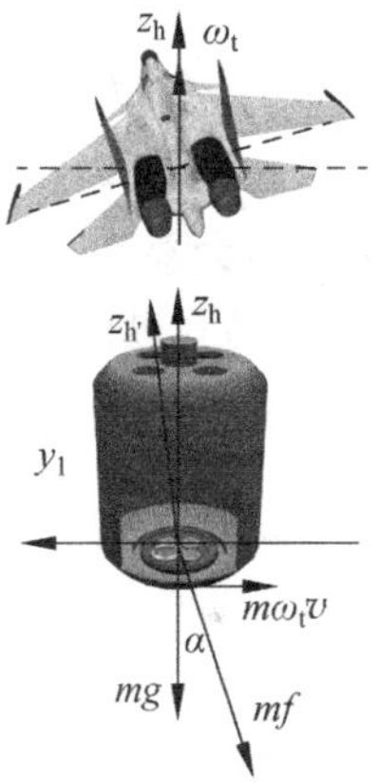

图 3.49 飞机盘旋的影响

仪修正系统的敏感元件液体开关受到横向加速度的干扰，除了受重力 mg 作用外，还受到惯性离心力 $m\omega_t v$ 作用，使液体开关中气泡向飞机盘旋的内侧移动，停在比力的方向，即处在视在垂线 $z_{h'}$ 位置，如图 3.49 所示。气泡沿横向的偏差角 α' 为

$$\alpha' = \arctan \frac{\omega_t v}{g} \tag{3.82}$$

飞机盘旋时，液体开关受横向向心加速度的干扰，垂直陀螺仪或地平仪的横向修正系统也会不加辨别地使自转轴沿横向错误修正而偏离当地地垂线，逐渐向视在垂线进动，最后使垂直陀螺仪或地平仪产生误差。这种由飞机盘旋时向心加速度引起的误差，叫作向心加速度误差，也叫作盘旋误差，用 α_t、β_t 表示。

形成盘旋误差的过程与形成加速度误差的过程是否完全相同呢？盘旋误差的形成有其特殊性。飞机盘旋时的向心加速度总是沿着飞机横向，并不对纵向修正系统的敏感元件形成干扰，初看起来自转轴是不会沿纵向偏离当地地垂线的，然而盘旋视在运动给盘旋误差的形成增添了新的因素。所谓盘旋视在运动，就是当飞机盘旋时，如左盘旋，相当于基座有一牵连角速度 ω_t，因而带动陀螺仪的外环轴 Ox_1、内环轴 Oy_1 一起绕地垂线 Oz_h 轴转动，又因陀螺的尖顶轨迹平面 $O\alpha\beta$ 中，$O\alpha$、$O\beta$ 轴总是分别与飞机横轴和纵轴相对应的环架轴相平行、相固联，所以 $O\alpha\beta$ 平面也随飞机一起转动，经 Δt 时间，转过 $\theta=\omega_t\Delta t$，使 $O\alpha$、$O\beta$ 轴分别转到 $O\alpha'$、$O\beta'$ 位置，如图 3.50 所示。但陀螺自转轴却力图保持原来的空间方位稳定，因而在尖顶轨迹平面和陀螺尖顶之间就产生了相对运动。驾驶员是和飞机一起转动的，因此在他看来，尖顶轨迹平面是不动的，而陀螺尖顶却以 $-\omega_t$ 作相反的转动，这就是盘旋视在运动，角速度为 $-\omega_t$（牵连角速度）。这样，当自转轴沿横向错误修正出现横向偏离时，偏差角达到某一数值又会产生沿纵向偏离。陀螺尖顶在修正速度与牵连速度（角速度）的共同作用下，在轨迹平面上不断改变位置，自转轴则同时存在纵向、横向的偏离。下面具体分析飞机在转弯或盘旋时，常数修正垂直陀螺仪或地平仪

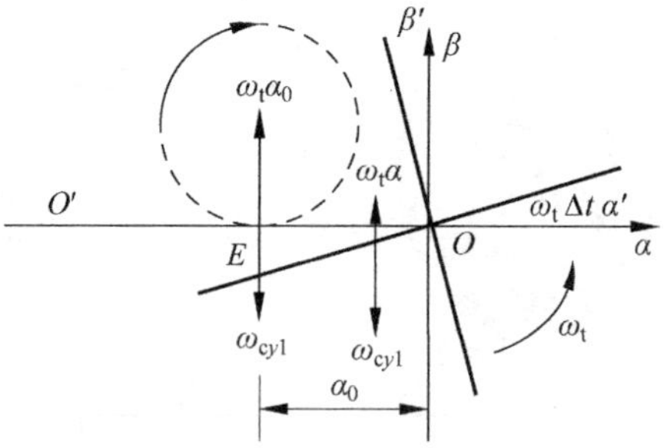

图 3.50 盘旋视在运动

的陀螺尖顶轨迹和误差。

(2) 陀螺尖顶轨迹和盘旋误差计算

假定飞机以等角速度左盘旋，参阅图 3.50，盘旋开始时自转轴处于地垂线位置，即陀螺尖顶处于相平面原点 O。飞机开始盘旋后，视在垂线偏离当地地垂线一个角度 α'，横向修正电机产生错误修正力矩，使陀螺尖顶向视在垂线顶端 O'进动，从而出现横向偏角 $-\alpha$。由于盘旋视在运动作用，陀螺尖顶又产生一个向前的偏离速度，即盘旋视在运动的线速度，其大小为 $\omega_t\alpha$(α 为弧度)。陀螺尖顶在运动到 α 轴上 E 点之前，盘旋视在运动线速度 $\omega_t\alpha$ 不足以克服纵向修正速度 ω_{cy1}(对应自转轴单位长度尖顶的线速度值)，即 $\omega_t\alpha<\omega_{cy1}$，所以陀螺尖顶不会离开 α 轴。尖顶继续向 O'运动，当陀螺尖顶运动到 E 点时，盘旋视在运动的线速度 $\omega_t\alpha_0$ 与纵向修正速度 ω_{cy1} 相等。此后，再向 O'进动，则 $|-\alpha|>|-\alpha_0|$，盘旋视在运动的线速度 $\omega_t\alpha>\omega_{cy1}$，尖顶将离开 α 轴向前运动。对应 E 点，自转轴尖顶的初始位置是

$$\begin{cases}\beta(0)=\beta_0=0\\ \alpha(0)=-\alpha_0=-\dfrac{\omega_{cy1}}{\omega_t}\end{cases}\tag{3.83}$$

由于飞机盘旋角速度 ω_t 比地球自转角速度和飞行等效角速度大很多倍，因此在讨论盘旋误差时可忽略这些次要因素的影响。

假设 $\omega_{x1}=\omega_{y1}=0$、$\boldsymbol{M}_{fx1}=\boldsymbol{M}_{fy1}=0$、$\boldsymbol{M}_{gx1}=\boldsymbol{M}_{gy1}=0$、$q'=\beta'+\omega_{y1}t=0$、$q=\beta$、$p'=\alpha'+\omega_{x1}t=\alpha'$、$p=\alpha$，飞机左盘旋时，自转轴相对视在垂线偏差角为 $\theta_\beta=q-q'=\beta$、$\theta_\alpha=p-p'=\alpha-\alpha'$。

如图 3.51 所示，盘旋角速度在环架轴 Ox_1、Oy_1 上的投影为

$$\begin{cases}\omega_{tx1}=-\omega_t\cos\alpha\tan\beta\\ \omega_{ty1}=\omega_t\sin\alpha\end{cases}\tag{3.84}$$

将上述条件代入垂直陀螺仪运动方程式得

$$\begin{cases}\boldsymbol{H}(\dot{\boldsymbol{\beta}}+\omega_t\sin\alpha)=-\boldsymbol{M}_{cx1}\operatorname{sgn}\beta\\ -\boldsymbol{H}(\dot{\boldsymbol{\alpha}}-\omega_t\cos\alpha\tan\beta)=\boldsymbol{M}_{cy1}\operatorname{sgn}(\alpha-\alpha')\end{cases}\tag{3.85}$$

左盘旋时，如图 3.51 所示，α'沿 Oy_1 轴正向，本身为负，所以$(\alpha-\alpha')>0$，β 值总是为正，因此 $\operatorname{sgn}\beta=+1$、$\operatorname{sgn}(\alpha-\alpha')=+1$；又由于实际的 α、β 较小，所以 $\cos\alpha\approx1$、$\sin\alpha\approx\alpha$、$\tan\beta\approx\beta$。于是式(3.85)可写成如下形式：

$$\begin{cases} \boldsymbol{H}(\dot{\boldsymbol{\beta}}+\omega_{t}\alpha)=-\boldsymbol{M}_{cx1} \\ -\boldsymbol{H}(\dot{\boldsymbol{\alpha}}-\omega_{t}\beta)=\boldsymbol{M}_{cy1} \end{cases} \tag{3.86}$$

$$\begin{cases} \dot{\boldsymbol{\beta}}+\omega_{t}\alpha=-\dfrac{\boldsymbol{M}_{cx1}}{\boldsymbol{H}}=-\omega_{cy1} \\ \dot{\boldsymbol{\alpha}}-\omega_{t}\beta=-\dfrac{\boldsymbol{M}_{cy1}}{\boldsymbol{H}}=-\omega_{cx1} \end{cases} \tag{3.87}$$

陀螺自转轴的初始位置为 $\beta(0)=0$,则式(3.87)的拉氏变换式为

$$\begin{cases} \beta(s)=\dfrac{1}{s}\left[-\omega_{t}\alpha(s)-\dfrac{\omega_{cy1}}{s}\right] \\ \alpha(s)=\dfrac{1}{s}\left[\omega_{t}\beta(s)-\dfrac{\omega_{cy1}}{\omega_{t}}-\dfrac{\omega_{cx1}}{s}\right] \end{cases} \tag{3.88}$$

根据式(3.88),可以画出飞机盘旋飞行时常数修正垂直陀螺仪的结构,如图 3.52 所示。

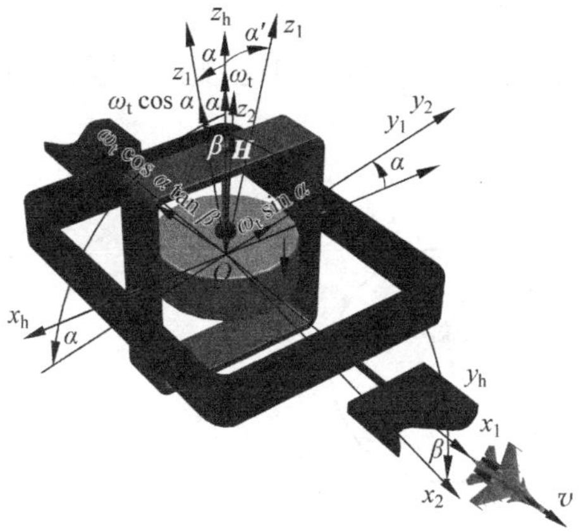

图 3.51 盘旋误差的形成

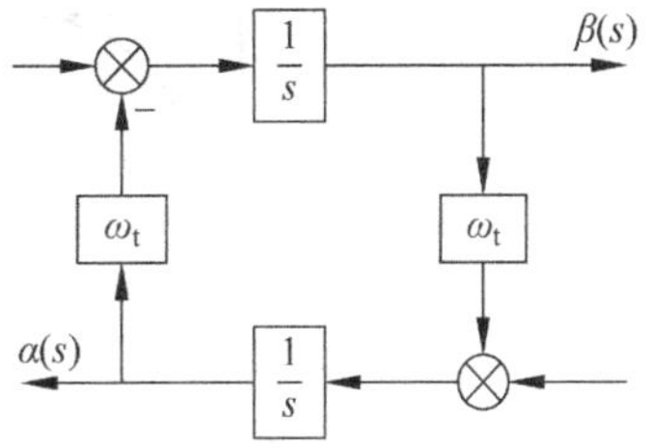

图 3.52 盘旋时常数修正垂直陀螺仪结构

从结构图 3.52 可以看出,系统的开环传递函数为 $W(s)=-\dfrac{\omega_{t}}{s^{2}}$,特征方程为 $s^{2}+\omega_{t}^{2}=0$。这是一个无阻尼二阶振荡环节,表明自转轴的基本运动形式是相对基座作锥形旋转。

根据线性系统的线性叠加原理,由图 3.52 可求出

$$\begin{cases} \alpha(s)=-\dfrac{\omega_{cx1}}{s^{2}+\omega_{t}^{2}}-\dfrac{\omega_{cy1}}{\omega_{t}s} \\ \beta(s)=\dfrac{\omega_{t}\omega_{cx1}}{(s^{2}+\omega_{t}^{2})s} \end{cases} \tag{3.89}$$

式(3.89)的拉氏反变换为

$$\begin{cases} \alpha(t)=-\dfrac{\omega_{cx1}}{\omega_{t}}\sin\omega_{t}t-\dfrac{\omega_{cy1}}{\omega_{t}} \\ \beta(t)=-\dfrac{\omega_{cx1}}{\omega_{t}}\cos\omega_{t}t-\dfrac{\omega_{cx1}}{\omega_{t}} \end{cases} \tag{3.90}$$

令 $b_1=\dfrac{\omega_{cy1}}{\omega_t}$、$b_2=\dfrac{\omega_{cx1}}{\omega_t}$，并移项得

$$\begin{cases}\alpha(t)+b_1=-b_2\sin\omega_t t\\ \beta(t)-b_2=-b_2\cos\omega_t t\end{cases}\tag{3.91}$$

两边平方，消去时间 t 得陀螺尖顶轨迹方程：

$$(\alpha+b_1)^2+(\beta-b_2)^2=b_2^2\tag{3.92}$$

显然，尖顶轨迹是一个圆心为$(-b_1,b_2)$，半径为 b_2 的圆，如图 3.53 所示。由此可求得横向和纵向的最大盘旋误差：

$$\begin{cases}\alpha_{\text{tmax}}=-(b_1+b_2)=-\dfrac{\omega_{cx1}+\omega_{cy1}}{\omega_t}\\ \beta_{\text{tmax}}=2b_2=2\dfrac{\omega_{cx1}}{\omega_t}\end{cases}\tag{3.93}$$

由式(3.93)可见，当飞机盘旋时，它将造成垂直陀螺仪的倾斜及俯仰指示误差，且 ω_t 越小，修正速度 ω_{cx1} 及 ω_{cy1} 就越大，造成误差也越大。

同样可证明，飞机右盘旋时同左盘旋一样，轨迹仍是一个圆，只是圆心坐标变为(b_1,b_2)，如图 3.53 所示。

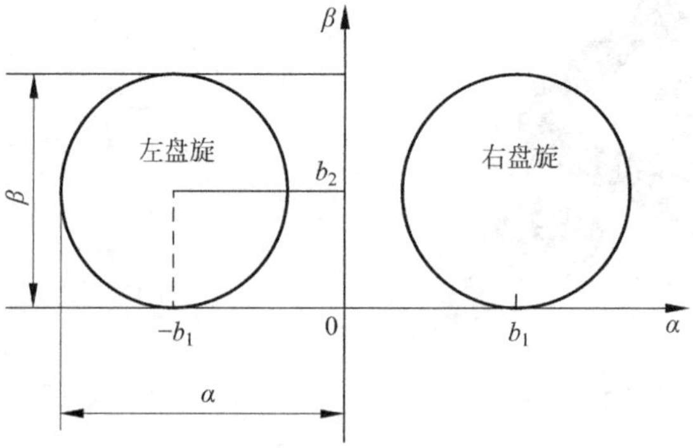

图 3.53　飞机盘旋时，常数修正垂直

以上两种情况说明，要减小横向盘旋误差 α_{tmax}，应使 $b_1<b_2$，即 $\omega_{cy1}<\omega_{cx1}$，此时轨迹图与 β 轴相割；若 $b_1=b_2$，即 $\omega_{cx1}=\omega_{cy1}$，则轨迹圆与 β 轴相切；若 $b_1>b_2$，轨迹圆与 β 轴分离，误差较大。

(3) 消除和减小盘旋误差的方法

由式(3.93)可知，如取 $\boldsymbol{M}_{cx1}=\boldsymbol{M}_{cy1}=7\ \text{g}\cdot\text{cm}$，陀螺角动量 $\boldsymbol{H}=4000\ \text{g}\cdot\text{cm}\cdot\text{s}$，求得最大盘旋误差分别为

$$|\alpha_{\text{t1max}}|=|\beta_{\text{t1max}}|=2\frac{\omega_c}{\omega_{t1}}=2\times\frac{7/4000}{\pi/150}\ \text{rad}=0.167\ \text{rad}=9.6^\circ$$

$$|\alpha_{\text{t2max}}|=|\beta_{\text{t2max}}|=2\frac{\omega_c}{\omega_{t2}}=1.92^\circ$$

前者盘旋周期为 5 min，后者为 1 min，可见盘旋角速度越小，盘旋误差越大。如此大的误差是不允许的。为减小盘旋误差，应使飞机进入盘旋时，自动切断横向修正，以避免自转

轴向视在垂线的错误进动。

理想的办法是在进入盘旋前，应用锁定装置使自转轴与当地地垂线重合，这样，在盘旋过程中既无横向错误修正造成自转轴偏离，也不存在盘旋视在运动，垂直陀螺仪或地平仪不会产生误差。但目前普遍采用的办法是利用角速度信号器(也叫作陀螺继电器)在转弯角速度大于某一数值(0.1～0.3(°)/s)后，断开横向修正电路；也有利用盘旋断修电门，在飞机倾斜角大于某一数值后，断开横向修正电路，使之不产生修正作用，这对减小短时间内的盘旋误差是很有效的。

应当指出，在切断纵向或横向修正之后，纵向或横向的干扰力矩将要引起陀螺自转轴沿纵向或横向偏离当地地垂线，所以减小干扰力矩即减小漂移对于提高垂直陀螺仪或地平仪的工作精度仍然是十分重要的，一般要求陀螺漂移应在 1(°)/mm 以内。

3.5 地平仪

地平仪是一种用来测量并指示飞机姿态角的仪表。当飞机在能见度良好的陆地上空飞行时，飞行员可以根据天地线和地面目标判断飞机的飞行姿态。但当飞机在复杂气象条件下，或在夜间和海洋上空飞行时，就必须依靠仪表指示飞行姿态。如飞机在海洋上空飞行时，海水和天空同样是蓝色的，难以分辨；飞机在夜间飞行时，飞行员往往把地面灯火误认为天空的繁星，上下难分。飞行员产生错觉是异常危险的。所以地平仪是飞机上最重要的驾驶仪表之一，有"仪表之王"的美称。由于它很重要，现代飞机一般都有多套备份，防止发生一个地平仪故障而影响飞行安全的事故。

地平仪与垂直陀螺仪没有本质区别，只是多了一个(或几个)用来指示飞机姿态角的指示部分。

地平仪分直读地平仪和远读地平仪。由垂直陀螺仪直接带动指示部分的地平仪称为直读地平仪，多安装于机动性较小的轰炸机和运输机上，其结构比较简单。现代飞机战术、技术性能不断提高，对测量姿态角的仪表提出了更高要求，应保证飞机在任何机动飞行后仍能准确、灵敏地指示飞机姿态角。远读地平仪是由垂直陀螺仪通过远距离传输系统间接带动指示部分的地平仪，它比直读地平仪指示真实感强、灵敏度高、起动时间短、测量误差小。

3.5.1 地平仪的组成结构

地平仪由垂直陀螺仪(传感器)和地平指示器两大部分组成(允许一个垂直陀螺仪配备几个指示器)，如图 3.54 所示。它的基本工作过程是：垂直陀螺仪利用信号传感器(感应式同步发送器)感测飞机的俯仰角和倾斜角并转换成相应电信号，远距离传输到指示器内的同步接收器，再经放大器放大后控制伺服电机，经减速器带动刻度盘和小飞机指针，指示出飞机的俯仰角和倾斜角。

垂直陀螺仪功用如前所述，用来测量飞机俯仰角和倾斜角，并转换成相应电信号供给地平仪指示器及其他需要姿态角信号的机载设备。

地平指示器的功用是接收垂直陀螺仪送来的俯仰角和倾斜角信号，真实模拟飞机动作，

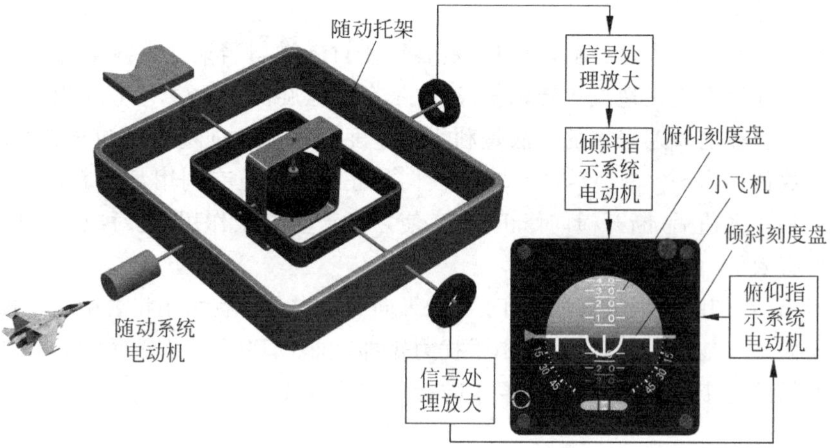

图 3.54　地平仪基本组成

重现飞机姿态，并保证飞机完成任何机动飞行后都能正确指示。

倾斜指示系统的伺服电机经减速器带动“小飞机”可以左、右转动 360°。表盘下部装有倾斜刻度盘，刻度从水平位置起左、右向下各刻 90°，如图 3.55 所示。“小飞机”翼尖在倾斜刻度上对准的刻度即为飞机的真实倾斜角。

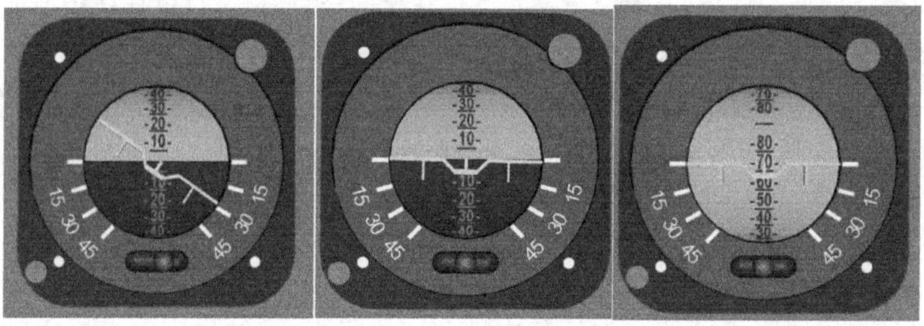

图 3.55　指示器图

按其工作关系，地平仪可以分为五个部分，即双自由度陀螺仪、修正系统、托架伺服系统、指示系统和起动系统。

地平仪有两个独立的指示系统，分别是俯仰指示系统和倾斜指示系统。每个指示系统都由感应式同步器(包括发送器和接收器)、放大器(和托架伺服系统的放大器相同)、带测速发电机的伺服电机、减速器和指示机构等组成。感应式同步器的发送器装在传感器内，接收器装在指示器内，如图 3.54 所示。

俯仰指示系统的伺服电机经减速器带动圆柱形俯仰刻度盘上、下转动，参见图 3.54 和图 3.55。“小飞机”中心在俯仰刻度盘上对准的刻度即为飞机的真实俯仰角。刻度盘的刻度间隔为 5°一个刻线，10°一个标字。但飞机俯仰角为 1°时，刻度盘转动 1.7°，而刻度盘上刻度仍为 1°，这样就比直读地平仪指示的俯仰角放大了 1.7 倍，从而提高了仪表的灵敏性。刻度盘的刻度按俯、仰各刻 80°，上部涂天蓝色，下部涂褐色。飞机上仰时，刻度盘向下转动，“小飞机”停在天蓝色部分刻度上，表示飞向蓝天；飞机下俯时，刻度盘向上转动，“小飞机”停在褐色部分刻度上，表示飞向地面。因此，远读地平仪克服了直读地平仪天地倒置的现象，指示的真实感强。

倾斜指示系统的伺服电机经减速器带动“小飞机”可以左、右转动 360°。表盘下部装有倾斜刻度盘，刻度从水平位置起左、右向下各刻 90°，见图 3.55。“小飞机”翼尖在倾斜刻度上对准的刻度即为飞机的真实倾斜角。

特技飞行时，当飞机俯仰角大于 90°时，“小飞机”能迅速翻转 180°，使“机轮”向上，表示倒飞，同时俯仰刻度从原来位置反转，表示俯仰角越来越小。

指示器右上方装有信号灯和按钮，左下方装有调整旋钮，正下方装有侧滑仪，如图 3.55 所示。

3.5.2 地平仪的工作原理

下面详细介绍两个指示系统的工作原理，及俯仰指示系统的动、静态特性，倾斜指示系统的动、静态特性和俯仰指示系统基本相同。

1. 倾斜指示系统工作原理

地平仪对倾斜指示系统的要求一是能正确指示飞机的真实倾斜角，二是当飞机俯仰角大于 90°时，“小飞机”要迅速翻转 180°，以表示飞机处于倒飞状态。

倾斜指示系统的原理结构如图 3.54 所示。感应式同步发送器装在垂直陀螺内，其转子装在随动托架轴上，不随飞机倾斜，定子装在壳体的支架上，随飞机倾斜。飞机作倾斜飞行时，发送器定子随壳体绕托架轴转动，其转子不动，两者相对转角反映了飞机的真实倾斜角。

同步接收器装在地平仪指示器内。发送器、接收器三相定子线圈对应连接，发送器转子接交流激磁电压，接收器转子接放大器输入端，接收器转子输出的失调信号经放大器放大后使伺服电机转动。伺服电机经减速器带动“小飞机”左、右转动，同时带动接收器转子向减小失调信号方向转动。当接收器转子相对定子转过的角度等于倾斜角时，失调信号消失，电动机停止转动，“小飞机”在倾斜刻度盘上指示出飞机的倾斜角。

2. 俯仰指示系统工作原理

俯仰指示系统原理结构如图 3.56 所示。同步发送器转子装在陀螺外环轴上，定子装在随动托架上。飞机俯仰时，发送器转子被陀螺稳定不动，定子随托架一起俯仰，从而输出真实俯仰角的电信号。俯仰指示系统指示真实俯仰角的工作原理与倾斜指示系统相同，不再复述。

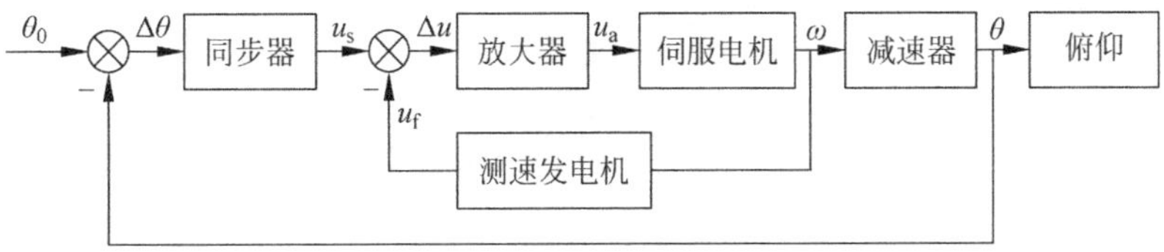

图 3.56　俯仰指示系统方块图

调整旋钮在通电的情况下可调整俯仰刻度盘在上、下 12°范围内移动，以便在飞机平飞时，根据飞机的迎角大小，使“小飞机”与人工地平线重合。在指示器面板左侧还有一个三角指标与其联动，正常情况下，它和倾斜刻度盘的 0°刻度对齐。

若飞机由真实俯仰角90°继续俯仰,则真实俯仰角越来越小(因真实俯仰角是飞机纵轴与地平面间夹角),而且对地平面而言,已经是在倒飞了。为形象地反映飞机这一姿态,必须实现以下要求:一是当飞机俯仰角等于90°±5°时,迅速使"小飞机"翻转180°;二是当飞机俯仰角从90°继续俯仰时,俯仰刻度盘能从90°位置开始反转。

3. 远读地平仪的指示情形

以斤斗和半斤斗翻转为例,说明远读地平仪的指示情形,参见图3.57。

平飞时,"小飞机"与俯仰刻度的地平线一致,"小飞机"机轮朝下,说明飞机平飞。

飞机上仰,在上仰角小于90°±5°时,俯仰刻度盘向下转动,"小飞机"中心在俯仰刻度盘的天蓝色区域内指示出的数字,表示飞机的仰角。此时,"小飞机"机轮仍朝下。

上仰角超过90°±5°时,"小飞机"迅速转动180°,机轮朝上,反映飞机倒飞,俯仰刻度盘向上转动,反映飞机仰角逐渐减小。"小飞机"仍在天蓝色区域内。

飞机到达斤斗轨迹的顶点时,"小飞机"又与俯仰刻度盘的地平线一致,但机轮朝上,反映飞机倒飞。自斤斗轨迹顶点向下运动时,俯仰刻度盘向上转动,反映俯角逐渐增大。"小飞机"进入褐色区域,表示飞机下俯。下俯角超过90°±5°时,"小飞机"又迅速转动180°,机轮朝下,表示飞机正飞,同时俯仰刻度盘也再次反转(向下转动),俯角逐渐减小,"小飞机"仍处于褐色区域,表示飞机下俯。

斤斗动作完成后,"小飞机"又与俯仰刻度盘的地平线一致,机轮向下,表示飞机恢复平飞。

在半斤斗翻转过程中,指示与斤斗翻转的前一半过程相同。飞机翻转时,"小飞机"绕表盘中心转动,转动方向与飞机转动方向相同,参见图3.57。

图3.57 飞行中远读地平仪指示情形

3.6 小结

飞机的姿态角表示飞机相对地平面的空间位置角,俯仰角是指飞机纵轴与水平面之间的夹角,它是绕飞机横向水平轴转动出来的角度;而倾斜角则为飞机纵向对称平面与纵向铅垂面之间的夹角，它是绕飞机纵轴转动出来的角度；俯仰角和倾斜角确定后，飞机相对地平面的姿态也就确定了。要想测出飞机的俯仰角和倾斜角，实际上就是如何在飞机上实现机体坐标系与当地地平坐标系相互比较的问题，也就是如何实现飞机立轴与当地地垂线相互比较的问题。

利用陀螺仪抵抗干扰的方向稳定性，以陀螺仪作为仪表的工作基础，并利用摆敏感地垂线的方向选择性对陀螺仪进行修正，使它获得敏感地垂线的方向选择性。垂直陀螺仪和地平仪就是通过这种途径在飞机上建立一个精确而稳定的地垂线基准，从而测得飞机的俯仰角和倾斜角。

垂直陀螺仪和地平仪都是利用双自由度陀螺仪与摆的结合这种途径做成的陀螺仪表，它们能够在飞机上建立一个精确而稳定的当地地垂线或水平面基准，用来测量飞机的俯仰角和倾斜角。垂直陀螺仪和地平仪两者并无本质上的区别，它们在基本结构、工作原理和使用误差等方面都是相同的，所不同的只是在地平仪中装有指示机构，可直接指示出飞机的姿态角，而在垂直陀螺仪中装有信号传感器，可用来传输姿态信号。

垂直陀螺仪的功用是测量飞机的姿态角，并转换成相应的电信号，其基本原理就是摆对陀螺仪的修正原理，由双自由度陀螺仪、修正系统、信号传感器和控制机构、托架伺服系统等部分组成。

因为垂直陀螺仪或地平仪是陀螺仪与摆的结合，所以推导出它的运动方程式必须先推导出陀螺仪和摆的运动方程，然后将二者联立起来，就可以得到垂直陀螺仪或地平仪的运动方程。

垂直陀螺仪或地平仪是利用陀螺自转轴作为测量飞机姿态角的基准。垂直陀螺仪的使用条件及干扰因素的影响，会使自转轴重现当地地垂线时出现误差，这将直接造成测量飞机姿态角的误差。

地平仪是一种用来测量并指示飞机姿态角的仪表，地平仪是飞机上重要的驾驶仪表之一，有“仪表之王”的美称。由于它很重要，现代飞机一般都有多套备份，防止发生一个地平仪故障而影响飞行安全的事故。

地平仪分直读地平仪和远读地平仪。由垂直陀螺仪直接带动指示部分的地平仪称为直读地平仪，远读地平仪是由垂直陀螺仪通过远距离传输系统间接带动指示部分的地平仪，它与直读地平仪相比具有指示真实感强、灵敏度高、起动时间短、测量误差小的优点。

习题

3.1　飞机姿态角的定义是什么？

3.2　如何在飞机上建立一个精确而稳定的地垂线基准？

3.3　简述垂直陀螺仪的组成和工作原理。

3.4　如何建立垂直陀螺仪运动方程式？

3.5　地球自转飞行速度以及加速度对垂直陀螺仪存在哪些影响？

3.6　加速度误差、盘旋误差的产生原因和解决办法有哪些？

第 4 章

飞机航向角及其测量

4.1 航向角及测量原理

飞机的航向就是飞机的飞行方向，航向用航向角来表示，它是飞机飞行中需要的一个重要参数。飞机必须按照一定航向角飞行，才能沿着正确的航线飞达预定目标，准确飞到指定空域。可见，准确测量飞机的航向角是十分重要的。

4.1.1 飞机航向角的定义及种类

要确定一个运动物体在空间中的方位，必须在运动物体内建立一个基准方向，作为测量方位的基准线。飞机的航向角是飞机纵轴在水平面上的投影与航向基准线之间的夹角。由于选取的基准线不同，因而可分为真航向角、磁航向角、罗航向角及大圆圈航向角。航向角都是以基准线北端为起点沿顺时针方向计算的。

1. 真航向角ψ

真航向角是飞机纵轴在水平面上的投影 Oy_h 与当地地理子午线（真子午线）Oy_g 之间的夹角，用字母 ψ 表示，如图 4.1 所示。真航向角的 0°、90°、180°和 270°就是正北、正东、正南和正西方向，可分别用字母 N、E、S 和 W 表示。

2. 磁航向角ψ_m

磁航向角是飞机纵轴在水平面上的投影 Oy_h 与磁子午线 $\boldsymbol{H}$ 之间的夹角，用 ψ_m 表示，如图 4.1 所示。

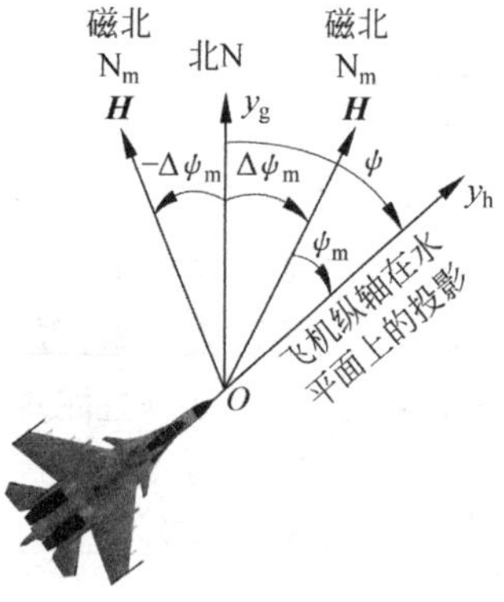

图 4.1 真航向角、磁航向角

地球本身具有磁性，即地球本身相当于一个磁铁，它的两个磁极分别位于地理南、北极附近。地球北磁极约位于北纬 72°、西经 94°处，具有 S 极的磁性。地球南磁极约位于南纬 74°、东经 156°处，具有 N 极的磁性。地球南、北磁极间存在磁力线，如图 4.2 所示。除地磁赤道外，磁力线的切线均与地平面成一定角度，这个角度叫作磁倾角，用 θ 表示。磁力线的切线在水平面上的投影方向就是该点地磁南北方向线，称作地磁子午线或磁子午线。

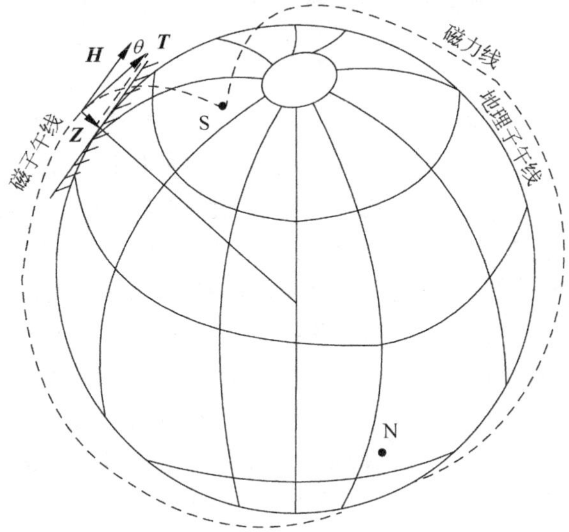

图 4.2　地球磁场图

由于地磁南、北极与地理南、北极不相重合，所以磁子午线与地理子午线之间相差一个角度，这个角度叫作磁差角，又称磁偏角，用 δ_m（或 $\Delta\psi_m$）表示。若磁子午线北端在地理子午线北端的东边，其磁差为正；若在西边，其磁差为负。如图 4.3 所示。在地球上各地磁差角的大小和方向都是不同的，需要时可以在飞行地图上查出。飞机的真航向角 ψ 与磁航向角 ψ_m 和磁差角 δ_m 的关系示于图 4.1 中，用公式表示就是

$$\psi = \psi_m \pm \delta_m \tag{4.1}$$

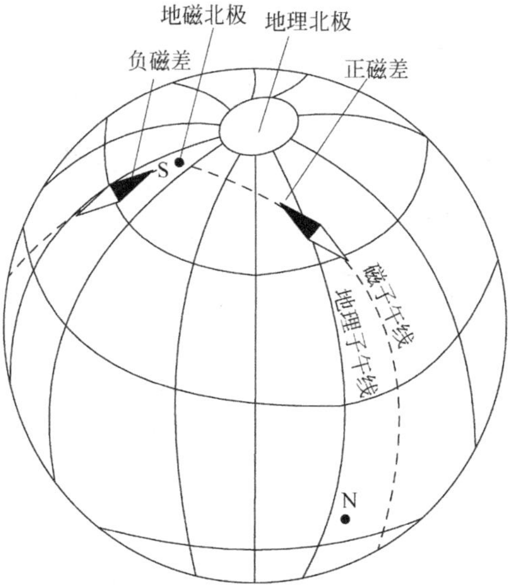

图 4.3　磁差图

地磁场强度是一个矢量，用 $\boldsymbol{T}$ 表示，其方向就是磁力线的切线方向，它的水平分量为 $\boldsymbol{H}$，垂直分量为 $\boldsymbol{Z}$，如图 4.2 所示。在重心处支承或自由悬挂的磁针，它将沿着当地地磁场

强度 $\boldsymbol{T}$ 定向。若要使磁针沿着水平分量 $\boldsymbol{H}$ 定向，则应使支承点或悬挂点与磁针重心不重合，在北半球，应使磁针南极端重；在南半球，应使磁针北极端重。

3. 罗航向角ψ_c

罗航向角是飞机纵轴在水平面上的投影 Oy_h 与罗子午线之间的夹角，用 ψ_c 表示。

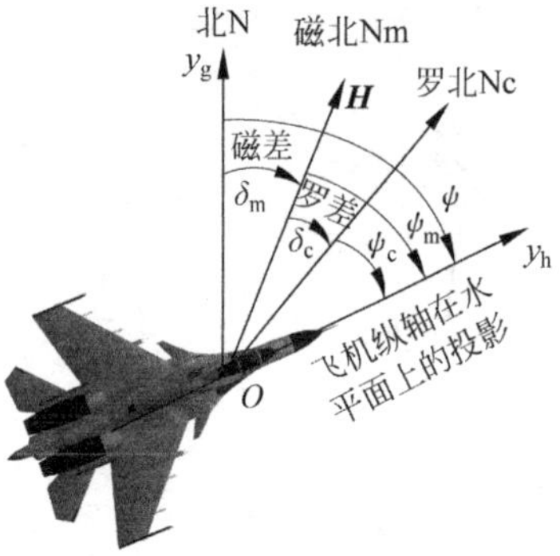

图 4.4　各种航向角的关系

在飞机上，由钢铁机件和电磁设备所形成的磁场叫作飞机磁场。飞机磁场水平分量与地磁水平分量形成的合成磁场的方向线叫作罗子午线。罗子午线与磁子午线之间的夹角叫作罗差，用 δ_c 表示。并规定罗子午线北端在磁子午线北端的东边时，罗差为正；在西边时，罗差为负。各种航向角关系如图 4.4 所示。

可以看出，飞机真航向角 ψ、磁航向角 ψ_m、罗航向角 ψ_c、磁差 δ_m 以及罗差 δ_c 间的关系为

$$\psi=\psi_m \pm \delta_m=\psi_c \pm \delta_c \pm \delta_m \tag{4.2}$$

$$\psi_m=\psi_c \pm \delta_c \tag{4.3}$$

4. 大圆圈航向角ψ_0

大圆圈航向角是飞机纵轴所在的大圆圈平面与起始点地理子午面(真子午面)的夹角，也就是大圆圈线(其平面包含飞机纵轴)与起始点真子午线在地球表面上的夹角，用 ψ_0 表示。要注意的是，大圆圈航向角不是以飞机所在点的真子午线为基准，而是以起始点的真子午线为基准来计算的，如图 4.5 所示。

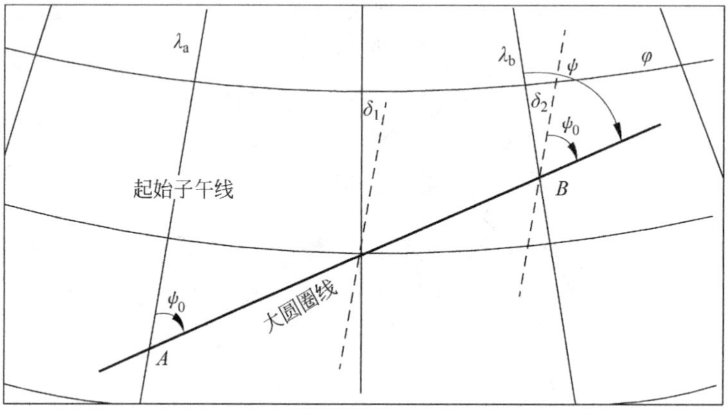

图 4.5　大圆圈航向与真航向的关系

在北半球，大圆圈航向角与真航向角的关系由式(4.4)表示：

$$\psi_0=\psi-\delta \tag{4.4}$$

其中，δ 为经线收敛角，是起始点真子午线与飞机所在点真子午线的夹角，它与飞机所在点真子午线和起始点真子午线的经度之差$(\lambda_b-\lambda_a)$成正比，还与飞机所在纬度 φ 的正弦函数成正比，其表达式为

$$\delta=(\lambda_b-\lambda_a)\sin\varphi \tag{4.5}$$

飞机从地球上某点 A 飞到另一点 B 有两种基本飞行方式，一种是等角线飞行，另一种是大圆圈飞行，如图 4.5 所示。对于在高纬度地区或远程飞行的飞机来说，由于希望航程最短，所以飞机最好沿大圆圈线飞行，但在作大圆圈飞行时，若以真子午线为基准得到真航向角，则在大圆圈航线上各点的真航向角是不断改变的(除沿纬圈或经圈飞行的情况外)，当然各点的磁航向角也是不断变化的，这对领航很不方便，为此本书引出大圆圈航向角的概念。因为大圆圈航向角是以起始点的真子午线为基准来测量航向的。

4.1.2　飞机航向角的测量原理——子午线基准的建立

测量飞机的航向角，实质上就是在飞机上实现飞机纵轴与子午线(真子午线或磁子午线)在水平面内相比较的问题。飞机纵轴在飞机上是比较容易确定的，水平面也是比较容易建立的，但要在运动着的飞机上建立子午线就不那么容易了。可见，测量飞机航向角的关键问题，是如何在飞机上建立子午线或子午面(真子午线或真子午面、磁子午线或磁子午面)。

怎样在飞机上建立子午线基准呢？可通过观测天文星体，如观测太阳或其他星体来确定真子午线，从而测量出飞机真航向角。但天文罗盘结构比较复杂，特别是它的工作受气象条件限制，如飞机在云中飞行时无法观测天文星体，天文罗盘就无法使用。

由此人们很自然地想到指南针。指南针是我国古代伟大发明之一，12 世纪初我国就在航海时普遍使用指南针了。若在飞机上自由地悬挂一根磁针或磁棒，磁针北极总是指北，磁针南极总是指南，并利用配重或改变支点位置使磁针处于水平状态，这样就可以在飞机上建立一条磁子午线作为测量航向角的基准，通过飞机纵轴与之比较，便可测出飞机的磁航向角。这种利用磁针定向原理做成的测量航向角的仪表叫作磁罗盘。航空上最先应用的航向仪表就是磁罗盘。由于它的结构简单、工作可靠，所以目前飞机上仍把它作为应急罗盘使用，以便在其他航向仪表发生故障时，用来判别飞机的航向。

但单独利用磁针定向原理来测量航向角存在着严重的缺点，磁针与液体摆一样，其传递函数相当于一个具有阻尼的二阶环节，它的通频带也比较宽，当飞机作加速、转弯或盘旋飞行时，磁针或磁条容易受加速度干扰，使磁罗盘产生很大的指示误差；当飞机在强磁地区上空飞行时，地磁场受到很大干扰，磁罗盘不能正常工作；当飞机在靠近地球两极的高纬度地区飞行时，由于地磁水平分量 $\boldsymbol{H}$ 很微弱，磁罗盘也不能正常工作。由此可见，磁罗盘对加速度干扰和外界磁场干扰都缺乏抵抗能力，或者说它没有抗干扰的方位稳定性，所以单独使用磁罗盘不能准确地测量出飞机的航向角。

由于双自由度陀螺仪的自转轴相对惯性空间具有很高的方位稳定性。如果在飞机上安装一个双自由度陀螺仪，并将其外环轴垂直放置，而自转轴水平放置，当飞机有加速度干扰或外界磁场干扰或在高纬度地区飞行时，陀螺仪绕外环轴仍然保持原来的方位稳定。这样，就可在有干扰的情况下建立一个稳定的测量航向角的基准线，从而也就可以准确地测量出飞机的航向角了。这种利用陀螺仪的稳定性做成的测量飞机航向角的仪表，叫作航向陀螺仪或陀螺方位仪。

由于航向陀螺仪能在有加速度干扰和外界磁场干扰的情况下，准确地测量出飞机的航向角，因而当飞机作转弯或盘旋飞行、在强磁地区飞行或在高纬度地区飞行时，飞行员主要依靠航向陀螺仪判断飞机的航向角，驾驶飞机按照预定的航向飞行。因此，航向陀螺仪是飞机上主要的航行驾驶仪表之一。而当使用自动驾驶仪操纵飞机时，则需要航向陀螺仪作为飞机航向角的敏感元件，测量出飞机的偏航角，并转换成电信号传输给自动控制系统，这样才能控制飞机按照预定航向飞行。因此，航向陀螺仪也是飞机自动驾驶仪的主要部件之一。

4.2 航向陀螺仪

航向陀螺仪是应用双自由度陀螺仪制成的陀螺仪表，它能够在飞机上建立一个相对子午线（或子午面）稳定的基准线，用来测量飞机的航向。

4.2.1 航向陀螺仪的基本原理

在飞机上仅把一个双自由度陀螺仪的外环轴垂直放置、自转轴水平放置，而不加任何修正装置，这样的陀螺仪只能在短时间内作为航向的测量基准，在较长时间内就不能使用了。因为双自由度陀螺仪自转轴是相对惯性空间保持方位稳定的，但地球自转使水平面相对惯性空间的方位不断改变，而陀螺自转轴相对惯性空间的方位却仍不变，这就使原来与水平面相重合的自转轴逐渐偏离水平面。而且飞机又总是相对地球运动，从一个地点飞到另一个地点，地球上不同地点的水平面相对惯性空间的方位是不相同的，而陀螺自转轴相对惯性空间的方位仍然保持不变，这也将引起自转轴逐渐偏离水平面。此外，在实际陀螺仪中，外环轴上总是不可避免地存在着摩擦等干扰力矩，使陀螺仪绕内环轴漂移，也会引起自转轴逐渐偏离水平面。这些因素影响的结果，都使陀螺自转轴绕内环轴转动而逐渐偏离水平面，但外环轴仍然处于垂线位置上，这样就造成自转轴与外环轴不能保持相互垂直关系而影响陀螺仪的稳定性。若自转轴绕内环轴转动到与外环轴重合，则陀螺仪失去一个自由度，也就失去了陀螺仪的稳定性导致无法正常工作。

同陀螺自转轴偏离水平的运动情况类似，它也会产生偏离子午线（或子午面）的运动。因地球自转和飞行速度的影响，子午线或子午面相对惯性空间的方位不断改变，而陀螺自转轴绕外环轴相对惯性空间的方位仍然不变，这就使陀螺仪不能在长时间相对子午面或子午线保持方位稳定。同时，由于内环轴上总是不可避免地存在摩擦和不平衡等干扰力矩，引起陀螺仪绕外环轴漂移，这也使陀螺仪不能在长时间内相对子午面保持方位稳定。这些因素影响的结果，都是使陀螺仪绕外环轴逐渐偏离子午线或子午面，从而产生方位稳定误差。陀螺仪的方位稳定误差将造成测量飞机航向角的误差。

由此可知，要利用双自由度陀螺仪制成航向陀螺仪，必须加两种修正，即水平修正和方位修正。水平修正是使陀螺自转轴保持水平，从而使自转轴与外环轴保持相互垂直关系；方位修正使陀螺仪绕外环轴进动，以跟踪子午面相对惯性空间的方位变化，使双自由度陀螺仪自转轴相对惯性空间稳定变为相对子午面稳定，从而提高航向陀螺仪绕外环轴的方位稳定精度。

加了两种修正后，航向陀螺仪便能在较长时间内相对子午面保持方位稳定，因此测量飞机航向有了直接比较的基准。可以把航向刻度盘固定在外环轴上，标志飞机纵轴的航向指标固定在飞机（表壳）上，如图 4.6 所示，这就能在刻度盘上直接读出飞机航向角。若把同步器定子、转子分别固定在表壳、外环轴上，则可输出航向角的电气信号。当飞机航向改变时，自转轴方位不变，固定在外环轴上的刻度盘不随飞机转动，而航向指标随飞机转动，因此航向指标相对刻度盘的转角就可以表示飞机的转弯角度。

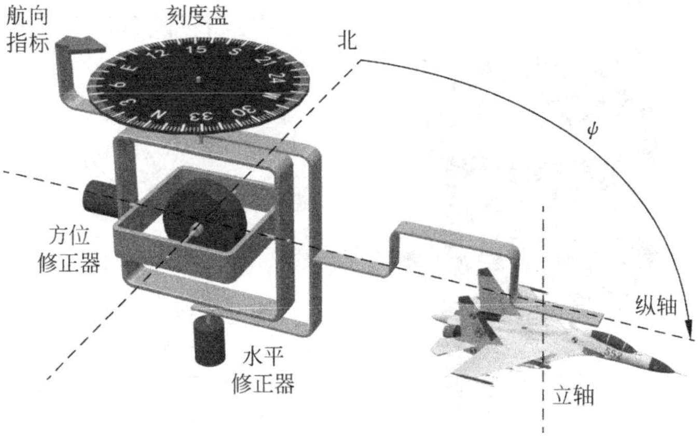

图 4.6　航向陀螺仪原理示意图

4.2.2　航向陀螺仪的基本组成

根据航向陀螺仪的基本原理，可以看出航向陀螺仪的基本组成应包括双自由度陀螺仪、水平修正系统、方位修正系统、航向协调装置、指示机构或信号传感器等。此外，有的航向陀螺仪为消除俯仰、倾斜支架误差，还设有托架伺服(随动)系统，其基本组成如图 4.7 所示。

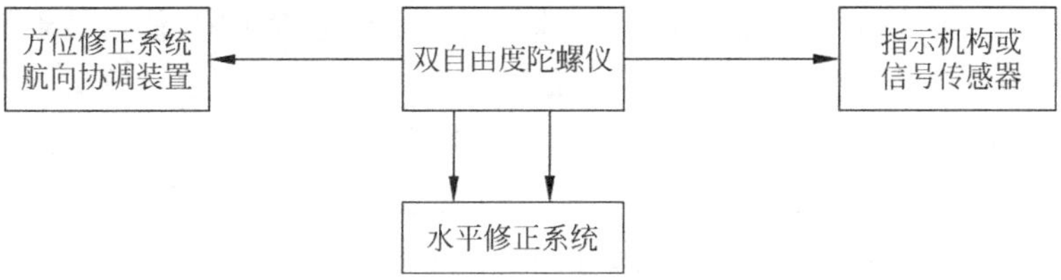

图 4.7　航向陀螺仪基本组成

1. 双自由度陀螺仪

双自由度陀螺仪是组成航向陀螺仪的基础部分，它由陀螺转子、内环(也称陀螺房)和外环组成。陀螺转子通常采用三相异步陀螺电动机。陀螺角动量一般都在 4000 g·cm·s 以上，有的甚至达到 24 000 g·cm·s。外环轴是仪表的测量轴，它平行于飞机立轴装在壳体上，或安装在伺服托架上，而且保持在当地地垂线位置。自转轴保持在水平面内，或与外环轴保持垂直，陀螺仪绕外环轴的转动范围为 360°，绕内环轴的转角限制在小于 90°的范围内。

2. 水平修正系统

水平修正系统是使陀螺仪自转轴与外环轴保持垂直关系的修正部分，由敏感元件和执行元件组成。下面介绍几种常见的水平修正系统。

(1) 接触电门与修正电机组成的水平修正系统

接触电门的导电环由两个互相绝缘的导电半环组成，固定在内环轴上，电刷固定在外环上；修正电机安装在外环轴方向，如图 4.8(a)所示。接触电门与修正电机间的电路连接如图 4.8(b)所示。

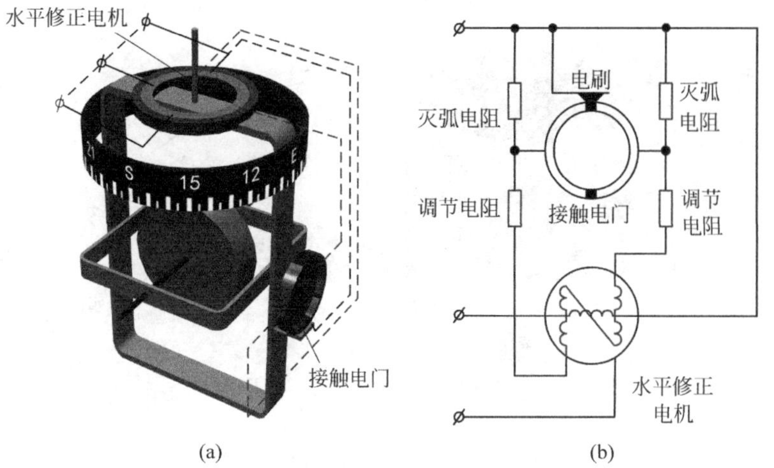

图 4.8 接触电门与修正电机组成的水平修正系统

(a) 安装关系；(b) 修正电路

当自转轴与外环轴垂直时，电刷位于接触电门两半圆形导电环的中间位置，并同时与两半圆形导电环接触。这样，电流就同时短路跨过两个灭弧电阻，而通过两个调节电阻到修正电机两个控制绕组。因两个调节电阻阻值相等，故通过修正电机两个控制绕组电流也相等。因此，修正电机不产生修正力矩，自转轴与外环轴仍保持垂直关系。

当外环轴上有干扰力矩作用，或由于地球自转和飞行速度影响，使自转轴偏离与外环轴垂直的位置时，电刷与导电环中的一个半圆形导电环接触。这样，电流分为两路：一路是短路跨过灭弧电阻而通过调节电阻到修正电机的一个控制绕组，另一路则通过灭弧电阻、调节电阻到修正电机的另一个控制绕组。由于灭弧电阻阻值比调节电阻阻值大很多，这时修正电机两个控制绕组所流过的电流不相等。因此，修正电机产生了绕外环轴作用的修正力矩，使自转轴绕内环轴进动而恢复到与外环轴垂直的位置。这种修正系统具有非灵敏区的常数修正特性。

这种修正可直接保持自转轴与外环轴的垂直关系，故又叫作垂直修正。若航向陀螺仪外环轴直接平行于飞机立轴安装，当飞机作水平飞行时，外环轴处于当地地垂线位置，这时自转轴与外环轴保持垂直的结果就是使自转轴处于水平位置。当飞机俯仰或倾斜而带动外环轴绕内环轴转动时，就破坏了原来自转轴与外环轴的垂直关系，也会造成电刷与接触电门中的一个半圆形导电环接触，修正电机也会产生绕外环轴的修正力矩，使自转轴进动到与外环轴相垂直，然而这时的自转轴偏离了水平位置。

由于这种修正办法总是力图保持自转轴与外环轴的垂直关系，即总是力图使陀螺仪保持最好的稳定性，而且不受加速度干扰，也就不会产生错误修正，因此采用这种修正办法的航向陀螺仪比较适合机动性较大的歼击机使用。但采用接触电门作敏感元件，由于电刷与导电环之间的接触摩擦，会引起绕内环轴作用的摩擦干扰力矩，从而增大航向陀螺仪绕外环轴的方位漂移误差。

(2) 光电敏感元件与修正电机组成的水平修正系统

光电敏感元件由光电池、小灯泡和环状光栅组成。光电池是一种半导体光电转换元件。它由低阻 N 型硅单晶作为基体材料，用扩散硼的方法在基体片上形成 P 型层而构成 P-N

结，或由低阻 P 型硅单晶作为基体材料，用扩散磷的方法在基体片上形成 N 型层而构成 P-N 结。当光电池表面受到灯光照射时，光电池两极便形成直流电势，其大小与所照射光通量密度的大小成正比。

环状光栅是一个铝质环形零件，在圆环壁上开有两条平行错开的细长槽，如图 4.9 所示。小灯泡的光穿过该细长槽照射在光电池上，因而环状光栅可用来控制光电池受光照射的部位和照射面积的大小，即可用来控制光电池所产生电势的大小和方向。为测出自转轴相对外环轴垂直位置的偏离情况，小灯泡和光电池均固装在外环上，而环状光栅固装在内环上，环状光栅的圆环壁处在小灯泡和光电池之间的位置。

由光电敏感元件与修正电机组成的水平修正系统如图 4.10 所示。若自转轴与外环轴垂直，则环状光栅两个细长槽靠近端的中间正好对着光电池的中间位置，使光电池表面两半部受灯光照射的面积正好相等。这样，光电池两端电极的电位相等而无电势信号输出，所以修正电机不产生修正力矩，自转轴与外环轴仍然保持垂直关系。

图 4.9 环状光栅

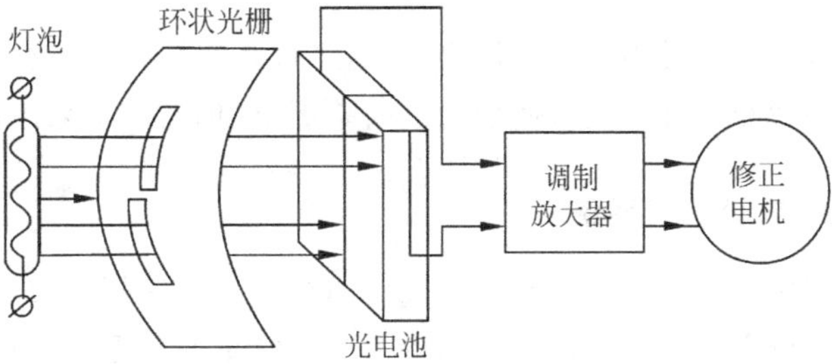

图 4.10 电式水平修正装置原理

若自转轴偏离与外环轴的垂直位置，则环状光栅也跟随着偏转，使光电池表面两半部受灯光照射的面积不相等，这样，光电池两端电极的电位不相等而产生直流电势信号输出。经调制放大器把这个直流信号变为交流信号并加以放大后，送给外环轴向的修正电机。修正电机便产生绕外环轴作用的修正力矩，使自转轴绕内环轴进动而恢复到与外环轴相垂直。这种修正装置的修正特性也是具有小比例区的复合修正特性。

这种修正办法也是力图保持自转轴与外环轴的垂直关系，使陀螺仪保持最好的稳定性，而且光电敏感元件不受飞机加速度干扰，又没有摩擦或其他干扰力矩，因此适用于精度要求较高的航向陀螺仪。

(3) 液体开关与修正电机组成的水平修正系统

液体开关与修正电机组成的水平修正系统如图 4.11 所示。三极式液体开关固装在陀螺房上，其上端两个电极的中心连线应与自转轴线相平行。修正电机安装在外环轴方向，其定子和转子分别固定在外环上和壳体上，并都要与外环轴线同心。液体开关与修正电机之间的电路连接如图 4.11 所示，其工作原理同垂直陀螺仪的液体开关与修正电机组成的修正系统工作原理一致。

这种修正装置并不是直接保持自转轴与外环轴的垂直关系，而是通过保持自转轴水平来间接保持这种关系，故又称水平修正。液体开关要受到加速度干扰而引起错误修正，为避免飞机转弯或盘旋的向心加速度对水平修正影响，通常用角速度信号器来断开水平修正电路。

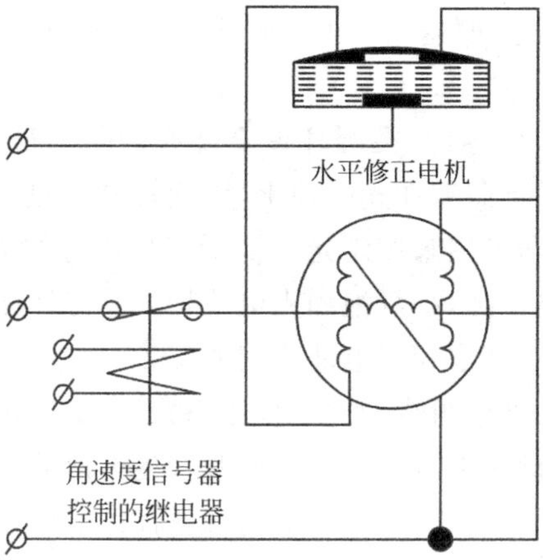

图 4.11　液体开关与修正电机组成的水平修正系统原理

因液体开关不存在摩擦力矩，结构也较简单，故经常处于平直飞行的轰炸机、运输机及机动性较小的歼击机所使用的航向陀螺仪，仍然较多采用这种水平修正方法。

3. 方位修正系统

方位修正系统是使航向陀螺仪相对子午面保持方位稳定的修正部分，通常由纬度电位器和机械电位器组成的交流电桥与方位修正电机组成。其具体结构及工作原理在方位误差消除方法中详细介绍。

4. 航向协调装置

航向协调装置用来调整航向陀螺仪的航向指示。航向陀螺仪不具有自动找北的特性，无独立定向能力，使用之前必须根据磁罗盘或其他罗盘的航向指示来校正航向陀螺仪的指示。而且方位修正系统并不能完全消除航向陀螺仪相对子午面的方位偏离，所以使用过程中每隔一定时间要根据其他罗盘的指示对航向陀螺仪进行调整。

具体方法：一是采用航向协调电动机带动航向刻度盘相对外环转动；二是采用上锁机构使陀螺仪连同航向刻度盘一起转动。

5. 指示机构和信号传感器

指示机构用来给飞行员提供航向角目视信号，通常由刻度盘与指标组成；信号传感器给航向指示器和其他机载设备提供航向角电气信号，通常采用同步器或环形电位器等电气元件。

此外，有的航向陀螺仪为消除飞机俯仰、倾斜造成的支架误差，还增设了托架伺服系统。

4.2.3　航向陀螺仪的运动方程式

为了清楚地看出陀螺漂移、地球自转和飞行速度对航向陀螺仪工作的影响，必须推导出它的运动方程式。取地理坐标系 $Ox_gy_gz_g$、内环坐标系 $Ox_2y_2z_2$ 和外环坐标系 $Ox_1y_1z_1$，如图 4.12 所示。

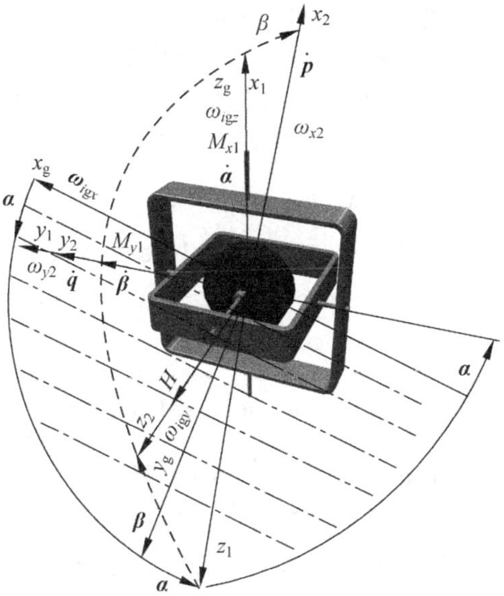

图 4.12 航向陀螺仪坐标运动关系

由双自由度陀螺仪动力学分析知，采用进动方程式研究航向陀螺仪运动和误差是足够精确的。在内环坐标系中表示的陀螺仪进动方程式为

$$\begin{cases} \boldsymbol{H}\dot{\boldsymbol{q}} = \boldsymbol{M}_{x2} \\ -\boldsymbol{H}\dot{\boldsymbol{p}} = \boldsymbol{M}_{y2} \end{cases} \tag{4.6}$$

其中，$\boldsymbol{H}$ 为陀螺角动量；$\dot{\boldsymbol{p}}$、$\dot{\boldsymbol{q}}$ 分别为陀螺仪绕内环坐标系 x_2 和 y_2 相对惯性空间的转动角速度；$\boldsymbol{M}_{x2}$ 和 $\boldsymbol{M}_{y2}$ 分别为绕内环坐标系 x_2 和 y_2 的外力矩。

对航向陀螺仪来说，本书关心的并不是陀螺仪相对惯性空间的运动情况，而是陀螺仪相对地理坐标系的运动情况。因此，在研究航向陀螺仪的运动时，$\dot{\boldsymbol{p}}$、$\dot{\boldsymbol{q}}$ 的具体表达式应写成陀螺仪相对地理坐标系转动角速度（$\dot{\boldsymbol{\alpha}}$、$\dot{\boldsymbol{\beta}}$）与地理坐标系相对惯性空间转动角速度的合成形式。参见图 4.12，在内环坐标系中表示的陀螺仪进动方程式可写为

$$\begin{cases} \boldsymbol{H}(\dot{\boldsymbol{\beta}} + \boldsymbol{\omega}_{y2}) = \boldsymbol{M}_{x1}\cos\beta \\ -\boldsymbol{H}(\dot{\boldsymbol{\alpha}}\cos\beta + \boldsymbol{\omega}_{x2}) = \boldsymbol{M}_{y1} \end{cases} \tag{4.7}$$

其中，$\dot{\boldsymbol{\alpha}}$、$\dot{\boldsymbol{\beta}}$ 为内环坐标系相对地理坐标系的转动角速度，其中 $\dot{\boldsymbol{\alpha}}$ 为陀螺仪绕外环轴 x_1 正向的转动角速度，$\dot{\boldsymbol{\beta}}$ 为陀螺仪绕内环轴 y_1 正向的转动角速度。相应地，$\boldsymbol{\alpha}$ 和 $\boldsymbol{\beta}$ 为内环坐标系相对地理坐标系的转角。内环坐标系相对地理坐标系的运动，实际上就代表了自转轴相对地理坐标系的运动。

$\boldsymbol{\omega}_{x2}$、$\boldsymbol{\omega}_{y2}$ 分别为地理坐标系相对惯性空间的转动角速度在内环坐标系 x_2 和 y_2 轴上的投影。由图 4.13 可写出表达式为

$$\begin{cases}\boldsymbol{\omega}_{x2}=\boldsymbol{\omega}_{igz}\cos\beta-\boldsymbol{\omega}_{igy}\cos\alpha\sin\beta+\boldsymbol{\omega}_{igx}\sin\alpha\sin\beta\\ \boldsymbol{\omega}_{y2}=\boldsymbol{\omega}_{igy}\sin\alpha+\boldsymbol{\omega}_{igx}\cos\alpha\end{cases}\tag{4.8}$$

$\boldsymbol{M}_{x1}$、$\boldsymbol{M}_{y1}$ 分别为作用于陀螺仪外环轴 x_1、内环轴 y_1 上的外力矩。$\boldsymbol{M}_{x1}$ 应包括水平修正力矩 $\boldsymbol{M}_{cx1}$ 和干扰力矩 $\boldsymbol{M}_{dx1}$，$\boldsymbol{M}_{y1}$ 应包括方位修正力矩 $\boldsymbol{M}_{cy1}$ 和干扰力矩 $\boldsymbol{M}_{dy1}$，即

$$\begin{cases}\boldsymbol{M}_{x1}=\boldsymbol{M}_{cx1}+\boldsymbol{M}_{dx1}\\ \boldsymbol{M}_{y1}=\boldsymbol{M}_{cy1}+\boldsymbol{M}_{dy1}\end{cases}\tag{4.9}$$

在航向陀螺仪中，自转轴相对子午面能保持方位稳定，$\boldsymbol{\alpha}$ 角很小，自转轴绕内环轴 y_1 相对水平面的转角$\boldsymbol{\beta}$ 一般也很小，因此 $\sin\alpha\approx\alpha$、$\sin\beta\approx\beta$、$\cos\alpha\approx1$、$\cos\beta\approx1$。因此将式(4.8)和式(4.9)代入式(4.7)得

$$\begin{cases}\boldsymbol{H}(\dot{\boldsymbol{\beta}}+\boldsymbol{\omega}_{igx}+\boldsymbol{\omega}_{igy}\boldsymbol{\alpha})=\boldsymbol{M}_{cx1}+\boldsymbol{M}_{dx1}\\ -\boldsymbol{H}(\dot{\boldsymbol{\alpha}}+\boldsymbol{\omega}_{igz}-\boldsymbol{\omega}_{igy}\boldsymbol{\beta})=\boldsymbol{M}_{cy1}+\boldsymbol{M}_{dy1}\end{cases}\tag{4.10}$$

式(4.10)为$\boldsymbol{\alpha}$、$\boldsymbol{\beta}$ 角很小时的航向陀螺仪运动方程，其中第一式表明了陀螺仪绕内环轴相对水平面的运动规律，陀螺自转轴偏离水平面的角速度(水平偏离角速度)为

$$\dot{\boldsymbol{\beta}}=-\boldsymbol{\omega}_{igx}-\boldsymbol{\omega}_{igy}\boldsymbol{\alpha}+\frac{\boldsymbol{M}_{cx1}}{\boldsymbol{H}}+\frac{\boldsymbol{M}_{dx1}}{\boldsymbol{H}}\tag{4.11}$$

式(4.10)第二式表明了陀螺仪绕外环轴相对子午面的运动规律，陀螺自转轴偏离子午面的角速度(方位偏离角速度)为

$$\dot{\boldsymbol{\alpha}}=-\boldsymbol{\omega}_{igz}+\boldsymbol{\omega}_{igy}\boldsymbol{\beta}-\frac{\boldsymbol{M}_{cy1}}{\boldsymbol{H}}-\frac{\boldsymbol{M}_{dy1}}{\boldsymbol{H}}\tag{4.12}$$

设所有初始条件都为零，对式(4.11)和式(4.12)进行拉氏变换得

$$\begin{cases}\boldsymbol{\beta}(s)=\dfrac{1}{s}\left[-\dfrac{\boldsymbol{\omega}_{igx}}{s}-\boldsymbol{\omega}_{igy}\alpha(s)+\dfrac{\boldsymbol{M}_{cx1}(s)}{\boldsymbol{H}}+\dfrac{\boldsymbol{M}_{dx1}(s)}{\boldsymbol{H}}\right]\\ \boldsymbol{\alpha}(s)=\dfrac{1}{s}\left[-\dfrac{\boldsymbol{\omega}_{igz}}{s}+\boldsymbol{\omega}_{igy}\beta(s)-\dfrac{\boldsymbol{M}_{cy1}(s)}{\boldsymbol{H}}-\dfrac{\boldsymbol{M}_{dy1}(s)}{\boldsymbol{H}}\right]\end{cases}\tag{4.13}$$

根据拉氏变换式(4.13)可画出航向陀螺仪的结构如图 4.13(a)所示。

地理坐标系相对惯性空间的角速度在地理坐标系各轴上的投影$\boldsymbol{\omega}_{igx}$、$\boldsymbol{\omega}_{igy}$、$\boldsymbol{\omega}_{igz}$ 已由式(4.11)和式(4.12)给出，将其代入式(4.10)和结构图 4.13(a)中，并忽略飞机飞行高度，得航向陀螺仪的运动方程式：

$$\begin{cases}\boldsymbol{H}\left[\dot{\boldsymbol{\beta}}-\dfrac{v}{R_e}\cos\psi+(\boldsymbol{\omega}_e\cos\varphi+\dfrac{v}{R_e}\sin\psi)\alpha\right]=\boldsymbol{M}_{cx1}+\boldsymbol{M}_{dx1}\\ -\boldsymbol{H}\left[\dot{\boldsymbol{\alpha}}+(\boldsymbol{\omega}_e\sin\varphi+\dfrac{v}{R_e}\tan\varphi\sin\psi)-(\boldsymbol{\omega}_e\cos\varphi+\dfrac{v}{R_e}\sin\psi)\beta\right]=\boldsymbol{M}_{cy1}+\boldsymbol{M}_{dy1}\end{cases}\tag{4.14}$$

其结构图如图 4.13(b)所示，从结构图可以看出，地理坐标系北向牵连角速度$\boldsymbol{\omega}_{igy}$ 将陀螺自转轴绕两个环架轴的运动联系起来，构成一个负反馈系统。从运动方程式和结构图都可以看出，地球自转角速度$\boldsymbol{\omega}_e$、飞机相对地球的运动速度 v 及可能作用在陀螺仪上的干扰力矩，都将使陀螺偏离水平面和子午面。要保证陀螺自转轴在水平面内，可采用水平修正系统，这在前面已作介绍。要保证陀螺自转轴在子午面内，在实际应用中有好几种不同的方法，因而也就有好几种不同类型的航向陀螺仪表。

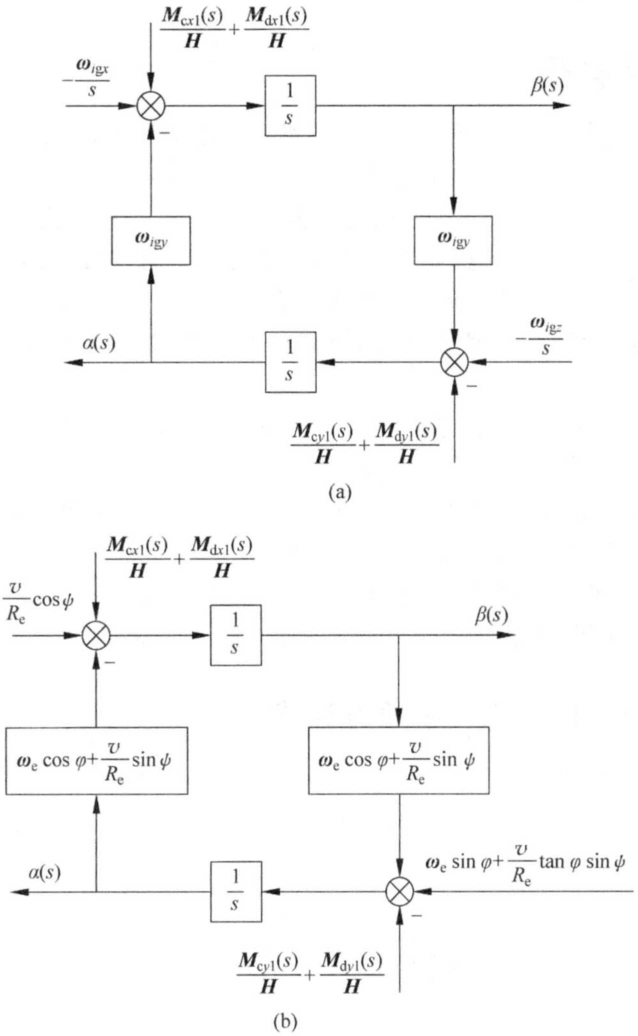

图 4.13 航向陀螺仪结构

第一种方法是忽略结构图 4.13(a)中$\boldsymbol{\omega}_{igy}$ 构成的反馈回路，采用开环补偿的办法来克服陀螺仪自转轴偏离子午面的角速度$\dot{\boldsymbol{\alpha}}$。具体办法是：根据$\boldsymbol{\omega}_e$、$v$、$\varphi$、$\psi$ 等数值，求出方位修正力矩 $\boldsymbol{M}_{cy1}$，并将此力矩加到陀螺仪内环轴上，确保式(4.10)中的$\dot{\boldsymbol{\alpha}}$ 等于 0。采用这种方法的航向陀螺仪叫作陀螺半罗盘或陀螺方位仪。

第二种方法是采用闭环随动系统的方法：另外用一套具有在水平面内测量或指示方向的系统，如磁传感器、天文测量设备、无线电定向设备等，在水平面内建立基准线，并另加跟踪系统，使陀螺仪自转轴跟踪这个基准，如可以用磁传感器来测量地球磁场的水平分量，并使双自由度陀螺的自转轴跟踪磁传感器的指向。采用这种方法的航向陀螺仪叫作陀螺磁罗盘。

第三种方法是从结构图 4.13(a)出发，利用角速度分量 ω_{igy} 的反馈作用，另加必须的辅助设备组成闭环系统，来保证陀螺自转轴始终指向真子午线的方向。采用这种方法的航向陀螺仪叫作陀螺罗盘。

4.3 陀螺半罗盘

用来测量飞机航向的仪表叫作罗盘。陀螺半罗盘是采用开环补偿的办法保持陀螺自转轴稳定在地理北向(真子午线方向)的航向陀螺仪。之所以叫作陀螺半罗盘,是因为这种罗盘本身不具有自动找北(定向)的能力,因而不能单独工作。飞行员使用前必须根据磁罗盘或天文罗盘的航向指示来调整陀螺半罗盘的航向指示。而且,方位修正也并不能完全消除陀螺自转轴相对子午面的方位偏离,因此使用过程中每隔一定时间,还必须根据磁罗盘或天文罗盘的航向指示,对陀螺半罗盘的航向指示进行调整,这种调整称为航向校正或航向协调。

陀螺半罗盘的功用是可用来测量飞机转弯的角度,而且经过方位修正,可以指示飞机的真航向角和大圆圈航向角。

陀螺半罗盘有直读式和远读式两种。直读式陀螺半罗盘用来测量和指示航向。远读式陀螺半罗盘用来测量、指示并输送航向信号。

因陀螺半罗盘是航向陀螺仪的一种类型,故其组成及工作原理与航向陀螺仪基本相同,为分析陀螺半罗盘(航向陀螺仪)的误差,下面列写出它的运动方程式。

4.3.1 陀螺半罗盘的运动方程式

因为陀螺半罗盘是忽略了结构图 4.13(a)中由 ω_{igy} 所组成的反馈回路,采用开环补偿陀螺自转轴方位偏离的方法设计出来的航向陀螺仪,所以它的结构图是两个互不相关的开环回路,如图 4.14 所示。

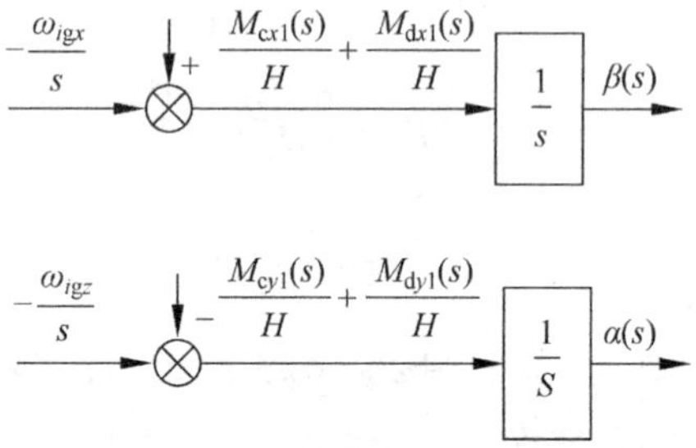

图 4.14 陀螺半罗盘结构

陀螺半罗盘中,一般都设有水平修正系统,保持自转轴在水平面内,因而可以在假设 $\beta=0$ 的情况下来讨论陀螺半罗盘的运动方程式。由结构图 4.14 得

$$\alpha(s)=\frac{1}{s}\left[-\frac{\omega_{igz}}{s}-\frac{M_{cy1}(s)}{H}-\frac{M_{dy1}(s)}{H}\right] \tag{4.15}$$

经拉氏反变换得陀螺半罗盘的运动方程式为

$$H\dot{\alpha}=-H\omega_{igz}-M_{cy1}-M_{dy1} \tag{4.16}$$

从式(4.16)可以看出,为保证陀螺自转轴不断地跟踪子午面,必须有方位修正力矩 $\boldsymbol{M}_{cy1}$ 作用在陀螺仪的内环轴上,使 $\dot{\boldsymbol{\alpha}}=0$。方位修正力矩要满足下述关系式:

$$M_{cy1}=-H\omega_{igz}-M_{dy1} \tag{4.17}$$

在方位修正力矩 M_{cy1} 作用下，方位修正角速度 ω_{cx1} 为

$$\omega_{cx1}=\frac{M_{cy1}}{H}=-\omega_{igz}-\frac{M_{dy1}}{H}$$

当飞机作等角线航行时，方位修正角速度为

$$\omega_{cx1}=-\omega_e\sin\varphi-\frac{v}{R_e}\tan\varphi\sin\psi-\frac{M_{dy1}}{H} \tag{4.18}$$

这时陀螺半罗盘所测量出的航向为真航向，因为等角线航行时以真子午线作为航向的基准线。此时，只有方位修正角速度完全克服了地球自转、飞行速度及干扰力矩引起的方位偏离角速度，才能实现 $\dot{\alpha}=0$。

当飞机作大圆圈航行时，方位修正角速度为

$$\omega_{cx1}=-\omega_e\sin\varphi-\frac{M_{dy1}}{H} \tag{4.19}$$

此时，方位修正角速度 ω_{cx1} 只需克服地球自转及干扰力矩引起的方位偏离角速度，就能实现 $\dot{\alpha}=0$。这是因为飞机作大圆圈飞行时，是使陀螺自转轴相对大圆圈平面保持方位稳定来测量大圆圈航向角，而飞行速度 v 形成的等效角速度始终垂直于大圈平面，这个等效角速度沿地垂线上的分量为零，所以不会引起陀螺自转轴绕外环轴(在地垂线方向)相对大圆圈平面的方位偏离角速度。

4.3.2 陀螺半罗盘的误差

陀螺半罗盘的误差有三种：一是方位误差(自走误差)，是自转轴与子午面发生相对运动引起的；二是支架误差，是由外环轴偏离当地地垂线引起的；三是盘旋误差，是飞机盘旋时水平修正系统产生错误修正引起的。

1. 方位误差

从式(4.16)得到陀螺半罗盘的方位偏离角速度为

$$\dot{\alpha}=-\omega_{igz}-\frac{M_{cy1}}{H}-\frac{M_{dy1}}{H} \tag{4.20}$$

式(4.21)表明了陀螺半罗盘绕外环轴相对子午面的运动规律。测量飞机真航向角时，陀螺自转轴相对子午面的方位偏离角速度为

$$\dot{\alpha}=-\omega_e\sin\varphi-\frac{v}{R_e}\tan\varphi\sin\varphi-\frac{M_{cy1}}{H}-\frac{M_{dy1}}{H} \tag{4.21}$$

由式(4.21)可以看出，因地球自转、飞机速度及干扰力矩影响，使陀螺仪自转轴不能相对子午面保持方位稳定。只有方位修正力矩 M_{cy1} 完全补偿了 ω_e、v 及 M_{dy1} 影响时，才能实现 $\dot{\alpha}$ 为零。然而陀螺半罗盘无法做到完全补偿，故有方位误差存在。此方位误差直接影响航向角的测量精度，如何减小方位误差成为提高陀螺半罗盘工作精度的中心问题。

为看清各项因素对误差的影响情况，先假设方位修正力矩为零，这样就得到无方位修正力矩时，陀螺半罗盘的方位误差表达式：

$$\dot{\alpha}=\left|\frac{M_{dy1}}{H}\right|+\left|\omega_e\sin\varphi\right|+\left|\frac{v}{R_e}\tan\varphi\sin\psi\right| \tag{4.22}$$

式(4.22)等号右边第一项是由干扰力矩引起的漂移误差,又叫机械误差;第二项是由地球自转引起的误差;第三项是由飞行速度引起的误差。后两项实际上就是陀螺仪的表观运动。现分述如下。

(1) 漂移误差(机械误差)

由于绕内环轴作用的干扰力矩引起陀螺仪绕外环轴漂移,使得陀螺仪不能精确地相对子午面保持方位稳定而造成的误差,称为漂移误差或机械误差。作用在内环轴上的干扰力矩包括摩擦力矩 M_{fy1}、不平衡力矩 M_{gy1} 以及其他因素引起的干扰力矩。漂移误差的大小直接取决于这些干扰力矩的大小。

内环轴上的滚珠轴承、输电装置,以及采用接触电门作为水平修正系统的敏感元件都存在摩擦力矩。摩擦力矩的方向带有很大的随机性,再考虑到实际工作条件下的振动影响会降低摩擦力矩的量值,因此可把摩擦力矩乘上一个系数 f 来计算摩擦漂移,即

$$\dot{\alpha}_f = f\frac{M_{fy1}}{H} \tag{4.23}$$

一般飞行振动条件下可选取 $f=0.1\sim0.3$ 计算。

例 4.1 设陀螺半罗盘的陀螺角动量 $H=4000\ \text{g}\cdot\text{cm}\cdot\text{s}$,内环轴上的摩擦力矩 $M_{fy1}=1\ \text{g}\cdot\text{cm}$,选取 $f=0.15$,则可计算得摩擦漂移为

$$\dot{\alpha}_f = 0.15\times\frac{1}{4000}\ \text{rad/s} = 7.8(°)/\text{h}$$

若 $H=24\,000\ \text{g}\cdot\text{cm}\cdot\text{s}$,$M_{fy1}=1\ \text{g}\cdot\text{cm}$,仍取 $f=0.15$,则摩擦漂移为

$$\dot{\alpha}_f = 0.15\times\frac{1}{24\,000}\ \text{rad/s} = 1.3(°)/\text{h}$$

由这些数据可以看出,摩擦漂移是一项十分严重的误差。

内环组合件虽经静平衡,但内环组合件质心正好位于内环轴线上的理想情况是不存在的。陀螺半罗盘自转轴是处于水平工作状态的,当内环组合件质心沿自转轴相对内环轴偏移时,重力对内环轴形成不平衡力矩;当内环组合件质心沿垂直于自转轴向偏移即所谓有摆性时,飞行加速度沿自转轴方向分量引起的惯性力便对内环轴形成不平衡力矩。必须指出,因陀螺半罗盘自转轴处于水平状态工作的特点,而转子质量又较大,故当温度变化使转子质心沿自转轴方向偏移时,将形成较大质量不平衡力矩而引起较大漂移。设转子质量为 G,其质心沿自转轴向偏移量为 l,则由此造成的不平衡漂移为

$$\dot{\alpha}_g = \frac{M_{gy1}}{H} = \frac{Gl}{H} \tag{4.24}$$

例 4.2 设陀螺半罗盘的陀螺角动量 $H=4000\ \text{g}\cdot\text{cm}\cdot\text{s}$,转子质量 $G=400\ \text{g}$,其质心沿自转轴向的偏移量 $l=5\ \mu\text{m}$,则可计算得不平衡漂移为

$$\dot{\alpha}_g = \frac{400\times5\times10^{-4}}{4000}\ \text{rad/s} = 10.3(°)/\text{h}$$

若 $H=24\,000\ \text{g}\cdot\text{cm}\cdot\text{s}$,$G=1330\ \text{g}$,$l=2\ \mu\text{m}$,则不平衡漂移为

$$\dot{\alpha}_g = \frac{1330\times2\times10^{-4}}{24\,000}\ \text{rad/s} = 2.3(°)/\text{h}$$

由这些数据可以看出,转子质心偏移引起的不平漂移是十分严重的误差。

陀螺半罗盘的漂移误差,即机械误差的计算式为

$$\dot{\alpha}_{d} = \dot{\alpha}_{f} + \dot{\alpha}_{g} = f\frac{M_{fy1}}{H} + \frac{Gl}{H} \tag{4.25}$$

(2) 地球自转误差

陀螺半罗盘的地球自转误差等于

$$\dot{\alpha}_{e} = \omega_{e}\sin\varphi \tag{4.26}$$

这项误差是由地球自转角速度沿当地地垂线方向(Oz_g)的分量造成的。陀螺仪绕外环轴相对惯性空间保持方位稳定,而地球自转角速度沿地垂线分量 $\omega_e\sin\varphi$ 却引起当地子午面绕当地地垂线相对惯性空间转动,所以陀螺仪不能长时间地相对当地子午面保持方位稳定,从而造成误差。又因误差与纬度有关,所以地球自转误差又称为纬度误差。

(3) 速度误差

陀螺半罗盘的速度误差计算式为

$$\dot{\alpha}_{V} = \frac{v}{R_{e}}\tan\varphi\sin\psi \tag{4.27}$$

这项误差是由飞行速度形成的等效角速度沿当地地垂线的分量$\left(\frac{v}{R_e}\tan\varphi\sin\psi\right)$引起当地子午面绕当地地垂线相对惯性空间转动,而陀螺仪绕外环轴相对惯性空向保持方位稳定,导致陀螺仪不能长时间地相对当地子午面保持方位稳定而造成误差。

例 4.3 飞机在北京(纬度 $\phi=40°$)上空向东平飞,速度为 1000 km/h,这时飞行速度误差为

$$\dot{\alpha}_{v} = \frac{1000\sin90°}{6370}\tan40°\ \mathrm{rad/s} \approx 0.13\ \mathrm{rad/s} = 7.5(°)/\mathrm{h}$$

当飞机作等角线飞行时,陀螺半罗盘的方位误差应包括上述三项误差。当飞机作大圆圈飞行时,陀螺半罗盘的方位误差仅包括漂移误差和地球自转误差。

在陀螺仪表中,陀螺自转轴因地球自转、飞机运动以及干扰力矩的作用而偏离基准线(子午线或地垂线)的现象,常称为"陀螺自走",因此上述误差也称为自走误差。

(4) 方位误差消除方法

由上述分析可以看出,陀螺半罗盘的方位误差是相当大的,为提高陀螺半罗盘的工作精度,对方位误差必须加以消除。

为减小漂移误差(机械误差),应尽量减小内环轴上的干扰力矩,其中主要是摩擦力矩和质量不平衡力矩。高精度的航向陀螺仪要求漂移误差不大于 2(°)/h。

为补偿地球自转误差,在内环轴上施加修正力矩,使陀螺仪绕外环轴进动,并且进动方向应当与子午面绕当地地垂线转动的方向相同,进动速度大小应当与子午面绕当地地垂线转动的速度大小相等,从而实现陀螺自转轴相对子午面保持方位稳定。由于这种修正使陀螺仪绕外环轴进动而相对子午面保持方位稳定,所以把这种修正称为方位修正。又因其修正量与纬度有关,因此也称为纬度修正。

较好的方位修正方法是采用纬度电位器、机械电位器组成的交流电桥和方位修正电机组成的方位修正系统。

方位修正系统除了用来补偿地球自转误差外,还可用来补偿剩余的漂移误差(机械误差)。

飞行速度误差与飞行速度、航向角以及飞机所在地纬度等参数有关。飞机在高纬度地

区飞行时，这项误差可能会达到相当大的量值，但因这项误差与较多参数有关，补偿这项误差需要比较复杂的解算装置，所以一般的航向陀螺仪并未加以补偿，而是通过航向校正或航向协调的办法加以消除。另外，在自动驾驶仪中应用的航向陀螺仪对这项误差也不加以补偿。这是因为自动驾驶仪往往是控制飞机作大圆圈飞行，要求航向陀螺仪相对大圆圈平面保持方位稳定，并输出飞机相对大圆圈平面的偏航信号。而利用航向陀螺仪相对大圆圈平面保持方位稳定时，并不存在飞行速度误差，自然不必加以补偿。

2. 支架误差

（1）误差产生原因

陀螺半罗盘的航向刻度盘安装在外环(轴)上，航向指标安装在仪表壳体上，航向指标相对航向刻度盘的转角就是仪表测量出的航向角，该角度是绕外环轴转动出来的，并在垂直于外环轴的刻度盘上读取。可见，陀螺半罗盘的测量轴是外环轴，如图 4.2.1 所示。根据航向角的定义，飞机航向角是飞机纵轴在水平面上的投影与子午线之间的夹角，这个角度是绕当地地垂线转出来的，并在水平面内量度，可见，飞机航向角的定义轴是当地地垂线 Oz_g。

陀螺半罗盘是把外环轴直接安装在仪表壳体上，并使外环轴与飞机立轴平行。对于这种安装方式，只有飞机平直飞行时，外环轴才与当地地垂线重合，即仪表航向的测量轴与飞机航向的定义轴相重合，这时仪表测量的是飞机真实航向角。而当飞机俯仰、倾斜时，外环轴跟随飞机俯仰、倾斜而偏离了当地地垂线，即仪表航向的测量轴与飞机航向的定义轴不再重合，仪表指示会出现航向角的测量误差，这种测量误差称为支架误差，又称为支架倾斜误差或纯几何误差。

支架误差一般定义为

$$\Delta\psi = -\psi' - \psi \tag{4.28}$$

其中，ψ 为飞机真实航向角；ψ' 为陀螺半罗盘的指示航向角，即飞机有俯仰、倾斜后所指示的航向角。

所以，飞机俯仰、倾斜后，罗盘少指支架误差为负，多指支架误差为正。飞机倾斜而产生的支架误差叫作倾斜支架误差 $\Delta\psi_h$，飞机俯仰而产生的支架误差叫作俯仰支架误差 $\Delta\psi_p$。飞机既有俯仰又有倾斜而产生的支架误差叫作俯仰倾斜支架误差 $\Delta\psi_{ph}$。

（2）支架误差消除的方法

陀螺半罗盘产生支架误差的根本原因在于飞机俯仰、倾斜时，陀螺的外环轴要随着倾斜，若能使仪表测量轴与飞机航向角定义轴一致，即使外环轴在任何情况下都能保持与当地地垂线一致，则不会产生支架误差。将陀螺外环轴安装在一个倾斜伺服托架上，当飞机倾斜时，伺服托架能根据垂直陀螺仪输出的倾斜信号转动，直到外环轴恢复垂直为止，则倾斜支架误差就可消除。同时，再设置一套俯仰伺服托架系统来保证陀螺外环轴不随飞机俯仰，从而使外环轴能始终保持在当地地垂线位置，这样就可完全消除支架误差。

3. 盘旋误差

陀螺半罗盘盘旋误差是飞机盘旋时由水平修正器产生的修正力矩引起的一种误差。陀螺半罗盘的水平修正器有两种形式：一种是保持自转轴水平；另一种是保持自转轴与外环轴相互垂直。下面以后者为例说明盘旋误差是怎样产生的。假设其修正力矩足够大，能迅速使自转轴与外环轴恢复垂直。

飞机盘旋时，外环轴随飞机倾斜并绕地垂线作圆锥运动，外环轴与自转轴夹角不为90°，随飞机盘旋而不断变化，从而产生沿外环轴的修正力矩。外环轴与自转轴夹角大于90°时修正力矩矢量指向外环轴上方；外环轴与自转轴夹角小于90°时修正力矩矢量指向外环轴下方。在修正力矩作用下自转轴进动，进动角速度矢量沿内环轴方向。修正力矩越大，盘旋误差积累的速度也越大。为了减小盘旋误差数值，应在保证陀螺半罗盘正常工作的条件下，尽量减小修正力矩。盘旋后，应根据其他罗盘校正陀螺半罗盘指示，以消除盘旋过程中积累起来的误差。

要想从根本上消除盘旋误差，也应该像消除支架误差一样，采用托架伺服系统，使外环轴始终稳定在地垂线方向。

4.4 陀螺磁罗盘

陀螺半罗盘虽具有抗干扰能力和指示较稳定的优点，但是陀螺半罗盘不具有自动找北特性，而且陀螺半罗盘方位修正采用的是开环补偿方法，不易达到十分精确的程度，存在方位稳定误差，虽经定时人工校正，但仍有积累误差，将影响航向测量精度。

4.4.1 磁罗盘

磁罗盘的基本原理是利用自由旋转的磁条自动跟踪地球的特性来测量飞机的航向。如图4.15所示。

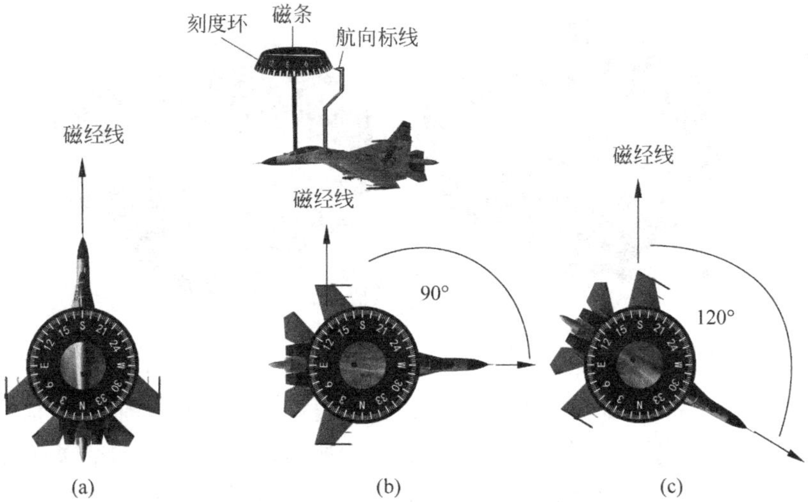

图4.15 磁罗盘的基本原理

(a) 磁航向为0°；(b) 磁航向为90°；(c) 磁航向为120°

磁罗盘的敏感元件是在水平面内可以自由旋转的磁条。在磁条上固定着环形刻度盘，刻度盘0°～180°线与磁条方向一致。航向标线固定在表壳上，代表飞机纵轴。飞机航向改变后，磁条始终稳定在罗经线方向，表壳随飞机转动。因此航向标线在刻度盘上指示的角度就是飞机纵轴与罗经线在水平上的夹角，即罗航向。

磁罗盘主要由罗牌、罗盘油、外壳和航向标线、罗差修正器等组成，如图 4.16 所示。

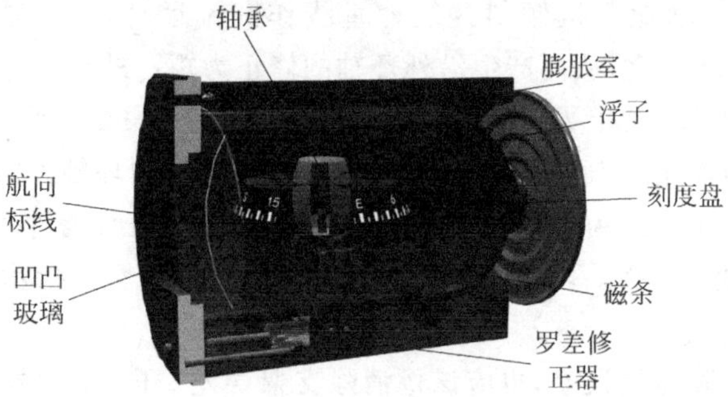

图 4.16 磁罗盘结构

罗牌是罗盘的敏感部分。它由磁条、轴尖、浮子、刻度盘等组成。整个罗牌可在支柱的轴承上自由转动，保证 0°～180°刻度线始终与罗经线方向一致。为了减小磁倾的影响，使敏感部分保持水平，罗牌的重心通常偏在支点的南面(在北半球飞行时，可以抵消磁倾的作用)，并且还偏在支点的下面或上面。罗盘油可以增加罗牌的运动阻尼并减小罗牌对轴承的压力，以减小罗牌的摆动和摩擦。

罗差修正器用来抵消飞机磁场的影响，从而减小罗差。它有两对小磁铁，如图 4.17 所示：一对可沿飞机纵轴方向产生附加磁场，抵消沿纵轴方向的飞机磁场对罗牌的影响，它们的相对位置可由 E-W 旋柄来改变；另一对可沿飞机的横轴方向产生附加磁场，抵消沿横轴方向的飞机磁场对罗牌的影响，它们的相对位置可由 N-S 旋柄来改变。

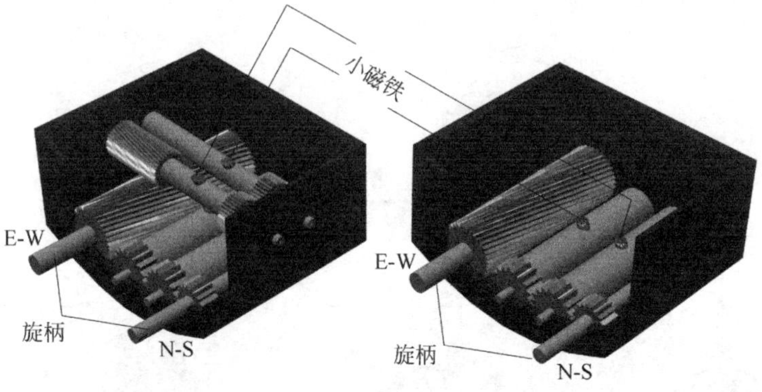

图 4.17 罗差修正器的结构

当两个小磁铁平行时，如图 4.18(a)所示，磁力线作用的空间范围最小，消除罗差的能力也最小；当两个小磁铁呈一直线时，如图 4.18(c)所示，磁力线作用的空间范围最大，消除罗差的能力也最大。当两个小磁铁处于其他相对位置时，如图 4.18(b)所示，消除罗差的能力介于上述两者之间。因此，只要适当转动旋柄，改变两个磁铁的方向和相对位置，就可以在一定范围内消除不同符号、不同大小的罗差。

罗差校正由机务人员按规定的时间进行，其他人员不能随意转动罗差修正旋柄。

磁罗盘是最早的一种罗盘。它的磁敏感元件(磁针、磁棒或地磁感应元件)能根据地磁独立地定出磁北，提供飞机磁航向，补偿了磁差便可得到真航向。此外，飞机磁场对磁罗盘的影响引起的误差——罗差，也可较精确地进行补偿，因此磁罗盘具有能独立定向的优点。

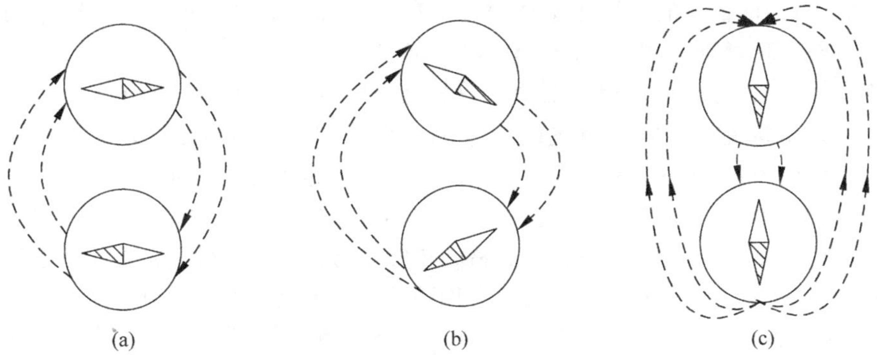

图 4.18 罗差修正器的磁场

(a) 当两磁铁平行时；(b) 当两磁铁处于其他相对位置时；(c) 当两磁铁呈一直线时

但磁罗盘的主要缺点是指示不稳定，当飞机有航向偏摆时，将引起与磁棒固定的刻度盘发生振荡，对于悬挂的磁敏感元件而言，飞机转弯时的离心惯性力将使其发生偏斜而引起误差，这些误差变化较快，属于高频干扰。磁差和罗差一般变化很慢，属于低频干扰。

这就是说磁敏感元件能独立定向，对高频干扰比较敏感，亦即通频带较宽；而陀螺半罗盘不能独立定向，但能抵抗较高频的干扰，因此问题的性质与垂直陀螺仪利用摆式元件与双自由度陀螺仪组合起来定姿的原理非常相似，即把磁敏感元件与陀螺半罗盘组合起来，形成一个闭合回路以压低系统的通频带，同时保存独立定向的能力。这就是陀螺磁罗盘的基本设计思想。

4.4.2 陀螺磁罗盘

陀螺磁罗盘的工作原理如图 4.19 所示。

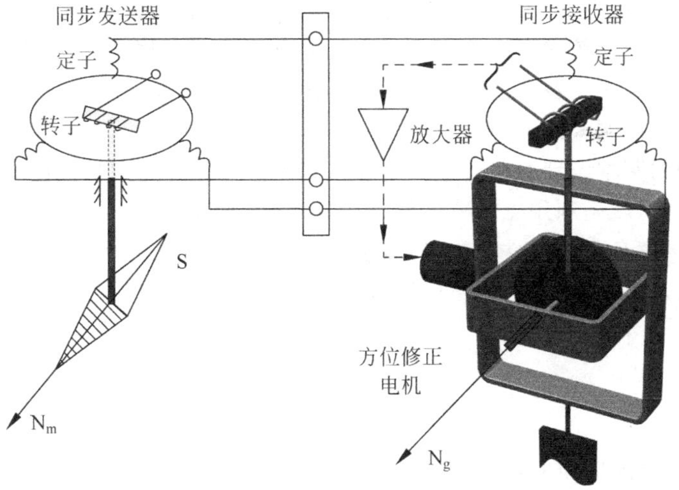

图 4.19 陀螺磁罗盘的工作原理

左边是磁罗盘，一根悬挂在飞机上的磁针代表磁敏感元件，理想情况下其指向磁北 N_m 方向；右边是陀螺半罗盘，由于它不能独立定向，所以自转轴的方向是任意的，称之为表北 N_g，为实现表北不断跟踪磁北，采用了一套变压器式同步器传输系统来实现 N_g 和 N_m 的比较，然后把二者间的偏差信号经过放大，送入陀螺半罗盘的方位修正电机，产生修正力矩使陀螺自转轴绕外环轴进动，以达到 N_g 与 N_m 一致的目的。

如图 4.19 中，左边的同步发送器转子被磁敏感元件稳定，转子上的单相绕组中通交流电源。三相定子绕组固定在表壳（飞机）上。根据转子和定子间的方位关系（代表磁航向），在三相定子绕组中将感应出相应的三相感应电流，并远距离传送到陀螺半罗盘中同步接收器三相定子绕组中，在其中产生交变合成磁场。同步接收器转子被陀螺稳定。在设计上保证，当表北 N_g 与磁北 N_m 相一致时，接收器转子轴线与其定子绕组合成磁场相互垂直，这样在转子绕组中将不产生感应电势，因而没有偏差信号送入放大器，方位修正电机不产生修正力矩，从而保持表北与磁北一致。如果 N_g 与 N_m 不一致，则接收器转子绕组中就有相应的偏差信号产生，经放大器放大后送入方位修正电机，使陀螺自转轴（表北）不断地向磁北方向修正，以实现表北与磁北相一致的目的，也就是保留了磁罗盘独立定向的能力。

目前，飞机上大量装备的是陀螺磁罗盘，如陀螺磁罗盘、综合罗盘及航向姿态系统的航向系统部分，原理上均属于陀螺磁罗盘。

4.5 小结

航向陀螺仪是利用双自由度陀螺仪的自转轴相对惯性空间的稳定性，在飞机上安装一个双自由度陀螺仪，并将其外环轴垂直放置，而自转轴水平放置，就可在有干扰的情况下建立一个测量航向角的稳定基准线，从而也就可以准确地测量出飞机的航向角。

航向陀螺仪的基本组成包括双自由度陀螺仪、水平修正系统、方位修正系统、航向协调装置、指示机构或信号传感器以及为消除俯仰、倾斜支架误差配备的托架伺服（随动）系统。

陀螺半罗盘是采用开环补偿的办法保持陀螺自转轴稳定在地理北向（真子午线方向）的航向陀螺仪。陀螺半罗盘本身不具有自动找北（定向）的能力，因而不能单独工作。飞行员使用前必须根据磁罗盘或天文罗盘的航向指示来调整陀螺半罗盘的航向指示。而且，方位修正也并不能完全消除陀螺自转轴相对子午面的方位偏离，因此使用过程中每隔一定时间，还必须根据磁罗盘或天文罗盘的航向指示，对陀螺半罗盘的航向指示进行调整，这种调整称为航向校正或航向协调。

陀螺磁罗盘的基本设计思想与垂直陀螺仪利用摆式元件和双自由度陀螺仪组合起来定姿的原理非常相似，就是利用磁敏感元件能独立定向，但是对高频干扰比较敏感，亦即通频带较宽，而陀螺半罗盘不能独立定向，但能抵抗较高频的干扰的特性，把磁敏感元件与陀螺半罗盘组合起来，形成一个闭合回路以压低系统的通频带，同时保存独立定向的能力。

习题

4.1　简述飞机航向角的定义。

4.2　如何在飞机上建立一个精确而稳定的航向基准？

4.3　简述航向陀螺仪的组成和工作原理。

4.4　简述陀螺半罗盘的误差有哪些以及产生原因。

4.5　简述罗盘的分类、组成和基本工作原理。

第 5 章

单自由度陀螺仪及新型陀螺仪

5.1 单自由度陀螺仪的基本特性

单自由度陀螺仪的结构组成与双自由度陀螺仪相比缺少一个外环，故相对基座或仪表壳体而言，它少了一个转动自由度，即少了垂直于内环轴和自转轴方向的转动自由度。因此，单自由度陀螺仪的特性就与双自由度陀螺仪有所不同了。本章主要介绍单自由度陀螺仪的基本特性、漂移率的概念，并分析单自由度陀螺仪的运动规律以及运动方程式。

5.1.1 单自由度陀螺仪感受转动的特性

双自由度陀螺仪的基本特性之一是进动性，这种进动运动仅仅与作用在陀螺上的外力矩有关。无论基座绕陀螺自转轴转动，还是绕内环轴或外环轴转动，都不会直接带动陀螺转子一起转动，因而基座的转动运动不会直接影响转子的进动运动。也可以说，由内、外环组成的框架装置通过运动方向将基座的转动与陀螺转子的转动隔离开来。这样，若陀螺自转轴稳定在惯性空间某个方位上，则基座转动时它仍然稳定在原方位上。

现在来看单自由度陀螺仪在基座上转动时的运动情况，如图 5.1 所示。

基座绕陀螺自转轴 z_2 或内环轴 y_2 转动时，仍不会带动陀螺转子一起转动。也就是说，

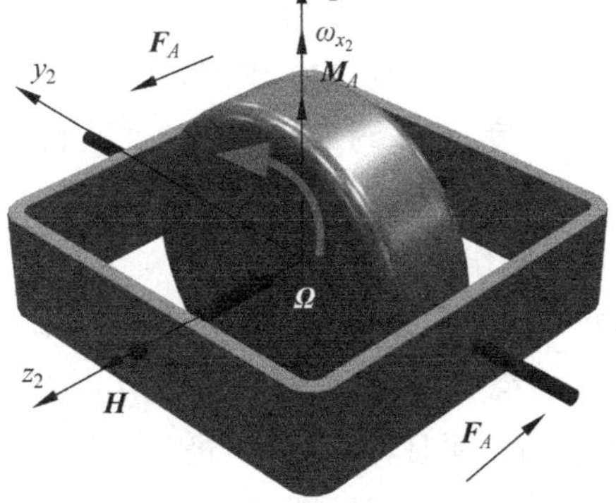

图 5.1 基座绕 x_2 轴方向转动时陀螺仪的运动情况

对于基座绕这两个方向的转动，内环仍起到隔离运动的作用。但当基座绕陀螺仪缺少自由度的 x_2 轴以角速度 ω_{x_2} 转动时，因陀螺仪绕该轴没有转动自由度，故基座转动时将经框架轴上的一对支承带动内环连同陀螺转子一起转动，即强迫陀螺仪绕 x_2 轴转动。而这时陀螺自转轴仍力图保持原空间方位稳定，因此基座转动时内环轴上的一对支承就有推力 F_A 作用在内环轴的两端，并形成推力矩 $\boldsymbol{M}_A$ 作用在陀螺仪上，其方向沿 x_2 轴正向。由于陀螺仪绕内环轴仍存在转动自由度，所以这个推力矩就使陀螺仪产生绕内环轴的进动，进动角速度沿内环轴 y_2 正向，使自转轴 z_2 趋向与 x_2 轴重合。

这就是说，在基座绕陀螺仪缺少自由度的 x_2 轴转动，强迫陀螺仪跟随基座转动的同时，还使陀螺仪绕内环轴转动，自转轴 z_2 趋向与 x_2 轴重合。若基座绕 x_2 轴转动的方向相反，则陀螺仪绕内环轴进动的方向也相反。这里 x_2 轴称为单自由度陀螺仪的输入轴，而内环轴 y_2 称为输出轴。相应地，绕 x_2 轴的转动角速度称为输入角速度，绕内环轴 y_2 的转角称为输出转角。通过以上分析可以看出，单自由度陀螺仪具有敏感其缺少自由度轴向(输入轴 x_2)转动的特性。

单自由度陀螺仪受到绕内环轴的外力矩作用时，如图 5.2 所示，假设外力矩 $\boldsymbol{M}_{y_2}$ 绕内环轴 y_2 负向作用，则陀螺仪将力图以角速度 $\boldsymbol{M}_{y_2}/\boldsymbol{H}$ 绕 x_2 轴正向进动。但这种进动能否实现，则应根据基座绕 x_2 轴的转动情况而定。

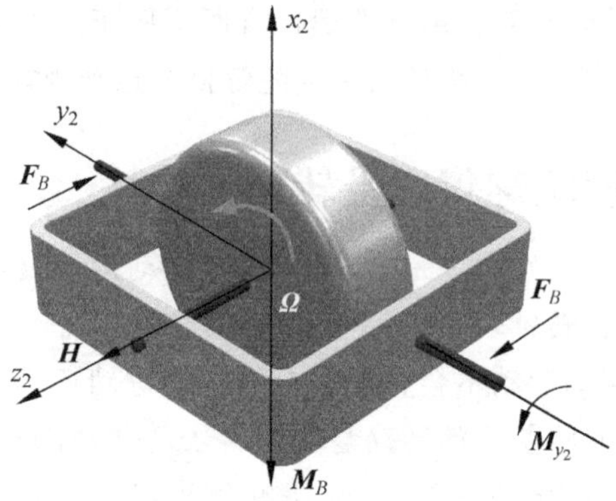

图 5.2　外力矩绕内环轴作用时陀螺仪的运动情况

当基座绕 x_2 轴没有转动时，由于内环轴上一对支承的约束，这个进动是不可能实现的。但其进动趋势仍然存在，并对内环轴两端的支承施加压力，于是支承就产生约束反力 $\boldsymbol{F}_B$ 作用在内环轴两端，并形成约束反力矩 $\boldsymbol{M}_B$ 作用在陀螺仪上，其方向沿 x_2 轴负向。因陀螺仪绕内环轴仍存在转动自由度，故该约束反力矩就使陀螺仪产生绕内环轴的进动，进动角速度沿内环轴 y_2 负向。也就是说，若基座绕 x_2 轴没有转动，则在绕内环轴的外力矩作用下，陀螺仪的转动方向与外力矩作用方向一致。

当基座绕 x_2 轴转动且转动角速度 $\boldsymbol{\omega}_{x_2}=\boldsymbol{M}_{y_2}/\boldsymbol{H}$ 时，内环轴上一对支承不再对陀螺仪绕 x_2 轴的进动起约束作用，陀螺仪绕 x_2 轴的进动角速度 $\boldsymbol{M}_{y_2}/\boldsymbol{H}$ 就可以实现，外力矩 $\boldsymbol{M}_{y_2}$ 也就不会引起陀螺仪绕内环轴转动。而且，由于陀螺进动角速度 $\boldsymbol{M}_{y_2}/\boldsymbol{H}$ 恰好与基座转动角速度 $\boldsymbol{\omega}_{x_2}$ 相等，内环轴上的一对支承不再对陀螺仪施加推力矩作用，所以基座的转动也就不会引起陀螺仪绕内环轴转动。这时陀螺仪绕 x_2 轴处于进动状态，而绕内环轴则处于相对静止状态。

对于单自由度陀螺仪而言，本书关心的是陀螺仪绕内环轴相对基座的运动情况。这里的基座绕 x_2 轴相对惯性空间转动，基座是一个动参考系。因此在研究陀螺仪相对基座的运动时，应当考虑两种力矩的作用：一种是绕内环轴作用在陀螺仪上的外力矩；另一种是由基座绕 x_2 轴转动引起的绕内环轴的哥氏惯性力矩即陀螺力矩。

根据相对运动动力学原理，可对单自由度陀螺仪特性作如下解释。当基座绕 x_2 轴以角速度 $\boldsymbol{\omega}_{x_2}$ 转动时，便有绕内环轴的陀螺力矩 $\boldsymbol{H}\boldsymbol{\omega}_{x_2}$ 作用在陀螺仪上，使陀螺仪绕内环轴转动，自转轴将趋向与 x_2 轴重合。若绕内环轴作用有外力矩 $\boldsymbol{M}_{y_2}$，并且其大小正好与陀螺力矩 $\boldsymbol{H}\boldsymbol{\omega}_{x_2}$ 相等而方向相反时，则两力矩平衡，陀螺仪就不会出现绕内环轴的转动。这种解释方法比较简便，故在解释单自由度陀螺仪作用原理时经常被采用。

综上所述，单自由度陀螺仪没有双自由度陀螺仪那样的稳定性。当基座绕缺少自由度的 x_2 轴以角速度 $\boldsymbol{\omega}_{x_2}$ 转动时，自转轴将随着基座转动，同时自转轴还绕内环轴进动，使自转轴趋向与 x_2 轴重合，故单自由度陀螺仪可敏感 $\boldsymbol{\omega}_{x_2}$ 的大小。当陀螺仪受到绕内环轴的外力矩 $\boldsymbol{M}_{y_2}$ 作用时，若基座没有绕 x_2 轴转动，它将如同一般刚体那样绕内环轴转动；若基座绕 x_2 轴以 $\boldsymbol{M}_{y_2}/\boldsymbol{H}$ 转动，则自转轴不绕内环轴进动，绕内环轴处于相对静止状态。

5.1.2 单自由度陀螺仪的漂移率

对双自由度陀螺仪来说，干扰力矩引起的进动叫作漂移。单自由度陀螺仪不像双自由度陀螺仪那样具有绕外环轴的转动自由度，那么，绕内环轴作用的干扰力矩将会造成什么样的效果呢？由 5.1.1 节可知，如果单自由度陀螺仪受到绕内环轴的干扰力矩 $\boldsymbol{M}_d$ 作用，则它力图产生的绕 x_2 轴进动的角速度 $\boldsymbol{\omega}_d$ 的量值可表示为

$$\boldsymbol{\omega}_d = \frac{\boldsymbol{M}_d}{\boldsymbol{H}} \tag{5.1}$$

当基座绕 x_2 轴（输入轴）没有转动时，陀螺仪的这种进动就无法实现，干扰力矩将使陀螺仪绕内环轴（输出轴）转动起来。但当基座绕输入轴 x_2 转动且角速度 $\boldsymbol{\omega}_{x_2} = \boldsymbol{\omega}_d$ 时，陀螺仪的这种进动便能够实现，干扰力矩就不会使陀螺仪绕输出轴 y_2 转动了。

我们本来希望当基座绕输入轴没有转动时，陀螺仪绕输出轴的输出转角为零；而当基座绕输入轴出现转动时，陀螺仪绕输出轴应该有输出转角。但由于干扰力矩的作用，当基座没有转动时，陀螺仪却出现输出转角；而当基座转动且转动角速度 $\boldsymbol{\omega}_{x_2} = \boldsymbol{\omega}_d$ 时，陀螺仪输出转角却为零。或换言之，这时的陀螺仪并不是在输入角速度为零的情况下处于零位状态，相反地，它是在有了输入角速度且与进动角速度相等的情况下才处于零位状态。

因此，在描述单自由度陀螺仪的精度时需要知道：当输入角速度等于什么数值时，才能使陀螺仪的输出转角为零即处于零位状态。这个使陀螺仪输出为零的输入角速度量值称为单自由度陀螺仪的漂移率。由于这个使陀螺仪输出为零的输入角速度恰好等于干扰力矩力图产生的进动角速度，所以，单自由度陀螺仪漂移率的计算式就是式(5.1)，它与双自由度陀螺仪漂移率的计算式具有完全相同的形式。由于这个缘故，也可以直接把干扰力矩力图产生的进动角速度定义为单自由度陀螺仪的漂移率。

单自由度陀螺仪的基本功用是感测运动物体相对惯性空间的转动角速度。当应用它做

成速率陀螺仪测量运载体的转动角速度时，漂移率越小，则角速度测量精度越高；当用它作为陀螺稳定平台的敏感元件时，漂移率越小，则平台的方位稳定精度越高。因此，漂移率是衡量单自由度陀螺仪精度的主要指标。要提高单自由度陀螺仪的精度，必须尽量减小陀螺仪内环轴上的干扰力矩。

现以单自由度陀螺仪组成的单轴陀螺稳定平台为例，说明陀螺漂移对平台精度的影响。如图 5.3 所示，在单轴平台上装有一个单自由度陀螺仪，其输入轴与平台轴重合或平行。当作用在平台上的干扰力矩使平台绕平台轴转动时，陀螺仪将感受这个转动而出现绕输出轴的转角。这时输出轴上的信号器就有电压信号输出，经伺服放大器放大后，控制平台轴上的伺服电机产生稳定力矩。该稳定力矩用来克服平台上的干扰力矩，从而使平台绕平台轴相对惯性空间保持方位稳定。

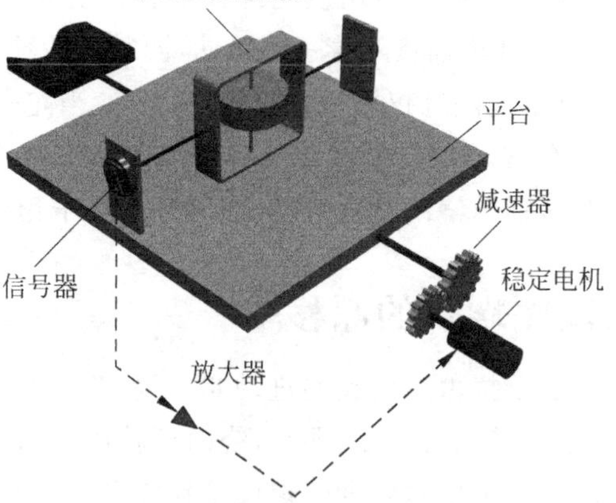

图 5.3　单自由度陀螺仪作为稳定平台的敏感元件

若平台不受干扰力矩作用，即绕平台轴的转动角速度为零，则陀螺仪输入角速度也为零，本应没有输出转角才对，但陀螺仪在绕内环轴的干扰力矩 $\boldsymbol{M}_{\mathrm{d}}$ 作用下，尽管没有输入角速度，仍会出现输出转角。此时输出轴上的信号器也会有电压信号输出，经伺服放大器放大后，同样会控制平台轴上的伺服电机产生一个力矩，使平台绕平台轴转动起来。当平台转动角速度达到$\boldsymbol{\omega}=\boldsymbol{M}_{\mathrm{d}}/\boldsymbol{H}$ 时，陀螺仪绕输出轴才停止转动。由此可见，单自由度陀螺仪组成的稳定平台中，陀螺漂移率将通过伺服系统作用造成平台转动，在稳态时，平台转动角速度恰好等于陀螺漂移角速度 $\boldsymbol{M}_{\mathrm{d}}/\boldsymbol{H}$。

5.1.3　单自由度陀螺仪的动力学分析

本节在导出单自由度陀螺仪运动方程式的基础上，分析单自由度陀螺仪的运动规律，并给出它的结构图和传递函数。

5.1.3.1　单自由度陀螺仪的运动方程式

单自由度陀螺仪的运动方程式，同样可以应用欧拉动力学方程式、拉格朗日方程式和动静法来建立。本节采用其中最简便的方法即动静法来进行推导。

对单自由度陀螺仪而言，其输入为基座（壳体）相对惯性空间的转动角速度，输出为陀螺仪绕内环轴相对基座的转角。因此，本书关心的是陀螺仪绕内环轴相对基座的运动情况，也就是内环坐标系 $Ox_2y_2z_2$ 相对基座坐标系 $Oxyz$ 的运动情况。因此本书选取两个坐标系，一个是与陀螺内环固联的内环坐标系 $Ox_2y_2z_2$，另一个是与基座固联的基座坐标系 $Oxyz$。这两个坐标系的原点均与环架支点重合，在初始位置时各对应坐标轴均相重合。这两个坐标系之间的相对运动只有一个自由度，即绕内环轴 y_2 的转动自由度。当陀螺仪安装在飞机上或平台上时，基座坐标系就代表飞机或平台。

假设陀螺仪绕内环轴正向相对基座转动的角加速度、角速度和转角分别为$\ddot{\boldsymbol{\beta}}$、$\dot{\boldsymbol{\beta}}$ 和$\boldsymbol{\beta}$，如图 5.4 所示，又设基座绕基座坐标系各轴相对惯性空间转动的角加速度分别为$\dot{\boldsymbol{\omega}}_x$、$\dot{\boldsymbol{\omega}}_y$ 和 $\dot{\boldsymbol{\omega}}_z$，角速度分别为$\boldsymbol{\omega}_x$、$\boldsymbol{\omega}_y$ 和 $\boldsymbol{\omega}_z$。

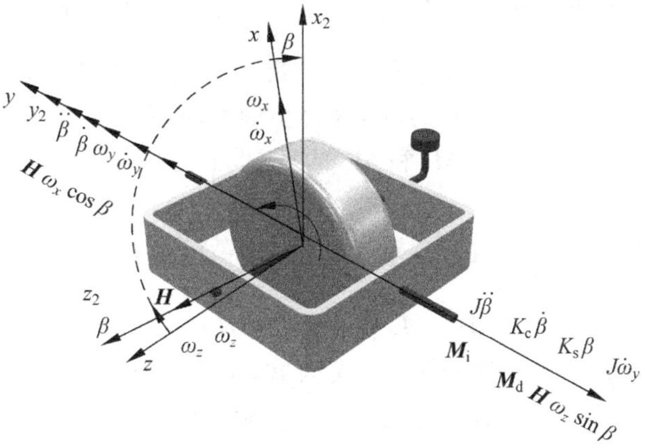

图 5.4　内环坐标系相对基座坐标系的运动关系

根据动静法处理动力学问题的基本原理，在单自由度陀螺仪中，除外力矩外另加惯性力矩，且两者互成平衡，即可得到单自由度陀螺仪的运动方程式。现在来求绕内环轴作用在陀螺仪上的外力矩和惯性力矩。

如果陀螺仪中装有阻尼器，则当陀螺仪绕内环轴正向相对基座转动而出现角速度时，便有阻尼力矩绕内环轴负向作用在陀螺仪上，其表达式为

$$\boldsymbol{M}_c = -K_c\dot{\boldsymbol{\beta}} \tag{5.2}$$

其中，K_c 为阻尼器的阻尼系数。

如果陀螺仪中装有弹性器件，则当陀螺仪绕内环轴正向相对基座转动而出现转角时，便有弹性力矩绕内环轴负向作用在陀螺仪上，其表达式为

$$\boldsymbol{M}_s = -K_s\boldsymbol{\beta} \tag{5.3}$$

其中，K_s 为弹性元件的弹性系数。

绕内环轴作用在陀螺仪上的外力矩，除阻尼力矩和弹性力矩外，还有控制力矩 $\boldsymbol{M}_i$ 和干扰力矩 $\boldsymbol{M}_d$。设 $\boldsymbol{M}_i$ 和 $\boldsymbol{M}_d$ 均沿内环轴的负向作用。

假设陀螺仪绕内环轴的转动惯量为 J，当陀螺仪绕内环轴正向相对基座出现角加速度 $\ddot{\boldsymbol{\beta}}$，以及基座绕内环轴正向相对惯性空间出现角加速度$\dot{\boldsymbol{\omega}}_y$ 时，就有绕内环轴负向的相对转动惯性力矩 $J\ddot{\boldsymbol{\beta}}$ 和牵连转动惯性力矩 $J\dot{\boldsymbol{\omega}}_y$。这些转动惯性力矩的方向与角加速度方向相反。

其表达式为

$$\boldsymbol{M}_J = -J\ddot{\boldsymbol{\beta}} - J\dot{\boldsymbol{\omega}}_y \tag{5.4}$$

假设陀螺角动量为 $\boldsymbol{H}$。当基座绕 x 轴和 z 轴相对惯性空间出现角速度$\boldsymbol{\omega}_x$ 和$\boldsymbol{\omega}_z$ 时，就有绕内环轴的哥氏惯性力矩即陀螺力矩，陀螺力矩的方向按角动量转向角速度的右手旋进规则确定。其表达式为

$$\boldsymbol{M}_G = \boldsymbol{H}\boldsymbol{\omega}_x\cos\beta - \boldsymbol{H}\boldsymbol{\omega}_z\sin\beta \tag{5.5}$$

根据惯性力矩与外力矩互成平衡原理，可写出陀螺仪绕内环轴的力矩平衡方程式：

$$\boldsymbol{M}_J + \boldsymbol{M}_G + \boldsymbol{M}_c + \boldsymbol{M}_s - \boldsymbol{M}_i - \boldsymbol{M}_d = 0 \tag{5.6}$$

将式(5.2)～式(5.5)代入式(5.6)并整理可得

$$J\ddot{\boldsymbol{\beta}} + K_c\dot{\boldsymbol{\beta}} + K_s\beta = \boldsymbol{H}\boldsymbol{\omega}_x\left(\cos\beta - \frac{\boldsymbol{\omega}_z}{\boldsymbol{\omega}_x}\sin\beta\right) - \boldsymbol{M}_i - \boldsymbol{M}_d - J\dot{\boldsymbol{\omega}}_y \tag{5.7}$$

式(5.7)就是在考虑阻尼约束和弹性约束的情况下，单自由度陀螺仪的运动方程式。进行基本分析时，假设陀螺仪绕内环轴的转角$\boldsymbol{\beta}$ 为小量角，故有 $\cos\beta\approx 1$ 和 $\sin\beta\approx 0$，并且假设基座转动角加速度为零，暂不考虑 $\boldsymbol{M}_i$ 和 $\boldsymbol{M}_d$ 的影响，于是得到

$$J\ddot{\boldsymbol{\beta}} + K_c\dot{\boldsymbol{\beta}} + K_s\boldsymbol{\beta} = \boldsymbol{H}\boldsymbol{\omega}_x \tag{5.8}$$

为了书写方便，省略$\boldsymbol{\omega}_x$ 下标而成为

$$J\ddot{\boldsymbol{\beta}} + K_c\dot{\boldsymbol{\beta}} + K_s\boldsymbol{\beta} = \boldsymbol{H}\boldsymbol{\omega} \tag{5.9}$$

式(5.9)是简化的单自由度陀螺仪运动方程式，它是一个典型的二阶常系数线性微分方程，与力学中质点振动的微分方程式完全类似。一般称其中的第一项为惯性项，第二项为阻尼项，第三项为恢复项。

5.1.3.2 单自由度陀螺仪运动的基本分析

现在根据单自由度陀螺仪的运动方程式来分析它的运动规律，即分析它的输出转角与输入角速度之间的关系特性。单自由度陀螺仪受约束的情况不同，其运动规律也不同，下面分四种情况进行讨论。在求解运动方程式时，假设输入角速度为阶跃常值角速度，并且假设陀螺仪绕内环轴的初始角速度和初始转角均为零。

(1) 仅有弹性约束时陀螺仪的运动规律

仅有弹性约束时，式(5.9)中的阻尼项为零，单自由度陀螺仪的运动方程式写为

$$J\ddot{\boldsymbol{\beta}} + K_s\boldsymbol{\beta} = \boldsymbol{H}\boldsymbol{\omega} \tag{5.10}$$

微分方程(5.10)中只有惯性项和恢复项，它描述的是无阻尼振荡运动，将其改写为

$$\ddot{\boldsymbol{\beta}} + \boldsymbol{\omega}_n^2\boldsymbol{\beta} = \boldsymbol{\omega}_n^2\frac{\boldsymbol{H}}{K_s}\boldsymbol{\omega} \tag{5.11}$$

其中，$\boldsymbol{\omega}_n$ 称为自由振荡角频率，并且

$$\boldsymbol{\omega}_n = \sqrt{\frac{K_s}{J}} \tag{5.12}$$

而陀螺仪的自由振荡频率为

$$f_n = \frac{\boldsymbol{\omega}_n}{2\pi} = \frac{1}{2\pi}\sqrt{\frac{K_s}{J}} \tag{5.13}$$

求解方程(5.10)～方程(5.13)可得陀螺仪绕内环轴的运动规律：

$$\boldsymbol{\beta}=\frac{\boldsymbol{H}}{K_s}\boldsymbol{\omega}\,(1-\cos\omega_n t) \tag{5.14}$$

该结果表明，仅有弹性约束时，单自由度陀螺仪绕内环轴的运动以转角 $\boldsymbol{H\omega}/K_s$ 为平均位置作不衰减的简谐振荡运动，其输出转角随时间变化关系如图 5.5 所示。因此类型陀螺仪没有稳定的输出，故仅有弹性约束的单自由度陀螺仪没有实际使用价值。

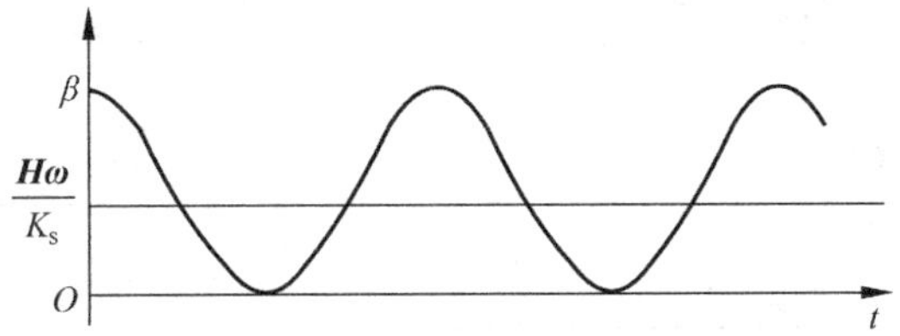

图 5.5　仅有弹性约束时陀螺仪的运动规律

(2) 同时有阻尼和弹性约束时陀螺仪的运动规律

同时有阻尼和弹性约束时，单自由度陀螺仪的运动方程式就是式(5.9)，该微分方程式中有惯性项、阻尼项和恢复项，它描述的是有阻尼的振荡运动，将式(5.9)改写为

$$\ddot{\boldsymbol{\beta}}+2\zeta\omega_n\dot{\boldsymbol{\beta}}+\omega_n^2\boldsymbol{\beta}=\omega_n^2\frac{\boldsymbol{H}}{K_s}\boldsymbol{\omega} \tag{5.15}$$

其中，$\boldsymbol{\omega}_n$ 仍是自由振荡角频率，ζ 称为相对阻尼系数或阻尼比，并且

$$\zeta=\frac{K_c}{2\sqrt{JK_s}} \tag{5.16}$$

陀螺仪的运动规律受阻尼比大小的影响，根据阻尼比大小分三种情况来讨论。

① 小阻尼(欠阻尼)情况

小阻尼情况就是阻尼比 $\zeta<1$，求解上述微分方程可得陀螺仪绕内环轴的运动规律为

$$\boldsymbol{\beta}=\frac{\boldsymbol{H}}{K_s}\omega\left[1-\frac{1}{\sqrt{1-\zeta^2}}e^{-\zeta\omega_n t}\sin(\omega_n\sqrt{1-\zeta^2}\,t+\delta)\right] \tag{5.17}$$

其中，$\delta=\arctan\dfrac{\sqrt{1-\zeta^2}}{\zeta}$。

该结果表明，在同时有阻尼和弹性约束并且相对阻尼系数 $\zeta<1$ 的情况下，单自由度陀螺仪绕内环轴是以转角 $\boldsymbol{H\omega}/K_s$ 为稳定位置作衰减的振荡运动。其输出转角随时间的变化关系如图 5.6 所示。

在小阻尼情况下，陀螺仪衰减振荡的角频率为 $\omega_n\sqrt{1-\zeta^2}$，衰减振荡周期等于 $2\pi/(\omega_n\sqrt{1-\zeta^2})$；而无阻尼情况下陀螺仪自由振荡的周期等于 $2\pi/\omega_n$。可见，阻尼使陀螺仪振荡周期加长。但当阻尼比 ζ 为 0.5～0.8 时，阻尼对于振荡周期加长的影响很小，而振幅的衰减却很明显。如果阻尼比 $\zeta<0.5$，则陀螺仪仍会出现明显的振荡，其振幅要经过一段比较长的时间才能衰减下来，这样陀螺仪达到稳态输出的过渡过程时间便会增大。

在陀螺仪的振荡衰减后即达到稳态时，陀螺仪输出转角达到一个稳定的数值：

$$\boldsymbol{\beta}=\frac{\boldsymbol{H}}{K_s}\boldsymbol{\omega} \tag{5.18}$$

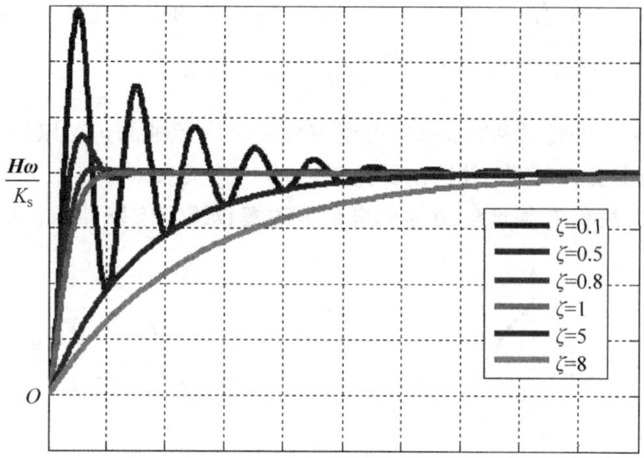

图 5.6　同时有弹性约束与阻尼约束时陀螺仪的运动规律

也就是说，稳态时陀螺仪的输出转角与输入角速度成正比，其比例系数为 $\boldsymbol{H}/K_s$，该比例系数称为这种陀螺仪的稳态放大系数或稳态增益。

② 临界阻尼情况

临界阻尼就是阻尼比 $\zeta=1$。这时微分方程式的解为

$$\boldsymbol{\beta}=\frac{\boldsymbol{H}}{K_s}\boldsymbol{\omega}\left[1-(1+\omega_n t)\mathrm{e}^{-\omega_n t}\right] \tag{5.19}$$

该结果表明，同时有阻尼和弹性约束且为临界阻尼时，单自由度陀螺仪绕内环轴的运动已没有振荡性质，而是作非周期性运动，随着时间增加，其输出转角逐渐趋于 $\boldsymbol{H\omega}/K_s$ 位置稳定下来，如图 5.6 所示。

③ 大阻尼(过阻尼)情况

大阻尼就是阻尼比 $\zeta>1$。这时微分方程式的解为

$$\boldsymbol{\beta}=\frac{\boldsymbol{H}}{K_s}\boldsymbol{\omega}\left[1+\frac{\mathrm{e}^{-t/T_1}}{T_2/T_1-1}+\frac{\mathrm{e}^{-t/T_2}}{T_1/T_2-1}\right] \tag{5.20}$$

其中，$T_1=\dfrac{1}{\omega_n(\zeta-\sqrt{\zeta^2-1})}$，$T_2=\dfrac{1}{\omega_n(\zeta+\sqrt{\zeta^2-1})}$称为二阶过阻尼系统的时间常数，且有 $T_1>T_2$。

该结果表明，同时有阻尼和弹性约束且为大阻尼时，单自由度陀螺仪绕内环轴的运动也没有振荡性质，也是作非周期性运动，随着时间增加，其输出转角也逐渐趋于 $\boldsymbol{H\omega}/K_s$ 位置稳定下来。

大阻尼与临界阻尼相比，二者都是抑制了陀螺仪的振荡运动，而且稳态时同样得到输出转角与输入角速度成正比的特性，但大阻尼却使陀螺仪达到稳态输出的时间更长。

在同时有阻尼和弹性约束的情况下，只要适当选择阻尼比使之为 0.5～0.8，则陀螺仪就能很快达到稳态输出，并且输出转角与输入角速度成正比。这样，可以用陀螺仪的输出转角来量度运动物体的转动角速度。若用信号器把输出转角变换成电压信号，则该输出电压与输入角速度成正比。利用这种特性，可以测量出航行体相对惯性空间的转动角速度。这种类型的陀螺仪叫作角速度陀螺仪或速率陀螺仪。

(3) 仅有阻尼时陀螺仪的运动规律

仅有阻尼约束时,式(5.9)中的恢复项为零,单自由度陀螺仪的运动方程式为

$$J\ddot{\boldsymbol{\beta}} + K_c\dot{\boldsymbol{\beta}} = \boldsymbol{H}\boldsymbol{\omega} \tag{5.21}$$

式(5.21)中只有惯性项和阻尼项,它所描述的已不再是振荡运动。将式(5.21)改写为

$$T\ddot{\boldsymbol{\beta}} + \dot{\boldsymbol{\beta}} = \frac{\boldsymbol{H}}{K_c}\boldsymbol{\omega}$$

其中,T 为陀螺仪的时间常数,并且有

$$T = \frac{J}{K_c} \tag{5.22}$$

求解微分方程式(5.22)可得陀螺仪绕内环轴的运动规律:

$$\boldsymbol{\beta} = \frac{\boldsymbol{H}}{K_c}\boldsymbol{\omega}\left[t - T(1 - e^{-\frac{t}{T}})\right] \tag{5.23}$$

陀螺仪输出转角随时间的变化关系示于图5.7中。

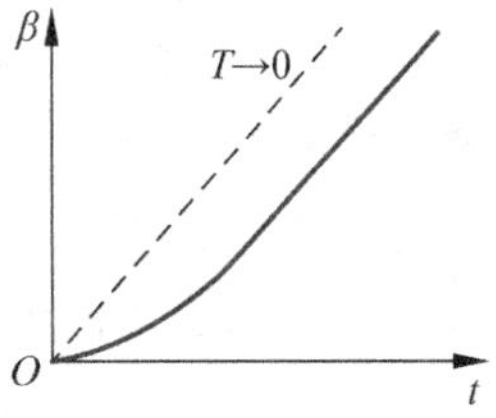

图5.7　仅有阻尼约束时陀螺仪的运动规律

如果陀螺仪的时间常数 $T=0$,则从式(5.23)可得

$$\boldsymbol{\beta} = \frac{\boldsymbol{H}}{K_c}\boldsymbol{\omega}t \tag{5.24}$$

考虑到其中陀螺角动量 $\boldsymbol{H}$ 和阻尼系数 K_c 均为常量,于是式(5.24)可改写成

$$\boldsymbol{\beta} = \frac{\boldsymbol{H}}{K_c}\int_0^t \boldsymbol{\omega}\,\mathrm{d}t = K\int_0^t \boldsymbol{\omega}\,\mathrm{d}t \tag{5.25}$$

也就是说,稳态时单自由度陀螺仪的输出转角与输入转角成正比,或者说与输入角速度的积分成正比,其比例系数为

$$K = \frac{\boldsymbol{H}}{K_c} \tag{5.26}$$

该比例系数称为这种陀螺仪的稳态放大系数或稳态增益。

实际上,陀螺仪对内环轴存在转动惯量 J,阻尼器的阻尼系数 K_c 做得很大也存在困难,故陀螺仪的时间常数 T 并不等于零,上述这种理想积分特性是不可能实现的。但若阻尼系数比较大而使时间常数足够小,如 T 通常小于0.004 s,则仍可得到较理想的积分特性,即仍可认为输出转角与输入角速度的积分成正比。这样,可以用陀螺仪的输出转角来度量运动物体的转角,或者说度量运动物体角速度的积分。若用信号器把输出转角变换成电压信号,则该输出电压与输入角速度的积分成正比。利用这种特性可敏感出陀螺稳定平台相对惯性空间的转动。这种类型的陀螺仪通常叫作积分陀螺仪。

(4) 无任何约束时陀螺仪的运动规律

没有阻尼和弹性约束时,式(5.9)中的阻尼项和恢复项均为零,单自由度陀螺仪的运动方程式成为

$$J\ddot{\boldsymbol{\beta}} = \boldsymbol{H}\boldsymbol{\omega} \tag{5.27}$$

或者将式(5.27)改写为

$$\ddot{\boldsymbol{\beta}} = \frac{\boldsymbol{H}}{J}\boldsymbol{\omega} \tag{5.28}$$

直接对式(5.28)作积分可得陀螺仪绕内环轴的运动规律:

$$\boldsymbol{\beta}=\frac{\boldsymbol{H}}{J}\int_0^t\int_0^t \boldsymbol{\omega}\,\mathrm{d}t\,\mathrm{d}t \tag{5.29}$$

其中,陀螺角动量 $\boldsymbol{H}$ 和转动惯量 J 均为常量,可将式(5.29)写成

$$\boldsymbol{\beta}=K\int_0^t\int_0^t \boldsymbol{\omega}\,\mathrm{d}t\,\mathrm{d}t \tag{5.30}$$

也就是说,这时陀螺仪的输出转角与输入角速度的二次积分成正比,其比例系数为

$$K=\frac{\boldsymbol{H}}{J} \tag{5.31}$$

该比例系数称为这种陀螺仪的放大系数。

若用信号器把输出转角变换成电压信号,则该输出电压与输入角速度的二次积分成正比。利用这样的特性,也可把它作为陀螺稳定平台的敏感元件,来敏感平台相对惯性空间的转动。这种类型的陀螺仪通常叫作二重积分陀螺仪。不过这种陀螺仪并不具有特殊的优点,因而在实际中很少被采用。

速率陀螺仪、积分陀螺仪和二重积分陀螺仪是单自由度陀螺仪的三种基本类型。其中速率陀螺仪被广泛应用于各种运载体的自动控制系统,作为角速度的敏感元件;而积分陀螺仪被广泛应用于惯性导航系统或惯性制导系统,作为角位移或角速度的敏感元件。

5.1.4 单自由度陀螺仪的应用

5.1.4.1 角速度陀螺仪

单自由度陀螺仪的基本功用是测量运载体的角速度,也可以作为陀螺稳定平台的敏感元件。飞机在空中经常有两种飞行状态,即平直飞行和转弯或盘旋飞行状态。正确的转弯飞行(协调转弯)需要按一定的倾斜角与一定的转弯角速度来协调进行。因此,飞行员除必须知道飞机倾斜角、俯仰角和航向角之外,还必须知道飞机转弯或盘旋角速度。

当使用飞行控制系统操纵飞机时,除需要测量出飞机的倾斜角、俯仰角和航向角外,还需要测量出飞机绕 3 个主轴的转动角速度,并把角速度信号传输给飞行控制系统,从而得到较好的调节质量。此外,机载雷达也需要测量出雷达天线的跟踪角速度,以便改善雷达跟踪系统的动态品质。

在飞机转弯或盘旋飞行时,由于向心加速度的影响,使垂直陀螺仪、航向陀螺仪和全姿态组合陀螺仪中的摆式元件受到干扰,不能正常工作,这就需要切断与这些设备相关的修正电路。因此,也需要测出飞机的转弯角速度,并控制相应的继电器动作,以便切断或转换有关电路。

角速度陀螺仪就是用来测量转动角速度的陀螺仪表,它是飞机上不可缺少的一种仪表,也是飞行控制系统不可缺少的组成部件。通常,给飞行员提供飞机转弯或盘旋判读指示的叫作转弯仪;给飞行控制系统或其他控制系统提供角速度信号的叫作角速度传感器;给各种设备提供转弯或盘旋切断信号的叫作角速度信号器或陀螺继电器。

上述三种角速度陀螺仪测量角速度的原理都是相同的,仅是由于用途不同和性能指标要求不同,而带来某些结构上的差别和名称上的不同。角速度陀螺仪可以用单自由度陀螺

仪组成，也可以用双自由度陀螺仪组成，但目前一般都使用前者。

角速度陀螺仪是对单自由度陀螺仪施加弹性约束和阻尼约束而构成的，所以角速度陀螺仪的基本原理建立在单自由度陀螺仪特性的基础上。现根据单自由度陀螺仪的特性来说明其基本原理。

取与机体固联的机体坐标系 $Ox_by_bz_b$、与内环固联的内环坐标系 $Ox_2y_2z_2$，如图 5.8 所示。起始位置时两个坐标系重合，内环坐标系记为 $Ox_{20}y_{20}z_{20}$，坐标原点用 O 表示。

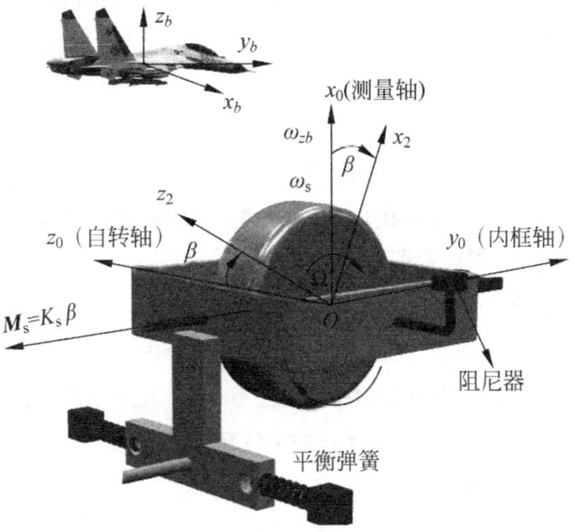

图 5.8 角速度陀螺仪基本原理

当机体绕单自由度陀螺仪缺少自由度的轴方向 Ox_{20}（与 Oz_b 轴重合）以角速度 $\boldsymbol{\omega}_{zb}$ 相对惯性空间转动时，由于支承推力矩 $\boldsymbol{M}_t$ 的作用，使陀螺仪产生绕内环轴进动，进动角速度沿内环轴 Oy_2 正向，使自转轴 Oz_2 力图与机体转动角速度的方向 Oz_b 重合。

但是，当陀螺仪绕内环轴进动而出现相对转角 β 时，平衡弹簧发生弹性变形，产生绕内环轴的弹性力矩 $\boldsymbol{M}_s$ 作用在陀螺仪上。弹性力矩的方向与陀螺仪绕内环轴的偏转方向相反，在内环轴 Oy_2 的负方向，而大小与相对转角$\boldsymbol{\beta}$ 的大小成正比，可表示为

$$\boldsymbol{M}_s=K_s\boldsymbol{\beta} \tag{5.32}$$

其中，K_s 为平衡弹簧的刚性系数，其单位用 g·cm/rad 表示。

在弹性力矩 $\boldsymbol{M}_s$ 的作用下，陀螺仪力图产生进动角速度$\boldsymbol{\omega}_s=K_s\boldsymbol{\beta}/\boldsymbol{H}$。陀螺仪进动角速度的方向与机体转动角速度的方向在$\boldsymbol{\beta}$ 角为小量角时可看作相同的，而进动角速度的大小与弹性力矩的大小成正比。

当弹性力矩产生的进动速度与基座转动角速度相等，即$\boldsymbol{\omega}_s=\boldsymbol{\omega}_{zb}$ 时，弹性力矩正好提供了陀螺仪跟随机体在空间改变方向所需的外力矩。这时支承对陀螺仪既无推力矩作用，也无约束反力矩作用，陀螺仪绕内环轴进动角速度等于 0，而陀螺仪绕内环轴的转角$\boldsymbol{\beta}$ 达到一个稳定值。根据式(5.18)便得到陀螺仪绕内环轴的稳态转角表达式：

$$\boldsymbol{\beta}=\frac{\boldsymbol{H}}{K_s}\boldsymbol{\omega}_{zb} \tag{5.33}$$

式(5.33)表明了角速度陀螺仪测量机体转动角速度的基本关系。当陀螺角动量 $\boldsymbol{H}$ 和平衡弹簧刚性系数 K_s 都为定值时，陀螺仪绕内环轴稳态转角$\boldsymbol{\beta}$ 的大小与机体转动角速度

$\boldsymbol{\omega}_{zb}$ 大小成正比。而且当机体转动角速的方向改变到相反即$\boldsymbol{\omega}_{zb}$ 为负值时，陀螺仪绕内环轴的偏转方向也改变到相反即$\boldsymbol{\beta}$ 角也是负值。因此，陀螺仪绕内环轴转角$\boldsymbol{\beta}$ 的大小和方向可用来判明机体转动角速度$\boldsymbol{\omega}_{zb}$ 的大小和方向。

对于角速度陀螺仪的基本原理，在技术书刊中还采用另一种解释方法。这种解释方法是：当基座以角速度$\boldsymbol{\omega}_{zb}$ 绕陀螺仪的输入轴转动时，将产生陀螺力矩 $\boldsymbol{H}\boldsymbol{\omega}_{zb}$ 绕内环轴作用在陀螺仪上。该陀螺力矩使陀螺仪绕内环轴转动而出现转角$\boldsymbol{\beta}$，平衡弹簧便产生方向与偏转方向相反、大小与转角$\boldsymbol{\beta}$ 成正比的弹性力矩 $K_s\boldsymbol{\beta}$ 绕内环轴作用在陀螺仪上，如图 5.8 所示。当平衡弹簧的弹性力矩 $\boldsymbol{M}_s$ 与陀螺力矩 $\boldsymbol{H}\boldsymbol{\omega}_{zb}$ 平衡时，陀螺仪绕内环轴停止转动而达到稳定状态。根据这个关系得到

$$K_s\boldsymbol{\beta}=\boldsymbol{H}\boldsymbol{\omega}_{zb} \tag{5.34}$$

显然，式(5.34)与式(5.33)完全相同。这种解释方法是基于相对运动的动力学原理，由于这种解释方法比较简便而常被采用。

本节已经说明了角速度陀螺仪的两个基础元件，即单自由度陀螺仪和平衡弹簧的作用。但如果仅有这两部分来组成角速度陀螺仪，则陀螺仪绕内环轴将出现明显的振荡现象。为此，还必须采用阻尼器给出绕内环轴作用的阻尼力矩以阻尼这种振荡，使之比较快地达到稳定状态。阻尼力矩的方向与陀螺仪绕内环轴相对转动角速度的方向相反，而大小与相对转动角速度的大小成正比，可表达为

$$\boldsymbol{M}_c=K_c\dot{\boldsymbol{\beta}} \tag{5.35}$$

其中，K_c 为阻尼器的阻尼系数，其单位用 g·cm/(rad·s)表示。

角速度陀螺仪的输出轴是内环轴。若在内环轴上安装信号传感器或指示机构，便可把转角变换成相应电压信号或相应的角速度指示。角速度陀螺仪的输入轴(或称测量轴)是 Ox_2 轴的初始位置 Ox_{20} 轴。但应注意，角速度陀螺仪用来敏感输入角速度的是与内环轴和自转轴相垂直的轴即 Ox_2 轴，称该轴为角速度陀螺仪的敏感轴。只有转角$\boldsymbol{\beta}=0°$时，角速度陀螺仪的敏感轴与输入轴才重合。当$\boldsymbol{\beta}\neq0°$时，这两根轴不重合，角速度陀螺仪所敏感的仅是被测角速度在敏感轴上的分量，这将造成测量误差。

角速度陀螺仪主要由单自由度陀螺仪、平衡弹簧、阻尼器和信号传感器等部分组成。

(1) 平衡弹簧用来产生弹性力矩，以便度量输入角速度的大小。平衡弹簧有螺旋弹簧、片弹簧、弹性扭杆等不同形式。弹性扭杆不仅起平衡弹簧作用，而且还起到内环轴一端支承的作用。

(2) 阻尼器的作用是产生阻尼力矩，以阻尼陀螺仪绕内环轴的振荡来提高稳定性。它有空气阻尼器、液体阻尼器、电磁阻尼器等不同形式。

(3) 信号传感器的作用是把输出转角变换成电信号，它安装在内环轴方向。通常采用电位器或微动同步器。微动同步器转子固定在内环轴上，定子固定在表壳上，当转子相对定子出现转角时，定子中的输出绕组便产生与该转角成比例的电压信号。

(4) 角速度陀螺仪有液浮式与非液浮式两种结构型式。非液浮式角速度陀螺仪的阻尼器通常为活塞与气缸组成的空气阻尼器，因阻尼器干摩擦较大而影响仪表的工作精度，故在精度要求较高的场合多采用液浮式角速度陀螺仪。液浮式结构不仅能避免空气阻尼器的干摩擦，而且可减小轴承的摩擦力矩，提高仪表的抗振、抗冲击性能。

5.1.4.2 积分陀螺仪

液浮陀螺是最先研制成功的一种惯性级陀螺，1955 年美国首先成功研制并使用了液浮陀螺惯导系统，它被称为惯导技术发展史上的一个重要里程碑。液浮陀螺通过液浮和其他辅助悬浮措施，把绕陀螺输出轴的干摩擦力矩几乎减小到零，故它的精度很高，1973 年美国的德雷珀(Draper)实验室就研制出了精度为 0.000 015(°)/h 的单自由度液浮陀螺。

单自由度液浮积分陀螺的结构如图 5.9 所示。陀螺转子经过叉架支承装在作为内环的浮子中；浮子可以绕内环轴转动。在浮子内部充有密度小、传热快的惰性气体，以减小陀螺转子转动时受到的阻力，且有利于向外散发热量并防止机件氧化。在浮子与表壳之间充满相对密度很大的氟化物液体(密度为 1.8～2.5)，使整个浮子的质量和所形成的浮力大小近似相等。因此，浮子处于全浮状态，使轴承基本不承受负载，从而使摩擦力矩大大减小。这就大大提高了仪表的灵敏度和准确性。同时，因为外界的振动和冲击作用主要是通过浮液均匀地传给浮子的，因此大大减轻了内环轴承上承受的振动和冲击载荷，这就使仪表的抗振能力大大提高。

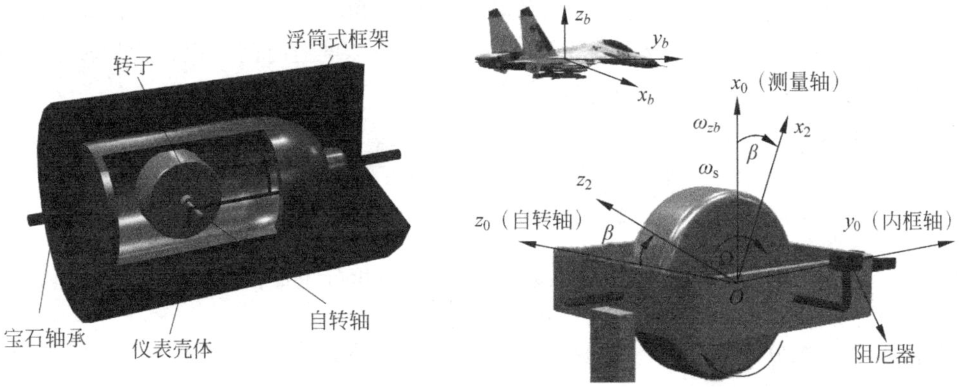

图 5.9 积分陀螺仪结构及原理

为使浮力和重力很好地保持平衡，仪表采取如下措施：一是在表壳上绕有加温电阻丝，通过温度自动调节装置使浮液的温度保持在一定的温度上(如 72℃左右)；二是在内环轴上装有配重，通过调整配重，可以改变浮子组件的重心和浮力作用点的位置。

由浮子、表壳和它们之间的浮液组成的阻尼器，通过保持规定的温度来保证阻尼系数基本不变。这一点对保证仪表的精度有重要意义。

信号器的作用是把输出转角变换成电压信号，其安装在内环轴方向，通常采用微动传感器，其转子固定在内环上，定子固定在表壳上。微动同步器是一种无接触式的信号传感器，它将陀螺仪绕内环轴的转角变换成电压信号，当转子相对定子出现转角时，微动传感器便产生与该转角成正比的电压信号。其因精度高且线性度好而被广泛采用。

力矩器的作用是对积分陀螺施加控制力矩，它也安装在内环轴方向。通常采用类似于微动传感器结构形式的力矩器，其转子固定在内环轴上，定子固定在表壳上。力矩器的定子上有两组线圈，一组是激磁线圈，另一组是控制线圈；当控制线圈通以控制电流时，力矩器便产生绕内环轴作用的控制力矩。

当飞机带动基座以角速度$\boldsymbol{\omega}$绕陀螺缺少转动自由度的轴线方向转动时(陀螺敏感轴方

向)，沿陀螺内环轴将产生陀螺力矩 $\boldsymbol{M}_G$，它使陀螺绕内环具有进动角速度$\dot{\boldsymbol{\beta}}$。当陀螺有绕内环的进动角速度时，阻尼器产生阻尼力矩 $\boldsymbol{M}_c$ 作用在陀螺上，它的方向与陀螺绕内环轴相对转动角速度的方向相反，大小为 $\boldsymbol{M}_c = K_c\dot{\boldsymbol{\beta}}$，其中 K_c 为绕陀螺内环轴的阻尼系数。

根据动静法写出积分陀螺的运动方程式如下：

$$J_y\ddot{\boldsymbol{\beta}} + K_c\dot{\boldsymbol{\beta}} = \boldsymbol{H\omega}\cos\beta \tag{5.36}$$

其中，J_y 为内环组件绕陀螺内环轴的转动惯量。

当陀螺达到稳态转动角速度时，$\ddot{\boldsymbol{\beta}} = \boldsymbol{0}$，惯性力矩 $J_y\ddot{\boldsymbol{\beta}} = \boldsymbol{0}$。故稳态时，陀螺力矩由阻尼力矩所平衡，即

$$K_c\dot{\boldsymbol{\beta}} = \boldsymbol{H\omega}\cos\beta \tag{5.37}$$

在实际工作中，式(5.37)中的$\boldsymbol{\beta}$ 数值很小，于是有 $\cos\beta \approx 1$ 成立。这样有

$$\dot{\boldsymbol{\beta}} = \frac{\boldsymbol{H}\,\boldsymbol{\omega}}{K_c} \quad \text{或} \quad \boldsymbol{\beta} = \frac{\boldsymbol{H}}{K_c}\int_0^t \boldsymbol{\omega}\,\mathrm{d}t \tag{5.38}$$

式(5.38)表明了积分陀螺测量基座转动角速度的基本关系。当陀螺角动量 $\boldsymbol{H}$ 和阻尼器的阻尼系数 K_c 都为定值时，陀螺绕内环轴的输出转角$\boldsymbol{\beta}$ 与输入角速度$\boldsymbol{\omega}$ 的积分成正比。正因为如此，称它为积分陀螺或速率积分陀螺。由于角速度对时间的积分就是转角，所以也可以说积分陀螺的输出转角与输入转角成正比。

在零初始条件下对式(5.36)进行拉氏变换，可得传递函数为

$$\frac{\beta(s)}{\omega(s)} = \frac{H}{J_y s^2 + K_c s} = \frac{K_g}{s(T_g s + 1)} \tag{5.39}$$

其中，$K_g = \dfrac{H}{K_c}$为积分陀螺仪静态传递系数；$T_g = \dfrac{J_y}{K_c}$为积分陀螺仪时间常数。显然，单自由度陀螺仪由一个积分环节$\dfrac{1}{s}$和一个惯性环节$\dfrac{1}{T_g s+1}$组成。为了使陀螺仪达到理想积分环节，时间常数 T_g 应该尽可能小，这就要求增加阻尼系数 K_c，减小内环组件转动惯量 J_y，为了增加阻尼系数，需要采用高黏稠度的浮液，高黏稠度、小惯量是积分陀螺仪的一个重要特点。另外，为了提高陀螺仪的灵敏度应增加 K_g，即在阻尼系数 K_c 一定的条件下增加 $\boldsymbol{H}$。要增加 $\boldsymbol{H}$ 的同时减小 J_y，这在结构上难以实现，实际中两者都很小，而阻尼系数很大。

5.1.5 单自由度陀螺仪的精度

陀螺性能决定了陀螺仪表或由陀螺所构成系统的性能，陀螺精度是惯导系统精度的决定因素。描述陀螺精度的指标最主要的是陀螺漂移率，对双自由度陀螺而言，其漂移率是指在干扰力矩作用下，陀螺进动角速度的大小。它实际上是按照双自由度陀螺的进动性来进行计算的，在陀螺角动量 $\boldsymbol{H}$ 一定的情况下，干扰力矩 $\boldsymbol{M}_d$ 越小，陀螺漂移率$\boldsymbol{\omega}_d$ 也越小，精度就越高，其计算式为

$$\boldsymbol{\omega}_d = \frac{\boldsymbol{M}_d}{\boldsymbol{H}} \tag{5.40}$$

单自由度陀螺也用漂移率来表示精度，但具体含义不同。因为机体沿陀螺输入轴转动，当有输入角速度作用时，陀螺将绕输出轴转动并输出转角信号；当没有角速度输入时，陀螺

的输出转角本应为零，可是由于输出轴上不可避免地存在干扰力矩，即使没有输入角速度，仍会有输出转角。而当输入角速度形成的陀螺力矩 $\boldsymbol{H\omega}$ 与干扰力矩 $\boldsymbol{M}_{\mathrm{d}}$ 相平衡时，陀螺的这个输出转角才为零。显然，能使陀螺输出转角为零的输入角速度的值，完全取决于输出轴上的干扰力矩 $\boldsymbol{M}_{\mathrm{d}}$。因此，这个输入角速度类似双自由度陀螺在干扰力矩作用下的进动角速度，即漂移角速度。正因如此，单自由度陀螺的漂移率也就与双自由度陀螺有完全一样的计算式，其值越小，测量精度越高。

在有些资料和一些实际工作中，对同一陀螺常会用常值漂移、随机漂移和逐次漂移等不同概念来描述，严格区分这些概念对理解陀螺漂移是十分重要的。

常值漂移，又叫系统性漂移率。只要在规定的工作条件下，它的数值基本上是常值。惯导系统对这种漂移误差可以采取措施进行补偿。

随机漂移，就是随机性的误差。在任意一次通电工作中，即使运行条件相同，也会出现数值不等的随机性的陀螺漂移率。由于它的随机性，在惯导系统中难以用简单的办法进行补偿，故对系统的性能影响较大。所以它就成为表征陀螺精度的最重要指标。

陀螺的逐次(逐日)漂移率，也叫漂移不定性，或逐次启动随机漂移。陀螺的逐次漂移率反映了在每次(如隔日)相继启动后，都会使原来常值漂移的测量值发生变化，且为随机量，从而影响惯导系统对陀螺漂移的补偿精度。其也是衡量陀螺精度的一个重要指标，往往这个漂移不定性与随机漂移的量级相同或相近。

随机漂移表征了陀螺短期工作的稳定性，逐次漂移则表征陀螺长期工作的稳定性。在干扰力矩(质量不平衡、支承摩擦、热稳定性、电磁作用、电性能参数稳定性等)作用下，陀螺产生的漂移率应包括常值和随机两个部分。逐次漂移实际是常值漂移的时间不稳定性。下文中的漂移率在不加说明时，主要指随机漂移率。

对于非刚体转子陀螺，如激光陀螺、光纤陀螺和其他新型陀螺，其精度指标仍用陀螺漂移率作为衡量性能的关键。这是因为陀螺漂移率是指陀螺实际输出量与理想情况下输出量之差的时间变化率，并用单位时间内相对惯性空间的相应输入角位移来表示。这一定义可以充分反映非刚体转子陀螺测量精度。

陀螺精度直接决定了惯导系统的精度，以后的分析将会说明，陀螺误差会一比一传给惯性平台，因此用于惯导系统中的陀螺，其漂移率要尽可能低。目前，中等精度的惯导系统，其位置精度要求为 1n mile/h(海里/时)，相对应的陀螺随机漂移率要求为 0.01(°)/h。为了把这种精度的陀螺与常规陀螺仪表中使用的陀螺相区别，一般把它叫作“惯性级陀螺”。美国曾规定将随机漂移率小于地球自转角速率的千分之一，即 0.015(°)/h 的陀螺称为“惯性级陀螺”。我们只要对比一下常规陀螺的精度，就会对惯性级陀螺仪的要求有深刻的了解。例如，飞机罗盘的方位陀螺，要求 15 min 漂移 4°，约 16(°)/h，足见惯导系统对陀螺精度要求的苛刻。

需要说明的是，0.01(°)/h 的漂移率是航空惯导对陀螺的典型要求。对于远程战略轰炸机，这个精度指标就不能满足要求，其陀螺漂移率通常要优于 0.005～0.0001(°)/h。同是惯导系统，用在航海上，陀螺精度普遍要高出航空惯导一级，如航空母舰、核潜艇上的惯导系统，其陀螺漂移率要优于 0.001～0.000 01(°)/h。至于用在惯性制导系统中的陀螺，从战术导弹到战略导弹，其定位精度要求不等，相应的漂移率也为 0.1～0.000 01(°)/h 不等。

惯导系统对陀螺仪的要求除精度外，还应该考虑测量范围、工作角度、标度因数稳定性和线性度、可靠性、工作环境等方面的要求。

5.1.6 转弯侧滑仪

转弯侧滑仪由转弯仪和侧滑仪两个独立的仪表组合而成。转弯仪主要用来指示飞机转弯的方向；侧滑仪指示飞机是否有侧滑和侧滑方向。两者配合工作，能指示飞机转弯时是否带侧滑，它是飞行员操纵飞机正确转弯——无侧滑转弯的主要参考仪表。

5.1.6.1 转弯仪

转弯仪是一种角速度陀螺仪。其以指针相对刻度盘转动的形式，给飞行员提供目视信号，以便其能够正确操纵飞机。它除能指示飞机的转弯方向外，还能粗略反映飞机转弯角速度和指示某一特定飞行速度下飞机正确转弯时的倾斜角。

(1) 指示转弯(或盘旋)的方向

转弯仪基本组成如图 5.10 所示。它安装在仪表板上，其陀螺自转轴与飞机横轴平行，自转角速度矢量指向左机翼；内环轴与飞机纵轴平行，测量轴与飞机立轴平行。

飞机直线飞行时，没有陀螺力矩的作用，内环在平衡弹簧作用下稳定在初始位置，指针停在刻度盘的中央，表示飞机没有转弯。

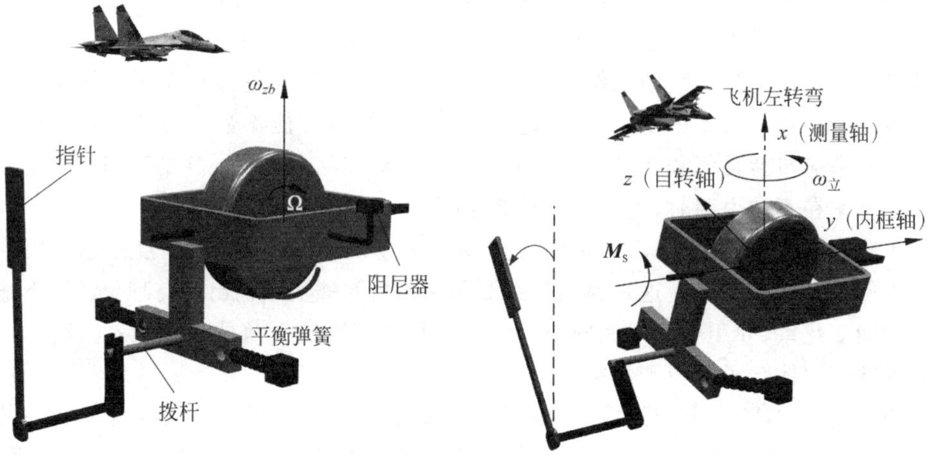

图 5.10 转弯仪结构

飞机向左转弯时，转弯角速度矢量向上，因而产生指向机头的陀螺力矩。在此陀螺力矩作用下，内环向右旋转，直到陀螺力矩与弹性力矩平衡时为止。内环的转角通过拨杆传送机构传给指针，使指针偏向左方，表示飞机左转弯。转弯停止后，陀螺力矩消失，内环在平衡弹簧作用下回到初始位置，指针指在刻度盘中央。

飞机向右转弯时，转弯角速度矢量向下，因而产生指向机尾的陀螺力矩。在该力矩作用下，内环向左旋转，带动指针向右偏离初始位置，表示飞机右转弯。

飞机绕横轴转动时，其角速度矢量与陀螺自转角速度矢量正好一致(或相反)，不会产生沿内环轴方向的陀螺力矩，故仪表不指示。

飞机绕纵轴转动时，内环在平衡弹簧的作用下，被迫随表壳一起运动，内环平面与表壳相对位置保持不变。这时，虽然有沿测量轴方向的陀螺力矩，但由于陀螺没有绕测量轴转动的自由度，故仪表也不会指示。

(2) 粗略反映飞机转弯角速度

假设飞机左转弯，倾斜角为 γ，转弯仪内环在平衡弹簧作用下同基座(表壳)一起随飞机向左倾斜同样角度。飞机以绕地垂线的转弯角速度 ω_t 向左转弯时，陀螺力矩矢量指向机头。此陀螺力矩使内环向右旋转，直到陀螺力矩与弹性力矩相等为止。此时，内环转角为 β，内环平面垂线偏离地垂线的角度为 $\gamma-\beta$，转弯角速度在内环平面垂线上的分量为 $\omega_t\cos(\gamma-\beta)$，该分量使转弯仪产生的陀螺力矩为

$$L=J\Omega\omega_t\cos(\gamma-\beta) \tag{5.41}$$

由陀螺力矩与弹性力矩平衡条件，得内环转角公式为

$$\beta=\frac{J\Omega}{K_s}\omega_t\cos(\gamma-\beta) \tag{5.42}$$

当内环转角很小时，式(5.42)可近似写成

$$\beta=\frac{J\Omega}{K_s}\omega_t\cos\gamma \tag{5.43}$$

从式(5.43)可以看出，转弯仪内环转角不仅与飞机转弯角速度有关，还与飞机倾斜角有关。一般飞机倾斜角不是固定不变的，故转弯仪实际上只能粗略地反映飞机转弯角速度。

转弯仪可以测量某一特定飞行速度下飞机无测滑转弯的倾斜角。飞机无侧滑转弯称为正确转弯(或协调转弯)。要想没有侧滑就必须保证沿飞机横轴方向没有力的作用，否则飞机将出现侧滑。飞机转弯时沿飞机的横轴方向作用力主要为重力在横轴方向上的分力和惯性离心力在横轴方向上的分力，如图5.11所示。

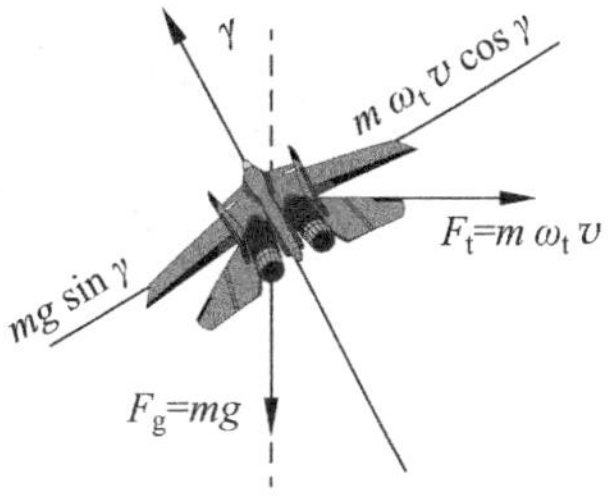

图5.11 飞机无侧滑转弯受力分析

由图5.11可以看出，这两个分力方向相反，只要

$$F_g\sin\gamma=F_t\cos\gamma \tag{5.44}$$

就能保证沿飞机横轴方向上的作用力为零，从而保证飞机正确转弯。因为

$$\begin{cases}F_g=mg\\F_t=m\omega_t v\end{cases} \tag{5.45}$$

其中，m 为飞机质量；g 为重力加速度；ω_t 为飞机转弯角速度；v 为飞机速度。代入式(5.44)整理后得

$$\omega_t=\frac{g}{v}\tan\gamma \tag{5.46}$$

由式(5.46)可以看出，飞机做无侧滑转弯时，若飞行速度一定，则飞机的倾斜角 γ 和转弯角速度 ω_t 有一一对应的关系。即转弯角速度大，倾斜角也必须相应增大；反之，转弯角速度小，倾斜角也必须相应减小。可见，飞机以一定的角速度做无侧滑转弯时，一定的转弯角速度可以代表一定的倾斜角。转弯仪指示倾斜角的原理就在于此。

将式(5.46)代入式(5.43)便得到内环转角与飞机倾斜角的近似关系：

$$\beta=\frac{J\Omega}{K_s}\frac{g}{v}\sin\gamma \tag{5.47}$$

式(5.47)中 J、Ω 和 g 可以认为是不变的。因此当飞行速度一定时，陀螺内环的转角只

取决于飞机无侧滑转弯的倾斜角。飞机做无侧滑转弯时倾斜角越大,内环和指针的转角也越大;反之,倾斜角越小,内环和指针的转角也越小。故转弯仪可以指示某一特定飞行速度下,飞机无侧滑转弯时的倾斜角。转弯仪的这一功用可用来校正地平仪的指示,并在地平仪指示失常时,在一定程度上代替地平仪。

5.1.6.2 侧滑仪原理

侧滑仪是用来指示飞机有无侧滑和侧滑方向的仪表。

侧滑仪的敏感部分是一个小球,小球可在弯曲的玻璃管中自由滚动,如图 5.12 所示。玻璃管内装有透明阻尼液(如甲苯),对小球的运动起阻尼作用。玻璃管一端有很小的膨胀室,以便阻尼液因温度升高而容积增大时占用。侧滑仪一般与转弯仪装在一起配合使用。

飞行过程中飞机出现侧滑是因为沿飞机横轴方向有力的作用,而侧滑仪小黑球可感受

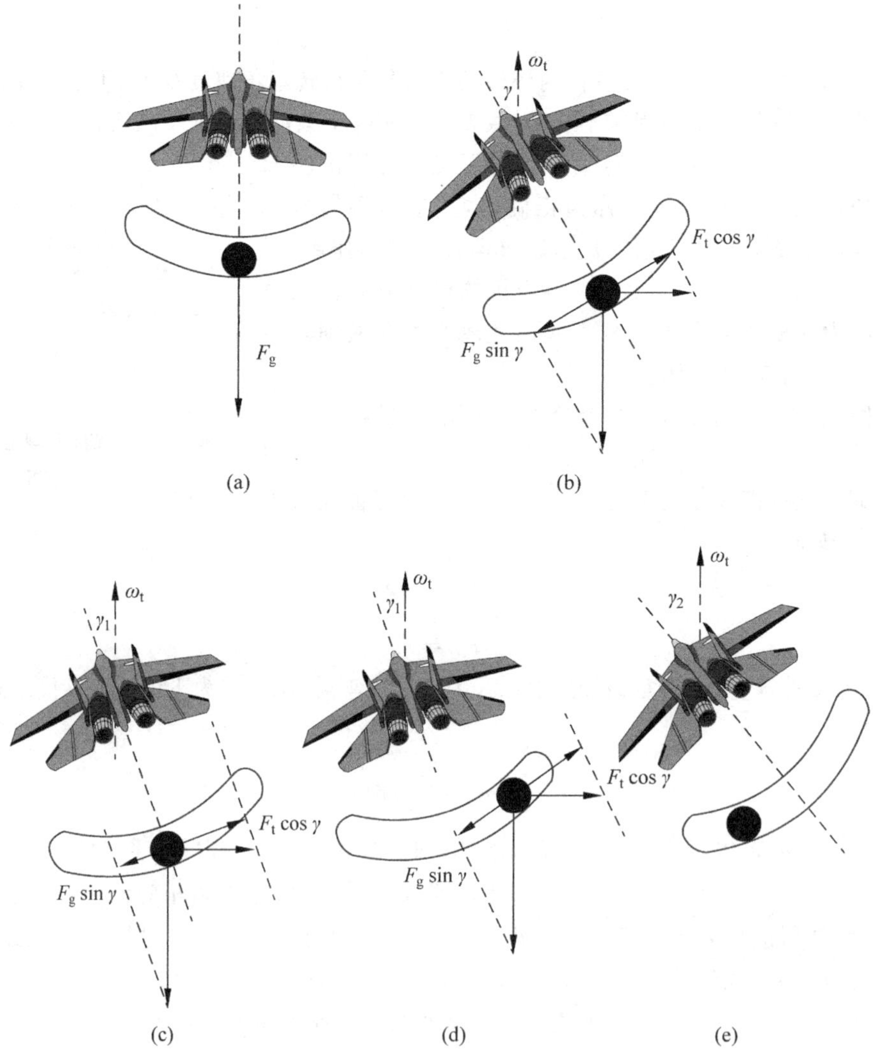

图 5.12 侧滑仪指示飞机侧滑的情况

(a) 无侧滑;(b) 无侧滑正确转弯;(c) 外侧滑;(d) 外侧滑;(e) 内侧滑

飞机沿横轴方向所受的力，故小黑球在玻璃管中的运动状态可表示飞机的侧滑情况。

飞机转弯过程中，小黑球沿玻璃管切线方向（飞机横轴方向）所受的力是重力和惯性离心力在其上的分力（$F_g\sin\gamma$ 和 $F_t\cos\gamma$）。

当飞机平飞时，小球只受重力作用，所以停在管子中央，如图 5.12(a)所示，表示飞机没有侧滑。

当飞机以角速度 ω_t 向左（无侧滑）转弯时，飞机向左倾斜了相应的 γ 角，侧滑仪玻璃管随着飞机也向左倾斜了 γ 角。因飞机无侧滑，故作用在小球上的力（指沿玻璃管中点切线方向的力，即沿飞机横轴方向的力）$F_g\sin\gamma$ 和 $F_t\cos\gamma$ 大小相等、方向相反，故小球处在玻璃管中央，表示飞机做无侧滑的正确转弯，如图 5.12(b)所示。

若飞机转弯时倾斜角过小（或转弯角速度过大），则飞机将出现外侧滑。这时作用在小球上的力 $F_g\sin\gamma$ 小于 $F_t\cos\gamma$，小球向右移动偏离管中央，如图 5.12(c)所示。由于玻璃管是弯曲的，故随着小球向右移动，作用于小球的力 $F_g\sin\gamma$ 和 $F_t\cos\gamma$ 逐渐变化，前者逐渐增大，后者逐渐减小，当两者相等时，小球停止移动，停在管子右侧，表示飞机出现外侧滑，如图 5.12(d)所示。飞机侧滑愈严重，小球偏离管子中央位置愈远，因此，小球偏离中央位置的距离和方向可以反映飞机侧滑的严重程度和侧滑的方向。

反之，若飞机转弯时倾斜角过大或转弯角速度过小，飞机出现内侧滑，这时作用在小球上的力 $F_g\sin\gamma$ 大于 $F_t\cos\gamma$，小球将停在管子左侧，表示飞机出现内侧滑，如图 5.12(e)所示。

5.1.7　侧滑仪和转弯仪在飞行中的配合使用

图 5.13 表示飞机在一定飞行速度下，以一定的角速度左盘旋一圈，转弯仪和侧滑仪配合指示的情形。

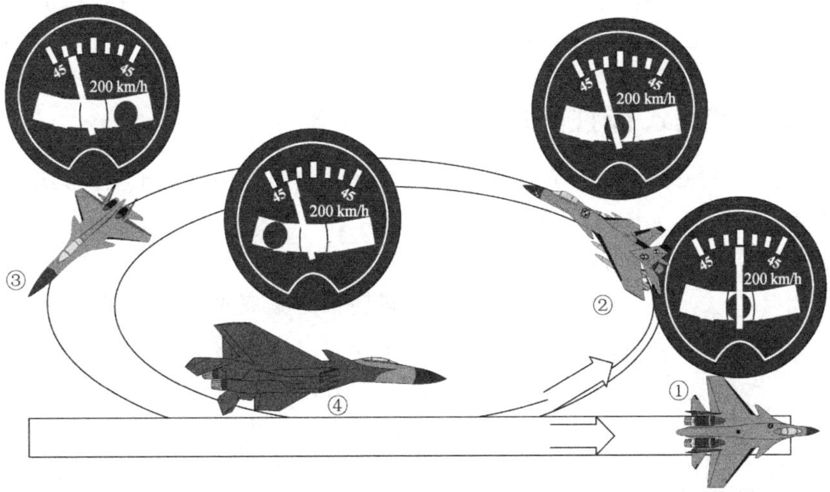

图 5.13　侧滑仪和转弯仪在飞行中的配合使用

飞机平飞时，转弯侧滑仪的指针和小球都停在中央位置，如图 5.13 中①所示；盘旋过程中，若飞机无侧滑，指针便指在刻度盘左边，小球处在玻璃管中央，如图中②所示；若飞机有外侧滑，指针指在左边，小球偏在玻璃管右侧，如图中③所示；若飞机有内侧滑，指针指在左边，小球偏在玻璃管左侧，如图中④所示。

5.2 挠性陀螺仪

挠性陀螺是在20世纪60年代末出现的，到1975年左右，精度达到惯性级。挠性陀螺去除了传统的框架支承结构，代之以挠性接头来支承转子。挠性支承实际上是一种柔软的弹性支承，可以通过自身的变形为自转轴提供所需的转动自由度。挠性接头是一种无摩擦的弹性支承，最简单的结构是做成细颈轴，转子借助挠性接头与驱动轴相连，如图5.14(a)所示。

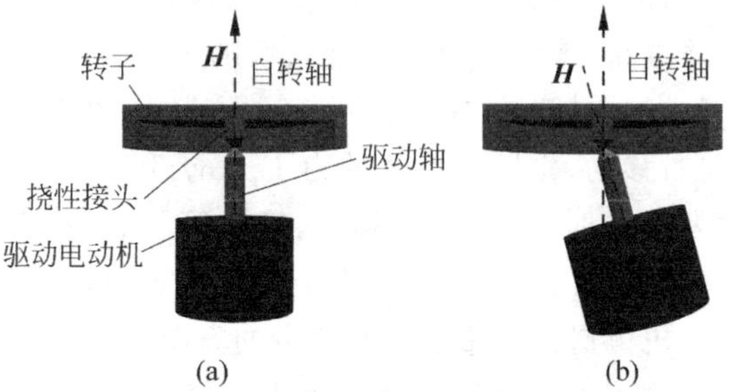

图5.14 挠性接头支承转子的原理

驱动电动机的转轴叫驱动轴，经过挠性接头使转子高速旋转，从而产生陀螺角动量 $\boldsymbol{H}$。挠性接头允许转子绕着垂直于自转轴的两个正交轴方向旋转，从而使转子轴获得绕这两个正交轴的转动自由度。即挠性陀螺的转子具有两个转动自由度，属于双自由度陀螺。故挠性陀螺同样具有双自由度陀螺的基本特性，即陀螺的进动性和稳定性。当基座绕垂直于自转轴的方向出现偏转角时，将带动驱动轴一起偏转同一角度，但陀螺自转轴相对惯性空间仍然保持原来方位稳定，如图5.14(b)所示。

5.2.1 细颈式挠性陀螺

挠性支承是一种弹性元件，弯曲时必然产生弹性力矩作用到转子上使其进动，从而使自转轴偏离原来的方位，如图5.15所示。

当挠性陀螺仪的自转轴相对驱动轴偏转一个角度时，作用在转子上的弹性力矩的方向垂直于自转轴的偏离平面，使自转轴进动，离开原先的偏离平面而出现新的偏离平面。与此同时，弹性力矩随之改变方向而垂直于新的偏离平面，使自转轴又进动偏离该平面。由于在进动过程中弹性力矩始终保持与自转轴偏离平面垂直，因此自转轴在空间不断改变进动方向而描出圆锥形轨迹。因此，只要自转轴与驱动轴之间存在相对偏角，自转轴相对惯性空间就不能保持方位稳定，所以必须补偿弹性力矩。挠性陀螺的工作精度，在很大程度上取决于挠性支承弹性力矩的补偿精度。

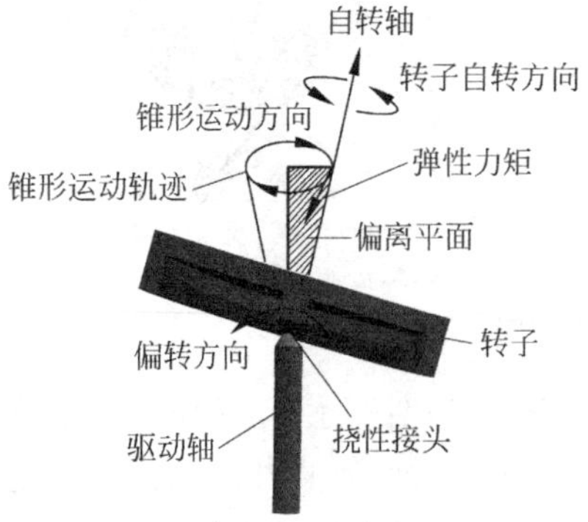

图5.15 挠性陀螺仪的锥形运动

细颈式挠性陀螺仪一般采用磁力补偿或机械惯性补偿。磁力补偿方案如图 5.16 所示，转子上装有用软磁材料制成的导磁环，驱动轴上装有永磁铁环。当自转轴与驱动轴重合时，细颈轴对转子不产生弹性力矩；这时导磁环与永磁环之间沿整个圆周的间隙均相等，永磁环沿整个圆周对转子的吸引力大小相等，因而对转子不产生磁性力矩。当自转轴相对驱动轴偏转一个角度$\boldsymbol{\alpha}$时，细颈轴就有弹性力矩作用到转子上，弹性力矩的大小为$\boldsymbol{M}_s=K_s\boldsymbol{\alpha}$，而方向与自转轴偏转方向相反。这时，导磁环与永磁环对应两边的间隙不等，在对应两边上永磁环对转子的吸引力也不等，因而形成磁性力矩作用到转子上，其大小为$\boldsymbol{M}_t=K_t\boldsymbol{\alpha}$，方向与自转轴偏转方向相同。该力矩和弹性力矩一样与偏角的大小成正比。但磁性力矩的方向恰好与弹性力矩的方向相反，所以称为反弹性力矩或负弹性力矩。通过合理设计，可以使$K_t=K_s$，从而有$\boldsymbol{M}_s=\boldsymbol{M}_t$，即作用在转子上的弹性力矩与磁性力矩相互抵消，也就起到了补偿弹性力矩的作用。

机械惯性补偿的方案之一如图 5.17 所示，两对质量块分别沿两个正交的轴向配置(图 5.17 中只看到一对)，每个质量块都分别由弹性支臂连接到转子和驱动轴的圆盘上。当自转轴与驱动轴重合时，随转子高速旋转的质量块产生的离心惯性力均通过支承中心，因而不形成惯性力矩作用在转子上。当自转轴相对驱动轴偏转一个角度$\boldsymbol{\alpha}$时，质量块的离心惯性力所形成的惯性力矩大小为$\boldsymbol{M}_k=K_k\boldsymbol{\alpha}$，而方向与自转轴偏转的方向相同。可见这种惯性力矩也具有反弹性力矩的性质。通过合理设计，可以补偿挠性轴的弹性力矩。

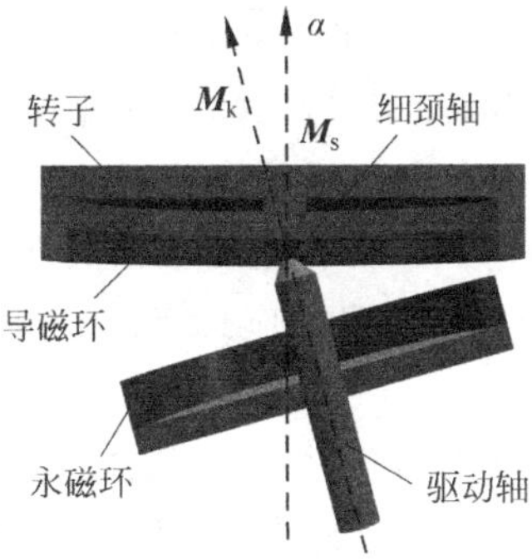

图 5.16　磁力补偿

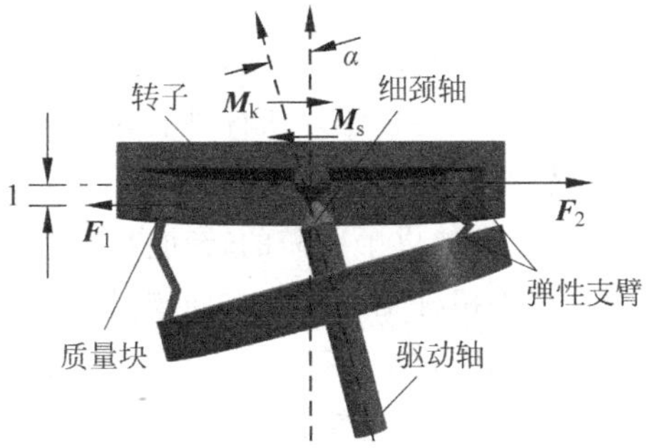

图 5.17　机械惯性补偿

在挠性陀螺仪中，除要补偿挠性支承的弹性力矩外，还要减小正交阻尼力矩。由于转子周围介质阻尼和磁场感应涡流阻尼等影响，当转子旋转时将产生阻尼力矩作用于转子，如图 5.18 所示，该阻尼力矩的方向与转子转动角速度的方向相反，大小与转子转动角速度$\dot{\theta}$的大小成正比，即$\boldsymbol{M}_d=K_d\dot{\boldsymbol{\theta}}$，其中$K_d$为阻尼系数，$\boldsymbol{M}_d$为阻尼力矩。

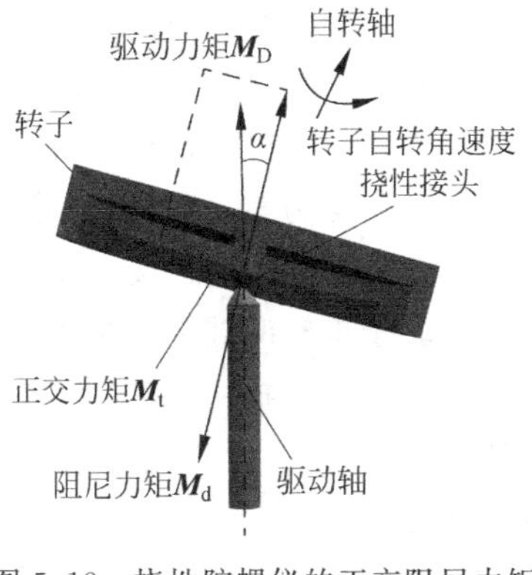

图 5.18　挠性陀螺仪的正交阻尼力矩

当转子自转轴与驱动轴重合时，驱动轴与阻尼力矩恰好平衡，作用于转子的力矩总和为零。当自转轴相对驱动轴出现偏角$\boldsymbol{\alpha}$时，阻尼力矩的方向仍沿自转轴方向，且因转子转速不变，阻尼力矩的大小也保持不变。为了克服阻尼力矩，驱动力矩的量值

从原来的 $\boldsymbol{M}_{\mathrm{D}}=\boldsymbol{M}_{\mathrm{d}}$，增大到 $\boldsymbol{M}_{\mathrm{D}}=\boldsymbol{M}_{\mathrm{d}}/\cos\alpha$。但这时驱动力矩与阻尼力矩已经不共线，不能恰好平衡；因此驱动力矩在克服阻尼力矩的同时，还对转子作用一个力矩分量，其方向与自转轴垂直，大小为 $\boldsymbol{M}_{\mathrm{t}}=\boldsymbol{M}_{\mathrm{d}}\tan\alpha$。在偏角 α 很小的情况下有 $\tan\alpha=\alpha$，于是有

$$\boldsymbol{M}_{\mathrm{t}}\approx\boldsymbol{M}_{\mathrm{d}}\alpha=K_{\mathrm{d}}\dot{\theta}\alpha$$

因为 $\boldsymbol{M}_{\mathrm{t}}$ 的方向与自转轴垂直，并与转子阻尼力矩有关，所以称为正交阻尼力矩。

5.2.2 动力调谐式挠性陀螺

然而，这种细颈式挠性陀螺在对支承变形时的固有弹性力矩进行补偿时，其精度难以达到惯性级要求。故实际惯导系统采用的都是动力调谐式挠性陀螺。在动力调谐式挠性陀螺中，驱动轴与转子之间的挠性接头已不再是一根细颈轴，而由两对相互垂直的扭杆和一个平衡环组成，如图 5.19 所示。一对共轴的内扭杆与驱动轴及平衡环固联，另一对共轴的外扭杆与平衡环及转子固联。内扭杆轴垂直于驱动轴，外扭杆轴垂直于内扭杆轴，并且内、外扭杆轴与驱动轴轴相交于一点。

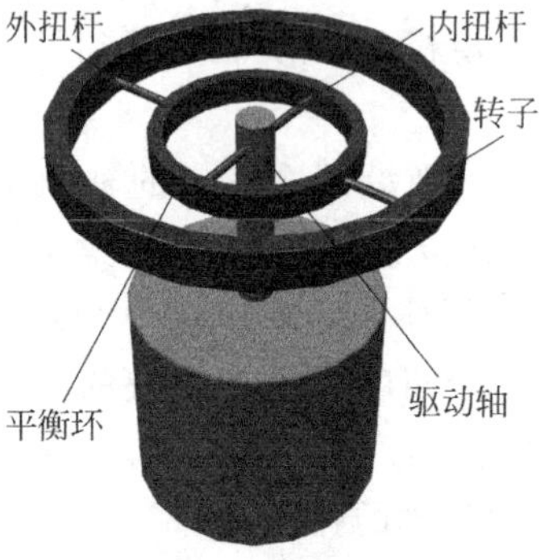

图 5.19　动力调谐式挠性陀螺仪

当驱动电机使驱动轴旋转时，驱动轴通过内扭杆带动平衡环旋转，平衡环再通过外扭杆带动转子旋转。当转子绕内扭杆轴有转角时，通过外扭杆带动平衡环一起绕内扭杆轴偏转，这时内扭杆产生扭转弹性变形。当转子绕外扭杆轴有转角时，并不会带动平衡环绕外扭杆轴偏转，仅是外扭杆会产生扭转弹性变形。由内、外扭杆和平衡环组成的挠性接头，一方面起着支承转子的作用，另一方面又提供了所需的转动自由度。因此，内、外扭杆绕其自身轴应具有低的扭转刚度，而与内、外扭杆轴垂直的方向应具有高的抗弯刚度。

在动力调谐式挠性陀螺中，当自转轴与驱动轴之间出现相对偏角时，由于扭杆的扭转变形，同样会产生弹性力矩作用到转子上，即它同样具有一般的机械弹簧效应。但是，这种挠性接头又与细颈式挠性陀螺仪有着根本的区别。当自转轴与驱动轴之间出现相对偏角时，由于平衡环的振荡运动或称扭摆运动，它将产生一个与一般的机械弹性力矩方向相反的动力反弹性力矩作用到转子上，即它存在所谓的“动力反弹簧效应”。

由于挠性陀螺从支承原理上进行了革新，即利用挠性接头来支承转子，代替了传统的轴承支撑，使仪表精度得到较大提高，故挠性陀螺具有以下几个方面的优点。

(1) 消除了影响陀螺性能的摩擦等干扰因素。由于采用了挠性支承，不仅从根本上消除了支承的摩擦力矩，而且还消除了环架式陀螺所不可避免的通至陀螺电动机的输电引线的干扰力矩。又因为挠性支承是一种旋转支承，转子和平衡环质心径向偏移所形成的不平衡力矩在转子旋转时被平均掉了。驱动轴滚珠轴承产生的驱动轴的轴向偏移和角振动(两倍于旋转频率的角振动除外)及噪声等，对陀螺性能并无直接影响。且它的驱动电机装在仪表壳体上，旋转部分没有任何电气绕组组件，保证了陀螺质心的稳定。因此，挠性陀螺易于实现高性能。

(2) 体积小、质量轻、结构简单、成本较低。挠性陀螺的转子安排在支承的外面，而液浮

陀螺的转子则安排在支承的里面，因此在同样的角动量下，挠性陀螺的体积和质量将大大减小。挠性陀螺的结构简单，零部件数量较少，加工也比较容易，且不需要装备如液浮陀螺那样的超净工作条件，省去同液浮有关的一系列专用设备，因此其成本较低，维修也较容易，适合大批量生产。

(3) 可靠性好。由于挠性陀螺的结构简单，不存在液浮陀螺带来的浮子组合件的气密性问题，无需通至陀螺电动机的输电引线，对滚珠轴承的承载要求不高，这些都意味着仪表工作可靠性的提高和寿命的延长。

(4) 工作准备时间短。因为挠性陀螺没有浮液，不像液浮陀螺那样需要精密的温控装置和较长的加温时间，所以它从通电到达额定的仪表精度的时间缩短了，这样也就缩短了惯导系统的准备时间。

综上所述，挠性陀螺主要是动力调谐式挠性陀螺，其精度已同中等液浮陀螺相当，但结构简单，加工容易，成本较低，可靠性好，因此是一种高性能和低成本的惯性级陀螺。美国在1962年提出动力调谐这一概念后，经过数年时间的研制，20世纪70年代以后服役的军用和民用飞机，几乎都装备了挠性陀螺惯导系统，很快替换了原先飞机上装备的液浮陀螺惯导系统。此后一段时间，法国、英国、德国和苏联都先后研制了不同型号的挠性陀螺。不论平台式惯导还是捷联式惯导，不论航空、航天还是舰船都广泛使用了动力调谐式挠性陀螺。

但是，挠性陀螺也存在一些不足。例如，由于挠性支承是一种弹性支承，因此对于承受加速度和冲击就有一定的限制。

5.3　光学陀螺仪

传统意义上的陀螺仪是指转子陀螺仪，转子陀螺仪的运动特性区别于一般刚体的根本原因在于转子旋转产生的角动量，机械式转子陀螺的工作原理是建立在解释宏观世界的牛顿力学基础上的，动量矩定理是分析陀螺动力学特性的基本方程，具有角动量是陀螺与一般刚体的根本区别。而角动量由机械旋转产生，机械旋转必须依靠支承，所以支承技术是机械式转子陀螺的关键技术，陀螺的性能指标越高，支承技术就越复杂，成本也就越高，这就是机械式转子陀螺的局限性。

随着激光技术的发展，建立在全新测量原理上的另一类陀螺已蓬勃发展起来，这就是光学陀螺，这类陀螺服从量子力学。所以目前所指的陀螺已突破了经典含意而具有广义含意。由于激光陀螺的工作原理是建立在解释微观世界的量子力学基础上的，原理上这种陀螺是固体型的，不需要活动部件，不存在支承问题，依靠激光运转，它对普通机电陀螺的许多误差源不敏感，比机电陀螺更能经受振动和冲击。它的动态范围大(从 0.001(°)/h 到 400(°)/s 以上)，可靠性好(平均无故障时间已达数千小时以上，使用寿命达数万小时)，结构简单而坚固，成本低，且能直接数字输出。启动快，准备时间短，一般情况下仅需用温度模型作温度补偿而不必温控即可有效解决温度对漂移的影响。它与高性能、小体积、低成本的数字计算机相结合后，组成捷联式惯导系统。由于激光陀螺的这些特点，已被认为是捷联式惯导的理想元件。目前，国外新出厂的飞机无一例外装备了激光捷联惯导系统，在旧机改装中也用激光捷联替代了原来的挠性平台式惯导系统。我国多家院校和研究所，多年来一直在进行激光陀螺的研制工作，也取得了丰硕的研究成果，并成功应用。

20 世纪 70 年代，在电信应用的推动下，低损耗光纤、固态半导体光源和探测器的研发取得了巨大成就，用多匝光纤线圈代替环形激光器，通过多次循环来增强萨格奈克效应已有物质基础，1967 年 Pircher 和 Hepner 提出了光纤陀螺，1976 年 Vali 和 Shorthill 进行了实验演示，立即受到惯性技术界的高度重视。光纤陀螺除具有激光陀螺的许多优点外，最大的优点是成本低、体积小、质量轻。

5.3.1 萨格奈克干涉

1913 年，法国科学家萨格奈克(G. Saganac)研制出一种光学干涉仪，来验证用无运动部件的光学系统同样可以检测出相对惯性空间的旋转运动。1925 年美国科学家迈克尔孙(A. A. Michelson)和盖尔(H. G. Gale)根据干涉仪研制出一个巨型光学陀螺装置，用于测量地球的自转角速度，该陀螺装置由 300 m×600 m 的矩形光学回路构成，光源采用普通光，如图 5.20 所示。下面对该装置的工作原理作简要分析，并从直观的物理概念上对萨格奈克效应作说明。

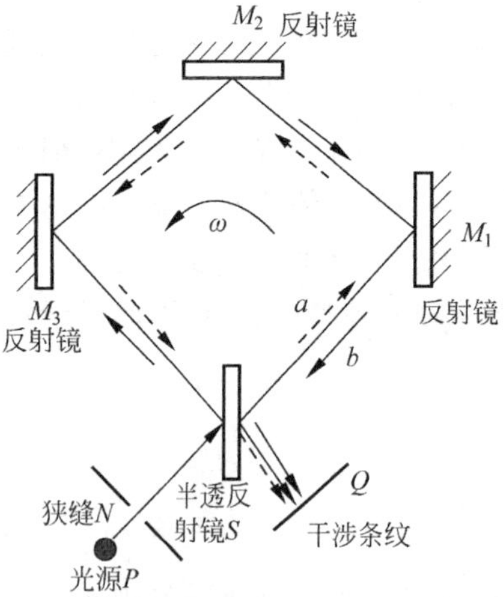

图 5.20 萨格奈克干涉

从 P 点出发的光经过狭缝 N 后形成一束光，此光束到达半透半反分光镜 S 后产生两束光，一束为透射光 α 光束，另一束为反射光 b 光束。透射光 α 经反射镜 M_1、M_2、M_3 到达分光镜 S 后又形成反射光和透射光，其中透射光到达屏幕 Q；反射光 b 经反射镜 M_3、M_2、M_1 到达分光镜 S 后，其中的反射光到达屏幕 Q。

设闭合光路的长度为：$L=L_{SM_1}+L_{M_1M_2}+L_{M_2M_3}+L_{M_3S}$。当 $\omega=0$ 时，透射光 a 和反射光 b 所走的光路长度相等，走完光路所用时间相等，即

$$t_a=t_b=\frac{L}{c} \tag{5.48}$$

其中，c 为光速。由于两路光同时到达 Q，且光束来自同一光源，频率相同，所以相位差为零，在屏幕上产生的干涉条纹相对 P 点作对称分布。

当 $\omega\neq0$ 时，S、M_1、M_2、M_3 具有切向速度

$$v=\frac{L}{4}\cos45^\circ\cdot\omega=\frac{L}{4\sqrt{2}}\omega \tag{5.49}$$

沿光路的速度为

$$v\cos45^\circ=\frac{L}{8}\omega \tag{5.50}$$

在光束 a 离开 S 后的行进过程中，由于 M_1 沿 SM_1 的方向有速度 $v_a=\frac{L}{8}\omega$，所以光速 a 比 SM_1 长度多走了一段距离 ΔL_{a1}，光束 a 自离开 S 至到达 M_1 所用的时间为

$$t_{a1}=\frac{\frac{L}{4}+\Delta L_{a1}}{c} \tag{5.51}$$

而 ΔL_{a1} 也可以解释为 M_1 在 t_{a1} 时间内沿 SM_1 移动的距离：

$$\Delta L_{a1}=t_{a1}v_a=\frac{\frac{L}{4}+\Delta L_{a1}}{c}\frac{L}{8}\omega \tag{5.52}$$

即

$$\begin{cases}8c\Delta L_{a1}=\dfrac{L^2}{4}\omega+L\omega\Delta L_{a1}\\[2ex] \Delta L_{a1}=\dfrac{\frac{L^2}{4}\omega}{8c-L\omega}\end{cases} \tag{5.53}$$

同理，光束 a 自 M_1 至 M_2，自 M_2 至 M_3，自 M_3 至 S 都多走了 ΔL_{a1} 的光程，所以 a 光束走完一个闭合光路总共多走的光程为

$$\Delta L_a=4\Delta L_{a1}=\frac{L^2\omega}{8c-L\omega} \tag{5.54}$$

光束 a 所走的总光程为

$$L_a=L+\Delta L_a=L+\frac{L^2\omega}{8c-L\omega}=\frac{8cL-L^2\omega+L^2\omega}{8c-L\omega}=\frac{L}{1-\frac{L\omega}{8c}} \tag{5.55}$$

同理，可以推得光束 b 所走的总光程为

$$L_b=\frac{L}{1+\frac{L\omega}{8c}} \tag{5.56}$$

这样，光束 a 和光束 b 行进一周后到达 S 的光程差为

$$L_a-L_b=\frac{L}{1-\frac{L\omega}{8c}}-\frac{1}{1+\frac{L\omega}{8c}}=\frac{\frac{L^2\omega}{4c}}{1-\left(\frac{L\omega}{8c}\right)^2} \tag{5.57}$$

由于 c 是光速，$\left(\frac{L\omega}{8c}\right)^2$ 与 1 相比可以忽略不计，所以式(5.57)可以表示成

$$L_a-L_b=\frac{L^2\omega}{4c} \tag{5.58}$$

当光路为正方形时，光路所包围的面积为 $A=\left(\frac{L}{4}\right)^2=\frac{L^2}{16}$，即 $L^2=16A$，所以

$$L_a-L_b=\frac{4A}{c}\omega \tag{5.59}$$

迈克尔孙矩型光学陀螺所围的面积为 300 m×600 m，测量的地球旋转角速度为 15(°)/h，若不计纬度的影响，可计算得到光程差仅为 0.174 μm，相当于光源波长 $\lambda=0.7$ μm 的 1/4，即干涉条纹仅移动了 1/4 的条纹间距，所以测量灵敏度和精度都非常低。但是这种根据光学原理测量角运动信息无疑是一种新概念，它为惯性技术的发展开辟了一个全新的领域。

5.3.2 激光陀螺仪

1961 年氦—氖激光器问世，为光学陀螺这一新概念的实现奠定了技术基础。1962 年起

美国开始研制环形激光陀螺，其中霍尼韦尔(Honeywell)公司起步最早，成果最为显著。1975 年该公司研制的激光陀螺惯导系统在飞机上试飞成功，精度为 2.2 n mile/h，1978 年在波音 727 飞机上试飞成功，精度为 1 n mile/h，1982 年，在波音 747 飞机上试飞成功，精度高达 0.26 n mile/h。

自 1982 年起，霍尼韦尔公司的 GG1342 激光陀螺投入批量生产，该陀螺的零偏稳定性达到 0.01(°)/h(1σ)，随机游走系数为 0.0055(°)/$\sqrt{\mathrm{h}}$，刻度系数稳定性和线性度分别达到 5×10^{-6} 和 6×10^{-6}，成为研制标准航空惯导的典型陀螺之一。相对萨格奈克干涉仪，激光陀螺做了如下两点关键改进。

(1) 采用激光作为光源，激光优良的相干性使正反方向运行的两束光在陀螺腔体内形成谐振，即光束沿腔体环路反复运行时一直能保持相干，而萨格奈克干涉仪只能走一圈。

(2) 改测量光程差(相位差)为测量两束光的频率差，即拍频，这显著提高了陀螺的测量灵敏度。

图 5.21 为激光陀螺的工作原理简图。图中激光陀螺采用 3 个反射镜组成环形谐振腔，即闭合光路。激光管沿光轴传播的光子向两侧经过透镜 M_4 和 M_5 射出，再分别由 $M_1 \longrightarrow M_2 \longrightarrow M_3$ 和 $M_3 \longrightarrow M_2 \longrightarrow M_1$ 从另一端反射回来，于是回路中有传播方向相反的两路光束。对每一光束来说，只有经过一圈返回原处时相位差为 2π 整数倍的光子才能诱发出与之相应的第二代光子，并以此规律逐渐增强，对于相位差不满足 2π 的光子，则逐渐衰减直至消失，若增强的光子多于衰减的光子，则闭合光路工作在谐振状态。谐振腔形成谐振的条件是

$$\frac{2\pi L}{\lambda}=2\pi q$$

即

$$L=q\lambda \tag{5.60}$$

其中，L 为谐振腔长度，即一圈光程；λ 为波长；q 为正整数。当满足以上条件时，若谐振腔角速度为零，则正、反方向运行的两束光在腔体中形成驻波，干涉条纹静止不动。q 每取一个值，便得到可能在谐振腔存在的频率或波长，即谐振腔的一个振模。同时，根据反射镜对不同偏振光的响应不同，采用奇数个反射镜的光学系统中，只出现一种单一的偏振光。

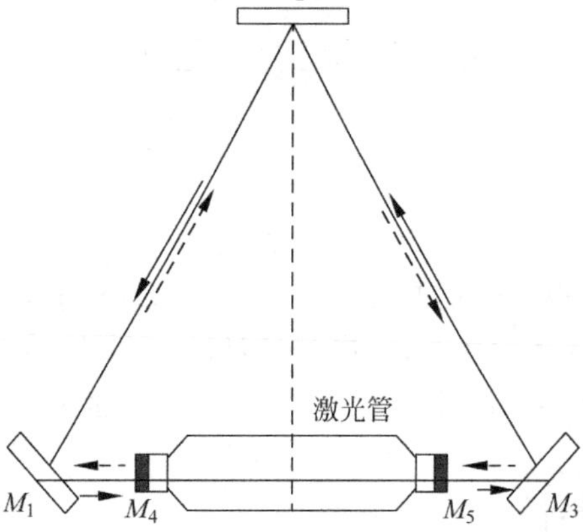

图 5.21 激光陀螺工作原理简图

设环形光路长度为 L，基座角速度为 ω，则 A 点的速度为

$$v=\frac{L/6}{\cos 30^\circ}\omega=\frac{L}{3\sqrt{3}}\omega \tag{5.61}$$

此速度沿光路方向的投影为

$$v_a=v_b=v\cos 60^\circ=\frac{L}{6\sqrt{3}}\omega \tag{5.62}$$

速度 v_a 使光束 a 的光程增加，速度 v_b 使光束 b 的光程缩短。设光束 a 增加的光程为 ΔL_a，光束 a 走完一个闭合光路所用时间为 t_a，则

$$\Delta L_a=v_a t_a=\frac{L}{6\sqrt{3}}\omega\,\frac{L+\Delta L_a}{c} \tag{5.63}$$

从式(5.63)可解得

$$\Delta L_a=\frac{L^2\omega}{6\sqrt{3}c-L\omega}$$

所以，光束 a 的一周光程为

$$L_a=L+\Delta L_a=L+\frac{L^2\omega}{6\sqrt{3}c-L\omega}=\frac{L}{1-\dfrac{L\omega}{6\sqrt{3}c}} \tag{5.64}$$

同理可得光束 b 的一周光程为 $L_b=\dfrac{L}{1+\dfrac{L\omega}{6\sqrt{3}c}}$。

根据光束 a 和光束 b 的谐振条件及波长、频率与光速间的关系，有

$$\begin{cases}L_a=q\lambda_a\\ L_b=q\lambda_b\\ \lambda f=c\end{cases} \tag{5.65}$$

可得两束光的频率为

$$\begin{cases}f_a=\dfrac{cq}{L_a}\\ f_b=\dfrac{cq}{L_b}\end{cases} \tag{5.66}$$

频率差(拍频)为

$$\Delta f=f_b-f_a=\frac{L_a-L_b}{L_aL_b}cq \tag{5.67}$$

其中

$$\begin{cases}L_aL_b=\dfrac{L^2}{1-\left(\dfrac{L\omega}{6\sqrt{3}c}\right)^2}\\ L_a-L_b=\dfrac{L}{1-\dfrac{L\omega}{6\sqrt{3}c}}-\dfrac{L}{1+\dfrac{L\omega}{6\sqrt{3}c}}=\dfrac{\dfrac{L^2\omega}{3\sqrt{3}c}}{1-\left(\dfrac{L\omega}{6\sqrt{3}c}\right)^2}\end{cases} \tag{5.68}$$

由于$\left(\frac{L\omega}{6\sqrt{3}c}\right)^2$与1相比小到足以忽略不计，所以有

$$\begin{cases} L_a L_b = L^2 \\ L_a - L_b = \frac{L^2\omega}{3\sqrt{3}c} \end{cases} \tag{5.69}$$

而周长为L的等边三角形的面积为

$$A = \frac{1}{2}\frac{L}{3}\frac{L}{3}\sin 60^\circ = \frac{\sqrt{3}}{36}L^2 \tag{5.70}$$

即$L^2 = \frac{36}{\sqrt{3}}A$，所以$L_a - L_b = \frac{4A}{c}\omega$，有

$$\Delta f = \frac{\frac{4A}{c}\omega}{L\frac{L}{q}}c = \frac{4A}{L\lambda}\omega = K\omega \tag{5.71}$$

或

$$\omega = \frac{L\lambda}{4A}\Delta f \tag{5.72}$$

$$K = \frac{4A}{L\lambda} \tag{5.73}$$

其中，L为谐振腔光程；λ为激光源波长；A为谐振腔光路所围的面积；Δf为正反方向行进的两束光的频率差，即拍频，单位为Hz；K为陀螺刻度系数，单位为$1\ \mathrm{rad}^{-1}$。

由物理学可知，具有频率差的两束光的干涉条纹以一定的速度向某一个方向不断地移动，只要对单位时间内移动过的条纹数作计数，就能求得拍频Δf，从而按式(5.72)计算出基座的角速度ω。

若用氦—氖激光器作为光源，光波的波长$\lambda = 0.6328\ \mu\mathrm{m}$，陀螺谐振腔光程$L = 40\ \mathrm{cm}$，用来测量地球的自转角速度$\omega_{ie} = 15(^\circ)/\mathrm{h}$，则可计算得拍频为8.87 Hz，而目前的光电读出电路可分辨出0.005 Hz甚至更低的拍频，所以与萨格奈克干涉仪相比，激光陀螺具有很高的灵敏度和精度。

5.3.3 光纤陀螺仪

光纤陀螺的工作原理实质上是单模光纤环构成的萨格奈克干涉仪，其光学原理如图5.22所示。

激光器发出的光束经半透半反分光镜进入多匝光纤线圈的两端，两束光在光纤内的传播方向相反。若光纤环相对惯性空间静止，则两束反向传播的光束到达接收器时具有相同的相位。但若光纤环相对惯性空间有垂直于光纤环平面的角速度ω时，两束光的传播光程将发生变化，根据萨格奈克干涉仪给出的关系：

$$\Delta L = \frac{4NA}{C}\omega \tag{5.74}$$

其中，N为光纤环的绕制圈数；A为一圈光纤包围的面积，对圆柱形光纤环，$A = \frac{\pi D^2}{4}$，其中

D 为光纤环直径。

将式(5.74)写成相位差形式：

$$\Delta\varphi=\frac{2\pi LD}{c\lambda}\omega \tag{5.75}$$

其中，L 为光纤长度，λ 为光源波长。由于光纤长度非常长，可达 100～1000 m，所以用相位差测量角速度仍具有很高的灵敏度，与此不同的是激光陀螺根据拍频测量角速度。显然光纤陀螺通过增加光纤匝数以增大光路所围的面积，提高陀螺的灵敏度，使萨格奈克干涉仪可用于工程实际。此外，与谐振腔激光陀螺相比，光纤陀螺不存在低角速度输入时的闭锁效应问题。

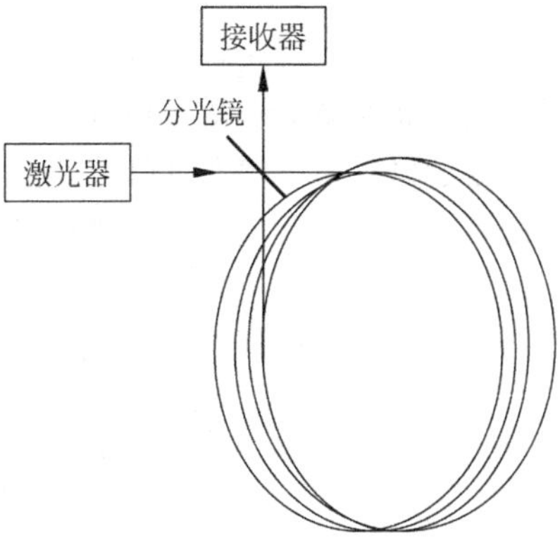

图 5.22 光纤陀螺的光学原理

随着光学技术的发展，光纤陀螺也由分立光学元件逐渐向集成光学元件结构发展，国际上已出现了低漂移光纤陀螺，零相位光纤陀螺，全集成光纤陀螺等不同方案。

光纤陀螺可以分为干涉型和谐振型两大类，其中干涉型又可分为开环型和闭环型两种。

开环干涉型光纤陀螺原理如图 5.23 所示。相位调制器放置在靠近光纤线圈的一端，其由工作频率为 f 的正弦波电压驱动。从激光器光源出来的光，经分束器分成等强的两束，其中顺时针方向传播的光束由透镜 L_1 耦合进入光纤线圈的一端，而逆时针方向传播的光束通过相应调制器后，由透镜 L_2 耦合进入光纤线圈的另一端。这两束光分别从光纤线圈的相反两端出射。当光纤陀螺绕输入轴旋转时，两束光之间的相移将发生变化。两束光经分束器汇合后，由光检测器接收，把光信号变成电信号，再由工作频率为 f 的相敏解调器进行解调，然后经低通滤波器得到直流输出，直流输出是相移 $\Delta\varphi$ 的正弦函数。

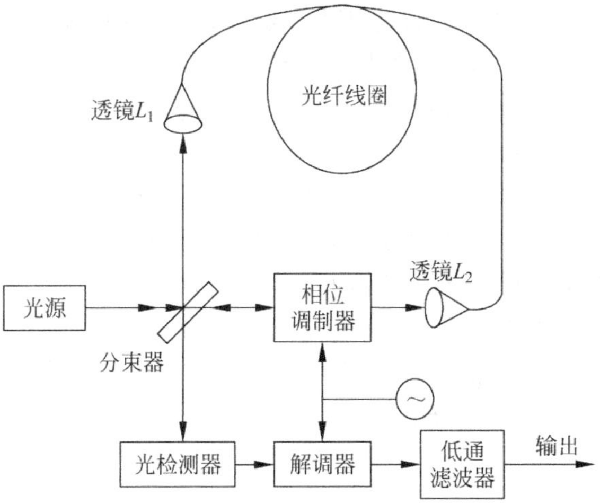

图 5.23 开环干涉型光纤陀螺原理

光检测器输出电流与相移 $\Delta\varphi$ 有如下关系：

$$I\propto I_0(1+\cos\Delta\varphi) \tag{5.76}$$

其中，I_0 为平均光强。

为了能使输出电流变化反映角速度 ω 的方向，引入相位调制器，使 $\Delta\varphi$ 有最大 $\pi/2$ 的相位偏置。

开环干涉型光纤陀螺的漂移率较大,它的刻度因数受放大器增益和光源光强波动影响,而且输出与相移 $\Delta\varphi$ 的关系亦即与输入角速度 ω 的关系是非线性的。所以开环干涉型光纤陀螺的性能满足不了捷联式惯导系统的要求。

闭环干涉型光纤陀螺原理如图 5.24 所示。

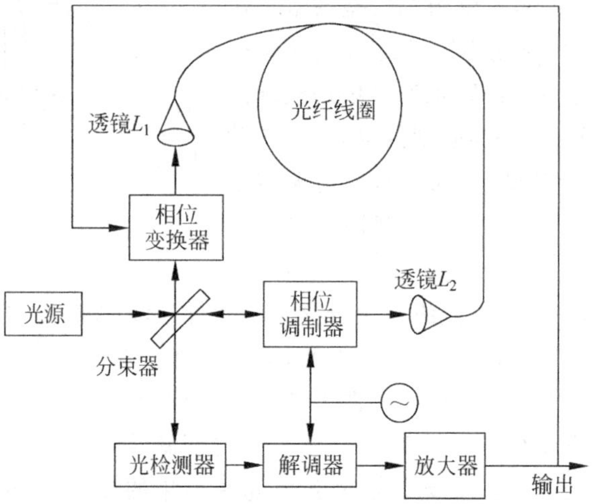

图 5.24 闭环干涉型光纤陀螺原理

在结构上,它与开环干涉型的区别在于,多了一个由伺服放大器和相位变换器组成的反馈,使光纤陀螺形成一个闭环系统。光检测器的输出由工作频率为 f 的相敏解调器解调,解调信号经伺服放大器放大,然后驱动相位变换器。相位变换器产生的相移与输入角速度 ω 产生的相移 $\Delta\varphi$ 大小相等,但符号相反。

闭环干涉型光纤陀螺的漂移率目前已达到 0.01(°)/h 的量级。它的刻度因数不受放大器增益和光源光强波动影响,刻度因数误差目前已达到 0.01%的量级;输出的线性度和稳定性仅取决于相位变换器的性能,此外,闭环工作方式还增大了光纤陀螺的测量范围,使之适合于大机动运载体的捷联式系统应用。

谐振型光纤陀螺原理如图 5.25 所示。从激光器光源出来的光,经分束器分成等强的两束,它们分别经半透反射镜 SL_1、透镜 L_1 和半透反射镜 SL_2、透镜 L_2,再由光纤耦合器耦合进光纤谐振器(又称谐振腔)。在谐振器内形成沿顺时针方向传播的谐振光束和沿逆时针方向传播的谐振光束,谐振器的光纤线圈只有几匝,用几米长的光纤即可绕制。谐振器被精确调制,使得仅有一种波长的光可通过谐振器。当光纤陀螺绕输入轴旋转时,两束光的谐振频率将发生变化。该频差由光检测器和相敏解调器检测。可以证明,当有角速度 ω 输入时,两束光之间的频差为

$$\Delta v = \frac{4A}{L\lambda}\omega \tag{5.77}$$

其中,A 是光纤谐振器包围的面积;L 是光纤谐振器的光路长;λ 是激光波长。

由此可见,谐振型光纤陀螺是利用两束光的谐振频率差来感测旋转的。其工作原理与激光陀螺有些相似但又有区别,谐振型光纤陀螺是一种无源(被动)谐振型的光学陀螺,而激光陀螺则是一种有源(主动)谐振型的光学陀螺。

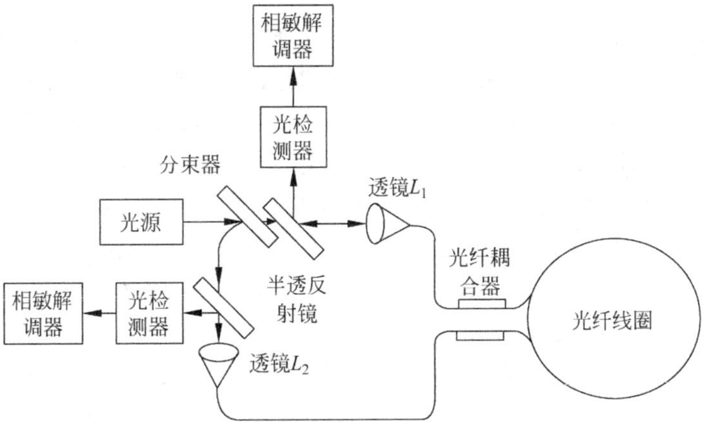

图 5.25 谐振型光纤陀螺原理

干涉型光纤陀螺采用宽频带光源，谐振型光纤陀螺则采用窄频带光源。研制窄频带的半导体激光二极管光源是谐振型光纤陀螺的一个技术关键。

目前谐振型光纤陀螺尚处于研究阶段，技术上尚未完全成熟。在光纤陀螺中，它的结构最为复杂，对光学元件的性能要求也最高，但可望达到最高的精度，所以仍然受到人们很大的重视，成为光纤陀螺的一个研究方向。

光纤陀螺从 1976 年被提出后，先后有霍尼韦尔公司的开环干涉型、利顿公司的三轴闭环干涉型陀螺问世。同时，霍尼韦尔公司、德雷珀实验室开始谐振型光纤陀螺的研究。由于光纤陀螺优点突出，其发展前景被惯性界看好。利顿公司于 1998 年年底前，已在波音 727-200 飞机上试飞它的 LTR-97 光纤陀螺系统，并以这种捷联惯性装置来代替老旧飞机上的机电式垂直和方位陀螺。

5.4 小结

陀螺的发展大致经历了 4 个阶段。从 20 世纪 40 年代的一般滚珠轴承陀螺发展到高精度的滚珠轴承陀螺和带旋转机构的滚珠轴承陀螺。从仪表支承的性质、仪表的精度和应用情况来看，这是陀螺的第一代。后来为减小环架支承的载荷，消除干摩擦，到 20 世纪 60 年代初期开始广泛应用液浮和气浮的浮动式陀螺。此时，对于陀螺转子的支承来说，也从滚珠轴承发展到静压气浮支承与动压气浮支承，这是陀螺的第二代。为了进一步提高仪表的可靠性，提高寿命，降低成本，到 20 世纪七八十年代广泛采用结构简单的干式动力调谐转子的挠性陀螺，或采用在真空腔内用高压静电悬浮来支承的静电陀螺，这是陀螺的第三代。第四代陀螺则以新型陀螺为主，大多由近代物理学作基础，有的已跳出按经典力学理论研制的有转动部分的陀螺范畴。最典型且获得成功应用的是激光陀螺和光纤陀螺。

陀螺的发展过程，实际上也反映了陀螺的装机使用过程，目前国外惯导系统使用较多的是激光陀螺，特别是新出机种和旧机改装，基本都使用激光捷联惯导系统。

陀螺的发展，除了从原理上按经典力学和近代物理学各自发展外，按使用要求还可划分为单自由度、双自由度陀螺和多功能惯性器件(同时具有陀螺和加速度计功能的组合体)、位置陀螺和速率陀螺等。

从陀螺的精度等级来看，由20世纪40年代的低精度陀螺（漂移率几度每时以上）到20世纪50年代的中等精度陀螺（漂移率零点几度每时）；20世纪60年代提高到次惯性级陀螺（漂移率百分之几度每时）；20世纪70年代又进一步发展到惯性级陀螺（漂移率小于千分之一的地球自转角速率，即0.015(°)/h）；以及后来，进一步研制了超惯性级陀螺（比惯性级陀螺的精度再高2～3个数量级以上）。可见，在短短的数十年里，陀螺精度提高了3～4个数量级。

陀螺的发展除提高精度这一趋势外，目前研发人员还广泛采用新理论、新材料、新工艺，研制出了各种不同形式的新型陀螺以适应中低精度惯性系统的使用及更广阔的民用市场需求。

单自由度陀螺仪的结构组成与双自由度陀螺仪相比，其区别是少了一个外环，故相对基座或仪表壳体而言，它少了一个转动自由度，即少了垂直于内环轴和自转轴方向的转动自由度。

当单自由度陀螺仪的基座绕缺少自由度的轴以角速度转动时，自转轴将随着基座转动，同时自转轴还绕内环轴进动，故单自由度陀螺仪可敏感缺少自由度的轴的转动。当用单自由度陀螺仪作为陀螺稳定平台的敏感元件时，漂移率越小，则平台的方位稳定精度越高。因此，漂移率是衡量单自由度陀螺仪精度的主要指标。要提高单自由度陀螺仪的精度，必须尽量减小陀螺仪内环轴上的干扰力矩。速率陀螺仪同时具有阻尼和弹性约束，内环轴具有稳态输出，输出转角与输入角速度成正比。因此，可以用单自由度陀螺仪的输出转角来量度运动物体的转动角速度。积分陀螺仪只具有阻尼约束，内环轴输出转角与输入角速度积分成正比。因此，可以用单自由度陀螺仪的输出转角来量度运动物体的转动角度。

转弯仪是一种角速度陀螺仪。它以指针相对刻度盘转动的形式给飞行员提供目视信号，以便正确操纵飞机。它除能指示飞机转弯方向外，还能粗略反映飞机转弯角速度和指示某一特定飞行速度下飞机正确转弯时的倾斜角。

挠性陀螺去除了传统的框架支承结构，代之以挠性接头来支承转子。挠性陀螺的转子具有两个转动自由度，属于双自由度陀螺。故挠性陀螺同样具有双自由度陀螺的基本特性，即陀螺的进动性和稳定性。挠性支承式的挠性陀螺很重要的一个误差就是对弹性力矩进行补偿，可以采用磁力补偿或机械补偿的方法进行弹性力矩的补偿。

光学陀螺包括激光陀螺仪和光纤陀螺仪，基于萨格奈克(G. Saganac)效应测量角运动，工作原理是建立在解释微观世界的量子力学基础上的，这种陀螺是固体型的，不需要活动部件，不存在支承问题，依靠激光运转，它对普通机电陀螺的许多误差源不敏感，比机电陀螺更能经受振动和冲击。结合计算机技术的发展，光学陀螺在捷联惯性导航系统中得到了快速发展和广泛的应用。

要满足惯导系统对陀螺高精度、大工作范围、指令角速率刻度因数高稳定性等指标的要求，常规的环架式陀螺是难以胜任的。这是因为环架式陀螺的环架轴承的摩擦力矩比较大，一般有零点几克·厘米，会产生比较大的摩擦漂移；同时摩擦力矩大，随机漂移的影响也大；另外，由于高速轴承的磨损，转子的质心位置还会出现偏移而产生不平衡干扰力矩。因此，为了提高陀螺性能，首先从减少支承的摩擦问题着手，不断改进轴承和支承。可以说陀螺的发展历史就是同支承的有害力矩作斗争的历史。几十年来，陀螺就是通过不断减小支承有害力矩并改善其活动部分的特性，以提高精度及稳定性而发展起来的。

习题

5.1 单自由度陀螺仪具有哪些特性?

5.2 如何理解单自由度陀螺仪的漂移率?

5.3 速率陀螺仪具有哪些特点?

5.4 如何推导单自由度陀螺仪运动方程式?

5.5 转弯侧滑仪的主要功能是什么

5.6 挠性陀螺仪的弹性力矩可以采用什么方式来补偿?

5.7 光学陀螺仪与刚体转子陀螺仪相比,有什么优缺点?

第 6 章

惯性导航基础理论

6.1 导航的概念及发展

导航，从字面上理解就是“引导航行”的意思，也就是将载体正确地沿预定航线从起始位置引导到目的地的技术或方法，对应的英文单词为 *Navigation*，源于拉丁文 *Navigare*。通常将飞机、导弹、航天飞船、舰船、坦克等统称为载体，于是根据载体的不同也就有了航空导航、航天导航、舰船导航及陆地导航之分。要使飞机、舰船等成功地完成预定的航行任务，除起始点和目标点位置外，还需要随时知道载体的即时位置、速度、姿态（position，velocity，attitude，PVA）等参数，这些参数通常称为导航参数，其中最主要的就是必须知道载体所处的即时位置，也就是定位，对应的英文单词为 *position*，即确定载体的位置（坐标），因为只有确定了即时位置才能考虑怎样到达下一个目的地的问题。如果连自己已经到了什么位置，下一步该到什么位置都不知道的话，那就无从谈起怎样完成预定的航行任务。例如，一架飞机从一个机场起飞，希望准确飞到第二个机场，除了要知道起始机场的位置坐标外，更主要的就是了解飞机在空中的实时位置、航向和速度。导航的主要工作就是确定飞机在空中任意时刻的地理位置，因为只有明确了飞机当前的位置参数，才能借助机上和地面的导航设备以及人工目视协同等，完成正确引导飞机向目的地航行的任务。

导航系统，是确定航行体的位置和方向，并引导其按预定航线航行的整套设备（包括航行体上的、地面上的和其他设备）。早期，导航工作一般由领航员完成。随着科学技术的发展，现在越来越多地使用导航仪器，使其代替领航员的工作而自动执行导航任务，自然地，这些能实现导航功能的仪器、仪表系统就是导航系统。以航空为例，测量飞机的位置、速度、姿态等导航参数，通过驾驶人员或自动飞行控制系统引导其按预定航线航行的整套设备（包括地面设备）称为飞机的导航系统。导航系统只提供各种导航参数，而不直接参与对航行体航行的控制，因此它是一个开环系统，在一定意义上，也可以说导航系统是一个信息处理系统，即把导航仪表测量的航行信息处理成需要的各种导航参数。

早期的舰船、车辆、飞机等主要靠目视导航，历史上最早的导航仪器是我国四大发明之一的指南针。机载导航系统的发展大致经历了几个阶段：20 世纪 20 年代开始发展飞机导航仪表，飞机上有了简单的仪表，但是飞机飞行的位置要靠人工计算得到；20 世纪 30 年代出现了无线电导航，首先使用的是中波四航道无线电信标和无线电罗盘；20 世纪 40 年代初开始研制超短波的伏尔导航系统(Vor Navigation System)，这是一种近程导航系统；20 世纪 50 年代初以牛顿力学定律为基础的惯性导航系统(Inertial Navigation System，INS)；开始用于飞机导航；20 世纪 50 年代末出现多普勒导航系统(Doppler Navigation System)，以多普勒效应实现飞机的无线电导航；20 世纪 60 年代开始使用双曲线无线电导航系统，即罗兰-C 导航系统(Loran-C Navigation System)，全称远程导航，作用距离达到 2000 km；20 世纪 60 年代还研制出了塔康导航系统(Tacan Navigation System)和奥米迦导航系统(Omega Navigation System)，塔康系统是一种近程极坐标式无线电导航系统，奥米迦导航系统则是一种超远程双曲线无线电导航系统，其作用距离达到 10 000 km；卫星导航系统(Satellite Navigation System)从 20 世纪 60 年代开始研制，20 世纪 70 年代后逐步发展为全球定位(导航)系统(Global Position System，GPS)。在各种导航系统的发展过程中，为发挥不同导航系统的优点，出现了组合导航系统(Integrated Navigation System)。

6.2　惯性导航基本原理

6.2.1　惯性导航的概念

惯性导航是建立在牛顿运动定律基础上的导航方法。牛顿在《自然哲学的数学原理》中提出的三大运动定律为

牛顿第一定律：任何物体都保持静止或匀速直线运动状态，直到外力迫使它改变这种状态为止，又称惯性定律。

牛顿第二定律：物体加速度的大小跟作用力成正比，跟物体的质量成反比；加速度的方向跟作用力的方向相同。

$$\boldsymbol{F}=m\boldsymbol{a} \tag{6.1}$$

牛顿第三定律：相互作用的两个物体之间的作用力和反作用力总是大小相等，方向相反，作用在同一条直线上。

牛顿第一定律阐述了物体的惯性，牛顿第二定律则阐述了对物体惯性的度量，也就是物体运动状态的保持和改变。牛顿第一定律是牛顿第二定律作用力为零时的特殊情况。牛顿第三定律则确保了作用在物体上使其运动状态改变的力可以通过反作用力测量得到。

根据牛顿定律，物体的运动状态可以用加速度来描述，当加速度 $\boldsymbol{a}=0$ 时，就是牛顿第一定律。再根据牛顿第二、三定律，通过测量该力就可以得到物体运动的加速度，通过加速度对时间的积分就可以计算出物体运动的速度和位置的变化：

$$\boldsymbol{v}=\boldsymbol{v}_0+\int\boldsymbol{a}\,\mathrm{d}t \tag{6.2}$$

$$\begin{aligned}\boldsymbol{S}&=\boldsymbol{S}_0+\int\boldsymbol{v}\,\mathrm{d}t\\&=\boldsymbol{S}_0+\boldsymbol{v}_0t+\iint\boldsymbol{a}\,\mathrm{d}t\,\mathrm{d}t\end{aligned} \tag{6.3}$$

在给定初始运动条件下，由加速度计测量载体运动的加速度，由导航计算机算出载体的速度和位置(经、纬度)，由陀螺仪测量载体的角运动，并经转换、处理，输出载体的姿态和航向，以便引导载体完成预定的导航任务。上述导航原理建立在牛顿力学定律的基础上，而牛

顿定律是以惯性空间作为参考坐标系的，而且陀螺仪和加速度计输出的都是相对惯性空间的测量值，因此把这类导航称为惯性导航。

6.2.2 惯性导航系统的基本工作原理

根据惯性导航的概念，惯性导航系统一般包括以下几个主要部分。

(1) 加速度计。用于测量载体运动的加速度，一般应由3个加速度计完成3个方向加速度的测量。

(2) 陀螺稳定平台。为加速度计提供一个准确的安装基准和测量基准，以保证不管载体作何种机动，3个加速度计的空间指向是不变的。例如，使这个稳定平台在平面上要与当地水平面平行，在方位上对准正北向，使平台的3个轴正好指向东、北、天3个方向。陀螺仪是稳定平台的核心部件，因而这样的平台也叫作陀螺稳定平台。正因为有了这样一个基准平台，飞机相对该平台在方位上的偏角就反映了飞机的航向，飞机相对该平台在水平两个轴向上的偏角就反映了飞机的俯仰和倾斜(横滚)。可见，稳定平台同时还代替了地平仪、罗盘或航向姿态系统的功能。当然，随着陀螺技术和计算机技术的发展，用计算机(数学平台)代替实际陀螺稳定平台的功能，将加速度计和陀螺仪直接固联在载体上的捷联惯性导航系统(Strapdown Inertial Navigation System，SINS)得到了快速的发展和广泛的应用。

(3) 导航计算机。用于进行积分、相加、乘除和三角函数等数学计算，根据测得的加速度信号计算出载体的速度、位置等导航参数，同时为保证平台随飞机运动和地球自转时始终水平和指北，要不断计算出修正平台位置的指令信号，还要计算并补偿有害加速度等。

(4) 控制显示器。一个功用是向计算机输入飞机初始运动参数、位置参数和航路点信息；另一个功用是显示飞行过程中的导航参数；还可以控制导航系统的工作状态。

另外，惯性导航系统还包括电源装置，以提供系统工作所需的所有电能。惯性测量装置(加速度计、陀螺)、导航计算机、电源及相应的电子线路一般装在一个机箱内，统称惯性导航部件(Inertial Navigation Unit，INU)。

惯性导航系统的基本原理如图6.1所示。在飞机上安装一个陀螺稳定平台，通过伺服回路使平台始终与水平面保持平行，并使平台的一个轴指向正东而另一个轴指向正北。在平台上沿平台的两个轴安装两个加速度计，敏感轴指向地理北向的加速度计 A_N 测量飞机沿南北方向的加速度分量 a_N，敏感轴指向地理东向的加速度计 A_E 测量飞机沿东西方向的加速度分量 a_E。将两个方向的加速度分量进行积分，便可得到飞机沿这两个方向的地速分量，即

$$\begin{cases} v_N = v_{N0} + \int_0^t a_N \mathrm{d}t \\ v_E = v_{E0} + \int_0^t a_E \mathrm{d}t \end{cases} \tag{6.4}$$

其中，v_{N0} 和 v_{E0} 分别为北向和东向的初始速度。

在风速为零的条件下，由速度可求得飞机的真航向：

$$\psi = \arctan \frac{v_E}{v_N} \tag{6.5}$$

将速度进一步积分可得

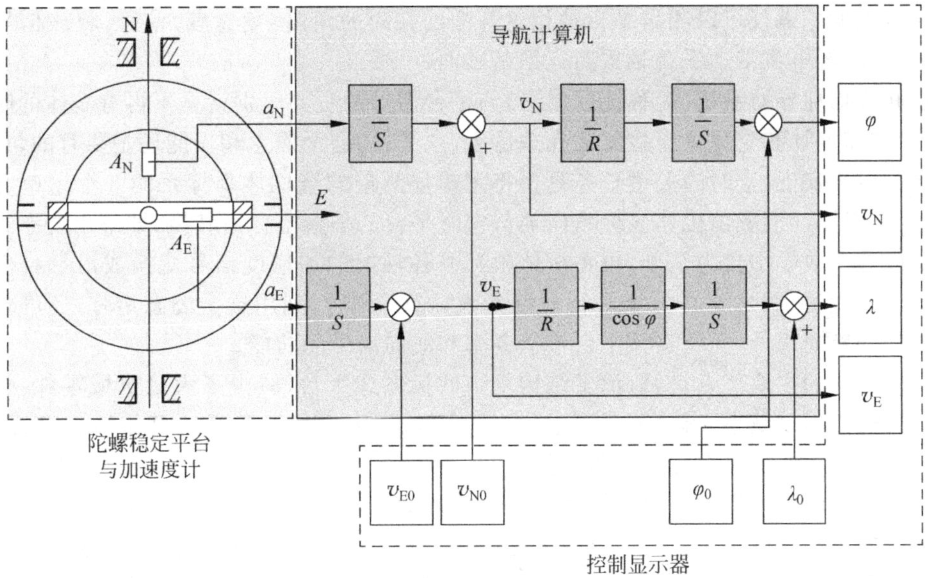

图 6.1　惯性导航系统基本原理

$$\begin{cases} S_N = S_{N0} + \int_0^t v_N \mathrm{d}t \\ S_E = S_{E0} + \int_0^t v_E \mathrm{d}t \end{cases} \tag{6.6}$$

其中，S_N、S_E 为飞机沿北向和东向的位移分量；S_{N0}、S_{E0} 为飞机沿北向和东向相对定位基准的初始位移。

飞机在地球上的位置一般用经度和纬度表示，假设地球为一个不旋转的球体，则

$$\begin{cases} \varphi = \varphi_0 + \dfrac{1}{R+h}\int_0^t v_N \mathrm{d}t \\ \lambda = \lambda_0 + \dfrac{1}{(R+h)\cos\varphi}\int_0^t v_E \mathrm{d}t \end{cases} \tag{6.7}$$

其中，φ_0、λ_0 为飞机初始位置对应的纬度和经度；R 为地球的半径；h 为飞机相对地面的高度。

计算出了飞机的速度、航向和即时位置，只要与预定的目标位置或所需航迹（航路点）进行比较，便可实现对飞机的导航。

从惯性导航系统的基本原理可以看出，实现惯性导航的关键在于获得飞机相对地球的加速度沿东西方向和南北方向的分量，根据这两个加速度分量就可以计算出飞机的速度、位置、真航向等导航参数。

6.2.3　平台惯导与捷联惯导

平台式惯性导航系统（简称平台惯导）的核心部分是一个实际的陀螺稳定平台。以指北方位惯导为例，平台上的 3 个实体轴，重现了所要求的东、北、天地理坐标系 3 个轴向，它为加速度计提供了准确的安装基准，保证 3 个加速度计测得的值正好是导航计算时所需的 3 个加速度分量。同时，这个平台完全隔离了载体机动运动，保证了加速度计的良好工作环

境。平台上的陀螺仪可以测量平台轴相对基准面偏离的角度(角速度)信号,将该信号送至伺服放大器,经电机带动平台轴重新返回基准面。

捷联式惯性导航系统(简称捷联惯导)与平台惯导的主要区别就是不再有实体的陀螺稳定平台,加速度计和陀螺仪直接安装在载体上。"平台"这个概念和功能还是要有的,只是由导航计算机来实现,这时的关键任务是要将陀螺仪测量的绕机体坐标系的3个角速度通过计算机实时计算,形成由机体坐标系向类似实际平台的平台坐标系转换,即解出姿态矩阵表达式。以这个数学平台为基础,再将机体坐标系各轴上的加速度信号变换成沿平台坐标系各轴上的加速度信号,这样才能进行导航参数计算;同时,利用这个姿态矩阵,还可求得载体的姿态和航向信号,实现实体平台输出姿态和航向信号的功能。

捷联惯导的主要优点是,取消了结构复杂的机电式平台,减少了大量机械零件、电子元件、电气线路,不仅减小了体积、质量、功耗和成本,还大大提高了系统可靠性和可维护性。但是由于陀螺仪和加速度计直接与载体固联,载体的运动将直接传递到惯性元件(陀螺、加速度计),恶劣的工作环境将引起惯性元件一系列动态误差,所以误差补偿技术要复杂得多,另外导航精度一般低于平台式惯导,这是捷联惯导的主要不足。由于捷联惯导除了进行平台式惯导所需的一切计算外,还要进行大量的姿态矩阵、坐标变换以及动态误差补偿计算,所以对计算机的速度、容量和精度要求均比平台式高。计算机问题曾是捷联惯导发展过程中的一大障碍,但目前的计算机技术不仅满足了捷联惯导的所有要求,而且反过来成为促进捷联惯导实时计算、误差补偿和冗余配置等各项技术发展的积极因素。

6.2.4 惯性导航的特点

惯性导航系统具有以下优点。

(1) 工作自主性强。惯性导航仅仅依靠自身设备,不依靠任何其他信息而能独立地完成导航任务,是一种自主性非常强的导航方法。

(2) 提供导航参数多。惯性导航可以为机上用户提供加速度、速度、位置、姿态和航向等最全面的导航参数,可以与飞行控制系统交联,实现飞机的自动驾驶;与飞机火控系统交联,实时提供火控计算所需的速度、姿态和航向等信号,极大地提高瞄准和攻击精度;与飞机着陆系统配合,保证安全可靠着陆。另外,光学瞄准系统、侦察照相系统、电视摄像系统以及雷达天线系统等机载设备都离不开惯性导航系统输出的信息。惯性导航的这一优势也是其他导航系统无法比拟的。

(3) 抗干扰力强,适用条件宽。惯性导航对磁、电、光、热及核辐射等形成的波、场、线的影响不敏感,具有极强的抗干扰能力,不易被敌方发现,也不易被敌方干扰;同时也不受气象条件限制,能满足全天候导航的要求;也不受地面形状、沙漠或海面影响,能满足全球范围导航的要求。

(4) 隐蔽性强。惯导系统不对外辐射电磁波,不易被探测,具有很强的隐蔽性。

但惯性导航也有着突出缺点,即导航精度随时间增长而降低。由于惯性导航的核心部件——陀螺仪存在漂移误差,致使稳定平台随飞行时间的不断增长偏离基准位置的角度不断增大,使加速度的测量误差和即时位置的计算误差不断增加,导航精度不断降低。为了提高远程飞行的精度,需要提高陀螺仪、加速度计的制造精度,这都会增加生产中的难度、提高产品的成本。例如美国B-52远程轰炸机使用的惯导系统,其导航精度由小飞机的1n mile/h提高到0.04 n mile/h,其精度满足了要求,但成本却大大提高了。

6.2.5　惯性导航与惯性制导的区别

惯性制导(inertial guidance)与惯性导航(inertial navigation)的原理相同，都是基于牛顿运动第二定律，以测量载体加速度为最基本的信息源；其组成也基本相同，都有陀螺仪、加速度计；都有平台式和捷联式两种类型；输出参数也基本相同。

二者主要区别是工作方式不同，惯性导航可以工作在两种不同的状态：一种是根据惯性导航系统输出的位置、航向等导航参数，驾驶员操纵并引导飞机按预定航线飞向目的地，此时惯导系统可以说是一个导航参数测量装置，输出这些信息后即完成它的任务；另一种是根据惯性导航系统输出的导航参数，直接传递给自动飞行控制系统，通过控制系统解算形成控制信号，直接操纵飞机自动按预定航线飞向目的地，这时的惯性导航系统相当于飞行控制系统中的一个敏感测量环节，由飞控系统实施闭环控制，驾驶员仅仅起到监控作用，不参与飞机操纵。习惯上把第一种工作方式称为惯性导航系统工作于指示状态，第二种工作方式称为自动导航状态。

惯性导航系统用于各类导弹和各类火箭时，主要利用惯性导航系统输出的位置、速度、加速度或航向姿态信息，形成指令信号，控制载体姿态、航向或关闭发动机，使其按预定轨道航行。显然这种控制是惯导系统与控制系统的紧密结合，类似惯性导航中的自动导航状态。但由于导弹、火箭均无人监控，所以习惯上把无人操纵和监控的运载体上的导航系统叫作制导系统，而把有人操纵的载体上的导航系统称为导航系统(无论工作于指示状态还是自动导航状态)。

由于惯性制导系统用于无人操纵的载体，所以构成上不同于惯性导航系统，不设控制显示器。另外，惯性制导系统工作上还有两个特点：一是由于导弹、火箭运行时间很短，所以导航精度随时间增长而下降的矛盾不突出，通常对其陀螺仪和位置精度的要求低于惯性导航系统一个数量级；二是导弹、火箭发射时的冲击振动载荷较飞机、舰船大得多，所以对惯性制导系统的强度、抗震及可靠性要求特别高。

一般来说，制导系统包括引导部分和控制部分，其功能包括：

(1) 建立所需航程的参数，如预定速度、航向、位置等，作为飞行的参考基准。

(2) 测量载体的实际运动，确定载体的速度、航向、位置等参数，进而确定出载体实际运动与飞行参考基准之间的偏差。

(3) 产生校正指令信号并传输给载体的控制系统，相应地改变载体的飞行，以消除(或减小)实际运动状态与参考基准的偏差。

从功能来看，制导系统与导航系统工作于自动导航状态相同。惯性导航、惯性制导统称惯导。

6.2.6　惯性导航的发展

惯性导航系统的发展按陀螺仪的发展来分，经历了以下几个阶段：最早为滚珠轴承式框架陀螺仪，之后又出现液浮、气浮支承的陀螺仪以及静电、挠性、激光、光纤陀螺仪等。惯性导航技术发展过程中具有里程碑意义的事件主要包括以下几项。

1765 年俄国科学院院士莱昂哈德・欧拉(Leonhard Euler)首次对定点转动刚体作了本

质解释，创立了转子陀螺仪的力学基本理论。

1852 年法国科学家 J. 傅科(J. Foucault)制造出了用于验证地球自转运动的测量装置，并在巴黎科学院进行了实验演示，傅科把这一测量装置命名为 Gyroscope，在希腊文中为转动和观察的意思。

1908 年德国科学家 H. 安修茨(H. Anschiitz)设计了一种单转子摆式陀螺罗经。陀螺罗经解决了当时舰船远航和潜艇较长时间潜航的问题。

1910 年德国科学家 M. 舒勒(M. Schuler)发现了陀螺罗经的无干扰条件，即当地球上陀螺罗经的无阻尼振荡周期为 84.4 min 时，陀螺罗经的指北精度不受外界加速度冲击的影响，这就是著名的舒勒调谐原理，解决了在运动载体上建立垂线的问题，从而解决了为加速度计测量建立坐标基准的问题，舒勒对惯性技术发展起到了关键的理论指导作用。舒拉在发现陀螺罗经无干扰条件的研究基础上，进一步发现无干扰条件具有普遍性，即舒勒调谐原理不光适用于陀螺罗经，也同样适用于地垂线指示系统，地球上任何陀螺装置，任何摆和机械仪器，只要系统具有 84.4 min 的无阻尼振荡周期，运载体的加速度就不会影响系统的指示精度。1923 年舒勒发表论文《运载工具的加速度对于摆和陀螺仪的干扰》，以垂线指示系统为例，系统阐明了舒勒摆原理(Schuler Pendulosity)，为惯性导航系统的设计奠定了理论基础。

1942 年德国 V-2 火箭上首先应用了初级型的惯性导航系统。用两个单自由度位置陀螺仪控制箭体的姿态和航向，用一个陀螺加速度计测量箭体纵轴方向的加速度，共同构成惯性制导系统。利用陀螺仪稳定火箭的姿态和航向，沿纵轴方向的加速度计输出端与火箭发动机的熄火装置相连，当飞行速度达到 1380 m/s 时(飞行 70 s)，接通火箭发动机的熄火装置，关闭发动机，使箭体按自由弹道飞行，实现了轨道和弹着点的控制。由于陀螺和加速度计精度很低，惯性系统设计又十分粗糙，还没有完善的三轴陀螺稳定平台在结构上还有许多不合理之处，根本实现不了舒勒调谐要求，加上控制系统十分原始，制导精度极低，在轰击伦敦过程中，有 1/4 的 V-2 火箭提前掉入大海。但它毕竟是世界上惯性技术在导弹制导上的首次工程应用，把惯导技术的研究推向了一个新的高度。

1950 年 5 月美国北美航空公司奥托奈蒂克斯分公司为美国空军研制成功了第一套纯惯性导航系统 XN-1，并安装在 C47 飞机上成功进行了试飞。为了适应航海应用，XN-1 经过适当改型形成 N6 惯性导航系统。这一时期，以液浮和气浮陀螺仪构成的平台式惯导系统开始在飞机、舰船和导弹上广泛应用。航空惯导的典型代表是美国利登(Litton)公司的军用 LN-3 和民用 LTN-51 系统，它们是以液浮陀螺、液浮摆式加速度计构成的平台式惯导系统。

1958 年 7 月美国海军鹦鹉螺号核潜艇依靠一套 N6-A 液浮陀螺惯性导航系统和一套 MK-19 平台罗经，从珍珠港出发，潜入冰层以下的深海进行远程航行，穿越北极冰盖，最终到达英国波特兰港，潜航 96 h，历时 21 天。在即将到达目的地时潜艇浮出水面，经过测量，定位误差仅为 20 mile，这一震惊世界的成功，充分显示了惯性导航系统有别于其他导航系统的独特优点：自主性，隐蔽性，信息的完备性。这些特点在军事应用中尤为重要。

20 世纪 60 年代，动力调谐式挠性陀螺仪研制成功，挠性加速度计代替液浮摆式加速度计。1966 年美国基尔福特(Kearfott)公司研制出挠性陀螺惯导系统，并用于飞机和导弹，这为后来航空惯导的典型代表——美国利登公司的军用 LN-39 和民用 LTN-72 系统的出现奠定了基础。

20 世纪 70 年代，在利用高压静电场支承球形转子、取代机械支承的静电陀螺研制成功后，先后在核潜艇和远程飞机上装备 3 静电陀螺平台式惯导系统。

20 世纪 80 年代到 20 世纪 90 年代初，以激光陀螺仪、光纤陀螺仪为代表的捷联惯导系统，得到了极其迅速的发展和非常广泛的应用。这一时期航空惯导的典型代表是美国利登公司的环形激光陀螺捷联惯导系统 LN-93 和霍尼韦尔（Honeywell）公司的环形激光陀螺捷联惯导系统 H-423/E。20 世纪 80 年代，美国先后研制成功了基于激光陀螺的单轴、双轴旋转调制式惯性导航系统。如斯佩里公司为美国海军开发的 AN/WSN-7B 单轴旋转调制惯导系统，将 3 个霍尼韦尔公司制造的环形激光陀螺安装在单轴旋转机构上，旋转机构绕天向轴在 4 个不同的角位置间以 20(°)/s 的角速度旋转，每个位置停 5 min，消除了水平陀螺和加速度计偏差对导航精度的影响，极大地提高了惯导系统的精度。

20 世纪 90 年代以后，惯性技术的发展在系统方面主要是广泛应用惯导与 GPS 全球定位系统以及惯导与其他导航系统的双重和多重组合。

随着控制理论、电子技术、计算机技术、新型材料及新型惯性元件的不断发展，惯性导航无论在理论还是在工程实践方面都得到了快速的发展和广泛的应用。我国从 20 世纪 50 年代开始研制惯性导航系统，现在已经有多个厂所能够研制生产出多个系列的型号产品，并广泛应用于航空、航天、航海等领域。

6.3 地球模型和重力模型

航空导航大都是在地球表面进行的，也是相对于地球计算和给出所需要位置、速度、姿态等导航参数，所以有必要掌握与导航相关的地球的几何形状和力学特性。

6.3.1 地球表面的曲率半径

因为地球近似为一个旋转椭球体，因此地球表面上不同点，其曲率半径也不同，即使在同一点 M，不同方向的曲率半径也不同，通常取子午圈曲率半径与卯酉圈曲率半径为地球在该点的主曲率半径，如图 6.2 所示。

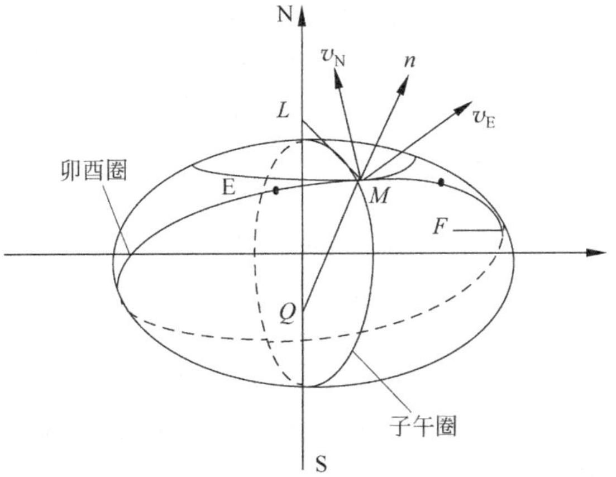

图 6.2 地球参考椭球的曲率半径

M 点子午圈指过极轴和 M 点的平面 NMS 与椭球表面的交线，M 点子午圈曲率半径指子午圈上 M 点处的曲率半径 R_N；M 点卯酉圈指过 M 点法线 n 且垂直于过 M 点子午面的平面 EMF 与椭球表面的交线，M 点卯酉圈曲率半径指该交线上 M 点的曲率半径 R_E。

在地球表面某一点 M 的子午圈曲率半径为

$$R_N = R_e(1 - 2e + 3e\sin^2\varphi) \tag{6.8}$$

或

$$\frac{1}{R_N} = \frac{1}{R_e}(1 + 2e - 3e\sin^2\varphi)$$

其中，e 为地球椭圆度；φ 为地心纬度。

在地球表面同一点的卯酉圈曲率半径为

$$R_E = R_e(1 + e\sin^2\varphi) \tag{6.9}$$

或

$$\frac{1}{R_E} = \frac{1}{R_e}(1 - e\sin^2\varphi) \tag{6.10}$$

这说明，子午圈曲率半径 R_N 和卯酉圈曲率半径 R_E 都与 M 点的纬度 φ 有关。

此外，由于地球是一个旋转椭球体，所以地球表面不同的点至地心的直线距离也不相同。地球表面任意一点至地心的直线距离为

$$R = R_e(1 - \sin^2\varphi) \tag{6.11}$$

按照航海界的规定，若同一子午圈上两点的纬度差 1′，则两点间的距离为 1n mile，将地球近似视为圆球，则

$$1\text{n mile} = \frac{1}{60} \times \frac{\pi}{180} \times 6\,371\,000\ \text{n} \cdot \text{m} = 1853.2\ \text{m} \approx 1.85\ \text{km}$$

这样由于飞机运动所引起的经纬度的变化率为

$$\begin{cases} \dot{\varphi} = \dfrac{v_N}{R_N + h} \approx \dfrac{v_N}{R_e}(1 + 2e - 3e\sin^2\varphi) \\ \dot{\lambda} = \dfrac{v_E}{(R_E + h)\cos\varphi} \approx \dfrac{v_E}{R_e\cos\varphi}(1 - e\sin^2\varphi) \end{cases} \tag{6.12}$$

6.3.2 地球重力场

地球周围空间的物体都受到地球重力的作用，地球重力在地球周围形成重力场。重力就是由地球的质量和转动对地球表面的物体产生的作用力，它是地球引力和由地球自转所引起离心力的矢量和。单位质量的物体所受的重力，就是通常所说的重力加速度。地球表面上一点的重力加速度 $\boldsymbol{g}$ 是引力加速度 $\boldsymbol{G}$ 和负方向的地球转动向心加速度（单位质量的离心惯性力 $\boldsymbol{F}$）的合成，矢量表达式为

$$\boldsymbol{g} = \boldsymbol{G} - \boldsymbol{\omega}_{ie} \times (\boldsymbol{\omega}_{ie} \times \boldsymbol{R}) = \boldsymbol{G} + \boldsymbol{F} \tag{6.13}$$

也可以这样来理解式(6.13)：引力加速度 $\boldsymbol{G}$ 分解为重力加速度 $\boldsymbol{g}$ 和向心加速度 $\boldsymbol{\omega}_{ie} \times (\boldsymbol{\omega}_{ie} \times \boldsymbol{R}) = -\boldsymbol{F}$ 两部分，即

$$\boldsymbol{G} = \boldsymbol{g} + \boldsymbol{\omega}_{ie} \times (\boldsymbol{\omega}_{ie} \times \boldsymbol{R}) \tag{6.14}$$

与向心加速度 $\boldsymbol{\omega}_{ie} \times (\boldsymbol{\omega}_{ie} \times \boldsymbol{R})$ 对应的离心惯性力 $\boldsymbol{F}$ 用来提供使物体跟随地球自转所需的向心力，如图 6.3 所示。

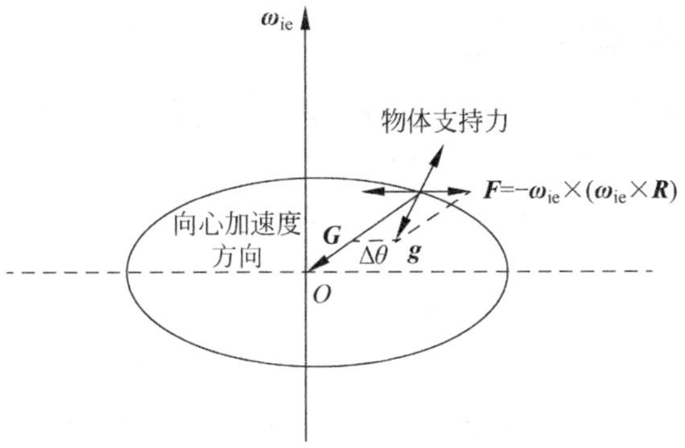

图 6.3 地球重力矢量图

重力加速度的大小随纬度的变化规律可近似为

$$\boldsymbol{g}(L)=\boldsymbol{g}_0(1+0.0052885\sin^2\varphi_c-0.0000059\sin^2 2\varphi_c)-0.0000003086\ h \quad (6.15)$$

其中，$\boldsymbol{g}_0=9.78049\ \mathrm{m/s^2}$ 为赤道海平面上的重力加速度；φ_c 为地心纬度；h 为距离椭球表面的高度。高度 h 的影响一般比较小，常常忽略不计。由于地球在不同地区的密度不同，实测重力与理论计算值有差别，其方向也有些不同。这种数值上的差别叫作重力异常，而在方向上的不一致叫作垂线偏斜。

6.3.3 时间基准

时间的计量以物质的周期性运动作为标准。为了保证时间计量的准确性，要求这种周期性运动是均匀、连续的；从这个意义上说，任何具有这种性质的周期运动均可作为计量时间的标准。地球的自转运动非常稳定，一般将其作为计时标准。为了准确计时，通常把太阳或恒星取作参考系以便观察地球的自转运动。

恒星日就是相对于恒星测得的地球自转运动的周期，把恒星日分成 24 等份，就是恒星时。太阳日则是相对太阳测得的地球自转运动的周期，并规定地球相对太阳自转一周的时间叫作真太阳日。地球围绕太阳运动的轨道为椭圆，这使得真太阳日的长度不均匀。为了方便计时，天文学家假想了一个太阳，称为平太阳，地球相对平太阳自转一周的时间是均匀的，叫作平太阳日，一个平太阳日又分为 24 个平太阳时，这就是目前科学技术和日常生活中采用的计时单位。平太阳时简称小时或时，并可细分为分、秒。当用平太阳日作为计量标准时，地球自转角速度为

$$\begin{aligned}\Omega&=15.0410694(^\circ)/\mathrm{h}\\&=0.1504110\times10^2('')/\mathrm{s}\\&=7.2921158\times10^{-5}\ \mathrm{rad/s}\end{aligned}$$

6.4 加速度测量与比力方程

惯导系统的核心问题之一是测量载体运动的加速度。但从严格意义上讲，惯导系统测量的不是加速度而是“比力”。

6.4.1 加速度测量与比力

根据牛顿第二定律，假设质点 M 的质量为 m，在受到外力 $\boldsymbol{F}$ 作用后，质点 M 将产生与外力方向相同、大小成正比的加速度 $\boldsymbol{a}_{\mathrm{I}}$，即

$$\boldsymbol{a}_{\mathrm{I}}=\frac{\boldsymbol{F}}{m} \tag{6.16}$$

其中，$\boldsymbol{F}$ 是所有外力的合力；$\boldsymbol{a}_{\mathrm{I}}$ 是质点相对惯性空间的绝对加速度。

根据牛顿万有引力定律可知，任何两个具有一定质量的物体间总存在引力。在地球表面运动的物体，可以仅考虑地球引力的影响，如果地球引力用 $\boldsymbol{F}_{\mathrm{G}}$ 表示，地球引力加速度用 $\boldsymbol{G}$ 表示，则

$$\boldsymbol{G}=\frac{\boldsymbol{F}_{\mathrm{G}}}{m} \tag{6.17}$$

把质点 M 受到的除引力 $\boldsymbol{F}_{\mathrm{G}}$ 之外的其他作用力用 $\boldsymbol{F}_{\mathrm{s}}$ 表示，即 $\boldsymbol{F}=\boldsymbol{F}_{\mathrm{G}}+\boldsymbol{F}_{\mathrm{s}}$，并令

$$\boldsymbol{f}=\frac{\boldsymbol{F}_{\mathrm{s}}}{m} \tag{6.18}$$

则式(6.16)可以写为

$$\boldsymbol{a}_{\mathrm{I}}=\boldsymbol{G}+\boldsymbol{f} \tag{6.19}$$

或

$$\boldsymbol{f}=\boldsymbol{a}_{\mathrm{I}}-\boldsymbol{G}=\frac{\mathrm{d}^2\boldsymbol{R}}{\mathrm{d}t^2}-\boldsymbol{G} \tag{6.20}$$

其中，$\boldsymbol{R}$ 是质点 M 在地心惯性坐标系内的矢径。$\boldsymbol{f}$ 为单位质量对应的外作用力(除引力外)，称为“比力”(specific force)，式(6.20)称为地心惯性系的比力式，根据此式可知，比力是质点相对惯性空间的加速度 $\boldsymbol{a}_{\mathrm{I}}$ 与引力加速度 $\boldsymbol{G}$ 之差，所以比力又称为“非引力加速度”。

加速度计测量的就是比力，如图 6.4 所示，假设飞机位于地心惯性坐标系中的 M 点，矢径为 $\boldsymbol{R}$。在飞机上装有一个简单的加速度计，它包括一个敏感质量 m 和与其相连的弹簧，其敏感轴与飞机纵轴平行，如图 6.4 所示。加速度计随飞机运动时，其位置可用地心惯性系中的位置矢量 $\boldsymbol{R}$ 表示。不考虑加速度计中质量的摩擦力，敏感质量 m 所受的力包括壳体对质量的支承力 $\boldsymbol{F}_{\mathrm{N}}$(垂直于敏感轴)，弹簧的弹性力 $\boldsymbol{F}_{\mathrm{S}}$ 和地球引力 $\boldsymbol{F}_{\mathrm{G}}$(指向地心)。设飞机沿纵轴的绝对加速度分量为 $\boldsymbol{a}_{\mathrm{Is}}$，$\boldsymbol{F}_{\mathrm{S}}$ 和 $\boldsymbol{F}_{\mathrm{G}}$ 在敏感轴上的分量分别为 $\boldsymbol{F}_{\mathrm{Ss}}$ 和 $\boldsymbol{F}_{\mathrm{Gs}}$，$\boldsymbol{F}_{\mathrm{N}}$ 垂直于

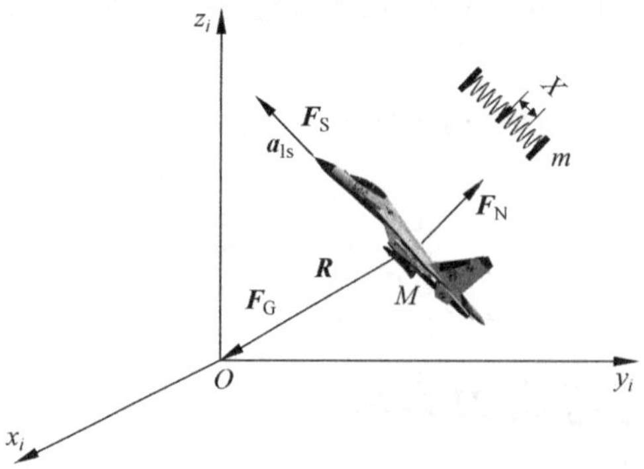

图 6.4　比力和加速度

敏感轴，所以在敏感轴方向没有分量。因此

$$\boldsymbol{F}_{\mathrm{Ss}}+\boldsymbol{F}_{\mathrm{Gs}}=m a_{\mathrm{Is}} \tag{6.21}$$

即比力

$$\frac{\boldsymbol{F}_{\mathrm{Ss}}}{m}=a_{\mathrm{Is}}-G_{\mathrm{s}} \tag{6.22}$$

$\boldsymbol{G}_{\mathrm{s}}$ 为引力加速度在加速度计敏感轴上的分量。在加速度计敏感轴方向，敏感质量 m 与弹簧间只有弹性力 $\boldsymbol{F}_{\mathrm{Ss}}$ 的相互作用，在该力的作用下，弹簧发生变形，质量 m 产生位移，这个位移量就是加速度计的输出。可见，加速度计测量的是比力 $\boldsymbol{F}_{\mathrm{Ss}}/m$，由于加速度计实际测量的是比力而不是加速度，所以加速度计又叫作“比力计”或“比力敏感器”。由式(6.22)可见，要得到绝对加速度 $\boldsymbol{a}_{\mathrm{I}}$ 在加速度计敏感轴上的分量 $\boldsymbol{a}_{\mathrm{Is}}$，必须对比力 $\boldsymbol{F}_{\mathrm{Ss}}/m$ 进行引力加速度分量 $\boldsymbol{G}_{\mathrm{s}}$ 的补偿，即

$$\boldsymbol{a}_{\mathrm{Is}}=\frac{\boldsymbol{F}_{\mathrm{Ss}}}{m}+\boldsymbol{G}_{\mathrm{s}} \tag{6.23}$$

6.4.2 比力方程——惯性导航系统的基本方程

根据前面的分析我们知道，从加速度计的输出中补偿了引力加速度就可以得到载体相对惯性空间的绝对加速度。但是，对航空导航而言，需要的是地速、经纬度等相对地球的参数，所以必须根据加速度计的输出求得飞机相对地面的加速度，再求出地速和经纬度等导航参数。

以地心惯性坐标系 $Ox_{\mathrm{i}}y_{\mathrm{i}}z_{\mathrm{i}}$ 为参考坐标系，地球坐标系 $Ox_{\mathrm{e}}y_{\mathrm{e}}z_{\mathrm{e}}$ 绕地轴相对惯性系的自转角速度为$\boldsymbol{\omega}_{\mathrm{ie}}$，如图 6.5 所示，自地心至理想平台坐标系的支点 M 引位置矢量$\boldsymbol{R}$，则位置矢量相对惯性坐标系的速度$\left.\frac{\mathrm{d}\boldsymbol{R}}{\mathrm{d}t}\right|_{\mathrm{i}}$ 可以根据哥氏定理得到：

$$\left.\frac{\mathrm{d}\boldsymbol{R}}{\mathrm{d}t}\right|_{\mathrm{i}}=\left.\frac{\mathrm{d}\boldsymbol{R}}{\mathrm{d}t}\right|_{\mathrm{e}}+\boldsymbol{\omega}_{\mathrm{ie}}\times\boldsymbol{R} \tag{6.24}$$

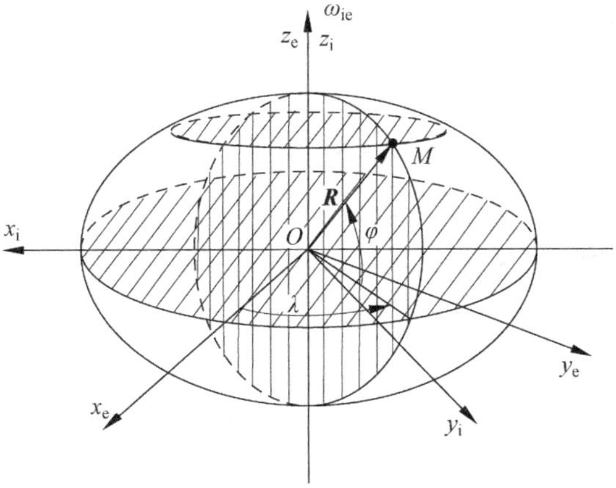

图 6.5 地心惯性坐标系中的位置矢量

其中，$\left.\frac{\mathrm{d}\boldsymbol{R}}{\mathrm{d}t}\right|_{\mathrm{e}}$ 是在地球上观察到的位置矢量的变化率，也就是运载体相对地球的运动速度，

简称为地速，记作 $\boldsymbol{v}_{ep}$。所以有

$$\left.\frac{\mathrm{d}\boldsymbol{R}}{\mathrm{d}t}\right|_{i}=\boldsymbol{v}_{ep}+\boldsymbol{\omega}_{ie}\times\boldsymbol{R} \tag{6.25}$$

式(6.25)两边相对惯性坐标系再求一次微分，得到

$$\boldsymbol{a}_{ip}=\left.\frac{\mathrm{d}^2\boldsymbol{R}}{\mathrm{d}t^2}\right|_{i}=\left.\frac{\mathrm{d}\boldsymbol{v}_{ep}}{\mathrm{d}t}\right|_{i}+\left.\frac{\mathrm{d}(\boldsymbol{\omega}_{ie}\times\boldsymbol{R})}{\mathrm{d}t}\right|_{i} \tag{6.26}$$

因为加速度的测量和地速的计算是在平台系中进行的，所以等式右边第一项再次使用哥氏定理，其中相对变化率对平台系 P 求取：

$$\left.\frac{\mathrm{d}\boldsymbol{v}_{ep}}{\mathrm{d}t}\right|_{i}=\left.\frac{\mathrm{d}\boldsymbol{v}_{ep}}{\mathrm{d}t}\right|_{p}+\boldsymbol{\omega}_{iP}\times\boldsymbol{v}_{ep} \tag{6.27}$$

将式(6.25)和式(6.27)代入式(6.26)得

$$\boldsymbol{a}_{ip}=\left.\frac{\mathrm{d}\boldsymbol{v}_{ep}}{\mathrm{d}t}\right|_{p}+\boldsymbol{\omega}_{ip}\times\boldsymbol{v}_{ep}+\boldsymbol{\omega}_{ie}\times(\boldsymbol{v}_{ep}+\boldsymbol{\omega}_{ie}\times\boldsymbol{R})+\left.\frac{\mathrm{d}\,\boldsymbol{\omega}_{ie}}{\mathrm{d}t}\right|_{i}\times\boldsymbol{R} \tag{6.28}$$

由于 $\boldsymbol{\omega}_{ip}=\boldsymbol{\omega}_{ie}+\boldsymbol{\omega}_{ep}$，$\left.\frac{\mathrm{d}\,\boldsymbol{\omega}_{ie}}{\mathrm{d}t}\right|_{i}=0$，所以式(6.28)可写成

$$\boldsymbol{a}_{ip}=\left.\frac{\mathrm{d}\boldsymbol{v}_{ep}}{\mathrm{d}t}\right|_{p}+(2\boldsymbol{\omega}_{ie}+\boldsymbol{\omega}_{ep})\times\boldsymbol{v}_{ep}+\boldsymbol{\omega}_{ie}\times(\boldsymbol{\omega}_{ie}\times\boldsymbol{R}) \tag{6.29}$$

其中，$\left.\frac{\mathrm{d}\boldsymbol{v}_{ep}}{\mathrm{d}t}\right|_{p}$ 为地速在平台坐标系中对时间的微分，即载体上惯导系统稳定平台测得的相对地球的加速度。令 $\left.\frac{\mathrm{d}\boldsymbol{v}_{ep}}{\mathrm{d}t}\right|_{p}=\dot{\boldsymbol{v}}_{ep}$，则

$$\boldsymbol{a}_{ip}=\dot{\boldsymbol{v}}_{ep}+(2\boldsymbol{\omega}_{ie}+\boldsymbol{\omega}_{ep})\times\boldsymbol{v}_{ep}+\boldsymbol{\omega}_{ie}\times(\boldsymbol{\omega}_{ie}\times\boldsymbol{R}) \tag{6.30}$$

设平台上的加速度计质量块的质量为 m，质量 m 受到的力为非引力外力 $\boldsymbol{F}$ 和地球引力 $m\boldsymbol{G}$，$\boldsymbol{G}$ 为引力加速度。根据牛顿第二定律：$\boldsymbol{F}+m\boldsymbol{G}=m\boldsymbol{a}_{ip}=m\left.\frac{\mathrm{d}^2\boldsymbol{R}}{\mathrm{d}t^2}\right|_{i}$，有

$$\boldsymbol{a}_{ip}=\frac{\boldsymbol{F}}{m}+\boldsymbol{G}=\boldsymbol{f}+\boldsymbol{G} \tag{6.31}$$

其中，$\boldsymbol{f}=\frac{\boldsymbol{F}}{m}$ 是单位质量上作用的非引力外力，即 6.4.1 节介绍的比力。

将式(6.31)代入式(6.30)，得 $\boldsymbol{f}+\boldsymbol{G}=\dot{\boldsymbol{v}}_{ep}+(2\boldsymbol{\omega}_{ie}+\boldsymbol{\omega}_{ep})\times\boldsymbol{v}_{ep}+\boldsymbol{\omega}_{ie}\times(\boldsymbol{\omega}_{ie}\times\boldsymbol{R})$，即

$$\dot{\boldsymbol{v}}_{ep}=\boldsymbol{f}-(2\boldsymbol{\omega}_{ie}+\boldsymbol{\omega}_{ep})\times\boldsymbol{v}_{ep}+\boldsymbol{G}-\boldsymbol{\omega}_{ie}\times(\boldsymbol{\omega}_{ie}\times\boldsymbol{R}) \tag{6.32}$$

根据式(6.13)重力加速度的表达式 $\boldsymbol{g}=\boldsymbol{G}-\boldsymbol{\omega}_{ie}\times(\boldsymbol{\omega}_{ie}\times\boldsymbol{R})$，式(6.32)可写成

$$\dot{\boldsymbol{v}}_{ep}=\boldsymbol{f}-(2\boldsymbol{\omega}_{ie}+\boldsymbol{\omega}_{ep})\times\boldsymbol{v}_{ep}+\boldsymbol{g} \tag{6.33}$$

式(6.33)即为比力方程，其中 $\dot{\boldsymbol{v}}_{ep}$ 为惯导系统在平台坐标系测得的飞机相对地球的加速度，它的积分就是在平台坐标系测量(实为计算)得到的地速，经过积分和其他运算就得到飞机在地球上的经纬度和航向等导航参数。可见比力方程是惯性导航系统关于加速度测量的一般表达式；所有近地面工作的惯导系统，最根本的就是要实现这个动力学关系，因此通常把比力方程称为惯导系统的基本方程。

现对比力方程作如下说明。

(1) $\left.\frac{\mathrm{d}\boldsymbol{v}_{\mathrm{ep}}}{\mathrm{d}t}\right|_{\mathrm{p}}$ 是在平台坐标系内观察到的载体相对地球的加速度。

(2) $\boldsymbol{f}$ 是加速度计的测量值,比力方程说明只有当 $\boldsymbol{f}$ 除掉了有害加速度之后,才能积分获得地速。其中有害加速度包括三部分：有害加速度 $2\boldsymbol{\omega}_{\mathrm{ie}}\times\boldsymbol{v}_{\mathrm{ep}}$ 为哥氏加速度,由运载体相对地球运动(相对运动)和地球旋转(牵连运动)引起；有害加速度$\boldsymbol{\omega}_{\mathrm{ep}}\times\boldsymbol{v}_{\mathrm{ep}}$ 是运载体在地球表面运动(圆周运动)引起的对地向心加速度；重力加速度 $\boldsymbol{g}$ 是有害加速度的第三部分。

(3) 在静基座条件下,即 $\boldsymbol{v}_{\mathrm{ep}}=0$,$\boldsymbol{f}=-\boldsymbol{g}$。由于 $\boldsymbol{F}=m\boldsymbol{f}$ 是作用在质量块上的非引力外力,亦即质量块受到的约束力。根据作用与反作用原理,质量块对约束体的反作用力为 $\boldsymbol{A}=-\boldsymbol{F}=-m\boldsymbol{f}=m\boldsymbol{g}$,其中 $\boldsymbol{A}$ 为质量块产生的惯性力,所以质量块的单位质量惯性力为 $\boldsymbol{F}_{\mathrm{I}}=\frac{\boldsymbol{A}}{m}=\boldsymbol{g}$。

根据比力方程,可以画出如图 6.6 所示的惯导系统一般原理示意图。

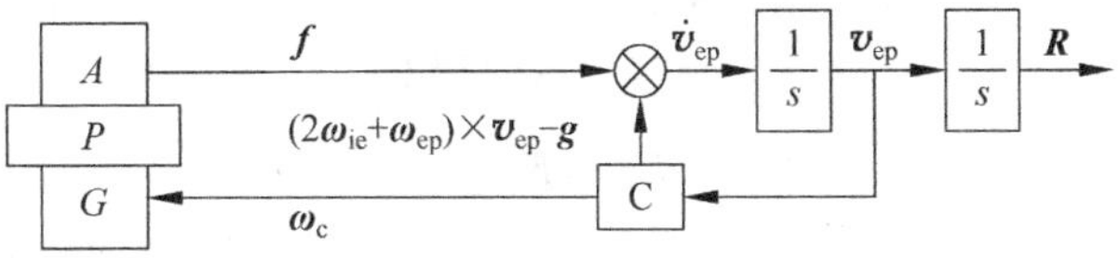

图 6.6 实现惯导基本方程的原理示意图

由图 6.6 可见,惯导系统关键的元件是测量线运动的加速度计 A；测量角运动的陀螺 G；利用陀螺 G 对加速度计 A 进行稳定使其保持应有位置的平台 P；以及计算各陀螺的指令角速度和对加速度计输出中有害加速度进行补偿的计算机 C。在具体实现图 6.6 所示的惯导原理时,根据不同的使用要求和技术条件,有各种不同的结构方案。

6.5 加速度计

加速度计是用来感受、输出与飞机运动加速度(或比力)成一定函数关系的电信号的测量装置。它是惯导系统确定飞机速度、飞行距离和所在位置等导航参数的基本元件,也是实现平台初始对准不可缺少的部分。

按支承输出轴的方式分为宝石轴承支承、液浮支承、挠性支承；按测量加速度的原理和工作方式分为宝石轴承摆式加速度计、液浮摆式加速度计、挠性摆式加速度计、陀螺摆式加速度计、压阻式加速度计、压电式加速度计、振弦式加速度计、石英振梁加速度计、激光和光纤加速度计等；按输出信号的方式分为模拟式和数字式加速度计；按敏感轴的数目分为单轴、双轴和三轴加速度计。

加速度的测量精度直接影响惯导系统的导航精度,惯性级加速度计必须满足下列要求。

(1) 灵敏限小。最小加速度的测量值,直接影响飞机速度和飞行距离的测量精度。灵敏限以下的值不能测量,因其本身就是误差,而且形成的速度误差和距离误差随时间积累。用于惯性导航中的加速度计,其灵敏限必须要求在 $10^{-5}\boldsymbol{g}$ 以下,有的要求达到 $10^{-7}\sim10^{-8}\boldsymbol{g}$。

(2) 摩擦干扰小。根据灵敏限的要求(如为 $10^{-5}\boldsymbol{g}$),对摆质量 m 与摆长 L 乘积为

1 g·cm 的摆来说，要感受此加速度，并绕输出轴转动起来，必须保证摆轴中的摩擦力矩小于 0.98×10^{-9} N·m。这个要求，是任何精密仪表轴承无法达到的。因此，发展各种支承技术是提高加速度计测量精度的关键。

(3) 量程大。通常，飞机上要求的加速度计的测量范围是 $10^{-5}\sim6g$，最大到 $12g$ 甚至 $20g$。在这么大的范围内要保证输出的线性特性及测量过程的性能一致，不是一件容易的事。这就必须增大弹簧刚度，减少输出转角。因此必须用"电弹簧"代替机械弹簧，控制转角在几角秒或几角分以内。

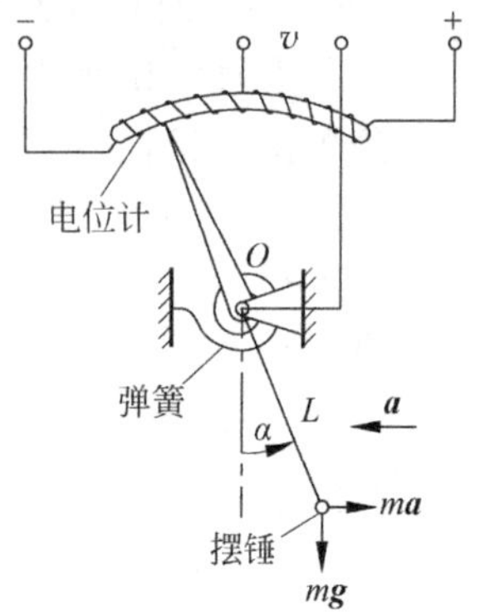

图 6.7　摆式加速度计

加速度计通常由三部分构成。一是感受输入加速度的标准质量 m(摆锤)；二是产生弹簧反力矩的机械弹簧；三是输出或显示装置(图 6.7 中为一个输出电位计)。

当线加速度 $\boldsymbol{a}$ 作用于摆锤时，摆臂将相对支点转动，弹簧产生反力矩，用来平衡因惯性力矩造成的摆偏转。稳定后，摆将偏离原平衡位置(零位)一个角度 α，电位计输出与这个角度成比例的电信号 V，这个电信号 V 的大小就代表了输入加速度 $\boldsymbol{a}$ 的大小。与上述过程对应的运动方程式为

$$J\ddot{\alpha}+K_e\alpha=maL\cos\alpha-mgL\sin\alpha+M_d \tag{6.34}$$

其中，J 为摆锤绕支点(输出轴)的转动惯量；K_e 为弹性系数；L 为摆锤距支点的距离(摆长)；g 为重力加速度；M_d 为绕输出轴的干扰力矩。若选择的 K_e 很大，则 α 角很小，那么 $\sin\alpha\approx\alpha$，$\cos\alpha\approx1$，变为

$$J\ddot{\alpha}+(K_e+mgL)\alpha=MaL+M_d \tag{6.35}$$

当系统处于稳态时，有 $\ddot{\alpha}=0$，则

$$\alpha=\frac{maL}{K_e+mgL}+\frac{M_d}{K_e+mgL} \tag{6.36}$$

由上述推导过程可以看出：只有在满足 α 很小，且干扰力矩很小($M_d\ll maL$)时，加速度计的输出(α 角或电压 V)才能与输入加速度成线性关系。

挠性加速度计同样是靠摆锤来敏感加速度的，它也是一种摆式力反馈加速度计。不同的是：其摆组件既不悬浮在液体中，也不靠两端的宝石轴承定位，而是靠一端具有细颈特征的挠性杆支承，如图 6.8 所示。挠性支承(挠性杆)通常由铍青铜、石英或金的合金等低迟滞高稳定性的弹性材料制成，其结构有的是片式，有的是圆柱式，还有整体式，其中圆柱式挠性支承结构简单，加工装配方便。如在直径为 0.8 mm 的圆柱中形成厚度仅为 0.017 mm 的细颈。参见图 6.8，当沿输入轴方向有加速度作用时，由于挠性支承这个方向的刚度最小，摆将会在惯性力的作用下使挠性杆弯曲，相当于液浮摆式加速度计中摆锤绕输出轴的转动。

挠性支承除了要求敏感轴方向刚度尽量小外，其他方向则要求刚度足够大，以提高抗交叉干扰的能力，因此挠性支承一般都成对使用，如图 6.9 所示。两个挠性杆细颈的方向保证有垂直纸面的加速度作用时，三角形的摆组件能垂直纸面绕挠性支承上下摆动，但使侧向抗弯刚度和抗扭刚度大为提高，可以大大减小交叉干扰误差。

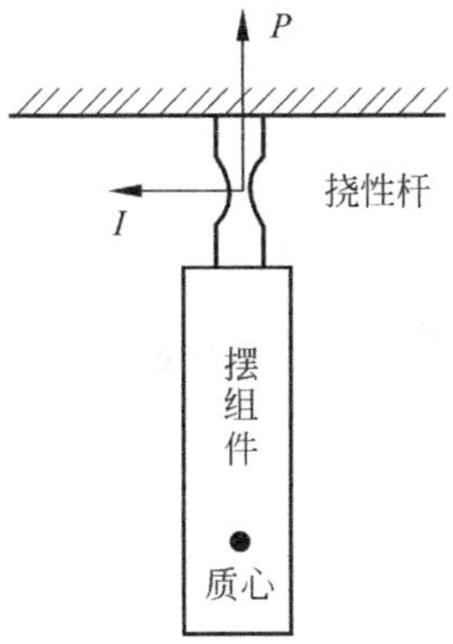

图 6.8 挠性支承摆组件

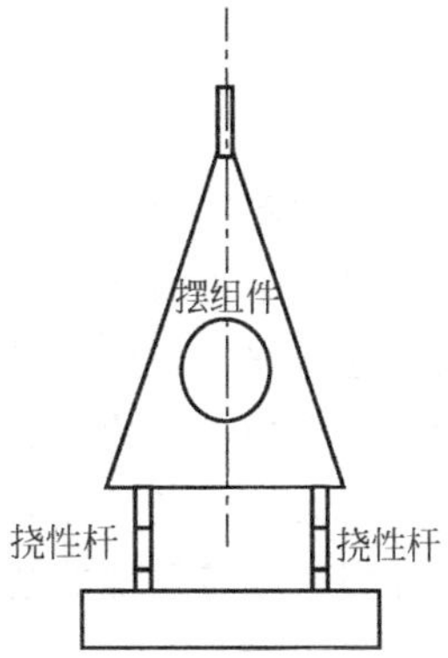

图 6.9 成对挠性支承

石英挠性加速度计是在金属挠性加速度计基础上发展起来的一种新型加速度计，它把挠性杆和电容信号器片做成一体。因而具有结构简单、体积小、精度和灵敏度高、功耗小、易于小型化的优点。

此外，微电子工业中的先进工艺技术，为制作精密挠性支承提供了新的工艺途径，容易将石英挠性支承、摆片、电容极板、信号器、力矩器引线做成一个单独的完整部件。这种简单的结构，有利于提高精度和降低成本；精密磨片工艺形成的精密表面，使挠性石英和壳体构成空气阻尼器(使不充油的干式挠性加速度计获得一些阻尼)，改善了加速度计系统的动态特性，大大增强了挠性摆片的抗冲击能力(石英挠性加速度计可承受比金属挠性加速度计大几十倍的冲击加速度值)；电容信号器的质量轻，可使摆片的摆性做得尽量小，因此平衡加速度信号的力矩电流也可做得很小(1 mA 左右)；伺服回路可做成很小的集成电路附在表头上，减小了外界有害信号的耦合，提高了抗干扰能力。这种一体化的加速度计，便于使用、维护和更换，是惯性导航系统的理想部件。

科学技术的飞速发展，尤其是微电子学、计算机、激光、半导体器件及微机械加工技术的进步和发展，为加速度计的发展提供了有利条件。现在加速度计的精度、可靠性、小型化、经济性、使用寿命以及与陀螺的整体加工性，均有了全方位的提高。

6.6 小结

本章介绍了导航的基本概念，重点介绍了惯性导航的基本原理和发展历程，学习了惯导系统必须具备的基础理论。本书研究的都是在地球上的导航，所以有必要熟悉跟导航相关的地球的特性。我们知道惯性导航是以牛顿惯性定律为理论基础，对加速度计的测量值进行处理得到需要的导航参数的，所以必须掌握加速度计的测量及比力方程。

习题

6.1 阐述导航和制导的区别。

6.2 惯性导航系统的优点和缺点有哪些？

6.3 简述地心惯性坐标系、地球坐标系和地理坐标系的定义以及它们之间的关系。

6.4 简述重力加速度的组成及计算。

6.5 介绍比力的意义和计算方法。

6.6 推导惯性导航系统的基本方程。

第7章

陀螺稳定平台

7.1 陀螺稳定平台简介

陀螺稳定平台以陀螺为敏感元件，是能隔离基座的角运动，并能使平台按指令旋转的机电控制系统。

陀螺稳定平台充分利用了陀螺的定轴性和进动性，即相对惯性空间指向保持不变的能力和按照要求的规律相对惯性空间旋转的能力。从定义中可看出陀螺稳定平台有两个基本功能：一是稳定功能，即隔离外界对平台的干扰；二是跟踪功能，即能跟踪指令，按要求的角速度旋转，确保平台的坐标轴指向要求的方位。陀螺稳定平台能够在承受较大外负荷力矩及干扰力矩的情况下，起到姿态陀螺仪表的功用。因此，陀螺稳定平台除了为飞行器提供方位基准及测量飞行器的姿态角外，还可以用来稳定及控制飞行器上的其他部件或设备，故陀螺稳定平台系统被广泛地应用在飞行器的惯性制导系统、光电跟踪系统及姿态控制系统中。

7.1.1 陀螺稳定平台的组成

一般来说，陀螺稳定平台以陀螺仪动力学特性为基础，利用陀螺仪作为测量敏感元件，将陀螺仪与伺服电机组成一个伺服系统，从而依赖伺服系统的力量实现系统的稳定。图7.1给出了单轴陀螺稳定平台的结构原理示意图。由图7.1可知，它由下列几个主要部分组成：平台台体及陀螺仪；信号器装在台体轴上，用来输出与壳体(飞行器)相对平台台体的转角成比例的电压信号；变换放大器及平台轴上用来承受绕平台轴向作用的外负荷力矩及干扰力矩而使系统稳定工作的卸荷力矩电机(稳定电机)。陀螺仪、信号器、放大器、稳定电机组成了力矩平衡式反馈回路，即构成了一个稳定系统。

7.1.2 陀螺稳定平台的功用

陀螺稳定平台的功用与双自由度姿态陀螺仪表相同，但是它们的性能则远比双自由度姿态陀螺仪表的性能要好，因此陀螺稳定平台在飞行器的惯性导航系统及姿态控制系统中得以广泛应用。

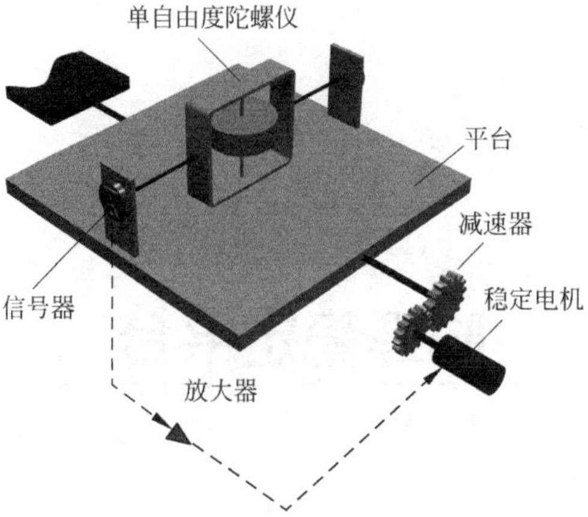

图 7.1 陀螺稳定平台的结构原理

概括起来，用于飞行器上的陀螺稳定平台大致有下列三种用途。

(1) 在飞行器惯性导航系统中，使加速度计与飞行器隔离，并给加速度计提供一个方位基准。

(2) 在飞行器姿态控制系统中提供一个方位基准，从而测量及控制飞行器相对该方位基准的姿态角，并输出飞行器程序飞行控制指令信号，保证飞行器按预定轨迹作程序飞行。

(3) 在飞行器上用来稳定其他设备。

7.1.3 陀螺稳定平台的分类

1. 按稳定轴的数目分类

陀螺稳定平台在飞行器上的应用比较广泛，种类也繁多。按平台台体被稳定的轴数，可以分为三种。

(1) 单轴陀螺稳定平台：平台台体仅能绕其一个轴相对惯性空间或当地地垂线稳定的系统。

(2) 双轴陀螺稳定平台：平台台体可以绕其两个正交轴相对惯性空间或当地地垂线稳定在一个平面内，实际上这种双轴陀螺稳定平台是由两套单轴陀螺稳定平台组成的。

(3) 三轴陀螺稳定平台：平台台体可以绕其 3 个互相垂直的转轴相对惯性空间或某一参考坐标系稳定，一般来说，可以认为三轴陀螺稳定平台是由三套单轴陀螺稳定平台组成的。

惯性导航系统的陀螺稳定平台必须是三轴平台。因为要实现不受干扰地跟踪与地球有关的坐标系(如地理坐标系)，必须有 3 个相互垂直的稳定轴。

2. 按陀螺稳定系统的工作原理分类

陀螺稳定平台按照稳定过程中陀螺仪的作用和陀螺力矩在稳定过程中参与工作的程度，可以分为四种。

(1) 直接式陀螺稳定平台系统：平台受到的干扰力矩完全依靠陀螺力矩平衡，它是最原始的陀螺稳定平台，没有伺服回路。

(2) 间接式陀螺稳定平台系统：陀螺仪作为角位置敏感元件安装在平台台体之外，陀螺力矩与平衡干扰力矩的过程没有关系，主要起到稳定系统、平衡干扰力矩的作用。

(3) 动力式陀螺稳定平台系统：动力式陀螺稳定平台的干扰力矩仅在过渡过程中由陀螺力矩平衡，随着陀螺仪进动角度的增大，伺服电机产生的力矩逐渐增大，最后由伺服电机产生的力矩完全平衡干扰力矩，陀螺停止进动，系统达到稳定状态。

(4) 指示式陀螺稳定平台系统：在平衡干扰力矩过程中，陀螺力矩根本不起作用或作用甚微，陀螺仪仅仅作为角运动敏感元件，其角动量很小。

惯性导航平台属于指示式陀螺稳定平台。简单地说，惯性导航平台的功能就是支承加速度计，并把加速度计稳定在惯性空间，或按导航计算机的指令使其跟踪地平坐标系。惯导系统平台中的陀螺仪，可以是单自由度陀螺仪，也可以是双自由度陀螺仪，不管采用何种陀螺仪，必须具有小角动量、小漂移率和很小的标度因数误差。在惯导系统中，常用的陀螺仪有液浮积分陀螺仪、挠性陀螺仪、激光陀螺仪、光纤陀螺仪、半球谐振陀螺仪等。

陀螺稳定平台具有两种工作状态：几何稳定状态和空间积分状态。几何稳定状态，是指平台不受基座运动和干扰力矩的影响，相对惯性空间保持方位稳定的工作状态，所以也称为稳定工作状态；空间积分状态，是指在指令角速度控制下，平台相对惯性空间以给定规律转动的工作状态，也称为指令跟踪状态或指令角速度跟踪状态。

7.2 单轴指示式陀螺稳定平台

7.2.1 单自由度陀螺构成的单轴指示式陀螺稳定平台

图 7.2 为单自由度陀螺构成的单轴指示式陀螺稳定平台原理图。陀螺转子轴、内环轴和平台稳定轴三者相互垂直，其中平台稳定轴也叫平台支承轴，简称平台轴，它是陀螺仪输入轴的方向。陀螺仪为单自由度速率积分陀螺，其内环轴(也叫进动轴)是陀螺仪输出轴的方向。

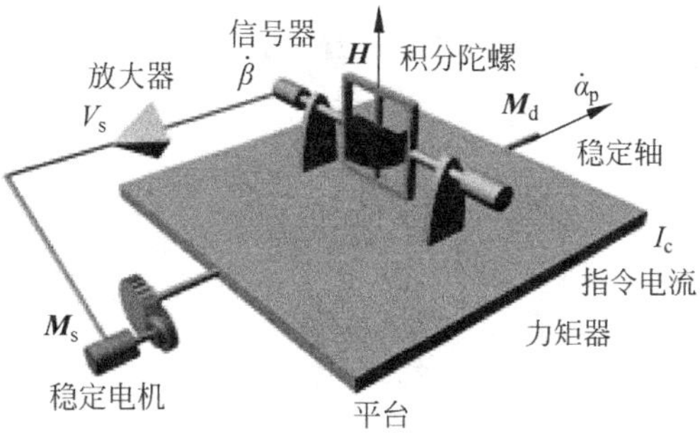

图 7.2 单自由度陀螺构成的单轴指示式陀螺稳定平台原理

平台稳定回路由信号器、放大器和稳定电机组成，力矩器的输入信号(通常是电流)由导航计算机提供。平台的工作原理如下。

7.2.1.1 几何稳定工作状态

沿平台轴有干扰力矩 $\boldsymbol{M}_d$ 作用时，平台将被迫绕平台轴相对惯性空间转动，设转动速度为$\dot{\boldsymbol{\alpha}}_{\mathrm{p}}$；由于平台的转动，在陀螺仪内环轴产生陀螺力矩$\boldsymbol{H}\times\dot{\boldsymbol{\alpha}}_{\mathrm{p}}$，在这一陀螺力矩作用下，陀螺仪转子绕内环轴转动（设角速度为$\dot{\boldsymbol{\beta}}$、角位移为$\boldsymbol{\beta}$）。随着陀螺转子绕内环轴转动，一方面，内环轴上的信号器感受转角$\boldsymbol{\beta}$并输出电压信号V_{s}给放大器，经过放大后的信号送到稳定电机，电机产生稳定力矩$\boldsymbol{M}_{\mathrm{s}}$，并通过减速器作用到平台轴上；另一方面，角速度$\dot{\boldsymbol{\beta}}$使陀螺仪产生沿平台轴方向的陀螺力矩$\boldsymbol{H}\times\dot{\boldsymbol{\beta}}$，但因为陀螺仪的角动量较小，这一陀螺力矩也比较小，通常在分析指示式陀螺稳定平台工作原理时都忽略这一陀螺力矩的作用，干扰力矩$\boldsymbol{M}_{\mathrm{d}}$主要由稳定电机产生的力矩$\boldsymbol{M}_{\mathrm{s}}$来平衡。当陀螺仪绕内环轴的转角达到某一数值时，稳定电机输出的稳定力矩完全平衡干扰力矩的作用，平台停止转动，陀螺绕内环轴的转动也停止。这样，不管平台轴上作用任何力矩，平台绕平台稳定轴相对惯性空间将始终保持稳定，也就是实现了在几何稳定状态下的工作。

7.2.1.2 空间积分工作状态

假如要求平台绕稳定轴以角速度$\boldsymbol{\omega}_{\mathrm{c}}$（称为指令角速度）相对惯性空间转动，就需要给内环轴上的力矩器输入指令电流I_{c}，其与$\boldsymbol{\omega}_{\mathrm{c}}$成比例。这样力矩器就产生指令力矩$\boldsymbol{M}_{\mathrm{c}}$，沿陀螺内环轴作用在单自由度陀螺仪上。指令力矩$\boldsymbol{M}_{\mathrm{c}}$使陀螺绕内环轴转动，产生$\boldsymbol{\beta}$角。信号器测得$\boldsymbol{\beta}$角并将它转换为电压信号$V_{\mathrm{s}}$，通过放大器放大后输出给稳定电机。稳定电机产生力矩带动平台绕稳定轴相对惯性空间以角速度$\dot{\boldsymbol{\alpha}}_{\mathrm{p}}$转动。当转动角速度$\dot{\boldsymbol{\alpha}}_{\mathrm{p}}$的大小达到要求的角速度$\boldsymbol{\omega}_{\mathrm{c}}$时，陀螺仪产生沿内环轴的陀螺力矩$\boldsymbol{M}_{\mathrm{g}}$（$\boldsymbol{M}_{\mathrm{g}}=\boldsymbol{H}\times\boldsymbol{\omega}_{\mathrm{c}}$）与同轴但方向相反的指令力矩相平衡。此后，积分陀螺仪的转角$\boldsymbol{\beta}$不再增大，平台就以角速度$\boldsymbol{\omega}_{\mathrm{c}}$转动，这就实现了平台在空间积分状态下的工作要求。

稳定情况下，陀螺力矩和指令力矩满足

$$\boldsymbol{M}_{\mathrm{g}}=\boldsymbol{M}_{\mathrm{c}}=\boldsymbol{K}_{\mathrm{t}}\boldsymbol{I}_{\mathrm{c}} \tag{7.1}$$

其中，K_{t}为力矩器传递系数。

平台带动陀螺仪绕平台轴转动时产生的陀螺力矩为

$$\boldsymbol{M}_{\mathrm{g}}=\boldsymbol{H}\cdot\dot{\boldsymbol{\alpha}}_{\mathrm{p}} \tag{7.2}$$

所以有

$$\dot{\boldsymbol{\alpha}}_{\mathrm{p}}=\frac{K_{\mathrm{t}}\boldsymbol{I}_{\mathrm{c}}}{\boldsymbol{H}} \tag{7.3}$$

即

$$\boldsymbol{\alpha}_{\mathrm{p}}=\boldsymbol{\alpha}_{\mathrm{p0}}+\frac{K_{\mathrm{t}}}{\boldsymbol{H}}\int_{0}^{t}\boldsymbol{I}_{\mathrm{c}}\mathrm{d}t \tag{7.4}$$

其中，$\boldsymbol{\alpha}_{\mathrm{p0}}$为$t=0$时刻平台相对惯性坐标系的初始偏角。可见，平台相对惯性系的转角$\boldsymbol{\alpha}_{\mathrm{p}}$与指令电流$I_{\mathrm{c}}$的积分成正比。

如果指令力矩为

$$\boldsymbol{M}_{\mathrm{c}}=K'_{\mathrm{t}}\boldsymbol{\omega}_{\mathrm{c}} \tag{7.5}$$

其中，K'_{t}为力矩器传递系数。则

$$\dot{\boldsymbol{\alpha}}_{\mathrm{p}}=\frac{K'_{\mathrm{t}}}{\boldsymbol{H}}\boldsymbol{\omega}_{\mathrm{c}} \tag{7.6}$$

设 $K_t'/\boldsymbol{H}=1$，则

$$\boldsymbol{\alpha}_p=\boldsymbol{\alpha}_{p0}+\int_0^t \boldsymbol{\omega}_c \mathrm{d}t \tag{7.7}$$

这说明平台转过的角度是指令角速度随时间的积分，空间积分工作状态因此得名，这种平台也称为空间积分器。

从空间积分状态的工作原理可以看出，当干扰力矩作用在陀螺内环轴上时，会使积分陀螺仪绕内环轴转动，这种现象称为积分陀螺仪的漂移。通过稳定回路的作用，平台会产生错误的转动角速度 $\boldsymbol{\omega}_d$，这种转动称为平台漂移，$\boldsymbol{\omega}_d$ 称为平台漂移角速度（也称为积分陀螺仪的漂移角速度）。设内环轴上的干扰力矩为 $\boldsymbol{M}_d$，则平台漂移角速度的大小为

$$\boldsymbol{\omega}_d=\frac{\boldsymbol{M}_d}{\boldsymbol{H}} \tag{7.8}$$

上面的分析说明，由于有了稳定回路，对于作用在平台轴上的各种干扰力矩，平台具有很高的抗干扰能力，但是对作用在陀螺内环轴上的干扰力矩，这种平台缺少抗干扰的能力。

7.2.2　双自由度陀螺构成的单轴指示式陀螺稳定平台

图 7.3 为由一个双自由度陀螺（也称角位置陀螺或简称位置陀螺）构成的单轴指示式平台的原理图。在该平台中，双自由度陀螺仪的外环轴与平台稳定轴平行，外环轴上装有信号器，在陀螺的内环轴上装有力矩器。信号器、放大器、稳定电机以及减速器组成了一套稳定回路。平台的工作原理如下。

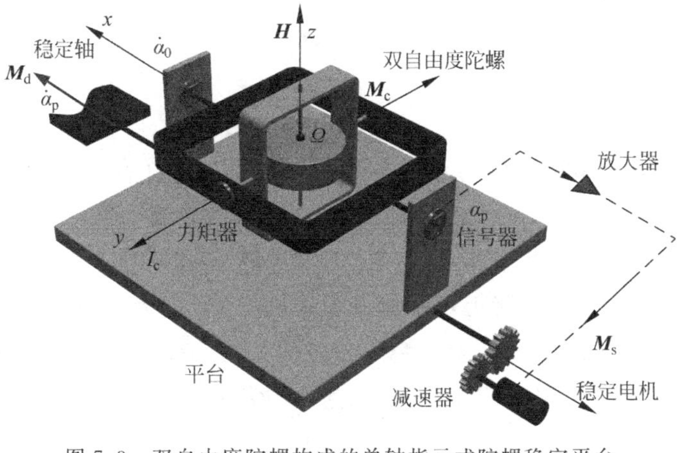

图 7.3　双自由度陀螺构成的单轴指示式陀螺稳定平台

7.2.2.1　几何稳定工作状态

当平台稳定轴有干扰力矩 $\boldsymbol{M}_d$ 作用时，平台绕稳定轴转动，设转动角度为 $\boldsymbol{\alpha}_p$，因为双自由度陀螺具有稳定性，它并不会绕其外环轴转动。这样，装在外环轴上的信号器就会有信号输出，该信号经放大器放大后送给稳定电机，稳定电机产生稳定力矩 $\boldsymbol{M}_s$，$\boldsymbol{M}_s$ 通过减速器作用于平台，平衡掉干扰力矩，使平台绕稳定轴保持稳定。

当稳定力矩完全平衡掉干扰力矩时，有式(7.9)成立：

$$\boldsymbol{M}_s=K\boldsymbol{\alpha}_p=\boldsymbol{M}_d \tag{7.9}$$

其中，K 为稳定回路放大系数，于是有

$$\boldsymbol{\alpha}_{\mathrm{p}}=\frac{\boldsymbol{M}_{\mathrm{d}}}{K} \tag{7.10}$$

这就是平衡状态下陀螺仪绕外环轴相对平台的转角，称为平台的误差角。从式(7.10)可以看出，平台误差角与稳定回路总放大系数成反比，因此为了使平台有足够高的精度(很小的误差角)，稳定回路应具有足够大的放大系数。

7.2.2.2 空间积分工作状态

要使平台绕稳定轴以指令角速度$\boldsymbol{\omega}_{\mathrm{c}}$相对惯性空间转动，则应给陀螺仪内环轴上的力矩器输入大小与指令角速度$\boldsymbol{\omega}_{\mathrm{c}}$成比例的指令电流 I_{c}，该电流使力矩器产生一个沿陀螺内环轴方向的指令力矩 $\boldsymbol{M}_{\mathrm{c}}$，$\boldsymbol{M}_{\mathrm{c}}$ 使陀螺仪绕外环轴以角速度$\dot{\boldsymbol{\alpha}}_{0}$ 进动。由于此时平台没有运动，陀螺绕外环轴的进动造成平台相对陀螺仪绕外环轴出现转角。该转角经陀螺仪外环轴上的信号器测出并转变为电信号，经放大器放大后输出给稳定电机，稳定电机经减速器带动平台绕稳定轴以角速度$\dot{\boldsymbol{\alpha}}_{\mathrm{p}}$ 转动，$\dot{\boldsymbol{\alpha}}_{\mathrm{p}}$ 的方向与$\dot{\boldsymbol{\alpha}}_{0}$ 相同。在稳定状态下，$\dot{\boldsymbol{\alpha}}_{\mathrm{p}}$ 与$\dot{\boldsymbol{\alpha}}_{0}$ 大小相等，即

$$\dot{\boldsymbol{\alpha}}_{\mathrm{p}}=\dot{\boldsymbol{\alpha}}_{0} \tag{7.11}$$

而

$$\dot{\boldsymbol{\alpha}}_{0}=\frac{\boldsymbol{M}_{\mathrm{c}}}{\boldsymbol{H}}=\frac{K_{\mathrm{t}}I_{\mathrm{c}}}{\boldsymbol{H}}=\frac{K_{\mathrm{t}}'}{\boldsymbol{H}}\boldsymbol{\omega}_{\mathrm{c}} \tag{7.12}$$

其中，K_{t}、K_{t}'为力矩器传递系数。显然，只要令

$$K_{\mathrm{t}}'=\boldsymbol{H} \tag{7.13}$$

就有

$$\dot{\boldsymbol{\alpha}}_{\mathrm{p}}=\dot{\boldsymbol{\alpha}}_{0}=\boldsymbol{\omega}_{\mathrm{c}} \tag{7.14}$$

这样就使平台转动角速度$\dot{\boldsymbol{\alpha}}_{\mathrm{p}}$ 等于指令角速度$\boldsymbol{\omega}_{\mathrm{c}}$，平台转过的角度是指令角速度随时间的积分。

与单自由度陀螺构成的平台相比，作用在陀螺仪内环轴上的干扰力矩会使平台产生漂移误差。陀螺仪内环轴上有干扰力矩为 $\boldsymbol{M}_{\mathrm{d}}$ 时，陀螺仪要绕外环轴进动(这种进动称为陀螺漂移)，设进动角速度为$\boldsymbol{\omega}_{\mathrm{d}}$。于是，经过稳定回路的作用，造成平台绕稳定轴以相同的角速度$\boldsymbol{\omega}_{\mathrm{d}}$ 转动，这种转动就是平台的漂移，漂移角速度的大小为

$$\omega_{\mathrm{d}}=\frac{M_{\mathrm{d}}}{H} \tag{7.15}$$

因此，为了提高平台相对惯性空间的稳定精度，必须尽量减小陀螺仪的漂移。

7.3 单轴陀螺稳定平台的稳定回路分析

现在我们知道了陀螺稳定平台的两种工作方式及其基本原理，为进一步加深对这两种工作状态的理解，现从构成平台的各个环节的传递函数入手，利用自动控制原理的方法，分析平台在两种工作状态下的工作特性。

7.3.1 稳定力矩的产生形式

陀螺稳定平台主要依靠稳定回路产生稳定力矩来平衡干扰力矩。由于产生稳定力矩的方式不同,构成稳定回路的具体环节和力矩装置也不同。惯性导航平台对力矩装置的主要要求是:工作中对平台施加的力矩要小;力矩特性、线性度及对称性要好;传递平稳可靠,体积小,质量轻,结构紧凑。

陀螺平台的力矩装置有两种施矩方式:间接驱动和直接驱动,稳定电机有交流伺服电机和直流力矩电机。在间接驱动的力矩装置中,电机转轴和平台环架的支承轴通过减速器联系在一起,驱动电机可以是交流伺服电机,也可以是直流力矩电机,但多用交流伺服电机。而在直接驱动的力矩装置中,电机直接安装在被驱动的环架支承轴上,多采用直流力矩电机。考虑到放大器的区别,稳定力矩产生的形式主要有以下三种。

7.3.1.1 间接驱动的交流施矩

这种施矩方式的原理方块图如图7.4所示。

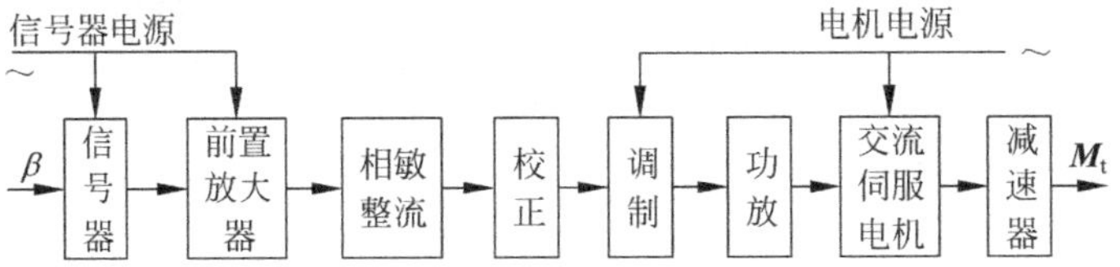

图7.4 间接驱动交流施矩原理方块图

由于这种施矩方法要经过一套减速器,因此不仅使平台系统结构变得复杂,而且增大了摩擦力矩,降低了耦合刚度,引起系统的非线性和传动滞后;同时也影响传动的平稳性和稳定精度。因此这种施矩方式已基本被淘汰。有的平台系统中仍使用交流伺服电机,但是已经不用减速器,而且把电机做成扁环形(如浮球式平台)。

7.3.1.2 直接驱动的直流施矩

直接驱动的直流施矩的原理图如图7.5所示。

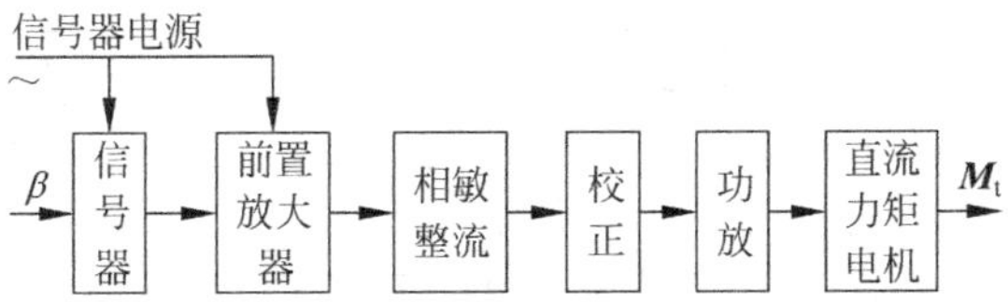

图7.5 直接驱动直流施矩原理图

这种施矩方式采用的直流力矩电机呈扁环形,直径比较大,轴向长度比较短,极对数较多,是一种低速大力矩直流电机,具有以下优点。

(1) 因为电机转速低、力矩大,可以不用齿轮减速器直接安装在平台轴上,所以耦合刚度大。

(2) 由于不用减速器,也就不存在齿轮间隙造成的传动滞后,减少了摩擦力矩,简化了传动机构,使体积和质量都得到减小。

(3) 电机中永磁铁提供强而稳定的永磁场，使电机总功率降低。

(4) 电机本身的转矩和惯量之比很大，电机可以经常处于制动状态。

因此，这种施矩方式在惯导平台中被广泛采用。

7.3.1.3 直接驱动的脉冲调宽电流施矩

这种驱动方式采用的也是直流电机，只是输给电机的电流是脉冲调宽电流，其原理如图 7.6 所示。

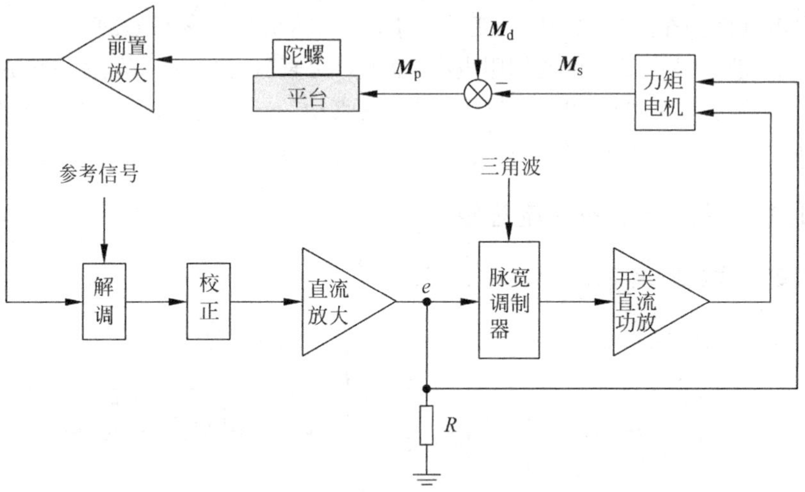

图 7.6 直接驱动脉冲调宽施矩原理

脉冲调宽的原理如图 7.7 所示。作用在平台上的干扰力矩 M_d 为零时，直流放大级输出的信号也为零，这时三角波通过多谐振荡器产生等宽度高低方波脉冲，经开关功率放大后送给力矩电机的电枢绕组，此脉冲频率取决于三角波的频率。在此等宽正负脉冲电流作用下，直流力矩电机产生的平均稳定力矩 M_s 也就等于零。

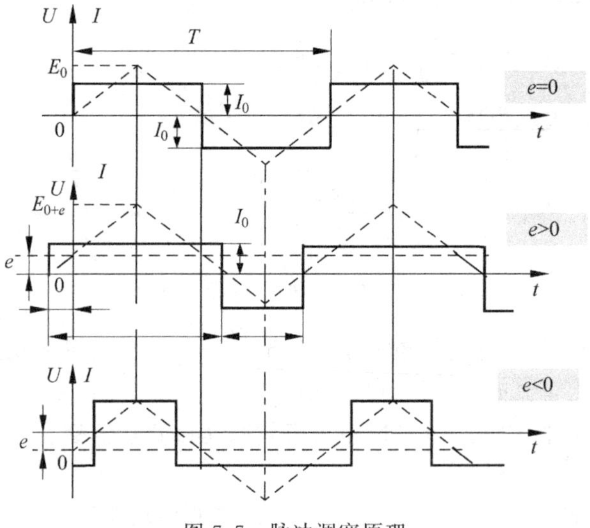

图 7.7 脉冲调宽原理

当平台上的干扰力矩 $\boldsymbol{M}_{\mathrm{d}}$ 不为零时，直流放大级输出的信号 e 也不为零，该信号 e 和三角波叠加后改变了多谐振荡器翻转的时间间隔，产生宽度不等的正负脉冲信号，正负脉冲宽度之差与 e 成正比。脉冲信号经开关功率放大后送给力矩电机的电枢绕组，直流力矩电机产生的平均稳定力矩 $\boldsymbol{M}_{\mathrm{s}}$ 的大小和方向取决于 e 或干扰力矩 $\boldsymbol{M}_{\mathrm{d}}$ 的大小和方向。

设 $e>0$，三角波的频率为 f，周期为 T，则由图 7.8 可求得三角波的斜率为

$$K=\frac{E_0}{T/4}=4fE_0 \tag{7.16}$$

由此可得时间差

$$\Delta t=\frac{e}{K}=\frac{e}{4fE_0} \tag{7.17}$$

于是力矩电机平均电流为

$$\begin{aligned} I&=\frac{I_0\left(\frac{T}{2}+2\Delta t\right)-I_0\left(\frac{T}{2}-2\Delta t\right)}{T} \\ &=\frac{4\Delta t}{T}I_0=\frac{I_0}{E_0}e=K_0 e \end{aligned} \tag{7.18}$$

也就是说送给力矩电机的电流平均值与 e 成正比，因此力矩电机产生的稳定力矩也正比于信号 e。脉宽调制器中的电阻 R 起负反馈的作用，可以改善系统的动态品质。与直流施矩方式相比，脉冲调宽施矩有如下优点：工作中力矩电机一直处于起始状态，因此改善了电机的启动快速性和低速性能；由于脉冲电流的幅值基本上是恒定的，所以力矩电机的工作点也基本恒定，这就减小了力矩电机本身非线性的影响，改善了线性度。由于这些优点，脉冲调宽施矩成为目前惯导平台主要的施矩方式。

7.3.2 稳定回路各环节的传递函数

稳定回路典型的原理如图 7.8 所示，这种伺服控制方式称为反馈伺服控制法或闭环补偿法。

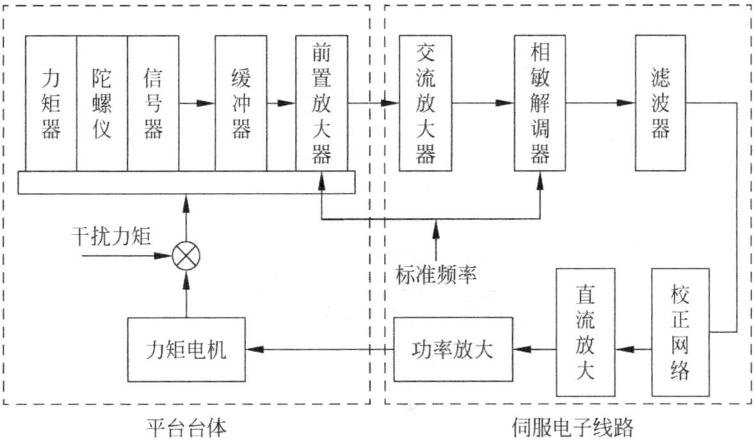

图 7.8 稳定回路典型原理

7.3.2.1 平台的传递函数

平台绕稳定轴的运动方程式可以按转动刚体的牛顿第二定律写出：

$$\begin{cases} J_{\mathrm{p}}\ddot{\boldsymbol{\alpha}}_{\mathrm{p}} = J_{\mathrm{p}}\dot{\boldsymbol{\omega}}_{\mathrm{p}} = \boldsymbol{M}_{\mathrm{p}} \\ \boldsymbol{M}_{\mathrm{p}} = \boldsymbol{M}_{\mathrm{s}} + \boldsymbol{M}_{\mathrm{d}} - \boldsymbol{M}_{\mathrm{g}} \end{cases} \tag{7.19}$$

其中，J_{p} 为平台绕稳定轴的转动惯量；$\boldsymbol{M}_{\mathrm{p}}$ 为作用在平台上的总力矩，包括电机的稳定力矩 $\boldsymbol{M}_{\mathrm{s}}$ 和各种干扰力矩 $\boldsymbol{M}_{\mathrm{d}}$，以及陀螺效应产生的沿平台轴的陀螺力矩 $\boldsymbol{M}_{\mathrm{g}}$。由于惯导平台中陀螺的角动量较小，陀螺力矩对平台的作用可以忽略，所以式(7.19)的拉氏变换式为

$$J_{\mathrm{p}}s^2\boldsymbol{\alpha}_{\mathrm{p}}(s) = J_{\mathrm{p}}s\boldsymbol{\omega}_{\mathrm{p}}(s) = \boldsymbol{M}_{\mathrm{s}}(s) + \boldsymbol{M}_{\mathrm{d}}(s) \tag{7.20}$$

则稳定力矩对平台转动角度和角速度的传递函数为

$$\begin{cases} \dfrac{\boldsymbol{\alpha}_{\mathrm{p}}(s)}{\boldsymbol{M}_{\mathrm{s}}(s)} = \dfrac{1}{J_{\mathrm{p}}s^2} \\ \dfrac{\boldsymbol{\omega}_{\mathrm{p}}(s)}{\boldsymbol{M}_{\mathrm{s}}(s)} = \dfrac{1}{J_{\mathrm{p}}s} \end{cases} \tag{7.21}$$

同理可得干扰力矩对平台转动角度和角速度的传递函数为

$$\begin{cases} \dfrac{\boldsymbol{\alpha}_{\mathrm{p}}(s)}{\boldsymbol{M}_{\mathrm{d}}(s)} = \dfrac{1}{J_{\mathrm{p}}s^2} \\ \dfrac{\boldsymbol{\omega}_{\mathrm{p}}(s)}{\boldsymbol{M}_{\mathrm{d}}(s)} = \dfrac{1}{J_{\mathrm{p}}s} \end{cases} \tag{7.22}$$

7.3.2.2 陀螺的传递函数

在几何稳定状态，陀螺起到的作用是敏感平台转动角度的大小。

1. 单自由度陀螺的传递函数

积分陀螺仪的各参量如图 7.9 所示。图中 $Oxyz$ 坐标系为陀螺坐标系，$Ox_{\mathrm{p}}y_{\mathrm{p}}z_{\mathrm{p}}$ 为平台坐标系，$\boldsymbol{H}$ 为陀螺转子角动量，J_y 为内环组件绕陀螺仪内环轴(输出轴)的转动惯量，D_y 为绕内环轴的阻尼系数，$\dot{\boldsymbol{\beta}}$ 和 $\ddot{\boldsymbol{\beta}}$ 分别为陀螺仪绕内环轴相对平台的转动角速度和角加速度。

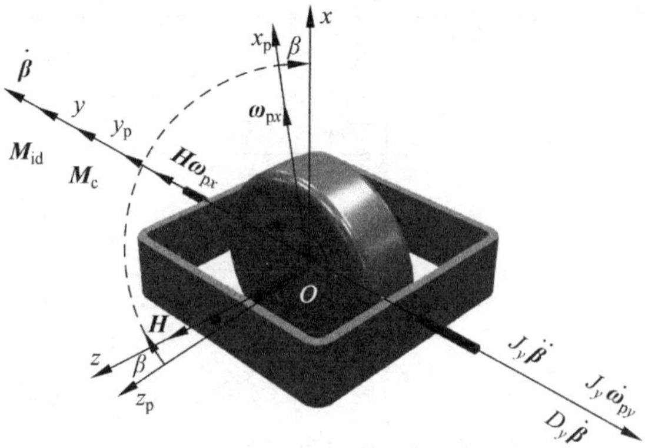

图 7.9 积分陀螺仪的各参量

$\boldsymbol{\omega}_{px}$ 和 $\boldsymbol{\omega}_{pz}$ 分别为平台相对惯性空间的角速度在平台坐标系 x、z 轴上的分量，$\dot{\boldsymbol{\omega}}_{py}$ 为平台绕陀螺仪输出轴相对惯性空间的角加速度；$\boldsymbol{M}_c$ 和 $\boldsymbol{M}_{id}$ 分别为加在陀螺仪输出轴上的指令力矩和干扰力矩。

根据动静法，可以写出积分陀螺仪的运动方程：

$$J_y\ddot{\boldsymbol{\beta}} + D_y\dot{\boldsymbol{\beta}} = \boldsymbol{H}\boldsymbol{\omega}_{px}\cos\boldsymbol{\beta} - \boldsymbol{H}\boldsymbol{\omega}_{pz}\sin\beta - J_y\dot{\boldsymbol{\omega}}_{py} + \boldsymbol{M}_c + \boldsymbol{M}_{id} \tag{7.23}$$

考虑到在稳定回路工作过程中，$\boldsymbol{\beta}$ 的数值很小，式(7.23)可写为

$$J_y\ddot{\boldsymbol{\beta}} + D_y\dot{\boldsymbol{\beta}} = \boldsymbol{H}\boldsymbol{\omega}_{px} - \boldsymbol{H}\boldsymbol{\omega}_{pz}\beta - J_y\dot{\boldsymbol{\omega}}_{py} + \boldsymbol{M}_c + \boldsymbol{M}_{id} \tag{7.24}$$

本书的目的是建立单轴平台的传递函数，而平台的稳定轴为 x_p 轴。为便于分析，设

$$\begin{cases} \boldsymbol{\omega}_{pz} = 0 \\ \dot{\boldsymbol{\omega}}_{py} = 0 \end{cases} \tag{7.25}$$

另外，指令角速度 $\boldsymbol{\omega}_{cx}$ 与指令力矩 $\boldsymbol{M}_c$ 之间、陀螺仪漂移角速度 $\boldsymbol{\omega}_d$ 与干扰力矩 $\boldsymbol{M}_{id}$ 之间存在下列关系：

$$\begin{cases} \boldsymbol{M}_c = -\boldsymbol{H}\,\boldsymbol{\omega}_{cx} \\ \boldsymbol{M}_d = -\boldsymbol{H}\,\boldsymbol{\omega}_d \end{cases} \tag{7.26}$$

这样式(7.24)可以写为

$$J_y\ddot{\boldsymbol{\beta}} + D_y\dot{\boldsymbol{\beta}} = \boldsymbol{H}\boldsymbol{\omega}_{px} - \boldsymbol{H}\boldsymbol{\omega}_{cx} - \boldsymbol{H}\boldsymbol{\omega}_d \tag{7.27}$$

按零初始条件对式(7.27)进行拉氏变换，得

$$J_y s^2\boldsymbol{\beta}(s) + D_y s\boldsymbol{\beta}(s) = \boldsymbol{H}\boldsymbol{\omega}_{px}(s) - \boldsymbol{H}\boldsymbol{\omega}_{cx}(s) - \boldsymbol{H}\boldsymbol{\omega}_d(s) \tag{7.28}$$

因为线性系统可用叠加原理进行分析，可以分别求出陀螺仪输出量 $\boldsymbol{\beta}(s)$ 对各个输入量 $\boldsymbol{\omega}_{px}(s)$、$\boldsymbol{\omega}_{cx}(s)$ 和 $\boldsymbol{\omega}_d(s)$ 的传递函数：

$$\begin{cases} \dfrac{\boldsymbol{\beta}(s)}{\boldsymbol{\omega}_{px}(s)} = \dfrac{\boldsymbol{H}}{J_y s^2 + D_y s} = \dfrac{K_g}{s(T_g s + 1)} \\ \dfrac{\boldsymbol{\beta}(s)}{\boldsymbol{\omega}_{cx}(s)} = -\dfrac{\boldsymbol{H}}{J_y s^2 + D_y s} = -\dfrac{K_g}{s(T_g s + 1)} \\ \dfrac{\boldsymbol{\beta}(s)}{\boldsymbol{\omega}_d(s)} = -\dfrac{\boldsymbol{H}}{J_y s^2 + D_y s} = -\dfrac{K_g}{s(T_g s + 1)} \end{cases} \tag{7.29}$$

其中，$K_g = \dfrac{\boldsymbol{H}}{D_y}$ 为积分陀螺仪静态传递系数；$T_g = \dfrac{J_y}{D_y}$ 为积分陀螺仪时间常数。

2. 双自由度陀螺的传递函数

如图 7.3 所示，以陀螺仪内环轴和外环轴分别为 y 轴和 x 轴建立坐标系，平台台体相对基座转动 α_p 角，陀螺因其固有的稳定性，其外环轴绕外环支承座（也就是平台台体）向反方向转动了一个 α 角，且二者大小相等。同理，陀螺内环轴还可作为平台另一个稳定轴的角度测量元件。如定义平台另一个稳定轴相对基座转动的转角为 β_p、陀螺绕内环轴的转角为 β，根据双自由度陀螺仪的进动方程：

$$\begin{cases} \boldsymbol{H}\,\dot{\boldsymbol{\beta}} = \boldsymbol{M}_x \\ \boldsymbol{H}\,\dot{\boldsymbol{\alpha}} = -\boldsymbol{M}_y \end{cases} \tag{7.30}$$

$\dot{\boldsymbol{\alpha}}$ 和$\dot{\boldsymbol{\beta}}$ 分别为陀螺绕外环轴和内环轴的转动角速度，$\boldsymbol{M}_x$ 和$\boldsymbol{M}_y$ 分别为绕外环轴和内环轴的外力矩。在零初始条件下，对式(7.30)进行拉氏变换得

$$\begin{cases}\dfrac{\boldsymbol{\beta}(s)}{\boldsymbol{M}_x(s)}=\dfrac{1}{\boldsymbol{H}s}\\[2ex]\dfrac{\boldsymbol{\alpha}(s)}{\boldsymbol{M}_y(s)}=-\dfrac{1}{\boldsymbol{H}s}\end{cases}\tag{7.31}$$

指令力矩与指令角速度存在下列关系：

$$\begin{cases}\boldsymbol{\omega}_{cx}=-\dfrac{\boldsymbol{M}_{cy}}{\boldsymbol{H}}\\[2ex]\boldsymbol{\omega}_{cy}=\dfrac{\boldsymbol{M}_{cx}}{\boldsymbol{H}}\end{cases}\tag{7.32}$$

所以陀螺仪输出转角对指令角速度的传递函数为

$$\begin{cases}\dfrac{\boldsymbol{\beta}(s)}{\boldsymbol{\omega}_{cy}}=\dfrac{1}{s}\\[2ex]\dfrac{\boldsymbol{\alpha}(s)}{\boldsymbol{\omega}_{cx}}=\dfrac{1}{s}\end{cases}\tag{7.33}$$

显然，干扰力矩对应的陀螺漂移角速度与陀螺仪的输出转角有与式(7.31)和式(7.33)一样的关系。

7.3.2.3 信号器的传递函数

信号器把平台转角转换为电压信号 V_s，一般为线性比例环节，设信号器传递系数为 K_s，则信号器输出 V_s 与其输入 $\boldsymbol{\beta}(s)$或 $\boldsymbol{\alpha}(s)$的传递函数为

$$\frac{V_s(s)}{\boldsymbol{\alpha}(s)}=K_s\tag{7.34}$$

或

$$\frac{V_s(s)}{\boldsymbol{\beta}(s)}=K_s\tag{7.35}$$

7.3.2.4 放大器的传递函数

由于陀螺信号器的输出阻抗高，故信号器输出的信号应先经缓冲器匹配后再送入放大器，以免信号损失过大。为抑制滑环导电时接触电阻及噪声对信号的衰减，提高信噪比，在电路中设置了前置放大器。前置放大器通常放在平台台体上，以避免连线过长而产生的分布参数对弱信号的干扰。经导电滑环传输后的信号送到电子线路盒的输入端后，先将其在交流放大器中作进一步放大后再进行相敏解调和滤波。交流放大器通常是一个带通滤波器，它对载波频率信号有很强的放大作用，而对非载波信号有很强的抑制作用。经相敏解调后的信号，是一个大小与陀螺输出转角成正比、方向与陀螺输出转角方向相适应的直流信号。滤波器的作用是减小直流信号的波纹。上述信号经校正网络校正后可满足系统的动静态性能要求。经过校正后的信号再经功率放大器放大送入力矩电机，由力矩电机实现闭环补偿和伺服跟踪的目的。为提高功放的效率，减小功耗，一般采用脉冲调宽和开关功率放大。

在惯性平台中，通常把包括缓冲器、前置放大器、交流放大器、相敏解调器、滤波器、校正

网络和功率放大器的这些电子线路称为惯性平台的电子网络或伺服放大器，如图 7.8 所示。其传递函数记为

$$A(s)=\frac{V_a(s)}{V_s(s)} \tag{7.36}$$

其中，$V_a(s)$为放大器最后一级的输出信号。

7.3.2.5 力矩电机的传递函数

力矩电机也叫稳定电机，有些文献资料也称其为伺服电机。用于惯性平台的力矩电机有直流和交流力矩电机两种，目前多用直流力矩电机。电机转轴与平台支承轴之间可以直接驱动，也可以间接驱动。直接驱动是力矩电机直接安装在被驱动的环架支承轴上；间接驱动是电机转轴和平台支承轴之间，通过减速器联系在一起。目前多用直接驱动。直接驱动方式使用的是一种不经齿轮减速器、直接驱动平台的新型直流力矩电机，它的形状呈圆饼形，直径比较大，轴向长度比较小，极对数比较多，是一种低速大力矩直流电机。直流力矩电机的传递函数可以根据电枢电路的电压平衡方程、转矩平衡方程和输出转矩电流特性三个方程联立求解。直流力矩电机的传递函数可表示为

$$W(s)=\frac{\boldsymbol{M}_s(s)}{V_a(s)}=\frac{K_m}{R_a(T_m s+1)} \tag{7.37}$$

其中，K_m 为电机的力矩系数；$T_m=\frac{L_a}{R_a}$为力矩电机的电磁时间常数，其中 L_a 为电枢电感，R_a 为电枢电路总电阻。当忽略毫秒级电磁时间常数时，力矩电机的传递函数可进一步简化为

$$W(s)=\frac{K_m}{R_a} \tag{7.38}$$

7.3.3 稳定回路的总传递函数及静态分析

这里以单自由度陀螺构成的单轴平台为例，介绍稳定回路的总传递函数，根据单自由度陀螺构成的单轴指示式平台的工作原理(见图 7.10)和稳定回路各环节的传递函数，可得单自由度陀螺构成的单轴稳定平台回路的结构图，如图 7.11 所示。

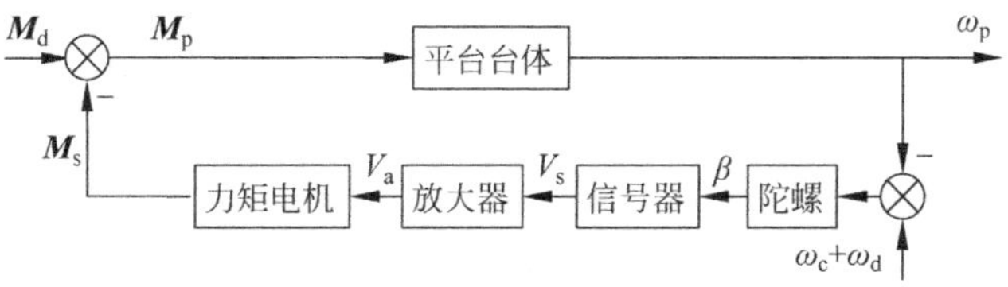

图 7.10 单轴指示式平台原理

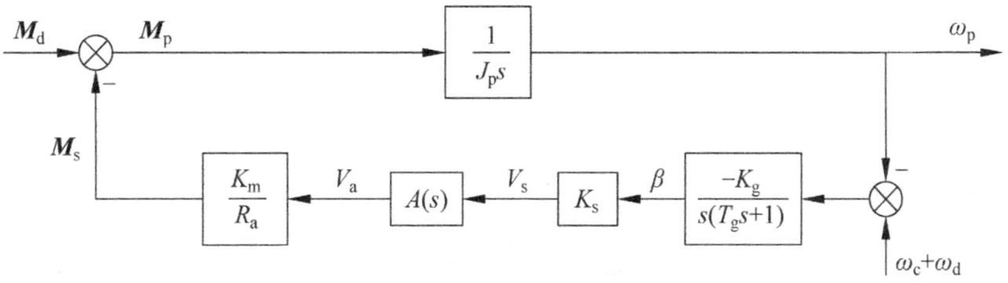

图 7.11 单轴稳定平台回路结构

根据结构图可得该系统的开环传递函数为

$$Y(s)=\frac{1}{J_p s^2}\frac{K_g K_s K_m A(s)}{R_a(T_g s+1)} \tag{7.39}$$

将其中的非积分环节集中在一起记为 $Y'(s)$

$$Y'(s)=\frac{K_g K_s K_m A(s)}{R_a(T_g s+1)} \tag{7.40}$$

则式(7.39)变为

$$Y(s)=Y'(s)\frac{1}{J_p s^2} \tag{7.41}$$

此时,图 7.11 可以简化为图 7.12。

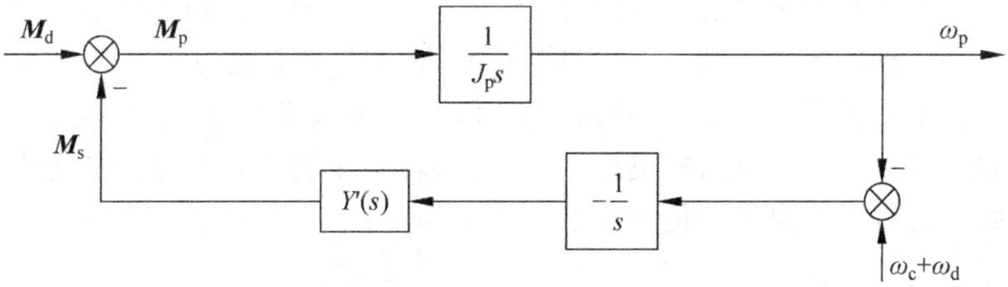

图 7.12　单轴稳定平台回路结构

下面根据简化的结构图对系统进行静态分析。

1. 平台系统对干扰力矩的传递函数及静态分析

由系统结构图和开环传递函数可知平台系统对干扰力矩的传递函数为

$$\frac{\boldsymbol{\omega}_p(s)}{\boldsymbol{M}_d(s)}=\frac{1}{J_p s[1+Y(s)]} \tag{7.42}$$

则单轴指示式平台的响应角速度为

$$\boldsymbol{\omega}_p(s)=\frac{\boldsymbol{M}_d(s)}{J_p s[1+Y(s)]}=\frac{s\boldsymbol{M}_d(s)}{J_p s^2+Y'(s)} \tag{7.43}$$

则单轴指示式平台的响应角度为

$$\phi_p(s)=\frac{\boldsymbol{\omega}_p(s)}{s}=\frac{\boldsymbol{M}_d(s)}{J_p s^2[1+Y(s)]}=\frac{\boldsymbol{M}_d(s)}{J_p s^2+Y'(s)} \tag{7.44}$$

如果 $\boldsymbol{M}_d$ 为常值干扰力矩,大小为 $\boldsymbol{M}_{d0}$,则

$$\boldsymbol{M}_d(s)=\frac{\boldsymbol{M}_{d0}}{s} \tag{7.45}$$

$$\boldsymbol{\omega}_p(s)=\frac{\boldsymbol{M}_{d0}}{J_p s^2+Y'(s)} \tag{7.46}$$

$$\phi_p(s)=\frac{\boldsymbol{M}_{d0}}{s[J_p s^2+Y'(s)]} \tag{7.47}$$

由拉氏变换终值定理得

$$\boldsymbol{\omega}_p(\infty)=\lim_{s\to 0}s\boldsymbol{\omega}_p(s)=\lim_{s\to 0}\frac{s\boldsymbol{M}_{d0}}{J_p s^2+Y'(s)}=0 \tag{7.48}$$

$$\phi_{\mathrm{p}}(\infty)=\lim_{s\to 0}s\phi_{\mathrm{p}}(s)=\lim_{s\to 0}\frac{\boldsymbol{M}_{\mathrm{d0}}}{J_{\mathrm{p}}s^2+Y'(s)}=\frac{\boldsymbol{M}_{\mathrm{d0}}}{Y'(0)}=\frac{\boldsymbol{M}_{\mathrm{d0}}R_{\mathrm{a}}}{K_{\mathrm{g}}K_{\mathrm{s}}K_{\mathrm{m}}A(0)} \tag{7.49}$$

由式(7.48)和式(7.49)可以看出常值干扰力矩沿平台稳定轴作用时，平台不会出现漂移角速度，但会出现常值偏差角 $\phi_{\mathrm{p}}(\infty)$，该偏差角的大小与 $\boldsymbol{M}_{\mathrm{d0}}$ 成正比，与回路的静态增益 $Y'(0)$成反比。

如果 $\boldsymbol{M}_{\mathrm{d}}$ 与时间成比例，即

$$\boldsymbol{M}_{\mathrm{d}}(t)=\boldsymbol{K}_{\mathrm{d}}t \tag{7.50}$$

则

$$\boldsymbol{M}_{\mathrm{d}}(s)=\frac{\boldsymbol{K}_{\mathrm{d}}}{s^2} \tag{7.51}$$

将式(7.51)代入式(7.43)和式(7.44)，并利用拉氏变换终值定理，得

$$\boldsymbol{\omega}_{\mathrm{p}}(\infty)=\lim_{s\to 0}s\boldsymbol{\omega}_{\mathrm{p}}(s)=\frac{\boldsymbol{K}_{\mathrm{d}}}{Y'(0)} \tag{7.52}$$

$$\phi_{\mathrm{p}}(\infty)=\lim_{s\to 0}s\phi_{\mathrm{p}}(s)=\infty \tag{7.53}$$

可见，当有与时间成比例的干扰力矩沿平台稳定轴作用时，平台会出现漂移角速度$\boldsymbol{\omega}_{\mathrm{p}}$ 和相对惯性空间的偏差角 ϕ_{p}，该偏差角随时间的增长趋于无穷大。

2. 平台系统对指令角速度的传递函数及静态分析

由系统结构图和开环传递函数可知平台系统对指令角速度的传递函数为

$$\frac{\boldsymbol{\omega}_{\mathrm{p}}(s)}{\boldsymbol{\omega}_{\mathrm{c}}(s)}=\frac{Y(s)}{1+Y(s)} \tag{7.54}$$

对于一个稳定的系统总有$|Y(0)|\gg 1$ 成立，所以稳态时有

$$\boldsymbol{\omega}_{\mathrm{p}}(s)\approx\boldsymbol{\omega}_{\mathrm{c}}(s) \tag{7.55}$$

可见，系统的输出能精确地复现指令角速度，即系统能很好地工作于空间积分工作状态。

3. 平台系统对漂移角速度的传递函数及静态分析

由系统结构图和开环传递函数可知平台系统对漂移角速度的传递函数为

$$\frac{\boldsymbol{\omega}_{\mathrm{p}}(s)}{\boldsymbol{\omega}_{\mathrm{d}}(s)}=\frac{Y(s)}{1+Y(s)} \tag{7.56}$$

同样有

$$\boldsymbol{\omega}_{\mathrm{p}}(s)\approx\boldsymbol{\omega}_{\mathrm{d}}(s) \tag{7.57}$$

即平台系统把陀螺仪的漂移角速度$\boldsymbol{\omega}_{\mathrm{d}}(s)$一比一地反映为系统的输出，造成系统在空间积分状态下的误差角速度。因此必须严格限制陀螺漂移角速度。

对于双自由度陀螺构成的单轴平台，只要把单自由度陀螺仪的传递函数换成双自由度陀螺仪的传递函数，再进行类似的分析即可。

7.3.4 稳定回路的性能指标

7.3.4.1 力矩刚度

平台干扰力矩与其引起的平台偏差角之比称为力矩刚度。它表示平台系统在干扰力矩

作用下保持方位稳定的能力,或者说表示平台抵抗干扰力矩的能力。力矩刚度也称为稳定刚度、稳定精度。

由式(7.44)可得力矩刚度的表达式为

$$S_{\phi}(s)=\frac{\boldsymbol{M}_{\mathrm{d}}(s)}{\phi_{\mathrm{p}}(s)}=J_{\mathrm{p}}s^{2}+Y'(s) \tag{7.58}$$

用 $\mathrm{j}\omega$ 代替 s,则得到力矩刚度的频率特性:

$$S_{\phi}(\mathrm{j}\omega)=J_{\mathrm{p}}(\mathrm{j}\omega)^{2}+Y'(\mathrm{j}\omega) \tag{7.59}$$

式(7.59)右边第一项表示平台本身惯性所具有的抗干扰能力,称为惯性力矩刚度。它与平台绕稳定轴的转动惯量 J_{p} 成正比,且随 ω^2 增加而增加,这说明系统在高频范围内具有较大的力矩刚度。第二项是由稳定回路产生的力矩刚度,可近似表示平台系统在低频范围的力矩刚度,它包括陀螺仪、放大器、力矩电机等环节的传递函数。因此必须用合适的回路特性获得较大的力矩刚度;一旦回路结构元件的机电参数选定后,可以通过选择和调整回路校正网络和静态增益来达到设计要求。力矩刚度是平台稳定回路的一个重要指标,高精度的平台应具有很大的力矩刚度,一般应为 $10^7\sim10^9$ g·cm/rad。

7.3.4.2 通频带

通频带是指平台系统对所加指令信号无畸变响应的频率范围。由式(7.54)可知:

$$\boldsymbol{\omega}_{\mathrm{p}}(s)=\frac{Y(s)}{1+Y(s)}\boldsymbol{\omega}_{\mathrm{c}}(s) \tag{7.60}$$

若希望平台角速度 $\boldsymbol{\omega}_{\mathrm{p}}(s)$ 不失真地复现指令角速度 $\boldsymbol{\omega}_{\mathrm{c}}(s)$,就要求平台系统闭环传递函数 $\frac{Y(s)}{1+Y(s)}\equiv 1$ 成立,也就是要求幅频特性在全部频率上都有 $\frac{Y(s)}{1+Y(s)}\equiv 1$,这就要求 $Y(s)\longrightarrow\infty$,这显然是不现实的。实际上,指令角速度 $\boldsymbol{\omega}_{\mathrm{c}}(s)$ 频率并非很高。若 $\boldsymbol{\omega}_{\mathrm{c}}(s)$ 的频率小于 $\boldsymbol{\omega}_0$,只要在 $0\leqslant\boldsymbol{\omega}\leqslant\boldsymbol{\omega}_0$ 的频带范围内,就有 $\frac{Y(s)}{1+Y(s)}\approx 1$,即幅频特性为图 7.13 所示形式,平台角速度 $\boldsymbol{\omega}_{\mathrm{p}}(s)$ 就能准确复现指令角速度 $\boldsymbol{\omega}_{\mathrm{c}}(s)$。在图 7.13 中,当 $\boldsymbol{\omega}=\boldsymbol{\omega}_{\mathrm{m}}$ 时,幅频特性曲线达到最大值 M_{p},称为谐振峰值;当 $\boldsymbol{\omega}=\boldsymbol{\omega}_{\mathrm{c}}$ 时,幅频特性曲线下降为 $1/\sqrt{2}$,$(0,\boldsymbol{\omega}_{\mathrm{c}})$ 这段频率范围称为平台指令信号的通频带。

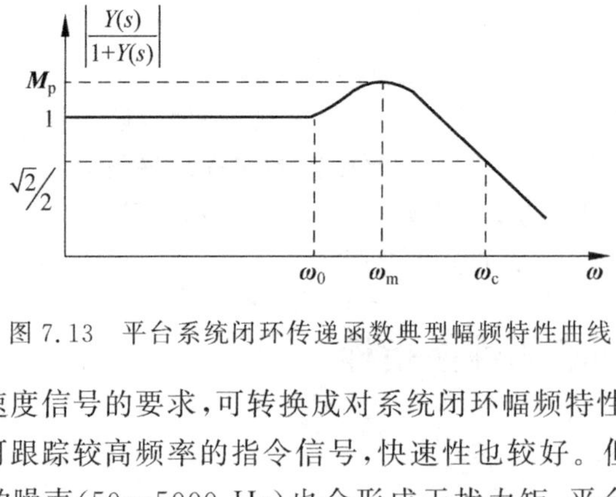

图 7.13 平台系统闭环传递函数典型幅频特性曲线

平台跟踪指令角速度信号的要求,可转换成对系统闭环幅频特性的要求,即要求通频带足够宽。这样的系统可跟踪较高频率的指令信号,快速性也较好。但是,载体的振动(20～2000 Hz)和电子系统的噪声(50～5000 Hz)也会形成干扰力矩,平台系统应能滤掉这些干扰的影响,所以平台系统的通频带也不能太宽。另外,指令信号是由计算机计算后送给陀螺仪力矩器输出的,因此通频带的确定还应该考虑计算机输出的最高频率。平台系统的通频带一般选在 50～200 Hz 的范围内。

7.3.4.3 振荡度和相位储备

振荡度是闭环幅频特性最大值 M_p 与 $\frac{Y(0)}{1+Y(0)}$ 的比值,记为 M_r,即

$$M_r = \frac{M_p}{\left|\frac{Y(0)}{1+Y(0)}\right|} = \frac{\left|\frac{Y(j\omega_m)}{1+Y(j\omega_m)}\right|}{\left|\frac{Y(0)}{1+Y(0)}\right|} \tag{7.61}$$

由于 $\left|\frac{Y(0)}{1+Y(0)}\right| \approx 1$,所以有

$$M_r = M_p = \left|\frac{Y(j\omega_m)}{1+Y(j\omega_m)}\right| \tag{7.62}$$

M_r 是闭环系统过渡过程振荡性的间接指标,也与闭环系统阻尼性能相对应。M_r 越大,系统振荡性越强,在单位阶跃输入下超调量也就越大,同时系统的阻尼系数也就越小。

对闭环振荡度的要求可转换为对开环相位储备(相角裕度)的要求。相位储备定义为 180°加上幅相曲线上幅值为 1 这一点的相角,记为 λ,如图 7.14 所示。通常选取闭环振荡度 M_p 为 1.1～1.5。

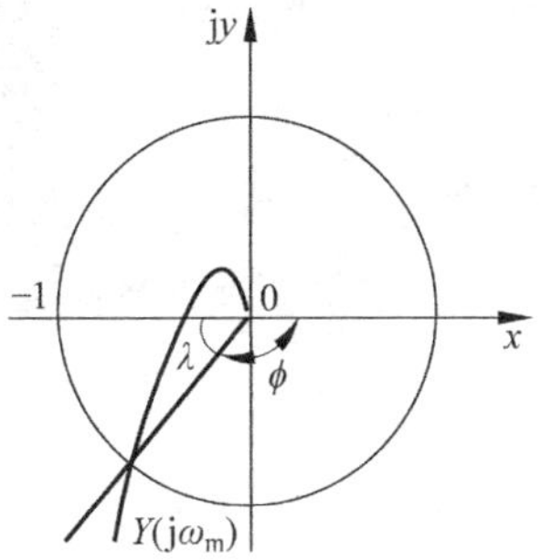

图 7.14 相位储备在幅相图上的表示

7.4 三轴稳定平台

在惯性导航系统中通常需要 3 个互相垂直安装的加速度计来测量空间任意方向的加速度,这就要求实际的惯性导航平台具有 3 个稳定轴,相应的有 3 个稳定回路。从本质上讲,每一个稳定回路的工作过程及特性分析,与单轴平台没有大的区别。但是 3 轴稳定平台并非 3 个单轴稳定平台的简单叠加,在工作过程中三轴平台有其特殊的问题,如陀螺仪信号的合理分配,基座角运动的耦合与隔离等,必须通过一定的关系将 3 个轴的稳定回路有机地联系在一起。和单轴平台一样,三轴平台可由单自由度陀螺组成,也可由双自由度陀螺组成。

7.4.1 平台的构成及坐标系

由单自由度陀螺构成的三环三轴平台如图7.15所示。设平台为纵向安装，即最外一个环架的稳定轴与飞机纵轴重合。从外向内3个环架依次为横滚环 r、俯仰环 pi、方位环（平台）a，3个支撑轴（稳定轴）分别为横滚轴、俯仰轴、方位轴。与3个环架和基座 b 相固联的坐标系分别为 $Ox_ry_rz_r$、$Ox_{pi}y_{pi}z_{pi}$、$Ox_ay_az_a$、$Ox_by_bz_b$；其中 Oz_a、Oz_{pi} 与方位轴重合，Oy_{pi}、Oy_r 与俯仰轴重合，Ox_r、Ox_b 与横滚轴重合。坐标系 $Ox_ay_az_a$ 称为平台坐标系，也记为 $Ox_py_pz_p$，为简便起见这里简记为 $Oxyz$。用 γ、θ、ψ 分别表示横滚环相对基座、俯仰环相对横滚环、方位环相对俯仰环的转角。

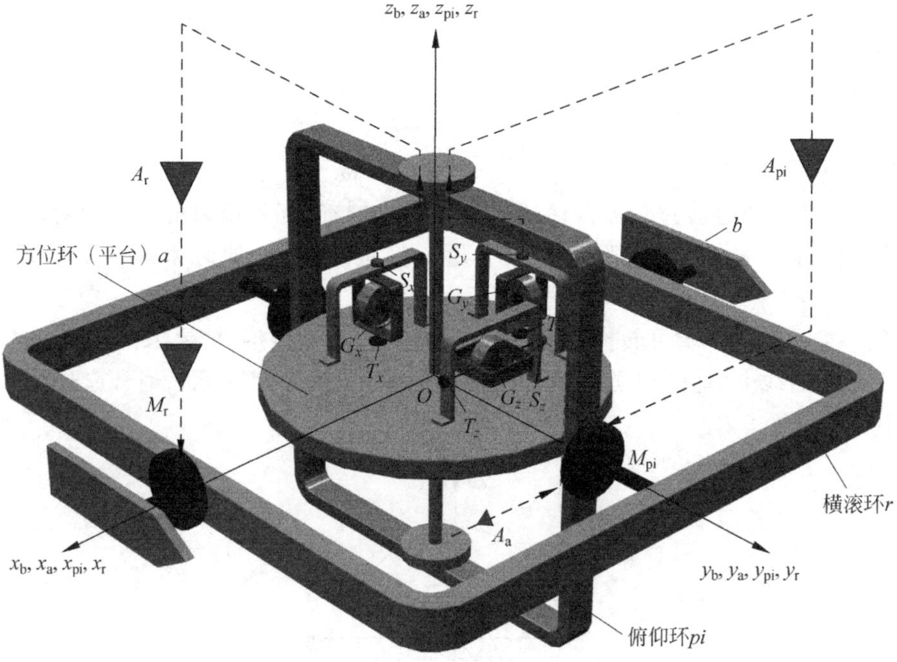

图7.15　单自由度陀螺仪构成的三环三轴平台

在3个支撑轴 Ox_r、Oy_{pi} 和 Oz_a 上，各装有一个稳定电机 M_r、M_{pi} 和 M_a。规定 $Ox_ry_{pi}z_a$ 坐标系为稳定电机坐标系，并用 $Ox_my_mz_m$ 表示。一般情况下，$Ox_my_mz_m$ 坐标系是不正交的。在台体上装有3个积分陀螺仪，记作 GX、GY 和 GZ，它们分别用来感受平台绕 Ox、Oy 和 Oz 轴转动的角速度。各个陀螺对应的信号和力矩器表示为 S_x、S_y、S_z 和 T_x、T_y、T_z。3个稳定回路的放大器分别称为横滚放大器 A_r、俯仰放大器 A_{pi} 和方位放大器 A_a。由力矩器、陀螺仪、信号器、放大器、稳定电机和环架分别组成3个相对独立但有一定信号联系的稳定回路。

7.4.2 方位坐标分解器和正割分解器的功用

由3个单轴平台直接叠加组成的三轴平台，只能在各环架上处于中立位置，即与方位环、俯仰环、横滚环、飞机机体对应的坐标系 $Ox_ry_rz_r$、$Ox_{pi}y_{pi}z_{pi}$、$Ox_ay_az_a$、$Ox_by_bz_b$ 的同名轴相重合时，才能正常工作在几何稳定和空间积分状态，否则平台既不能平衡干扰力矩的作用也不能跟踪参考坐标系。

在三轴平台中设置方位坐标分解器的目的是保证平台在任何情况下都能正常工作在几何稳定和空间积分状态。在讨论方位坐标分解器的工作机理之前，首先研究由3个单轴平台简单叠加的三轴平台出现的主要问题，并分析出现这些问题的本质。

图7.16表示的是由3个单轴平台直接叠加的三轴平台在航向变化时，平台上的陀螺与稳定电机之间的相对位置关系。当3个稳定回路相互独立时，它们的组成是横滚稳定回路（GX、S_x、A_r、M_r、r环）、俯仰稳定回路（GY、S_y、A_{pi}、M_{pi}、pi环）、方位稳定回路（GZ、S_z、A_a、M_a、a环）。图7.16(a)表示当航向为零（$\psi=0°$），即方位环相对俯仰环没有转角时，陀螺与稳定电机之间的相对位置关系。此时图7.16的GX陀螺感受沿横滚轴（纵向）方向作用到平台上的干扰力矩，信号器S_x输出的信号经横滚放大器A_r放大后传送给横滚轴稳定电机，产生纵向稳定力矩，使平台沿纵向（x_r轴）保持稳定。此时俯仰也为零（$\theta=0°$），GY陀螺感受沿俯仰轴（横向）方向作用到平台上的干扰力矩，经信号器S_y、放大器A_{pi}和俯仰轴稳定电机，产生沿横向的稳定力矩，使平台沿横向（y_{pi}轴）保持稳定。同样，若给两个陀螺的力矩器输入与指令角速度成比例的电流，平台也可正常工作在空间积分状态，也就是说此时平台能够绕着x_r和y_{pi}轴正常工作于稳定工作状态和空间积分工作状态。此时相当于两个单轴稳定平台。

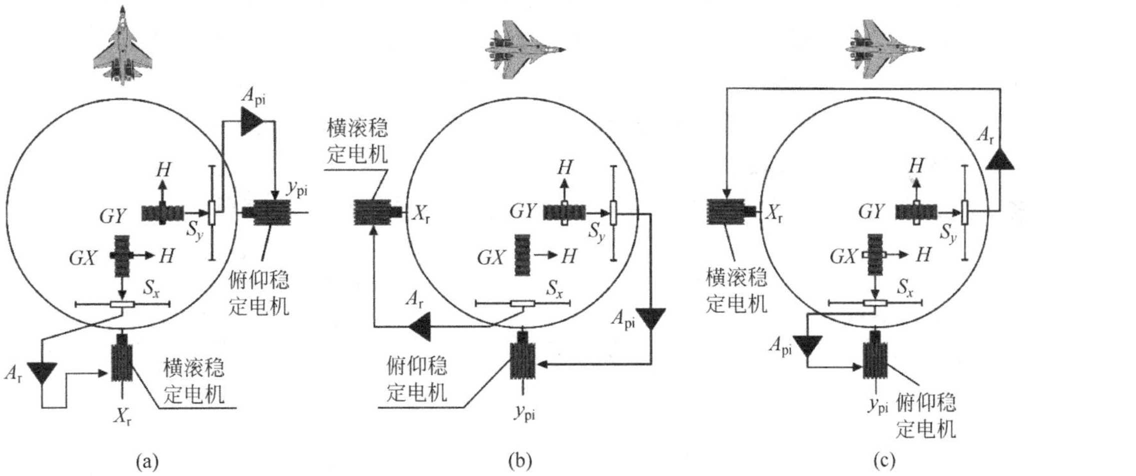

图7.16　航向变化时陀螺与稳定电机的相对位置

如果飞机航向改变90°，即横滚环和俯仰环随平台基座绕方位轴顺时针旋转90°，而方位环保持不动（由方位稳定回路的工作保证），则平台台体及台面上的陀螺轴向（角动量方向）相对地球坐标系将保持位置不变，如图7.16(b)所示，图中，x_r和y_{pi}轴随飞机转动了90°，而GX陀螺和GY陀螺的角动量方向同$\psi=0°$时一样。在这个新的位置上，会出现不协调现象：横滚轴上的干扰力矩将引起俯仰轴上的稳定电机工作；俯仰轴上的干扰力矩将引起横滚轴稳定电机的工作。这样，两个稳定轴与稳定回路的对应工作关系将变混乱。照此分析，即使给两个陀螺的力矩器加上与指令角速度大小成比例的电流，平台也无法保证两个稳定轴在空间积分状态下正常工作。为了保证在这个航向上，两个稳定回路仍能协调工作，要使平台对作用在横滚轴和俯仰轴上的干扰作用仍保持稳定，可将陀螺输出信号与放大器、稳定电机之间的联系加以改变，即陀螺 GX 应该与俯仰放大器 A_{pi} 和俯仰轴稳定电机配合工作；而陀螺 GY 应该与横滚放大器 A_r 和横滚轴稳定电机配合工作，如图 7.16(c)所示。

然而，当航向变化不是 90°，而是 0°～90°的任一角度时，按照图 7.16(c)那样直接换接两个稳定回路的连接方式就不能解决问题了。只有应用方位坐标分解器(azimuth coordinate resolver，ACR)将两个陀螺信号器的输出经过合理分配后，再送至相应稳定回路的放大器和稳定电机，才能有效解决问题。经推证，方位坐标分解器需要实现的数学关系是一个正余弦变压器。

下面我们再看看什么是正割分解器(secant resdver，SR)，为什么需要正割分解器。假如 $\psi=0°$，但是 $\theta\neq0°$，当沿横滚轴 Ox_r 有干扰角速度 $\omega_{rx}(s)$时，GX 陀螺仪仅能敏感平行于输入轴方向的分量 $\omega_{rx}(s)\cos\theta$；于是，忽略陀螺仪的时间常数，信号器 S_x 的输出电压为

$$u_{sx}^{a}=K_gK_s\omega_{rx}(s)\cos\theta/s \tag{7.63}$$

其中，K_g 为单自由度陀螺仪的静态传递系数；K_s 为信号器传递函数。由式(7.63)可见，从输入角速度 $\omega_{rx}(s)$到信号器输出信号的传递系数为 $K_gK_s\cos\theta$，它随 θ 发生变化；当 $\theta=90°$ 时，回路总增益降到零，横滚稳定回路不能正常工作。为了能在 θ 变化时始终保持横滚稳定回路的总增益不变，需要接入正割分解器以消除 $\cos\theta$ 的不良影响。如果飞机的俯仰角变化范围不大，且横滚稳定回路有足够的增益储备(幅值裕度)，可以不用正割分解器。

这样三轴平台 3 个完整的稳定回路便是横滚稳定回路(GX、S_x、ACR、A_r、SR、M_r 和 r 环)、俯仰稳定回路(GY、S_y、ACR、A_{pi}、M_{pi} 和 pi 环)、方位稳定回路(GZ、S_z、A_a、M_a 和 a 环)。可见三轴平台的 3 个稳定回路不是相互独立的，而是具有一定的信号联系(横滚回路和俯仰回路之间)，这种联系通过方位坐标分解器来实现。所以方位坐标分解器是构成三轴平台的核心元件。

根据以上分析，可得到三轴稳定平台信号传递原理图，如图 7.17 所示。

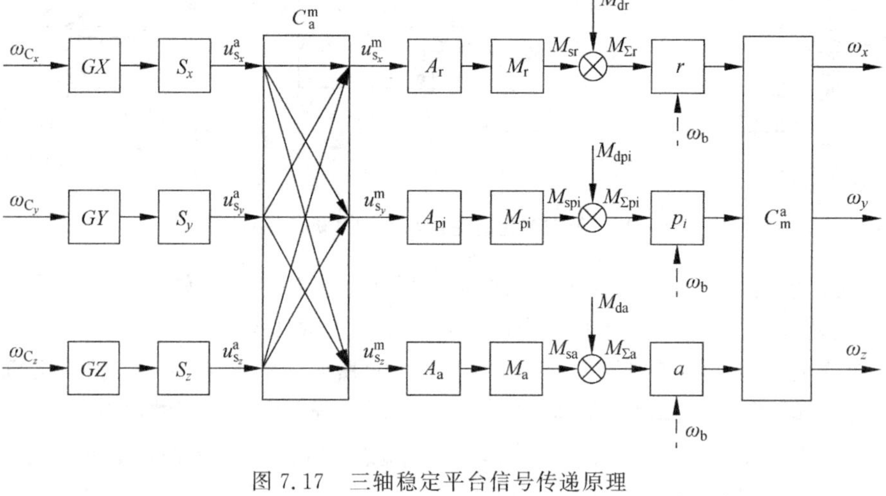

图 7.17　三轴稳定平台信号传递原理

图 7.17 中，陀螺仪信号器的输出信号 u_{sx}^a、u_{sy}^a、u_{sz}^a 经方位坐标分解器分解变换后变为 u_{sx}^m、u_{sy}^m、u_{sz}^m，这 3 个信号分别送至横滚、俯仰、方位 3 个稳定回路的放大器，经放大后驱动稳

定电机产生稳定力矩 $\boldsymbol{M}_{\mathrm{sr}}$、$\boldsymbol{M}_{\mathrm{spi}}$、$\boldsymbol{M}_{\mathrm{sa}}$。$\boldsymbol{M}_{\mathrm{dr}}$、$\boldsymbol{M}_{\mathrm{dpi}}$、$\boldsymbol{M}_{\mathrm{da}}$ 分别为横滚、俯仰、方位 3 个支承轴上的干扰力矩，支承轴上的合力矩用 $\boldsymbol{M}_{\Sigma\mathrm{r}}$、$\boldsymbol{M}_{\Sigma\mathrm{pi}}$、$\boldsymbol{M}_{\Sigma\mathrm{a}}$ 表示。在合力矩作用下，3 个环架绕各自支承轴产生角速度分别为$\boldsymbol{\omega}_{\mathrm{r}x}$、$\boldsymbol{\omega}_{\mathrm{pi}y}$、$\boldsymbol{\omega}_{\mathrm{a}z}$ 的转动，最后通过环架间的几何关系使平台产生角速度为$\boldsymbol{\omega}_{\mathrm{a}}(\boldsymbol{\omega}_x, \boldsymbol{\omega}_y, \boldsymbol{\omega}_z)$的转动。因为基座的转动对环架运动有影响，所以环架绕各自支承轴的转动及平台的转动要考虑基座转动角速度$\boldsymbol{\omega}_{\mathrm{b}}$ 的作用，图 7.17 中用虚线表示。

从以上分析可见，方位坐标分解器的作用，实质上是将平台坐标系(a 系)上的信号转换成稳定电机坐标系(m 系)上的信号，其关系可用矩阵 $\boldsymbol{C}_{\mathrm{a}}^{\mathrm{m}}$ 表示，而环架几何关系可用 m 系到 a 系的转换矩阵 $\boldsymbol{C}_{\mathrm{m}}^{\mathrm{a}}$ 表示，这种坐标系间的转换矩阵也称为方向余弦矩阵(direction cosine matrix，DCM)。为了使 3 个陀螺仪的输出信号 $u_{\mathrm{s}x}^{\mathrm{a}}$、$u_{\mathrm{s}y}^{\mathrm{a}}$、$u_{\mathrm{s}z}^{\mathrm{a}}$ 分别独立地控制平台角速度$\boldsymbol{\omega}_x$、$\boldsymbol{\omega}_y$、$\boldsymbol{\omega}_z$，要求方位坐标分解器和环架几何关系满足

$$\boldsymbol{C}_{\mathrm{a}}^{\mathrm{m}}\begin{bmatrix} W_{\mathrm{r}}(s) & & \\ & W_{\mathrm{pi}}(s) & \\ & & W_{\mathrm{a}}(s) \end{bmatrix}\boldsymbol{C}_{\mathrm{m}}^{\mathrm{a}} = W(s)\boldsymbol{I} \tag{7.64}$$

其中，$W_{\mathrm{r}}(s)$、$W_{\mathrm{pi}}(s)$和 $W_{\mathrm{a}}(s)$分别为横滚、俯仰和方位 3 个回路伺服放大器、力矩电机和环架的综合传递函数，一般将它们设计为 $W_{\mathrm{r}}(s)=W_{\mathrm{pi}}(s)=W_{\mathrm{a}}(s)=W(s)$，要使式(7.64)成立，只要使方向余弦矩阵满足

$$\boldsymbol{C}_{\mathrm{a}}^{\mathrm{m}}\boldsymbol{C}_{\mathrm{m}}^{\mathrm{a}} = \boldsymbol{I} \tag{7.65}$$

也就是 $\boldsymbol{C}_{\mathrm{a}}^{\mathrm{m}} = (\boldsymbol{C}_{\mathrm{m}}^{\mathrm{a}})^{-1}$，这说明只要得到 m 系到 a 系的转换矩阵 $\boldsymbol{C}_{\mathrm{m}}^{\mathrm{a}}$，就可以通过对 $\boldsymbol{C}_{\mathrm{m}}^{\mathrm{a}}$ 求逆得到方位坐标分解器的数学表达式 $\boldsymbol{C}_{\mathrm{a}}^{\mathrm{m}}$。经推证，可以得到方位坐标分解器要实现的数学关系是一个正余弦变压器：

$$\boldsymbol{C}_{\mathrm{a}}^{\mathrm{m}} = \begin{bmatrix} \cos\psi\sec\theta & -\sin\psi\sec\theta & 0 \\ \sin\psi & \cos\psi & 0 \\ 0 & 0 & 1 \end{bmatrix} \tag{7.66}$$

它表示了陀螺仪输出信号 $u_{\mathrm{s}}^{\mathrm{a}}$ 与送给各稳定回路放大器的信号 $u_{\mathrm{s}}^{\mathrm{m}}$ 之间存在如下关系：

$$u_{\mathrm{s}}^{\mathrm{m}} = \boldsymbol{C}_{\mathrm{a}}^{\mathrm{m}} u_{\mathrm{s}}^{\mathrm{a}} \tag{7.67}$$

即

$$\begin{bmatrix} u_{\mathrm{s}x}^{\mathrm{m}} \\ u_{\mathrm{s}y}^{\mathrm{m}} \\ u_{\mathrm{s}z}^{\mathrm{m}} \end{bmatrix} = \begin{bmatrix} \cos\psi\sec\theta & -\sin\psi\sec\theta & 0 \\ \sin\psi & \cos\psi & 0 \\ 0 & 0 & 1 \end{bmatrix}\begin{bmatrix} u_{\mathrm{s}x}^{\mathrm{a}} \\ u_{\mathrm{s}y}^{\mathrm{a}} \\ u_{\mathrm{s}z}^{\mathrm{a}} \end{bmatrix} \tag{7.68}$$

图 7.18 表示了三轴平台陀螺仪信号器到放大器的信号流图。从图 7.18 中可以看出，

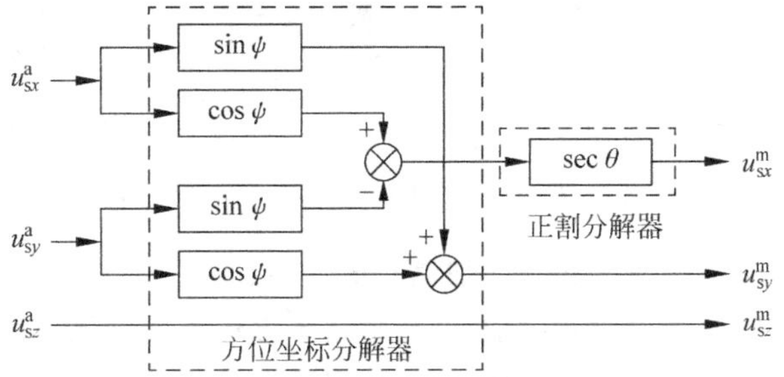

图 7.18 三轴平台陀螺仪信号器到放大器的信号流图

信号器的输出经过正余弦的分配后送给俯仰和横滚放大器，控制两个稳定电机工作，使三轴平台协调工作。由于方位信号不受航向变化的影响，所以不需要对该信号进行分配。也就是说 $\boldsymbol{C}_{\mathrm{a}}^{\mathrm{m}}$ 实际上包含了方位坐标分解器和正割分解器的数学关系。方位坐标分解器可通过在方位轴上安装一个正余弦旋转变压器来实现，而正割分解器由计算电路或变增益放大器来实现。

7.4.3 单自由度陀螺构成的平台的缺陷

单自由度陀螺仪构成的三轴稳定平台，是利用陀螺绕内环轴的进动角进行控制的。而陀螺的进动会使转子轴偏离初始中立位置，使 3 个陀螺仪的敏感轴失去正交性，造成稳定回路间的交叉耦合效应，从而引起平台的不定向漂移，降低平台的稳定精度。为了减小交叉耦合效应，要求平台稳定回路具有足够大的放大系数和优良的动态特性，以便使陀螺的进动角被限制在极小的范围内。

另外在平台稳定过程中，陀螺转子要作动态运动（进动），产生陀螺力矩，陀螺内环轴两端的轴承处于受力状态，而且为了能承受较大的力，轴不能太细，这就增大了陀螺内环轴上的摩擦力矩，增大陀螺的随机漂移，从而造成平台的随机漂移误差。正因为如此，目前飞机惯导系统大多采用双自由度陀螺仪构成三轴平台。

7.4.4 双自由度陀螺构成的三轴平台

7.4.4.1 平台的构成

由双自由度陀螺仪构成的三轴稳定平台如图 7.19 所示。一个双自由度陀螺仪有两个测量轴，可为平台提供两个轴的稳定基准，而三轴平台要求陀螺仪为平台提供 3 个轴的稳定基准，所以需要有两个双自由度陀螺仪。设两个陀螺仪的外环轴均平行于平台的方位轴安装，内环轴平行于平台台面且相互垂直。

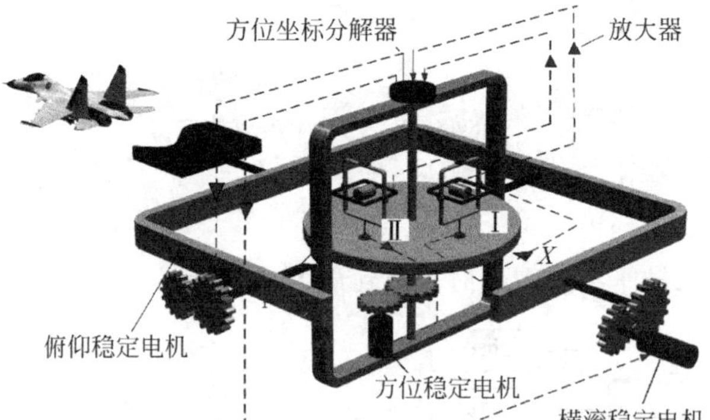

图 7.19 双自由度陀螺仪构成的三轴稳定平台

平台的方位稳定回路由陀螺Ⅱ外环轴上的信号器、放大器、平台方位轴上的稳定电机等组成。当干扰力矩作用在平台的方位轴上时，平台绕方位轴转动偏离原有的方位，而平台上的陀螺却具有稳定性。这样，平台相对陀螺外环出现了偏转角，陀螺Ⅱ外环轴上的信号器便有信号输出，经放大器放大后送至平台方位轴上的稳定电机，方位稳定电机输出稳定力矩作用到平台方位轴上，从而平衡作用在平台方位轴上的干扰力矩，使平台绕方位轴保持稳定。同样，给陀螺Ⅱ内环轴上的力矩器输入与指令角速度大小成比例的电流，陀螺仪绕其外环轴以一定角速度进动，通过方位稳定回路可实现方位稳定轴的空间积分工作状态。

平台的水平稳定回路由两个陀螺Ⅰ、Ⅱ内环轴上的信号器，方位轴上的坐标分解器、放大器，平台俯仰轴和横滚轴上的稳定电机组成，其中由陀螺Ⅱ内环轴作横滚稳定回路的敏感轴，陀螺Ⅰ内环轴作俯仰稳定回路的敏感轴。平台水平稳定回路的工作原理与方位稳定回路没有本质区别，只是为了使平台的两个水平稳定回路能够正常工作，必须有方位坐标分解器，水平回路的信号器装在内环轴上，而力矩器则装在外环轴上。

7.4.4.2 方位锁定回路的设置

由双自由度陀螺构成的三轴平台，需要两个陀螺，它们在台体上的配置可有不同方案，图7.19所示的是两个陀螺自转轴都处于水平、外环轴都处于垂直位置的安装方式。按上述安装方式配置的三轴平台，两个陀螺的转子自转轴应严格保持垂直关系，并分别与平台的两个水平轴平行。只有这样，两个陀螺的内环轴才能保持垂直关系，才能起到作为平台两个水平轴稳定基准的作用。由于平台上的两个陀螺都是双自由度陀螺，它们绕外环轴相对平台都具有转动自由度，故作用在陀螺内环轴上的干扰力矩将引起陀螺绕外环轴产生漂移。

由于方位稳定回路的作用，当陀螺Ⅱ绕外环轴(方位轴)漂移，改变其自转轴在空间的方位时，因陀螺Ⅱ外环轴上的信号器输出经放大器放大后，要送给方位轴上的稳定电机，通过方位稳定回路的作用，会使平台跟踪陀螺Ⅱ绕方位轴漂移。因此，陀螺Ⅱ自转轴相对平台水平轴 Oy 的偏角总是保持在极其微小的范围内。然而，两个陀螺绕外环轴的漂移不可能完全相同，当陀螺Ⅰ绕外环轴漂移，改变其自转轴在空间的方位时，由于平台绕方位轴的转动受陀螺Ⅱ控制，并不跟随陀螺Ⅰ漂移。因此，陀螺Ⅰ自转轴相对平台水平轴 Ox 的偏角将会随时间而增大。说明了仅有方位稳定回路，两个陀螺自转轴无法保持相互垂直的关系。

另外，当给陀螺Ⅱ内环轴施加指令力矩时，陀螺Ⅱ的自转轴会跟随平台绕方位轴转动，陀螺Ⅱ自转轴相对平台台体的位置不会发生变化。而陀螺Ⅰ因其稳定性，陀螺自转轴会保持原有的空间方位不动，从而导致陀螺外环绕其外环轴相对平台出现反方向转动。如果陀螺外环转动的角度超过了陀螺Ⅰ绕外环轴的允许最大角度，则陀螺Ⅰ还会和止挡机构发生碰撞，从而导致平台无法正常工作。

为防止陀螺Ⅰ自转轴相对平台水平轴 Ox 产生偏角并避免陀螺与止挡机构的碰撞，必须在平台上增加一套方位锁定回路。方位锁定回路由陀螺Ⅰ外环轴上的信号器、放大器以及陀螺Ⅰ内环轴上的力矩器组成。当陀螺Ⅰ绕外环轴漂移，其自转轴相对平台水平轴 Ox 出现偏角时，陀螺Ⅰ外环轴上的信号器输出信号，经过放大器放大后送给陀螺Ⅰ内环轴上的力矩器。力矩器产生的控制力矩使陀螺Ⅰ绕外环轴进动，控制力矩的方向指向减小偏角的方向，从而消除了陀螺Ⅰ自转轴相对平台水平轴 Ox 的偏角。也就是说，通过方位锁定回路的作用，把陀螺Ⅰ自转轴锁定在了与陀螺Ⅱ自转轴相垂直的位置上。

三轴平台除了以上各部分组成外，其3个环架轴上还分别装有横滚角、俯仰角、方位角

(航向角)旋转变压器,以测量飞机的姿态和航向角信号。

这种三轴陀螺平台中的双自由度陀螺仪,仅起到为平台提供稳定基准的作用,并不承受作用在平台上的干扰力矩,陀螺内、外环轴上的支承并不担负传递陀螺力矩的作用。这样就减小了陀螺内、外环轴上的摩擦力矩,也就减小了陀螺的随机漂移,从而减小了平台的随机漂移。由于这种平台的稳定系统是利用平台相对于陀螺的转角进行控制的,没有陀螺进动所固有的时间延迟,所以对系统的稳定性和快速性都十分有利。另外,由于作用在平台上的干扰力矩并不迫使陀螺进动,而且有方位锁定回路,两个陀螺的转子轴始终保持垂直,这样就避免了交叉耦合效应,提高了平台的稳定性和跟踪精度。所以平台式惯导平台广泛采用双自由度液浮陀螺仪和挠性陀螺仪作为敏感元件。

7.5 四环三轴稳定平台

三轴稳定平台因为有 3 个环架,所以称为三环三轴平台。这类平台为便于测量飞机的真实倾斜角和俯仰角,都会使平台横滚轴与飞机纵轴平行。但采用这种安装形式,在飞机俯仰时,飞机将带动横滚轴和横滚环一起俯仰,使横滚轴偏离水平位置。如果飞机的俯仰角达到 90°,平台的横滚轴就会与方位轴重合,从而与平台的台面相垂直,使平台失去一个自由度,如图 7.20 所示。

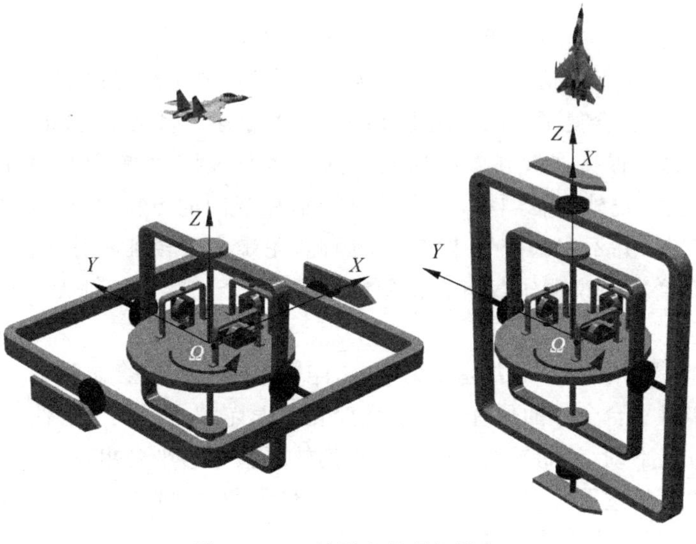

图 7.20　三轴平台的环架锁定

此时,平台稳定电机的 3 个安装轴 Ox_r、Oy_{pi}、Oz_a 处于同一个平面内,这种状态称为平台的“环架锁定”。在环架锁定时,若飞机绕立轴 Oz_b 以角速度 $\boldsymbol{\omega}_{bz}$ 转动,则飞机的转动动作将通过环架带动平台绕 Oz_b 转动,不仅会破坏平台的稳定状态,也会破坏横滚轴稳定回路的工作。由图 7.19 可知,横滚轴稳定电机受陀螺Ⅱ内环轴上的信号器 S_2 的输出信号控制,当平台出现“环架锁定”时,陀螺Ⅱ的内环轴与平台横滚环轴 Ox_r 相垂直,不再敏感 Ox_r 轴的干扰角转动,稳定电机也就不可能产生稳定力矩来平衡干扰力矩的作用。这样,横滚环将按干扰力矩的大小和方向进行运动,从而破坏该轴的几何稳定状态。

事实上，在俯仰角大到一定程度时，即使平台还未出现“环架锁定”，平台绕横滚轴的稳定作用就已经大大降低了，以至于不能保证平台的正常工作。基于上述原因，规定三环三轴稳定平台的正常工作范围为：俯仰角远小于 90°，一般在小于 45°～60°的范围内工作。但是这样的规定，对许多飞机，特别是机动性很大的军用机来说是不切实际的，这类飞机要求平台在飞机倾斜、俯仰角均为 360°的情况下都能正常工作，即要求平台能够完全和飞机的角运动相隔离。或者说，不论在什么飞行状态下，平台稳定电机的 3 个轴都是正交的，以避免“环架锁定”带来的弊病。解决平台“环架锁定”的方法是在横滚环外再加一个外横滚环，构成四环三轴平台。

7.5.1 四环三轴平台的构成

四环三轴平台的结构如图 7.21 所示。此时由内向外各环的名称依次定为方位环(平台)、内横滚环、俯仰环和外横滚环，并分别用符号 a、q、pi 和 r 表示。为了测量飞机的倾斜角和俯仰角，外横滚环的支承轴仍与飞机纵轴平行。支承在外横滚环上的三环三轴平台的 3 个稳定电机与台体上各陀螺之间的信号传递关系，和三轴稳定平台完全相同，只是两个水平陀螺的输出信号将控制内横滚轴稳定电机和俯仰轴稳定电机。如果设内横滚环坐标系为 $Ox_q y_q z_q$，它相对俯仰环的转角为 φ，则只要在任何情况下保证 $\varphi=0$，即可实现 3 个稳定电机轴的正交。因为在四环三轴平台中，r 环的角速度 ω_r 对内三环三轴稳定平台的影响，相当于一个普通三环三轴平台中 ω_b 对它的影响，既然能始终保证内三轴正交，也就等于完全隔离了四环三轴稳定平台 ω_r 对内三轴平台的影响，相当于隔离了 ω_b 对一个三环三轴平台的影响。这样飞机的角运动就会被完全隔离。

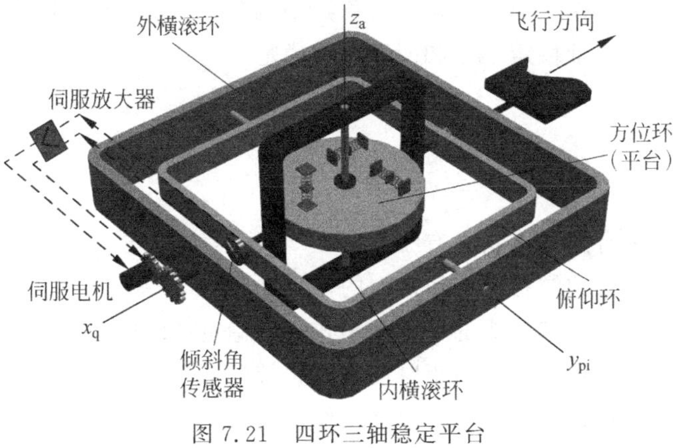

图 7.21 四环三轴稳定平台

为了实现 $\varphi=0°$，仅仅加一个外横滚环是不够的。当飞机沿外横滚轴有角速度 ω_{bx} 存在时，由于 r 环支承轴的摩擦约束，飞机将带动 r 环绕 Ox_b 轴随飞机一起转动，从而使俯仰轴 Oy_{pi} 向方位轴 Oz_a 靠近，当 Oy_{pi} 轴与 Oz_a 轴重合时就会使内三轴处于“环架锁定”状态。为了消除这个轴向的摩擦干扰，必须隔离 ω_{bx} 的耦合作用。按照前面已有的概念，只有借助稳定伺服回路产生稳定力矩，才能平衡这种干扰。所以四环三轴稳定平台，除了要附加外横滚环外，还须设置外横滚伺服回路。通过伺服回路产生稳定力矩来平衡干扰力矩。外横滚伺服回路由倾斜角传感器、伺服放大器和伺服电机组成，如图 7.21 所示。

7.5.2 外横滚伺服回路工作原理

外横滚伺服回路由如图 7.21 中的倾斜角传感器、伺服放大器和伺服电机组成。倾斜角传感器一般是无接触式的同步器或“山形”变压器，其定子和转子分别固定在俯仰环和内横滚环(轴)上；伺服电机多用直流力矩电机，转子和定子沿 Ox_r 轴同轴安装在外横滚环和基座上；伺服放大器通常包括前置放大、增益控制解调、校正及功放(其中包含了正割补偿及脉冲调宽电路)。

外横滚伺服回路隔离 ω_{bx} 的原理是，沿 Ox_b 轴正向有角速度 ω_{bx} 存在时，基座通过摩擦约束带动外横滚环，它又通过俯仰轴带动俯仰环绕内横滚轴正向转动，从而出现了 φ 角。角 φ 被倾斜角传感器敏感并转换成电信号，经伺服放大器的放大变换，再输入给伺服电机，电机力矩驱动外横滚环以减小 φ 角，直到 $\varphi\approx0°$，此时伺服电机的输出力矩平衡了支承中的摩擦力矩，ω_{bx} 被隔离，从而使内三轴重新恢复到近似垂直状态，避免了“环架锁定”状态的出现。显然，此时的伺服回路同样具有三轴平台几何稳定状态下抵抗干扰、稳定空间位置的作用，所以实质上它也类似一个稳定回路，只是它的控制信号来自倾斜角传感器，而不是陀螺信号器。

7.6 小结

本章以陀螺稳定平台为对象，介绍了陀螺稳定平台的组成、功用和分类，重点讲解了单轴指示式陀螺稳定平台的工作原理，分析了单轴指示式陀螺稳定平台的几何稳定工作状态和空间积分工作状态，从控制原理的角度对稳定回路的组成、传递函数、时频特性进行了分析，在此基础上介绍了三轴稳定平台和四环三轴稳定平台。

习题

7.1 陀螺稳定平台的工作状态有哪些？

7.2 陀螺稳定平台的漂移是如何产生的，怎么减小？

7.3 简述单自由度陀螺构成的单轴指示式平台稳定回路的构成和工作过程。

7.4 描述什么是稳定平台的力矩刚度和通频带。

7.5 三轴稳定平台的方位坐标分解器的作用是什么？

7.6 双自由度陀螺构成的三轴稳定平台为什么要方位锁定回路？

7.7 什么是三轴稳定平台的环架锁定？如何解决？

第 8 章

平台式惯性导航系统

8.1 平台式惯导系统的结构和分类

8.1.1 平台式惯导系统的结构

平台式惯导系统一般由惯性平台、导航计算机、控制显示器和状态选择器四大部分组成，这几部分的连接关系如图 8.1 所示。

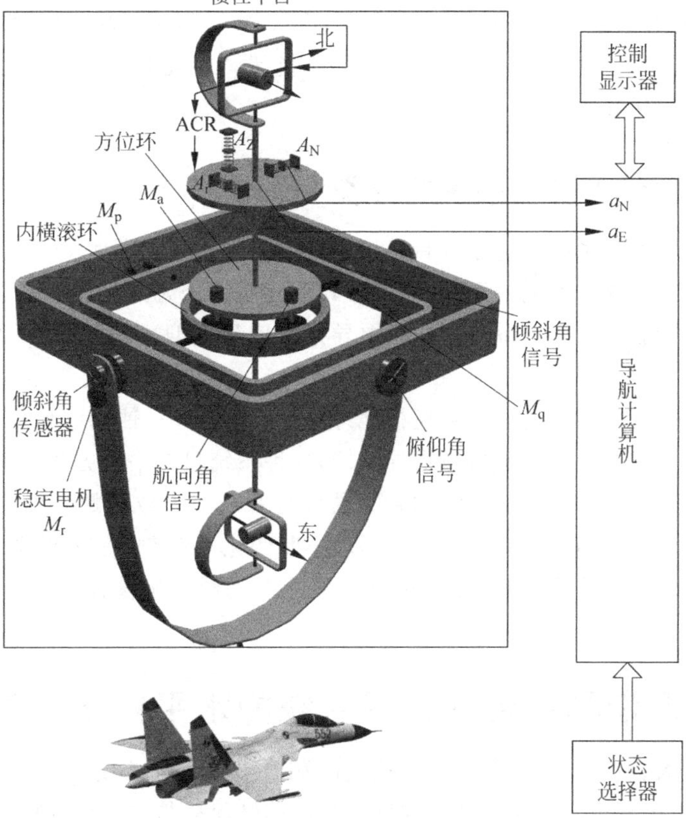

图 8.1　平台式惯导系统的组成原理

惯性平台一般是一个四环三轴陀螺稳定平台，平台上的惯性元件包括两个上下配置的双自由度陀螺仪（也可以采用3个单自由度陀螺仪）和相互垂直安装的3个加速度计。两个陀螺仪的外环轴与平台方位轴平行。其中，下陀螺的外环轴是平台方位稳定轴的测量轴，内环轴是平台俯仰稳定轴的测量轴；上陀螺的内环轴是平台内横滚稳定轴的测量轴，外环轴用来构成方位锁定回路。3个加速度计分别用来测量飞机沿两个水平相互垂直的方向和天向（垂直于水平面）的加速度分量。装在方位环、俯仰环和外横滚环上的信号同步器可以向外输出航向角、俯仰角和倾斜角信号。

导航计算机也叫惯性导航计算机，简称惯导计算机。加速度计输出信号是惯导计算机的主要输入，惯导计算机根据加速度计的输出信号和飞机初始位置、初始速度，可以随时计算出飞机的即时位置和速度。惯导计算机的另一功用是计算施加给陀螺力矩器的指令信号。另外，在初始对准时，惯导计算机还要校准惯性元件的常值误差并进行补偿；消除有害加速度的任务也是由计算机来完成的；在导航过程中，计算机还要监控系统硬件的工作，随时发出告警信号。

控制显示器是对系统进行必要操作和显示导航参数的装置，如向导航计算机输入初始经纬度和航路点坐标等数据时，可通过操作该部件的转换开关或按键将数据送入计算机，同时在显示面板上显示上述数据。

状态选择器实际上是一个状态选择波段开关，利用它可以使导航系统转接不同的工作状态，如断开、通电待用、对准、导航和姿态参考等。

根据已有的技术规范，目前国内外生产的惯导系统中，一般都把惯性平台及其电子线路、导航计算机和数字子系统以及电源模块等主要部分组装在一起，称为惯性导航部件，一般装在飞机仪表舱内。控制显示器一般安装在飞机驾驶舱或领航舱仪表面板上，以便驾驶员或领航员进行操作和观察。

8.1.2 平台式惯导系统的分类

航空用平台式惯导系统大都用平台坐标系模拟当地水平坐标系，只是平台稳定的方位不同。根据对平台方位的不同控制方式，平台式惯导系统分为指北方位惯导系统、游移方位惯导系统、自由方位惯导系统和旋转方位惯导系统四种类型，四种惯导系统都采用水平式平台。

指北方位惯导系统用平台坐标系模拟地理坐标系，平台 y 轴指向地理北；游移方位惯导系统也称游动方位或游动自由方位惯导系统，这种系统只对平台方位陀螺施加指令力矩，用于补偿地球自转角速度垂直分量；自由方位惯导系统对方位陀螺不加指令力矩，平台方位相对地理北向的夹角随地球自转和飞机运动不断变化；旋转方位惯导系统的平台绕方位轴以一定速度旋转。目前应用较多的是指北方位惯导系统和游移方位惯导系统。

8.2 舒勒调谐和平台式惯导系统的水平修正回路

由惯导系统的基本方程可以看出，加速度的测量受重力加速度的影响。为了避免受重力加速度的影响，最简单的方法是使加速度计的敏感轴保持与重力相垂直。因此，在近地面工作的惯导系统大都使平台模拟水平坐标系，采用地理坐标系作为导航坐标系。这种系统有两个水平回路和一个高度通道，显然，当水平回路的加速度计敏感轴与重力保持垂直时，高度通道加速度计敏感轴将会与重力方向保持一致，这样高度通道加速度的测量也就简单了。怎样才能使平台在飞机运动过程中与水平面保持水平呢？舒勒调谐原理解决了这一问题。

8.2.1　舒勒摆及舒勒调谐原理

从惯性导航的基本概念和组成中已经得知，为了保证两个水平加速度计能准确测量飞机的水平加速度分量，要求安装加速度计的平台应始终与当地水平面平行，或者说应始终与当地的地垂线垂直。如果平台满足不了这个要求，就会产生一定的加速度测量误差。这是因为平台的偏离，将导致两个水平加速度计的测量轴也偏离水平面，从而导致加速度计除感受水平方向的加速度分量外，还要感受重力加速度分量。平台偏离水平面越多，加速度误差越大。

平台怎样才能始终保持水平呢？从已有的陀螺仪表知识可知，摆（液体摆或重力摆）可借助摆的下摆性，将平台稳定在地垂线上，如图8.2飞机所在的 A 点所示，图中的圆弧表示某个子午线，飞机在该子午面上等高飞行。显然，只有当摆在静止的地面上时，摆线才能准确地指示当地地垂线的方向。但在运动的飞机上，由于加速度的影响，在惯性力的作用下，摆将围绕悬挂点摆动而偏离地垂线的方向。这样一来，惯性平台的平面不再水平，加速度的测量轴将感受重力加速度分量而产生测量误差。

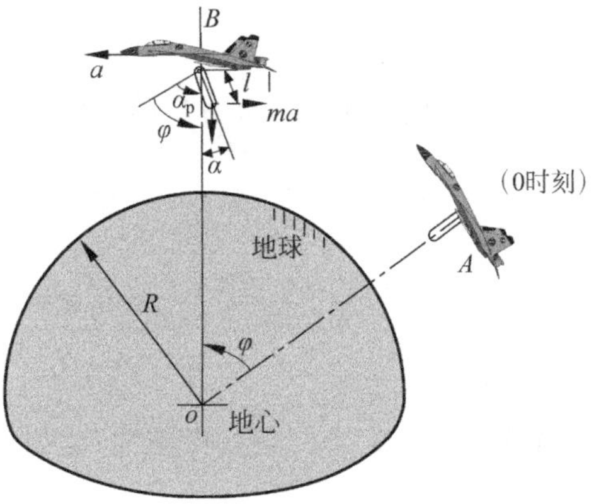

图8.2　单摆的运动

如何使摆免受这种加速度干扰呢？德国科学家舒勒（Schuler）于1923年在研究加速度对陀螺罗盘的影响时，首先提出如果能制造一个摆（或机械装置），当它的摆动周期长达84.4 min时，则载体在接近地球表面处以任意方式运动时，摆将不受加速度干扰始终保持在水平面内。这个摆被称为舒勒摆。惯性导航要想实现精确导航，必须满足舒勒摆的要求。

假定在沿地球表面子午线等高度航行的飞机上，悬挂有质量为 m、摆长为 l 的一个单摆，摆围绕悬挂点的转动惯量为 J。当飞机在 A 点时，摆停在当地地垂线上，平台处于水平位置。当飞机以加速度 $\boldsymbol{a}$ 从 A 点运动到 B 点时，摆偏离初始位置的总角度为 α_p，由于加速度 $\boldsymbol{a}$ 产生的惯性力的作用摆偏离当地地垂线的角度为

$$\alpha=\alpha_p-\varphi \tag{8.1}$$

其中，φ 是 A、B 两点垂线的夹角（或者说 A、B 两点纬度之差）。根据力矩平衡关系有

$$J\ddot{\boldsymbol{\alpha}}_p=ml\boldsymbol{a}\cos\alpha-ml\boldsymbol{g}\sin\alpha \tag{8.2}$$

假设地球不动，则由飞机运动加速度 $\boldsymbol{a}$ 所造成的当地地垂线的运动方程为

$$\ddot{\boldsymbol{\varphi}}=\frac{\boldsymbol{a}}{R+h}\approx\frac{\boldsymbol{a}}{R} \tag{8.3}$$

其中，R 为地球半径；h 为飞机的飞行高度。当 α 为小角度时，式(8.2)变为

$$J\ddot{\boldsymbol{\alpha}}_{\mathrm{p}} = ml\boldsymbol{a} - ml\boldsymbol{g}\alpha \tag{8.4}$$

根据式(8.1)和式(8.3)，式(8.4)变为

$$J\left(\frac{\boldsymbol{a}}{R} + \ddot{\boldsymbol{\alpha}}\right) = ml\boldsymbol{a} - ml\boldsymbol{g}\alpha \tag{8.5}$$

整理得

$$\ddot{\boldsymbol{\alpha}} + \frac{ml\boldsymbol{g}}{J}\alpha = \left(\frac{ml}{J} - \frac{1}{R}\right)\boldsymbol{a} \tag{8.6}$$

如果摆的参数满足

$$\frac{ml}{J} = \frac{1}{R} \tag{8.7}$$

则式(8.6)变为

$$\ddot{\boldsymbol{\alpha}} + \frac{\boldsymbol{g}}{R}\alpha = 0 \tag{8.8}$$

则摆偏离地垂线的角度 α 与载体的运动加速度 $\boldsymbol{a}$ 没有关系，也就是说摆的运动不受载体运动加速度的影响。微分方程(8.8)的解为

$$\alpha(t) = \alpha_0\cos\omega_{\mathrm{s}}t + \frac{\dot{\boldsymbol{\alpha}}_0}{\omega_{\mathrm{s}}}\sin\omega_{\mathrm{s}}t \tag{8.9}$$

其中，α_0、$\dot{\boldsymbol{\alpha}}_0$ 为初始值；$\omega_{\mathrm{s}} = \sqrt{\dfrac{g}{R}}$ 为角频率。若初始条件为零，即 $\alpha_0 = 0$，$\dot{\boldsymbol{\alpha}}_0 = 0$，则

$$\alpha(t) = 0 \tag{8.10}$$

如果 $\alpha_0 \neq 0$，$\dot{\boldsymbol{\alpha}}_0 \neq 0$，则摆按照式(8.9)绕地垂线作等幅振荡，取 $R = 6.37\times10^6$ m，$\boldsymbol{g} = 9.81$ m/s^2，可以得到式中振荡周期为 $T = 2\pi/\omega_{\mathrm{s}} = 2\pi\Big/\sqrt{\dfrac{g}{R}} = 84.4$ min，这种振荡运动与飞机的加速度无关。如图 8.3 所示是初始条件为 $\alpha_0 = 1°$，$\dot{\boldsymbol{\alpha}}_0 = 0.1(°)/\mathrm{h}$ 时的舒勒振荡。需要说明的是：满足舒勒摆条件，并不是说摆一定没有偏差，而是说摆围绕一个微小偏差作长周期振荡。后面讲到的平台跟踪水平面，也同样表明平台并非一点不动、绝对水平，而是在水平面附近进行舒勒振荡。

由前面的分析可知，当摆的参数满足式(8.7)，或摆的振荡周期为 84.4 min 时，摆能跟踪地垂线而不受飞机运动加速度的影响。这就是德国科学家舒勒在 1923 年提出的舒勒调谐原理，简称舒勒原理，这种摆称为舒勒摆，84.4 min 的振荡周期为舒勒周期，相应的频率为舒勒频率，式(8.7)为物理摆的舒勒调谐条件。

应用自动控制理论，结合式(8.1)、式(8.3)和式(8.4)可得实现舒勒振荡的结构图，如图 8.4 所示。

图 8.4 中，中间的主通道代表了物理摆的运动，上边的并联通道代表了地垂线的运动，下边的反馈通道则反映了摆有偏角 α 时，重力加速度的影响过程。显然，只有在 $\alpha = 0°$ 的瞬间，这个通道才没有反馈信号 $\boldsymbol{g}\alpha$。

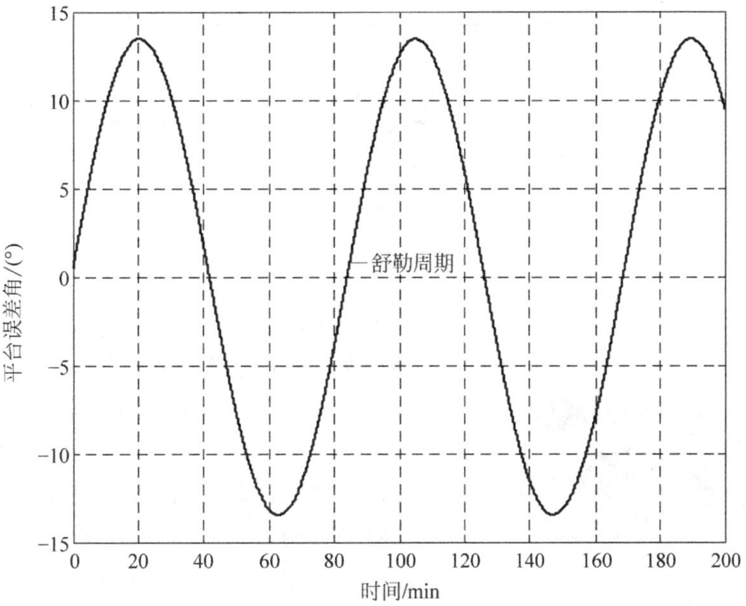

图 8.3　舒勒振荡

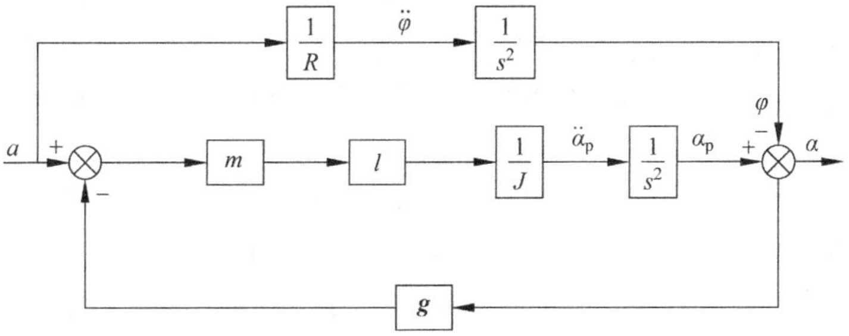

图 8.4　舒勒振荡结构

8.2.2　惯导系统水平修正回路实现舒勒调谐

根据前面的分析，要满足舒勒条件，必须有$\dfrac{ml}{J}=\dfrac{1}{R}$，对于单摆 $J=ml^2$，则其实现舒勒调谐的条件为

$$\frac{1}{l}=\frac{1}{R} \tag{8.11}$$

此时图 8.4 的结构图可以简化为图 8.5。

但是单摆的摆长等于地球半径，这在工程中是无法实现的。不过随后的技术发展表明，这种舒勒摆或舒勒条件的思想不仅是完全正确的，而且是可以实现的。1948 年美国在实验室首先实现了舒勒条件，证明利用惯导系统中的陀螺和控制回路的特性，通过合理调整参数是可以满足舒勒振荡的要求的。从此惯性导航发展成为一门新科学。

在平台式惯导系统中，为了使加速度的测量不受重力加速度的影响，必须使平台始终与

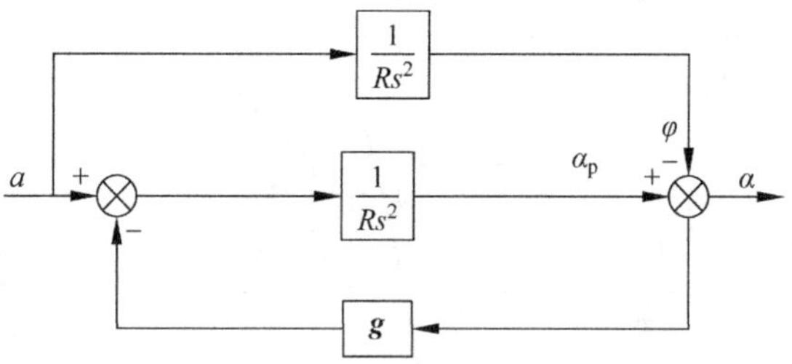

图 8.5　简化的舒勒振荡结构

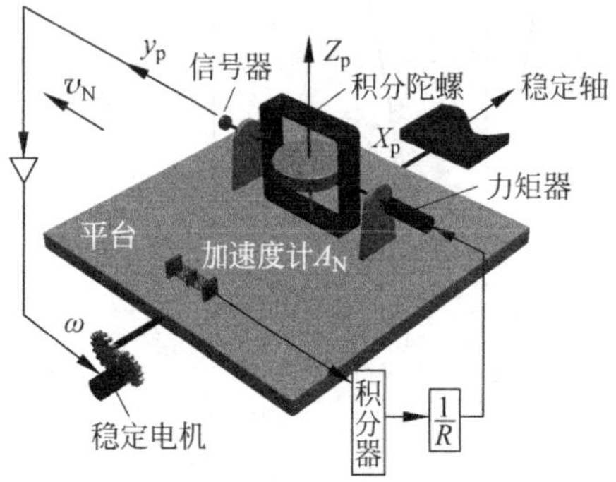

图 8.6　单轴惯导系统

水平面平行，这就要求平台水平修正回路实现舒勒调谐。单自由度积分陀螺仪构成的单轴惯导系统如图 8.6 所示，图中由陀螺仪、信号器、放大校正网络、稳定电机及平台组成的系统就是前面介绍过的稳定回路，它的作用是隔离飞机俯仰角运动对平台的影响和抵消平台轴上的干扰力矩，保证平台轴相对惯性空间的稳定，使其仅作平动运动，不作转动运动，即工作在几何稳定工作状态。由加速度计、积分器、除法器和陀螺力矩器组成的系统叫修正回路，它的作用是给陀螺提供指令信号，使平台工作在空间积分状态，以跟踪由于飞机运动造成的当地地垂线（当地水平面）的偏离运动，保证平台始终与当地水平面平行。这时它所控制的运动只是转动运动，而不是平动运动。

为了分析问题方便，设地球为球体且不转动；飞机沿子午线等高度向正北飞行，且只有俯仰而无倾斜和偏航动作，平台的稳定轴与飞机的纵轴垂直，与陀螺的测量轴平行。平台上装有一个北向加速度计 A_N，与飞机纵轴方向一致，可以测量飞机沿纵向的加速度分量 $\dot{V}_N$。

假定在初始时刻平台已精确调整到当地水平面内（通过初始对准过程调整），平台坐标系 $Ox_py_pz_p$ 与地理坐标系 $Ox_gy_gz_g$ 重合，如图 8.7 中的 A 点所示，则 Oy_p 轴既指北又水平。当飞机以加速度 $\dot{v}_N$ 沿子午线由 A 点运动到 B 点向北飞行时，如不对平台进行控制，则由于地球是圆的，且陀螺是相对惯性空间稳定的，平台将不再与当地水平面平行。惯导系统为了保证平台系与地理系相重合，平台必须经历两种运动：平动和转动。平动，就是把平台由 A 点平移至 B 点，如图 8.7 中的虚线所示，它由平台的稳定回路实现；转动，就是平台沿逆时针方向转动一个角度，到 B 点实线所示的位置，它由平台的修正回路实现。

在飞机运动过程中，地垂线方向不断变化，变化角速率为 v_N/R。要使平台保持在当地水平面内，平台也应以角速度 v_N/R 绕 Ox_p 轴负向转动，即平台的指令角速度为 $\omega_c=-v_N/R$，该指令信号送给陀螺力矩器。力矩器产生指令力矩 M_c，通过稳定回路工作，平台绕 Ox_p 轴负向转动，以跟踪地平面的转动。为保证加速度计的测量精度，平台必须始终处于水平状态，即平台系的水平轴应与地理系的水平轴始终重合或平行，飞机飞行时地垂线的变化及平台的转动如图 8.7 所示。

当飞机有线加速度 $\dot{v}_N$ 时，加速度计信号器将输出与 $\dot{v}_N$ 成比例的电信号，经积分后输出与飞行速度 v_N 成比例的电信号，该信号经除法器后，输出给力矩器。这个指令信号与当地地垂线的转动角速度$-\frac{v_N}{R}$成比例。在指令力矩 M_c 的作用下，通过稳定回路的工作，使平台绕平台稳定轴 Ox_p 的负向进动(见图 8.8)，其进动角速度应等于指令角速度$-\frac{v_N}{R}$，从而使平台跟踪当地水平面的转动。从前面的介绍可以知道，加速度计输出的是比力。当平台与当地水平面不平行时，加速度计的输出会受到重力加速度的影响。如图 8.8 所示，假定平台绕 Ox_p 轴负向相对 Oy_g 轴偏过 α 角，也就是平台绕 Ox_p 轴负向的转动角度 α_p 与垂线变化角度 φ 的差值为 α。若 α 角很小，则此时加速度计的输出为

$$f_y=\dot{v}_N\cos\alpha-g\sin\alpha\approx\dot{v}_N-g\alpha \tag{8.12}$$

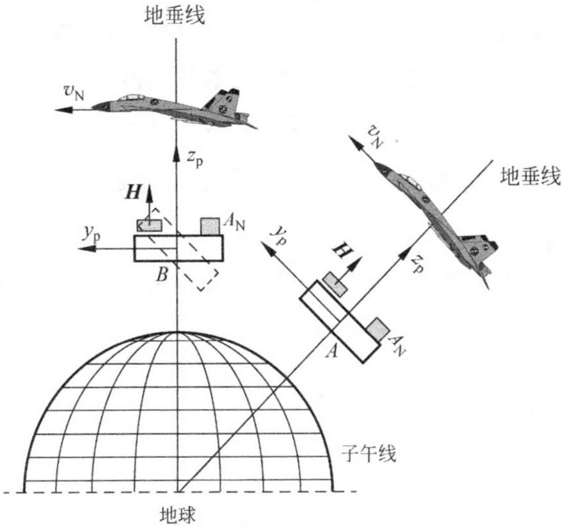

图 8.7　飞机飞行时地垂线的变换及平台的转动

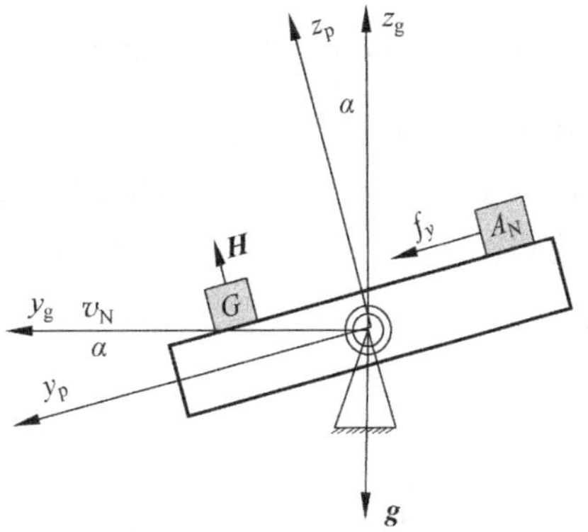

图 8.8　平台偏离水平面时加速度计的输出

而陀螺力矩的指令信号是根据加速度计的输出来计算的，即此时指令角速度为

$$\begin{aligned}\omega_c&=\frac{\int_0^t f_y\,\mathrm{d}t+v_{N0}}{R}\\&=\frac{\int_0^t(\dot{v}_N-g\alpha)\,\mathrm{d}t+v_{N0}}{R}\end{aligned} \tag{8.13}$$

由指令角速度的表达式、纬度变化率、平台误差角的表达式可以得到如图 8.9 所示的水平修正和稳定回路结构图。它的输入端是平台轴的干扰力矩 M_d，输出端是稳定电机沿平台轴产生的稳定力矩 M_s。图 8.9 中$\frac{K_g}{s(T_g s+1)}$、K_s、$A(s)$和$\frac{K_m}{R}$分别为陀螺、信号器、放大校正网络和稳定电机的传递函数，其工作原理属于平台几何稳定状态下的工作过程。

图 8.9 中的上通道代表的就是修正回路。

图 8.9 中，K_A 为加速度计标度因数(也叫刻度系数、标定系数或传递系数)，K_i 为积分器系数，R 为地球半径，K_t 为陀螺力矩器系数，$\boldsymbol{H}$ 为陀螺角动量，环节$\frac{1}{Rs^2}$是在 $\dot{v}_N$ 作用下，

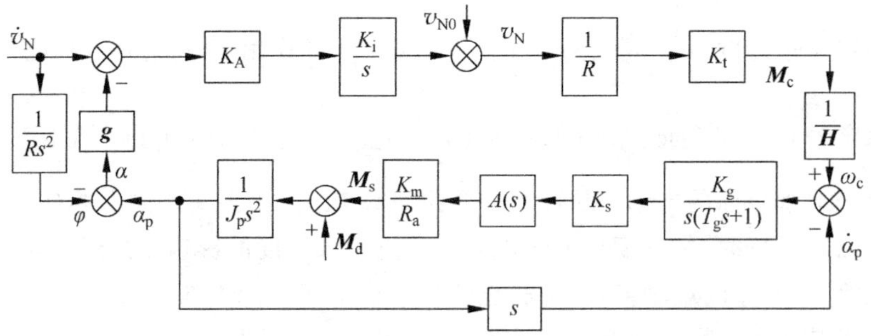

图 8.9 单轴惯导系统的稳定回路和水平修正回路

当地地垂线偏离角度 φ 的传递函数，只有在 $\alpha_p=\varphi$ 时，平台才真正水平，即 $\alpha=0$。否则 $\alpha\neq0$，重力加速度会影响加速度计的输入。由上面的分析可见，修正回路的工作要借助稳定回路来完成。由于稳定回路是一个快速跟踪系统，它的过渡过程是零点几秒的数量级；而修正回路是一个周期长达 84.4 min 的慢速跟踪系统，所以二者可以彼此独立工作，互不影响。研究修正回路时，对于其中的稳定回路可以用静态传递函数 $\frac{1}{s}$ 代替。这是由于平台在稳态时，其转动角速度 $\dot{\alpha}_p$ 应等于指令角速度 ω_c。因飞机只沿地球子午线向北飞行，所以载体在地球上只有距离和纬度变化，当引入这些参数的计算后，在研究修正回路时，可以将稳定回路简化。这样图 8.9 可简化为图 8.10。

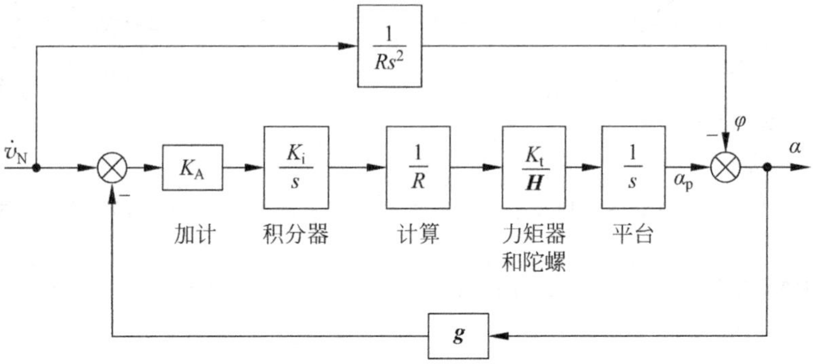

图 8.10 水平修正回路

将图 8.10 和图 8.4 的结构图加以比较，可以发现，这两个结构图的目的都是使研究对象——摆和平台能跟踪当地地垂线的运动。二者所感受的信号都是飞机的加速度，输出的都是由力矩转为转角的量，只是它们产生力矩的方法有所不同：一个是通过惯性力及摆长产生的转矩；一个则通过给陀螺力矩器输入指令电流产生力矩。另外，受力矩作用后，摆的运动形式也不同，物理摆以一定的摆长围绕悬挂点作直观的单摆运动；而惯导系统却无明显的摆长，只是平台绕稳定轴的进动。既然单摆可以在满足舒勒振荡时，不受加速度干扰，使摆始终处于当地水平面，那么平台能否找到满足舒勒振荡的条件，使平台不受加速度干扰，始终保持在当地水平面内呢？以下将研究平台实现舒勒振荡的条件。若水平修正回路主通道的传递函数满足

$$\frac{K_A K_i K_t}{\boldsymbol{H}}=1 \tag{8.14}$$

则水平修正回路可简化为图 8.11 所示形式，可以发现该图和图 8.5 相同。

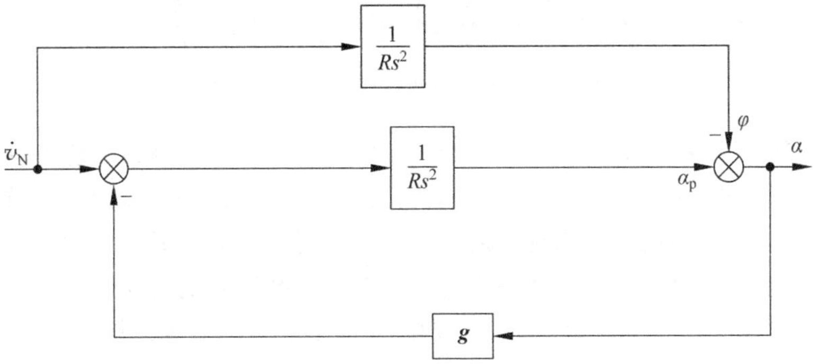

图 8.11　实现舒勒调谐的水平修正回路

根据图 8.11 可得出频域方程：

$$\left(s^2+\frac{g}{R}\right)\alpha(s)=0 \tag{8.15}$$

式(8.15)的通解为

$$\alpha(t)=A\sin(\omega_s t+\psi) \tag{8.16}$$

式(8.16)中 A 与初始条件有关，$\omega_s=\sqrt{\frac{g}{R}}$ 为振荡角频率。此时平台系统的振荡频率为舒勒频率，系统输出角度与飞机运动加速度 $\dot{v}_N$ 无关，运动规律与单摆完全相同，平台实现了舒勒调谐，平台绕当地水平面等幅振荡，振荡周期为舒勒周期 84.4 min。式(8.14)为惯导系统水平修正回路实现舒勒调谐的条件，通过适当选择各元件参数，这个条件是完全可以实现的，其要求远不如物理摆那样苛刻。

这种根据舒勒摆原理，由加速度计、积分器和陀螺构成，具有 84.4 min 自振周期，使平台不受加速度干扰，始终保持在当地水平面的控制回路叫舒勒回路，有时也称为舒勒调谐回路。舒勒回路的实现是惯导技术的一大关键突破。由于惯性平台有两个相互正交的水平轴，所以一个完整的惯导系统就有两个相应的舒勒回路。

8.3 惯导系统的高度通道

从原理上讲，把飞机相对地面的垂直加速度积分两次，再加上初始高度即可得到飞机的即时高度。这种测量高度的方法称为惯性法。当飞机在地球表面局部地区飞行时，可以把地球表面近似看成平面，重力加速度处处平行且为常数。这样，从垂直加速度计输出的“比力”中减去重力加速度，就可得到垂直加速度信号，该信号经两次积分就可得到飞行高度。这时的系统是一个不考虑有害加速度影响的开环高度测量系统，如图 8.12 所示。

这样的系统，对包括加速度计零位偏置、刻度因数等误差在内的一些误差源都会形成积累误差。设垂直加速度计等效零位偏差为 $\nabla_z=0.5\times10^{-4}g$，则高度误差表示式为

$$\delta h=\frac{1}{2}\nabla_z t^2=\frac{1}{2}\times0.5\times10^{-4}gt^2 \tag{8.17}$$

其中，h 为高度；δh 为高度误差。

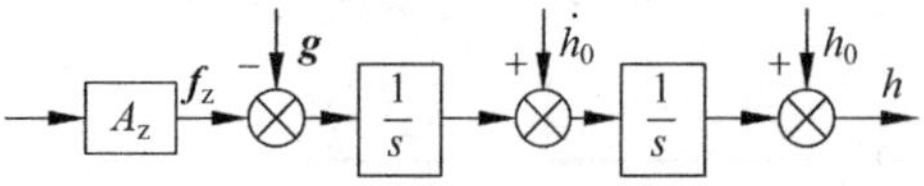

图 8.12 惯导系统开环高度通道原理

若飞行时间 $t=1$ h，则 $\delta h=3.2$ km；若 $t=2$ h，则 $\delta h=12.7$ km。显然，开环高度测量系统的工作时间越长，积累误差的增加就越快，对垂直方向的速度和高度测量的准确性影响也就越大。因此，开环高度测量系统只能在短时间内进行惯性高度测量。既然开环高度测量系统不能准确测量高度，那么闭环高度测量系统能否准确测量高度呢？

因为重力加速度 g 不是一个常数，它要随高度变化。在不考虑地球自转的情况下，距离地球表面一定高度的某点的重力加速度可表示为

$$g=\gamma\frac{M}{(R+h)^2} \tag{8.18}$$

其中，γ 为万有引力常数；M 地球质量；R 地球半径。地球表面处的重力加速度为

$$g_0=\gamma\frac{M}{R^2} \tag{8.19}$$

这样式(8.18)可以表示为

$$g=g_0\frac{R^2}{(R+h)^2} \tag{8.20}$$

展开得

$$g=g_0\left[\left(1-\frac{2h}{R}\right)+3\left(\frac{h}{R}\right)^2-4\left(\frac{h}{R}\right)^3+\cdots\right] \tag{8.21}$$

一般情况下 $h\ll R$，所以

$$g\approx g_0\left(1-\frac{2h}{R}\right) \tag{8.22}$$

由此可见，重力加速度随高度 h 的增大而减小。如果沿平台方位轴 Oz_p 放置一个垂直加速度计 A_z，使其输入轴与 Oz_p 轴重合(平行)，则利用垂直加速度计 A_z 的输出经积分计算后可得出垂直速度和垂直高度，并可得如图 8.13 所示的闭环高度通道。

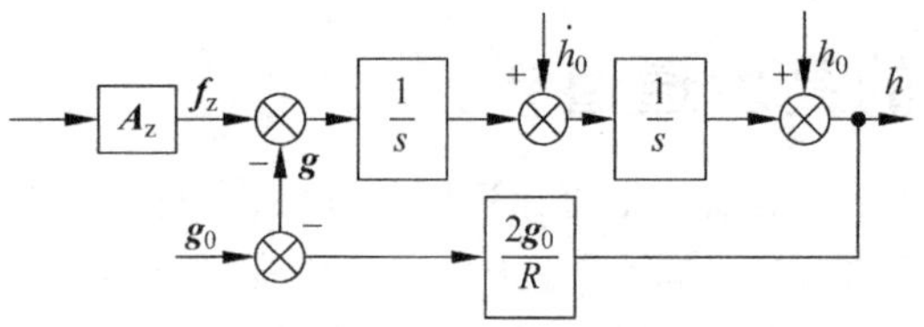

图 8.13 闭环纯惯性高度通道原理

由图 8.13 可知：

$$\ddot{h}=f_z-g=f_z-g_0+\frac{2h}{R}g_0 \tag{8.23}$$

即

$$\ddot{h}-\frac{2g_0}{R}h=f_z-g_0 \tag{8.24}$$

此二阶微分方程的特征方程为

$$S^2-\frac{2g_0}{R}=0 \tag{8.25}$$

该特征方程有一个正根。故闭环高度测量系统是一个不稳定的发散系统。

上述分析说明，惯导系统虽可利用垂直加速度计的输出，通过进行积分计算得到惯性高度，但由于惯导系统的垂直通道存在缺陷，纯惯性高度发散，用纯惯性的方法是不可能在较长时间内精确测量高度的，因而惯导系统自身不能获得载体的准确高度。对于飞机上的惯导系统，由于飞机高度变化不算太大，但飞行时间较长，所以可在高度通道中利用气压高度或无线电高度对惯性高度进行修正，也就是用气压高度或无线电高度与惯性高度进行组合，构成混合高度测量系统来测量飞机高度。这种混合高度测量系统比单独用气压高度表或无线电高度表测出的高度要精确得多。低空侦察、下滑着陆都要用到准确的高度信息，因此混合高度的测量也是十分重要的。

8.4 指北方位惯导系统的力学编排

力学编排，也叫机械编排(mechanization)，是惯导系统的机械实体布局、采用的坐标系及解析计算方法的总和。它体现了从加速度计的输出到计算出即时速度和位置的完整过程。具体地说，就是指以怎样的结构方案实现惯性导航的力学关系，进而确定出所需的各种导航参数及信息。这样就把描述惯导系统从加速度计所感测的比力信息，转换成运载器速度和位置的变化，以及对平台控制规律的解析表达式，叫作力学编排方程，它是力学编排在数学关系上的体现。

所谓指北方位惯导系统，是指平台坐标系 $Ox_py_pz_p$ 与地理坐标系 $Ox_gy_gz_g$ 在工作中完全重合的惯导系统。这种系统的惯性平台台面控制在当地水平面内，其方位控制在地理北向，这正是其名称的来由。有了模拟地理坐标系的水平指北平台，实际上相当于在飞机上建立了一个实体的地理坐标系。利用安装在平台 3 个轴向的加速度计，可以测得飞机沿任意方向飞行时，沿东、北、天 3 个方向的比力分量，并由此计算所需的导航参数。

8.4.1 给平台施加的指令角速度

由于平台有相对惯性空间稳定的特性，而地理坐标系随地球自转及飞机运动相对惯性空间不断变化。因此，要保证平台始终模拟地理坐标系，就必须给平台施加控制指令，以补偿地球自转和飞机相对地球运动造成的地理坐标系相对惯性空间的转动。

由图 8.14 可知，地理系相对惯性空间的转动角速度 $\boldsymbol{\omega}_{ig}^g$ 可以分为地球自转引起的地球系相对惯性系的转动角速度 $\boldsymbol{\omega}_{ie}^g$，以及飞机相对地球系的运动造成的地理系相对地球系的转动角速度 $\boldsymbol{\omega}_{eg}^g$ 两部分。即

$$\boldsymbol{\omega}_{ig}^g=\boldsymbol{\omega}_{ie}^g+\boldsymbol{\omega}_{eg}^g \tag{8.26}$$

其中，$\boldsymbol{\omega}_{ig}^g$ 表示地理系 g 相对惯性系 i 的转动角速度在地理系中的向量。

地球自转角速度造成的地理坐标系相对惯性空间的偏离角速度，在地理坐标系 3 个轴向上的分量为

$$\boldsymbol{\omega}_{ie}^{g}=\boldsymbol{\Omega}^{g}=\begin{bmatrix}\Omega_{x}^{g}\\ \Omega_{y}^{g}\\ \Omega_{z}^{g}\end{bmatrix}=\begin{bmatrix}0\\ \Omega\cos\varphi\\ \Omega\sin\varphi\end{bmatrix} \tag{8.27}$$

其中，$\boldsymbol{\Omega}$ 是地球坐标系相对惯性坐标系的运动角速度 $\boldsymbol{\omega}_{ie}$ 的简化符号，其示意图如图 8.15 所示。

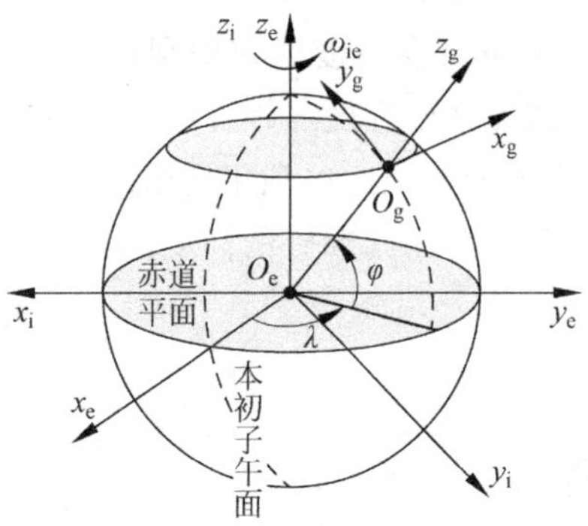

图 8.14 地理系的运动

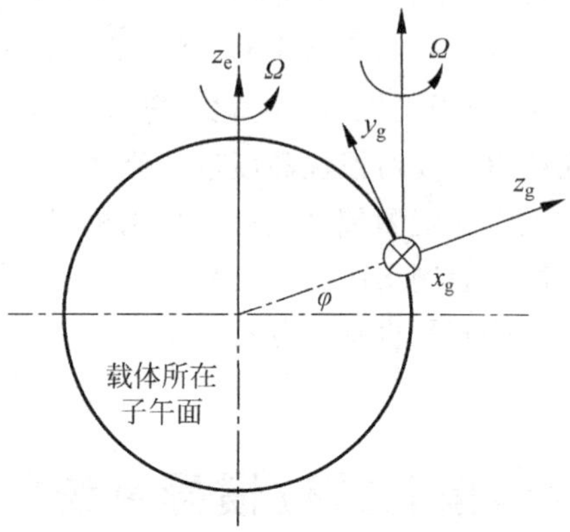

图 8.15 地球自转角速度在地理坐标系的分量

考虑地球椭圆度，忽略飞机离地高度，由飞机带动平台相对地球运动造成的地理坐标系相对惯性空间的偏离角速度，在地理坐标系 3 个轴向上的分量为

$$\boldsymbol{\omega}_{eg}^{g}=\begin{bmatrix}\omega_{egx}^{g}\\ \omega_{egy}^{g}\\ \omega_{egz}^{g}\end{bmatrix}=\begin{bmatrix}-\dfrac{v_{egy}^{g}}{R_N}\\ \dfrac{v_{egx}^{g}}{R_E}\\ \dfrac{v_{egx}^{g}}{R_E}\tan\varphi\end{bmatrix} \tag{8.28}$$

指北方位惯导系统的平台坐标系与地理坐标系重合，所以根据式(8.26)和式(8.28)对平台施加的指令角速度为

$$\boldsymbol{\omega}_{ip}^{p}=\boldsymbol{\omega}_{ig}^{g}=\begin{bmatrix}\omega_{ipx}^{p}\\ \omega_{ipy}^{p}\\ \omega_{ipz}^{p}\end{bmatrix}=\begin{bmatrix}-\dfrac{v_{egy}^{g}}{R_N}\\ \Omega\cos\varphi+\dfrac{v_{egx}^{g}}{R_E}\\ \Omega\sin\varphi+\dfrac{v_{egx}^{g}}{R_E}\tan\varphi\end{bmatrix} \tag{8.29}$$

将这 3 个角速度分量作为控制指令信号，分别加给相应的陀螺力矩器，平台便能自动跟踪地理坐标系。

8.4.2 速度方程

根据惯导系统的基本方程可以得到平台坐标系内的形式为

$$\dot{\boldsymbol{v}}_{ep}^{p}=\boldsymbol{f}^{p}-(2\boldsymbol{\omega}_{ie}^{p}+\boldsymbol{\omega}_{ep}^{p})\times\boldsymbol{v}_{ep}^{p}+\boldsymbol{g}^{p} \tag{8.30}$$

写成分量的形式：

$$\begin{bmatrix}\dot{v}_{epx}^{p}\\ \dot{v}_{epy}^{p}\\ \dot{v}_{epz}^{p}\end{bmatrix}=\begin{bmatrix}f_x^{p}\\ f_y^{p}\\ f_z^{p}\end{bmatrix}-\begin{bmatrix}0 & -2\omega_{iez}^{p}-\omega_{epz}^{p} & 2\omega_{iey}^{p}+\omega_{epy}^{p}\\ 2\omega_{iez}^{p}+\omega_{epz}^{p} & 0 & -2\omega_{iex}^{p}-\omega_{epx}^{p}\\ -2\omega_{iey}^{p}-\omega_{epy}^{p} & 2\omega_{iex}^{p}+\omega_{epx}^{p} & 0\end{bmatrix}\begin{bmatrix}v_{epx}^{p}\\ v_{epy}^{p}\\ v_{epz}^{p}\end{bmatrix}+\begin{bmatrix}0\\ 0\\ -g\end{bmatrix} \tag{8.31}$$

因指北方位惯导系统中的平台系与地理系重合，故式(8.31)中的各物理量上、下注角中的 p 均可改为 g。再将式(8.27)和式(8.28)代入式(8.31)，经整理可得如下方程组：

$$\begin{cases}\dot{v}_{egx}^{g}=f_x^{g}+\left(2\Omega\sin\varphi+\dfrac{v_{egx}^{g}}{R_E}\tan\varphi\right)v_{egy}^{g}-\left(2\Omega\cos\varphi+\dfrac{v_{egx}^{g}}{R_E}\right)v_{egz}^{g}\\ \dot{v}_{egy}^{g}=f_y^{g}-\left(2\Omega\sin\varphi+\dfrac{v_{egx}^{g}}{R_E}\tan\varphi\right)v_{egx}^{g}-\dfrac{v_{egy}^{g}}{R_N}v_{egz}^{g}\\ \dot{v}_{egz}^{g}=f_z^{g}+\left(2\Omega\cos\varphi+\dfrac{v_{egx}^{g}}{R_E}\right)v_{egx}^{g}+\dfrac{v_{egy}^{g}}{R_N}v_{egy}^{g}-g\end{cases} \tag{8.32}$$

如果不考虑垂直方向上的加速度 $\dot{v}_{egz}^{g}$ 及垂直速度 v_{egz}^{g}（通常惯导系统的垂直速度远小于两个水平速度），则两个水平通道的方程可简化为

$$\begin{cases}\dot{v}_{egx}^{g}=f_x^{g}+2\Omega\sin\varphi v_{egy}^{g}+\dfrac{v_{egx}^{g}v_{egy}^{g}}{R_E}\tan\varphi\\ \dot{v}_{egy}^{g}=f_y^{g}-2\Omega\sin\varphi v_{egx}^{g}-\dfrac{(v_{egx}^{g})^2}{R_E}\tan\varphi\end{cases} \tag{8.33}$$

其中，$2\Omega\sin\varphi v_{egy}^{g}$ 及 $2\Omega\sin\varphi v_{egx}^{g}$ 为哥氏加速度项；$\dfrac{v_{egx}^{g}v_{egy}^{g}}{R_E}\tan\varphi$ 及 $\dfrac{(v_{egx}^{g})^2}{R_E}\tan\varphi$ 为向心加速度项；二者均为有害加速度。如果分别用 ∇a_x、∇a_y 表示两个水平通道的有害加速度，即

$$\begin{cases}\nabla a_x=-2\Omega\sin\varphi v_{egy}^{g}-\dfrac{v_{egx}^{g}v_{egy}^{g}}{R_E}\tan\varphi\\ \nabla a_y=2\Omega\sin\varphi v_{egx}^{g}+\dfrac{(v_{egx}^{g})^2}{R_E}\tan\varphi\end{cases} \tag{8.34}$$

则式(8.33)又可简化为

$$\begin{cases}\dot{v}_{egx}^{g}=f_x^{g}-\nabla a_x\\ \dot{v}_{egy}^{g}=f_y^{g}-\nabla a_y\end{cases} \tag{8.35}$$

对式(8.33)所得的两个水平加速度进行积分，可得相应的两个水平速度为

$$\begin{cases}v_{egx}^{g}=\displaystyle\int_0^t\dot{v}_{egx}^{g}\,dt+v_{egx0}^{g}\\ v_{egy}^{g}=\displaystyle\int_0^t\dot{v}_{egy}^{g}\,dt+v_{egy0}^{g}\end{cases} \tag{8.36}$$

而载体相对地面运动的水平速度为上述两个水平速度的合成，即

$$v_{eg}^{g}=\sqrt{(v_{egx}^{g})^2+(v_{egy}^{g})^2} \tag{8.37}$$

8.4.3 位置和姿态方程

由于北向和东向运动，经、纬度的变化率表示式为

$$
\begin{cases}
\dot{\varphi} = \dfrac{v_{\mathrm{eg}y}^{\mathrm{g}}}{R_{\mathrm{N}}} \\
\dot{\lambda} = \dfrac{v_{\mathrm{eg}x}^{\mathrm{g}}}{R_{\mathrm{E}} \cos\varphi}
\end{cases}
\tag{8.38}
$$

积分并加上初始经纬度就可以得到运动后经纬度。由于惯性高度是发散的，具体高度的计算见 8.3 节。

由于平台坐标系与地理坐标系始终重合，故平台台面始终水平，且平台的 3 个稳定轴分别指向东、北、天三个方向。这样，就可直接从平台各环架（轴）上的同步器或旋转变压器输出飞机的俯仰角、倾斜角和航向角信号。

8.4.4 指北方位惯导系统力学编排框图及优缺点

根据指令角速度式(8.29)、速度方程(8.33)和位置方程(8.38)，可以画出指北方位惯导系统的力学编排原理框图，如图 8.16 所示。

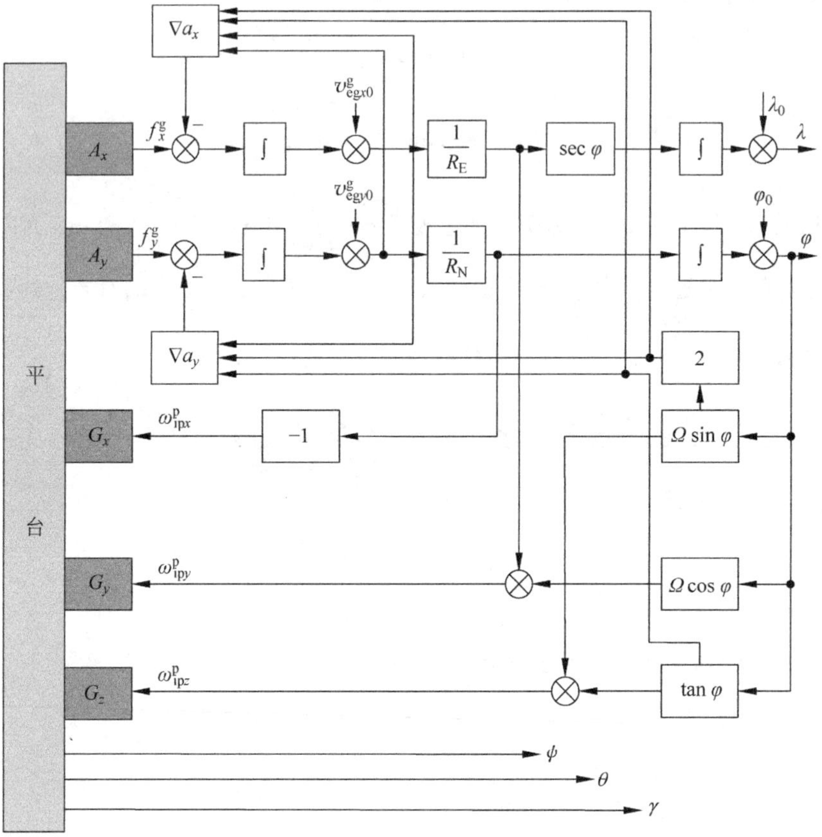

图 8.16 指北方位惯导系统力学编排原理框图

其中，v_{x0}、v_{y0} 是惯导系统工作的初始速度；λ_0 和 φ_0 是初始位置；ψ、θ 和 γ 是航向姿态信息。

指北方位惯导系统的优点是：由于指北方位惯导系统的平台坐标系与地理坐标系始终重合，因此加速度计输出的"比力"信号不用经坐标变换就可求得所需的导航参数；其姿态角和航向角可从平台框架上直接获取，简单直观；对地球曲率半径的计算只需考虑主曲率半径，计算量小，对计算机的容量没有很高要求。正因为指北方位惯导系统计算简单，对计算机要求不高，易于实现，故在惯导系统初期使用的都是指北方案。

指北方位惯导系统的缺点是：由于要求平台始终指北，当飞机在高纬度地区飞行时，因经线的极点汇聚，飞机的东西向速度会引起很大的经度变化率，这就要求给方位陀螺施加很大的控制力矩，从而引起附加误差甚至干脆导致导航系统丧失工作能力。根据式(8.29)施加给平台上方位陀螺的指令角速度是

$$\omega_{\mathrm{ipz}}^{\mathrm{p}} = \Omega\sin\varphi + \frac{v_{\mathrm{eg}x}^{\mathrm{g}}}{R_{\mathrm{E}}}\tan\varphi \tag{8.39}$$

可以看出随着纬度 φ 的增加，方位指令角速度会迅速增加，当 φ 接近 $\pm 90°$ 时，计算机会因为计算正切函数而溢出。此外在穿过极点时，要求平台立即转 180°，即 $\omega_{\mathrm{ipz}}^{\mathrm{p}} \to \infty$，这在工程实际中是不可能的。所以指北方位惯导系统一般只适用于 $|\varphi| < 60°$ 的地区，不能作为全球导航使用，这是指北方位惯导系统的最大缺点。

该系统的另一个缺点是在惯导初始对准时，要求平台在方位上一定要指北，从而导致对准时间过长，这对军用惯导来说也是不符合要求的。

8.5 游移方位惯导系统的力学编排

按照游移方位惯导系统的定义，即平台台体仍保持在水平面内，平台的两个水平稳定轴与水平面平行，在方位上只对方位陀螺施加控制力矩，用于补偿地球自转角速度垂直分量。游移方位惯导系统施加给方位陀螺的指令角速度为

$$\omega_{\mathrm{ipz}}^{\mathrm{p}} = \Omega\sin\varphi \tag{8.40}$$

因为地球系相对惯性系的转动角速度在平台系 z 轴方向的分量分别为

$$\omega_{\mathrm{iez}}^{\mathrm{p}} = \Omega\sin\varphi \tag{8.41}$$

地理系相对惯性系的转动角速度在平台系 z 轴方向的分量分别为

$$\omega_{\mathrm{igz}}^{\mathrm{p}} = \Omega\sin\varphi + \frac{v_{\mathrm{eg}x}^{\mathrm{g}}}{R_{\mathrm{E}}}\tan\varphi \tag{8.42}$$

所以平台相对地球围绕平台 z 轴的角速度 $\omega_{\mathrm{epz}}^{\mathrm{p}}$ 为 0：

$$\omega_{\mathrm{epz}}^{\mathrm{p}} = \omega_{\mathrm{ipz}}^{\mathrm{p}} - \omega_{\mathrm{iez}}^{\mathrm{p}} = \Omega\sin\varphi - \Omega\sin\varphi = 0 \tag{8.43}$$

当飞机具有东西向速度时，平台将绕方位轴 Oz_{p} 相对地理坐标系产生转动角速度：

$$\dot{\alpha} = \omega_{\mathrm{g}pz}^{\mathrm{p}} = \omega_{\mathrm{ipz}}^{\mathrm{p}} - \omega_{\mathrm{igz}}^{\mathrm{p}} = -\frac{v_{\mathrm{eg}x}^{\mathrm{g}}}{R_{\mathrm{E}}}\tan\varphi \tag{8.44}$$

很明显，平台的方位角将随东西向速度的大小和方向发生变化。也就是平台轴 Oy_{p} 与真北方向 Oy_{g} 之间的夹角 α 是任意的，随 $v_{\mathrm{eg}x}^{\mathrm{g}}$ 的大小和方向游动，因此将 α 称为平台的游移方位角，并规定 α 相对地理坐标系逆时针方向旋转为正，如图 8.17 所示。图中游移方位惯导的平台坐标系 $Ox_{\mathrm{p}}y_{\mathrm{p}}z_{\mathrm{p}}$ 和地理坐标系 $Ox_{\mathrm{g}}y_{\mathrm{g}}z_{\mathrm{g}}$ 的垂直轴 Oz_{p} 和 Oz_{g} 相互重合，$Ox_{\mathrm{p}}y_{\mathrm{p}}$ 及

$Ox_g y_g$ 均处于当地水平面内，但它们的水平轴之间有一个游移方位角 α。

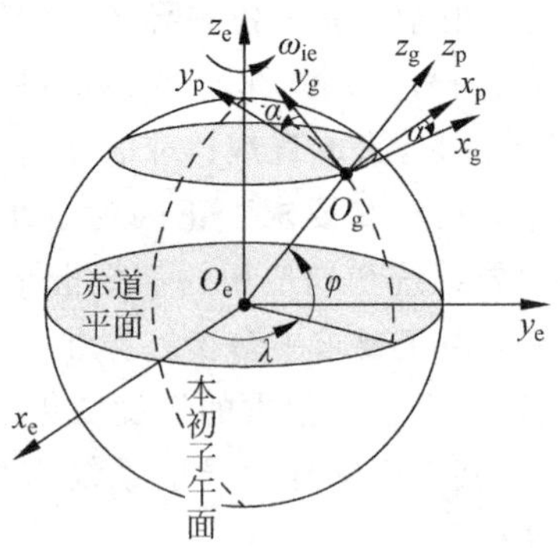

图 8.17 游移系与地理系关系

8.5.1 游移方位惯导系统的方向余弦矩阵

平台系不再与地理系重合将会导致导航参数的计算比较复杂。虽然平台上的两个水平加速度分量经过积分可得速度，但为了进行 λ、φ 的计算，必须将这两个速度分量投影在地理东向和北向。由于游移方位角 α 不知，而计算 α 角又需知道其他参数(如 φ 等)。因此，只得利用各坐标系之间的方向余弦矩阵关系来求解导航参数，这是目前惯导系统中通用的计算方法。

如图 8.17 所示，地球系和地理系之间存在经纬度的角度关系，因此平台系和地球系之间的关系可以用 λ、φ 和 α 这 3 个角度来描述。可以用方向余弦矩阵 $\boldsymbol{C}_e^p$ 来表示平台系和地球系之间的关系，它是地球系到平台系的转换矩阵，其中每个元素都是 λ、φ 和 α 的函数。地球系、地理系和平台系之间的关系见图 8.18。

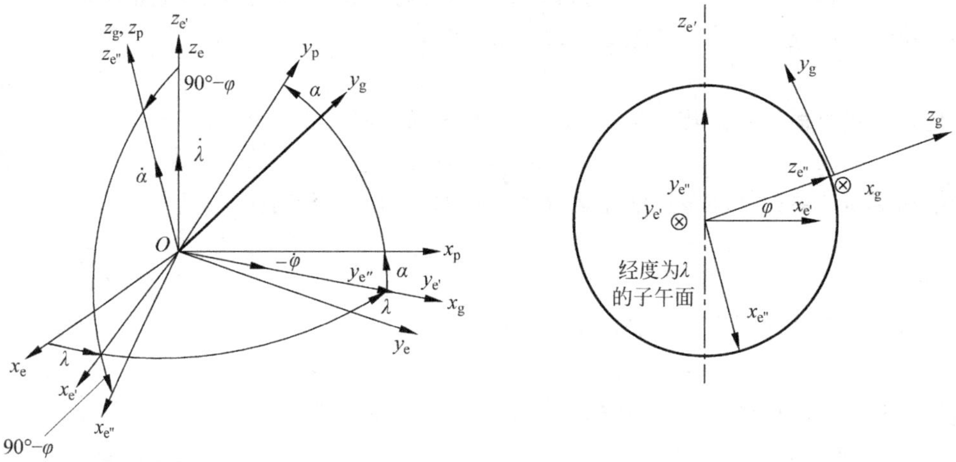

图 8.18 从地球系到游移平台系的转换

其转换过程如图 8.19 所示，可表示成

$$(e)\xrightarrow[\lambda]{\text{绕 } z_e}(e')\xrightarrow[90^\circ-\varphi]{\text{绕 } y_{e'}}(e'')\xrightarrow[90^\circ]{\text{绕 } z_{e''}}(g)\xrightarrow[\alpha]{\text{绕 } z_g}(p)$$

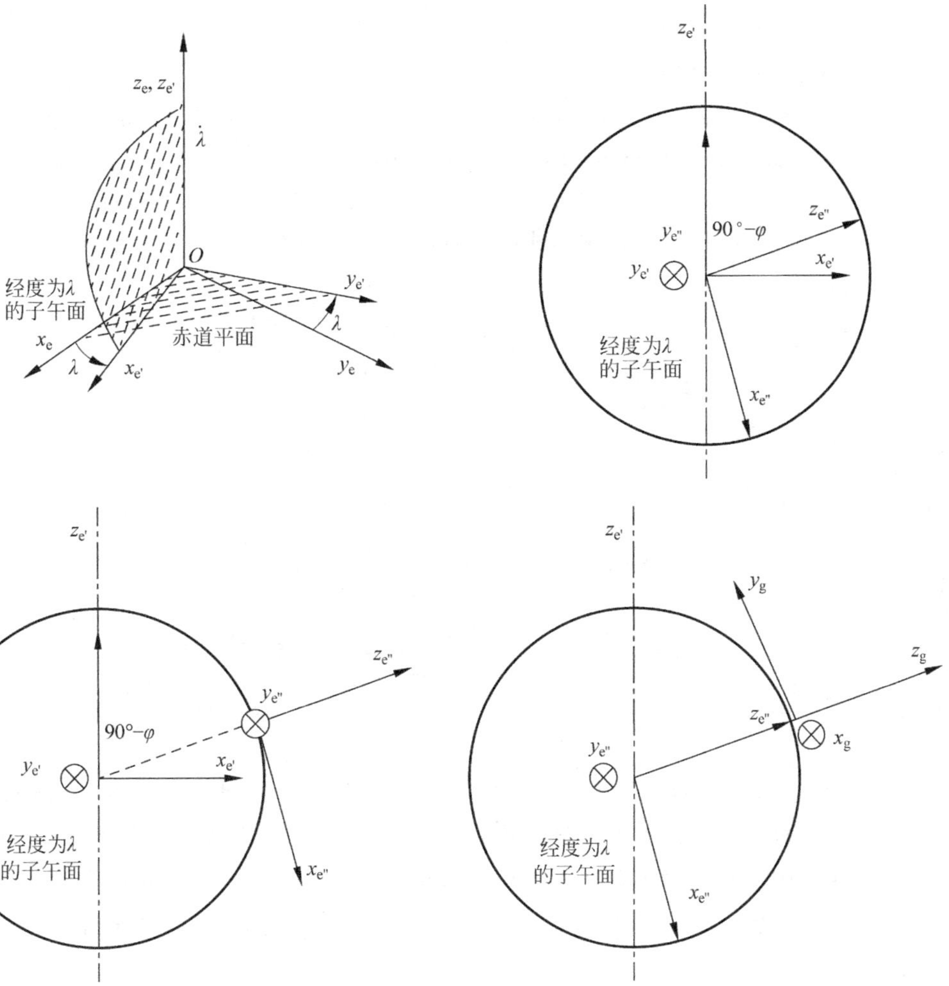

图 8.19 从地球系到游移平台系的转换

可以得到从地球坐标系到平台坐标系的转换矩阵为

$$
\begin{aligned}
\begin{bmatrix} x_p \\ y_p \\ z_p \end{bmatrix} &= \begin{bmatrix} \cos\alpha & \sin\alpha & 0 \\ -\sin\alpha & \cos\alpha & 0 \\ 0 & 0 & 1 \end{bmatrix} \begin{bmatrix} 0 & 1 & 0 \\ -1 & 0 & 0 \\ 0 & 0 & 1 \end{bmatrix} \times \\
&\quad \begin{bmatrix} \sin\varphi & 0 & -\cos\varphi \\ 0 & 1 & 0 \\ \cos\varphi & 0 & \sin\varphi \end{bmatrix} \begin{bmatrix} \cos\lambda & \sin\lambda & 0 \\ -\sin\lambda & \cos\lambda & 0 \\ 0 & 0 & 1 \end{bmatrix} \begin{bmatrix} x_e \\ y_e \\ z_e \end{bmatrix} \\
&= \boldsymbol{C}_e^p \begin{bmatrix} x_e \\ y_e \\ z_e \end{bmatrix}
\end{aligned}
\tag{8.45}
$$

式(8.45)中位置方向余弦矩阵 $\boldsymbol{C}_e^p$ 可以表示为

$$
\boldsymbol{C}_{\mathrm{e}}^{\mathrm{p}}=\begin{bmatrix} C_{11} & C_{12} & C_{13} \\ C_{21} & C_{22} & C_{23} \\ C_{31} & C_{32} & C_{33} \end{bmatrix}
$$

$$
=\begin{bmatrix} -\cos\alpha\sin\lambda-\sin\alpha\sin\varphi\cos\lambda & \cos\alpha\cos\lambda-\sin\alpha\sin\varphi\sin\lambda & \sin\alpha\cos\varphi \\ \sin\alpha\sin\lambda-\cos\alpha\sin\varphi\cos\lambda & -\sin\alpha\cos\lambda-\cos\alpha\sin\varphi\sin\lambda & \cos\alpha\cos\varphi \\ \cos\varphi\cos\lambda & \cos\varphi\sin\lambda & \sin\varphi \end{bmatrix} \tag{8.46}
$$

为求解导航参数 λ、φ 和 α，根据式(8.46)，可以列出下列方向余弦元素：

$$
\begin{cases} C_{13}=\sin\alpha\cos\varphi \\ C_{23}=\cos\alpha\cos\varphi \\ C_{31}=\cos\varphi\cos\lambda \\ C_{32}=\cos\varphi\sin\lambda \\ C_{33}=\sin\varphi \end{cases} \tag{8.47}
$$

根据式(8.47)可得

$$
\begin{cases} \varphi=\arcsin(C_{33})=\tan\left(\dfrac{C_{33}}{\sqrt{C_{13}^2+C_{23}^2}}\right) \\ \lambda=\arctan\left(\dfrac{C_{32}}{C_{12}C_{23}-C_{22}C_{13}}\right)=\arctan\left(\dfrac{C_{32}}{C_{31}}\right) \\ \alpha=\arctan\left(\dfrac{C_{13}}{C_{23}}\right) \end{cases} \tag{8.48}
$$

可见只需要利用方向余弦矩阵 $\boldsymbol{C}_{\mathrm{e}}^{\mathrm{p}}$ 的 C_{13}、C_{23}、C_{33}、C_{12}、C_{22} 和 C_{32} 这 6 个元素便可求得导航参数 λ、φ 和 α。但是，各方向余弦元素又是这些位置参数的函数；在飞行过程中，这些位置参数又在不断变化，方向余弦元素也随之变化。正如指北方位惯导系统由经纬度的微分可以求得经纬度 λ、φ 一样，游移方位惯导系统也应先求出 $\boldsymbol{C}_{\mathrm{e}}^{\mathrm{p}}$ 的微分方程 $\dot{\boldsymbol{C}}_{\mathrm{e}}^{\mathrm{p}}$，进而求出 λ、φ 和 α。

8.5.2 方向余弦矩阵的微分方程

矩阵 $\boldsymbol{C}_{\mathrm{e}}^{\mathrm{p}}$ 的微分可以表示为

$$
\dot{\boldsymbol{C}}_{\mathrm{e}}^{\mathrm{p}}=-\boldsymbol{\Omega}_{\mathrm{ep}}^{\mathrm{p}}\boldsymbol{C}_{\mathrm{e}}^{\mathrm{p}} \tag{8.49}
$$

其中，$\boldsymbol{\Omega}_{\mathrm{ep}}^{\mathrm{p}}$是角速度$\boldsymbol{\omega}_{\mathrm{ep}}^{\mathrm{p}}$ 的反对称矩阵，即

$$
\boldsymbol{\Omega}_{\mathrm{ep}}^{\mathrm{p}}=\begin{bmatrix} 0 & -\omega_{\mathrm{ep}z}^{\mathrm{p}} & \omega_{\mathrm{ep}y}^{\mathrm{p}} \\ \omega_{\mathrm{ep}z}^{\mathrm{p}} & 0 & -\omega_{\mathrm{ep}x}^{\mathrm{p}} \\ -\omega_{\mathrm{ep}y}^{\mathrm{p}} & \omega_{\mathrm{ep}x}^{\mathrm{p}} & 0 \end{bmatrix} \tag{8.50}
$$

根据式(8.40)和式(8.41)，$\omega_{\mathrm{ep}z}^{\mathrm{p}}=\omega_{\mathrm{ip}z}^{\mathrm{p}}-\omega_{\mathrm{ie}z}^{\mathrm{p}}=\Omega\sin\varphi-\Omega\sin\varphi=0$，有

$$
\boldsymbol{\Omega}_{\mathrm{ep}}^{\mathrm{p}}=\begin{bmatrix} 0 & 0 & \omega_{\mathrm{ep}y}^{\mathrm{p}} \\ 0 & 0 & -\omega_{\mathrm{ep}x}^{\mathrm{p}} \\ -\omega_{\mathrm{ep}y}^{\mathrm{p}} & \omega_{\mathrm{ep}x}^{\mathrm{p}} & 0 \end{bmatrix} \tag{8.51}
$$

展开式(8.49)得

$$\begin{bmatrix} \dot{C}_{11} & \dot{C}_{12} & \dot{C}_{13} \\ \dot{C}_{21} & \dot{C}_{22} & \dot{C}_{23} \\ \dot{C}_{31} & \dot{C}_{32} & \dot{C}_{33} \end{bmatrix} = -\begin{bmatrix} 0 & 0 & \omega_{\mathrm{ep}y}^{\mathrm{p}} \\ 0 & 0 & -\omega_{\mathrm{ep}x}^{\mathrm{p}} \\ -\omega_{\mathrm{ep}y}^{\mathrm{p}} & \omega_{\mathrm{ep}x}^{\mathrm{p}} & 0 \end{bmatrix} \begin{bmatrix} C_{11} & C_{12} & C_{13} \\ C_{21} & C_{22} & C_{23} \\ C_{31} & C_{32} & C_{33} \end{bmatrix} \tag{8.52}$$

展开式(8.52)，可得 9 个微分方程，解上述方向余弦矩阵各元素微分方程，需要知道初始条件 $C_{ij}(0)$及平台相对地球转动角速度分量 $\omega_{\mathrm{ep}x}^{\mathrm{p}}$ 和$\omega_{\mathrm{ep}y}^{\mathrm{p}}$。初始条件 $C_{ij}(0)$可通过直接将已知的 λ_0 和 φ_0 及对准结束后的 α_0 代入式(8.46)得到。通常在起飞前，要将机场精确的地理纬度和经度经控制显示器输入到计算机，作为计算导航参数的初值 λ_0 和 φ_0。

由式(8.48)可知，要求解 λ、φ 和 α 只需要 $C_{\mathrm{e}}^{\mathrm{p}}$ 的 6 个元素，所以只需要求解 6 个微分方程即可，这 6 个微分方程是

$$\begin{cases} \dot{C}_{12} = -\omega_{\mathrm{ep}y}^{\mathrm{p}} C_{32} \\ \dot{C}_{13} = -\omega_{\mathrm{ep}y}^{\mathrm{p}} C_{33} \\ \dot{C}_{22} = \omega_{\mathrm{ep}x}^{\mathrm{p}} C_{32} \\ \dot{C}_{23} = \omega_{\mathrm{ep}x}^{\mathrm{p}} C_{33} \\ \dot{C}_{32} = -\omega_{\mathrm{ep}x}^{\mathrm{p}} C_{22} + \omega_{\mathrm{ep}y}^{\mathrm{p}} C_{12} \\ \dot{C}_{33} = -\omega_{\mathrm{ep}x}^{\mathrm{p}} C_{23} + \omega_{\mathrm{ep}y}^{\mathrm{p}} C_{13} \end{cases} \tag{8.53}$$

求解式(8.53)，即可得到方向余弦矩阵的元素，进而得到 λ、φ 和 α。

8.5.3 位移角速度方程

求解微分方程需要由飞机相对地球的速度 $\boldsymbol{v}_{\mathrm{ep}}^{\mathrm{p}}$ 求平台相对地球运动的角速度$\boldsymbol{\omega}_{\mathrm{ep}}^{\mathrm{p}}$。由于地理系与游移方位平台系之间存在一个游移方位角 α，故两个坐标系之间的转换关系矩阵为

$$\boldsymbol{C}_{\mathrm{p}}^{\mathrm{g}} = \begin{bmatrix} \cos\alpha & -\sin\alpha & 0 \\ \sin\alpha & \cos\alpha & 0 \\ 0 & 0 & 1 \end{bmatrix} \tag{8.54}$$

从而有

$$\begin{bmatrix} v_{\mathrm{eg}x}^{\mathrm{g}} \\ v_{\mathrm{eg}y}^{\mathrm{g}} \end{bmatrix} = \begin{bmatrix} \cos\alpha & -\sin\alpha \\ \sin\alpha & \cos\alpha \end{bmatrix} \begin{bmatrix} v_{\mathrm{ep}x}^{\mathrm{p}} \\ v_{\mathrm{ep}y}^{\mathrm{p}} \end{bmatrix} \tag{8.55}$$

或

$$\begin{cases} v_{\mathrm{eg}x}^{\mathrm{g}} = v_{\mathrm{ep}x}^{\mathrm{p}} \cos\alpha - v_{\mathrm{ep}y}^{\mathrm{p}} \sin\alpha \\ v_{\mathrm{eg}y}^{\mathrm{g}} = v_{\mathrm{ep}x}^{\mathrm{p}} \sin\alpha + v_{\mathrm{ep}y}^{\mathrm{p}} \cos\alpha \end{cases} \tag{8.56}$$

据此，可以写出在地理系的角速度表示式：

$$\begin{cases} \omega_{\mathrm{eg}x}^{\mathrm{g}} = -\dfrac{v_{\mathrm{eg}y}^{\mathrm{g}}}{R_{\mathrm{N}}} = -\dfrac{v_{\mathrm{ep}x}^{\mathrm{p}} \sin\alpha + v_{\mathrm{ep}y}^{\mathrm{p}} \cos\alpha}{R_{\mathrm{N}}} \\ \omega_{\mathrm{eg}y}^{\mathrm{g}} = \dfrac{v_{\mathrm{eg}x}^{\mathrm{g}}}{R_{\mathrm{E}}} = \dfrac{v_{\mathrm{ep}x}^{\mathrm{p}} \cos\alpha - v_{\mathrm{ep}y}^{\mathrm{p}} \sin\alpha}{R_{\mathrm{E}}} \end{cases} \tag{8.57}$$

同样，根据地理系和游移系的关系可得

$$\begin{bmatrix}\omega_{\mathrm{ep}x}^{\mathrm{p}}\\ \omega_{\mathrm{ep}y}^{\mathrm{p}}\end{bmatrix}=\begin{bmatrix}\cos\alpha & \sin\alpha\\ -\sin\alpha & \cos\alpha\end{bmatrix}\begin{bmatrix}\omega_{\mathrm{eg}x}^{\mathrm{g}}\\ \omega_{\mathrm{eg}y}^{\mathrm{g}}\end{bmatrix}=\begin{bmatrix}\cos\alpha & \sin\alpha\\ -\sin\alpha & \cos\alpha\end{bmatrix}\begin{bmatrix}-\dfrac{v_{\mathrm{ep}x}^{\mathrm{p}}\sin\alpha+v_{\mathrm{ep}y}^{\mathrm{p}}\cos\alpha}{R_{\mathrm{N}}}\\ \dfrac{v_{\mathrm{ep}x}^{\mathrm{p}}\cos\alpha-v_{\mathrm{ep}y}^{\mathrm{p}}\sin\alpha}{R_{\mathrm{E}}}\end{bmatrix}\tag{8.58}$$

展开式(8.58)的右端，并加以整理得如下方程：

$$\begin{bmatrix}\omega_{\mathrm{ep}x}^{\mathrm{p}}\\ \omega_{\mathrm{ep}y}^{\mathrm{p}}\end{bmatrix}=\begin{bmatrix}-\left(\dfrac{1}{R_{\mathrm{N}}}-\dfrac{1}{R_{\mathrm{E}}}\right)\sin\alpha\cos\alpha & -\left(\dfrac{\cos^2\alpha}{R_{\mathrm{N}}}+\dfrac{\sin^2\alpha}{R_{\mathrm{E}}}\right)\\ \dfrac{\sin^2\alpha}{R_{\mathrm{N}}}+\dfrac{\cos^2\alpha}{R_{\mathrm{E}}} & \left(\dfrac{1}{R_{\mathrm{N}}}-\dfrac{1}{R_{\mathrm{E}}}\right)\sin\alpha\cos\alpha\end{bmatrix}\begin{bmatrix}v_{\mathrm{ep}x}^{\mathrm{p}}\\ v_{\mathrm{ep}y}^{\mathrm{p}}\end{bmatrix}\tag{8.59}$$

令式(8.59)中的

$$\begin{cases}\dfrac{1}{\tau_{\mathrm{a}}}=\left(\dfrac{1}{R_{\mathrm{N}}}-\dfrac{1}{R_{\mathrm{E}}}\right)\sin\alpha\cos\alpha\\ \dfrac{1}{R_y}=\dfrac{\cos^2\alpha}{R_{\mathrm{N}}}+\dfrac{\sin^2\alpha}{R_{\mathrm{E}}}\\ \dfrac{1}{R_x}=\dfrac{\sin^2\alpha}{R_{\mathrm{N}}}+\dfrac{\cos^2\alpha}{R_{\mathrm{E}}}\end{cases}\tag{8.60}$$

其中，R_x 和 R_y 为游移方位系统等效曲率半径；τ_{a} 为扭曲曲率。则平台相对地球运动的角速度为

$$\begin{bmatrix}\omega_{\mathrm{ep}x}^{\mathrm{p}}\\ \omega_{\mathrm{ep}y}^{\mathrm{p}}\end{bmatrix}=\begin{bmatrix}-\dfrac{1}{\tau_{\mathrm{a}}} & -\dfrac{1}{R_y}\\ \dfrac{1}{R_x} & \dfrac{1}{\tau_{\mathrm{a}}}\end{bmatrix}\begin{bmatrix}v_{\mathrm{ep}x}^{\mathrm{p}}\\ v_{\mathrm{ep}y}^{\mathrm{p}}\end{bmatrix}=\boldsymbol{C}_{\mathrm{a}}\begin{bmatrix}v_{\mathrm{ep}x}^{\mathrm{p}}\\ v_{\mathrm{ep}y}^{\mathrm{p}}\end{bmatrix}\tag{8.61}$$

其中，$\boldsymbol{C}_{\mathrm{a}}$ 为曲率阵。

8.5.4 速度方程

将惯导系统的基本方程投影到平台坐标系：

$$\dot{\boldsymbol{v}}_{\mathrm{ep}}^{\mathrm{p}}=\boldsymbol{f}^{\mathrm{p}}-(2\boldsymbol{\omega}_{\mathrm{ie}}^{\mathrm{p}}+\boldsymbol{\omega}_{\mathrm{ep}}^{\mathrm{p}})\times\boldsymbol{v}_{\mathrm{ep}}^{\mathrm{p}}+\boldsymbol{g}^{\mathrm{p}}\tag{8.62}$$

写成分量的形式：

$$\begin{bmatrix}\dot{v}_{\mathrm{ep}x}^{\mathrm{p}}\\ \dot{v}_{\mathrm{ep}y}^{\mathrm{p}}\\ \dot{v}_{\mathrm{ep}z}^{\mathrm{p}}\end{bmatrix}=\begin{bmatrix}f_x^{\mathrm{p}}\\ f_y^{\mathrm{p}}\\ f_z^{\mathrm{p}}\end{bmatrix}-\begin{bmatrix}0 & -2\omega_{\mathrm{ie}z}^{\mathrm{p}}-\omega_{\mathrm{ep}z}^{\mathrm{p}} & 2\omega_{\mathrm{ie}y}^{\mathrm{p}}+\omega_{\mathrm{ep}y}^{\mathrm{p}}\\ 2\omega_{\mathrm{ie}z}^{\mathrm{p}}+\omega_{\mathrm{ep}z}^{\mathrm{p}} & 0 & -2\omega_{\mathrm{ie}x}^{\mathrm{p}}-\omega_{\mathrm{ep}x}^{\mathrm{p}}\\ -2\omega_{\mathrm{ie}y}^{\mathrm{p}}-\omega_{\mathrm{ep}y}^{\mathrm{p}} & 2\omega_{\mathrm{ie}x}^{\mathrm{p}}+\omega_{\mathrm{ep}x}^{\mathrm{p}} & 0\end{bmatrix}\begin{bmatrix}v_{\mathrm{ep}x}^{\mathrm{p}}\\ v_{\mathrm{ep}y}^{\mathrm{p}}\\ v_{\mathrm{ep}z}^{\mathrm{p}}\end{bmatrix}+\begin{bmatrix}0\\ 0\\ -g\end{bmatrix}\tag{8.63}$$

根据式(8.43)和式(8.46)，式(8.63)中有

$$\begin{cases}\omega_{\mathrm{ep}z}^{\mathrm{p}}=0\\ \omega_{\mathrm{ie}x}^{\mathrm{p}}=\Omega\cos\varphi\sin\alpha=\Omega C_{13}\\ \omega_{\mathrm{ie}y}^{\mathrm{p}}=\Omega\cos\varphi\cos\alpha=\Omega C_{23}\\ \omega_{\mathrm{ie}z}^{\mathrm{p}}=\Omega\sin\varphi=\Omega C_{33}\end{cases}\tag{8.64}$$

代入式(8.63)展开得

$$\begin{cases}\dot{v}_{\mathrm{ep}x}^{\mathrm{p}}=f_x^{\mathrm{p}}+2\Omega C_{33}v_{\mathrm{ep}y}^{\mathrm{p}}-(2\Omega C_{23}+\omega_{\mathrm{ep}y}^{\mathrm{p}})v_{\mathrm{ep}z}^{\mathrm{p}}\\ \dot{v}_{\mathrm{ep}y}^{\mathrm{p}}=f_y^{\mathrm{p}}-2\Omega C_{33}v_{\mathrm{ep}x}^{\mathrm{p}}+(2\Omega C_{13}+\omega_{\mathrm{ep}x}^{\mathrm{p}})v_{\mathrm{ep}z}^{\mathrm{p}}\\ \dot{v}_{\mathrm{ep}z}^{\mathrm{p}}=f_z^{\mathrm{p}}+(2\Omega C_{23}+\omega_{\mathrm{ep}y}^{\mathrm{p}})v_{\mathrm{ep}x}^{\mathrm{p}}-(2\Omega C_{13}+\omega_{\mathrm{ep}x}^{\mathrm{p}})v_{\mathrm{ep}y}^{\mathrm{p}}-g\end{cases}\tag{8.65}$$

根据8.3节的分析，惯导系统的垂直通道是不稳定的，因此，如果载体在航行中的垂直速度不是很大，特别是与水平速度相比较小时，其垂直速度可以忽略不计，这样式(8.65)可以简化为

$$\begin{cases}\dot{v}_{\mathrm{ep}x}^{\mathrm{p}}=f_x^{\mathrm{p}}+2\Omega C_{33}v_{\mathrm{ep}y}^{\mathrm{p}}\\ \dot{v}_{\mathrm{ep}y}^{\mathrm{p}}=f_y^{\mathrm{p}}-2\Omega C_{33}v_{\mathrm{ep}x}^{\mathrm{p}}\end{cases}\tag{8.66}$$

8.5.5　施加给平台的指令角速度

施加给平台的指令角速度能够控制平台跟踪游移方位坐标系，可以表示为

$$\boldsymbol{\omega}_{\mathrm{ip}}^{\mathrm{p}}=\boldsymbol{\omega}_{\mathrm{ie}}^{\mathrm{p}}+\boldsymbol{\omega}_{\mathrm{ep}}^{\mathrm{p}}=\boldsymbol{\Omega}^{p}+\boldsymbol{\omega}_{\mathrm{ep}}^{\mathrm{p}}\tag{8.67}$$

对游移方位惯导系统有

$$\boldsymbol{\Omega}^{\mathrm{p}}=\begin{bmatrix}\Omega\cos\varphi\sin\alpha\\ \Omega\cos\varphi\cos\alpha\\ \Omega\sin\varphi\end{bmatrix}=\begin{bmatrix}\Omega C_{13}\\ \Omega C_{23}\\ \Omega C_{33}\end{bmatrix}\tag{8.68}$$

$$\boldsymbol{\omega}_{\mathrm{ep}}^{\mathrm{p}}=\begin{bmatrix}\omega_{\mathrm{ep}x}^{\mathrm{p}}\\ \omega_{\mathrm{ep}y}^{\mathrm{p}}\\ 0\end{bmatrix}\tag{8.69}$$

所以施加给平台3个稳定轴的指令角速度为

$$\begin{bmatrix}\omega_{\mathrm{ip}x}^{\mathrm{p}}\\ \omega_{\mathrm{ip}y}^{\mathrm{p}}\\ \omega_{\mathrm{ip}z}^{\mathrm{p}}\end{bmatrix}=\begin{bmatrix}\Omega C_{13}\\ \Omega C_{23}\\ \Omega C_{33}\end{bmatrix}+\begin{bmatrix}\omega_{\mathrm{ep}x}^{\mathrm{p}}\\ \omega_{\mathrm{ep}y}^{\mathrm{p}}\\ 0\end{bmatrix}\tag{8.70}$$

8.5.6　游移方位惯导系统力学编排框图及优缺点

综合8.5.1～8.5.5节获得的方程式可以得到游移方位惯导系统力学编排框图，如图8.20所示。

游移方位惯导系统的优点是：与指北方位惯导系统相比，游移方位惯导系统可以实现全球导航。因为对平台方位陀螺施加的补偿地球自转角速度的垂直分量为$\Omega\sin\varphi$，即使$\varphi=90°$，指令速度最大不会超过15(°)/h，不会给方位陀螺力矩器和平台方位稳定回路的设计带来困难。此外，当飞机直接通过极点时，由于平台补偿了地球自转角速度的垂直分量，平台相对地球的方位保持不变，如图8.21所示；当经过极点航向突变180°时，由于平台方位轴相对子午面保持不动，其航向自然也要变化180°，故平台不需要附加任何控制，只需要将游移方位角α加上180°即可。因此，游移方位惯导系统在极区飞行时不会产生任何工作上的困难。游移方位惯导系统的另一个优点是：在惯导方位对准时不需要转动台体，只需要

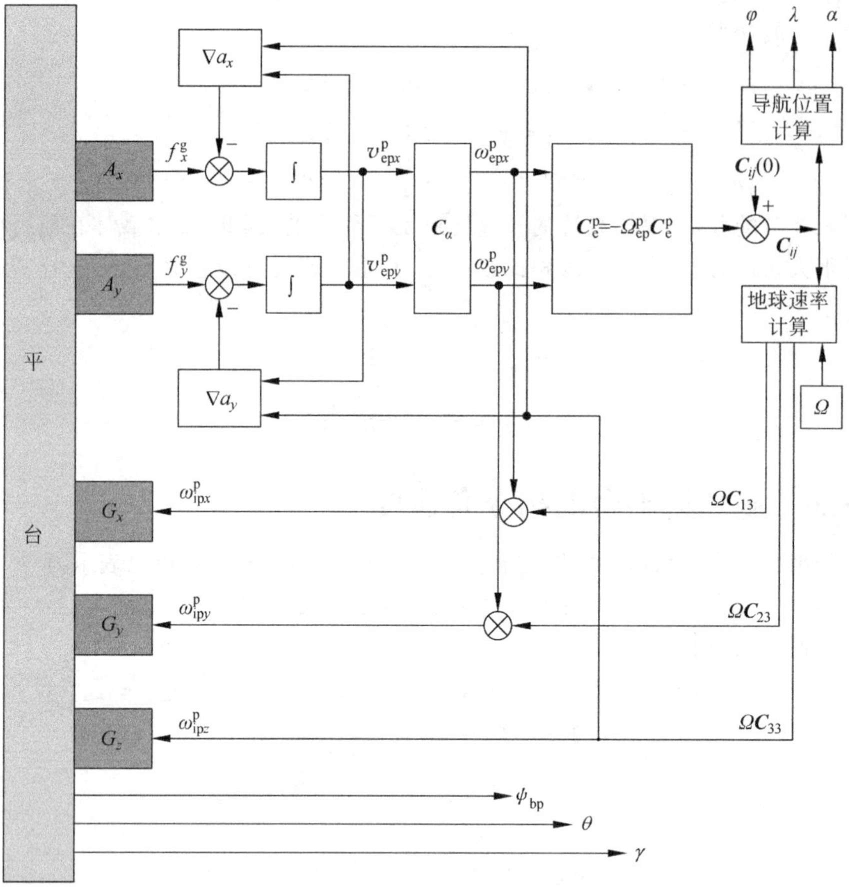

图 8.20 游移方位惯导系统力学编排框图

估计游移方位角 α 即可加速对准过程，缩短地面准备时间。这个优点对军用惯导来说是至关重要的。与后面介绍的自由方位惯导系统相比，其计算量也较小。因此，游移方位惯导系统得到了相当广泛的应用。

游移方位惯导系统的缺点是：虽然平台可以直接输出飞机的俯仰、倾斜角信号，但不能直接输出飞机的航向信号，只能直接输出平台方位轴与飞机纵轴之间的夹角 ψ_{bp}。参见图 8.22，ψ_{bp} 同平台方位轴与真北之间的游移方位角 α、飞机纵轴与真北之间的航向角 ψ 之间

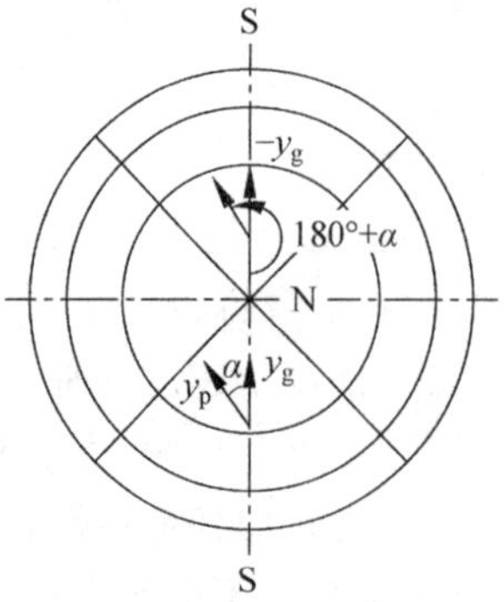

图 8.21 飞机过极点时的航向

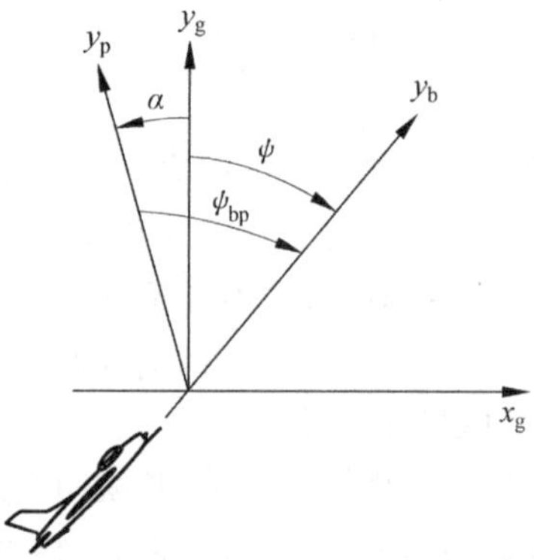

图 8.22 航向角的计算

的关系为

$$\psi=\psi_{\mathrm{bp}}-\alpha \tag{8.71}$$

另一个缺点是,游移方位惯导系统的计算量比指北方位惯导系统大得多,这就要求计算机有较高的运算速度,但这在当下已不成问题。

8.6 其他平台式惯导系统

8.6.1 自由方位惯导系统

自由方位惯导系统不给平台上的方位陀螺施加控制力矩,会导致平台方位轴相对惯性空间的某一方向固定不动。在这种情况下,地球自转和飞机运动会使平台方位相对地理坐标系(真北方向)产生一个任意夹角 β,所以称这种惯导系统为自由方位惯导系统。平台相对地理坐标系的偏离角速度 $\dot{\beta}$ 应是地球自转和飞机运动引起的平台偏离角速度之和,即

$$\dot{\beta}=\omega_{\mathrm{ip}z}^{\mathrm{p}}-\omega_{\mathrm{ig}z}^{\mathrm{p}}=-\omega_{\mathrm{ig}z}^{\mathrm{p}}=-\left(\Omega\sin\varphi+\frac{v_{\mathrm{eg}x}^{\mathrm{g}}}{R_{\mathrm{E}}}\tan\varphi\right) \tag{8.72}$$

与游移方位惯导相比,自由方位惯导系统与游移方位惯导系统的区别仅在于:后者补偿了地球自转角速度的垂直分量 $\Omega\sin\varphi$,而前者没有。该系统对平台两个水平轴的施矩与游移方位系统完全相同,因此对自由方位惯导系统的分析完全可以参照游移方位惯导系统进行。

由于不给方位陀螺施加任何指令角速度,因此自由方位惯导系统同样解决了极区使用问题;同时该系统避免了方位陀螺的施矩误差(标度因数误差),有利于系统精度的提高。该系统的缺点是:由于自由方位角 β 随飞机运动在不断变化,导致其计算较复杂;且由于不能直接得到飞机的真航向信号,计算量大,因此对计算机的容量及速度要求更高。

8.6.2 旋转方位惯导系统

这种系统的平台台体保持在水平面内,并绕方位轴以一定速度旋转。按不同的旋转方式,有两种不同的结构。一种是所有惯性元件都装在一个平台台体上,对方位陀螺力矩器施加较大的电流,使平台以某一角速度绕方位轴旋转。另一种是平台台体由上下两部分组成,把方位陀螺仪和垂直加速度计装在上平台(方位平台)上,水平陀螺仪和水平加速度计装在下平台(水平平台)上,利用同步电机使水平平台以给定角速度绕平台垂直轴相对方位平台等速旋转,其典型结构如图 8.23 所示。

这种旋转平台的好处在于,对惯性元件安装误差、质量不平衡及其他常值干扰力矩引起的水平陀螺和水平加速度计的漂移和零位偏差具有调制平均作用,从而减小了系统误差。如图 8.24 所示,在每一转动周期中,陀螺漂移和加速度计零偏由正变到负,再由负变到正,其平均值为零。这样,就可以达到用普通惯性元件获得高质量惯导系统的目的。由于旋转平台系统的方位陀螺没有受到这种调制作用,应对方位陀螺的漂移提出比较高的要求。这样,可以将高质量的陀螺作为方位陀螺,而质量较差的陀螺用作水平陀螺。另外,旋转平台对于对准精度的提高及仪表误差的标定与分离还可以起重要作用。美国的轮盘木马-4 惯导系统采用的就是这种方式。

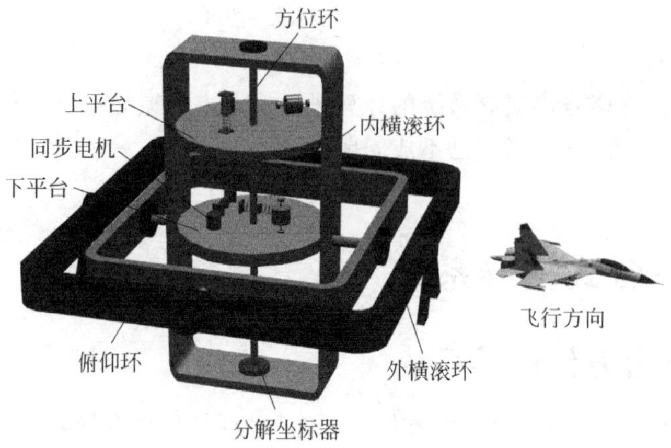

图 8.23 旋转平台典型结构

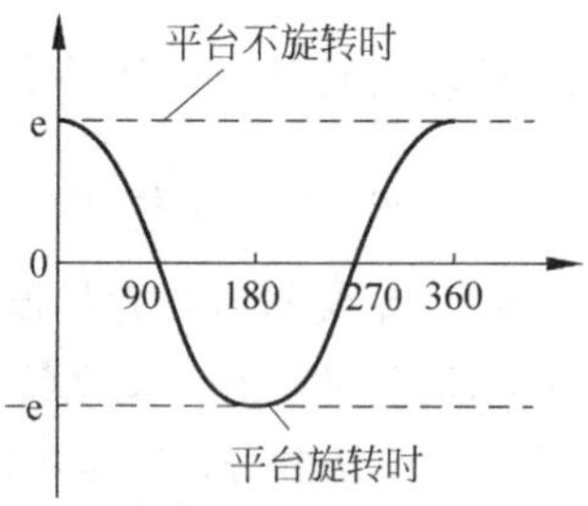

图 8.24 陀螺漂移变化曲线

如果采用第一种方式，要对方位陀螺施加一定常值力矩，使整个平台绕方位轴以角速度 ω_{z0} 转动。由于 ω_{z0} 的误差和方位陀螺施矩过大时标度因数的误差，会造成计算和控制的误差，所以这一方式一般很少被采用。即使仅利用下平台转动的方式，台体转动技术仍是一大关键。

8.6.3 平台式惯导系统小结

综合 8.4～8.6 节的介绍可以看出，不论是指北方位、游移方位还是自由方位惯导系统，其共性是平台都保持在水平面内，可以直接输出俯仰、倾斜信号。各种方案的不同之处在于：对方位陀螺施加的指令角速度不同，或者说平台系相对地理系的偏离角速度不同，上述三种方案分别为 0、$\dot{\alpha}$、$\dot{\beta}$。在考虑具体方案时，应首先计算平台方位轴的指令角速度，这是确定力学编排方案的重点课题；确定了方位指令角速度，一般来说整个平台的指令角速度就可确定；然后将惯导系统的基本方程分解在平台坐标系上，从而得到加速度的标量方程；经进一步的积分运算就可得到速度；其他参数的确定，还要引入方向余弦阵。因此，以下 3 个方程是各种平台式惯导的重要方程，它们是

$$\begin{cases}\dot{\boldsymbol{v}}_{\mathrm{ep}}^{\mathrm{p}}=\boldsymbol{f}^{\mathrm{p}}-(2\boldsymbol{\omega}_{\mathrm{ie}}^{\mathrm{p}}+\boldsymbol{\omega}_{\mathrm{ep}}^{\mathrm{p}})\times\boldsymbol{v}_{\mathrm{ep}}^{\mathrm{p}}+\boldsymbol{g}^{\mathrm{p}}\\ \dot{\boldsymbol{C}}_{\mathrm{e}}^{\mathrm{p}}=-\boldsymbol{\Omega}_{\mathrm{ep}}^{p}\boldsymbol{C}_{\mathrm{e}}^{\mathrm{p}}\\ \boldsymbol{\omega}_{\mathrm{ip}}^{\mathrm{p}}=\boldsymbol{\omega}_{\mathrm{ie}}^{\mathrm{p}}+\boldsymbol{\omega}_{\mathrm{ep}}^{\mathrm{p}}\end{cases}\tag{8.73}$$

式(8.73)中的第1个方程是加速度计的输出,第3个方程是对陀螺施加的控制指令角速度,这两个方程是平台式惯导系统导航原理的基础。值得注意的是,式(8.73)也是捷联式惯导系统的重要方程。

8.7 小结

本章讨论了平台式惯导系统的具体工作原理,包括惯导系统水平修正回路的结构和原理,惯导系统垂直通道的特点,指北方位惯导系统和游移方位惯导系统的力学编排。

习题

8.1 平台式惯导系统可以分为哪几类,以什么为依据来分类?

8.2 什么是舒勒条件,以单摆为例推导舒勒调谐原理。

8.3 惯导系统的垂直通道有什么特性?

8.4 指北方位惯导系统的优缺点有哪些?

8.5 什么是游移方位惯导系统,有什么特点?

第 9 章

捷联式惯性导航系统

9.1 捷联惯导基本原理

捷联式惯性导航系统(strapdown inertial navigation system，SINS)，简称捷联惯导系统，其中“strapdown”即为捆绑的意思，是将陀螺及加速度计直接固联在载体上，与平台式惯导系统最大的区别是没有机电式实体平台，所以也称为无平台式惯导系统，即前面介绍的解析式惯导系统，这是捷联惯导系统的根本特点。

在平台式惯导系统中，惯导平台通过水平修正回路的作用稳定在预定的导航坐标系内。这样，正交安装在平台上的 3 个加速度计的测量轴就被稳定在导航坐标系的 3 个轴上，加速度计即可直接测量飞机沿导航坐标系轴向的加速度分量，也就是说惯性平台为加速度计提供了一个测量基准。另外，利用惯导平台还可以直接输出飞机的姿态和航向信息。

但是，在捷联惯导系统中没有平台怎样完成这一任务呢？其实，平台这个概念在捷联惯导系统中依然存在，只不过是由计算机来完成平台的作用而已。当我们将陀螺及加速度计直接安装于载体上时，如何通过计算机算出平台式惯导系统所能提供的导航参数呢？首要的问题是如何在计算机中建立一个“数学平台”，其功能相当于机电式平台。如果在计算机中建立了一个数学平台而取代了机电式平台的功能，那么直接将陀螺及加速度计安装于载体上的捷联惯导系统就建立起来了。捷联惯导系统中的数学平台通过方向余弦矩阵来实现。

捷联式惯导系统的惯性元件直接安装在载体上，它可以测得载体相对惯性空间的比力和角速度沿载体轴的分量。角速度信息用来计算姿态矩阵，比力信息经姿态矩阵转换为沿导航坐标系各轴的比力分量，进而可以进行导航参数的计算；还可以利用姿态矩阵的元素提取姿态和航向信息。按照这种思路组成的捷联惯导系统的原理方块图如图 9.1 所示，图中 f_{ib}^{b} 及 f_{ib}^{p} 分别是载体相对惯性空间的比力在载体坐标系和导航坐标系的表示；ω_{ib}^{b} 是载体相对惯性空间的角速度在载体坐标系的表示。导航计算机向姿态矩阵计算提供相当于陀螺施矩的信息，以便根据载体当时的位置在计算机中建立起地理坐标系。由图 9.1 可以看出，加速度信息的坐标变换、姿态矩阵计算及姿态角计算这三者的功能，实际上代替了机电式导航平台的功能，因此图中用虚线框起来的部分就是捷联惯导中的“数学平台”。

捷联惯导系统的算法是指从惯性器件的输出到给出所需导航和控制信息所进行的全部

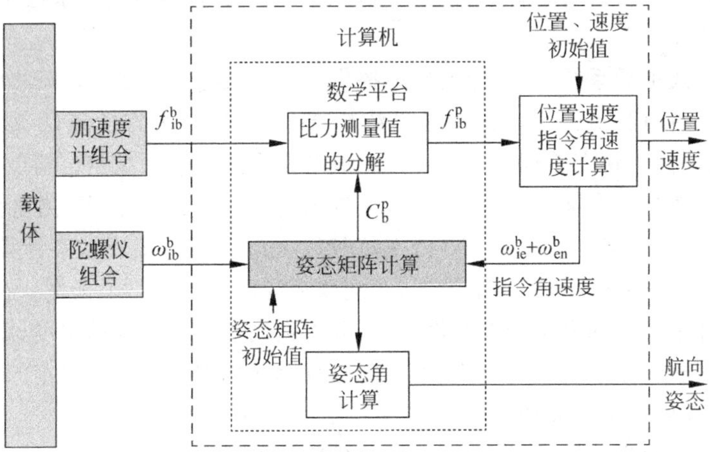

图 9.1 捷联惯导系统原理方块图

计算问题的计算方法。计算的内容和要求,根据捷联惯导系统的应用和要求不同而有所不同,但一般来说包括以下内容:系统启动和自检测、系统初始化、惯性器件的误差补偿、姿态矩阵计算、导航参数计算、导航和控制信息的提取。系统启动之后,各部分的工作是否正常要通过自检程序的检测,其中包括电源、惯性器件、计算机及计算机软件。若自检发现异常则发出警告信息。与平台式惯导系统一样,捷联惯导系统的初始化包括 3 项任务:①给定载体的初始位置和初始速度等初始信息;②确定捷联惯导系统姿态矩阵的初始值;③对惯性器件进行校准,对陀螺的漂移进行测定并补偿,对陀螺和加速度计的标度因数进行标定。

由捷联惯导系统基本原理可以看出,该惯导系统具有如下特点。

(1) 惯性元件直接安装在机体上,便于安装维护和更换。

(2) 惯性元件可直接给出机体线加速度和角速度信息,而这些信息又是飞行控制系统所必需的。这样在采用了捷联惯导系统的飞机上,可以省略专门为飞行控制系统提供上述信息的传感器(加速度计和陀螺)。

(3) 由于取消了机械平台,减少了惯导系统中的机械零件,加之惯性元件体积小、质量轻(只有机械平台质量的 1/7 左右),故便于采用更多的惯性元件来实现余度技术,从而大大提高了系统的可靠性。

(4) 惯性元件的工作环境比平台式惯导中惯性元件的工作环境要差,惯性元件误差对系统误差的影响要比平台式惯导大。因此,捷联惯导系统对惯性元件的要求比平台式惯导要高,要求惯性元件在机体的振动、冲击、温度等环境条件下精确工作,相应的参数和性能要有很高的稳定性。同时,由于机体的角运动干扰直接作用在惯性元件上,将产生严重的动态误差,因此,系统中必须采取误差补偿措施,这就要求建立较准确的惯性器件静态、动态数学模型。就捷联惯导系统中的陀螺而言,要具有低漂移率、较小的标度因数误差和较宽的动态范围,其测量角速度的范围从 0.01(°)/h 到 400(°)/s,即动态量程高达 10^8。同时,捷联惯导系统对加速度计的精度要求也较高。

(5) 用“数学平台”取代机械平台,增加了导航计算机的计算量;同时,因机体姿态角的变化速率很快,可高达 400(°)/s,故相应的姿态计算必须配有高运算速度的计算机。这就是说,捷联惯导系统对导航计算机性能提出了更高的要求。要求计算机存储容量大、计算速度快、精度高。随着高速、大容量计算机的出现，导航计算机的高性能需求已不是捷联惯导系统发展的主要障碍。

捷联和平台式惯导系统一样，能精确地提供载体的姿态以及地速、经纬度等导航参数。但这两种系统又各有特点。平台式惯导系统构造比较复杂、可靠性较低、故障间隔时间较短、造价也较高。但用精密陀螺及加速度计组成的平台式惯导系统定位精度较高，设计原理和实际应用也比较早。在捷联惯导系统中，惯性元件的工作环境恶劣、测量范围大、对元件要求苛刻，而且要求有运算速度为100万次每秒以上的大规模集成数字计算机。新的激光陀螺、挠性陀螺和微型计算机的迅猛发展，为捷联惯导的发展提供了条件。在捷联惯导中对陀螺及加速度计采取了动静态误差补偿技术，大大提高了惯性元件的精度，随之提高了导航的精度。虽然捷联惯导系统发展较晚，但目前已日趋成熟并能够满足一定的精度要求，逐渐在航空、航天等领域得到了成功应用。

捷联惯导系统由惯性器件、导航计算机及相应软件、控制显示器和电源等组成。捷联惯导系统的陀螺可以是速度陀螺（单自由度液浮陀螺、动力调谐陀螺、激光陀螺），也可是位置陀螺（如静电陀螺）。就程序编排方式而言，捷联惯导系统可分为两种，一种是在惯性坐标系中求解导航方程式，另一种是在导航坐标系中求解导航方程式，导航坐标系可以是地理坐标系、游移方位坐标系、自由方位坐标系或旋转方位坐标系，相应地有4种程序编排方式。总体而言，捷联惯导系统有5种程序编排方式，大多数捷联惯导系统采用游移方位坐标系作为导航坐标系。

20世纪60年代初，美国联合飞机公司哈密顿标准中心研制了LM/ASA捷联惯导系统。在“阿波罗”号飞船上采用这种捷联惯导系统作为平台式主惯导系统的备份。正是捷联惯导系统提供的导航参数，解决了主惯导系统故障情况下安全返回地面的问题。20世纪70年代中期动力调谐陀螺技术基本成熟，美国的一些公司如雷登、辛格、基尔福特、斯佩里和特里达因都纷纷研制动力调谐陀螺捷联惯导系统。激光陀螺的研制成功促使1982年开始使用环形激光陀螺组建捷联惯导系统，并成为一种趋势，如雷登公司的LTN-92惯导系统。随着光纤陀螺技术和MEMS陀螺技术的发展，基于新型陀螺仪的捷联惯导系统不断研制成功并获得应用。

9.2 捷联惯导系统的基本力学编排方程——位置方程

捷联惯导系统的力学编排是指从惯性器件测量的比力和角速率信息，到求出载体速度、位置、姿态等信息的一系列力学方程。捷联惯导系统最基本的力学方程是基于运动关系建立的导航位置方程和姿态方程，这两个方程及与之有关的力学方程称为捷联惯导系统的基本力学编排方程。本书介绍以游移方位坐标系为导航坐标系的捷联惯导系统基本力学编排方程。假设没有误差，姿态矩阵所表示的“数学平台”的平台坐标系(p)与导航坐标系重合。

位置方程的主要任务是确定载体的位置。在平台式游移方位惯导系统中，通过平台坐标系（游移方位坐标系）与地球坐标系之间的方向余弦矩阵 $\boldsymbol{C}_e^p$ 求解经纬度和游移方位角。在捷联惯导系统中也采用同样的方法。

9.2.1 位置矩阵

为了提高捷联惯导系统在极区工作的能力，“平台”系 $Ox_py_pz_p$ 被选为游移方位坐标系，它与地理系 $Ox_gy_gz_g$ 相差一个游移方位角 α。我们知道，地球系(e)与地理系(g)之间存在着经纬度 λ 及 φ 的角度关系。那么“平台”系(p)与地球系(e)之间的关系原则上可用 φ、λ 和 α 三个角度来描述，如图 9.2 所示。这就是说，可以求到一个九元素的方向余弦阵，它是“平台”系(p)与地球系(e)之间的坐标转换矩阵，其中每个元素都是 φ、λ 和 α 的函数。

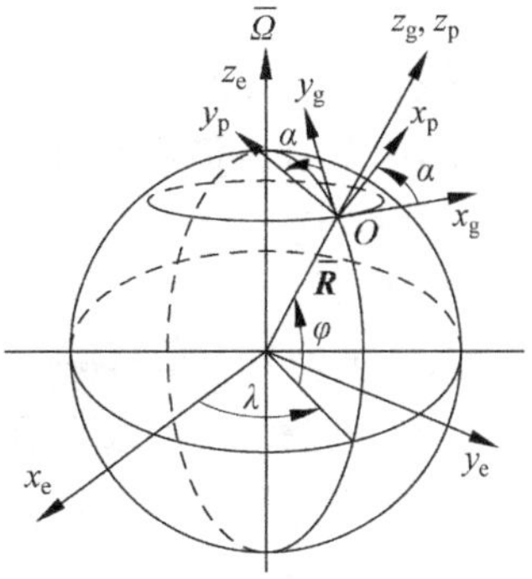

图 9.2 坐标系(e)、(g)、(p)之间的关系

设任一向量 $\boldsymbol{R}$ 代表载体在地球表面的位置，这个向量在地球系(e)及“平台”系(p)各轴上的投影分别为 x_e、y_e、z_e 和 x_p、y_p、z_p。它们之间的关系可用方向余弦表示为

$$\begin{bmatrix} x_p \\ y_p \\ z_p \end{bmatrix} = \boldsymbol{C}_e^p \begin{bmatrix} x_e \\ y_e \\ z_e \end{bmatrix} \tag{9.1}$$

为了方便起见，本书采用经纬度 λ、φ 来表示载体的位置。α 是游移方位角，它是“平台”参考方向 Y_p 与真北线之间的夹角，即“平台”系统 z_p 轴逆时针方向的转角。根据 8.5.1 节的介绍，我们知道地球系(e)转换到“平台”系(p)的转换过程为

$$(e) \xrightarrow[\lambda]{\text{绕 } z_e} (e') \xrightarrow[90^\circ-\varphi]{\text{绕 } y_e'} (e'') \xrightarrow[90^\circ]{\text{绕 } z_e''} (g) \xrightarrow[\alpha]{\text{绕 } z_g} (p)$$

$$\boldsymbol{C}_e^p = \begin{bmatrix} \boldsymbol{C}_{11} & \boldsymbol{C}_{12} & \boldsymbol{C}_{13} \\ \boldsymbol{C}_{21} & \boldsymbol{C}_{22} & \boldsymbol{C}_{23} \\ \boldsymbol{C}_{31} & \boldsymbol{C}_{32} & \boldsymbol{C}_{33} \end{bmatrix}$$

$$= \begin{bmatrix} -\cos\alpha\sin\lambda - \sin\alpha\sin\varphi\cos\lambda & \cos\alpha\cos\lambda - \sin\alpha\sin\varphi\sin\lambda & \sin\alpha\cos\varphi \\ \sin\alpha\sin\lambda - \cos\alpha\sin\varphi\cos\lambda & -\sin\alpha\cos\lambda - \cos\alpha\sin\varphi\sin\lambda & \cos\alpha\cos\varphi \\ \cos\varphi\cos\lambda & \cos\varphi\sin\lambda & \sin\varphi \end{bmatrix} \tag{9.2}$$

由于 $\boldsymbol{C}_e^p$ 包含了位置信息，因此称之为位置矩阵。

9.2.2 位置求解方法

前面说过，载体的位置可用经纬度 λ、φ 表示，因此由方向余弦矩阵就可求出经纬度和游移方位角。

如果这个矩阵在载体运动过程中随时能得到，那么从 $\boldsymbol{C}_e^p$ 矩阵元素可求得经纬度和自由方位角：

$$\lambda_{主} = \arctan\frac{\boldsymbol{C}_{32}}{\boldsymbol{C}_{31}} \tag{9.3}$$

$$\varphi=\arcsin(\boldsymbol{C}_{33})=\arctan\left(\frac{\boldsymbol{C}_{33}}{\sqrt{\boldsymbol{C}_{13}^{2}+\boldsymbol{C}_{23}^{2}}}\right) \tag{9.4}$$

$$\alpha_{主}=\arctan\left(\frac{\boldsymbol{C}_{13}}{\boldsymbol{C}_{23}}\right) \tag{9.5}$$

虽然由式(9.3)～式(9.5)求$\lambda_{主}$、φ及$\alpha_{主}$导航参数仍受极区限制，但因为地图采用经纬度绘制，因此目前仍习惯用这种位置表示法。由这些公式计算的位置、方位角是反三角函数主值。纬度定义在(−90°,+90°)，与arcsin主值一致，式(9.4)没有多值情况。而经度被定义在(−180°,+180°)，游移方位角在(0°,+360°)，但arctan函数的主值位于(−90°,+90°)，这就涉及多值情况。由式(9.3)和式(9.5)求真值的问题可通过观察元素的符号来解决。对方程式(9.3)求真值可作如下分析：

$$\lambda_{主}=\arctan\left(\frac{\boldsymbol{C}_{32}}{\boldsymbol{C}_{31}}\right)=\arctan\left(\frac{\cos\varphi\sin\lambda}{\cos\varphi\cos\lambda}\right) \tag{9.6}$$

因为$\cos\varphi$为非负值，$\cos\lambda$的正负和$\boldsymbol{C}_{31}$是一致的，结合式(9.6)，利用$\boldsymbol{C}_{31}$及$\lambda_{主}$的正负值可求出λ的真值。表9.1和表9.2可以说明如何求真值。

表9.1 利用C_{31}及$\lambda_{主}$的正负求λ的真值

$\lambda_{主}$的符号	C_{31}符号	λ真值	象 限
+	+	$\lambda_{主}$	(0°,90°)
−	−	$\lambda_{主}+180°$	(90°,180°)
+	−	$\lambda_{主}-180°$	(−180°,−90°)
−	+	$\lambda_{主}$	(−90°,0°)

表9.2 利用C_{23}及$\alpha_{主}$的正负求λ的真值

$\alpha_{主}$的符号	C_{23}符号	α真值	象 限
+	+	$\alpha_{主}$	(0°,90°)
−	−	$\alpha_{主}+180°$	(90°,180°)
+	−	$\alpha_{主}+180°$	(180°,270°)
−	+	$\alpha_{主}+360°$	(270°,360°)

同样，我们可以根据方程式(9.5)讨论求α的真值问题。

$$\alpha_{主}=\arctan\left(\frac{\boldsymbol{C}_{13}}{\boldsymbol{C}_{23}}\right)=\arctan\left(\frac{\sin\alpha\cos\varphi}{\cos\alpha\cos\varphi}\right) \tag{9.7}$$

上述$\lambda_{主}$及$a_{主}$的确定，都是通过编制计算机程序，由计算机进行逻辑判断来实现。

9.2.3 位置微分方程

从上面的分析可以看出，只要在载体运动过程中随时求得方向余弦矩阵$\boldsymbol{C}_e^p$，就可求得载体的位置参数φ、λ和α。但是如何求得方向余弦矩阵$\boldsymbol{C}_e^p$中的各元素呢？在飞机运动过程中φ、λ和α是不断变化的，也就是说矩阵$\boldsymbol{C}_e^p$的各个元素也是不断变化的，为了准确求解φ、λ和α，必须由矩阵$\boldsymbol{C}_e^p$的微分方程求解各矩阵元素，根据起始的λ_0、φ_0、α_0和“平台”系(p)与地球系(e)之间的角速度确定。位置微分方程指的就是矩阵$\dot{\boldsymbol{C}}_e^p$的微分方程，可表示如下：

$$\dot{\boldsymbol{C}}_{\mathrm{e}}^{\mathrm{p}}=\boldsymbol{\Omega}_{\mathrm{pe}}^{\mathrm{p}}\boldsymbol{C}_{\mathrm{e}}^{\mathrm{p}} \tag{9.8}$$

其中，$\boldsymbol{\Omega}_{\mathrm{pe}}^{\mathrm{p}}$ 是地球系相对平台系的角速度在平台系表示$\boldsymbol{\omega}_{\mathrm{pe}}^{\mathrm{p}}$ 的叉乘反对称矩阵。因此有

$$\begin{bmatrix}\dot{C}_{11} & \dot{C}_{12} & \dot{C}_{13}\\ \dot{C}_{21} & \dot{C}_{22} & \dot{C}_{23}\\ \dot{C}_{31} & \dot{C}_{32} & \dot{C}_{33}\end{bmatrix}=\begin{bmatrix}0 & -\omega_{\mathrm{pe}z}^{\mathrm{p}} & \omega_{\mathrm{pe}y}^{\mathrm{p}}\\ \omega_{\mathrm{pe}z}^{\mathrm{p}} & 0 & -\omega_{\mathrm{pe}x}^{\mathrm{p}}\\ -\omega_{\mathrm{pe}y}^{\mathrm{p}} & \omega_{\mathrm{pe}x}^{\mathrm{p}} & 0\end{bmatrix}\begin{bmatrix}C_{11} & C_{12} & C_{13}\\ C_{21} & C_{22} & C_{23}\\ C_{31} & C_{32} & C_{33}\end{bmatrix} \tag{9.9}$$

我们通常得到的是载体相对地球系(e)的转动角速度$\boldsymbol{\omega}_{\mathrm{ep}}^{\mathrm{p}}$，而$\boldsymbol{\omega}_{\mathrm{ep}}^{\mathrm{p}}=-\boldsymbol{\omega}_{\mathrm{pe}}^{\mathrm{p}}$，所以式(9.8)和式(9.9)可改写为

$$\dot{\boldsymbol{C}}_{\mathrm{e}}^{\mathrm{p}}=-\boldsymbol{\Omega}_{\mathrm{ep}}^{\mathrm{p}}\boldsymbol{C}_{\mathrm{e}}^{\mathrm{p}} \tag{9.10}$$

$$\begin{bmatrix}\dot{C}_{11} & \dot{C}_{12} & \dot{C}_{13}\\ \dot{C}_{21} & \dot{C}_{22} & \dot{C}_{23}\\ \dot{C}_{31} & \dot{C}_{32} & \dot{C}_{33}\end{bmatrix}=\begin{bmatrix}0 & \omega_{\mathrm{ep}z}^{\mathrm{p}} & -\omega_{\mathrm{ep}y}^{\mathrm{p}}\\ -\omega_{\mathrm{ep}z}^{\mathrm{p}} & 0 & \omega_{\mathrm{ep}x}^{\mathrm{p}}\\ \omega_{\mathrm{ep}y}^{\mathrm{p}} & -\omega_{\mathrm{ep}x}^{\mathrm{p}} & 0\end{bmatrix}\begin{bmatrix}C_{11} & C_{12} & C_{13}\\ C_{21} & C_{22} & C_{23}\\ C_{31} & C_{32} & C_{33}\end{bmatrix} \tag{9.11}$$

如果我们把 $\boldsymbol{C}_{\mathrm{e}}^{\mathrm{p}}$ 阵叫作导航位置阵，而和这个阵的变化率直接有关的$\boldsymbol{\omega}_{\mathrm{ep}}^{\mathrm{p}}$ 的阵$\boldsymbol{\Omega}_{\mathrm{ep}}^{\mathrm{p}}$ 可称为位置角速率阵。从这个意义上说，$\boldsymbol{\omega}_{\mathrm{ep}}^{\mathrm{p}}$ 叫作位置角速率。

求解导航参数时不必将 9 个微分方程都解出，因为要求的参数只有 φ、λ、α 这 3 个。求这 3 个参数只需要 3 个或 6 个矩阵元素，从式(9.3)～式(9.5)可以看出，计算位置参数，只需要求解位置矩阵的后两列，这样只要解这些微分方程，再加上 λ 和 α 的真值计算即可。因为在游移方位惯导系统中对平台方位轴施加了补偿地球自转的角速度，所以 $\omega_{\mathrm{ep}z}^{\mathrm{p}}=\omega_{\mathrm{ip}z}^{\mathrm{p}}-\omega_{\mathrm{ie}z}^{\mathrm{p}}=\Omega\sin\varphi-\Omega\sin\varphi=0$。则导航计算机要解算的位置微分方程为

$$\begin{cases}\dot{C}_{12}=-\omega_{\mathrm{ep}y}^{\mathrm{p}}C_{32}\\ \dot{C}_{13}=-\omega_{\mathrm{ep}y}^{\mathrm{p}}C_{33}\\ \dot{C}_{22}=\omega_{\mathrm{ep}x}^{\mathrm{p}}C_{32}\\ \dot{C}_{23}=\omega_{\mathrm{ep}x}^{\mathrm{p}}C_{33}\\ \dot{C}_{32}=\omega_{\mathrm{ep}y}^{\mathrm{p}}C_{12}-\omega_{\mathrm{ep}x}^{\mathrm{p}}C_{22}\\ \dot{C}_{33}=\omega_{\mathrm{ep}y}^{\mathrm{p}}C_{13}-\omega_{\mathrm{ep}x}^{\mathrm{p}}C_{23}\end{cases} \tag{9.12}$$

为求解上述 6 个微分方程，首先知道初始条件：

$$\begin{cases}C_{12}(0)=-\sin\alpha_0\sin\varphi_0\sin\lambda_0+\cos\alpha_0\cos\lambda_0\\ C_{22}(0)=-\cos\alpha_0\sin\varphi_0\sin\lambda_0+\sin\alpha_0\cos\lambda_0\\ C_{32}(0)=\cos\varphi_0\sin\lambda_0\\ C_{13}(0)=\sin\alpha_0\cos\varphi_0\\ C_{23}(0)=\cos\alpha_0\cos\varphi_0\\ C_{33}(0)=\sin\varphi_0\end{cases} \tag{9.13}$$

当 $t=0$ 时，初始经纬度 λ_0、φ_0 由控制显示器输入计算机。一般认为，载体起始点的地理

位置是精确已知的，初始游移方位角 α_0 由初始对准确定。还要知道载体相对地球运动引起的角速度$\boldsymbol{\omega}_{ep}^{p}$，这就要通过位移角速率方程来确定。

9.2.4 位移角速率方程

参考8.5.3节的分析，要求解平台相对地球运动的角速度$\boldsymbol{\omega}_{ep}^{p}$，需要用到飞机相对地球的速度 v_{ep}^{p}。由于地理系与游移方位平台系之间存在一个游移方位角 α，故两个坐标系之间的转换关系矩阵为

$$\boldsymbol{C}_{p}^{g}=\begin{bmatrix}\cos\alpha & -\sin\alpha & 0\\ \sin\alpha & \cos\alpha & 0\\ 0 & 0 & 1\end{bmatrix} \tag{9.14}$$

从而有

$$\begin{bmatrix}v_{egx}^{g}\\ v_{egy}^{g}\end{bmatrix}=\begin{bmatrix}\cos\alpha & -\sin\alpha\\ \sin\alpha & \cos\alpha\end{bmatrix}\begin{bmatrix}v_{epx}^{p}\\ v_{epy}^{p}\end{bmatrix} \tag{9.15}$$

或

$$\begin{cases}v_{egx}^{g}=v_{epx}^{p}\cos\alpha-v_{epy}^{p}\sin\alpha\\ v_{egy}^{g}=v_{epx}^{p}\sin\alpha+v_{epy}^{p}\cos\alpha\end{cases} \tag{9.16}$$

据此，可以写出在地理系的角速度表示式：

$$\begin{cases}\omega_{egx}^{g}=-\dfrac{v_{egy}^{g}}{R_{N}}=-\dfrac{v_{epx}^{p}\sin\alpha+v_{epy}^{p}\cos\alpha}{R_{N}}\\ \omega_{egy}^{g}=\dfrac{v_{egx}^{g}}{R_{E}}=\dfrac{v_{epx}^{p}\cos\alpha-v_{epy}^{p}\sin\alpha}{R_{E}}\end{cases} \tag{9.17}$$

同样，根据地理系和游移系的关系可得

$$\begin{bmatrix}\omega_{epx}^{p}\\ \omega_{epy}^{p}\end{bmatrix}=\begin{bmatrix}\cos\alpha & \sin\alpha\\ -\sin\alpha & \cos\alpha\end{bmatrix}\begin{bmatrix}\omega_{egx}^{g}\\ \omega_{egy}^{g}\end{bmatrix}=\begin{bmatrix}\cos\alpha & \sin\alpha\\ -\sin\alpha & \cos\alpha\end{bmatrix}\begin{bmatrix}-\dfrac{v_{epx}^{p}\sin\alpha+v_{epy}^{p}\cos\alpha}{R_{N}}\\ \dfrac{v_{epx}^{p}\cos\alpha-v_{epy}^{p}\sin\alpha}{R_{E}}\end{bmatrix} \tag{9.18}$$

展开式(9.18)的右端，并加以整理得如下方程：

$$\begin{bmatrix}\omega_{epx}^{p}\\ \omega_{epy}^{p}\end{bmatrix}=\begin{bmatrix}-\left(\dfrac{1}{R_{N}}-\dfrac{1}{R_{E}}\right)\sin\alpha\cos\alpha & -\left(\dfrac{\cos^{2}\alpha}{R_{N}}+\dfrac{\sin^{2}\alpha}{R_{E}}\right)\\ \dfrac{\sin^{2}\alpha}{R_{N}}+\dfrac{\cos^{2}\alpha}{R_{E}} & \left(\dfrac{1}{R_{N}}-\dfrac{1}{R_{E}}\right)\sin\alpha\cos\alpha\end{bmatrix}\begin{bmatrix}v_{epx}^{p}\\ v_{epy}^{p}\end{bmatrix} \tag{9.19}$$

令式(9.19)中

$$\begin{cases}\left(\dfrac{1}{R_{N}}-\dfrac{1}{R_{E}}\right)\sin\alpha\cos\alpha=\dfrac{1}{\tau_{a}}\\ \dfrac{\cos^{2}\alpha}{R_{N}}+\dfrac{\sin^{2}\alpha}{R_{E}}=\dfrac{1}{R_{y}}\\ \dfrac{\sin^{2}\alpha}{R_{N}}+\dfrac{\cos^{2}\alpha}{R_{E}}=\dfrac{1}{R_{x}}\end{cases} \tag{9.20}$$

其中,R_x 和 R_y 为游移方位系统等效曲率半径;τ_a 为扭曲曲率,则平台相对地球运动的角速度为

$$\begin{bmatrix}\omega_{\text{cp}x}^{\text{p}}\\ \omega_{\text{ep}y}^{\text{p}}\end{bmatrix}=\begin{bmatrix}-\dfrac{1}{\tau_{\text{a}}} & -\dfrac{1}{R_y}\\ \dfrac{1}{R_x} & \dfrac{1}{\tau_{\text{a}}}\end{bmatrix}\begin{bmatrix}v_{\text{cp}x}^{\text{p}}\\ v_{\text{ep}y}^{\text{p}}\end{bmatrix}=\boldsymbol{C}_{\text{a}}\begin{bmatrix}v_{\text{cp}x}^{\text{p}}\\ v_{\text{ep}y}^{\text{p}}\end{bmatrix} \tag{9.21}$$

其中,$\boldsymbol{C}_{\text{a}}$ 为曲率阵。显然,要求解位移角速率方程,必须要知道载体相对地球的速度,这可以由速度方程求得。

9.3 捷联惯导系统的基本力学编排方程——速度方程

捷联惯导中一般都采用游移方位,捷联和平台式游移方位的速度方程完全一样。速度方程的向量形式为

$$\dot{\boldsymbol{v}}_{\text{ep}}^{\text{p}}=\boldsymbol{f}^{\text{p}}-(2\boldsymbol{\omega}_{\text{ie}}^{\text{p}}+\boldsymbol{\omega}_{\text{ep}}^{\text{p}})\times\boldsymbol{v}_{\text{ep}}^{\text{p}}+\boldsymbol{g}^{\text{p}} \tag{9.22}$$

将式(9.22)中的向量写成矩阵表示的标量形式,则

$$\begin{bmatrix}\dot{v}_{\text{ep}x}^{\text{p}}\\ \dot{v}_{\text{ep}y}^{\text{p}}\\ \dot{v}_{\text{ep}z}^{\text{p}}\end{bmatrix}=\begin{bmatrix}f_x^{\text{p}}\\ f_y^{\text{p}}\\ f_z^{\text{p}}\end{bmatrix}-\begin{bmatrix}0 & -2\omega_{\text{ie}z}^{\text{p}}-\omega_{\text{ep}z}^{\text{p}} & 2\omega_{\text{ie}y}^{\text{p}}+\omega_{\text{ep}y}^{\text{p}}\\ 2\omega_{\text{ie}z}^{\text{p}}+\omega_{\text{ep}z}^{\text{p}} & 0 & -2\omega_{\text{ie}x}^{\text{p}}-\omega_{\text{ep}x}^{\text{p}}\\ -2\omega_{\text{ie}y}^{\text{p}}-\omega_{\text{ep}y}^{\text{p}} & 2\omega_{\text{ie}x}^{\text{p}}+\omega_{\text{ep}x}^{\text{p}} & 0\end{bmatrix}\begin{bmatrix}v_{\text{ep}x}^{\text{p}}\\ v_{\text{ep}y}^{\text{p}}\\ v_{\text{ep}z}^{\text{p}}\end{bmatrix}+\begin{bmatrix}0\\ 0\\ -g\end{bmatrix} \tag{9.23}$$

考虑到

$$\begin{cases}\omega_{\text{ep}z}^{\text{p}}=0\\ \omega_{\text{ie}x}^{\text{p}}=\Omega\cos\varphi\sin\alpha=\Omega\boldsymbol{C}_{13}\\ \omega_{\text{ie}y}^{\text{p}}=\Omega\cos\varphi\cos\alpha=\Omega\boldsymbol{C}_{23}\\ \omega_{\text{ie}z}^{\text{p}}=\Omega\sin\varphi=\Omega\boldsymbol{C}_{33}\end{cases} \tag{9.24}$$

代入式(9.23)展开得

$$\begin{cases}\dot{v}_{\text{ep}x}^{\text{p}}=f_x^{\text{p}}+2\Omega\boldsymbol{C}_{33}v_{\text{ep}y}^{\text{p}}-(2\Omega\boldsymbol{C}_{23}+\omega_{\text{ep}y}^{\text{p}})v_{\text{ep}z}^{\text{p}}\\ \dot{v}_{\text{ep}y}^{\text{p}}=f_y^{\text{p}}-2\Omega\boldsymbol{C}_{33}v_{\text{ep}x}^{\text{p}}+(2\Omega\boldsymbol{C}_{13}+\omega_{\text{ep}x}^{\text{p}})v_{\text{ep}z}^{\text{p}}\\ \dot{v}_{\text{ep}z}^{\text{p}}=f_z^{\text{p}}+(2\Omega\boldsymbol{C}_{23}+\omega_{\text{ep}y}^{\text{p}})v_{\text{ep}x}^{\text{p}}-(2\Omega\boldsymbol{C}_{13}+\omega_{\text{ep}x}^{\text{p}})v_{\text{ep}y}^{\text{p}}-g\end{cases} \tag{9.25}$$

惯导系统的垂直通道是不稳定的,可以借助大气数据系统或其他导航设备提供的高度信息构成混合高度测量系统。式(9.25)为速度方程的标量形式,在计算机中解这个方程可得到载体相对地球的速度,即地速。

9.4 捷联惯导系统的基本力学编排方程——姿态方程

在平台式惯导系统中,由实体平台来实现平台系(p),通过平台与载体之间的几何关系可以直接输出载体的姿态和航向信息,而在捷联惯导系统中的"平台"系(p)则由计算机中的方向余弦矩阵(数学平台)来实现,并据此求出姿态角和航向角。如何由计算机建立起数学平台呢?这就要借助游移方位坐标系与机体坐标系之间的方向余弦矩阵来解决。

9.4.1 姿态矩阵

由于从载体坐标系到导航坐标系的方向余弦矩阵包含了载体的姿态和航向信息，所以该方向余弦矩阵称为姿态矩阵。姿态矩阵实际上起到了平台式惯导系统中惯导平台的作用，由于姿态矩阵是在计算机中表示的数学关系，因此也被称为“数学平台”或“计算平台”。这种“数学平台”或“计算平台”取代了复杂的机械环架、电气系统和接触滑环等，使捷联惯导系统结构简单，可靠性得以提升。

在游移方位捷联惯导系统中，姿态角用俯仰角 θ、滚动角 γ 和格网航向角 ψ_{bp} 来表示。所谓格网航向角 ψ_{bp} 是飞行器纵轴在水平面内的投影与游移方位坐标系的参考方位轴 y_p 之间的夹角。而参考方位轴 y_p 与真北线的夹角是游移方位角 α，故真航角 $\psi=\alpha+\psi_{bp}$。图 9.3 表示了“平台”系(p)与机体系(b)之间的关系。其转换过程为

$Ox_py_pz_p$ 绕 Oz_p 轴转 $\psi_{bp}\longrightarrow Ox_{b1}y_{b1}z_{b1}$，绕 Ox_{b1} 轴转 $\theta\longrightarrow Ox_{b2}y_{b2}z_{b2}$，绕 Oy_{b2} 轴转 $\gamma\longrightarrow Ox_by_bz_b$

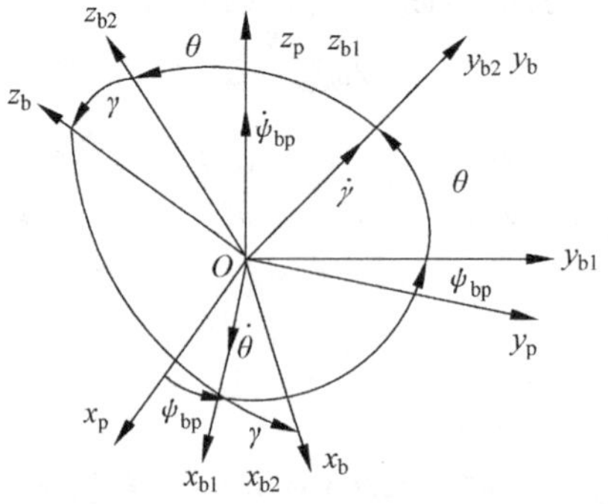

图 9.3 “平台”系(p)到机体系(c)转换过程

机体坐标系(b)与“平台”坐标系(p)之间的方向余弦矩阵为

$$
\boldsymbol{C}_{\mathrm{P}}^{\mathrm{b}}=\begin{bmatrix}\cos\gamma & 0 & -\sin\gamma\\ 0 & 1 & 0\\ \sin\gamma & 0 & \cos\gamma\end{bmatrix}\begin{bmatrix}1 & 0 & 0\\ 0 & \cos\theta & \sin\theta\\ 0 & -\sin\theta & \cos\theta\end{bmatrix}\begin{bmatrix}\cos\psi_{bp} & \sin\psi_{bp} & 0\\ -\sin\psi_{bp} & \cos\psi_{bp} & 0\\ 0 & 0 & 1\end{bmatrix}
$$

$$
=\begin{bmatrix}\cos\gamma\cos\psi_{bp}-\sin\lambda\sin\theta\sin\psi_{bp} & \cos\gamma\sin\psi_{bp}+\sin\gamma\sin\theta\sin\psi_{bp} & -\sin\gamma\cos\theta\\ -\cos\theta\sin\psi_{bp} & \cos\theta\sin\psi_{bp} & \sin\theta\\ \sin\gamma\cos\psi_{bp}+\cos\lambda\sin\theta\sin\psi_{bp} & \sin\gamma\sin\psi_{bp}-\cos\gamma\sin\theta\cos\psi_{bp} & \cos\gamma\cos\theta\end{bmatrix} \tag{9.26}
$$

一般说来，常将沿机体坐标系(b)测量到的角速度和加速度转换到“平台”系(p)进行计算，即常用的是矩阵 $\boldsymbol{C}_{\mathrm{b}}^{\mathrm{P}}$。而 $\boldsymbol{C}_{\mathrm{b}}^{\mathrm{P}}$ 是 $\boldsymbol{C}_{\mathrm{P}}^{\mathrm{b}}$ 的转置矩阵，因此有

$$
\boldsymbol{C}_{\mathrm{b}}^{\mathrm{P}}=\begin{bmatrix}\cos\gamma\cos\psi_{G}-\sin\gamma\sin\theta\sin\psi_{G} & -\cos\theta\sin\psi_{G} & \sin\gamma\cos\psi_{G}+\cos\gamma\sin\theta\sin\psi_{G}\\ \cos\gamma\sin\psi_{G}+\sin\gamma\sin\theta\cos\psi_{G} & \cos\theta\cos\psi_{G} & \sin\gamma\sin\psi_{G}-\cos\gamma\sin\theta\cos\psi_{G}\\ -\sin\gamma\cos\theta & \sin\theta & \cos\gamma\cos\theta\end{bmatrix}
$$

$$
=\begin{bmatrix}\boldsymbol{T}_{11} & \boldsymbol{T}_{12} & \boldsymbol{T}_{13}\\ \boldsymbol{T}_{21} & \boldsymbol{T}_{22} & \boldsymbol{T}_{23}\\ \boldsymbol{T}_{31} & \boldsymbol{T}_{32} & \boldsymbol{T}_{33}\end{bmatrix} \tag{9.27}
$$

由于矩阵 $\boldsymbol{C}_b^p$ 包含了姿态信息,因此称为姿态矩阵。

9.4.2 姿态角求解方法

姿态角 θ、γ、ψ_{bp} 的值可以根据 $\boldsymbol{C}_b^p$ 的元素得到:

$$\theta = \arcsin(\boldsymbol{T}_{32}) \tag{9.28}$$

$$\gamma_{主} = \arctan\left(\frac{-\boldsymbol{T}_{31}}{\boldsymbol{T}_{33}}\right) \tag{9.29}$$

$$\psi_{bp} = \arctan\left(\frac{-\boldsymbol{T}_{12}}{\boldsymbol{T}_{22}}\right) \tag{9.30}$$

$$\psi_{主} = \alpha + \psi_{bp} \tag{9.31}$$

这里亦有确定 θ、γ、ψ_{bp} 的真值问题,其确定方法类似确定导航位置的方法。俯仰角 θ 定义在$(-90°,90°)$,不存在多值情况。滚动角 γ 定义在$(-180°,180°)$,格网航向角 ψ_{bp} 定义在$(0°,360°)$,根据式(9.29)和式(9.30)求解存在多值情况。因为 $\cos\theta$ 是非负值,可以借助 $\boldsymbol{T}_{33}$、$\boldsymbol{T}_{22}$ 的符号来求 γ 及 ψ_{bp} 的真值。$\boldsymbol{T}_{33}$、$\boldsymbol{T}_{22}$ 分别采用 $\cos\gamma$、$\cos\psi_{bp}$ 的符号。γ 真值的计算如下:

$$\gamma_{主} = \arctan\left(\frac{\sin\gamma\cos\theta}{\cos\gamma\cos\theta}\right) = \arctan\left(\frac{-\boldsymbol{T}_{31}}{\boldsymbol{T}_{33}}\right) \tag{9.32}$$

若 T_{33} 为负,且 $\gamma_{主}$ 为负,则 $\gamma \longleftarrow \gamma_{主}+180°$;

若 T_{33} 为负,且 $\gamma_{主}$ 为正,则 $\gamma \longleftarrow \gamma_{主}-180°$。

ψ_{bp} 真值的计算如下:

$$\psi_{bp} = \arctan\left(\frac{\cos\theta\sin\psi_{bp}}{\cos\theta\cos\psi_{bp}}\right) = \arctan\left(\frac{-\boldsymbol{T}_{12}}{\boldsymbol{T}_{22}}\right) \tag{9.33}$$

若 T_{22} 为负,且 ψ_{bp} 为正或负,则 $\psi_{bp} \longleftarrow \psi_{bp}+180°$;

若 T_{22} 为正,且 ψ_{bp} 为负,则 $\psi_{bp} \longleftarrow \psi_{bp}+360°$。

9.4.3 姿态微分方程

与位置矩阵 $\boldsymbol{C}_e^p$ 一样,姿态矩阵 $\boldsymbol{C}_b^p$ 在飞机运动过程中也在不断变化。为了求解飞机的姿态角,必须求解 $\boldsymbol{C}_b^p$ 的微分方程,这个微分方程也称为姿态微分方程。姿态微分方程可用以下矩阵表达式表示:

$$\dot{\boldsymbol{C}}_b^p = \boldsymbol{C}_b^p \boldsymbol{\Omega}_{pb}^p \tag{9.34}$$

其中,$\boldsymbol{\Omega}_{pb}^p$ 是姿态微分方程角速度 $\boldsymbol{\omega}_{pb}^p$ 的斜对称矩阵。

因此有

$$\begin{bmatrix} \dot{\boldsymbol{T}}_{11} & \dot{\boldsymbol{T}}_{12} & \dot{\boldsymbol{T}}_{13} \\ \dot{\boldsymbol{T}}_{21} & \dot{\boldsymbol{T}}_{22} & \dot{\boldsymbol{T}}_{23} \\ \dot{\boldsymbol{T}}_{31} & \dot{\boldsymbol{T}}_{32} & \dot{\boldsymbol{T}}_{33} \end{bmatrix} = \begin{bmatrix} \boldsymbol{T}_{11} & \boldsymbol{T}_{12} & \boldsymbol{T}_{13} \\ \boldsymbol{T}_{21} & \boldsymbol{T}_{22} & \boldsymbol{T}_{23} \\ \boldsymbol{T}_{31} & \boldsymbol{T}_{32} & \boldsymbol{T}_{33} \end{bmatrix} \begin{bmatrix} 0 & -\omega_{pbz} & \omega_{pby} \\ \omega_{pbz} & 0 & -\omega_{pbx} \\ -\omega_{pby} & \omega_{pbx} & 0 \end{bmatrix} \tag{9.35}$$

根据式(9.35)可以写出9个微分方程。姿态矩阵不仅用于求解姿态角,还要用来对比力、角速度进行坐标变换,因此必须对全部9个微分方程进行求解。用解矩阵微分方程的方法求解这 9 个微分方程，会导致计算机的负担太大，也影响计算速度。另外，由于飞行器姿态速率变化比较大，一般可达 250(°)/s/秒左右(最大可达 400(°)/s)，导致绕 3 个轴的速率分量也比较大。计算机要解 9 个方程，又要保证有足够的精度，负担太大。若采用四元数法，只需解 4 个微分方程即可。解矩阵微分方程是为了求出 3 个姿态角，而由于四元数法有一个余度，因此具有较高的效率。不过由 4 个四元数微分方程解出四元数后还要用代数方法推算方向余弦矩阵的有关元素。一般捷联惯导系统姿态方程大都采用四元数法求解。

9.4.4 姿态速率方程

通过陀螺测得的机体相对惯性空间的角速度 $\boldsymbol{\omega}_{\mathrm{ib}}^{\mathrm{b}}$ 和其他角速度的关系式为

$$\boldsymbol{\omega}_{\mathrm{ib}}^{\mathrm{b}}=\boldsymbol{\omega}_{\mathrm{ie}}^{\mathrm{b}}+\boldsymbol{\omega}_{\mathrm{ep}}^{\mathrm{b}}+\boldsymbol{\omega}_{\mathrm{pb}}^{\mathrm{b}} \tag{9.36}$$

其中，$\boldsymbol{\omega}_{\mathrm{ie}}^{\mathrm{b}}$ 为在机体系(b)内的地球自转角速度；$\boldsymbol{\omega}_{\mathrm{ep}}^{\mathrm{b}}$ 为在机体系(b)内的“平台”相对地球系(e)的转动角速度；$\boldsymbol{\omega}_{\mathrm{pb}}^{\mathrm{b}}$ 为在机体系(b)内机体系相对“平台”系(p)的转动角速度，即姿态角速度。

因此姿态角速度的表达式为

$$\boldsymbol{\omega}_{\mathrm{pb}}^{\mathrm{b}}=\boldsymbol{\omega}_{\mathrm{ib}}^{\mathrm{b}}-\boldsymbol{\omega}_{\mathrm{ie}}^{\mathrm{b}}-\boldsymbol{\omega}_{\mathrm{ep}}^{\mathrm{b}} \tag{9.37}$$

其中，$\boldsymbol{\omega}_{\mathrm{ib}}^{\mathrm{b}}$ 为陀螺仪的输出，又因为

$$\begin{cases}\boldsymbol{\omega}_{\mathrm{ie}}^{\mathrm{b}}=\boldsymbol{C}_{\mathrm{p}}^{\mathrm{b}}\boldsymbol{\omega}_{\mathrm{ie}}^{\mathrm{p}}\\ \quad=\boldsymbol{C}_{\mathrm{p}}^{\mathrm{b}}\boldsymbol{C}_{\mathrm{e}}^{\mathrm{p}}\boldsymbol{\omega}_{\mathrm{ie}}^{e}\\ \quad=\boldsymbol{C}_{\mathrm{p}}^{\mathrm{b}}\begin{bmatrix}\boldsymbol{C}_{11} & \boldsymbol{C}_{12} & \boldsymbol{C}_{13}\\ \boldsymbol{C}_{21} & \boldsymbol{C}_{22} & \boldsymbol{C}_{23}\\ \boldsymbol{C}_{31} & \boldsymbol{C}_{32} & \boldsymbol{C}_{33}\end{bmatrix}\begin{bmatrix}0\\0\\ \Omega\end{bmatrix}\\ \quad=\boldsymbol{C}_{\mathrm{p}}^{\mathrm{b}}\begin{bmatrix}\boldsymbol{C}_{13}\Omega\\ \boldsymbol{C}_{23}\Omega\\ \boldsymbol{C}_{33}\Omega\end{bmatrix}\\ \boldsymbol{\omega}_{\mathrm{ep}}^{\mathrm{b}}=\boldsymbol{C}_{\mathrm{p}}^{\mathrm{b}}\boldsymbol{\omega}_{\mathrm{ep}}^{\mathrm{p}}\end{cases} \tag{9.38}$$

其中，$\boldsymbol{C}_{\mathrm{e}}^{\mathrm{p}}$ 由位置微分方程求出；$\boldsymbol{\omega}_{\mathrm{ep}}^{\mathrm{p}}$ 由位移角速率方程求得。这样可以得到姿态微分方程的标量形式：

$$\boldsymbol{\omega}_{\mathrm{pb}}^{\mathrm{b}}=\begin{bmatrix}\omega_{\mathrm{ib}x}^{\mathrm{b}}\\ \omega_{\mathrm{ib}y}^{\mathrm{b}}\\ \omega_{\mathrm{ib}z}^{\mathrm{b}}\end{bmatrix}-\boldsymbol{C}_{\mathrm{p}}^{\mathrm{b}}\begin{bmatrix}\omega_{\mathrm{ep}x}^{\mathrm{p}}+\boldsymbol{C}_{13}\Omega\\ \omega_{\mathrm{ep}y}^{\mathrm{p}}+\boldsymbol{C}_{23}\Omega\\ \omega_{\mathrm{ep}z}^{\mathrm{p}}+\boldsymbol{C}_{33}\Omega\end{bmatrix} \tag{9.39}$$

因此根据式(9.39)可以求得姿态角速率，在此基础上求得姿态矩阵，再求得姿态角。

9.5 捷联惯导系统工作框图

这里的计算流程是指捷联系统进入导航工作状态后，为得到导航参数而进行的计算。由以上分析可得出速率型捷联惯导系统的计算原理图，如图 9.4 所示。

固联在飞机上的加速度计用于感测飞机的比力 $\boldsymbol{f}_{\mathrm{ib}}^{\mathrm{b}}$，固联于飞机上的陀螺仪用于感测飞

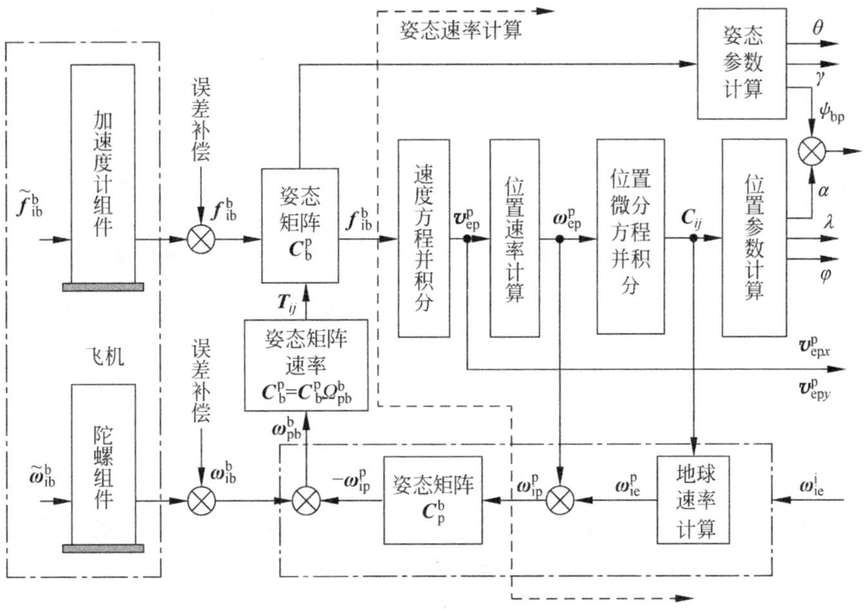

图 9.4　捷联惯导系统计算原理图

机相对惯性空间的角速度ω_{ib}^{b}。为了适应捷联环境，惯性元件的输出信号必须经过误差补偿后才能作为姿态与导航计算的精确信息。

捷联惯导系统经初始对准后，初始的经纬度和初始姿态都是已知的，这样就可以得到初始的位置矩阵和初始姿态矩阵，静基座条件下，初始速度、位置角速度、姿态角速度都为零。在进行捷联解算时，f_{ib}^{b} 由姿态矩阵 C_b^p 变换到平台系（游移方位坐标系），得到 f_{ib}^{p}。f_{ib}^{p} 经速度方程补偿有害加速度和重力加速度后，得到飞机（平台）相对地球系的运动加速度在平台系的分量，经积分后得到地速分量。由于纯惯性高度通道不稳定，因此必须利用外部高度信息与惯导系统垂直通道构成混合高度通道。

以速度作为输入，经位移角速率方程，可以得到角速率ω_{ep}^{p}。ω_{ep}^{p} 一方面通过位置微分方程更新位置矩阵 C_e^p，以便由 C_e^p 的元素计算出任意时刻的经度、纬度和游移方位角；另一方面位置角速度ω_{ep}^{p} 与地球角速度ω_{ie}^{p} 叠加后经姿态矩阵 C_p^b 变换，再与陀螺仪输出的ω_{ib}^{b} 相减可得到ω_{pb}^{b}，经姿态微分方程更新姿态矩阵 C_b^p。

由图 9.5.1 可以看出，虚线右边的导航计算部分，与平台式游移方位惯导系统差别不大。在平台式惯导系统中，为了使平台保持在游移方位坐标系内，必须不断给陀螺仪施加指令信号ω_{ip}^{p}。在捷联系统中，用ω_{ip}^{p} 修正姿态矩阵以起到完全对等的作用。

在高度通道，计算机消除有害加速度和重力加速度后进行两次积分得到机体高度。我们知道，在惯导系统中高度通道是不稳定的，其误差传播是发散的。这种不稳定性必须通过外部高度及速度信息和惯导系统高度通道的相应信息综合后，反馈到输入端，以阻尼和约束系统的误差。在捷联惯导中多利用气压高度表（或无线电高度表）的信息作为外部信息。

上面讨论了捷联惯导系统的主要力学编排方程。作为机载捷联惯导系统，“平台”坐标系（参考坐标系）是方案选择的关键坐标系。采用不同的“平台”系可组成不同的方案。“平台”的平面均在当地水平面内，而方位可有不同的指向。若 $\alpha=0$，即为指北方位系统，若

$\dot{\alpha}=-\frac{v_E}{R_N}\tan\varphi$，即为本节所讨论的游移方位系统；若用 K 代替 α，且 $\dot{K}=-\left(\omega_e\sin\varphi+\frac{v_E}{R_N}\tan\varphi\right)$，即为自由方位系统。

9.6 小结

本章介绍了捷联惯导系统的组成和基本原理，重点讲解了捷联惯导系统的基本力学编排，依次推导了捷联惯导系统位置方程、速度方程和姿态方程，简单介绍了捷联惯导系统的误差分析。

习题

9.1 简述捷联惯导系统与平台惯导系统最大的区别，有哪些优点，又有什么缺点。

9.2 捷联惯导系统的姿态角是如何获得的？

9.3 捷联惯导系统的位置是如何解算的？

第10章

惯性导航系统的误差分析

前面在分析惯导系统的工作原理时，将惯导系统看成一个理想的系统。例如，认为指北方位系统的平台系真实地模拟了地理系。但在实际惯导系统中，惯性元件、元件安装以及系统的工程实现中各个环节都不可避免地存在误差，这些影响惯导系统性能的误差因素称为误差源。在这些误差因素影响下，惯导系统输出的导航参数不可避免地会有或大或小的误差，没有误差的导航系统是不存在的。研究惯导系统误差的目的在于：通过分析确定各种误差因素对系统性能的影响，对关键元器件提出适当的精度要求；另一方面，借助误差分析，可以对系统的工作情况和主要元器件的质量进行评价；误差分析的结论是完成初始对准的理论基础，使惯导系统开始工作时有一个精确的初始条件；通过分析误差源对系统的影响，采取有效措施进行补偿，达到提高惯导输出参数精度的目的。

10.1 惯导系统的误差源

根据误差产生的原因和性质，惯导系统的误差源可分为以下几类：

(1) 元件误差，主要指陀螺的漂移和加速度计的零位偏差，以及两类元件的刻度因数误差。

(2) 安装误差，指陀螺仪和加速度计安装到平台台体上的不准确性造成的误差。

(3) 初始条件误差，指初始对准及输入计算机的初始位置、初始速度不准所形成的误差。

(4) 计算误差，由于导航计算机的字长限制和量化器的位数限制等所造成的计算误差。

(5) 原理误差，也叫编排误差，是由力学编排中数学模型的近似，地球形状的近似和重力异常等引起的误差。例如，用旋转椭球体近似作为地球的模型，在导航参数的计算中就会造成误差；力学编排时忽略高度通道造成的误差等。

(6) 外干扰误差，包括两个方面，一是由于飞机机动飞行时的冲击及振动引起的加速度干扰，二是与惯导系统交联的其他导航设备带来的方位误差、位置及速度误差。

除此之外，还包括组成惯导系统的电子组件相互之间干扰造成的误差，以及其他已知或未知的误差源。

理论和实践证明，对惯导系统工作性能影响较大的是元件误差、安装误差和初始条件误差。

无论是陀螺还是加速度计,对于元件误差,影响其本身精度的因素众多。但是从整个惯导系统的角度把它们作为元件时,主要误差就是刻度因数误差、零位偏差和漂移。

当考虑平台 3 个轴向的误差时,可写出加速度计输出的表示式:

$$\begin{aligned} f_{cj} &= (1+\Delta K_{Aj})f_j + \nabla_j \\ &= f_j + \Delta K_{Aj} f_j + \nabla_j \end{aligned} \tag{10.1}$$

其中,$j=x,y,z$ 表示平台的 3 个轴向;ΔK_{Aj} 为相应轴向的加速度计刻度因数误差;f_j 为加速度计沿相应轴实际感测的比力;∇_j 为相应轴向加速度计的零位偏差,安装误差可以和刻度因数误差、零位误差一起等效为元器件的加性综合误差。这样式(10.1)可以表示为

$$\begin{aligned} f_{cj} &= (1+\Delta K_{Aj})f_j + \nabla_j \\ &= f_j + \Delta f_j \end{aligned} \tag{10.2}$$

平台(陀螺)相对惯性坐标系的转动角速度可以表示为

$$\begin{aligned} \omega_{ipj} &= (1+\Delta K_{Gj})\omega_{cj} + \varepsilon_j \\ &= \omega_{cj} + \Delta K_{Gj}\omega_{cj} + \varepsilon_j \end{aligned} \tag{10.3}$$

其中,ΔK_{Gj} 为相应轴向陀螺力矩器的刻度因数误差;ω_{cj} 为对相应轴陀螺施加的指令角速度;ε_j 为相应轴向陀螺的漂移量。与加速度计类似,可以将安装误差、刻度因数和陀螺漂移一起等效为综合漂移,这样式(10.3)可以表示为

$$\omega_{ipj} = \omega_{cj} + \Delta\omega_{cj} \tag{10.4}$$

初始条件误差主要指惯导系统开始以导航状态工作之前,给计算机引入初始经、纬度时的误差 $\delta\lambda_0$ 和 $\delta\varphi_0$,以及系统初始对准后,接入舒勒回路一瞬间平台所具有的姿态误差 ϕ_{x0}、ϕ_{y0} 和方位误差 ϕ_{z0}。$\delta\lambda_0$ 和 $\delta\varphi_0$ 的存在不仅直接影响系统的定位精度,而且影响地球曲率、方向余弦的精度(特别是 $\delta\varphi_0$),从而对平台的控制以至整个系统的工作产生影响。ϕ_{x0} 和 ϕ_{y0} 的存在除了直接影响定位精度外,还会使加速度计感受重力分量而产生错误输出。

10.2 误差分析中的坐标系

在指北方位惯导系统的误差分析中,除了要用到前面提到的地理系(g,又称理想平台系(G),原点在平台实际地理位置,且平台没有误差),实际平台所确定的平台坐标系(p)外,还要引入一个坐标系——计算系(c)。计算系(c)指原点在计算机计算出的经纬度为 λ_c 及 φ_c 的位置,且平台没有误差时的平台系。计算系的 3 根坐标轴 Ox_c、Oy_c、Oz_c 分别沿东、北、天指向。实际上,计算系就是原点在 λ_c、φ_c 的地理系。由于误差的存在,计算系和地理系一般都不重合。平台坐标系、地理系和计算系之间的关系如图 10.1 所示。

在指北方位系统中,平台系(p)用于模拟地理系(g)。由于误差的影响,平台系与地理系之间必然存在误差,设$\boldsymbol{\theta}=[\theta_x \quad \theta_y \quad \theta_z]^T$ 为理想平台系(地理系)相对计算系之间的误差角(矢量角)。计算系与理想平台系的关系如图 10.2 所示,其转换次序为

$$(g)\xrightarrow[\theta_z]{\text{绕 } z_g}(e')\xrightarrow[\theta_x]{\text{绕 } x_{c1}}(e'')\xrightarrow[\theta_y]{\text{绕 } y_{c2}}(c)$$

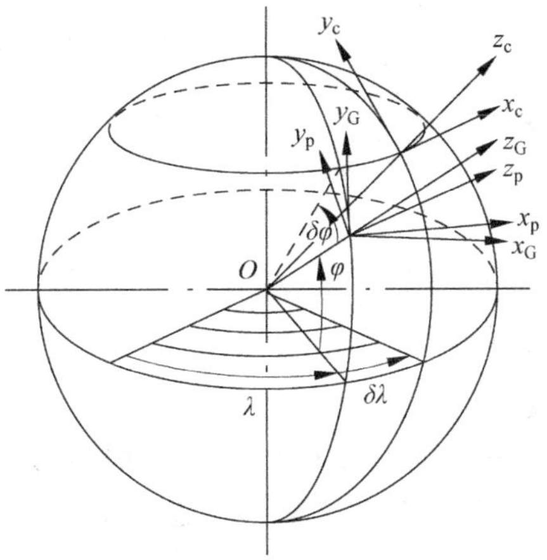

图 10.1　平台系(p)、理想平台系(g)和计算系(c)

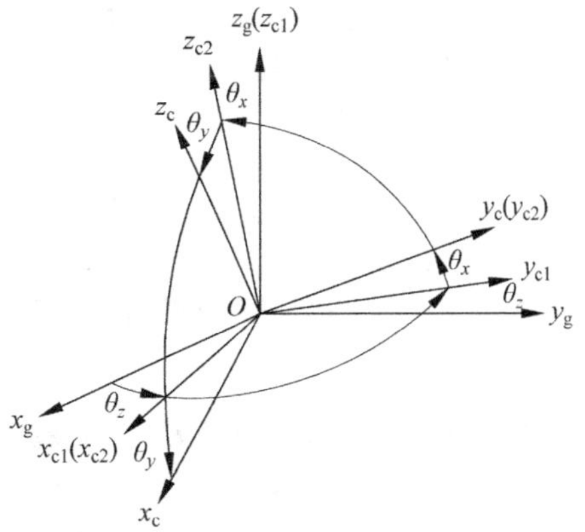

图 10.2　计算系(c)与理想平台系(g)的关系

可得理想平台系与平台系之间的转换矩阵。其转换关系为

$$\begin{bmatrix} x_c \\ y_c \\ z_c \end{bmatrix} = \begin{bmatrix} \cos\theta_y & 0 & -\sin\theta_y \\ 0 & 1 & 0 \\ \sin\theta_y & 0 & \cos\theta_y \end{bmatrix} \begin{bmatrix} 1 & 0 & 0 \\ 0 & \cos\theta_x & \sin\theta_x \\ 0 & -\sin\theta_x & \cos\theta_x \end{bmatrix} \begin{bmatrix} \cos\theta_z & \sin\theta_z & 0 \\ -\sin\theta_z & \cos\theta_z & 0 \\ 0 & 0 & 1 \end{bmatrix} \begin{bmatrix} x_g \\ y_g \\ z_g \end{bmatrix} \tag{10.5}$$

考虑$\boldsymbol{\theta} = [\theta_x \quad \theta_y \quad \theta_z]^{\mathrm{T}}$为小角度,并忽略计算式中的二阶小量,则为

$$\begin{bmatrix} x_c \\ y_c \\ z_c \end{bmatrix} = C_g^c \begin{bmatrix} x_g \\ y_g \\ z_g \end{bmatrix} = \begin{bmatrix} 1 & \theta_z & -\theta_y \\ -\theta_z & 1 & \theta_x \\ \theta_y & -\theta_x & 1 \end{bmatrix} \begin{bmatrix} x_g \\ y_g \\ z_g \end{bmatrix} \tag{10.6}$$

即理想平台系到计算系的转换矩阵为

$$\boldsymbol{C}_g^c = \begin{bmatrix} 1 & \theta_z & -\theta_y \\ -\theta_z & 1 & \theta_x \\ \theta_y & -\theta_x & 1 \end{bmatrix} \tag{10.7}$$

相应地,有

$$\boldsymbol{C}_c^g = \begin{bmatrix} 1 & -\theta_z & \theta_y \\ \theta_z & 1 & -\theta_x \\ -\theta_y & \theta_x & 1 \end{bmatrix} \tag{10.8}$$

根据叉乘反对称矩阵的定义:

$$\boldsymbol{\theta}\times = \begin{bmatrix} 0 & -\theta_z & \theta_y \\ \theta_z & 0 & -\theta_x \\ -\theta_y & \theta_x & 0 \end{bmatrix} \tag{10.9}$$

式(10.7)和式(10.8)可以表示为

$$\begin{aligned} \boldsymbol{C}_g^c &= \boldsymbol{I} - \boldsymbol{\theta}\times \\ \boldsymbol{C}_c^g &= \boldsymbol{I} + \boldsymbol{\theta}\times \end{aligned} \tag{10.10}$$

设平台系相对理想平台系的误差角为$\boldsymbol{\phi} = [\phi_x \quad \phi_y \quad \phi_z]^{\mathrm{T}}$,平台系相对计算系的误差角为$\boldsymbol{\psi} = [\psi_x \quad \psi_y \quad \psi_z]^{\mathrm{T}}$,并假设都为小角度,则有

$$\boldsymbol{C}_{\mathrm{g}}^{\mathrm{p}}=\begin{bmatrix}1 & \phi_z & -\phi_y\\ -\phi_z & 1 & \phi_x\\ \phi_y & -\phi_x & 1\end{bmatrix} \tag{10.11}$$

$$\boldsymbol{C}_{\mathrm{c}}^{\mathrm{p}}=\begin{bmatrix}1 & \psi_z & -\psi_y\\ -\psi_z & 1 & \psi_x\\ \psi_y & -\psi_x & 1\end{bmatrix} \tag{10.12}$$

根据理想平台系、平台系、计算系之间的关系，有

$$\boldsymbol{\phi}=\boldsymbol{\psi}+\boldsymbol{\theta} \tag{10.13}$$

需要注意的是，这里的 $\boldsymbol{C}_{\mathrm{g}}^{\mathrm{p}}$ 与游移方位惯导力学编排中所讲的 $\boldsymbol{C}_{\mathrm{g}}^{\mathrm{p}}$ 不相同，后者是在没有误差前提下游移方位惯导系统的平台系与地理系的关系，这里却是考虑误差因素，指北方位惯导系统的平台系相对地理系的关系。

10.3 指北方位惯导系统误差分析

前面介绍的平台式惯导系统都是用平台模拟水平坐标系，它们的基本误差特性相似，本节以指北方位惯导系统的误差分析为例，主要推导指北方位惯导系统的姿态误差方程、速度误差方程、位置误差方程，并讨论它的基本误差特性和误差传播特性。

10.3.1 姿态误差方程

姿态误差方程是描述姿态误差变化规律的微分方程。指北方位惯导系统的平台姿态误差是指平台系相对理想平台系（指北方位惯导系统中就是地理系）之间的偏差角 $\boldsymbol{\phi}$ 。根据 $\boldsymbol{\phi}$ 的定义，有

$$\begin{aligned}\dot{\boldsymbol{\phi}}&=\boldsymbol{\omega}_{\mathrm{gp}}^{\mathrm{p}}\\&=\boldsymbol{\omega}_{\mathrm{ip}}^{\mathrm{p}}-\boldsymbol{\omega}_{\mathrm{ig}}^{\mathrm{p}}\\&=\boldsymbol{\omega}_{\mathrm{ip}}^{\mathrm{p}}-\boldsymbol{C}_{\mathrm{g}}^{\mathrm{p}}\boldsymbol{\omega}_{\mathrm{ig}}^{\mathrm{g}}\end{aligned} \tag{10.14}$$

其中，$\boldsymbol{\omega}_{\mathrm{ip}}^{\mathrm{p}}$ 为平台相对惯性空间的转动角速度，它可以展开为两部分，即导航计算机计算发出的指令角速度和平台的漂移角速度。在惯性平台的讨论中，已知平台的漂移是平台上的陀螺综合漂移 1∶1 传递来的，所以考虑陀螺综合漂移 $\boldsymbol{\varepsilon}$ 后的姿态误差方程可以表示为

$$\dot{\boldsymbol{\phi}}=\boldsymbol{\omega}_{\mathrm{c}}+\boldsymbol{\varepsilon}-\boldsymbol{C}_{\mathrm{g}}^{\mathrm{p}}\boldsymbol{\omega}_{\mathrm{ig}}^{\mathrm{g}} \tag{10.15}$$

其中，

$$\boldsymbol{\omega}_{\mathrm{ig}}^{\mathrm{g}}=\begin{bmatrix}\boldsymbol{\omega}_{\mathrm{ig}x}^{\mathrm{g}}\\ \boldsymbol{\omega}_{\mathrm{ig}y}^{\mathrm{g}}\\ \boldsymbol{\omega}_{\mathrm{ig}z}^{\mathrm{g}}\end{bmatrix}=\begin{bmatrix}-\dfrac{v_{\mathrm{eg}y}^{\mathrm{g}}}{R_{\mathrm{N}}}\\ \Omega\cos\varphi+\dfrac{v_{\mathrm{eg}x}^{\mathrm{g}}}{R_{\mathrm{E}}}\\ \Omega\sin\varphi+\dfrac{v_{\mathrm{eg}x}^{\mathrm{g}}}{R_{\mathrm{E}}}\tan\varphi\end{bmatrix} \tag{10.16}$$

$$\boldsymbol{\omega}_c = \begin{bmatrix} \boldsymbol{\omega}_{cx} \\ \boldsymbol{\omega}_{cy} \\ \boldsymbol{\omega}_{cz} \end{bmatrix} = \begin{bmatrix} -\dfrac{v_{ecy}^c}{R_N^c} \\ \Omega\cos\varphi_c + \dfrac{v_{ecx}^c}{R_E^c} \\ \Omega\sin\varphi_c + \dfrac{v_{ecx}^c}{R_E^c}\tan\varphi_c \end{bmatrix} \tag{10.17}$$

令速度误差为

$$\begin{cases} \delta v_x = v_{ecx}^c - v_{egx}^g \\ \delta v_y = v_{ecy}^c - v_{egy}^g \end{cases} \tag{10.18}$$

纬度误差为

$$\delta\varphi = \varphi_c - \varphi \tag{10.19}$$

忽略地球曲率半径误差，即 $R_E^c = R_E$，$R_N^c = R_N$，忽略高阶小量，变为

$$\boldsymbol{\omega}_c = \begin{bmatrix} -\dfrac{v_{egy}^g}{R_N} - \dfrac{\delta v_y}{R_N} \\ \Omega\cos\varphi + \dfrac{v_{egx}^g}{R_E} - \Omega\sin\varphi \cdot \delta\varphi + \dfrac{\delta v_x}{R_E} \\ \Omega\sin\varphi + \dfrac{v_{egx}^g}{R_E}\tan\varphi + \Omega\cos\varphi \cdot \delta\varphi + \dfrac{v_{egx}^g}{R_E}\sec^2\varphi \cdot \delta\varphi + \dfrac{\delta v_x}{R_E}\tan\varphi \end{bmatrix} \tag{10.20}$$

将式(10.16)～式(10.20)代入式(10.15)，忽略 R_E 与 R_N 的区别，一律用 R 代替，忽略高阶小量，展开成分量式：

$$\begin{cases} \dot{\phi}_x = -\dfrac{\delta v_y}{R} - \left(\Omega\cos\varphi + \dfrac{v_x^g}{R}\right)\phi_z + \left(\Omega\sin\varphi + \dfrac{v_x^g}{R}\tan\varphi\right)\phi_y + \varepsilon_x \\ \dot{\phi}_y = \dfrac{\delta v_x}{R} - \Omega\sin\varphi \cdot \delta\varphi - \dfrac{v_y^g}{R}\phi_z - \left(\Omega\sin\varphi + \dfrac{v_x^g}{R}\tan\varphi\right)\phi_x + \varepsilon_y \\ \dot{\phi}_z = \dfrac{\delta v_x}{R}\tan\varphi + \left(\Omega\cos\varphi + \dfrac{v_x^g}{R}\sec^2\varphi\right)\delta\varphi + \dfrac{v_y^g}{R}\phi_y + \left(\Omega\cos\phi + \dfrac{v_x^g}{R}\right)\phi_x + \varepsilon_z \end{cases} \tag{10.21}$$

式(10.21)就是指北方位惯导系统的平台姿态误差方程，从等式右边可以看出，造成平台姿态误差的因素大致分为三类：一是由于陀螺漂移的存在，通过空间积分工作状态 1∶1 造成的平台偏移；二是由平台姿态误差角 ϕ_x、ϕ_y、ϕ_z 造成的交叉耦合误差；三是由计算速度及位置误差造成的平台误差。

若平台在静基座条件下工作，则有

$$v_x^g = v_y^g = v_z^g = 0 \tag{10.22}$$

代入式(10.21)，得静基座条件下指北方位惯导系统的平台姿态误差方程：

$$\begin{cases} \dot{\phi}_x = -\dfrac{\delta v_y}{R} - \phi_z\Omega\cos\varphi + \phi_y\Omega\sin\varphi + \varepsilon_x \\ \dot{\phi}_y = \dfrac{\delta v_x}{R} - \Omega\sin\varphi \cdot \delta\varphi - \phi_x\Omega\sin\varphi + \varepsilon_y \\ \dot{\phi}_z = \dfrac{\delta v_x}{R}\tan\varphi + \Omega\cos\varphi\delta\varphi + \phi_x\Omega\cos\varphi + \varepsilon_z \end{cases} \tag{10.23}$$

需要指出的是，在静基座条件下，δv_x、δv_y 和 $\delta\varphi$ 并非不存在。在惯导系统静基座条件下，由于平台姿态误差和加速度计零位误差的存在，加速度计会有输出信号，这些输出信号经过积分计算后会产生速度误差 δv_x，δv_y，因为 $\delta\dot{\varphi}\approx\delta v_y/R$，所以北向速度误差又会造成纬度计算误差 $\delta\varphi$。

10.3.2 速度误差方程

所谓速度误差指的是导航计算机计算的飞机速度与真实速度之差，而描述其变化的微分方程便是速度误差方程。根据速度误差的定义：

$$\begin{cases}\delta v_x = v_{ecx}^{c} - v_{egx}^{g} \\ \delta v_y = v_{ecy}^{c} - v_{egy}^{g}\end{cases} \tag{10.24}$$

其中，v_{ecx}^{c}，v_{ecy}^{c} 是导航计算机计算的飞机相对地球的速度（简写为 v_x^c，v_y^c），对方程两边求导数得

$$\begin{cases}\delta\dot{v}_x = \dot{v}_x^c - \dot{v}_x^g \\ \delta\dot{v}_y = \dot{v}_y^c - \dot{v}_y^g\end{cases} \tag{10.25}$$

根据指北方位惯导系统的力学编排方程，简化右下注脚，并忽略地球曲率半径差异，得

$$\begin{cases}\dot{v}_x^g = f_x^g + \left(2\Omega\sin\varphi + \dfrac{v_x^g}{R}\tan\varphi\right)v_y^g \\ \dot{v}_y^g = f_y^g - \left(2\Omega\sin\varphi + \dfrac{v_x^g}{R}\tan\varphi\right)v_x^g\end{cases} \tag{10.26}$$

导航计算机计算的速度方程为

$$\begin{cases}\dot{v}_x^c = f_x^c + \left(2\Omega\sin\varphi_c + \dfrac{v_x^c}{R}\tan\varphi_c\right)v_y^c \\ \dot{v}_y^c = f_y^c - \left(2\Omega\sin\varphi_c + \dfrac{v_x^c}{R}\tan\varphi_c\right)v_x^c\end{cases} \tag{10.27}$$

如果加速度计的误差表示为综合零位偏差，则加速度计输出给计算机的比力为

$$\begin{aligned}\boldsymbol{f}^c &= \boldsymbol{f}^p + \delta\boldsymbol{f}^p \\ &= \boldsymbol{C}_g^p\boldsymbol{f}^g + \delta\boldsymbol{f}^p\end{aligned} \tag{10.28}$$

其中，$\delta\boldsymbol{f}^p$ 是加速度计综合误差，包括零位偏差、标度因数误差和安装误差，其中零位偏差是主要误差。仅考虑加速度计的水平分量，且仅考虑零位偏差，则有

$$\begin{aligned}\begin{bmatrix}f_x^c \\ f_y^c\end{bmatrix} &= \begin{bmatrix}1 & \phi_z & -\phi_y \\ -\phi_z & 1 & \phi_x\end{bmatrix}\begin{bmatrix}f_x^g \\ f_y^g \\ f_z^g\end{bmatrix} + \begin{bmatrix}\nabla_x \\ \nabla_y\end{bmatrix} \\ &= \begin{bmatrix}f_x^g + \phi_z f_y^g - \phi_y f_z^g + \nabla_x \\ f_y^g - \phi_z f_x^g + \phi_x f_z^g + \nabla_y\end{bmatrix}\end{aligned} \tag{10.29}$$

考虑 $\varphi_c = \varphi + \delta\varphi$，得 $\sin\varphi_c = \sin\varphi + \delta\varphi\cos\varphi$，$\tan\varphi_c = \tan\varphi + \delta\varphi\sec^2\varphi$，将式(10.26)、式(10.27)和式(10.29)代入式(10.24)，忽略高阶小量，得速度误差方程：

$$\begin{cases}\delta\dot{v}_x = \left(2\Omega\sin\varphi + \dfrac{v_x^g}{R}\tan\varphi\right)\delta v_y + v_y^g\left(2\Omega\cos\varphi\,\delta\varphi + \dfrac{v_x^g}{R}\sec^2\varphi\,\delta\varphi + \dfrac{\delta v_x}{R}\tan\varphi\right) + \phi_z f_y^g - \phi_y f_z^g + \nabla_x \\ \delta\dot{v}_y = -\left(2\Omega\sin\varphi + \dfrac{2v_x^g}{R}\tan\varphi\right)\delta v_x - \left(2\Omega\cos\varphi\, v_x^g + \dfrac{(v_x^g)^2}{R}\sec^2\varphi\right)\delta\varphi - \phi_z f_x^g + \phi_x f_z^g + \nabla_y\end{cases}$$

(10.30)

式(10.30)就是指北方位惯导系统的速度误差方程。这是一个变系数微分方程组，一般只能利用计算机进行数值求解，很难求出解析表达式。但是，若在静基座条件下：

$$\begin{cases}v_x^g = v_y^g = v_z^g = 0 \\ f_x^g = f_y^g = 0 \\ f_z^g = g\end{cases}$$

可以得到静基座条件下的速度误差方程：

$$\begin{cases}\delta\dot{v}_x = 2\Omega\sin\varphi\,\delta v_y - \phi_y g + \nabla_x \\ \delta\dot{v}_y = -2\Omega\sin\varphi\,\delta v_x + \phi_x g + \nabla_y\end{cases} \tag{10.31}$$

从式(10.31)可以看出，影响速度误差的因素来自三方面：有害加速度、平台姿态误差及加速度计零位偏差。

10.3.3 位置误差方程

在地球表面附近的导航中一般用经纬度表示位置，指北方位惯导的位置误差是指经度和纬度误差。定义经、纬度误差为

$$\begin{cases}\delta\lambda = \lambda_c - \lambda \\ \delta\varphi = \varphi_c - \varphi\end{cases} \tag{10.32}$$

因为经度变化率可以表示为

$$\dot{\lambda} = \frac{v_x^g}{R}\sec\varphi \tag{10.33}$$

导航计算机计算的经度为

$$\begin{aligned}\dot{\lambda}_c &= \frac{v_x^c}{R}\sec\varphi_c \\ &= \frac{v_x^g + \delta v_x}{R}\sec(\varphi + \delta\varphi) \\ &\approx \frac{v_x^g + \delta v_x}{R}\sec\varphi + \frac{v_x^g}{R}\sec\varphi\tan\varphi\delta\varphi\end{aligned} \tag{10.34}$$

则经度误差方程为

$$\begin{aligned}\delta\dot{\lambda} &= \dot{\lambda}_c - \dot{\lambda} \\ &= \frac{\delta v_x}{R}\sec\varphi + \frac{v_x^g}{R}\sec\varphi\tan\varphi\delta\varphi\end{aligned} \tag{10.35}$$

纬度误差方程为

$$\delta\dot{\varphi} = \dot{\varphi}_c - \dot{\varphi} = \frac{v_y^c}{R} - \frac{v_y^g}{R} = \frac{\delta v_y}{R} \tag{10.36}$$

从式(10.35)可以看出，经度误差主要由东向速度误差 δv_x 和纬度误差 $\delta\varphi$ 引起，而由式(10.36)可以看出纬度误差主要由北向速度误差 δv_y 引起。

10.3.4 静基座条件下指北方位惯导系统的基本误差特性

研究惯导系统的主要误差，必须求相应的微分方程的解，一般情况下，如果不用计算机求数值解，要得到各种误差的解析式是相当困难的，但是通过在静基座条件下的简化情况是可以求得解析式的。指北方位惯导系统静基座条件下的误差方程重写为

$$\begin{cases}\delta\dot{v}_x = 2\Omega\sin\varphi\,\delta v_y - \phi_y g + \nabla_x \\ \delta\dot{v}_y = -2\Omega\sin\varphi\,\delta v_x + \phi_x g + \nabla_y \\ \delta\dot{\lambda} = \dfrac{\delta v_x}{R}\sec\varphi \\ \delta\dot{\varphi} = \dfrac{\delta v_y}{R} \\ \dot{\phi}_x = -\dfrac{\delta v_y}{R} - \phi_z\Omega\cos\varphi + \phi_y\Omega\sin\varphi + \varepsilon_x \\ \dot{\phi}_y = \dfrac{\delta v_x}{R} - \Omega\sin\varphi\,\delta\varphi - \phi_x\Omega\sin\varphi + \varepsilon_y \\ \dot{\phi}_z = \dfrac{\delta v_x}{R}\tan\varphi + \Omega\cos\varphi\,\delta\varphi + \phi_x\Omega\cos\varphi + \varepsilon_z\end{cases} \tag{10.37}$$

从方程(10.37)可以看出，经度误差方程的求解是一个单独过程，只要知道 δv_x，积分一次就可得到 $\delta\lambda$。而且，经度的计算在系统中处于开环状态，而纬度 φ 的运算则处于闭环状态，因为有害加速度和平台指令角速度的计算要用到 φ。平台姿态误差方程和速度误差方程中没有与经度有关的项，而有与纬度有关的项。因此，在求解和分析误差方程时可以不考虑经度误差。因此可以用状态方程的形式将误差方程写为

$$\begin{bmatrix}\delta\dot{v}_x \\ \delta\dot{v}_y \\ \delta\dot{\varphi} \\ \dot{\phi}_x \\ \dot{\phi}_y \\ \dot{\phi}_z\end{bmatrix} = \begin{bmatrix} 0 & 2\Omega\sin\varphi & 0 & 0 & -g & 0 \\ -2\Omega\sin\varphi & 0 & 0 & g & 0 & 0 \\ 0 & 1/R & 0 & 0 & 0 & 0 \\ 0 & -1/R & 0 & 0 & \Omega\sin\varphi & -\Omega\cos\varphi \\ 1/R & 0 & -\Omega\sin\varphi & -\Omega\sin\varphi & 0 & 0 \\ \tan\varphi/R & 0 & \Omega\cos\varphi & \Omega\cos\varphi & 0 & 0 \end{bmatrix} \begin{bmatrix}\delta v_x \\ \delta v_y \\ \delta\varphi \\ \phi_x \\ \phi_y \\ \phi_z\end{bmatrix} + \begin{bmatrix}\nabla_x \\ \nabla_y \\ 0 \\ \varepsilon_x \\ \varepsilon_y \\ \varepsilon_z\end{bmatrix} \tag{10.38}$$

写成状态空间形式：

$$\dot{\boldsymbol{X}}(t) = \boldsymbol{A}\boldsymbol{X}(t) + \boldsymbol{W}(t) \tag{10.39}$$

进行拉氏变换得

$$\begin{cases} s\boldsymbol{X}(s) = \boldsymbol{A}\boldsymbol{X}(s) + \boldsymbol{X}(0) + \boldsymbol{W}(s) \\ \boldsymbol{X}(s) = (sI - \boldsymbol{A})^{-1}[\boldsymbol{X}(0) + \boldsymbol{W}(s)] \end{cases} \tag{10.40}$$

特征方程为

$$
\begin{aligned}
\Delta(s) &= |sI - \boldsymbol{A}| \\
&= (s^2+\Omega^2)\left[(s^2+\omega_s^2)^2 + 4s^2\Omega^2\sin^2\varphi\right] \\
&= 0
\end{aligned}
\tag{10.41}
$$

$\omega_s^2 = g/R$ 为舒勒角频率，则有

$$
\begin{cases}
(s^2+\Omega^2)=0 \\
(s^2+\omega_s^2)^2 + 4s^2\Omega^2\sin^2\varphi = 0
\end{cases}
\tag{10.42}
$$

可以解得系统的两个虚根：

$$s = \pm \mathrm{i}\Omega \tag{10.43}$$

这说明系统存在一个以 Ω 为振荡角频率的自由振荡运动，其振荡周期即为地球自转周期（单位：h）：

$$T = \frac{2\pi}{\Omega} = 24 \tag{10.44}$$

因为 $\omega_s = \sqrt{\dfrac{g}{R}} = 1.24\times10^{-3}/\mathrm{s}$，$\Omega = 7.29\times10^{-5}/\mathrm{s}$，即 $\omega_s \gg \Omega$，所以式(10.42)的第二个方程可以近似分解为

$$[s^2+(\omega_s+\Omega\sin\varphi)^2][s^2+(\omega_s-\Omega\sin\varphi)^2]=0 \tag{10.45}$$

据此可以求出系统的另外 4 个特征根：

$$
\begin{cases}
s_{3,4} = \pm \mathrm{i}(\omega_s + \Omega\sin\varphi) \\
s_{5,6} = \pm \mathrm{i}(\omega_s - \Omega\sin\varphi)
\end{cases}
\tag{10.46}
$$

这 4 个根说明系统中包括频率为 $(\omega_s+\Omega\sin\varphi)$ 和 $(\omega_s-\Omega\sin\varphi)$ 的两种振荡运动，两个频率十分相近，两种振荡运动合在一起将产生差拍现象，即

$$
\begin{aligned}
f(t) &= x_0\sin(\omega_s+\Omega\sin\varphi)t + x_0\sin(\omega_s-\Omega\sin\varphi)t \\
&= 2x_0\cos(\Omega\sin\varphi)t \cdot \sin\omega_s t
\end{aligned}
\tag{10.47}
$$

也就是产生频率为 ω_s 振幅为 $2x_0\cos(\Omega\sin\varphi)t$ 的振荡运动。频率为 ω_s 的振荡叫舒勒振荡，周期为 84.4 min。角频率为 $\omega_f = \Omega\sin\varphi$ 的振荡叫傅科振荡，其周期为

$$\boldsymbol{T}_f = \frac{2\pi}{\Omega\sin\varphi} \tag{10.48}$$

称为傅科周期，它的大小与地理纬度有关。可以看出舒勒周期振荡的幅值受傅科振荡调制。如图 10.3 所示。

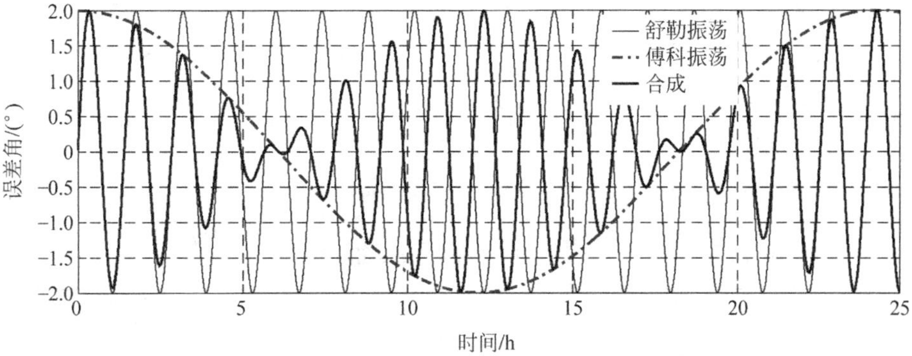

图 10.3 振荡波形

惯导系统出现傅科振荡周期，是由于地球作自转运动，观察者所在地的地面沿天轴以角速度 $\Omega\sin\varphi$ 旋转，而平台的两根水平轴跟踪地理系也以同样的角速度绕其垂直轴旋转。体现在误差方程中，就是速度误差中的 $2\Omega\sin\varphi\delta v_x$ 和 $2\Omega\sin\varphi\delta v_y$ 两项引起傅科周期振荡；如果不考虑这两项，则误差特性中就不再包括傅科周期振荡，此时系统的特征方程为

$$\Delta(s)=(s^2+\Omega^2)(s^2+\omega_s^2)^2=0 \tag{10.49}$$

综上所述，惯导系统的误差包括 3 种振荡：地球周期振荡、舒勒周期振荡和傅科周期振荡。其他力学编排方案的惯导系统也具有这一基本特征。

系统中误差源与误差之间的关系可根据式(10.38)求解，在求解时对误差源分别进行考虑。每一种误差源所产生的误差列入表 10.1～表 10.3 中。

表 10.1 加速度计零位误差和初始纬度误差引起的系统误差

误差源误差	∇_x	∇_y	$\delta\varphi_0$
δv_x	$\frac{\nabla_x}{g}R\omega_s\sin\omega_s t\cos\omega_f t$	$\frac{\nabla_y}{g}R\omega_s\sin\omega_s t\cos\omega_f t$	$\delta\varphi_0 R\Omega\sin\varphi\cdot(\cos\Omega t-\cos\omega_s t\cos\omega_f t)$
δv_y	$-\frac{\nabla_x}{g}R\omega_s\sin\omega_s t\sin\omega_f t$	$\frac{\nabla_y}{g}R\omega_s\sin\omega_s t\cos\omega_f t$	$-\delta\varphi_0 R\Omega\sin\Omega t$
$\delta\varphi$	$\frac{\nabla_x}{g}\cos\omega_s t\sin\omega_f t$	$\frac{\nabla_y}{g}(1-\cos\omega_s t\cos\omega_f t)$	$\delta\varphi_0\cos\Omega t$
$\delta\lambda$	$\frac{\nabla_x}{g}\sec\varphi(1-\cos\omega_s t\cos\omega_f t)$	$-\frac{\nabla_y}{g}\sec\varphi\cos\omega_s t\sin\omega_f t$	$\delta\varphi_0\tan\varphi\sin\Omega t$
ϕ_x	$-\frac{\nabla_x}{g}\cos\omega_s t\sin\omega_f t$	$-\frac{\nabla_y}{g}(1-\cos\omega_s t\sin\omega_f t)$	$\frac{\delta\varphi_0}{\omega_s}\Omega\sin\varphi\sin\omega_s t\sin\omega_f t$
ϕ_y	$-\frac{\nabla_x}{g}(1-\cos\omega_s t\cos\omega_f t)$	$-\frac{\nabla_y}{g}\cos\omega_s t\sin\omega_f t$	$-\frac{\delta\varphi_0}{\omega_s}\Omega\cos\varphi\sin\omega_s t\cos\omega_f t$
ϕ_z	$\frac{\nabla_x}{g}\tan\varphi(1-\cos\omega_s t\cos\omega_f t)$	$-\frac{\nabla_y}{g}\sec\varphi\cos\omega_s t\sin\omega_f t$	$\delta\varphi_0\sec\varphi\sin\Omega t$

表 10.2 初始姿态误差引起的系统误差

误差源误差	ϕ_{x0}	ϕ_{y0}	ϕ_{z0}
δv_x	$\phi_{x0}R\omega_s\cos\omega_s t\sin\omega_f t$	$-\phi_{y0}R\omega_s\cos\omega_s t\cos\omega_f t$	$\phi_{z0}R\Omega\cos\varphi(\sin\varphi\sin\Omega t+\cos\omega_s t\sin\omega_f t)$
δv_y	$\phi_{x0}R\omega_s\sin\omega_s t\cos\omega_f t$	$\phi_{y0}R\omega_s\sin\omega_s t\sin\omega_f t$	$\phi_{z0}R\Omega\cos\varphi\cdot(\cos\omega_s t\sin\omega_f t-\cos\Omega t)$
$\delta\varphi$	$\phi_{x0}(\cos\Omega t-\cos\omega_s t\cos\omega_f t)$	$\phi_{y0}(\sin\varphi\sin\Omega t-\cos\omega_s t\sin\omega_f t)$	$-\phi_{z0}\cos\varphi(\sin\Omega t-\frac{\Omega}{\omega_s}\sin\omega_s t\cos\omega_f t)$
$\delta\lambda$	$\phi_{x0}\tan\varphi(\sin\Omega t-\sec\varphi\sin\omega_s t\cos\omega_f t)$	$\phi_{y0}\sin\varphi\tan\varphi(1-\cos\Omega t)-\sec\varphi(1-\cos\omega_s t\cos\omega_f t)$	$-\phi_{z0}\sin\varphi(1-\cos\Omega t)$
ϕ_x	$\phi_{x0}\cos\omega_s t\cos\omega_f t$	$\phi_{y0}\cos\omega_s t\sin\omega_f t$	$-\frac{\phi_{z0}}{\omega_s}\Omega\cos\varphi\sin\omega_s t\cos\omega_f t$
ϕ_y	$-\phi_{x0}\cos\omega_s t\sin\omega_f t$	$\phi_{y0}\cos\omega_s t\cos\omega_f t$	$\frac{\phi_{z0}}{\omega_s}\Omega\cos\varphi\sin\omega_s t\sin\omega_f t$
ϕ_z	$\phi_{x0}\sec\varphi(\sin\Omega t-\sin\varphi\cos\omega_s t\sin\omega_f t)$	$\phi_{y0}\tan\varphi(\cos\omega_s t\cos\omega_f t-\cos\Omega t)$	$\phi_{z0}\cos\Omega t$

表 10.3　陀螺漂移引起的系统误差

误差源误差	ε_x	ε_y	ε_z
δv_x	$\varepsilon_x R(\sin\varphi\sin\Omega t-\cos\omega_s t\sin\omega_f t)$	$\varepsilon_y R\sin^2\varphi(1-\cos\Omega t)-(1-\cos\omega_s t\cos\omega_f t)$	$-\varepsilon_z R\sin\varphi\cos\varphi\cdot(1-\cos\Omega t)$
δv_y	$\varepsilon_x R(\cos\Omega t-\cos\omega_s t\cos\omega_f t)$	$\varepsilon_y R(\sin\varphi\sin\Omega t-\cos\omega_s t\sin\omega_f t)$	$\varepsilon_z R\cos\varphi\cdot\left(\frac{\Omega}{\omega_s}\sin\omega_s t\cos\omega_f t-\sin\Omega t\right)$
$\delta\varphi$	$\frac{\varepsilon_x}{\Omega}\sin\Omega t-\frac{1}{\omega_s}\sin\omega_s t\cos\omega_f t$	$\frac{\varepsilon_y}{\Omega}\sin\varphi(1-\cos\Omega t)$	$-\frac{\varepsilon_z}{\Omega}\cos\varphi(1-\cos\Omega t)$
$\delta\lambda$	$\varepsilon_x\sec\varphi\cdot\left(\frac{\sin\varphi}{\Omega}(1-\cos\Omega t)-\frac{1}{\omega_s}\sin\omega_s t\sin\omega_f t\right)$	$\varepsilon_y\left(-t\cos\varphi-\frac{1}{\Omega}\sin\varphi\tan\varphi\sin\Omega t+\frac{1}{\omega_s}\sec\varphi\sin\omega_s t\cos\omega_f t\right)$	$-\varepsilon_z\sin\varphi\left(t-\frac{1}{\Omega}\sin\Omega t\right)$
ϕ_x	$\frac{\varepsilon_x}{\omega_s}\sin\omega_s t\cos\omega_f t$	$\frac{\varepsilon_y}{\omega_s}\sin\omega_s t\sin\omega_f t$	$-\frac{\varepsilon_z}{\omega_s^2}\Omega\cos\varphi(\cos\Omega t-\cos\omega_s t\cos\omega_f t)$
ϕ_y	$-\frac{\varepsilon_x}{\omega_s}\sin\omega_s t\sin\omega_f t$	$\frac{\varepsilon_y}{\omega_s}\sin\omega_s t\cos\omega_f t$	$\frac{\varepsilon_z}{\omega_s^2}\Omega\cos\varphi\cos\omega_s t\sin\omega_f t$
ϕ_z	$\frac{\varepsilon_x}{\Omega}\sec\varphi(1-\cos\Omega t)-\frac{\varepsilon_x}{\omega_s}\tan\varphi\sin\omega_s t\sin\omega_f t$	$-\frac{\varepsilon_y}{\Omega}\tan\varphi\sin\Omega t-\frac{\varepsilon_y}{\omega_s}\sin\omega_s t\cos\omega_f t$	$\frac{\varepsilon_z}{\Omega}\sin\Omega t$

从表 10.1～表 10.3 中可以看出，东向加速度计零位误差引起 $\delta\lambda$、ϕ_y 和 ϕ_z 的常值偏差，产生的其他误差都是振幅被傅科周期调制的舒勒周期振荡；而北向加速度计零位误差则产生 $\delta\phi$ 和 ϕ_x 的常值误差，产生的其他误差都是振荡的。初始条件误差 ϕ_{y0} 和 ϕ_{z0} 引起常值经度误差，其他误差都是振荡的。北向和方位陀螺漂移 ε_y、ε_z 除产生常值的东向速度误差 δv_x 和纬度误差 $\delta\phi$ 外，还产生随时间增长的经度误差 $\delta\lambda$；东向陀螺漂移引起常值的方位误差 ϕ_z 和经度误差 $\delta\lambda$，而其他误差都是振荡的。由此可见，北向陀螺漂移和方位陀螺漂移对系统误差的影响要比东向陀螺漂移大。但是东向陀螺漂移直接影响方位对准精度，而 ϕ_{z0} 又产生经度误差，因此可以说，3 个陀螺漂移的大小都是决定系统精度的关键因素。需要特别注意的是，有些误差虽然从性质上来说是振荡的，但因振荡周期很长，远远大于系统一次工作时间，此时，在系统工作期间，误差是随时间增长的，如：

$$\phi_z=\frac{\varepsilon_z}{\Omega}\sin\Omega t \tag{10.50}$$

振荡周期是 24 h。显然，在工作几小时的期间内，ϕ_z 是随时间增长的。

10.4 捷联惯导系统的误差分析

同平台式惯导系统一样，捷联惯导系统的误差方程同样包括姿态误差方程、速度误差方程和位置误差方程。由于捷联惯导系统的姿态角是通过姿态矩阵(数学平台，即由导航计算机来完成机械平台的功能)计算出来的，故其姿态误差方程实际上就是数学平台的误差方程。

10.4.1 主要误差源

在捷联惯导系统中，由于惯性元件直接安装在机体上，机体的动态环境，特别是机体的角运动干扰直接影响惯性元件，因此惯性元件的动态误差要比平台式惯导系统大得多，必须加以补偿。另外，由于采用了数学平台，所以从计算误差的角度来看，捷联惯导系统多了数学平台的计算误差。

捷联惯导系统的主要误差源，一般考虑如下几种。

(1) 惯性元件的安装误差和标度因数误差。

(2) 陀螺漂移和加速度计零位偏差。

(3) 初始条件误差，包括导航位置参数和姿态航向的初始误差。

(4) 计算误差，主要考虑数学平台的计算误差。

(5) 机体角运动所引起的动态误差。

同平台式惯导系统相比，捷联惯导系统增加了数学平台计算误差和机体角运动引起的动态误差这两个主要误差源。

10.4.2 惯性元件的误差补偿

为了提高捷联惯导系统的导航精度，不是把加速度计和陀螺测得的原始数据直接送给导航计算机，而是作为导航位置和姿态计算的精确信息，首先经过误差补偿后才送给计算机。

加速度计和陀螺仪的误差补偿，根据其动、静态误差模型进行试验、测试和理论分析以确定误差模型中各系数的值。通过分析计算及测试后，就能把有规律的、有系统的误差及随机误差求出来，并从仪表测出的原始数据中补偿掉，这就是捷联惯导系统中惯性元件动静态误差补偿技术。实践证明，动静态误差补偿可以大大提高惯性元件的精度，从而提高系统的导航精度。因此对惯性元件进行误差补偿是实现高精度导航的决定性措施。加速度计与陀螺误差补偿原理如图 10.4 所示。

图 10.4 中，$\boldsymbol{f}_{ib}^{b'}$、$\boldsymbol{\omega}_{ib}^{b'}$为飞行器相对惯性空间的加速度及角速度；$\tilde{\boldsymbol{f}}_{ib}^{b}$、$\tilde{\boldsymbol{\omega}}_{ib}^{b}$ 为加速度计及陀螺的原始测量值；$\boldsymbol{f}_{ib}^{b}$、$\boldsymbol{\omega}_{ib}^{b}$ 为误差补偿后加速度计及陀螺的测量值；$\delta\boldsymbol{f}$、$\delta\boldsymbol{\omega}$ 为误差模型输出的加速度计及陀螺测量误差的估计值。

10.4.3 误差方程

捷联惯导系统的误差方程也包括姿态误差方程、速度误差方程和位置误差方程。推导

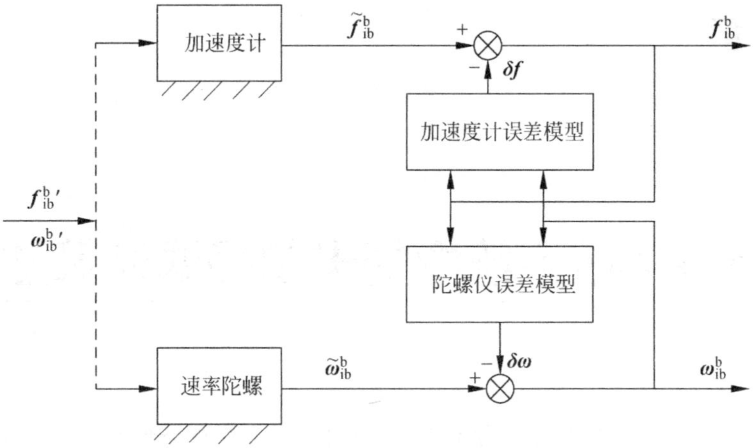

图 10.4 加速度计与陀螺误差补偿原理

思路和平台式惯导系统类似，经过推导可以得到与平台式惯导系统误差方程类似的捷联惯导系统误差方程。

10.5 小结

本章讨论了平台式惯导系统的误差特性，首先介绍了惯导系统的误差源，其次介绍了误差分析中需要用到的坐标系，最后以指北方位惯导系统为例，重点分析了姿态误差方程、速度误差方程和位置误差方程，并对静基座条件下的误差特性进行了分析。

习题

10.1 平台式惯导系统的误差源有哪些？

10.2 平台式惯导系统的姿态误差和速度误差是如何定义的？

10.3 惯导系统的误差包含哪些振荡？

第11章

惯性导航系统中的卡尔曼滤波算法

惯性导航系统输出的导航参数存在多种随机误差，如何最大限度地去除各种随机干扰，得到更高精度的导航参数，如何将多种导航系统的信息进行高效融合，以实现各导航系统间的优势互补，是需要着重解决的问题。卡尔曼滤波作为一种最优状态估计算法，可以应用于受随机干扰的动态系统的状态估计。准确地说，卡尔曼滤波算法能够根据实时获得的受到各种干扰的观测数据，对系统状态进行最优估计，该算法最先在惯性导航领域得到非常成功的应用，并且在工业、军事、经济等领域也得到了广泛的应用。本章将介绍卡尔曼滤波及其发展的基本理论。

11.1 卡尔曼滤波的估计准则

在工程技术问题中，为了了解工程对象（滤波中称为系统）的各个物理量（滤波中称为状态）的确切数值，或为了达到对工程对象进行控制的目的，必须利用测量仪器对系统进行测量。但是测量得到的数据常常存在两个问题：一是测量数据中有随机误差（通常称为测量噪声）；二是测量手段有限，不可能总是对所有需要了解的状态都进行测量。估计就是解决上述问题的一种方法。它能将测量得到的有关部分状态的数据进行计算处理，得出在某种统计意义上误差最小的更多状态的估值。因此，这种方法也称为最优估计。误差最小的标准常称为估计准则。根据不同的估计准则和估计计算方法，有不同的最优估计。卡尔曼滤波是一种递推线性最小方差估计。

设系统的 n 维随机状态矢量为 $\boldsymbol{X}$，m 维随机测量矢量为 $\boldsymbol{Z}$，$\hat{\boldsymbol{X}}(\boldsymbol{Z})$ 为根据 $\boldsymbol{Z}$ 计算得到的 $\boldsymbol{X}$ 的估计，最小方差估计的估计准则是估计的均方误差最小，即如果定义估计误差为 $\tilde{\boldsymbol{X}}=\boldsymbol{X}-\hat{\boldsymbol{X}}(\boldsymbol{Z})$，则最小方差估计为

$$J=E(\tilde{\boldsymbol{X}}^{\mathrm{T}}\tilde{\boldsymbol{X}})=\min \tag{11.1}$$

其中，$E\{*\}$ 为求期望。最小方差估计具有无偏性，即

$$E(\tilde{\boldsymbol{X}})=0 \tag{11.2}$$

这样估计的均方误差就是估计误差的方差，即

$$E\{\tilde{\boldsymbol{X}}^{\mathrm{T}}\tilde{\boldsymbol{X}}\}=E\{[\tilde{\boldsymbol{X}}-E(\tilde{\boldsymbol{X}})]^{\mathrm{T}}[\tilde{\boldsymbol{X}}-E(\tilde{\boldsymbol{X}})]\} \tag{11.3}$$

因此，最小方差估计不但使估计值 $\hat{\boldsymbol{X}}(\boldsymbol{Z})$ 的均方误差最小，而且其均方误差就是估计值

的误差的方差，这也是最小方差估计这一名称的由来。

如果将估计值 $\hat{\boldsymbol{X}}(\boldsymbol{Z})$规定为测量矢量 $\boldsymbol{Z}$ 的线性函数，即

$$\hat{\boldsymbol{X}}(\boldsymbol{Z})=\boldsymbol{AZ}+\boldsymbol{b} \tag{11.4}$$

其中，$\boldsymbol{A}$ 和 $\boldsymbol{b}$ 分别为 $n\times m$ 阶的矩阵和 n 维的矢量。$\boldsymbol{A}$ 和 $\boldsymbol{b}$ 的元素按式(11.1)的准则来求取，则这样的估计方法称为线性最小方差估计。这种估计只需要被估计量 $\boldsymbol{X}$ 和测量值 $\boldsymbol{Z}$ 的一、二阶统计特性，所以比最小方差估计实用。需要指出的是，此估计的估计精度一般低于最小方差估计。

11.2 卡尔曼滤波原理

1960 年由卡尔曼(R. E. Kalman)首次提出的卡尔曼滤波是一种线性最小方差估计，卡尔曼滤波具有如下特点。

(1) 算法是递推的，且使用状态空间法在时域设计滤波器，所以卡尔曼滤波适用于多维随机过程的估计。

(2) 采用动力学方程即状态方程描述被估计量的动态变化规律，被估计量的动态统计信息由激励白噪声的统计信息和动力学方程确定。由于激励白噪声是平稳过程，动力学方程已知，所以被估计量既可以是平稳的，也可以是非平稳的，即卡尔曼滤波也适用于非平稳过程。

(3) 卡尔曼滤波具有连续型和离散型两种算法，离散型算法可直接在数字计算机上实现。

正是由于上述特点，卡尔曼滤波理论一经提出立即受到了工程应用界的重视。卡尔曼滤波理论作为一种最重要的最优估计理论被广泛应用于各个领域。

卡尔曼滤波是从观测量中估计出所需信号的一种滤波算法，它把状态空间的概念引入到随机估计理论中，把信号过程视为白噪声作用下的一个线性系统的输出，用状态方程来描述这种输入—输出关系，估计过程中利用系统状态方程、观测方程和系统噪声与观测噪声的统计特性构成滤波算法。

11.2.1 连续系统的卡尔曼滤波

连续卡尔曼滤波是根据连续时间过程中的观测值，采用求解矩阵微分方程的方法估计系统状态变量的时间连续值 $\boldsymbol{Z}$。连续系统的状态方程为

$$\dot{\boldsymbol{X}}(t)=\boldsymbol{F}(t)\boldsymbol{X}(t)+\boldsymbol{G}(t)\boldsymbol{w}(t) \tag{11.5}$$

其中，$\boldsymbol{F}$ 为 $n\times n$ 维系统矩阵；$\boldsymbol{X}$ 为 n 维状态列向量；$\boldsymbol{G}$ 为 $n\times r$ 维系统噪声矩阵；$\boldsymbol{w}$ 为 r 维连续型系统零均值白噪声向量。

观测方程为

$$\boldsymbol{Z}(t)=\boldsymbol{H}(t)\boldsymbol{X}(t)+\boldsymbol{v}(t) \tag{11.6}$$

其中，$\boldsymbol{Z}$ 为 m 维量测向量；$\boldsymbol{H}$ 为 $m\times n$ 维量测矩阵；$\boldsymbol{v}$ 为 m 维连续型零均值量测白噪声向量。$\boldsymbol{X}(0)$、$\boldsymbol{w}$ 和 $\boldsymbol{v}$ 互相独立，它们的协方差矩阵分别为

$$
\begin{cases}
\boldsymbol{E}\{\boldsymbol{w}(t)\boldsymbol{v}^{\mathrm{T}}(\tau)\}=0\\
\boldsymbol{E}\{\boldsymbol{w}(t)\boldsymbol{w}^{\mathrm{T}}(\tau)\}=\boldsymbol{Q}(t)\delta(t-\tau)\\
\boldsymbol{E}\{\boldsymbol{v}(t)\boldsymbol{v}^{\mathrm{T}}(\tau)\}=\boldsymbol{R}(t)\delta(t-\tau)
\end{cases}
\tag{11.7}
$$

其中,$\boldsymbol{Q}$ 是连续系统的系统噪声方差强度矩阵,为对称非负定矩阵;$\delta(t-\tau)$是 Diracδ 函数;$\boldsymbol{R}$ 是量测噪声方差强度矩阵,为对称正定矩阵。

$\boldsymbol{X}(t)$的初始状态 $\boldsymbol{X}(t_0)$是一个随机变量,假定 $\boldsymbol{X}(t_0)$的一、二阶统计特性,即数学期望 $\boldsymbol{E}\{\boldsymbol{X}(t_0)\}=m_0$ 和方差矩阵 $\boldsymbol{E}\{[\boldsymbol{X}(t_0)-\boldsymbol{m}_0][\boldsymbol{X}(t_0)-\boldsymbol{m}_0]^{\mathrm{T}}\}=\boldsymbol{P}(t_0)$都已知。从时间 $t=t_0$ 开始得到观测值 $\boldsymbol{Z}(t)$,要求找出 $\boldsymbol{X}(t)$的最优估计,连续系统卡尔曼滤波基本方程如下:

$$
\begin{cases}
\dot{\hat{\boldsymbol{X}}}(t)=\boldsymbol{F}(t)\hat{\boldsymbol{X}}(t)+\boldsymbol{K}(t)[\boldsymbol{Z}(t)-\boldsymbol{H}(t)\hat{\boldsymbol{X}}(t)]\\
\boldsymbol{K}(t)=\boldsymbol{P}(t)\boldsymbol{H}^{\mathrm{T}}(t)\boldsymbol{R}^{-1}(t)\\
\dot{\boldsymbol{P}}(t)=\boldsymbol{P}(t)\boldsymbol{F}^{\mathrm{T}}(t)+\boldsymbol{F}(t)\boldsymbol{P}(t)-\boldsymbol{P}(t)\boldsymbol{H}^{\mathrm{T}}(t)\boldsymbol{R}^{-1}\boldsymbol{H}(t)\boldsymbol{P}(t)+\boldsymbol{G}(t)\boldsymbol{Q}(t)\boldsymbol{G}^{\mathrm{T}}(t)
\end{cases}
\tag{11.8}
$$

其中,$\hat{\boldsymbol{X}}$ 是 $\boldsymbol{X}$ 的估计值;$\boldsymbol{K}$ 是滤波增益矩阵;$\boldsymbol{P}$ 是估计误差协方差矩阵。

但是由于连续型卡尔曼滤波根据连续时间过程中的量测值,采用求解矩阵微分方程的方法估计系统状态变量的时间连续值,因此算法失去递推性。

11.2.2 离散系统的卡尔曼滤波

虽然很多实际物理系统都是连续系统,但在计算机中处理的都是数字化的离散系统,而且离散卡尔曼滤波可以递推实现,也不需要存储大量的中间状态和估计值,在工程上得到了广泛的应用,所以实际应用中常常将连续系统离散化。

设随机线性离散系统的方程为

$$
\begin{cases}
\boldsymbol{X}_k=\boldsymbol{\Phi}_{k,k-1}\boldsymbol{X}_{k-1}+\boldsymbol{\Gamma}_{k,k-1}\boldsymbol{W}_{k-1}\\
\boldsymbol{Z}_k=\boldsymbol{H}_k\boldsymbol{X}_k+\boldsymbol{V}_k
\end{cases}
\tag{11.9}
$$

其中,$\boldsymbol{X}_k$ 为 k 时刻的 n 维状态向量;$\boldsymbol{\Phi}_{k,k-1}$ 为 $k-1$ 到 k 时刻的 $n\times n$ 维系统转移矩阵;$\boldsymbol{\Gamma}_{k,k-1}$ 为 $n\times r$ 阶系统噪声驱动矩阵;$\boldsymbol{W}_{k-1}$ 为 $k-1$ 时刻加在系统上的 r 维系统激励噪声序列;$\boldsymbol{Z}_k$ 为 k 时刻的 m 维量测向量;$\boldsymbol{H}_k$ 为 k 时刻的 $m\times n$ 维量测矩阵;$\boldsymbol{V}_k$ 为 k 时刻的 m 维零均值量测白噪声向量。

关于系统过程噪声和观测噪声的统计特性,做如下的假定:

$$
\begin{cases}
\boldsymbol{E}\{\boldsymbol{W}_k\}=0\\
\boldsymbol{E}\{\boldsymbol{V}_k\}=0\\
\boldsymbol{E}\{\boldsymbol{W}_k\boldsymbol{W}_j^{\mathrm{T}}\}=\boldsymbol{Q}_k\delta_{kj}\\
\boldsymbol{E}\{\boldsymbol{V}_k\boldsymbol{V}_j^{\mathrm{T}}\}=\boldsymbol{R}_k\delta_{kj}\\
\delta_{kj}=\begin{cases}1, & k=j\\ 0, & k\neq j\end{cases}
\end{cases}
\tag{11.10}
$$

其中,$\boldsymbol{Q}_k$ 为离散系统噪声序列的方差矩阵,假设为非负定矩阵;δ_{kj} 是 Kronecker δ 函数;$\boldsymbol{R}_k$ 为离散系统量测噪声序列的方差矩阵,假设为正定矩阵。卡尔曼滤波中要求 $\boldsymbol{X}_0$,$\{\boldsymbol{W}_k\}$

和$\{\boldsymbol{V}_k\}$互不相关，即

$$\begin{cases}\boldsymbol{E}\{\boldsymbol{X}_0\}=m_{x0}\\ \boldsymbol{E}\{[\boldsymbol{X}_0-m_{x0}][\boldsymbol{X}_0-m_{x0}]^{\mathrm{T}}\}=P_0\\ \boldsymbol{E}\{\boldsymbol{X}_0\boldsymbol{W}_k^{\mathrm{T}}\}=0\\ \boldsymbol{E}\{\boldsymbol{X}_0\boldsymbol{V}_k^{\mathrm{T}}\}=0\\ \boldsymbol{E}\{\boldsymbol{W}_k\boldsymbol{V}_j^{\mathrm{T}}\}=0\end{cases}\tag{11.11}$$

其中，m_{x0} 和 $\boldsymbol{P}_0$ 分别是 $\boldsymbol{X}$ 的初始值和初始方差矩阵。

下面直接给出随机线性离散系统基本卡尔曼滤波方程，如果被估计状态 $\boldsymbol{X}_k$ 和对 $\boldsymbol{X}_k$ 的观测 $\boldsymbol{Z}_k$ 满足式(11.9)的约束，系统噪声的统计特性满足式(11.10)的假设，则 $\boldsymbol{X}_k$ 的估计 $\hat{\boldsymbol{X}}_k$ 可以按照方程(11.12)～方程(11.17)求解。

1. 状态一步预测方程

$$\hat{\boldsymbol{X}}_{k,k-1}=\boldsymbol{\Phi}_{k,k-1}\hat{\boldsymbol{X}}_{k-1}\tag{11.12}$$

$\hat{\boldsymbol{X}}_{k-1}$ 是 $k-1$ 时刻系统状态 $\boldsymbol{X}_{k-1}$ 的卡尔曼滤波估计值，是利用 $k-1$ 时刻和以前时刻的测量值计算得到的。$\hat{\boldsymbol{X}}_{k,k-1}$ 是利用 $k-1$ 时刻的估计值 $\hat{\boldsymbol{X}}_{k-1}$ 对 k 时刻系统状态的一步预测。从状态方程可以看出，在不知道系统噪声的条件下，$\boldsymbol{X}_k$ 的最佳一步预测就是按式(11.12)计算得到的值。

2. 状态估计值计算方程

$$\hat{\boldsymbol{X}}_k=\hat{\boldsymbol{X}}_{k,k-1}+\boldsymbol{K}_k(\boldsymbol{Z}_k-\boldsymbol{H}_k\hat{\boldsymbol{X}}_{k,k-1})\tag{11.13a}$$

式(11.13a)是在一步预测 $\hat{\boldsymbol{X}}_{k,k-1}$ 的基础上，根据测量值 $\boldsymbol{Z}_k$ 计算估计值 $\hat{\boldsymbol{X}}_k$，式中括号内的内容可以根据测量方程改写为

$$\begin{aligned}\boldsymbol{Z}_k-\boldsymbol{H}_k\hat{\boldsymbol{X}}_{k,k-1}&=\boldsymbol{H}_k\boldsymbol{X}_k+\boldsymbol{V}_k-\boldsymbol{H}_k\hat{\boldsymbol{X}}_{k,k-1}\\ &=\boldsymbol{H}_k\tilde{\boldsymbol{X}}_{k,k-1}+\boldsymbol{V}_k\end{aligned}\tag{11.13b}$$

其中，$\tilde{\boldsymbol{X}}_{k,k-1}=\boldsymbol{X}_k-\hat{\boldsymbol{X}}_{k,k-1}$ 为一步预测误差。如果把 $\boldsymbol{H}_k\hat{\boldsymbol{X}}_{k,k-1}$ 看成测量值 $\boldsymbol{Z}_k$ 的一步预测，则 $\boldsymbol{Z}_k-\boldsymbol{H}_k\hat{\boldsymbol{X}}_{k,k-1}$ 就是测量值 $\boldsymbol{Z}_k$ 的一步预测误差。它由两部分组成，一部分是状态一步预测 $\hat{\boldsymbol{X}}_{k,k-1}$ 的误差 $\tilde{\boldsymbol{X}}_{k,k-1}$，(以 $\boldsymbol{H}_k\tilde{\boldsymbol{X}}_{k,k-1}$ 的形式出现)，一部分是测量误差 $\boldsymbol{V}_k$。$\boldsymbol{Z}_k-\boldsymbol{H}_k\hat{\boldsymbol{X}}_{k,k-1}$ 包含了测量值带来的新信息，可以用来在一步预测基础上进行状态估计，所以称为新息。式(11.13)就是通过对新息进行计算，把 $\tilde{\boldsymbol{X}}_{k,k-1}$ 估计出来，并加到 $\hat{\boldsymbol{X}}_{k,k-1}$ 中，从而得到估计值 $\hat{\boldsymbol{X}}_k$，$\boldsymbol{K}_k$ 称为卡尔曼滤波增益矩阵。

3. 一步预测均方误差方程

$$\boldsymbol{P}_{k,k-1}=\boldsymbol{\Phi}_{k,k-1}\boldsymbol{P}_{k-1}\boldsymbol{\Phi}_{k-1}^{\mathrm{T}}+\boldsymbol{\Gamma}_{k-1}\boldsymbol{Q}_{k-1}\boldsymbol{\Gamma}_{k-1}^{\mathrm{T}}\tag{11.14}$$

$\boldsymbol{P}_{k-1}$ 是估计值 $\hat{\boldsymbol{X}}_{k-1}$ 的均方误差矩阵，即 $\boldsymbol{P}_{k-1}=E\{\tilde{\boldsymbol{X}}_{k-1}\tilde{\boldsymbol{X}}_{k-1}^{\mathrm{T}}\}$，其中 $\tilde{\boldsymbol{X}}_{k-1}=\boldsymbol{X}_{k-1}-$

$\hat{\boldsymbol{X}}_{k-1}$ 为 $\hat{\boldsymbol{X}}_{k-1}$ 的估计误差。从式(11.14)可以看出，一步预测均方误差阵 $\boldsymbol{P}_{k,k-1}$ 是从估计均方误差矩阵 $\boldsymbol{P}_{k-1}$ 转移来的，并且加上了系统噪声方差的影响。

4. 滤波增益方程

$$\boldsymbol{K}_k=\boldsymbol{P}_{k,k-1}\boldsymbol{H}_k^{\mathrm{T}}(\boldsymbol{H}_k\boldsymbol{P}_{k,k-1}\boldsymbol{H}_{kk}^{\mathrm{T}}+\boldsymbol{R}_k)^{-1} \tag{11.15}$$

滤波增益矩阵 $\boldsymbol{K}_k$ 的选取标准就是卡尔曼滤波的估计准则，也就是使估计值 $\hat{\boldsymbol{X}}_k$ 的均方误差矩阵最小，式(11.15)中 $\boldsymbol{P}_{k,k-1}$ 是式(11.14)中的一步预测均方误差矩阵，$\boldsymbol{H}_k\boldsymbol{P}_{k,k-1}\boldsymbol{H}_{kk}^{\mathrm{T}}$ 和 $\boldsymbol{R}_k$ 分别是新息中的 $\boldsymbol{H}_k\widetilde{\boldsymbol{X}}_{k,k-1}$ 和 $\boldsymbol{V}_k$ 的均方矩阵，从式(11.15)可以看出，如果状态和量测都是一维的，则 $\boldsymbol{R}_k$ 越大，$\boldsymbol{K}_k$ 就越小，也就是说测量值的信赖和利用的程度小。

5. 估计均方误差方程

$$\boldsymbol{P}_k=(1-\boldsymbol{K}_k\boldsymbol{H}_k)\boldsymbol{P}_{k,k-1}(1-\boldsymbol{K}_k\boldsymbol{H}_k)^{\mathrm{T}}+\boldsymbol{K}_k\boldsymbol{R}_k\boldsymbol{K}_k^{\mathrm{T}} \tag{11.16}$$

或

$$\boldsymbol{P}_k=(1-\boldsymbol{K}_k\boldsymbol{H}_k)\boldsymbol{P}_{k,k-1} \tag{11.17}$$

式(11.16)和式(11.17)都可以用来计算 $\boldsymbol{P}_k$，式(11.17)的计算量小，但是由于计算机有舍入误差，因此不能始终保证计算出来的 $\boldsymbol{P}_k$ 是对称的；而式(11.16)虽然计算量大，但能保证 $\boldsymbol{P}_k$ 的对称性，因此需根据具体情况和要求来选择。如果把 $\boldsymbol{K}_k$ 理解成滤波估计的具体体现，则这两个方程都说明 $\boldsymbol{P}_k$ 是在 $\boldsymbol{P}_{k,k-1}$ 的基础上经过滤波估计而演变过来的。从式(11.17)更可直接看出，由于滤波估计的作用，$\hat{\boldsymbol{X}}_k$ 的均方误差矩阵 $\boldsymbol{P}_k$ 比 $\hat{\boldsymbol{X}}_{k,k-1}$ 的均方误差矩阵 $\boldsymbol{P}_{k,k-1}$ 小。$\boldsymbol{P}_k$ 的对角线各元素之和称为 $\boldsymbol{P}_k$ 阵的迹，为各个状态估计值误差方差之和，它是滤波器估计性能好坏的主要表征。

式(11.12)与式(11.14)合称为时间更新方程，其他的方程称为测量更新方程。式(11.12)～式(11.17)构成了卡尔曼滤波方程，说明了从得到测量值到计算出状态估计值的过程，可以看出卡尔曼滤波过程除了描述系统和测量的矩阵 $\boldsymbol{\Phi}_{k,k-1}$、$\boldsymbol{H}_k$ 以及噪声方差矩阵 $\boldsymbol{Q}_{k-1}$、$\boldsymbol{R}_k$ 必须已知外，还必须有上一步计算出来的状态估计值 $\hat{\boldsymbol{X}}_{k-1}$ 和估计均方误差阵 $\boldsymbol{P}_{k-1}$。所以卡尔曼滤波是一种递推估计。这就是说，任一时刻的估计值都是在前一时刻估计值的基础上递推得到的。图 11.1 给出了卡尔曼滤波的计算次序，相应的计算流程如图 11.2 所示。

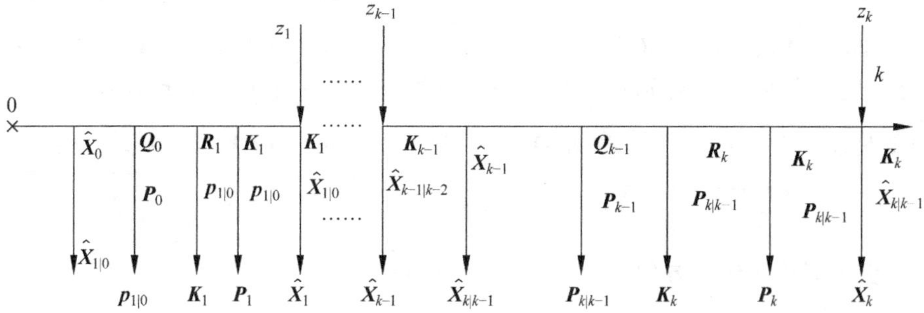

图 11.1　卡尔曼滤波计算次序

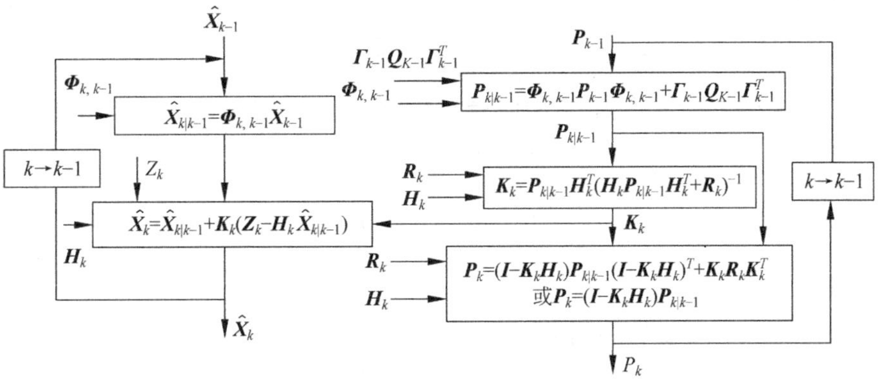

图 11.2　卡尔曼滤波计算流程

从图 11.2 中可以看出，卡尔曼滤波的计算过程由两个递推循环组成：一个是根据 $\boldsymbol{Z}_k$ 和 $\boldsymbol{K}_k$ 由 $\hat{\boldsymbol{X}}_{k-1}$ 计算 $\hat{\boldsymbol{X}}_k$ 的循环，在循环过程中得到的 $\hat{\boldsymbol{X}}_k$ 是滤波器的主要输出量；另一个是从 $\boldsymbol{P}_{k-1}$ 计算 $\boldsymbol{P}_k$ 的循环，这是一个与系统测量值 $\boldsymbol{Z}_k$ 无关的独立循环，在滤波初始值 $\boldsymbol{P}_0$ 确定之后就能进行独立计算，这个循环的主要作用是为计算 $\hat{\boldsymbol{X}}_k$ 提供 $\boldsymbol{K}_k$，而计算出来的 $\boldsymbol{P}_k$ 除了为计算下一步的 $\boldsymbol{K}_{k+1}$ 所用之外，还是衡量滤波器估计性能好坏的主要指标。只要对 $\boldsymbol{P}_k$ 阵的对角线各元素求取平方根，得到的数值就是各个状态估值的误差均方差，也是在统计意义上衡量估计精度的直接依据。尤其需要指出的是，在没有系统测量值的情况下，仍可独立计算 $\boldsymbol{P}_k$ 矩阵，这为分析和设计卡尔曼滤波器，事先了解滤波估计性能提供了可能。

11.2.3　连续卡尔曼滤波方程的离散化处理

离散形式的卡尔曼滤波基本方程只适用于系统方程和量测方程都是离散型的情况。但实际物理系统一般都是连续的，动力学特性用连续微分方程描述。所以使用基本方程之前，必须对系统方程和量测方程做离散化处理。

设描述物理系统动力学特性的系统方程为

$$\dot{\boldsymbol{X}}(t)=\boldsymbol{F}(t)\boldsymbol{X}(t)+\boldsymbol{G}(t)\boldsymbol{w}(t) \tag{11.18}$$

其中，系统由白噪声过程 $\boldsymbol{w}(t)$ 驱动，即

$$\begin{cases}\boldsymbol{E}\{\boldsymbol{w}(t)\}=0\\ \boldsymbol{E}\{\boldsymbol{w}(t)\boldsymbol{w}^{\mathrm{T}}(\tau)\}=\boldsymbol{q}(t)\,\boldsymbol{\delta}(t-\tau)\end{cases} \tag{11.19}$$

其中，$\boldsymbol{q}(t)$ 为 $\boldsymbol{w}(t)$ 的方差强度矩阵。

首先来看一步转移矩阵 $\boldsymbol{\Phi}_{k+1,k}$ 的计算，根据线性系统理论，系统方程的离散化形式为

$$\boldsymbol{X}(t_{k+1})=\boldsymbol{\Phi}(t_{k+1},t_k)\boldsymbol{X}(t_k)+\int_{t_k}^{t_{k+1}}\boldsymbol{\Phi}(t_{k+1},\tau)\boldsymbol{G}(\tau)\boldsymbol{w}(\tau)\mathrm{d}\tau \tag{11.20}$$

其中，一步转移矩阵 $\boldsymbol{\Phi}(t_{k+1},t_k)$ 满足方程(11.21)：

$$\begin{cases}\dot{\boldsymbol{\Phi}}(t,t_k)=\boldsymbol{F}(t)\,\boldsymbol{\Phi}(t,t_k)\\ \boldsymbol{\Phi}(t_k,t_k)=\boldsymbol{I}\end{cases} \tag{11.21}$$

求解方程(11.21),得

$$\boldsymbol{\Phi}(t_{k+1},t_k)=\mathrm{e}^{\int_{t_k}^{t_{k+1}}\boldsymbol{F}(t)\mathrm{d}t} \tag{11.22}$$

当滤波周期 $T(T=t_{k+1}-t_k)$较短时,$\boldsymbol{F}(t)$可近似看作常阵,即

$$\boldsymbol{F}(t)\approx\boldsymbol{F}(t_k)\quad t_k\leqslant t<t_{k+1}$$

此时有

$$\boldsymbol{\Phi}(t_{k+1},t_k)=\mathrm{e}^{T\boldsymbol{F}(t_k)} \tag{11.23}$$

即

$$\boldsymbol{\Phi}_{k+1,k}=\boldsymbol{I}+T\boldsymbol{F}_k+\frac{T^2}{2!}\boldsymbol{F}_k^2+\frac{T^3}{3!}\boldsymbol{F}_k^3+\cdots \tag{11.24}$$

其中,$\boldsymbol{F}_k=\boldsymbol{F}(t_k)$。

等效离散系统噪声方差矩阵的计算:

$$\boldsymbol{Q}_k=\int_{t_k}^{t_{k+1}}\boldsymbol{\Phi}(t_{k+1},t)\boldsymbol{G}(t)\boldsymbol{q}(t)\boldsymbol{G}^{\mathrm{T}}(t)\boldsymbol{\Phi}^{\mathrm{T}}(t_{k+1},t)\mathrm{d}t \tag{11.25}$$

在时间段$[t_k,t_{k+1}]$,取 $G(t)\approx G(t_k)$,并记 $\widetilde{\boldsymbol{Q}}=\boldsymbol{G}(t_k)\boldsymbol{q}(T)\boldsymbol{G}^{\mathrm{T}}(t_k)$,则

$$\begin{aligned}\boldsymbol{Q}_k&=\int_{t_k}^{t_{k+1}}\boldsymbol{\Phi}(t_{k+1},t)\widetilde{\boldsymbol{Q}}\boldsymbol{\Phi}^{\mathrm{T}}(t_{k+1},t)\mathrm{d}t\\&=\sum_{i=0}^{N-1}\int_{t_k+i\Delta T}^{t_k+(i+1)\Delta T}\boldsymbol{\Phi}(t_{k+1},t)\widetilde{\boldsymbol{Q}}\boldsymbol{\Phi}^{\mathrm{T}}(t_{k+1},t)\mathrm{d}t\end{aligned} \tag{11.26}$$

经推导得出 $\boldsymbol{Q}_k$ 的近似公式:

$$\boldsymbol{Q}_k=T\widetilde{\boldsymbol{Q}} \tag{11.27}$$

11.2.4 仿真分析

假设用万用表测量一个系统的 5 V 电压,由于系统干扰,电压本身存在一定的不确定性,测量的万用表也存在一定的测量误差。根据多次的测量结果来估计系统电压。测量结果如图 11.3 所示。

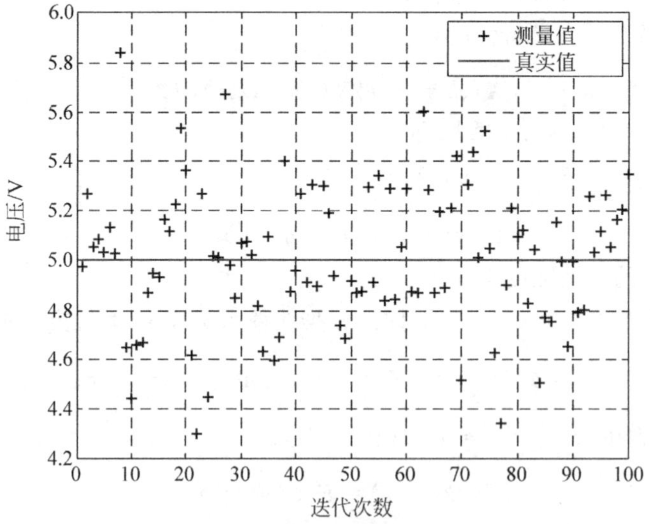

图 11.3 电压的真实值及 100 次测量值

虽然此问题可以用最小二乘等方法来解决，但是最小二乘需要存储所有的数据，在估计时同时处理，计算量较大，运用卡尔曼滤波可以每获得一个测量值就进行一次估计。为了应用卡尔曼滤波，首先需要建立系统模型和量测模型：

$$\begin{cases} X_k = X_{k-1} + W_{k-1} \\ Z_k = X_k + V_k \end{cases} \tag{11.28}$$

卡尔曼滤波的初始条件为 $X_0 = 0$，$P_0 = 1$，噪声统计特性为 $R = (0.3)^2$，$Q = 10^{-6}$。应用卡尔曼滤波算法可以得到系统电压的估计结果，如图 11.4 所示，卡尔曼滤波增益和状态估计均方根误差如图 11.5 所示。

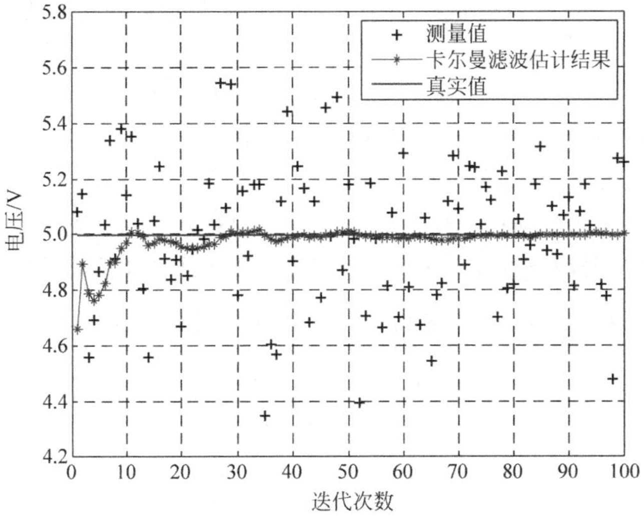

图 11.4　系统电压的卡尔曼滤波估计结果

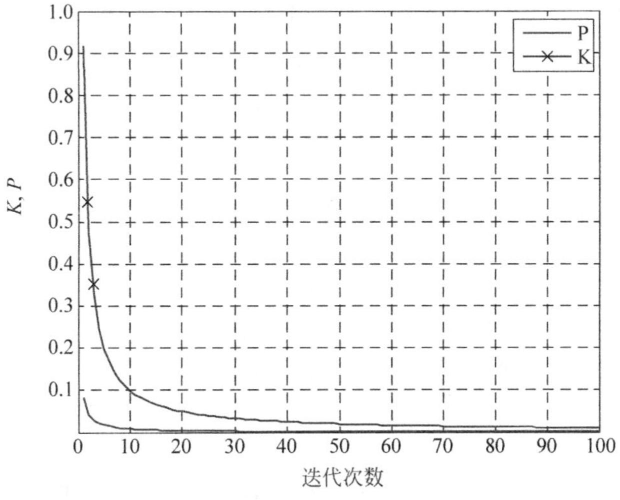

图 11.5　卡尔曼滤波增益和状态估计均方根误差

从卡尔曼滤波器的估计结果可以看出，卡尔曼滤波器可以很快地收敛，并且以较高的精度准确估计出系统电压的真实值。

11.3 离散型非线性扩展卡尔曼滤波

11.3.1 扩展卡尔曼滤波

设随机非线性系统的状态空间模型为

$$\begin{cases}\dot{\boldsymbol{X}}(t)=f[\boldsymbol{X}(t),t]+\boldsymbol{G}(t)\boldsymbol{w}(t)\\ \boldsymbol{Z}(t)=h[\boldsymbol{X}(t),t]+\boldsymbol{v}(t)\end{cases}\tag{11.29}$$

其中，$\boldsymbol{w}(t)$和$\boldsymbol{v}(t)$均是彼此不相关的零均值白噪声序列，它们与初始状态 $X(0)$也不相关，即对于 $t\geqslant t_0$，有

$$E[\boldsymbol{w}(t)]=0,\quad E[\boldsymbol{w}(t)\boldsymbol{w}^{\mathrm{T}}(t)]=q(t)\delta(t-\tau)$$

$$E[\boldsymbol{v}(t)]=0,\quad E[\boldsymbol{v}(t)\boldsymbol{v}^{\mathrm{T}}(t)]=r(t)\delta(t-\tau)$$

$$E[\boldsymbol{w}(t)\boldsymbol{v}^{\mathrm{T}}(t)]=0,\quad E[\boldsymbol{X}(0)\boldsymbol{w}^{\mathrm{T}}(\tau)]=0,\quad E[\boldsymbol{X}(0)\boldsymbol{v}^{\mathrm{T}}(\tau)]=0$$

对于式(11.29)所示的随机非线性系统，采用按最优状态估计先线性化后离散化的方法推导离散型扩展卡尔曼滤波方程。对按最优状态估计先线性化后离散化的扩展卡尔曼滤波方程的推导，采用间接的方法，也就是由式(11.30)间接求解最优滤波值 $\hat{X}_k$，即

$$\hat{X}_k=\hat{X}_{k/k-1}+\delta\hat{X}_k\tag{11.30}$$

其中，$\hat{X}_{k/k-1}$ 为系统状态 X_k 的一步预测值；$\delta\hat{X}_k$ 为状态偏差值。

首先对式(11.29)所示的随机非线性系统进行线性化，即

$$\begin{cases}\delta\dot{X}(t)=F(t)\delta X(t)+G(t)w(t)\\ \delta Z(t)=H(t)\delta X(t)+v(t)\end{cases}\tag{11.31}$$

对式(11.31)进行离散化得离散型线性干扰方程为

$$\begin{cases}\delta X_k=\Phi_{k,k-1}\delta X_{k-1}+W_{k-1}\\ \delta Z_k=H_k\delta X_k+V_k\end{cases}\tag{11.32}$$

当 T 为小量时，有

$$\boldsymbol{\Phi}_{k,k-1}\approx\boldsymbol{I}+\boldsymbol{F}(t_{k-1})T=\boldsymbol{I}+T\left.\frac{\partial f[\boldsymbol{X}(t),t]}{\partial\boldsymbol{X}^{\mathrm{T}}(t)}\right|_{\boldsymbol{X}(t)=\hat{\boldsymbol{X}}_{k-1}}$$

$$=I+T\begin{bmatrix}\dfrac{\partial f_1[\boldsymbol{X}(t),t]}{\partial x_1(t)} & \dfrac{\partial f_1[\boldsymbol{X}(t),t]}{\partial x_2(t)} & \cdots & \dfrac{\partial f_1[\boldsymbol{X}(t),t]}{\partial x_n(t)}\\ \dfrac{\partial f_2[\boldsymbol{X}(t),t]}{\partial x_1(t)} & \dfrac{\partial f_2[\boldsymbol{X}(t),t]}{\partial x_2(t)} & \cdots & \dfrac{\partial f_2[\boldsymbol{X}(t),t]}{\partial x_n(t)}\\ \vdots & \vdots & & \vdots\\ \dfrac{\partial f_n[\boldsymbol{X}(t),t]}{\partial x_1(t)} & \dfrac{\partial f_n[\boldsymbol{X}(t),t]}{\partial x_2(t)} & \cdots & \dfrac{\partial f_n[\boldsymbol{X}(t),t]}{\partial x_n(t)}\end{bmatrix}_{\boldsymbol{X}(t)=\hat{\boldsymbol{X}}_{k-1}}$$

$$\boldsymbol{H}_k=\left.\frac{\partial h[\boldsymbol{X}(t),t]}{\partial\boldsymbol{X}(t)}\right|_{\boldsymbol{X}(t)=\hat{\boldsymbol{X}}_{k/k-1}}$$

$$
= \begin{bmatrix}
\dfrac{\partial h_1[\boldsymbol{X}(t),t]}{\partial x_1(t)} & \dfrac{\partial h_1[\boldsymbol{X}(t),t]}{\partial x_2(t)} & \cdots & \dfrac{\partial h_1[\boldsymbol{X}(t),t]}{\partial x_n(t)} \\
\dfrac{\partial h_2[\boldsymbol{X}(t),t]}{\partial x_1(t)} & \dfrac{\partial h_2[\boldsymbol{X}(t),t]}{\partial x_2(t)} & \cdots & \dfrac{\partial h_2[\boldsymbol{X}(t),t]}{\partial x_n(t)} \\
\vdots & \vdots & & \vdots \\
\dfrac{\partial h_m[\boldsymbol{X}(t),t]}{\partial x_1(t)} & \dfrac{\partial h_m[\boldsymbol{X}(t),t]}{\partial x_2(t)} & \cdots & \dfrac{\partial h_m[\boldsymbol{X}(t),t]}{\partial x_n(t)}
\end{bmatrix}_{\boldsymbol{X}(t)=\hat{\boldsymbol{X}}_{k/k-1}}
$$

等效白噪声序列的方差矩阵 $\boldsymbol{Q}_k$ 按式(11.27)计算。

在式(11.31)和式(11.32)所示的离散型线性干扰方程的基础上，仿照线性卡尔曼滤波基本方程，不难导出状态偏差 $\delta\hat{X}_k$ 的卡尔曼滤波方程：

$$\delta\hat{\boldsymbol{X}}_{k/k-1} = \boldsymbol{\Phi}_{k,k-1}\delta\hat{\boldsymbol{X}}_{k-1} \tag{11.33}$$

$$\boldsymbol{P}_{k/k-1} = \boldsymbol{\Phi}_{k,k-1}\boldsymbol{P}_{k-1}\boldsymbol{\Phi}_{k,k-1}^{\mathrm{T}} + \boldsymbol{Q}_{k-1} \tag{11.34}$$

$$\boldsymbol{K}_k = \boldsymbol{P}_{k/k-1}\boldsymbol{H}_k^{\mathrm{T}}[\boldsymbol{H}_k\boldsymbol{P}_{k/k-1}\boldsymbol{H}_k^{\mathrm{T}} + \boldsymbol{R}_k]^{-1} \tag{11.35}$$

$$\delta\hat{\boldsymbol{X}}_k = \delta\hat{\boldsymbol{X}}_{k/k-1} + \boldsymbol{K}_k[\delta\boldsymbol{Z}_k - \boldsymbol{H}_k\delta\hat{\boldsymbol{X}}_{k/k-1}] \tag{11.36}$$

$$\boldsymbol{P}_k = (\boldsymbol{I} - \boldsymbol{K}_k\boldsymbol{H}_k)\boldsymbol{P}_{k/k-1}(\boldsymbol{I} - \boldsymbol{K}_k\boldsymbol{H}_k)^{\mathrm{T}} + \boldsymbol{K}_k\boldsymbol{R}_k\boldsymbol{K}_k^{\mathrm{T}} \tag{11.37}$$

其中，

$$\delta\boldsymbol{Z}_k = \boldsymbol{Z}_k - h[\hat{\boldsymbol{X}}_k^n, k] = \boldsymbol{Z}_k - h[\hat{\boldsymbol{X}}_{k/k-1}, k] \tag{11.38}$$

由于在每次递推计算下一时刻的状态最优估计 $\hat{\boldsymbol{X}}_k$ 和标称状态值 $\hat{\boldsymbol{X}}_k^n$ 时，其初始值均采用状态最优估计的初始值，因此，初始时刻的状态偏差最优估计 $\delta\hat{\boldsymbol{X}}_{k-1}$ 恒等于零，即

$$\delta\hat{\boldsymbol{X}}_{k-1} = \hat{\boldsymbol{X}}_{k-1} - \hat{\boldsymbol{X}}_{k-1}^n = 0 \tag{11.39}$$

从而使状态偏差的一步预测值：

$$\delta\hat{\boldsymbol{X}}_{k/k-1} = 0 \tag{11.40}$$

将式(11.40)代入式(11.33)～式(11.38)，求得离散型非线性扩展卡尔曼滤波方程为

$$\hat{\boldsymbol{X}}_{k/k-1} = \hat{\boldsymbol{X}}_{k-1} + f[\hat{\boldsymbol{X}}_{k-1}, k-1]T \tag{11.41}$$

$$\boldsymbol{P}_{k/k-1} = \boldsymbol{\Phi}_{k,k-1}\boldsymbol{P}_{k-1}\boldsymbol{\Phi}_{k,k-1}^{\mathrm{T}} + \boldsymbol{Q}_{k-1} \tag{11.42}$$

$$\boldsymbol{K}_k = \boldsymbol{P}_{k/k-1}\boldsymbol{H}_k^{\mathrm{T}}[\boldsymbol{H}_k\boldsymbol{P}_{k/k-1}\boldsymbol{H}_k^{\mathrm{T}} + \boldsymbol{R}_k]^{-1} \tag{11.43}$$

$$\hat{\boldsymbol{X}}_k = \hat{\boldsymbol{X}}_{k/k-1} + \boldsymbol{K}_k\{\boldsymbol{Z}_k - h[\hat{\boldsymbol{X}}_{k/k-1}, k]\} \tag{11.44}$$

$$\boldsymbol{P}_k = (\boldsymbol{I} - \boldsymbol{K}_k\boldsymbol{H}_k)\boldsymbol{P}_{k/k-1}(\boldsymbol{I} - \boldsymbol{K}_k\boldsymbol{H}_k)^{\mathrm{T}} + \boldsymbol{K}_k\boldsymbol{R}_k\boldsymbol{K}_k^{\mathrm{T}} \tag{11.45}$$

式(11.41)～式(11.45)即为离散型非线性扩展卡尔曼滤波方程。只要给定初值 $\hat{\boldsymbol{X}}_0$ 和 $\boldsymbol{P}_0$，根据 k 时刻的量测 $\boldsymbol{Z}_k$，就可以递推算得 k 时刻的状态估计 $\hat{\boldsymbol{X}}_k$ $(k=1,2,3,\cdots)$。

11.3.2　仿真分析

如图 11.6 所示，从空中水平抛出的物体，初始水平速度为 $v_{x,0}$，初始位置坐标为(x_0,

y_0)。物体受重力 g 和空气阻尼力影响(阻尼力大小与速度平方成正比、方向相反,阻尼系数为 ρ);此外,还存在不确定的零均值白噪声干扰力 δa_x 和 δa_y。假设在坐标原点处有一观测设备,可获得距离 r 和角度 α,量测误差分别为 δr 和 $\delta\alpha$。试对该系统进行建模、仿真和 EKF 滤波估计(参数大小自行设定)。

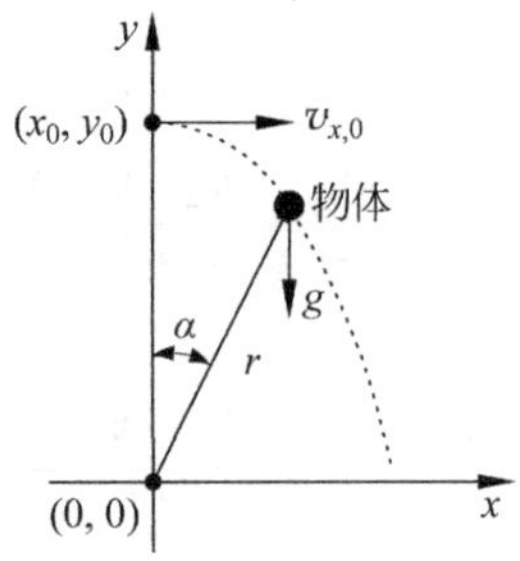

图 11.6　物体运动示意图

解:(1) 根据题目描述,系统采用微分方程建模如下。

$$\text{状态方程 } f(x):\begin{cases}\dot{x}=v_x\\ \dot{v}_x=-\rho v_x^2+\delta a_x\\ \dot{y}=v_y\\ \dot{v}_y=\rho v_y^2-g+\delta a_y\end{cases}$$

$$\text{量测方程 } h(x):\begin{cases}r=\sqrt{x^2+y^2}+\delta r\\ \alpha=\arctan(x/y)+\delta\alpha\end{cases}$$

显然,这是一个非线性系统,状态方程和量测方程都是非线性的,需要采用 EKF 滤波方法进行状态估计。

(2) 假设离散化周期为 T_s,直接利用简单的一阶差分法进行离散化,得

$$f(x_{k-1}):\begin{cases}x_k=x_{k-1}+v_{x,k-1}T_s\\ v_{x,k}=v_{x,k-1}-\rho v_{x,k-1}^2T_s+\delta a_{x,k-1}\\ y_k=y_{k-1}+v_{y,k-1}T_s\\ v_{y,k}=v_{y,k-1}+(\rho v_{y,k-1}^2-g)T_s+\delta a_{y,k-1}\end{cases}$$

$$h(x_k):\begin{cases}r_k=\sqrt{x_k^2+y_k^2}+\delta r_k\\ \alpha_k=\arctan(x_k/y_k)+\delta\alpha_k\end{cases}$$

其中,状态噪声 $\delta a_{x,k-1}$、$\delta a_{y,k-1}$ 和量测噪声 δr_k,$\delta\alpha_k$ 按 11.1 节和 11.2 节的方法进行离散化等效。

(3) 选取系统的状态向量 $\boldsymbol{x}_k=[x_k\quad v_{x,k}\quad y_k\quad v_{y,k}]^{\mathrm T}$,量测向量 $\boldsymbol{y}_k=[r_k\quad \alpha_k]^{\mathrm T}$,可求得状态方程雅可比矩阵和量测方程雅可比矩阵分别为

$$\frac{\partial f(\boldsymbol{x}_{k-1})}{\partial \boldsymbol{x}_{k-1}}=\begin{bmatrix}1 & T_s & 0 & 0\\ 0 & 1-2\rho v_{x,k-1}T_s & 0 & 0\\ 0 & 0 & 1 & T_s\\ 0 & 0 & 0 & 1+2\rho v_{y,k-1}T_s\end{bmatrix}$$

$$\frac{\partial h(\boldsymbol{x}_k)}{\partial \boldsymbol{x}_k}=\begin{bmatrix}\dfrac{1}{\sqrt{x_k^2+y_k^2}} & 0 & \dfrac{1}{\sqrt{x_k^2+y_k^2}} & 0\\ \dfrac{1/y_k}{1+(x_k/y_k)^2} & 0 & \dfrac{-x_k/y_k^2}{1+(x_k/y_k)^2} & 0\end{bmatrix}=\frac{1}{r_k^2}\begin{bmatrix}r_k & 0 & r_k & 0\\ y_k & 0 & -x_k & 0\end{bmatrix}$$

(4) 仿真结果如图 11.7 所示,仿真图显示,受噪声影响量测的跳变比较大,但经过 EKF 滤波后,估计曲线(点“+”)与真实曲线(实线)吻合得比较好。

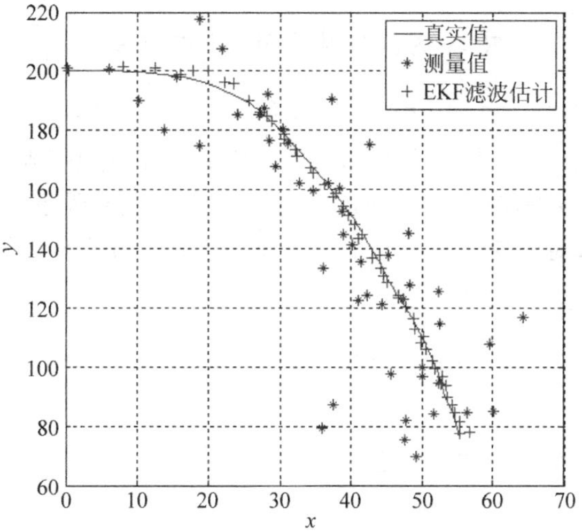

图 11.7 仿真结果

11.4 Unscented 卡尔曼滤波

虽然把扩展卡尔曼滤波应用于非线性系统的状态估计已经得到学术界和工程界的普遍认可，但是由于 EKF 将动力学模型在当前状态估计值处进行 Taylor 展开线性化，并将量测模型在状态一步预测处进行 Taylor 展开线性化，仅近似到非线性函数 Taylor 展开式的一次项，因此经常在估计状态后验分布的统计特性时产生较大的误差。

为了改善非线性滤波问题的效果，S. J. Juliear 等基于逼近随机变量的条件分布比逼近其非线性函数更容易的思想，提出了基于无迹变换(unscented transformation，UT)采样的卡尔曼滤波方法(UKF)。在 UKF 中，状态的分布同样为高斯分布，其特性由一组确定选择的采样点给出。这些采样点能完全捕获高斯分布变量的均值和方差，通过真实非线性系统的传播后，其捕获的均值和方差能精确到任意非线性系统的 Taylor 展开的二次项。

11.4.1 UT 变换和对称采样策略

所谓 UT，就是根据先验分布特性确定性地给出一组采样点(Sigma 点)，将每一个 Sigma 点代入非线性变换，得到一组变换点，通过变换点来计算后验均值和方差。

对均值为 $\bar{x}$，方差为 P 的 n 维随机变量 x，其变换函数为 $y=f(x)$，Sigma 点的对称采样策略如下：

$$\chi_i=\begin{cases}\bar{x}, & i=0\\ \bar{x}+\sqrt{n+\kappa}\sigma_i, & i=1,2,\cdots,n\\ \bar{x}-\sqrt{n+\kappa}\sigma_{i-n}, & i=n+1,n+2,\cdots,2n\end{cases} \tag{11.46}$$

$$W_i=\begin{cases}\dfrac{\kappa}{n+\kappa}, & i=0\\ \dfrac{1}{2(n+\kappa)}, & i=1,2,\cdots,2n\end{cases} \tag{11.47}$$

式(11.46)及式(11.47)中,κ 为调节因子,W_i 为加权因子,$\sum_{i=0}^{2n} W_i = 1$,σ_i 为方差阵 P 平方根的第 i 行或第 i 列($\boldsymbol{P}=\boldsymbol{A}\boldsymbol{A}^{\mathrm{T}}$ 时,σ_i 取 $\boldsymbol{A}$ 的第 i 列)。κ 的取值影响 Sigma 点到均值 $\bar{x}$ 的距离,κ 越大 Sigma 点越远离 $\bar{x}$,且仅影响二阶之后的高阶项带来的偏差。当随机变量 x 为高斯分布时,$\kappa=3-n$ 可使后验方差的四阶项近似误差达到最小。

获得 Sigma 点后,随机变量 y 的均值和方差可用如下方法来近似:

$$\boldsymbol{Y}_i = f(\boldsymbol{\chi}_i) \tag{11.48}$$

$$\bar{\boldsymbol{y}} = \sum_{i=0}^{2n} W_i \boldsymbol{Y}_i \tag{11.49}$$

$$\boldsymbol{P}_y = \sum_{i=0}^{2n} W_i (\boldsymbol{Y}_i - \bar{\boldsymbol{y}})(\boldsymbol{Y}_i - \bar{\boldsymbol{y}})^{\mathrm{T}} \tag{11.50}$$

11.4.2 Unscented 卡尔曼滤波算法

对式(11.29)所示的加性噪声系统,Unscented 卡尔曼滤波算法如下所示。

(1) 计算 Sigma 点:

$$\boldsymbol{\chi}_{t-1} = [\bar{\boldsymbol{x}}_{t-1} \quad \bar{\boldsymbol{x}}_{t-1} \pm \sqrt{n+\kappa}\boldsymbol{\sigma}_i] \tag{11.51}$$

(2) 时间更新:

$$\boldsymbol{\chi}_{t|t-1} = f(\boldsymbol{\chi}_{t-1}) \tag{11.52}$$

$$\bar{\boldsymbol{x}}_{t|t-1} = \sum_{i=0}^{2n} W_i^{(m)} \boldsymbol{\chi}_{i,t|t-1} \tag{11.53}$$

$$\boldsymbol{P}_{t|t-1} = \sum_{i=0}^{2n} W_i^{(c)} [\boldsymbol{\chi}_{i,t|t-1} - \bar{\boldsymbol{x}}_{t|t-1}][\boldsymbol{\chi}_{i,t|t-1} - \bar{\boldsymbol{x}}_{t|t-1}]^{\mathrm{T}} + \boldsymbol{Q} \tag{11.54}$$

$$\boldsymbol{Y}_{t|t-1} = h(\boldsymbol{\chi}_{t|t-1}) \tag{11.55}$$

$$\bar{\boldsymbol{y}}_{t|t-1} = \sum_{i=0}^{2n} W_i^{(m)} \boldsymbol{Y}_{i,t|t-1} \tag{11.56}$$

(3) 量测更新:

$$\boldsymbol{P}_{\bar{y}_t \bar{y}_t} = \sum_{i=0}^{2n} W_i^{(c)} [\boldsymbol{Y}_{i,t|t-1} - \bar{\boldsymbol{y}}_{t|t-1}][\boldsymbol{Y}_{i,t|t-1} - \bar{\boldsymbol{y}}_{t|t-1}]^{\mathrm{T}} + \boldsymbol{R} \tag{11.57}$$

$$\boldsymbol{P}_{x_t y_t} = \sum_{i=0}^{2n} W_i^{(c)} [\boldsymbol{\chi}_{i,t|t-1} - \bar{\boldsymbol{x}}_{t|t-1}][\boldsymbol{Y}_{i,t|t-1} - \bar{\boldsymbol{y}}_{t|t-1}]^{\mathrm{T}} \tag{11.58}$$

$$\boldsymbol{K}_t = \boldsymbol{P}_{x_t y_t} \boldsymbol{P}_{\bar{y}_t \bar{y}_t}^{-1} \tag{11.59}$$

$$\bar{\boldsymbol{x}}_t = \bar{\boldsymbol{x}}_{t|t-1} + \boldsymbol{K}_t (\boldsymbol{y}_t - \bar{\boldsymbol{y}}_{t|t-1}) \tag{11.60}$$

$$\boldsymbol{P}_t = \boldsymbol{P}_{t|t-1} - \boldsymbol{K}_t \boldsymbol{P}_{\bar{y}_t \bar{y}_t} \boldsymbol{K}_t^{\mathrm{T}} \tag{11.61}$$

显然实现以上算法不需要计算雅可比矩阵,也不需要对系统方程和量测方程线性化。由于雅可比矩阵的计算相当繁琐且容易出错,因此 UKF 的实现比卡尔曼滤波更方便。

11.5 容积卡尔曼滤波

11.5.1 Spherical-radial cubature 准则

2009 年加拿大学者 Ienkaran Arasaratnam 将非线性滤波问题变换为一个如何计算积分的问题，介绍了一种基于 spherical-radial cubature 准则的新型非线性滤波算法——容积卡尔曼滤波(cubature Kalman filter,CKF)，假设所有的被积函数都可以为非线性函数和高斯密度函数乘积的形式，然后对于以下形式的多维加权积分问题：

$$I(f)=\int_{\boldsymbol{R}^n} f(\boldsymbol{X})\exp(-\boldsymbol{X}^{\mathrm{T}}\boldsymbol{X})\mathrm{d}\boldsymbol{X} \tag{11.62}$$

通过寻找一组积分点$\boldsymbol{\xi}_i$ 和权值ω_i 来近似这个积分：

$$I(f)\approx\sum_{i=1}^{m}\omega_i f(\xi_i) \tag{11.63}$$

这些积分点可以通过三维 spherical-radial 准则获得，当状态向量的维数是n 时，总共采用 $2n$ 个点。积分点的计算步骤首先有

$$\begin{cases}\xi_i=\sqrt{n}[1]_i \\ \omega_i=\dfrac{1}{2n}, \quad i=1,2,\cdots,2n\end{cases} \tag{11.64}$$

分解协方差矩阵$\boldsymbol{P}_{k,k}$：

$$\boldsymbol{P}_{k,k}=\boldsymbol{S}_{k,k}\boldsymbol{S}_{k,k}^{\mathrm{T}} \tag{11.65}$$

则积分点为

$$\boldsymbol{\chi}_{k,k}^{i}=\boldsymbol{S}_{k,k}\boldsymbol{\xi}_i+\hat{\boldsymbol{X}}_{k,k}, \quad i=1,2,\cdots,2n \tag{11.66}$$

在这个基础上就可得到容积卡尔曼滤波算法。

11.5.2 容积卡尔曼滤波算法

对式(11.29)所示的加性噪声系统，容积卡尔曼滤波算法如下。

预测：

$$\boldsymbol{\chi}_{k+1,k}^{i}=f_k(\boldsymbol{\chi}_{k,k}^{i},\boldsymbol{W}_k) \tag{11.67}$$

$$\hat{\boldsymbol{X}}_{k+1,k}=\frac{1}{2n}\sum_{i=0}^{2n}\boldsymbol{\chi}_{k+1,k}^{i} \tag{11.68}$$

$$\boldsymbol{P}_{k+1,k}=\frac{1}{2n}\sum_{i=0}^{2n}\boldsymbol{\chi}_{k+1,k}^{i}\boldsymbol{\chi}_{k+1,k}^{iT}-\hat{\boldsymbol{X}}_{k+1,k}\hat{\boldsymbol{X}}_{k+1,k}^{\mathrm{T}}+\boldsymbol{Q}_k \tag{11.69}$$

校正：

$$\boldsymbol{P}_{k+1,k}=\boldsymbol{S}_{k+1,k}\boldsymbol{S}_{k+1,k}^{\mathrm{T}} \tag{11.70}$$

$$\boldsymbol{\chi}_{k+1,k}^{i}=\boldsymbol{S}_{k+1,k}\boldsymbol{\xi}_i+\hat{\boldsymbol{X}}_{k+1,k} \quad i=1,2,\cdots,2n \tag{11.71}$$

$$\boldsymbol{Z}_{k+1,k}^{i}=h_{k+1}(\boldsymbol{\chi}_{k+1,k}^{i},\boldsymbol{V}_{k+1}) \tag{11.72}$$

$$\hat{\boldsymbol{Z}}_{k+1,k}=\frac{1}{2n}\sum_{i=0}^{2n}\boldsymbol{Z}_{k+1,k}^{i} \tag{11.73}$$

$$\hat{\boldsymbol{X}}_{k+1,k+1}=\hat{\boldsymbol{X}}_{k+1,k}+\boldsymbol{K}_{k+1}[\boldsymbol{Z}_{k+1}-\hat{\boldsymbol{Z}}_{k+1,k}] \tag{11.74}$$

$$\boldsymbol{P}_{k+1,k+1}=\boldsymbol{P}_{k+1,k}-\boldsymbol{K}_{k+1}\boldsymbol{P}_{ZZ,k+1,k}^{-1}\boldsymbol{K}_{k+1}^{\mathrm{T}} \tag{11.75}$$

其中，

$$\boldsymbol{K}_{k+1}=\boldsymbol{P}_{\boldsymbol{X}Z,k+1,k}\boldsymbol{P}_{ZZ,k+1,k}^{-1} \tag{11.76}$$

$$\boldsymbol{P}_{\boldsymbol{X}Z,k+1,k}=\frac{1}{2n}\sum_{i=0}^{2n}\chi_{k+1,k}^{i}\boldsymbol{Z}_{k+1,k}^{i\mathrm{T}}-\hat{\boldsymbol{X}}_{k+1,k}\hat{\boldsymbol{Z}}_{k+1,k}^{\mathrm{T}} \tag{11.77}$$

$$\boldsymbol{P}_{ZZ,k+1,k}=\frac{1}{2n}\sum_{i=0}^{2n}\boldsymbol{Z}_{k+1,k}^{i}\boldsymbol{Z}_{k+1,k}^{i\mathrm{T}}-\hat{\boldsymbol{Z}}_{k+1,k}\hat{\boldsymbol{Z}}_{k+1,k}^{\mathrm{T}}+\boldsymbol{R}_{k} \tag{11.78}$$

由此可以看出，CKF 在结构上和 EKF 及 UKF 类似，特别是和 UKF 都是基于“采样点”来实现的，但是在 CKF 中不需要额外调整参数。另外，CKF 也衍生出好多其他实现形式，如平方根容积卡尔曼滤波(square-root cubature Kalman filter，SCKF)等。

11.5.3 仿真分析

国内外很多研究者都以弹道目标跟踪问题作为验证滤波算法的经典案例，因为该问题的系统方程和量测方程都是非线性的。弹道目标在长距离飞行后，再入大气层时速度较大，落到地面的剩余时间较短。跟踪雷达的目的是通过测量被高斯噪声干扰的距离信息来跟踪弹道目标。这个跟踪问题比较困难，因为目标的动态特性变化较快并且有很强的非线性，如图 11.8 所示。

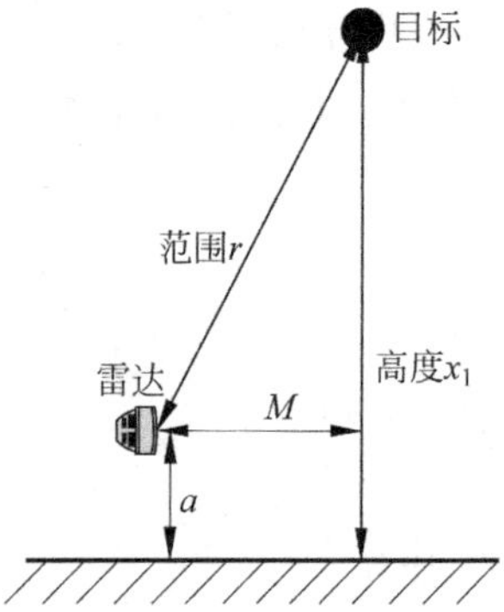

图 11.8 目标跟踪问题示意图

本书希望目标在以很大的高度和速度进入大气层的情况下，估计目标的位置 $x_1(t)$、速度 $x_2(t)$ 和常值弹道系数 $x_3(t)$，该系统的方程可以表示为

$$\begin{cases}\dot{x}_1=x_2+w_1\\ \dot{x}_2=\rho_0\exp(-x_1/k)x_2^2/(2x_3)-g+w_2\\ \dot{x}_3=w_3\\ y(t_k)=\sqrt{M^2+(x_1(t_k)-a)^2}+v_k\end{cases} \tag{11.79}$$

其中，$w_i(i=1,2,3)$是影响第 i 个方程的零均值不相关噪声；v 是不相关的量测噪声；ρ_0 是海平面的大气密度；k 是表示大气密度和高度之间关系的常值；g 是重力加速度。使用连续系统来描述这个问题，假设每隔 0.5 s 能够得到一次距离观测数据，该问题中应用到的常值为：$\rho_0=21\ \mathrm{b\cdot s^2/ft^4}$(1 ft=0.3048 m)，$g=32.2\ \mathrm{ft/s^2}$，$k=20\,000$ ft，$E[v_k^2]=10\,000\ \mathrm{ft^2}$，$E[w_i^2(t)]=0$(其中 $i=1,2,3$)，$M=100\,000$ ft，$a=100\,000$ ft。该系统及估计的初始条件为

$$\boldsymbol{x}_0=[300\,000\quad -20\,000\quad 0.001]^{\mathrm{T}}$$

$$\hat{\boldsymbol{x}}_0^{+}=x_0$$

$$\boldsymbol{P}_0^+ = \begin{bmatrix} 1\,000\,000 & 0 & 0 \\ 0 & 4\,000\,000 & 0 \\ 0 & 0 & 10 \end{bmatrix}$$

用 1 ms 的步长来仿真该系统，仿真得到的目标真实位置、速度和弹道系数见图 11.9，在最初的几秒内，速度几乎保持不变，但是随着空气密度增加，目标下降的速度降低。在仿真的最后阶段，重力加速度的影响被空气的阻尼抵消，目标达到一个常值的末端速度，10 s 后，目标和雷达的高度几乎一样，雷达的距离信息几乎不能提供目标移动的数据。

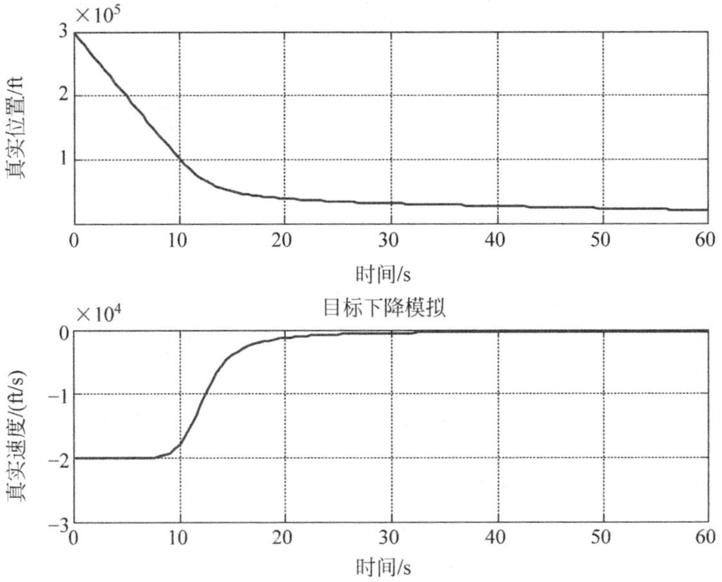

图 11.9 弹道目标的真实位置和速度仿真

我们用前面介绍的 EKF、UKF 和 CKF 来完成这个目标跟踪问题，用 MATLAB 进行共 60 s 的仿真，图 11.10～图 11.12 分别为位置、速度和弹道系数的估计误差，每幅图中分别展示了 3 种滤波算法的估计结果。

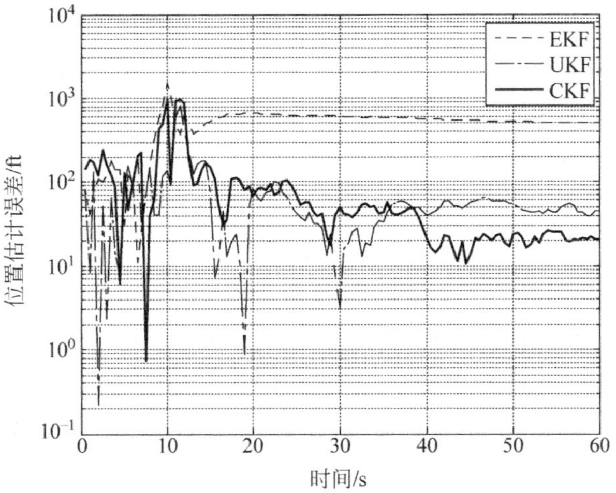

图 11.10 弹道目标的位置估计误差

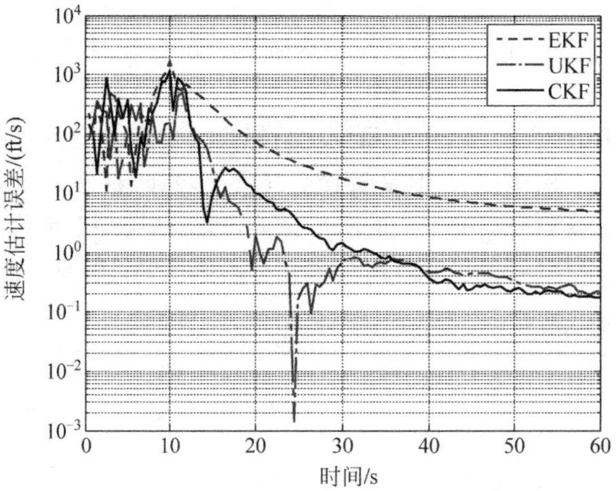

图 11.11 弹道目标的速度估计误差

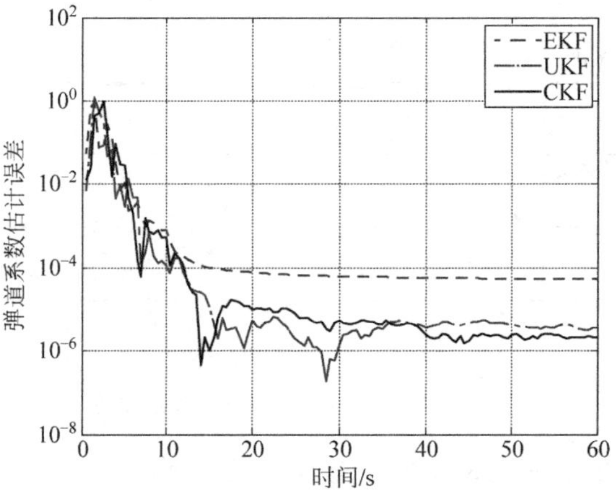

图 11.12 弹道目标的弹道系数估计误差

从图 11.10～图 11.12 中可以看出，位置和速度估计误差的峰值出现在 10 s 附近，因为在 10 s 附近时，目标和雷达的高度相近，量测给出的目标的位置和速度信息较少，也可以看出 UKF 的估计误差比 EKF 小 1～2 个数量级，CKF 的估计误差略小于 UKF。EKF、UKF 和 CKF 三种算法的仿真用时分别为 0.416 874 s、0.262 409 s 和 0.257 230 s，可见 UKF 和 CKF 比 EKF 的计算量也小。

11.6 小结

本章主要介绍了在导航系统中得到广泛应用的卡尔曼滤波技术，从卡尔曼滤波的估计准则入手，介绍了卡尔曼滤波的基本方程，针对非线性系统的滤波估计问题，介绍了经典的扩展卡尔曼滤波算法、Unscented 卡尔曼滤波算法以及容积卡尔曼滤波算法。

习题

11.1　卡尔曼滤波的最优准则是什么？

11.2　卡尔曼滤波过程可分为哪两个回路，又可分为哪两个阶段？

11.3　实现卡尔曼滤波需要知道哪些参数？

11.4　扩展卡尔曼滤波实现非线性系统滤波的思路是什么？

11.5　什么是UT变换？

11.6　UKF与EKF的最大区别是什么？

第12章

惯性导航系统初始对准

12.1 初始对准的一般概念

在指北方位惯导系统中，要求稳定平台准确地跟踪地理坐标系，另外载体的运动速度和位置由测得的加速度积分获得，积分过程必须知道初始条件。因此在惯导系统工作前，首先必须使平台控制在所要求的方位上；引入载体的初始速度和初始位置等；确定并修正陀螺仪的初始漂移、指令角速度标度因数、加速度计的零位误差和标度因数。一般将惯导系统在进入导航工作状态之前所进行的输入初始条件、将平台调整到预定坐标系、惯性器件的校准，称为惯导系统的初始化或通称初始对准。

惯性导航系统从接通电源到进入导航工作状态，需经历准备和对准两种工作状态。在准备工作状态，系统进行平台加温、陀螺起动、平台锁定，操作人员通过控制显示器送入初始位置(即时经度及纬度)。在静基座条件下系统初始速度为零，无需输入；在飞机运动过程中(称为动基座条件)进行对准时，初始位置及初始速度由其他设备提供。准备工作阶段一般需要 3～4 min。在对准工作状态，系统要进行初始对准(简称对准)，即将平台调整到预定坐标系内，同时还对陀螺仪的漂移和力矩器标度因数误差进行测定(通常称为测漂和定标)。整个对准工作状态一般持续 12～15 min。

惯导系统的初始对准方法基本上有两种：一种由系统本身的惯性元件敏感平台失调角，通过稳定回路自动地进行对准，亦称自对准法；另一种是用外界提供的姿态参考信息引入平台，使平台对准在外界提供的基准方向。这两种方法也可以结合起来使用。

平台的初始对准分为粗对准和精对准两个阶段，每个阶段又分为水平对准和方位对准两个步骤，水平对准是在水平陀螺上施加控制力矩，减小平台与当地水平面的误差，在此过程中方位陀螺仪不参加工作，而方位对准是在水平对准的基础上进行的。粗对准的目的是尽快地减小平台的初始失调角，使平台粗略地调整到接近水平和指北的方位上，以便在此基础上通过精对准达到初始条件所需要的精度要求。粗对准一般要求水平误差达到 1°左右，方位误差达到 2°左右。精对准在粗对准的基础上进行，除了要达到所要求的对准精度外，在精对准过程中还要进行陀螺仪的测漂和定标。

12.2　指北方位平台惯导系统的初始对准

根据静基座条件下指北方位惯导系统的误差方程：

$$\begin{cases}\dot{\phi}_x = -\dfrac{\delta v_y}{R} - \phi_z \Omega\cos\varphi + \phi_y \Omega\sin\varphi + \varepsilon_x \\ \dot{\phi}_y = \dfrac{\delta v_x}{R} - \Omega\sin\varphi\,\delta\varphi - \phi_x \Omega\sin\varphi + \varepsilon_y \\ \dot{\phi}_z = \dfrac{\delta v_x}{R}\tan\varphi + \Omega\cos\varphi\,\delta\varphi + \phi_x \Omega\cos\varphi + \varepsilon_z \\ \delta\dot{v}_x = 2\Omega\sin\varphi\,\delta v_y - \phi_y \boldsymbol{g} + \nabla_x \\ \delta\dot{v}_y = -2\Omega\sin\varphi\,\delta v_x + \phi_x \boldsymbol{g} + \nabla_y\end{cases} \tag{12.1}$$

飞机在静基座条件下进行初始对准时，其地理位置可以精确测定，因此可以忽略误差方程中与 $\delta\varphi$ 有关的项。为分析简便，略去补偿有害加速度而产生的交叉耦合项，这样，指北方位系统静基座条件下的误差方程可以简化为

$$\begin{cases}\dot{\phi}_x = -\dfrac{\delta v_y}{R} - \phi_z \Omega\cos\varphi + \phi_y \Omega\sin\varphi + \varepsilon_x \\ \dot{\phi}_y = \dfrac{\delta v_x}{R} - \phi_x \Omega\sin\varphi + \varepsilon_y \\ \dot{\phi}_z = \dfrac{\delta v_x}{R}\tan\varphi + \phi_x \Omega\cos\varphi + \varepsilon_z \\ \delta\dot{v}_x = -\phi_y \boldsymbol{g} + \nabla_x \\ \delta\dot{v}_y = \phi_x \boldsymbol{g} + \nabla_y\end{cases} \tag{12.2}$$

由式(12.2)可绘出指北方位惯导系统平台姿态误差方块图如图12.1所示。

由式(12.2)的速度误差方程可知当平台存在水平失调时，东向加速度计 A_x 敏感重力加速度分量为 $-\phi_y \boldsymbol{g}$，北向加速度计 A_y 敏感重力加速度分量为 $\phi_x \boldsymbol{g}$，两加速度计分别输出相应的电信号，经惯导计算机变换后分别控制北向陀螺 G_y 和东向陀螺 G_x，陀螺再输出电信号给平台相应的力矩电机以驱动平台，使加速度计输出信号为零来实现平台的水平对准。

由式(12.2)的第一个误差方程可知：当平台存在方位失调角 ϕ_z 时，东向陀螺仪 G_x 将感受一个输入角速度 $-\phi_z \Omega\cos\varphi$，它等效于东向陀螺漂移。当运动速度不大时，$-\dfrac{\delta v_y}{R}$ 是小量，因此引起平台绕 x_P 轴偏离当地水平面的主要因素是 $-\phi_z \Omega\cos\varphi$ 和 ε_x，而 $-\phi_z \Omega\cos\varphi$ 的主要项是 $\Omega\cos\varphi$，如果设法求出 ϕ_z，并将平台转动一个角度 $-\phi_z$，即实现了方位对准。

上面的分析表明，平台的姿态对准是以两个非共线向量 $\boldsymbol{g}$ 和 $\boldsymbol{\omega}_{ie}$ 作为基准的，当载体在北极(或南极)时这两个向量共线，不能实现方位对准。

12.2.1　水平对准

在进行水平对准时，方位陀螺自锁，不能参与对准工作，但是 ϕ_z 不能忽略，将与 ϕ_z 有

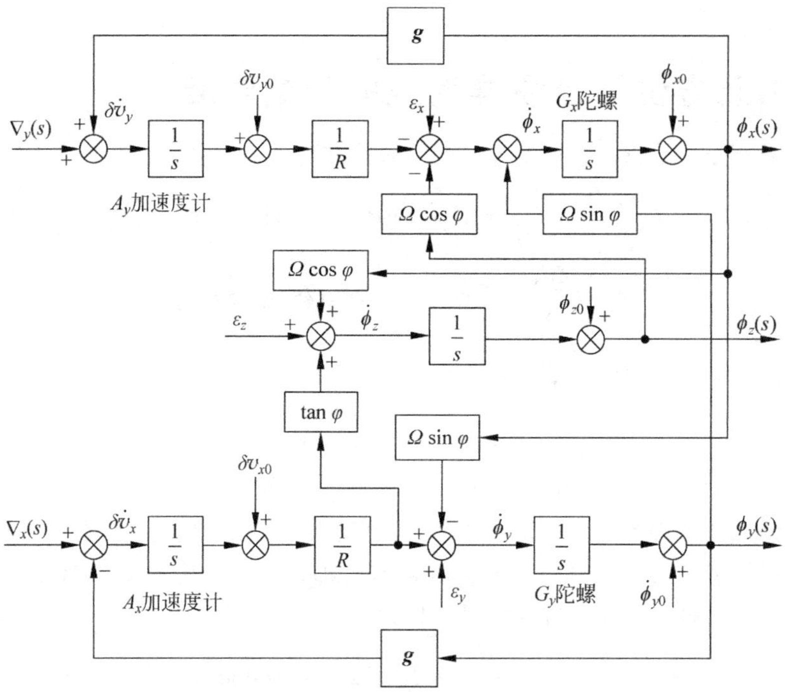

图 12.1　指北方位惯导平台误差方块图

关的项作为误差源处理。忽略平台两个水平通道的交叉耦合影响，这样就得到两个独立的水平通道方程：

$$\begin{cases}\delta\dot{v}_y = \phi_x \boldsymbol{g} + \nabla_y \\ \dot{\phi}_x = -\dfrac{\delta v_y}{R} - \phi_z \Omega\cos\varphi + \varepsilon_x\end{cases} \tag{12.3a}$$

$$\begin{cases}\delta\dot{v}_x = -\phi_y \boldsymbol{g} + \nabla_x \\ \dot{\phi}_y = \dfrac{\delta v_x}{R} + \varepsilon_y\end{cases} \tag{12.3b}$$

两个水平通道的方块图可简化为图 12.2。

简化后的水平通道是两个完全独立的回路，且两回路的形式完全相同，因此在研究平台的水平对准时，只要以某一回路为对象进行研究即可。本书选择以北向加速度和东向陀螺组成的回路来讨论水平对准问题。

北向加速度和东向陀螺组成的回路对应的误差方程为

$$\begin{cases}\delta\dot{v}_y = \phi_x \boldsymbol{g} + \nabla_y \\ \dot{\phi}_x = -\dfrac{\delta v_y}{R} - \phi_z \Omega\cos\varphi + \varepsilon_x\end{cases} \tag{12.4}$$

从北向加速度计 A_y 输出的误差信号 $\delta\dot{v}_y$ 经积分后得速度误差信号 δv_y，然后将 $\dfrac{\delta v_y}{R}$ 加给东向陀螺 G_x 的力矩电机，陀螺进动，输出信号给平台内环轴 x_P 的力矩电机，驱动平台转动以减小失调角 ϕ_x，使 $\delta\dot{v}_y = \phi_x g + \nabla_y = 0$，当 $\phi_x = -\dfrac{\nabla_y}{g}$ 时，若系统处于平衡状态，则平台

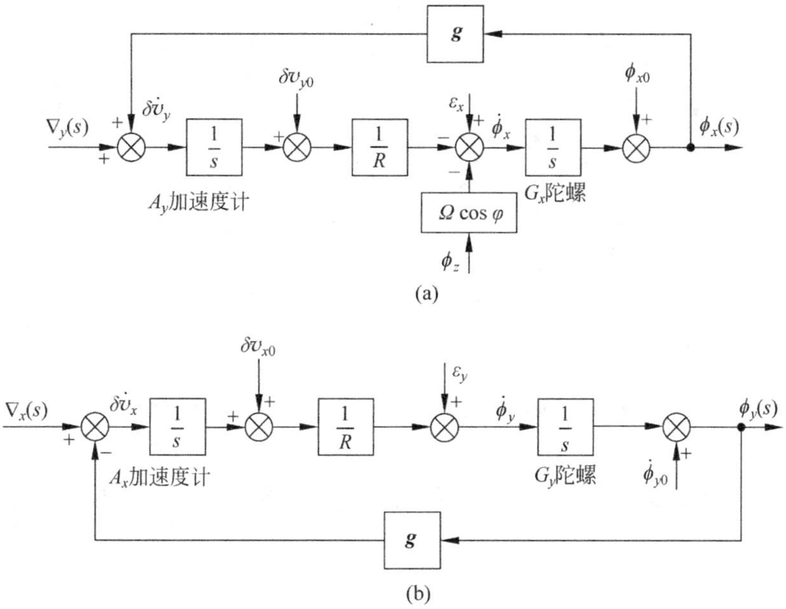

图 12.2 忽略交叉耦合后的水平通道误差方块图

对准到 $\phi_x=-\dfrac{\nabla_y}{g}$ 的精度。这时 $\dot{\phi}_x=0$，但 $\phi_x\neq0$。在这种状态，即 $-\dfrac{\delta v_y}{R}-\phi_z\Omega\cos\varphi+\varepsilon_x=0$。从图 12.2(a)可以得到系统的闭环传递函数为

$$A(s)=\frac{-\dfrac{1}{Rs^2}}{1-\left(-\dfrac{1}{Rs^2}\right)\boldsymbol{g}}=\frac{-\dfrac{1}{R}}{s^2+\dfrac{\boldsymbol{g}}{R}}=\frac{-\dfrac{1}{R}}{s^2+\omega_s^2} \tag{12.5}$$

其中，$\omega_s=\sqrt{\dfrac{\boldsymbol{g}}{R}}$ 为舒勒振荡角频率。

该系统的特征式为

$$\Delta(s)=s^2+\frac{\boldsymbol{g}}{R}=s^2+\omega_s^2 \tag{12.6}$$

这说明原始水平回路是二阶无阻尼振荡系统，误差角 ϕ_x 将以 84.4 min 的周期振荡。可见，要使误差角 ϕ_x 逐渐减小，需要给系统增加阻尼环节，成为有阻尼振荡系统。如果把加速度计的积分环节变为惯性环节，就可以实现系统的阻尼工作状态，也就实现了上述的平衡状态。本书在系统中设置一个传递系数为 K_1 的环节，它的输入信号采用 δv_y，输出信号 $K_1\delta v_y$ 控制加速度计的输入端，则原来的积分环节 $\dfrac{1}{s}$ 就变为惯性环节 $\dfrac{1}{s+K_1}$。这时的水平对准回路如图 12.3 所示。

图 12.3 所示系统的特征方程为

$$\Delta(s)=s^2+K_1s+\omega_s^2 \tag{12.7}$$

从系统特征方程可以看出，增加了 K_1 环节后，系统得到了阻尼，但系统的振荡周期仍为 84.4 min。如果平台误差比较大，则平台调水平的速度就比较慢，不能满足对准快速性

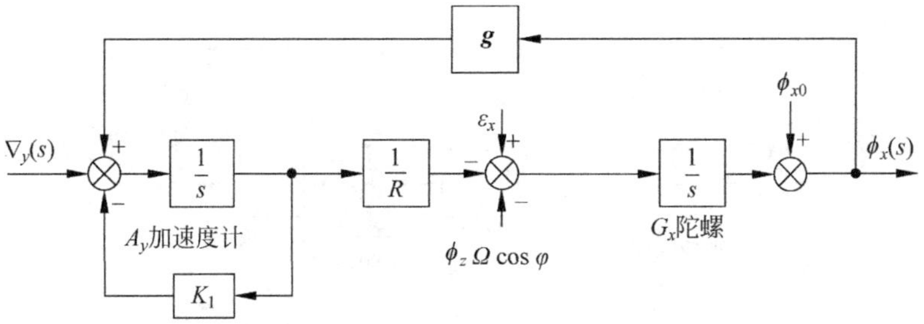

图 12.3　水平对准回路方块图

能的要求。

欲使系统的振荡周期缩短，则必须增加振荡频率 ω_s。本书在$\frac{1}{R}$环节上并联一个$\frac{K_2}{R}$环节，则原来的$\frac{1}{R}$环节就变为$\frac{1+K_2}{R}$。这样系统的振荡频率为 $\omega^2=(1+K_2)\omega_s^2$。这时的水平对准回路如图 12.4 所示。

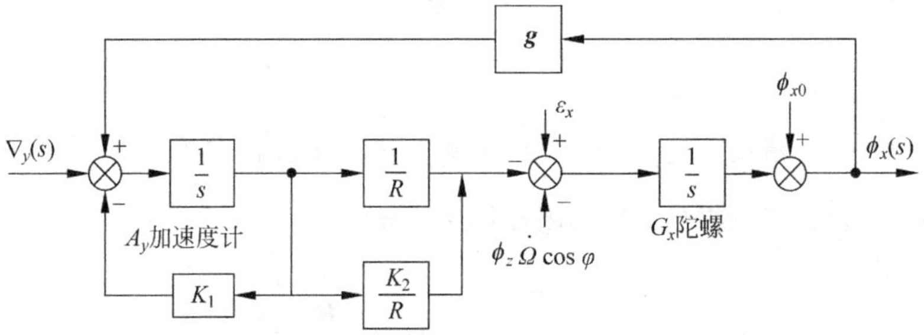

图 12.4　二阶水平对准回路方块图

图 12.4 所示系统的特征式为

$$\begin{aligned}\Delta(s)&=s^2+K_1s+(1+K_2)\omega_s^2\\&=s^2+2\xi\omega_n s+\omega_n^2\end{aligned}\tag{12.8}$$

其中，ω_n 为二阶阻尼系统的自然频率，从特征式可以看出，这样的典型二阶系统可以达到本书要求的动特性。通过 K_1 控制阻尼大小，通过 K_2 控制振荡周期长短。K_1、K_2 与阻尼比 ξ、自然频率 ω_n 的关系如下：

$$\begin{cases}K_1=2\xi\omega_n\\K_2=\left(\dfrac{\omega_n}{\omega_s}\right)^2-1\end{cases}\tag{12.9}$$

$$\begin{cases}\xi=\dfrac{K_1}{2\omega_s\sqrt{1+K_2}}\\\omega_n=\omega_s\sqrt{1+K_2}\end{cases}\tag{12.10}$$

其中，$\omega_s=\sqrt{\dfrac{g}{R}}\approx\dfrac{2\pi}{84.4\times 60}$为舒勒角频率，根据设计要求，如果我们希望系统的振荡周期能从 84.4 min 降到 120 s，则 $\omega_n=\dfrac{2\pi}{120}$，代入式(12.9)可以先得到 K_2，根据自动控制原理，本

书一般设计控制系统的阻尼比 $\xi=\frac{\sqrt{2}}{2}$，则可以得到 K_1，这就完成了二阶对准环节的设计。

现在来分析由于陀螺漂移 ε_x，加速度计零点漂移 $\nabla_y(s)$ 和平台初始偏差角 ϕ_{x0} 等引起的误差。由图 12.3 可求得平台误差 ϕ_x 为

$$\phi_x(s)=\frac{(s+K_1)[s\phi_{x0}+\varepsilon_x(s)-\phi_z(s)\Omega\cos\varphi]-(1+K_2)\omega_s^2\dfrac{\nabla_y(s)}{\boldsymbol{g}}}{s^2+K_1 s+(1+K_2)\omega_s^2} \tag{12.11}$$

设 ε_x、$\nabla_y(s)$、$\phi_z(s)$ 及 ϕ_{x0} 均为常值，根据终值定理可求得 ϕ_x 的稳态误差表达式为

$$\phi_x(\infty)=\lim_{s\to 0}s\phi_x(s)=\frac{K_1}{(1+K_2)\omega_s^2}[\varepsilon_x(s)-\Omega\cos\varphi\ \phi_z(s)]-\frac{\nabla_y(s)}{\boldsymbol{g}} \tag{12.12}$$

由式(12.12)可以看出，ε_x、$\phi_z(s)\Omega\cos\varphi$ 和 $\nabla_y(s)$ 将引起 ϕ_x 的稳态误差。

12.2.2　方位对准

12.2.2.1　罗经方位对准的基本原理

平台的方位初始对准一般是在水平初始对准的基础上进行的。从分析式(12.3)水平对准过程中可知，由北向加速度计与东向陀螺组成的水平对准回路与方位回路有较大的交联影响，即在前述水平回路中有较大的交联耦合项 $\phi_z\Omega\cos\varphi$。通常把 $\phi_z\Omega\cos\varphi$ 的影响叫作罗经效应。所谓方位对准，就是利用罗经效应控制平台方位轴指北。在方位罗经找北过程中，ϕ_z 逐渐减小。只要我们正确设计罗经对准回路，使 ϕ_z 减小到允许的误差范围内，也就实现了方位对准。

下面进一步分析 $\phi_z\Omega\cos\varphi$ 项对平台的影响(见图 12.4)。当平台的 x_p 轴和地理坐标系东向轴 E 有方位偏差角 ϕ_z 时，东向陀螺感受的地球自转速率分量为 $\Omega\cos\varphi\sin\phi_z$。方位精对准前一般 ϕ_{z0} 在 1°左右，所以 $\Omega\cos\varphi\sin\phi_z\approx\phi_z\Omega\cos\varphi$，此分量相当于东向陀螺产生的漂移使平台倾斜 ϕ_x 角。与此同时，北向加速度计感受到重力加速度水平分量 $\phi_x\boldsymbol{g}$，经积分后引起速度误差 δv_y。可见通过测量 δv_y 可测量到罗经效应的大小。

既然要通过 ϕ_x 角才能在 δv_y 中反应罗经效应项，因此在水平对准时先不消除由 ε_x 及 $\phi_z\Omega\cos\varphi$ 引起的稳态误差角。现在本书利用 δv_y 作为控制信号，设计一个环节 $K_z(s)$ 去控制 ϕ_z 角，使 ϕ_z 减小到所允许的范围内。要想减小误差角 ϕ_z，必须给方位陀螺仪 G_z 加控制力矩才能实现。根据这一物理过程，可以设计一个控制环节 $K_z(s)$，它的输入信号为 δv_y，输出信号为 $K_z(s)\delta v_y$ 去控制方位陀螺 G_z，这种原理方案如图 12.5 所示。

在北向加速度计和东向陀螺组成的水平回路中，罗经项 $\phi_z\omega_e\cos\varphi$ 对系统产生的影响和漂移 ε_x 是等效的。如果 $\varepsilon_x=\phi_z\Omega\cos\varphi$，罗经效应将不起作用，方位误差将得不到控制。当 $\varepsilon_x=0.01(°)/\mathrm{h}$ 时，将产生 $\phi_z=2'\sim3'$ 的误差。假设我们能测出 ε_x 的大小，并把它补偿掉或部分补偿，将会提高方位对准的精度。可见东向陀螺的漂移直接影响方位对准的精度。

12.2.2.2　方位对准回路的参数选择

我们仍假设在静基坐条件下进行初始对准。根据图 12.4 的对准回路方块图可列出方

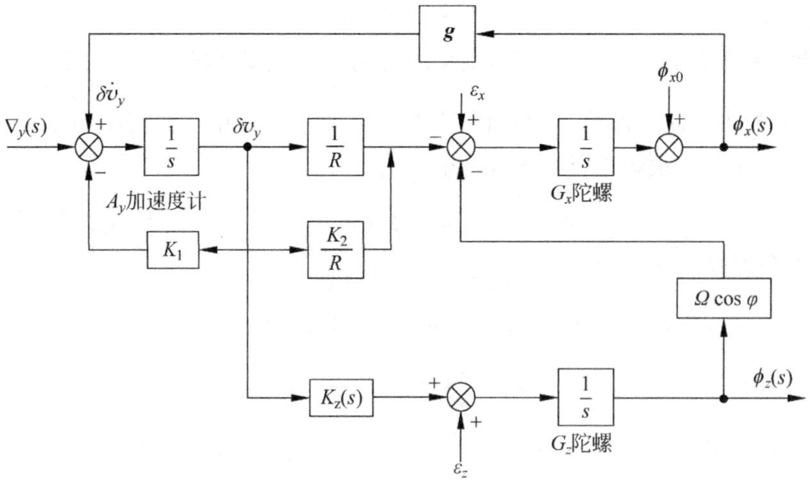

图 12.5 方位对准回路方块图

位对准方程为

$$
\begin{cases}
\delta\dot{v}_y = \phi_x g + \nabla_y - K_1\delta v_y \\
\dot{\phi}_x = -\left(\dfrac{1+K_2}{R}\right)\delta v_y - \phi_z\Omega\cos\varphi + \varepsilon_x \\
\dot{\phi}_z = K_z(s)\delta v_y + \varepsilon_z
\end{cases}
\tag{12.13}
$$

对式(12.3)进行拉氏变换，并写成下列矩阵形式：

$$
\begin{bmatrix} s+K_1 & -\boldsymbol{g} & 0 \\ \dfrac{1+K_2}{R} & s & \Omega\cos\varphi \\ -K_z(s) & 0 & s \end{bmatrix}
\begin{bmatrix} \delta v_y \\ \phi_x \\ \phi_z \end{bmatrix}
=
\begin{bmatrix} \delta v_{y0} + \dfrac{\nabla_y}{s} \\ \phi_{x0} + \dfrac{\varepsilon_x}{s} \\ \phi_{z0} + \dfrac{\varepsilon_z}{s} \end{bmatrix}
\tag{12.14}
$$

假设∇_y、ε_x、ε_z 都是常值，方程式(12.14)的解有下列形式：

$$
\begin{bmatrix} \delta v_y \\ \phi_x \\ \phi_z \end{bmatrix}
=
\begin{bmatrix} 1+K_1 & -\boldsymbol{g} & 0 \\ \dfrac{1+K_2}{R} & s & \Omega\cos\varphi \\ -K_z(s) & 0 & S \end{bmatrix}^{-1}
\begin{bmatrix} \delta v_{y0} + \dfrac{1}{s}\nabla_y(s) \\ \phi_{x0} + \dfrac{\varepsilon_x}{s} \\ \phi_{z0} + \dfrac{\varepsilon_z}{s} \end{bmatrix}
\tag{12.15}
$$

系统的特征方程式为

$$
\begin{aligned}
\Delta'(s) &= \begin{vmatrix} s+K_1 & -\boldsymbol{g} & 0 \\ \dfrac{1+K_2}{R} & s & \Omega\cos\varphi \\ -K_z(S) & 0 & s \end{vmatrix} \\
&= s^3 + K_1 s^2 + (1+K_2)\omega_s^2 s + \Omega\cos\varphi K_z(s)\boldsymbol{g} \\
&= 0
\end{aligned}
\tag{12.16}
$$

因为$\Omega\cos\varphi$随纬度变化，故上述特征式也随纬度变化。为了使特征式不随纬度变化，可将方位阻尼回路$K_z(s)$选取为下列形式：

$$K_z(s)=\frac{K_3}{\Omega\cos\varphi(s+K_4)} \tag{12.17}$$

式(12.17)中采用惯性环节$\frac{1}{s+K_4}$是为了加强方位回路的滤波作用。将式(12.17)代入式(12.16)得

$$\Delta'(s)=s^3+K_1s^2+\omega_s^2(1+K_2)s+\frac{K_3}{s+K_4}\boldsymbol{g}=0 \tag{12.18}$$

所以系统的特征式为

$$\begin{aligned}\Delta(s)&=(s+K_4)\Delta'(s)\\&=s^4+(K_1+K_4)s^3+[\omega_s^2(1+K_2)+K_1K_4]s^2+\omega_s^2(1+K_2)K_4s+K_3\boldsymbol{g}\\&=0\end{aligned} \tag{12.19}$$

将特征方程式(12.19)的根设计为

$$\begin{cases}s_{1、2}=-\sigma\pm \mathrm{j}\omega\\ s_{3、4}=-\sigma\pm \mathrm{j}\omega\end{cases} \tag{12.20}$$

其中，σ为衰减系数；ω为阻尼振荡频率。系统的自然频率和阻尼比为

$$\begin{cases}\omega_n^2=\sigma^2+\omega^2\\ \xi=\dfrac{\sigma}{\omega_n}\end{cases} \tag{12.21}$$

系统的特征式为

$$\begin{aligned}\Delta(s)&=[(s+\sigma+\mathrm{j}\omega)(s+\sigma-\mathrm{j}\omega)]^2=[s^2+2\sigma s+(\sigma^2+\omega^2)]^2\\&=s^4+4\sigma s^3+(6\sigma^2+2\omega^2)s^2+(4\sigma^3+4\sigma\omega^2)s+(\sigma^4+2\sigma^2\omega^2+\omega^4)\\&=0\end{aligned} \tag{12.22}$$

比较式(12.19)和式(12.22)的对应项得

$$\begin{cases}K_1+K_4=4\sigma\\ \omega_s^2(1+K_2)+K_1K_4=6\sigma^2+2\omega_n^2\\ \omega_s^2(1+K_2)K_4=4\sigma^3+4\sigma\omega_n^2\\ K_3\boldsymbol{g}=\sigma^4+2\sigma^2\omega_n^2+\omega_n^4\end{cases} \tag{12.23}$$

考虑到$\frac{1}{s+K_1}$与$\frac{1}{s+K_4}$均为惯性环节，可选择$K_1=K_4$，由式(12.23)的第1式得

$$K_1=K_4=2\sigma \tag{12.24}$$

将$\omega=\sqrt{\omega_n^2-\sigma^2}=\sqrt{\left(\frac{\sigma}{\xi}\right)^2-\sigma^2}=\sigma\sqrt{\frac{1-\xi^2}{\xi^2}}$代入式(12.23)的第3式可得

$$K_2=\frac{2\sigma^2}{\xi^2\omega_S^2}-1 \tag{12.25}$$

将$\omega=\sqrt{\omega_n^2-\sigma^2}=\sqrt{\left(\frac{\sigma}{\xi}\right)^2-\sigma^2}=\sigma\sqrt{\frac{1-\xi^2}{\xi^2}}$，及$\omega_n=\frac{\sigma}{\xi}$等关系式代入式(12.23)的第4式可得

$$K_3=\frac{\sigma^4}{\xi^4 \boldsymbol{g}} \tag{12.26}$$

式(12.24)～式(12.26)为方位对准回路的参数选择公式。

如果取 $\sigma=\omega$，则式(12.21)变为

$$\begin{cases}\omega_{\mathrm{n}}=\sqrt{2}\,\sigma \\ \xi=\dfrac{\sigma}{\omega_{\mathrm{n}}}=\dfrac{1}{\sqrt{2}}=0.707\end{cases} \tag{12.27}$$

变为

$$\Delta(s)=s^4+4\sigma s^3+8\sigma^2 s^2+8\sigma^3 s+4\sigma^4 \tag{12.28}$$

变为

$$\begin{cases}K_1+K_4=4\sigma \\ \omega_{\mathrm{s}}^2(1+K_2)+K_1K_4=8\sigma^2 \\ \omega_{\mathrm{s}}^2(1+K_2)K_4=8\sigma^3 \\ K_3\boldsymbol{g}=4\sigma^4\end{cases} \tag{12.29}$$

式(12.24)～式(12.26)变为

$$\begin{cases}K_1=K_4=2\sigma \\ K_2=\dfrac{4\sigma^2}{\omega_{\mathrm{s}}^2}-1 \\ K_3=\dfrac{4\sigma^4}{\boldsymbol{g}}\end{cases} \tag{12.30}$$

由式(12.15)可求得以 ∇_y、ε_x、ε_z 及 φ_{z0} 为输入量，引起的方位稳定误差 ϕ_z 为

$$\phi_z(\infty)=\frac{\varepsilon_x}{\Omega\cos\varphi}+\frac{(1+K_2)K_4}{RK_3}\varepsilon_z \tag{12.31}$$

可见，引起 ϕ_z 稳态误差的是东向陀螺漂移 ε_x 和方位陀螺漂移 ε_z，而 ε_z 可通过合理地选择参数来减小，ε_x 则是引起 ϕ_z 的主要误差源。

在载体运动情况下的方位对准需要引入外部速度信息，将系统输出的速度信息与外部速度信息相比较，以其差值作为控制信息源，即可实现在动基座条件下的方位对准。

12.2.3 陀螺仪漂移的测定和精对准

前面初始对准的分析表明，当采用二阶水平对准和方位罗经对准方案时，对准精度受到陀螺漂移的影响。为了提高对准精度，必须对陀螺漂移进行测量并补偿。

在长时间工作的惯性导航系统中，由于惯性元件的缺陷，将产生位置、速度和航向积累误差。而在许多误差源中，陀螺漂移是最突出的。陀螺常值漂移将引起正弦变化的纬度和方位误差，以及无界的经度误差；陀螺随机漂移将产生无界的纬度、经度和方位误差；而陀螺仪标度因数的不精确性则会引起所计算的平台旋转量的误差。

为了提高惯导系统的精度，一方面要设法提高惯性元件的精度或探索新的惯性元件；另一方面是在现有元件基础上采取各种补偿方法以提高整个系统的精度。通常的补偿方法有两种：一种是利用外部信息，如卫星、天文或无线电导航系统所提供的信息误差来确定陀

螺漂移,再采取相应的补偿措施;另一种是在系统进行精对准过程中进行陀螺漂移的测定并给予补偿。在惯导系统的初始对准过程中进行陀螺漂移的测定,是在平台处于稳定状态时进行的。

12.2.3.1 水平陀螺的测漂和方位误差角的求取

根据二阶水平对准回路方块图 12.4,可建立如下方程:

$$\begin{cases}\dot{\phi}_x=-\dfrac{1+K_2}{R}\delta v_y-\phi_z\Omega\cos\varphi+\varepsilon_x\\ \dot{\phi}_y=\dfrac{1+K_2}{R}\delta v_x+\varepsilon_y\end{cases}\tag{12.32}$$

在平衡条件下,式(12.32)可写为

$$\begin{cases}\dot{\phi}_x=-\dfrac{1+K_2}{R}\delta v_y-\phi_z\Omega\cos\varphi+\varepsilon_x=0\\ \dot{\phi}_y=\dfrac{1+K_2}{R}\delta v_x+\varepsilon_y=0\end{cases}\tag{12.33}$$

δv_y 和 δv_x 都是可观测的,令 $\dfrac{1+K_2}{R}\delta v_y=\delta\omega_x$,$\dfrac{1+K_2}{R}\delta v_x=\delta\omega_y$,则式(12.33)可写为

$$\begin{cases}\delta\omega_x=-\phi_z\Omega\cos\varphi+\varepsilon_x\\ \delta\omega_y=-\varepsilon_y\end{cases}\tag{12.34}$$

在初始对准过程中,$\delta\omega_x$ 和 $\delta\omega_y$ 实际上就是加给陀螺力矩器控制信号,即指令角速度。图 12.6 为水平对准回路变换方块图。

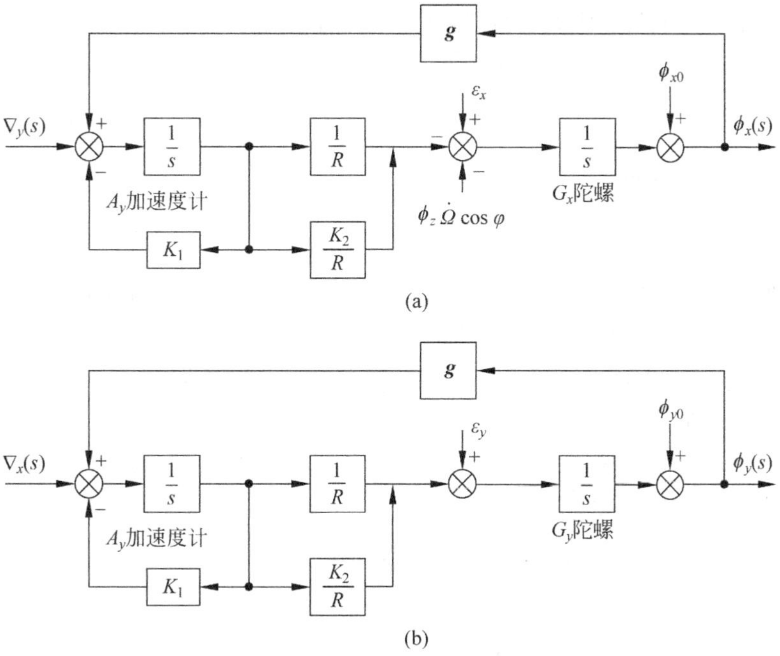

图 12.6 水平对准回路变换方块图

由式(12.34)可以看出,由北向陀螺仪和东向加速度计组成的水平对准回路处于稳定状态时,误差控制信号 $\delta\omega_y$ 正好补偿了北向陀螺漂移,因而北向陀螺漂移 ε_y 可以通过 $\delta\omega_y$ 测定,即

$$\varepsilon_y = -\delta\omega_y \tag{12.35}$$

为了提高测量精度,可采用多个 $\delta\omega_y$ 值进行计算,即

$$\bar{\varepsilon}_y = \frac{1}{n}\sum_{i=1}^{n}(-\delta\omega_{yi}) \tag{12.36}$$

但东向陀螺的漂移 ε_x 无法测量,因为 $\phi_z\Omega\cos\varphi$ 是未知数。

如果我们给方位陀螺加一个控制信号,使平台逆时针转过 90°,则原来的东向陀螺 G_x 处于北向,北向陀螺 G_y 处于西向,而平台仍然相对水平面稳定。在这个位置的平衡方程为

$$\begin{cases}\delta\omega_x = -\phi_z\Omega\cos\varphi + \varepsilon_y \\ \delta\omega_y = -\varepsilon_x\end{cases} \tag{12.37}$$

这样,通过测量 $\delta\omega_y$ 便可测出 ε_x。为了精确起见,也可以测量多个值进行平均。

以上介绍的是指北方位平台在相差 90°的两个位置上测定水平陀螺漂移 ε_x、ε_y 的原理,通过使平台处于两个特殊的位置,即可测定出两个水平陀螺仪的漂移。大部分指北方位惯导系统在平台锁定时,把平台锁定在与真北成 90°夹角的方位上,其目的就是为了估算将处于东向的陀螺仪的漂移。

前面介绍的测定陀螺仪漂移的方法,同样也可用来对陀螺仪的标度因数进行标定。

从对方位罗经对准过程的分析可知,方位陀螺漂移 ε_z 对方位对准精度的影响可以通过选择合适的参数来减小。ε_z 对导航精度的影响在短时间内也不大,因此一般可不进行补偿。

φ 是静基座条件下载体所处的位置,可以精确地给定。在已知 ε_x、ε_y 及 $\delta\omega_x$ 和 φ 的情况下,方位误差角 ϕ_z 就可以计算出来,则有

$$\phi_z = \frac{\varepsilon_x - \delta\omega_x}{\Omega\cos\varphi} \tag{12.38}$$

12.2.3.2 精对准

在精对准阶段,根据测量出的陀螺漂移 $\bar{\varepsilon}_x$、$\bar{\varepsilon}_y$ 对陀螺力矩器施加补偿信号,这样等效的陀螺漂移为陀螺漂移值与陀螺漂移测量值之差 $\varepsilon_x-\bar{\varepsilon}_x$、$\varepsilon_y-\bar{\varepsilon}_y$。由于方位罗经对准需要利用误差信号 δv_y,所以一般先进行方位精对准,再进行水平精对准。

(1) 方位精对准

方位精对准回路的设计原理与前面介绍的方法完全相同,只是需对东向陀螺力矩器施加补偿信号 $-\bar{\varepsilon}_x$,则方位对准方程为

$$\begin{cases}\delta\dot{v}_y = \phi_x \boldsymbol{g} + \nabla_y - K_1\delta v_y \\ \dot{\phi}_x = -\left(\dfrac{1+K_2}{R}\right)\delta v_y - \phi_z\Omega\cos\varphi + \varepsilon_x - \bar{\varepsilon}_x \\ \dot{\phi}_z = K_z(s)\delta v_y + \varepsilon_z\end{cases} \tag{12.39}$$

此时的方位稳态误差角为

$$\phi_z(\infty)=\frac{\varepsilon_x-\bar{\varepsilon}_x}{\Omega\cos\varphi}+\frac{(1+K_2)K_4}{RK_3}\varepsilon_z \tag{12.40}$$

(2) 水平精对准

当采用二阶水平对准回路时，陀螺漂移 ε_x、ε_y 会引起 ϕ_x、ϕ_y 的稳态误差，交叉耦合项 $\phi_z\cos\varphi$ 还会引起 ϕ_x 的稳态误差。为了消除 ε_x、ε_y 及交叉耦合项 $\phi_z\cos\varphi$ 对水平对准精度的影响，在陀螺力矩器输入端再加上一个积分环节，即能量储存环节 $\frac{K_3}{s}$，构成三阶回路，如图 12.7 所示。

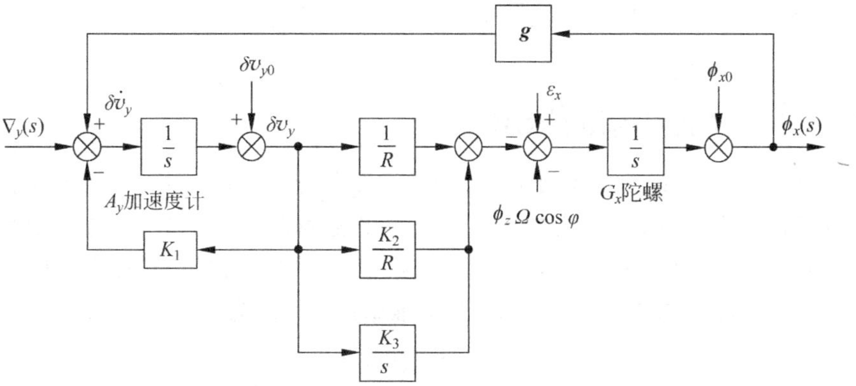

图 12.7 三阶水平对准回路方块图

对于东向陀螺和北向加速度计构成的水平对准回路，有

$$\phi_x(s)=\frac{s(s+K_1)[\varepsilon_x(s)-\Omega\cos\varphi\,\phi z(s)]-\left[\dfrac{s(1+K_2)}{R}+K_3\right]\nabla y(s)}{s^3+K_1s^2+(1+K_2)\omega_s^2s+\boldsymbol{g}K_3} \tag{12.41}$$

$$\phi_x(\infty)=-\frac{\nabla_y(s)}{\boldsymbol{g}} \tag{12.42}$$

可见三阶水平对准系统的精度仅取决于加速度计零位偏差。在精对准阶段，一般采用三阶水平对准回路。

三阶水平对准回路的特征式为

$$\nabla(s)=s^3+K_1s^2+(1+K_2)\omega_s^2s+RK_3\omega_s^2 \tag{12.43}$$

令特征方程式的 3 个根分别为

$$\begin{cases}S_1=-\sigma\\ S_{2,3}=-\sigma\pm \mathrm{j}\omega\end{cases} \tag{12.44}$$

则有

$$\begin{aligned}\nabla(s)&=(s+\sigma)(s+\sigma+\mathrm{j}\omega)(s+\sigma-\mathrm{j}\omega)\\&=s^3+3\sigma s^2+(3\sigma^2+\omega^2)s+\sigma^3+\sigma\omega^2\end{aligned} \tag{12.45}$$

将式(12.43)与式(12.45)比较，可得

$$\begin{cases} K_1 = 3\sigma \\ K_2 = \dfrac{3\sigma^2 + \omega^2}{\omega_s^2} - 1 \\ K_3 = \dfrac{\sigma^3 + \sigma\omega^2}{R\omega_s^2} \end{cases} \tag{12.46}$$

在设计水平对准回路时，先根据性能要求选择 σ 和 ω，再由式(12.46)计算 K_1、K_2、K_3。令 $\sigma=\omega$，则有

$$\begin{aligned} \nabla' &= (s+\sigma+\mathrm{j}\omega)(s+\sigma-\mathrm{j}\omega) \\ &= s^2 + 2\sigma s + 2\sigma^2 \end{aligned} \tag{12.47}$$

此时，$\omega_n=\sqrt{2}\sigma$，$\xi=\dfrac{1}{\sqrt{2}}$，则 $K_1=3\sigma$，$K_2=\dfrac{4\sigma^2}{\omega_s^2}-1$，$K_3=\dfrac{2\sigma^3}{R\omega_s^2}$。

12.2.4 对准结束的标志

惯导系统初始对准的目的是使平台坐标系尽量与理想平台系重合。随着平台姿态误差的减小，速度误差 δv_x 和 δv_y 也会减小。因此，可以通过测量 δv_x 和 δv_y 来判别初始对准的精度是否达到要求。根据误差分析和实际对准过程的测试，可以给速度误差确定一个上限值 $\delta v_{\mathrm{lim\,it}}$ 作为精对准结束的判别条件，即精对准结束的标志为

$$\max(|\delta v_x|, |\delta v_y|) < \delta v_{\mathrm{lim\,it}} \tag{12.48}$$

另外，北向(或等效北向)陀螺漂移 ε_N 也可作为精对准是否结束的判别条件之一。由误差分析可知，ε_N 将引起随时间增长的导航误差。如果 ε_N 过大，即便通过了对准，系统进入导航状态后也会产生过大的导航误差。因此，把对经过补偿后的等效北向陀螺漂移的估值 $\bar{\varepsilon}_N$ 作为精对准结束的标志之一，即

$$|\bar{\varepsilon}_N| < \varepsilon_{\mathrm{Nlim\,it}} \tag{12.49}$$

若满足了式(12.48)与式(12.49)，则整个对准过程可以结束，然后立即转入导航工作状态。初始对准结束后，必须将有阻尼的水平对准回路转到无阻尼的舒拉振荡回路，罗经对准回路也必须取消。也就是取消水平对准回路的 K_1、$\dfrac{K_2}{R}$、$\dfrac{K_3}{s}$环节，以及方位罗经对准回路的 K_1、$\dfrac{K_2}{R}$、$K(s)$。

12.3 捷联式惯导系统的初始对准

在平台式惯导系统中，初始对准的主要目的是使平台坐标系与导航坐标系一致。平台式惯导系统利用地球重力加速度 $\boldsymbol{g}$ 和地球自转角速度$\boldsymbol{\omega}_{ie}$ 两个空间矢量，使实体平台的各轴与导航系各相应轴一致来完成对准任务。对捷联惯导系统来说，基本原理和平台式惯导系统是一样的，但捷联式惯导系统初始对准的主要目的则是确定计算机内的数学平台，即姿态矩阵 $\boldsymbol{C}_b^p$。由于按游移方位进行力学编排的捷联惯导系统并不存在物理意义上的游移方位角，所以初始对准时，其初始游移方位角可以任意选取。为简化计算，可取 $\alpha=0$。这样初始

导航坐标系就由游移方位坐标系转变为地理坐标系，从而使姿态矩阵由 $\boldsymbol{C}_b^p$ 变为 $\boldsymbol{C}_b^g$。为保持符号统一，在研究初始对准时，仍沿用符号 $\boldsymbol{C}_b^p$。

由于捷联惯导系统中惯性元件直接安装在机体上，在外场条件下，系统受阵风、登机、装载等各种运动的影响比较严重，如何在较短的时间内以一定的精度确定出姿态矩阵是初始对准要解决的主要问题。捷联惯导系统的初始对准可以是自主的（不依靠外部设备），也可以是受控的（使捷联惯导系统的输出与某些系统相一致），或这两种方法的结合。本书仅讨论静基座条件下的自主对准方法。

捷联惯导系统的初始对准方法分为自主式和非自主式，捷联惯导系统自主对准可分粗对准和精对准两步进行。在粗对准阶段，依靠重力矢量及地球自转角速度矢量的测量值，直接估算从机体系到导航系的姿态矩阵 $\boldsymbol{C}_b^{p'}$（p'表示计算导航系）；在精对准阶段，可通过处理惯性仪表的输出信号，估计出计算的导航坐标系与理想导航坐标系之间的小失准角$\boldsymbol{\phi}$，进而可按式(12.50)修正估算的姿态矩阵：

$$\boldsymbol{C}_b^p = \boldsymbol{C}_{p'}^p \boldsymbol{C}_b^{p'} = (\boldsymbol{I} + \boldsymbol{\phi} \times) \boldsymbol{C}_b^{p'} \tag{12.50}$$

从而建立准确的初始姿态矩阵 $\boldsymbol{C}_b^p$。

粗对准一般又可采用解析式粗对准或一步修正粗对准方法进行。

12.3.1 解析粗对准

初始对准时，飞机停放在地面上，加速度计测量的是重力加速度矢量在机体系中的分量，陀螺仪测量的是地球自转角速度矢量在机体系中的分量。这两个矢量在导航坐标系 p 中的分量是已知的，并且是常值。姿态矩阵 $\boldsymbol{C}_b^p$ 可由$\boldsymbol{\omega}_{ie}$ 及 $\boldsymbol{g}$ 在 b 系和 p 系中的估值计算出来。

重力矢量和地球自转角速度矢量的坐标变换式为

$$\begin{cases} \boldsymbol{g}^b = \boldsymbol{C}_b^p \boldsymbol{g}^p & (12.51) \\ \boldsymbol{\omega}_{ie}^b = \boldsymbol{C}_b^p \boldsymbol{\omega}_{ie}^p & (12.52) \end{cases}$$

定义

$$\boldsymbol{r} = \boldsymbol{g} \times \boldsymbol{\omega}_{ie} \tag{12.53}$$

还可写出

$$\boldsymbol{r}^b = \boldsymbol{C}_b^p \boldsymbol{r}^p \tag{12.54}$$

由于

$$\boldsymbol{C}_p^b = (\boldsymbol{C}_b^p)^{-1} = (\boldsymbol{C}_b^p)^{\mathrm{T}} \tag{12.55}$$

对式(12.51)、式(12.52)和式(12.54)取转置，联立有如下矩阵形式：

$$\begin{bmatrix} (\boldsymbol{g}^b)^{\mathrm{T}} \\ (\boldsymbol{\omega}_{ie}^b)^{\mathrm{T}} \\ (\boldsymbol{r}^b)^{\mathrm{T}} \end{bmatrix} = \begin{bmatrix} (\boldsymbol{g}^p)^{\mathrm{T}} \\ (\boldsymbol{\omega}_{ie}^p)^{\mathrm{T}} \\ (\boldsymbol{r}^p)^{\mathrm{T}} \end{bmatrix} \boldsymbol{C}_b^p \tag{12.56}$$

式(12.56)中，$\boldsymbol{g}$ 和 $\boldsymbol{\omega}_{ie}$ 在初始导航系（此时为东—北—天系）中的分量可是已知的，在机体系中的分量可由陀螺仪和加速度计测量得到。矢量 $\boldsymbol{r}$ 在导航系和机体系中的分量可计算如下：

$$\boldsymbol{r}^{\mathrm{b}}=\boldsymbol{g}^{\mathrm{b}}\times\boldsymbol{\omega}_{\mathrm{ie}}^{\mathrm{b}}=\begin{bmatrix}0 & -g_z^{\mathrm{b}} & g_y^{\mathrm{b}}\\ g_z^{\mathrm{b}} & 0 & -g_x^{\mathrm{b}}\\ -g_y^{\mathrm{b}} & g_x^{\mathrm{b}} & 0\end{bmatrix}\begin{bmatrix}\omega_{\mathrm{ie}x}^{\mathrm{b}}\\ \omega_{\mathrm{ie}y}^{\mathrm{b}}\\ \omega_{\mathrm{ie}z}^{\mathrm{b}}\end{bmatrix}=\begin{bmatrix}\omega_{\mathrm{ie}z}^{\mathrm{b}}g_y^{\mathrm{b}}-\omega_{\mathrm{ie}y}^{\mathrm{b}}g_z^{\mathrm{b}}\\ \omega_{\mathrm{ie}x}^{\mathrm{b}}g_z^{\mathrm{b}}-\omega_{\mathrm{ie}z}^{\mathrm{b}}g_x^{\mathrm{b}}\\ \omega_{\mathrm{ie}y}^{\mathrm{b}}g_x^{\mathrm{b}}-\omega_{\mathrm{ie}x}^{\mathrm{b}}g_y^{\mathrm{b}}\end{bmatrix} \tag{12.57}$$

$$\boldsymbol{r}^{\mathrm{p}}=\boldsymbol{g}^{\mathrm{p}}\times\boldsymbol{\omega}_{\mathrm{ie}}^{\mathrm{p}}=\begin{bmatrix}0 & \boldsymbol{g} & 0\\ -\boldsymbol{g} & 0 & 0\\ 0 & 0 & 0\end{bmatrix}\begin{bmatrix}0\\ \Omega\cos\varphi\\ \Omega\sin\varphi\end{bmatrix}=\begin{bmatrix}\boldsymbol{g}\Omega\cos\varphi\\ 0\\ 0\end{bmatrix} \tag{12.58}$$

所以由式(12.56)可以计算初始姿态矩阵如下：

$$\boldsymbol{C}_{\mathrm{b}}^{\mathrm{p}}=\begin{bmatrix}(\boldsymbol{g}^{\mathrm{p}})^{\mathrm{T}}\\ (\boldsymbol{\omega}_{\mathrm{ie}}^{\mathrm{p}})^{\mathrm{T}}\\ (\boldsymbol{r}^{\mathrm{p}})^{\mathrm{T}}\end{bmatrix}^{-1}\begin{bmatrix}(\boldsymbol{g}^{\mathrm{b}})^{\mathrm{T}}\\ (\boldsymbol{\omega}_{\mathrm{ie}}^{\mathrm{b}})^{\mathrm{T}}\\ (\boldsymbol{r}^{\mathrm{b}})^{\mathrm{T}}\end{bmatrix} \tag{12.59}$$

还有一点需要说明的是，用这种方法确定初始姿态矩阵的条件是式(12.59)中的逆阵存在。当矩阵中的任一行不是其余行的线性组合时，其逆阵便存在。如果两个矢量 $\boldsymbol{g}$ 和 $\boldsymbol{\omega}_{\mathrm{ie}}$ 不共线，这个条件总能满足。这表明，解析式粗对准方法不能用于地球的极区。一般情况下，方程式(12.59)中的逆阵由式(12.60)确定：

$$\begin{bmatrix}(\boldsymbol{g}^{\mathrm{p}})^{\mathrm{T}}\\ (\boldsymbol{\omega}_{\mathrm{ie}}^{\mathrm{p}})^{\mathrm{T}}\\ (\boldsymbol{r}^{\mathrm{p}})^{\mathrm{T}}\end{bmatrix}^{-1}=\begin{bmatrix}0 & 0 & -g\\ 0 & \Omega\cos\varphi & \Omega\sin\varphi\\ g\Omega\cos\varphi & 0 & 0\end{bmatrix}^{-1}=\begin{bmatrix}0 & 0 & \dfrac{1}{g\Omega}\sec\varphi\\ \dfrac{1}{\boldsymbol{g}}\tan\varphi & \dfrac{1}{\Omega}\sec\varphi & 0\\ -\dfrac{1}{\boldsymbol{g}} & 0 & 0\end{bmatrix} \tag{12.60}$$

12.3.2 一步修正粗对准

式(12.59)中，由于矢量 $\boldsymbol{g}$、$\boldsymbol{\omega}_{\mathrm{ie}}$ 和 $\boldsymbol{r}$ 在 b 系的分量是由陀螺和加速度计测量计算的，必然含有测量误差，所以按此计算的姿态矩阵也必然含有误差，用 $\boldsymbol{C}_{\mathrm{b}}^{\mathrm{p}'}$ 表示，$\boldsymbol{p}'$表示解析粗对准计算的导航系，假设与理想平台系之间存在小失准角$\boldsymbol{\phi}$，如果能求出$\boldsymbol{\phi}$，就可以按照式(12.50)对姿态矩阵进行修正，从而得到更为准确的姿态矩阵。下面以误差方程为基础具体分析确定失准角$\boldsymbol{\phi}$ 的方法。

对于捷联惯导系统速度误差方程忽略交叉耦合项和加速度计测量误差，可得

$$\begin{cases}\delta\dot{v}_x=-\phi_y\boldsymbol{g}\\ \delta\dot{v}_y=\phi_x\boldsymbol{g}\end{cases} \tag{12.61}$$

陀螺仪的输出可以表示为

$$\begin{aligned}\boldsymbol{\omega}_{\mathrm{ib}}^{\mathrm{p}'}&=\boldsymbol{C}_{\mathrm{b}}^{\mathrm{p}'}\boldsymbol{\omega}_{\mathrm{ib}}^{\mathrm{b}}=\boldsymbol{C}_{\mathrm{p}}^{\mathrm{p}'}\boldsymbol{C}_{\mathrm{b}}^{\mathrm{p}}\boldsymbol{\omega}_{\mathrm{ib}}^{\mathrm{b}}=\boldsymbol{C}_{\mathrm{p}}^{\mathrm{p}'}\boldsymbol{\omega}_{\mathrm{ib}}^{\mathrm{p}}\\ &=(\boldsymbol{I}-\boldsymbol{\phi}\times)(\boldsymbol{\omega}_{\mathrm{ie}}^{\mathrm{p}}+\boldsymbol{\omega}_{\mathrm{eb}}^{\mathrm{p}}+\delta\boldsymbol{\omega}_{\mathrm{ib}}^{\mathrm{p}})\end{aligned} \tag{12.62}$$

在静基座条件下，$\boldsymbol{\omega}_{\mathrm{eb}}^{\mathrm{p}}=\boldsymbol{0}$，陀螺的实际输出包含地球角速率$\boldsymbol{\omega}_{\mathrm{ie}}^{\mathrm{p}}$ 及测量误差 $\delta\boldsymbol{\omega}_{\mathrm{ib}}^{\mathrm{p}}$，所以

式(12.62)变为

$$\boldsymbol{\omega}_{\mathrm{ib}}^{\mathrm{p}'}=(\boldsymbol{I}-\boldsymbol{\phi}\times)(\boldsymbol{\omega}_{\mathrm{ie}}^{\mathrm{p}}+\delta\boldsymbol{\omega}_{\mathrm{ib}}^{\mathrm{p}}) \tag{12.63}$$

如果不考虑测量误差,则式(12.63)可展开为

$$\begin{cases}\omega_{\mathrm{ib}x}^{\mathrm{p}'}=\phi_z\Omega\cos\varphi-\phi_y\Omega\sin\varphi\\ \omega_{\mathrm{ib}y}^{\mathrm{p}'}=\Omega\cos\varphi+\phi_x\Omega\sin\varphi\\ \omega_{\mathrm{ib}z}^{\mathrm{p}'}=\Omega\sin\varphi-\phi_x\Omega\cos\varphi\end{cases} \tag{12.64}$$

由式(12.61)和式(12.64)中的第一式,可得在不考虑测量误差的情况下,计算导航坐标系和理想导航坐标系之间的姿态误差角$\boldsymbol{\phi}$的关系式为

$$\begin{cases}\phi_x=\dfrac{\delta\dot{v}_y}{g}\\ \phi_y=-\dfrac{\delta\dot{v}_x}{g}\\ \phi_z=\dfrac{\omega_{\mathrm{ib}x}^{\mathrm{p}'}}{\Omega\cos\varphi}-\dfrac{\delta\dot{v}_x}{g}\tan\varphi\end{cases} \tag{12.65}$$

式(12.65)中,在当地纬度已知的情况下,g 和$\Omega\cos\varphi$、$\tan\varphi$ 的值是能够精确得出的;惯性元件的输出信息经初始姿态矩阵 $\boldsymbol{C}_{\mathrm{b}}^{\mathrm{p}'}$ 的变换,$\delta\dot{v}_x$、$\delta\dot{v}_y$、$\omega_{\mathrm{ib}x}^{\mathrm{p}'}$ 也是可以求得的,所以根据式(12.65)可以计算出姿态误差角 ϕ_x、ϕ_y 和 ϕ_z,也就得到了$\boldsymbol{\phi}$。有了姿态误差角$\boldsymbol{\phi}$,就可以实现用更加准确的姿态矩阵 $\boldsymbol{C}_{\mathrm{b}}^{\mathrm{p}}$ 代替初始姿态矩阵 $\boldsymbol{C}_{\mathrm{b}}^{\mathrm{p}'}$,从而实现一步修正粗对准。由于没有考虑惯性元件的误差,这样计算得到的 $\boldsymbol{C}_{\mathrm{b}}^{\mathrm{p}}$ 仍然有较大的误差,所以本书中仍以 $\boldsymbol{C}_{\mathrm{b}}^{\mathrm{p}'}$ 表示。

从本质上讲,一步修正粗对准与解析式粗对准是相同的,都是利用陀螺和加速度计对地球自转角速度以及重力加速度的测量输出,在不考虑测量误差的情况下,解析计算得到初始姿态矩阵 $\boldsymbol{C}_{\mathrm{b}}^{\mathrm{p}'}$,只是实现的具体方式不同,所以这两种方法的对准精度基本相同。如果能建立起加速度计和陀螺的误差数学模型,对误差进行实时补偿;或者用最优估计理论处理随机干扰,则能有效地提高计算精度。一般说来,为了减小干扰运动的影响,作为粗对准,比较有效的方法是在某个适当周期内对计算值取平均值,即对式(12.65)取平均值。

$$\begin{cases}\phi_x=\dfrac{1}{T}\displaystyle\int_0^{\mathrm{T}}\dfrac{\delta\dot{v}_y}{g}\mathrm{d}t\\ \phi_y=\dfrac{1}{T}\displaystyle\int_0^{\mathrm{T}}\left(-\dfrac{\delta\dot{v}_x}{g}\right)\mathrm{d}t\\ \phi_z=\dfrac{1}{T}\displaystyle\int_0^{\mathrm{T}}\left(\dfrac{\omega_{\mathrm{ib}x}^{\mathrm{p}'}}{\Omega\cos\varphi}-\dfrac{\delta\dot{v}_x}{g}\tan\varphi\right)\mathrm{d}t\end{cases} \tag{12.66}$$

取均值的办法虽然不及运用最优估计理论处理误差的方法精确,但对计算机的要求较低,计算速度较快,在较短的时间内可为精对准提供满足一定精度的初始条件。

12.3.3 精对准原理

精对准的目的,是在粗对准的基础上精确估算姿态误差角$\boldsymbol{\phi}$,以得到更加准确的初始姿态矩阵 $\boldsymbol{C}_{\mathrm{b}}^{\mathrm{p}}$。采用类似平台式惯导系统初始对准的方法,本书用水平和方位罗经对准方案来分析捷联惯导系统的精对准原理。

对于静基座条件下捷联惯导误差方程，由于系统已进行过粗对准，故在粗对准结束后 ϕ_x、ϕ_y 和 ϕ_z 均为小角度；又在一般情况下，水平误差角比方位误差角要小，故可略去水平交叉耦合项 $\phi_y\Omega\sin\varphi$、$\phi_x\Omega\cos\varphi$ 和 $-\phi_x\Omega\sin\varphi$ 的影响；初始纬度误差一般也很小，故略去 $-\delta\varphi\cdot\Omega\sin\varphi$、$\delta\varphi\cdot\Omega\cos\varphi$ 项。

根据上述条件，得到与初始精对准时的两个水平通道解耦误差方程为

$$\begin{cases}\dot{\phi}_x=-\dfrac{\delta v_y}{R}-\phi_z\Omega\cos\varphi+\varepsilon_x\\ \dot{\phi}_y=\dfrac{\delta v_x}{R}+\varepsilon_y\\ \dot{\phi}_z=\varepsilon_z\\ \delta\dot{v}_x=-\phi_y\boldsymbol{g}+\nabla_x\\ \delta\dot{v}_y=\phi_x\boldsymbol{g}+\nabla_y\end{cases}\tag{12.67}$$

根据上述简化的误差方程，得与其对应的简化误差方块图如图 12.8 所示。

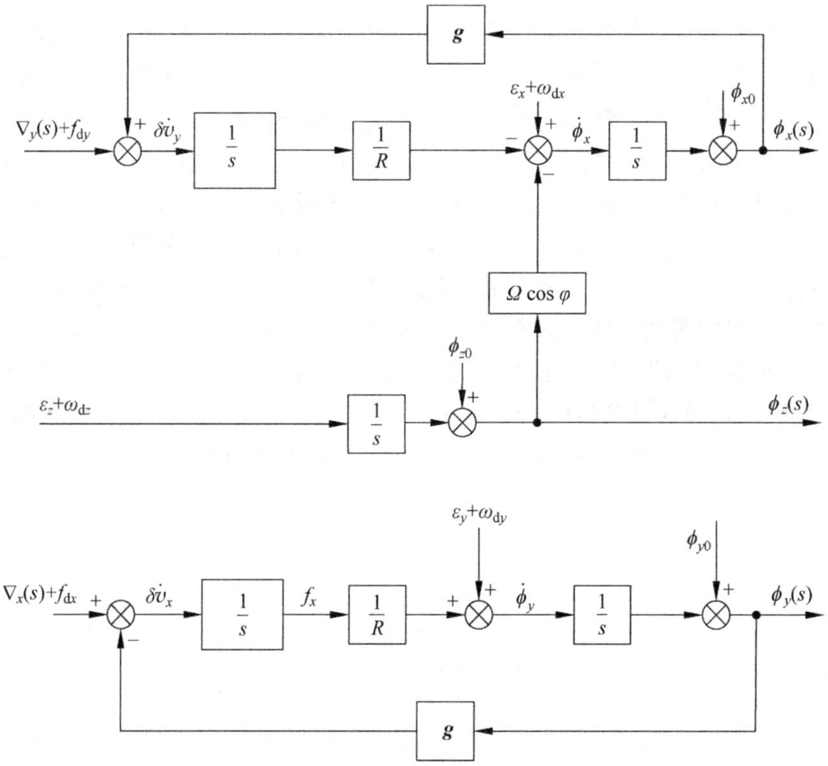

图 12.8 捷联惯导系统简化误差方块图

类似平台式惯导系统初始对准时的误差分析，可以采用相似的原理来研究捷联惯导系统的初始对准。从图 12.8 可知这两个水平通道都是二阶系统，且都是舒勒回路，具有舒勒振荡周期。在误差源的作用下，姿态误差角 $\boldsymbol{\phi}$ 作等幅舒勒周期振荡。

在平台式惯导系统中，其水平对准回路加进 K_1 和 K_2，使水平对准回路获得阻尼，提高

了振荡频率，其中传递函数$\frac{1}{sR}$相应改变为$\frac{1+K_2}{(s+K_1)R}$，这是一个一阶滤波器的传递函数。与此相似，在捷联惯导系统的两个水平对准回路中，将加速度计的输出信号（水平加速度误差$\delta\dot{v}_x,\delta\dot{v}_y$）先经过一个一阶数字滤波器，然后适当加权作为对准的修正信号，则其对准特性和平台式惯导系统的二阶水平对准回路的对准特性相同。

由于方位误差对机体干扰运动的反应最为敏感，为了有利于方位对准，可将北向加速度计提供的经姿态矩阵$\boldsymbol{C}_b^p$变换的等效北向加速度误差信号$\delta\dot{v}_{epy}$，经两个一阶滤波器作为方位对准的修正信号。这样，捷联惯导系统方位对准回路就与平台式惯导系统的方位罗经对准回路类似。至此，本书已将舒勒自由振荡回路改造成阻尼对准回路，按上述方法改造得到的精对准方案如图 12.9 所示。

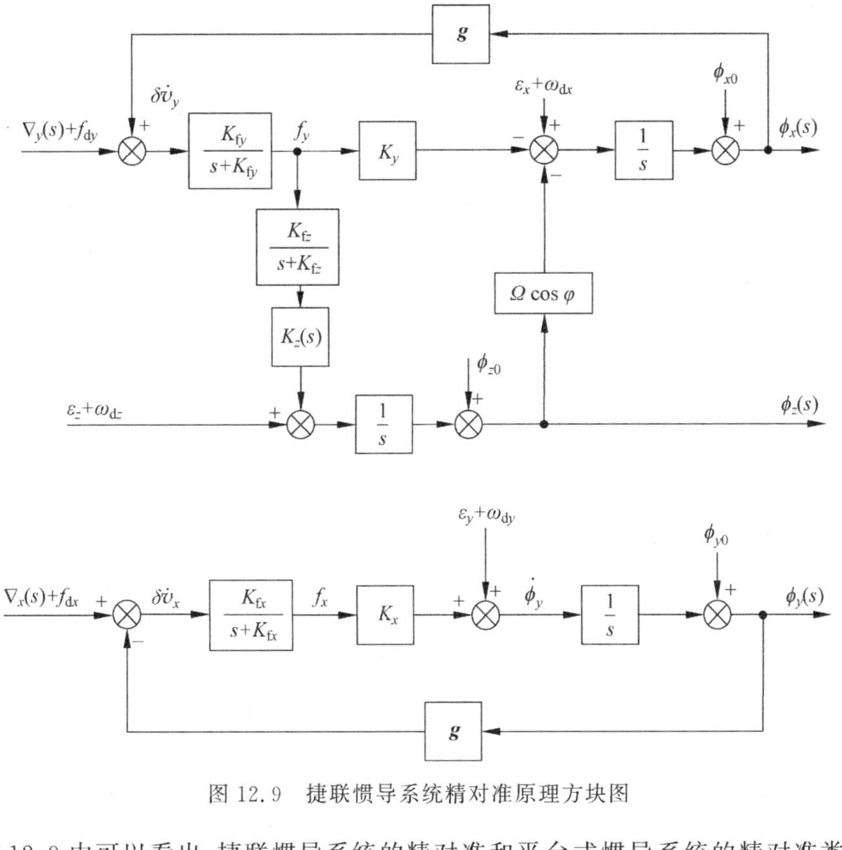

图 12.9　捷联惯导系统精对准原理方块图

从图 12.9 中可以看出，捷联惯导系统的精对准和平台式惯导系统的精对准类似，同样可以分为水平对准回路和方位罗经对准回路。在简化条件下，东向加速度计和北向陀螺组成的对准回路是独立的；而北向加速度计和东向陀螺组成的水平对准回路则与方位罗经对准回路交联在一起。因此可由图 12.9 并借助平台式惯导系统的对准原理来理解捷联式惯导系统的精对准方案。其中，一阶数字滤波水平对准可看成平台式惯导系统中的二阶水平对准；二阶数字滤波方位对准则可看成平台式惯导系统中的方位罗经对准。两种惯导系统的对准本质一样，都是将舒勒等幅振荡回路改成能够提高振荡频率的减幅振荡，区别不过是平台式惯导系统中有实际的对准回路，在那里，修正信息和其他误差项共同加到陀螺力矩器上，使平台姿态误差角减小；而在捷联式惯导系统中没有实际的对准回路，只有对准计算程序，其对准过程完全依靠导航计算机的计算来完成，计算所得的修正信息和其他误差项一起用于求解数学平台 $\boldsymbol{C}_{\mathrm{b}}^{\mathrm{p}}$ 的矩阵微分方程，最后得到满足对准精度要求的姿态矩阵 $\boldsymbol{C}_{\mathrm{b}}^{\mathrm{p}}$。

下面结合图 12.9 来讨论采取这种精对准方案的稳态误差及系统参数的设计。图 12.9 中，$K_{\mathrm{f}x}$、K_{fy}、K_{fz} 为滤波器的参数，K_x、K_y、K_z 为加权参数。设 f_x、f_y、f_z 分别代表 3 个滤波器的输出，由对准方块图，可得滤波器的方程为

$$\begin{cases}\dot{f}_x=-K_{\mathrm{f}x}f_x+K_{\mathrm{f}x}(-\phi_y\boldsymbol{g}+\nabla_x+f_{\mathrm{d}x})\\ \dot{f}_y=-K_{\mathrm{fy}}f_y+K_{\mathrm{fy}}(\phi_x\boldsymbol{g}+\nabla_y+f_{\mathrm{dy}})\\ \dot{f}_z=-K_{\mathrm{fz}}f_z+K_{\mathrm{fz}}f_y\end{cases} \tag{12.68}$$

根据图 12.9，可以写出对准回路两组独立的系统微分方程，现以北向加速度计和东向陀螺组成的水平对准回路和方位对准回路为例来加以讨论：

$$\begin{bmatrix}\dot{\phi}_x\\ \dot{\phi}_z\\ \dot{f}_y\\ \dot{f}_z\end{bmatrix}=\begin{bmatrix}0 & -\Omega\cos\varphi & -K_y & 0\\ 0 & 0 & 0 & K_z\\ \boldsymbol{g}K_{\mathrm{fy}} & 0 & -K_{\mathrm{fy}} & 0\\ 0 & 0 & K_{\mathrm{fz}} & -K_{\mathrm{fz}}\end{bmatrix}\begin{bmatrix}\phi_x\\ \phi_z\\ f_y\\ f_z\end{bmatrix}+\begin{bmatrix}\varepsilon_x+\omega_{\mathrm{d}x}\\ \varepsilon_z+\omega_{\mathrm{d}z}\\ K_{\mathrm{fy}}(\nabla_y+f_{\mathrm{dy}})\\ 0\end{bmatrix} \tag{12.69}$$

式(12.69)的拉氏变换解为

$$\begin{bmatrix}\phi_x(s)\\ \phi_z(s)\\ f_y(s)\\ f_z(s)\end{bmatrix}=\begin{bmatrix}s & \Omega\cos\varphi & K_y & 0\\ 0 & s & 0 & -K_z\\ -\boldsymbol{g}K_{\mathrm{fy}} & 0 & s+K_{\mathrm{fy}} & 0\\ 0 & 0 & -K_{\mathrm{fz}} & s+K_{\mathrm{fz}}\end{bmatrix}^{-1}+\begin{bmatrix}\varepsilon_x(s)+\omega_{\mathrm{d}x}(s)\\ \varepsilon_z(s)+\omega_{\mathrm{d}z}(s)\\ K_{\mathrm{fy}}[\nabla_y(s)+f_{\mathrm{dy}}(s)]\\ 0\end{bmatrix} \tag{12.70}$$

系统的特征式为

$$\Delta(s)=s^4+(K_{\mathrm{fy}}+K_{\mathrm{fz}})s^3+(K_{\mathrm{fy}}K_{\mathrm{fz}}+\boldsymbol{g}K_{\mathrm{fy}}K_y)s^2+\boldsymbol{g}K_{\mathrm{fy}}K_yK_{\mathrm{fz}}s+\boldsymbol{g}K_{\mathrm{fy}}K_{\mathrm{fz}}K_z\Omega\cos\varphi \tag{12.71}$$

关于系统参数的设计，可按一般古典方法进行。由系统特征式(12.71)可以看出，该系统是一个四阶系统，可看成两个二阶系统的串联。设其特征根为

$$s_{1,2}=s_{3,4}=-\sigma\pm\mathrm{j}\omega \tag{12.72}$$

则对应的特征方程为

$$\begin{aligned}\Delta'(s)&=[s^2+2\sigma s+(\sigma^2+\omega^2)]^2\\ &=s^4+4\sigma s^3+(6\sigma^2+2\omega^2)s^2+(4\sigma^3+4\sigma\omega^2)s+(\sigma^4+2\sigma^2\omega^2+\omega^4)\end{aligned} \tag{12.73}$$

与平台式惯导系统的参数设计一样，对二阶系统，当 $\sigma=\omega$ 时，阻尼比为$\sqrt{2}/2$，过渡过程特性最好。这样式(12.73)成为

$$\Delta'(s)=s^4+4\sigma s^3+8\sigma^2s^2+8\sigma^3 8s+4\sigma^4 \tag{12.74}$$

比较式(12.71)和式(12.74)的系数，可得

$$\begin{cases} K_{fy} = K_{fz} = 2\sigma \\ K_y = \dfrac{\sigma^2 + \omega^2}{\boldsymbol{g}\sigma} = \dfrac{2\sigma}{\boldsymbol{g}} \\ K_z = \dfrac{\sigma^4 + 2\sigma^2\omega^2 + \omega^4}{4\boldsymbol{g}\sigma^2\Omega\cos\varphi} = \dfrac{\sigma^2}{\boldsymbol{g}\Omega\cos\varphi} \end{cases} \tag{12.75}$$

这就是参数设计公式。我们可以根据对二阶系统过渡过程的要求，提出对 σ 的要求，然后再根据式(12.75)确定系统参数。关于对准回路稳态特性的分析与平台式系统基本相同。捷联式惯导系统的初始对准过程中，突出的问题是如何消除干扰角运动和线运动引起的误差，解决的主要技术途径是设计数字滤波器，一个比较可行的方案是应用卡尔曼滤波技术。

12.4 基于卡尔曼滤波的初始对准

本书前面讨论的初始对准没有涉及惯导系统中存在的随机性误差源，仅仅考虑了陀螺漂移的常值分量，加速度计也是如此，显然这样的初始对准还不是最优的对准。卡尔曼滤波器可以实现最优或次优对准。之所以称之为最优或次优，在于利用了误差源的随机统计模型。为了简明地掌握基本概念和方法，本节仅讨论在静基座条件下指北方位惯导系统的初始对准问题。

12.4.1 静基座时以加速度计输出为观测的开环自对准

最优自主式初始对准原理从本质上来说与普通的自主式初始对准原理没有多大区别，它同样要完成两个对准任务：平台水平面的调平和方位定向，以及陀螺漂移率的检测与补偿。具体来说就是将加速度计测得的比力信息 f 经过卡尔曼滤波器，精确地估算出平台误差角 $\hat{\boldsymbol{\phi}}(\hat{\phi}_x,\hat{\phi}_y,\hat{\phi}_z)$，然后再通过控制校正给出指令信息 U，用 U 控制平台转动 $-\hat{\boldsymbol{\phi}}$，从而达到最优对准的目的。

初始对准中，被估计的状态 $(\hat{\phi}_x,\hat{\phi}_y,\hat{\phi}_z)$ 都是误差状态，而且静基座条件下速度和加速度都为零，水平加速度计的输出和输出的积分都是误差量，也就是说静基座条件下初始对准的系统状态都是误差状态。

假设在地球上某一纬度进行地面指北方位惯导系统的静基座初始对准。陀螺漂移和加速度计零偏都是随机常数。以两个水平加速度计的输出作为卡尔曼滤波器的量测值，估计出惯导平台的姿态误差 $\hat{\boldsymbol{\phi}}(\hat{\phi}_x,\hat{\phi}_y,\hat{\phi}_z)$，并且不考虑用估计值去实时校正平台（对平台施矩）。也就是采用开环对准法进行基于卡尔曼滤波的指北方位惯导系统静基座初始对准。设状态向量为 $\boldsymbol{X}=[\phi_x,\phi_y,\phi_z,\varepsilon_x,\varepsilon_y,\varepsilon_z,\nabla_x,\nabla_y]$。所以据此可以写出最优初始对准系统的状态方程和观测方程。

系统状态方程为

$$\begin{bmatrix} \dot{\phi}_x \\ \dot{\phi}_y \\ \dot{\phi}_z \\ \dot{\varepsilon}_x \\ \dot{\varepsilon}_y \\ \dot{\varepsilon}_z \\ \dot{\nabla}_x \\ \dot{\nabla}_y \end{bmatrix} = \begin{bmatrix} 0 & \Omega\sin\varphi & -\Omega\cos\varphi & 1 & 0 & 0 & 0 & 0 \\ -\Omega\sin\varphi & 0 & 0 & 0 & 1 & 0 & 0 & 0 \\ \Omega\cos\varphi & 0 & 0 & 0 & 0 & 1 & 0 & 0 \\ & & & 0_{5\times 8} & & & & \end{bmatrix} \begin{bmatrix} \phi_x \\ \phi_y \\ \phi_z \\ \varepsilon_x \\ \varepsilon_y \\ \varepsilon_z \\ \nabla_x \\ \nabla_y \end{bmatrix} \tag{12.76}$$

观测方程为

$$\begin{bmatrix} Z_x \\ Z_y \end{bmatrix} = \begin{bmatrix} 0 & -g & 0 & 0 & 0 & 0 & 1 & 0 \\ g & 0 & 0 & 0 & 0 & 0 & 0 & 1 \end{bmatrix} \boldsymbol{X} + \begin{bmatrix} \Delta f_x \\ \Delta f_y \end{bmatrix} \tag{12.77}$$

其中，Δf_x 和 Δf_y 为两个水平加速度计输出中除零偏以外的白噪声误差。上面的状态方程和观测方程可以表示为

$$\begin{cases} \dot{\boldsymbol{X}} = \boldsymbol{F}\boldsymbol{X} \\ \boldsymbol{Z} = \boldsymbol{H}\boldsymbol{X} + \boldsymbol{V} \end{cases} \tag{12.78}$$

从式(12.76)和式(12.77)可以看出，系统是定常的，而且没有系统噪声。因此，离散化的任务是在确定滤波周期的前提下计算出系统定常的转移矩阵：

$$\boldsymbol{\Phi} = \mathrm{e}^{\boldsymbol{F}T} = \boldsymbol{I} + \boldsymbol{F}T + \frac{(\boldsymbol{F}T)^2}{2!} + \frac{(\boldsymbol{F}T)^3}{3!} + \cdots \tag{12.79}$$

根据计算的精度需求选取合适的项数。卡尔曼滤波的初始条件设为

$$\begin{cases} E\{\boldsymbol{X}_0\} = 0 \\ E\{\phi_x^2\} = E\{\phi_y^2\} = (10')^2 \\ E\{\phi_z^2\} = (60')^2 \\ E\{\varepsilon_x^2\} = E\{\varepsilon_y^2\} = (0.01(°)/\mathrm{h})^2 \\ E\{\varepsilon_z^2\} = (0.03(°)/\mathrm{h})^2 \\ E\{\nabla_x^2\} = E\{\nabla_y^2\} = (10^{-4}\boldsymbol{g})^2 \\ E\{\Delta f_x^2\} = E\{\Delta f_y^2\} = (10^{-5}\boldsymbol{g})^2 \end{cases} \tag{12.80}$$

根据这些值确定卡尔曼滤波的初始状态以及初始状态误差方差阵的相关元素。这样根据每个滤波周期获得的量测值，就可以依据卡尔曼滤波公式得到状态估计值和估计误差均方差。初始对准结果如图 12.10～图 12.15 所示。

根据各个估计误差均方差在滤波过程中的变化情况，可以看出利用卡尔曼滤波（以加速度计输出作为测量值）进行静基座条件下惯导自对准的一些性质。

(1) 平台 3 个误差角的估计误差均方差在对准结束时都不为 0，它们的数值近似为

$$\sigma_{\phi x}(\infty) = \sigma_{\phi y}(\infty) = \frac{1}{g}\sqrt{E\{\nabla^2\}} \approx 20''$$

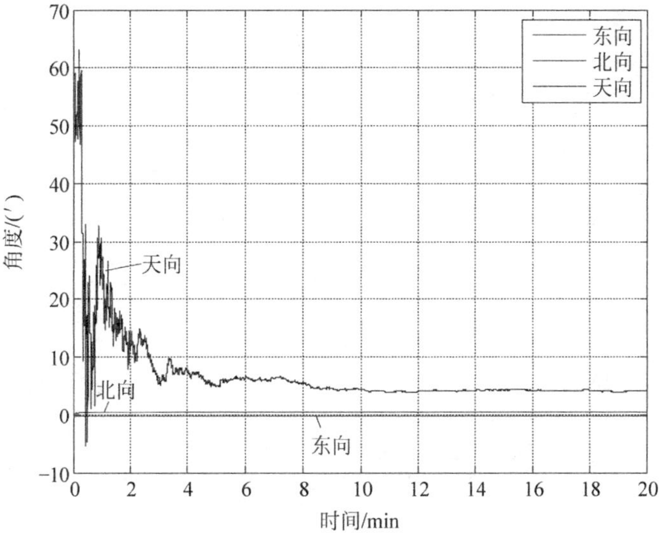

图 12.10　平台失准角估计误差

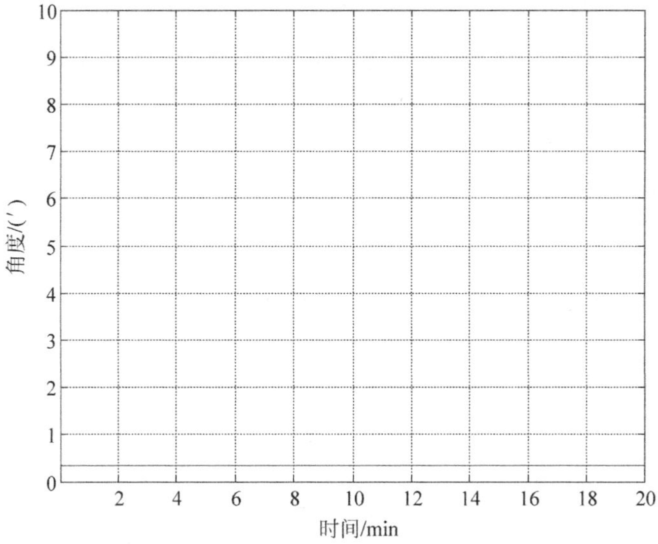

图 12.11　平台东向、北向失准角估计误差均方差

$$\sigma_{\phi_z}(\infty)=\frac{1}{\Omega\cos\phi}\sqrt{E\{\varepsilon^2\}}\approx 3.24' \tag{12.81}$$

加速度计零偏∇_x和∇_y及东向陀螺漂移ε_x没有估计效果。这些性质与古典法对准的性质是一样的，即平台最终的水平误差角与加速度计零偏∇有关，平台最终的方位误差角与东向陀螺漂移ε_x有关，而∇和ε_x是无法测定的。不论加速度计零偏∇是常值还是随机常数，它与平台误差角(ϕ_x或ϕ_y)在加速度计的输出中是分辨不开的。同样，东向陀螺漂移ε_x与地球自转角速率在平台东向轴的水平分量$\Omega\cos\varphi\ \phi_z$对平台的影响也是分辨不开的，$\nabla_x$、$\nabla_y$和$\varepsilon_x$常称为不可分辨状态。

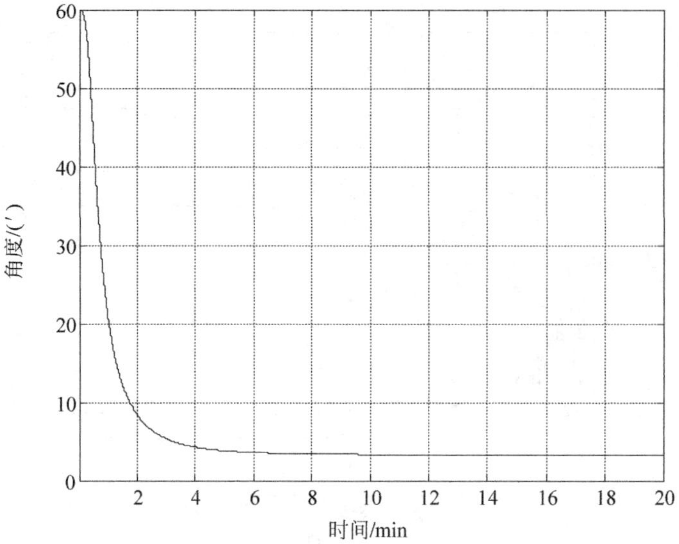

图 12.12　平台方位失准角估计误差均方差

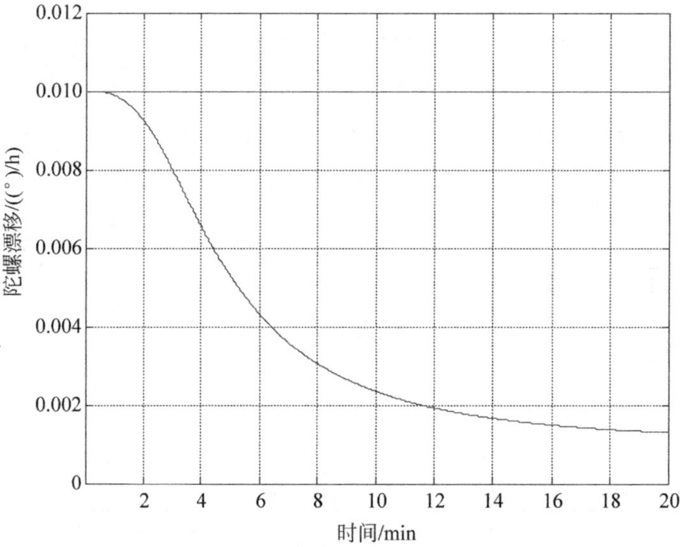

图 12.13　东向、北向陀螺漂移估计误差均方差

(2) ϕ_x 和 ϕ_y 的估计速度很快，只要几秒钟就基本达到稳定，而 ϕ_z 和 ε_y 的估计却要慢得多。这是由于测量值直接反映 ϕ_x 或 ϕ_y 的信息，而且这种信息在测量值中占主要成分。而 ϕ_z 和 ε_y 是通过对平台的影响，然后再在加速度计的输出中反映出来。时间越长，反映的信息才越大。例如，$\varepsilon_y=0.01(°)/\text{h}$，使平台水平误差角在 $t=1$ min 时间的增量为 $\Delta\phi_y=\varepsilon_y t=0.01'=0.6''$，这个量是很小的，所以估计达到稳定的时间也较长。另外，估计的速度快慢还与系统噪声和测量噪声的大小有关，噪声越小，估计速度越快。

(3) ε_z 要通过对平台方位轴产生 ϕ_z，再由 $\Omega\cos\varphi\,\phi_z$ 影响平台轴产生 ϕ_x，然后再由加速度计输出量 z_y 中反映出来。例如，$\varepsilon_z=0.03(°)/\text{h}$，$\varepsilon_z$ 使平台误差角在 $t=1$ min 内的增加

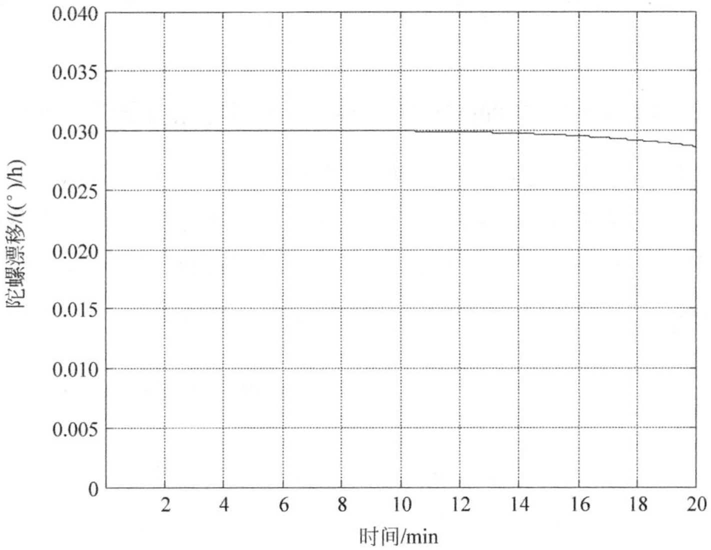

图 12.14 方位陀螺漂移估计误差均方差

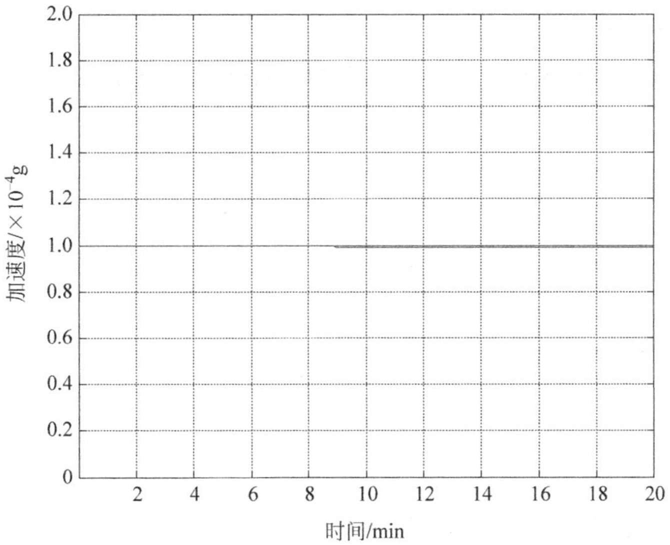

图 12.15 加速度计零偏估计误差均方差

量为 $\Delta\phi_x=\frac{1}{2}\Omega\cos\varphi\varepsilon_z t^2=0.0028''$，这说明在较短时间内 z_y 中的 ε_z 信息是非常少的。因此，滤波器需要很长的时间才能对 ε_z 有估计效果，一般在对准时间内（10～15 min）很难估计准确。

对地面初始对准实际应用卡尔曼滤波，还需要说明以下两点。

（1）在装机条件下进行地面自对准时，由于飞机受到阵风和人员上下等影响，不可能静止不动，这使加速度计受到外加的干扰加速度。滤波时需要增加系统状态方程来描述这种干扰，这使滤波方程的阶数增多，而且对准的时间会增长，对准精度也会受到一定影响。

（2）滤波所需的测量值可以选用加速度计的输出，也可选用加速度计输出的积分量，即速度量。前者使系统状态方程简单,但输出量的数值变化较快,要求用较短的滤波周期,后者却相反。

12.4.2 静基座时以加速度计输出为观测的简化开环自对准

从估计效果来看,有些状态(如 ε_z)的估计效果差,有些状态(∇_x、∇_y和 ε_x)没有估计效果,为了减少计算机的负担,可以将这些状态从系统模型中删去,使滤波器简化,也就是采用降阶(次优)滤波器。去掉∇_x、∇_y、ε_x 和 ε_z 四个状态,并略去平台姿态误差方程中两个水平回路耦合项 $\Omega\sin\phi_y$ 和 $-\Omega\sin\varphi\ \phi_x$,则状态方程和量测方程分别为

$$\begin{bmatrix}\dot{\phi}_x\\ \dot{\phi}_y\\ \dot{\phi}_z\\ \dot{\varepsilon}_y\end{bmatrix}=\begin{bmatrix}0 & 0 & -\Omega\cos\varphi & 0\\ 0 & 0 & 0 & 1\\ \Omega\cos\varphi & 0 & 0 & 0\\ 0 & 0 & 0 & 0\end{bmatrix}\begin{bmatrix}\phi_x\\ \phi_y\\ \phi_z\\ \varepsilon_y\end{bmatrix} \tag{12.82}$$

$$\begin{bmatrix}\boldsymbol{Z}_x\\ \boldsymbol{Z}_y\end{bmatrix}=\begin{bmatrix}0 & -g & 0 & 0\\ g & 0 & 0 & 0\end{bmatrix}\boldsymbol{X}+\begin{bmatrix}\Delta f_x\\ \Delta f_y\end{bmatrix} \tag{12.83}$$

其中,$\boldsymbol{X}=\begin{bmatrix}\phi_x & \phi_y & \phi_z & \varepsilon_y\end{bmatrix}^{\mathrm{T}}$。

这种次优滤波器计算出来的 3 个平台误差角估计误差均方差的变化过程如图 12.16~图 12.18 所示。

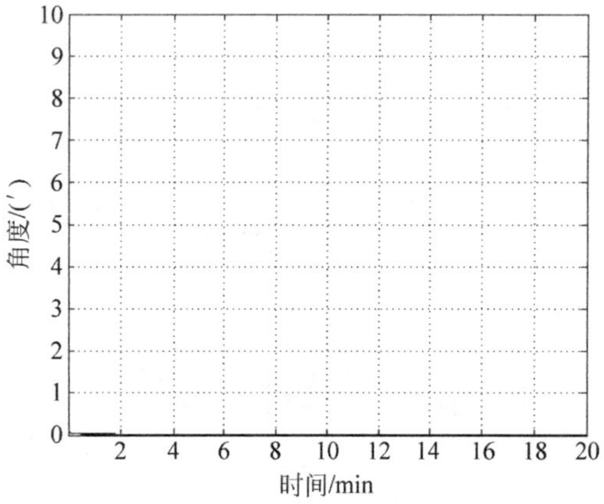

图 12.16 平台东向、北向失准角估计误差均方差

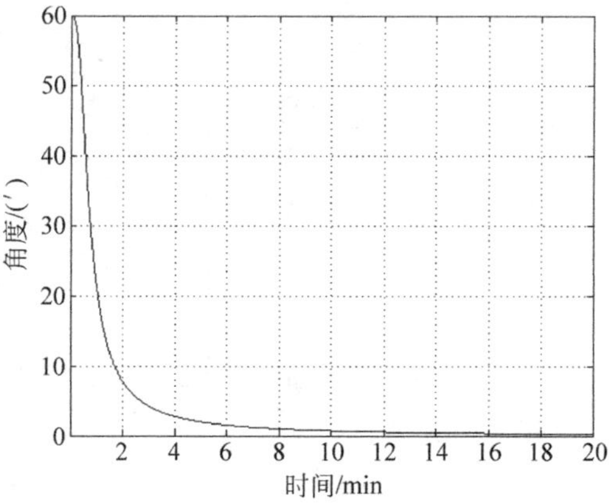

图 12.17 平台方位失准角估计误差均方差

(1) 如果不考虑次优滤波器中 φ_x、φ_y、φ_z 最终为 0 的情况,则次优滤波器和全阶滤波器对 ϕ_x、ϕ_y、ϕ_z 和 ε_y 的估计过程及效果很相似,这说明简化是合理的。

(2) 删去不可分辨的状态∇_x、∇_y和ε_x,虽然使滤波器错误地计算出 ϕ_x、ϕ_y 和 ϕ_z 的终值为零。但只要在估计误差均方差过程中考虑这种删去状态的影响,仍能很好地反映滤波效果。

(3) 删去对系统其他状态影响少的状态 ε_z,对其他状态的估计影响不大。

以上仅以次优滤波器计算的估计均方误差 P_k(或均方差 σ_k)来讨论次优滤波器的性

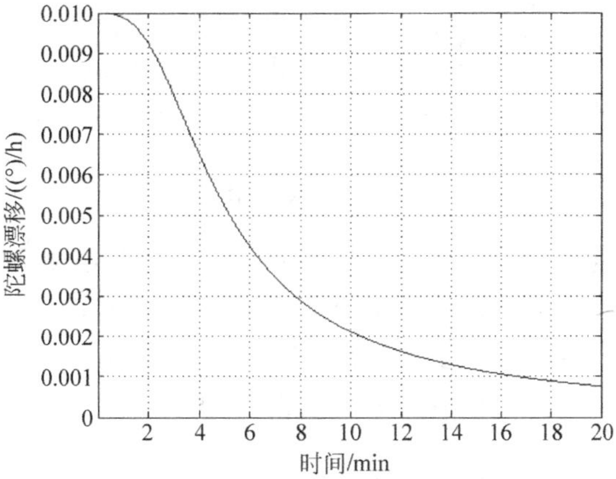

图 12.18　北向陀螺漂移估计误差均方差

质，由于次优滤波器中的 P_k 是仅在简化模型的条件下计算出来的估计均方误差，它不能确切地反映真实系统状态在简化模型中估计的均方误差。因此，在设计次优滤波器时，为了准确地衡量滤波效果，尚需采用模型和参数不正确条件下的误差分析或灵敏度分析等方法来计算真实的估计均方误差，校正这种均方误差是否满足要求。

以上简单介绍了静基座条件下初始对准应用卡尔曼滤波的方法和效果。在实际对准方案中，一般还需考虑系统噪声等情况，使滤波状态方程更能接近真实地描述系统性质。而卡尔曼滤波就是针对随机变量进行估计的一种最优估计方法；因此，只要能正确地设计滤波方案，估计效果是很好的。

12.5　传递对准

传递对准是引入外部基准进行对准的方法之一，传递对准的外部基准是精度更高的导航系统，如机载或舰载导弹利用飞机或舰船上的导航系统信息进行的对准，舰载机利用载舰上的导航系统信息进行的对准等都是属于这种情况。通常用于传递对准的外部基准导航系统是惯导系统，称作主惯导系统，而把需要对准的惯导系统称作从惯导系统或子惯导系统，因此传递对准习惯上也称作主传递对准或子传递对准。

传递对准可以简单地把数据从主惯导系统直接复制到子惯导系统，也可以采用更精确的方法，即惯性测量匹配方法。

在传递对准过程中，基准导航参数在传递时会产生附加的传递误差，具体可分为静态误差和动态误差。静态误差主要指设备的安装误差；动态误差则是由主惯导系统载体的形变、振动等引起的，这是影响传递对准精度的重要误差源。

12.5.1　“一次性”传递对准

主传递对准或子传递对准最简单的方法是把位置、速度和姿态信息从主惯导系统中直接复制到子惯导系统中，这种方法叫作“一次性”传递对准，其基本原理如图 12.19 所示。

显然，在导航参数传递过程中，主惯导与子惯导之间任何相对角位移都将作为对准误差

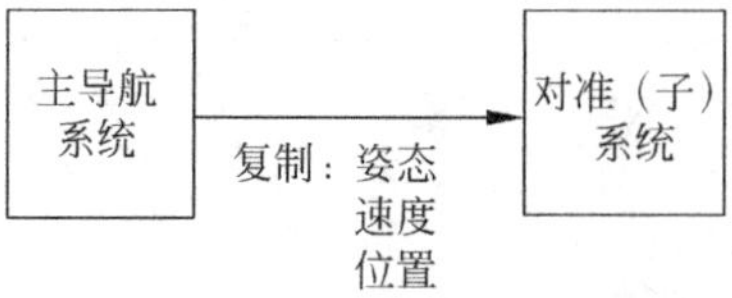

图 12.19 “一次性”传递对准

引入子惯导系统中，因此，这种对准方法能否成功取决于主惯导与子惯导的相对位置或相对指向精度。主、子惯导在位置上的距离会引起所谓的“杆臂运动”，导致位置和速度参数的“杆臂误差”；主、子惯导相对指向的差异会导致姿态参数的误差。因此，“一次性”传递对准方法的对准精度十分有限，因而有必要寻求更加精确的方法。

12.5.2 惯性测量匹配传递对准

惯性测量匹配法是近年来研究和应用较为广泛的另一类传递对准方法，它通过比较主、子惯导系统的参数测量值来推算出主、子系统的相对误差关系，其基本原理如图 12.20 所示。具体应用时，可以采用“一次性”对准方法来完成粗对准过程，然后再启动测量匹配方法进行精对准。

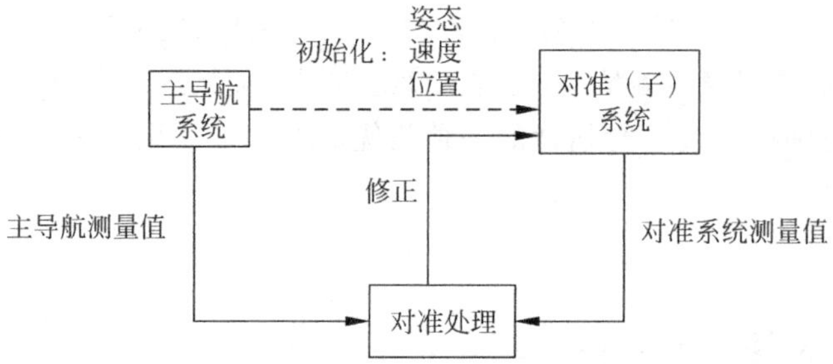

图 12.20 惯性测量匹配对准框架

惯性测量传递对准方法又可分为两类：一类是测量参数匹配，另一类是计算参数匹配。测量参数匹配利用主、子惯导系统测得的角速率之差和加速度之差来对失准角进行估计；计算参数匹配把失准角当作一个整体，利用主、子惯导系统计算出位置之差、速度之差来对子惯导进行对准。一般来说，测量参数匹配的速度较快，但其精度受载体弹性变形的影响较大；而计算参数匹配法的估计精度较高，但对准速度相对较低。

12.5.3 速度匹配传递对准

如 12.5.2 节所述，传递对准的不同匹配方案需要建立不同的量测方程用于卡尔曼滤波估计，但不同匹配方案的系统方程可以是相同的，即系统方程可以同时包含速度误差、姿态误差、角速率误差、位置误差等状态变量。不过，为了简化滤波解算过程，通常需要对不同匹配方案的系统方程进行选择性的降维处理，使系统方程只包含特定的误差状态量，如速度匹配方案中系统方程的状态变量只包含姿态误差和二维的速度误差等 5 个状态变量。速度匹配传递对准方法如图 12.21 所示。

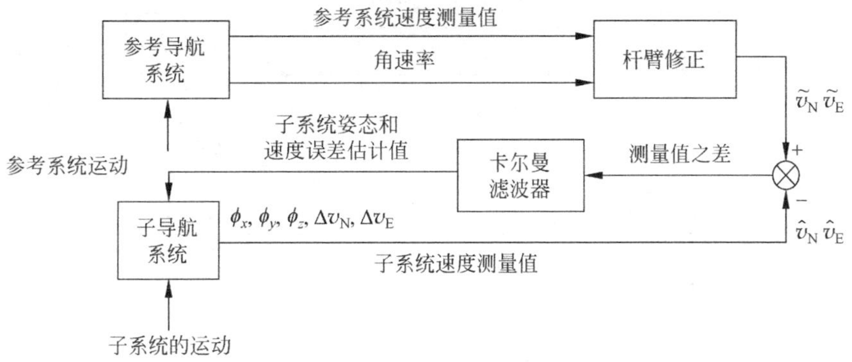

图 12.21 速度匹配传递对准方法

12.5.4 位置匹配传递对准

主、子惯导传递对准还可采用位置匹配方案，即通过比较主惯导位置参数与子惯导计算的位置参数值，得到位置误差的估计值，再通过传递对准的系统方程和量测方程，就有可能由卡尔曼滤波器得出失准角的估计值。图 12.22 给出了位置匹配传递对准的原理方框图。

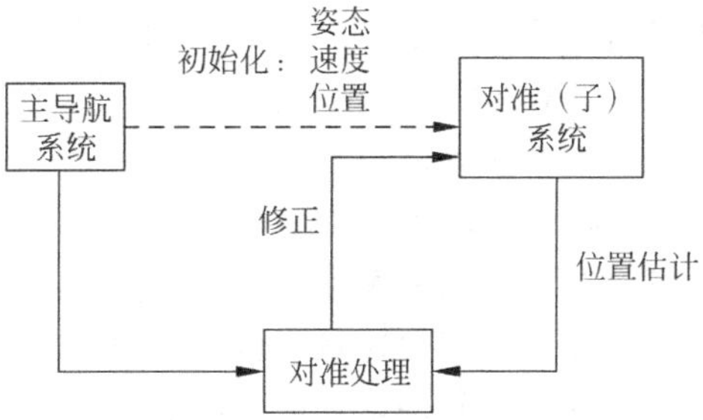

图 12.22 位置匹配传递对准原理

12.5.5 姿态匹配传递对准

姿态匹配方案可以提高惯导系统姿态误差的可观测性，实现更精确的对准，或者在保证对准精度的前提下缩短对准时间或减小飞机的机动。更重要的是，姿态匹配可以与速度匹配相结合实现“速度＋姿态”匹配方案，使主、从惯导系统可以在仅存在小幅摇摆机动时进行传递对准。图 12.23 所示为姿态匹配传递对准的原理方框图。

姿态匹配方案中，测量参数是惯导系统姿态角测量值与主惯导系统姿态角估计值之间的差值，也就是主、子惯导相对姿态误差。为了能够应用卡尔曼滤波器对相对姿态误差进行估计，还要建立关于相对姿态误差的微分方程作为系统方程。

主、子惯导系统的杆臂效应和挠曲变形对姿态匹配方案影响较大，会严重降低姿态匹配传递对准的性能。通常的解决方法是：建立杆臂效应误差和挠曲变形误差模型，将杆臂效应误差和挠曲变形误差作为附加的系统状态变量，通过对这两项误差量进行估计以相应地进行误差补偿。

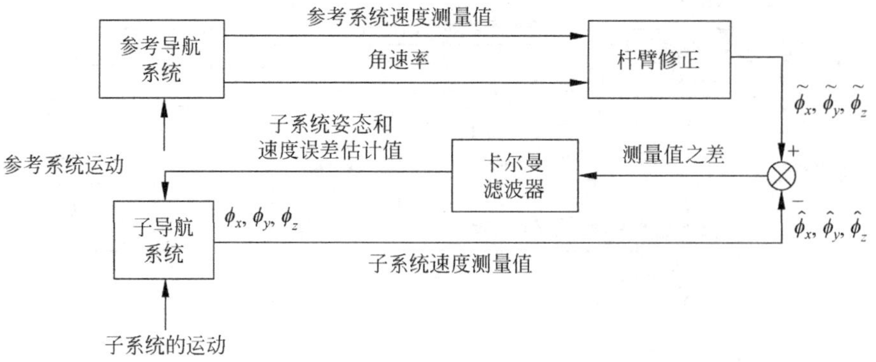

图 12.23　姿态匹配传递对准原理

要进一步提高姿态匹配传递对准精度，还可以对惯性仪表误差进行建模和估计，特别是对加速度计和陀螺的零偏进行估计会对传递对准的性能产生较大影响。例如，通过把零偏分解成静态和动态（马尔可夫过程）状态偏差，以及通过估计加速度计和陀螺仪交叉耦合误差与标度因数误差，可以进一步改善传递对准性能。

具体使用的匹配方案包括位置匹配、速度匹配、积分速度匹配、双积分速度匹配、加速度匹配、角速率匹配、积分角速率匹配等。不同的匹配方案对传递对准的精度和收敛速度的影响不同。由于失准角需经过一定时间才能反映到速度误差上，反映到位置误差上的时间更长，所以位置匹配对准时间比速度匹配对准时间长，不适用于快速传递对准。在加速度匹配方案中，杆臂效应难以精确补偿，残余误差被直接引入量测量，直接影响对准精度；此外，对准过程中还需产生加速度激励，对飞机发动机推力提出了一定的额外要求。匹配量选取还取决于主惯导的类型。如果主惯导为平台式惯导，宜采用速度匹配方案；如果主惯导为捷联式惯导，则可采用比平台式惯导更多的匹配量。目前，速度匹配方案和位置匹配方案比较成熟，而“速度＋姿态”匹配方案则是实现快速对准最常用的一种方案。

惯性测量传递对准方法中，对失准角的估计需要用到滤波算法，目前最常用的滤波算法仍是卡尔曼滤波算法。卡尔曼滤波器的量测量由主、子惯导的同类输出量比较后形成。不同的匹配方案利用的量测信息不同：速度匹配方案利用主、子惯导的速度输出构造量测量；角速率匹配方案由主、子惯导的角速度输出构造量测信息。匹配方案选定后，根据匹配量列出量测方程，从而可设计出用于传递对准的卡尔曼滤波器。在传递对准过程中，当卡尔曼滤波器达到稳态后，通常根据估计的失准角对子惯导系统作一次性修正，传递对准即告完成。

12.6　小结

为了建立惯导系统的初始条件，在系统进入正常的导航工作之前，必须进行初始对准。初始对准包括粗对准和精对准两个阶段，每个阶段又分为水平对准和方位对准两个步骤。本章主要讨论在静基坐标条件下指北方位惯导的精对准、陀螺仪的测漂及漂移补偿方法、捷联惯导系统的初始对准、卡尔曼滤波器在初始对准的应用和动基座条件下的传递对准方法等。

习题

12.1　简述惯导系统初始对准的意义。

12.2　说明指北方位惯导系统罗经对准的原理。

12.3　如何判断惯导系统初始对准的结束？

12.4　基于卡尔曼滤波的初始对准状态方程和量测方程分别是什么？如何确定？

12.5　传递对准的概念、重要意义和实现方式有哪些？

第13章

组合导航系统

惯性导航系统具有非常突出的优点，如自主性强、抗干扰能力强、提供的导航参数多等，但在实际使用中，惯导系统的缺点也十分明显：首先是初始对准完成后，系统的导航精度随飞行时间增加而不断下降，难以满足远距离、高精度的导航需求；此外，一般惯导系统加温和初始对准所需的时间比较长，不利于某些特定条件下的快速反应。事实上，除惯性导航系统外，用于导航的系统还有很多，如卫星导航系统（如GPS、GLONASS、北斗）、无线电导航系统（如塔康、罗兰-C、奥米伽）、地形辅助系统、多普勒雷达系统、天文导航系统、合成孔径雷达系统等。这些系统输出的导航参数不同，适用条件各异，具有不同的性能特点，也有各自的局限性，因此在当前对导航系统性能要求越来越高的情况下，可以通过将不同导航系统按某种方式结合在一起构成组合导航系统，从而实现多个导航系统的优势互补，提高导航系统的各项性能指标。

组合导航系统在具体实施方法上可以分为两种：一种是应用古典自动控制理论的方法，即采用控制系统反馈校正方法来抑制系统误差，组合导航系统发展初期多采用这种方法；另一种方法是应用卡尔曼滤波技术的现代控制理论方法，即通过卡尔曼滤波估计出系统误差，并利用误差估计值去校正系统，这是目前应用最为广泛的方法。

13.1 主要导航方法简介

根据获得导航参数的手段不同，导航定位技术可以分为自主式和非自主式两大类。不依靠外界信息，在不与外界发生信号联系的条件下独立完成导航任务的是自主式导航系统；而非自主式导航系统，则必须依赖地面设备或其他机外装置才能完成导航任务。

根据获得导航参数的方法不同，导航定位技术可以分为直接位置确定和航位推算。直接位置确定通过对位置已知的参考点进行方位和距离的测量，或者将当前位置的特征与已知信息进行比较（特征匹配），直接计算出当前点在特定坐标系中的位置；而航位推算，则是通过测量载体的运动距离和方向，计算得到载体的位置变化量（相对位置），并通过与初始位置相加而确定当前点在特定坐标系中的位置。航位推算中的距离可以直接测量得到，也可以通过测量速度或加速度经积分计算得到。

目前广泛使用的导航系统除惯性导航系统外，还有地磁导航、天文导航、地形辅助导航、无线电导航系统、雷达导航系统和卫星导航系统等，这些系统均可与惯性导航系统结合构成组合导航系统。

13.1.1 地磁导航

地球周围空间存在的磁场称为地磁场，是地球系统的基本物理场，利用地磁场的方向性能够为地球附近的载体提供方位，我国四大发明之一的司南（指南针）就是用于指示方向的简单仪器，但这只是地磁导航的简单应用。现代用于飞机上的磁罗盘、陀螺磁罗盘等，都以地球磁场来确定方向。

随着地磁学、传感器、计算机等技术的发展，地磁场不仅能够用来定向，而且能够根据地球上各个位置地磁场的不同来进行定位，即地磁导航。

现代地磁导航技术基于地磁场是一个矢量场，其强度大小和方向是位置的函数，同时地磁场具有总强度、矢量强度、磁倾角、磁偏角和强度梯度等丰富的特征，为地磁匹配提供了充足的匹配信息。因此，可以把地磁场当作一个天然的坐标系，利用地磁场的测量信息实现对载体的导航定位。在地球近地空间内任意一点的磁场强度矢量具有唯一性，根据地磁场球谐函数模型，地球上每一点的磁场矢量和其所处的经纬度及离地心的高度一一对应。因此，只要能够测定载体所在位置的地磁场特征信息，就可确定出其所在位置。基于地磁匹配的定位就是将预先选定区域的某种地磁场特征值，制成参考图并储存在载体上的计算机中，当载体通过这些地区时，地磁传感器实时测量地磁场的有关特征值，并构成实时图，实时图与预存的参考图在计算机中进行相关匹配，确定实时图在参考图中的最相似点，即匹配点，从而确定出载体的精确实时位置。

利用地磁场进行导航，在技术上具有无源、无辐射、全天时、全天候、全地域、体积小、功耗低、性能可靠、抗干扰强的特点。

13.1.2 天文导航

古时候，人类在晚上根据北极星确定方位，在白天根据太阳来确定方位，这就是原始、简单的天文导航。1500 多年前，我国东晋的法显和尚提出了一种可以在茫茫大海中为船只导航的方法，即"牵星过洋术"，明朝永乐年间，我国伟大的航海家郑和七下西洋用的就是这种古老的天文导航方法，基本原理为利用测角仪，测量从水平线到星体的仰角，从而为船队定位。星体在天上好比灯塔，如能分别测出两座灯塔的基点（星下点——星体与地心的连线在地球表面上的交点）与航船的距离，就能得到航船的大致方向和位置。

天文导航利用天空中的星体，在一定时刻与地球的地理位置具有相对固定关系这一特点，通过观察星体以确定载体位置，这一导航方法以已知准确空间位置的自然天体为基准，通过天体测量仪器被动探测天体位置，经解算确定载体所在测量点的导航信息。天文导航通过光学或射电望远镜观测两个星体，并自动跟踪星体位置来间接确定载体的方位，以便随时测出星体相对载体基准参考面的高度角和方位角，并经过计算得到载体的位置和航向。通常载体基准参考面的确定由陀螺稳定平台来实现。

天文导航系统具有精度不随工作时间增长而降低（没有累计误差）、隐蔽性好、可靠性高、不受无线电干扰、自主性强等特点，成为现代高科技战争中的一种重要导航手段。所以天文导航尤其是天文导航与其他导航方法的组合具有广泛的应用，特别是高空、远程、跨海洋、过极地、经沙漠的飞行更显优势。

但是天文导航在云雾天气不能使用,即使天气好,在中、低空飞行时,只能看见太阳而看不到其他星体,难以完成定位的任务,同时系统的构成也比较复杂,这使天文导航在航空上的应用受到一定限制,主要用在卫星、星际运载器及船舶的导航上。

13.1.3 地形辅助导航系统

地形辅助惯性导航,简称地形辅助导航(terrain-aided navigation,TAN)或地形基准导航,是利用数字地图来辅助惯性导航的技术。地形辅助导航的精度取决于地图的精度和地形的变化情况。

地形辅助导航系统具有较高的自主性,因而具有很好的军事应用价值。地形辅助导航系统主要由以下硬件设备组成。

(1) 惯性导航系统,它可提供全部导航信息。

(2) 无线电高度表,用来测量飞行器对地面的相对高度。目前隐身式高度表向下发射的旁瓣小、能量低,几乎不会被发现和干扰。

(3) 气压式高度表或大气数据系统,用来单独地或与惯导系统综合地提供飞行器的海拔高度或绝对高度。

(4) 导航计算机和大容量存储器,分别用来完成导航计算和存储数字地图。

与通常的综合导航系统相比,上述系统只增加了大容量存储器这唯一的硬件,而导航精度却能提高近一个数量级,这正是地形辅助导航系统得以迅速发展和应用的原因,但这种系统基本上是一种低高度系统。地形辅助导航按其工作原理分类,基本可分为基于相关分析和基于卡尔曼滤波两种。

地形高度相关的典型算法为地形轮廓匹配算法(terrain contour matching,TERCOM),其原理框图如图 13.1 所示。

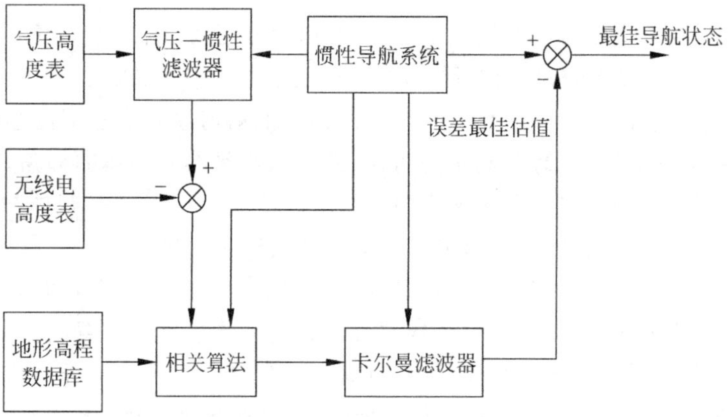

图 13.1 TERCOM 算法原理

气压式高度表经惯性平滑后得到的绝对高度和无线电高度表实测相对高度相减得到地形实际高程剖面(序列),与根据惯导系统位置信息和地形高程数据库所得的计算地形高程剖面(序列),按匹配算法做相关分析,所得相关极值点对应的位置就是匹配后的位置。若再采用卡尔曼滤波技术,还可利用位置误差的观测量对速度误差、陀螺漂移及平台误差角作出估计，从而对惯导系统的导航状态作出修正，得到最优导航状态。显然，TERCOM 算法要在获得一串地形高程序列后才能进行，属于后验估计或成批处理方法，因而其实时性能较差。

另一种典型的地形辅助导航技术是美国桑地亚实验室研制的桑地亚惯性地形辅助导航(Sandia inertia terrain-aided navigation，SITAN)算法。它不同于相关分析法，采用了推广的递推卡尔曼滤波算法，具有更好的实时性。其原理框图如图 13.2 所示。

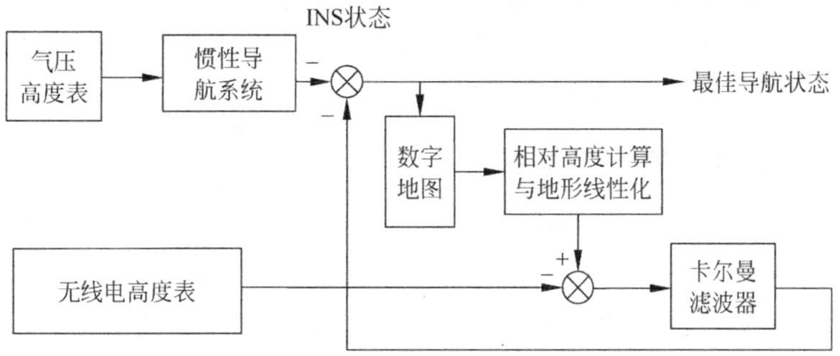

图 13.2 SITAN 算法原理

根据惯导系统输出的位置可在数字地图上找到地形高程。而惯导系统输出的绝对高度与地形高程之差为飞行器相对高度的估计值，它与无线电高度表实测的相对高度之差就是卡尔曼滤波的量测值。地形的非线性特性导致了量测方程的非线性。采用地形随机线性化算法可实时地获得地形斜率，得到线性化的量测方程；结合惯导系统的误差状态方程，经卡尔曼滤波递推算法可得导航误差状态的最佳估值，采用输出校正可修正惯导系统的导航状态，从而获得最佳导航状态。SITAN 算法比 TERCOM 算法具有更好的实时性。更适合具有高机动性的战术飞机使用。

TERCOM 与 SITAN 两种算法是地形辅助导航技术中的两种典型算法，下面仅就其各自的特点做简单比较。

(1) SITAN 方案对惯导系统的修正是实时的，而 TERCOM 方案则对一串地形高度序列做后验的相关分析，得到正确位置时有一定的延迟。

(2) 一般地，TERCOM 系统在得到地形高度期间应做非机动飞行，而 SITAN 系统就没有这个限制。

(3) 在高信噪比的条件下，SITAN 与 TERCOM 的导航精度相近，在低信噪比条件下，SITAN 精度稍高。

(4) SITAN 方案有较大的初始位置误差时需工作在搜索模式，以达到较小的位置误差。搜索算法较复杂，计算量也比 TERCOM 方案搜索相同区域时大。

(5) TERCOM 方案耐航线偏差的能力较弱，SITAN 方案则不受限制。

13.1.4 无线电导航

无线电导航根据无线电波在均匀介质和自由空间直线传播及恒速两大特性，测定出载体的方位、距离及速度等导航参数，来实现导航。经常听到的伏尔导航系统、罗兰-C 导航系统、塔康导航系统和奥米伽导航系统都是无线电导航系统。无线电信号中包含 4 个电气参数：振幅、频率、时间和相位。无线电传播过程中，某一个参数可能发生与某导航参量有关的变化。根据测量电气参数的不同,无线电导航系统可分为振幅式、频率式、时间式(脉动式)和相位式这4种。也可以根据要测定的导航参数将无线电导航系统分为测向(测角、方位角或高低角)、测距、测向—测距、测距差(或相位差)及测速等类型。还可以按与地面配套设备作用距离划分为3种:①近程导航系统,作用距离为100～500 km,如塔康系统;②中程导航系统,作用距离为500～2000 km,如罗兰-A系统;③远程导航系统,作用距离为2000 km以上。例如,塔康导航是一种近程测向—测距系统,而罗兰-C和奥米伽导航是远程测距差系统。本章根据无线电导航的原理,分别介绍圆周导航定位系统、双曲线导航定位系统、近程无线电导航系统、远程无线电导航系统等几类。

13.1.4.1 圆周导航定位系统

圆周导航定位系统借助机上测距雷达,测量飞机和地面导航台之间的距离,进而确定飞机的位置。

如图13.3所示,设飞机与地面台站 P_1 和 P_2 之间的距离分别为 d_1 和 d_2。从飞机上发射脉冲波,地面台站 P_1 和 P_2 的接收机接收到电波后,立刻由各自的发射机将上述信息重新播送出去,根据机上接收机接收到反馈信号所需的时间,可以计算出 d_1 和 d_2。图13.3中以地面台站为圆心,以 d_1 和 d_2 为半径画出了两个圆弧1和2。通过 P_1 和 P_2 的已知坐标,可以在两个圆弧的交点上定出飞机的位置 M。通常圆周曲线的交点有两个,为了最后确定飞机位置,还需要设置第3个地面台站 P_3,或借助无线电罗盘指示的方位。

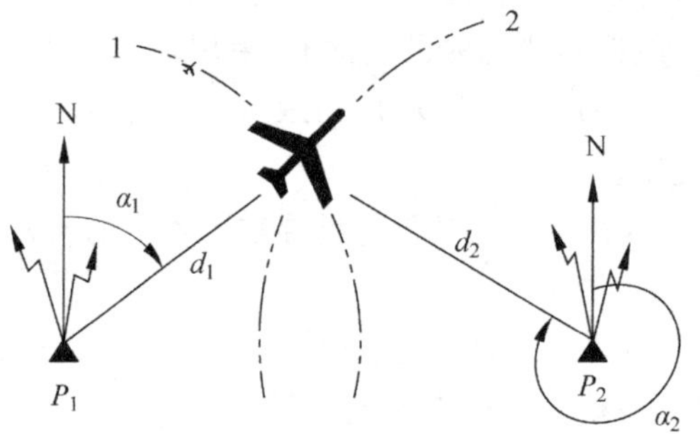

图 13.3 圆周导航原理图

这种导航方法所使用的频率为220～260 MHz(波长为1.2～1.3 m),P_1 和 P_2 的频率一般需相差5～10 MHz。机载发射台的平均功率约为30 W,但瞬时脉冲功率有时可能达到50 kW,因而工作范围可以很大。由于使用的是超短波,所以受地球曲率影响,飞机与地面台站之间的距离不能超过500 km。圆周导航定位方法的精度比较高,在几百千米距离的测量中最大误差不超过20～30 m。

13.1.4.2 双曲线导航定位系统

圆周导航定位的有效距离不超过500 km,不适于远距离航行。远距离定位系统的无线电设备必须使用不受地面影响的中长波。双曲线导航采用的便是中长波无线电设备,但它不同于圆周定位系统,不必在飞机上装备发射机,只需要一台远程定位接收机。这样机载设备比较简单,体积、质量和功耗都可大大减小。双曲线导航系统的原理如图13.4所示。设

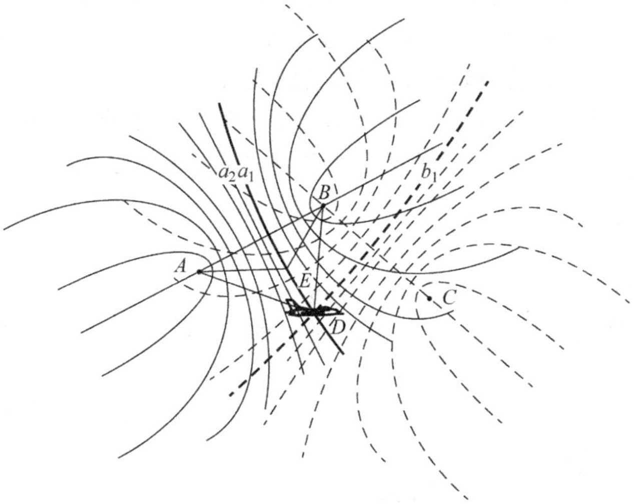

图 13.4 双曲线导航原理

有 3 个地面台 A、B、C，其中 A、B 为一对，B 为主台，A 为副台；B、C 为一对，B 为主台，C 为副台。B 台发射的脉冲波抵达 A 后，A 上的接收机便自动打开副台的发射机使其发射出和主台波长相同的脉冲波。飞机上的接收机将接收到由 B 直接发射和由 A 转播的电波，不过主台的波 BD 要比副台转播的波 BAD 早到。机载接收机内设有用来测量上述两种波到达时差 Δt 的装置，假设 A 的转播没有延迟，那么

$$\Delta t = t_2 - t_1 = \frac{BAD}{C} - \frac{BD}{C} \tag{13.1}$$

其中，C 为电磁波的传播速度；BAD 和 BD 分别表示主台 B 经副台 A 到飞机 D 的距离和主台到飞机的距离。

当飞机沿以 A、B 为焦点的双曲线 a_1 飞行时，两种电波所走的距离差为常数，即 Δt_1 保持不变。这样接收机屏幕上将出现由 A、B 发来信号的两个峰值，其间的距离也保持不变。按 Δt_1 就可在地图上绘出曲线 a_1；同样，当时差为 Δt_2 时，便可绘出曲线 a_2。这样便绘出一系列对应时差 Δt_1、Δt_2……的双曲线 a_1、a_2……，如图 13.4 中实线所示。同样，利用 B、C 两个台站也可以测出对应 BCD 和 BD 的时差 $\Delta t'$，按不同时差可绘出以 B、C 为焦点的双曲线族，如图 13.4 中虚线所示。

这样，根据机载接收机测得的时差 Δt 和 $\Delta t'$，以及预先绘制的双曲线族便可找到相应的两条曲线，这两条曲线的交点就是飞机所处的位置。

常见的双曲线导航系统有罗兰双曲线导航系统、奥米伽双曲线导航系统等。还有一种无线电导航系统通过机上接收系统，接收地面台站发射的无线电信号，测量飞机相对于已知地面台的方位角来定位，如伏尔测向导航系统。目前军用飞机使用较多的是测向与测距共用一个地面台的塔康导航系统。

13.1.4.3 近程无线电导航系统

1. VOR 测向系统

VOR 即甚高频全向无线电信标 VHF omni directional range 或 VHF omni range 的缩

写。它由机载全向信标接收机和地面全向方位导航台组成，是一种连续波相位式全向测向系统，其原理是通过比相来测定飞机相对于地面台的方位角，如图 13.5 所示，图中飞机方位角 a 为地面导航台北向与飞机和导航台间连线的夹角。

理论上两个地面导航台和机载一个多通道接收机就可以确定飞机的位置，但因 VOR 系统定位精度会随距离增大而下降，所以 VOR 测向系统多与 DME 测距系统配合使用。

2. DME 测距系统

DME 即距离测量系统 distance measuring equipment 的缩写，它是通过测量机载询问脉冲与地面应答脉冲之间的时差来确定距离的一种无线电导航设备，如图 13.6 所示。

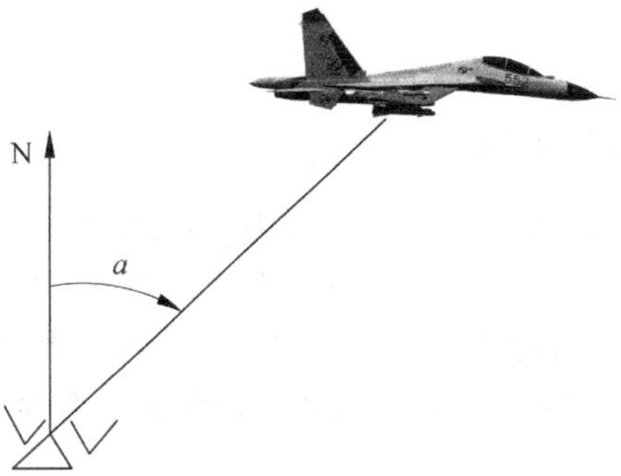

图 13.5　VOR 测向示意图

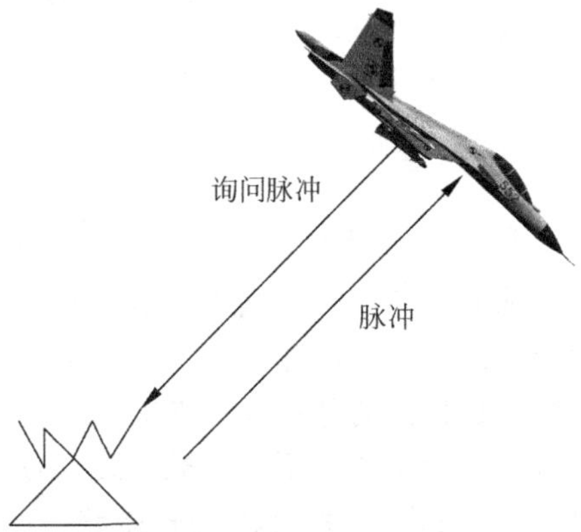

图 13.6　DME 测距示意图

工作时，机载发射机由定时器所产生的基准信号控制，周期性地发射无线电信号，该信号作为测距询问信号进入地面台接收机，经转发设备控制发射机发射应答信号，机载接收机接收信号并与由发射机或定时器送来的信号一起输入到测量设备进行比较，测出的时间差取其一半乘以电波传播速度，即得距离。

上述过程所测距离为飞机到地面台之斜距，根据气压高度或无线电高度以及地面台的海拔高度之间的几何关系，可计算出飞机相对导航台的地面距离。理论上可利用两个地面台和一个多通道机载设备测出同一时刻两个距离即可确定飞机位置。

3. TACAN 导航系统

塔康 TACAN 是战术空中导航系统 tactical air navigation system 的缩写，它由地面塔康台与机载塔康设备两部分组成，可同时完成测向和测距工作。其测向原理与 VOR 相近，而测距原理与 DME 相同，它与 VOR/DME 相比简单且精度有所提高，且只要一个台就可完成方位角和距离的同时测量，如图 13.7 所示。

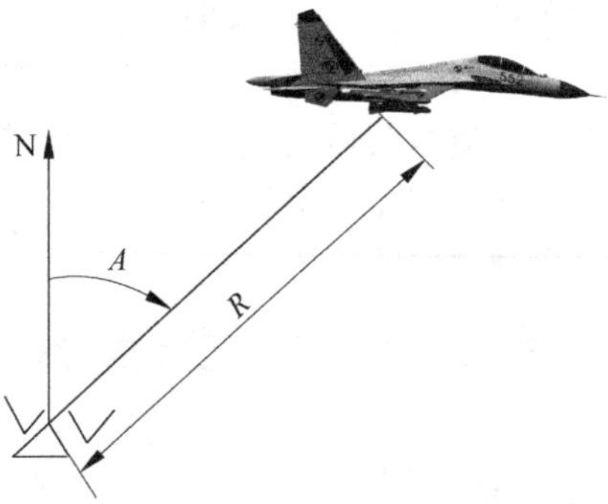

图 13.7　TACAN 测位、测距示意图

塔康系统是由美国研制并成功应用的典型近程无线电导航系统，同时成为早期北大西洋公约组织

军用导航的标准系统。该系统包括测向(方位)和测距(距离)两个方面的功能,是利用已经使用的 VOR 测向和 DME 测距两个独立的无线电导航系统的原理,进行有机组合而形成的测向—测距系统。

塔康地面台(信标台)是实现系统定位的基点,用于接收来自机载设备的测距询问信号,并按特定的技术要求向其工作区域辐射方位信号、测距应答信号和信标识别信号,以供机载设备进行测位、测距和识别。

13.1.4.4 远程无线电导航系统

对于跨洋飞行,或高空、高速飞行,近程导航显然是不能满足要求的,这就要用到远程无线电导航系统,目前使用的远程无线电导航系统主要是罗兰-C 和奥米伽无线电导航系统。

1. 罗兰-C 导航系统

罗兰一词是远程导航 long range navigation 英文字头缩写“loran”的译音,先后有 *A*、*B*、*C*、*D* 四种类型被研发。1943 年开始装备的罗兰-A 系统,采用脉冲双曲线定位体制,主要用于海上航线。罗兰-B 系统采用中波段的脉相双曲线体制,因周期识别技术困难而停止发展。1959 年开始装备的罗兰-C 系统,采用脉相双曲线定位体制,工作频段为 90~110 kHz,成功地开发了周期识别技术,获得了比罗兰-A 系统更大的导航工作范围,更高的定位精度和自动化程度,成为海陆空通用的导航定位系统。罗兰-D 系统,技术上全面地继承了罗兰-C 系统,且增加了地面发射台的高度机动性,成为较理想的军用战术导航系统。

由于罗兰-C 是一种脉冲相位综合测距差系统,它综合了脉冲测距系统实现单值测量和相位测距差系统测量精度高的优点,该系统以脉冲方式工作,副台仍与主台同步工作,不仅在脉冲时间上同步,而且脉冲包络中的高频相位也同步。罗兰-C 在 GPS 未出现前应用相当广泛,其定位精度可达 500 m(2 dRMS)以内。

2. 奥米伽导航系统

奥米伽系统是一种甚低频、连续波、相位式的双曲线无线电导航系统。其工作频段是 10~14 kHz,在全球范围内的导航定位精度可达到 1~2 n mile。

由于甚低频发射台的辐射功率为 10 kW 左右时的作用距离可达到一万多千米,所以从导航几何精度分析,只需在地球的两极和赤道上 4 个等分点各配置一个奥米伽发射台,这样 6 个台组成的系统便可覆盖全球。从台址配置的实际可能性出发,1971 年国外确定了此系统由 8 个台组成,按规定的台序依次设在挪威(A 台)、利比里亚(B 台)、夏威夷(C 台)、美国北达可地(D 台)、非洲留尼汪岛(E 台)、阿根廷(F 台)、澳大利亚(G 台)、日本(H 台)。台间距离为 8000~10 000 km,每个发射台主要由原子钟、定时器、发射机、调谐网络、天线、通信设备和监测设备等组成。

在全球任何地方航行的飞机、船舶上的奥米伽接收机,至少可接收到 5 个奥米伽台的信号,从中选其最适宜的 3 个台的信号,便可测得两条双曲线型位置线,基线张角不小于 120°,两条位置线的交角不小于 60°,这样,位置线交点的精度较高,定位精度也较高。奥米伽系统每个台的原子钟均使用了 4 个高稳定的铯频率标准,它们逻辑组合输出稳定的定时信号,可作为一个精密的频率和时间标准,所以奥米伽系统还可兼作全球范围的授时。

无线电导航的主要优点是设备比较简单、精度较高、导航距离较远，缺点是工作时必须有地面电台配合，处于被动状态；要发射电磁波，易受干扰也容易暴露自身，在军事上应用就显得严重不足。

13.1.5 多普勒雷达导航

多普勒雷达导航是利用随载体速度变化，在发射波和反射波之间产生的频率差——多普勒频移的大小，来测量飞机相对地面的速度，进而确定其他导航参数，完成导航任务的一种方法。这种导航方法只需要机上设立雷达发射和接收装置便可测出地速的大小，再借助机上航向系统输出航向角，将地速分解成沿地理北向和东向的速度分量，进而确定两个方向的距离变化及经度、纬度大小，也就确定了飞机位置。

如图 13.8 所示，飞机上的发射—接收系统与飞机一起以速度 v 运动，发射机向 B 点发射频率为 f_1 的电磁波，B 点反射的一部分能量又被接收机接收。

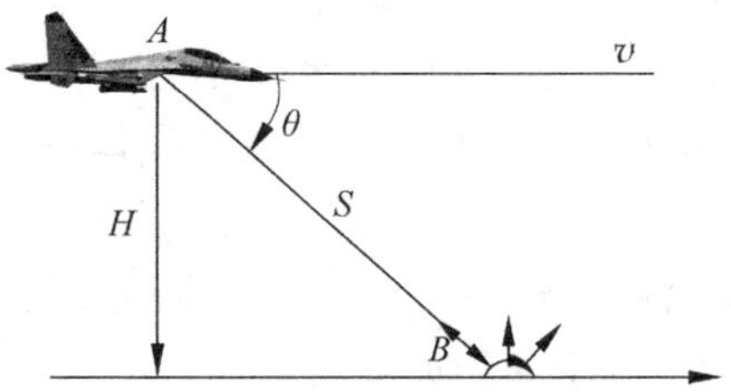

图 13.8 多普勒频移的产生

由于飞机的运动，B 点接收到的信号的频率变为 f_1+f_d，这种频率的变化称为多普勒效应，f_d 称为多普勒频移。接收机接收反射后的信号时也同样具有多普勒效应。

发射机的信号可以写成

$$E_1=E_{1m}\sin 2\pi f_1 t \tag{13.2}$$

而接收机所接收的信号则是

$$E_2=E_{2m}\sin(2\pi f_1 t-\beta_1) \tag{13.3}$$

其中，E_{1m}、E_{2m} 为信号振幅；β_1 为两信号的相位差。设 A、B 两点间的距离为 S，信号波长为 λ，则

$$\beta_1=2\pi\frac{2S}{\lambda}=\frac{4\pi S}{\lambda} \tag{13.4}$$

其中，

$$\lambda=\frac{C}{f_1} \tag{13.5}$$

其中，C 为电磁波传播速度。

由于飞机运动，S 随时间而变，其表达式为

$$S=S_0-\int_0^t v\cos\theta\,\mathrm{d}t \tag{13.6}$$

其中，θ 为速度 v 和 AB 连线的夹角；S_0 为起始距离。

在电磁波由 A 到 B 往返一次的短暂时间内，θ 和 v 可视为常数，则

$$S=S_0-vt\cos\theta \tag{13.7}$$

这样式(13.3)可以改写为

$$\begin{aligned}E_2&=E_{2m}\sin(2\pi f_1 t-\beta_1)\\&=E_{2m}\sin\left(2\pi f_1 t-\frac{4\pi S}{\lambda}\right)\\&=E_{2m}\sin\left[\left(2\pi f_1+\frac{4\pi}{\lambda}v\cos\alpha\right)t-\beta_0\right]\end{aligned}\tag{13.8}$$

其中，$\beta_0=\dfrac{4\pi S_0}{\lambda}$为常值相移。由式(13.8)可见，被接收信号的频率为

$$f_2=f_1+\frac{2v\cos\theta}{\lambda}\tag{13.9}$$

则多普勒频移为

$$f_d=f_2-f_1=\frac{2v\cos\theta}{\lambda}\tag{13.10}$$

所以有

$$v=\frac{\lambda}{2\cos\theta}f_d\tag{13.11}$$

多普勒雷达以多普勒效应为基础，可自动、连续地测量雷达载机相对地面运动的地速和偏流角。偏流角由风速引起，图13.9表示了速度三角形之间的关系，其中v_a为真空速，v_w为风速；v为地速，α为偏流角，ψ为航向角。

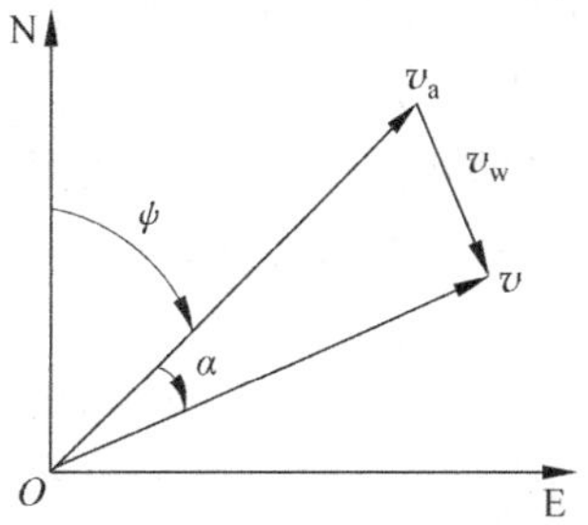

图13.9　速度三角形示意图

如果已知真航向和偏流角，就可以将上述地速水平分量分解为北向和东向分量，进而积分求得航程，并可求出经度、纬度等导航参数。真航向由机上航向仪表提供，偏流角则由多普勒导航系统测出，下面介绍测量偏流角的原理。当飞机的速度及高度不变，所发射电磁波的频率也是常值时，在地球表面，多普勒频移相等的发射点将形成一个双曲线族。如图13.10所示，从飞机上的多普勒雷达向前方发射两个波束，一个向左前方，一个向右前方。当风速为零时，左边波束与右边波束测得的多普勒频移相等；若风速v_w不等于零，空速v_a与地速v不重合，两个波束发射点不在同一个多普勒频移曲线上，两个波束测得的多普勒频移不相等，即$\delta f_d=f_{d1}-f_{d2}\neq 0$。将$\delta f_d$放大后输入给转动天线的随动系统，使天线绕垂线相对飞机纵轴转动，直到δf_d趋于零，这样就使两个波束反射点自动控制在同一个多普勒频移曲线上。天线相对飞机纵轴转过的角度就是偏流角δ。

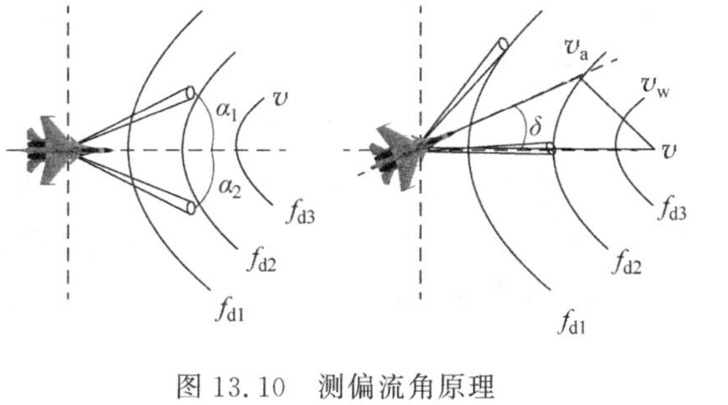

图13.10　测偏流角原理

由前面的原理可知，多普勒导航不需要地面设备，但仍需在机上设置发射台和接收台。由于无地面台，多普勒导航是主动式的，抗干扰能力强，精度高。但是，由于其工作时必须发射电波，因此容易暴露自身。此外，工作性能与反射面的形状和性质有关，如在水面和沙漠上空飞行时，由于反射性不好，会降低导航性能。导航精度也受天线姿态的影响，当天线接收不到反射波时，系统就会完全丧失工作能力；另外，因为被照射的地面形状复杂，合成的发射信号是无数个幅值和相位都不同的信号的和，这使得多普勒频移的测量精度受到限制。

13.1.6 卫星导航

卫星导航是借助在预定空间轨道上运行的人造地球卫星进行导航的一种技术。专门用于导航的人造卫星称为导航卫星，导航卫星在预定的轨道上运动，载体测量其相对卫星的位置便可以确定出自己的地理坐标和速度矢量。

卫星导航系统(satellite navigation system)是继惯性导航之后导航技术的又一重大发展。目前广泛应用的卫星导航是美国的全球定位系统(GPS)、俄罗斯的格洛纳斯(GLONASS)全球导航系统、欧洲的伽利略(Galileo)卫星导航系统（遗憾的是在 2019 年的 7 月 11 日，伽利略卫星导航系统的服务中断了 117 h）以及我国的北斗卫星导航系统。它们都是利用无线电波传播的直线性和等速性实施时间测距定位，以及利用载体与卫星之间的多普勒频移进行多普勒测速的导航方法。

卫星导航由导航卫星、地面站和用户设备三大部分组成，如图 13.11 所示。地面站主要用来跟踪、计算和向卫星发送数据；用户设备包括接收、处理和显示部分。由于天空中的卫星位置随时可知，如同地面上的无线电导航台搬到了空间，于是便可测量卫星到飞机的距离，实现定位要求。同时卫星发射的电波，经飞机上接收设备测出二者之间的多普勒频移，可以确定飞机相对卫星的距离变化率，即载体运动速度。

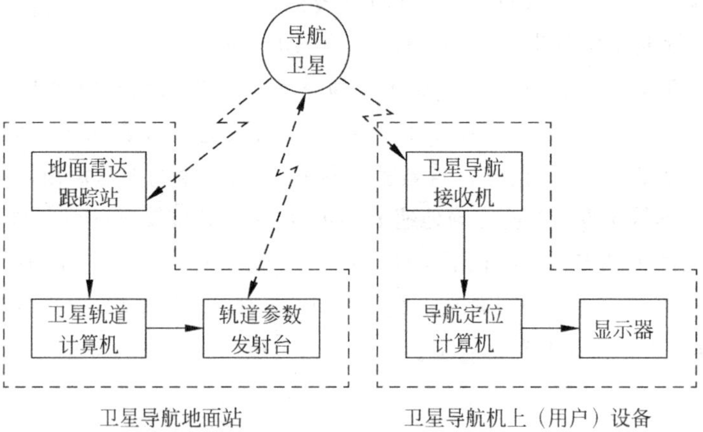

图 13.11　卫星导航系统组成

导航卫星是若干围绕地球分布在若干条预定轨道上运行的卫星。卫星上的无线电设备一般包括向用户发送所需导航参数的发射设备、向地面传送卫星设备工作数据的遥测设备、供地面站跟踪卫星的设备、卫星工作的控制设备、保证卫星上设备正常工作的调节设备、天线、电源等。

地面站是测量和预报卫星轨道，以及对卫星设备的工作进行控制的地面综合设备。它主要由三部分组成：地面雷达跟踪站、卫星轨道计算机和轨道参数发射台。地面雷达跟踪站不断地测出卫星的真实位置；卫星轨道计算机根据跟踪站测量的数据（卫星位置坐标），计算出卫星的轨道参数，并推算出在未来一段时间内卫星的轨道参数，还要编制卫星设备的工作程序和确定传输给卫星的指令信息等；轨道参数发射台是一个与卫星轨道计算机直接联系的无线电发射台，它用来向卫星传送计算和预报的轨道参数信息、卫星设备工作程序等。卫星把这些参数存储起来转发给用户设备。

用户设备是导航卫星定位时用户所需的终端设备，它主要包括卫星导航接收机、导航定位计算机、控制器和显示器等。接收机接收卫星发来的信号，从这些信号中解调并译出卫星轨道参数和定时信息，并根据无线电测距原理或多普勒效应测出用户相对卫星的距离或速度，进而由导航定位计算机计算出用户的地理位置、速度矢量等导航参数，并在显示器上显示出来。

1959—1967 年美国建成了海军导航卫星系统 NNSS，该系统所有卫星的轨道都通过地球两极，卫星的地迹与子午圈重合，所以卫星称为子午仪，系统也称为子午仪系统（transit）。1973 年 12 月美国制定了建立具有全球导航定位能力的导航星系统（NAVSTAR），也称全球定位系统（global position system，GPS）的计划，GPS 是美国国防部研制的第二代卫星导航系统，它布放在空间的卫星有 24 颗，其中 21 颗工作卫星、3 颗备份卫星。这 24 颗卫星分布在 6 个轨道平面上，轨道倾角为 55°，每个轨道面上有 4 颗卫星，轨道面间相差 60°，也即升交点赤径互隔 60°，相邻轨道邻近卫星位置相差 30°，轨道平均高度 20 200 km，卫星运行周期 $T=11$ h 58 min。卫星星座示意图如图 13.12 所示，它的主要优点是导航精度很高，又适用于全球导航，加之用户设备简单，价格低廉，所以应用领域十分广泛。但它需要庞大的地面站支持，电波又易受干扰，是一种被动式导航系统。

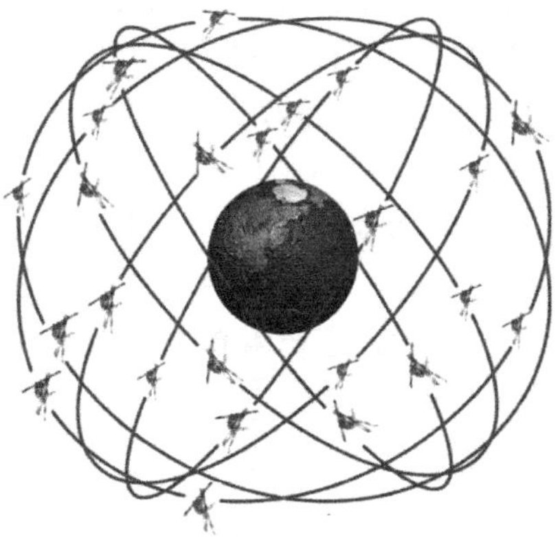

(a)

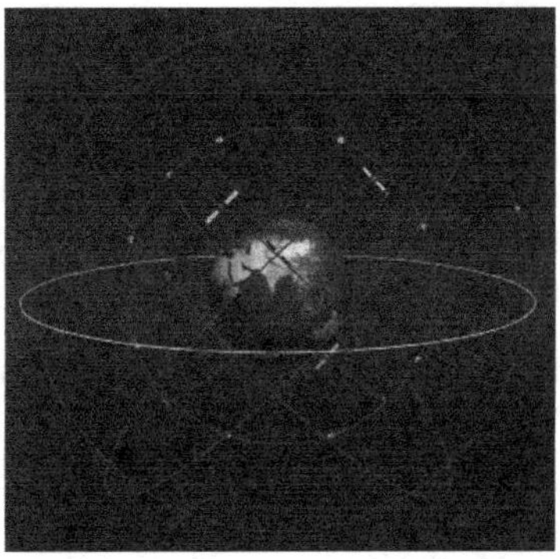

(b)

图 13.12　卫星星座示意图

(a) GPS；(b) 北斗卫星导航系统

“伽利略”是欧洲联合研制的卫星导航系统，原理和 GPS 基本相同。“伽利略”的定位精度优于 GPS，军民信号都可以达到 1 m 的精度。“伽利略”为地面用户提供 3 种信号：免费使用的信号、加密且需交费使用的信号、加密且需满足更高要求的信号。其精度依次提高，最高精度比 GPS 高 10 倍，即使是免费使用的信号精度也达到 6 m。伽利略系统的另一个优势在于，它能够与美国的 GPS、俄罗斯的 GLONASS 系统实现多系统内的相互兼容。伽利略的接收机可以采集各个系统的数据或者通过各个系统数据的组合来实现定位导航的要求。

中国北斗卫星导航系统（BeiDou navigation satellite system，BDS）是中国自行研制的全球卫星导航系统，是继美国全球定位系统（GPS）、俄罗斯格洛纳斯卫星导航系统（GLONASS）之后第 3 个成熟的卫星导航系统。北斗卫星导航系统（BDS）和美国 GPS、俄罗斯 GLONASS、欧盟 GALILEO，是联合国卫星导航委员会已认定的供应商。北斗卫星导航系统由空间段、地面段和用户段三部分组成，可在全球范围内全天候、全天时为各类用户提供高精度、高可靠定位、导航、授时服务，并具短报文通信能力，截至 2020 年 6 月 23 日，我国在西昌卫星发射中心成功发射北斗系统第 55 颗导航卫星，暨北斗三号最后一颗全球组网卫星，至此北斗三号全球卫星导航系统星座部署比原计划提前半年全部完成。2020 年 7 月 31 日上午 10 时 30 分，北斗卫星全球导航系统建成暨开通仪式在人民大会堂举行，中共中央总书记、国家主席、中央军委主席习近平宣布北斗三号全球卫星导航系统正式开通。

1. 卫星导航定位的基本原理

利用卫星导航系统进行导航定位，不管采用何种方法，都必须通过用户接收机对卫星发射的信号进行观测，获得卫星到用户的距离，从而确定导航位置。卫星到用户的观测距离，由于各种误差源的影响，并非真实地反映卫星到用户的几何距离，而是含有误差，这种带有误差的量测距离，称为伪距。

由于卫星信号含有多种定位信息，根据不同的要求和方法，可以获得不同的观测量，如测码伪距观测量、测相伪距观测量、多普勒积分计数伪距差、干涉法测量时间延迟等。目前，在卫星导航系统定位测量中，广泛采用的观测为前两种，即码相位观测量和载波相位观测量。多普勒积分计数法进行静态定位需要的观测时间一般为数小时，且多应用于大地测量之中。干涉法测量所需的设备昂贵，数据处理比较复杂，尚未获得广泛应用。

借助以上观测量，通过多种方法可以完成卫星导航系统接收机的导航定位解算。下面以伪距法为例简要说明卫星导航定位的基本原理。

当只考虑伪距测量值中最主要的误差因素时，接收机到导航卫星 i 的伪距为

$$\rho_i = R_i + c \cdot \Delta t \tag{13.12}$$

其中，R_i 是接收机到该卫星的真实距离；c 是光速；Δt 是产生伪差测量误差的时间延迟。且

$$R_i = \sqrt{(x-x_i)^2+(y-y_i)^2+(z-z_i)^2} \tag{13.13}$$

其中，(x,y,z)是接收机所在位置的直角坐标；(x_i,y_i,z_i)是卫星 i 的直角坐标值，由广播电文可以查出。时间误差可以表示为

$$\Delta t = \Delta t_{\mathrm{R}} + \Delta t_{\mathrm{S}} + \Delta t_{\mathrm{a}} \tag{13.14}$$

其中，Δt_{R} 是接收机相对卫星导航系统时间的钟差，是未知量；Δt_{S} 是卫星相对卫星导航系统时间的钟差，可以由卫星广播电文查出；Δt_{a} 是大气层折射所致的多余时间延迟，可以通过一定技术措施予以修正。

于是对于卫星 i，可以得到

$$\rho_i=\sqrt{(x-x_i)^2+(y-y_i)^2+(z-z_i)^2}+c\cdot\Delta t_{\mathrm{R}} \tag{13.15}$$

该方程中包含 x、y、z 和 Δt_{R} 这 4 个未知量。因此，只要接收机同时观测 4 颗导航卫星，获得相应的伪距观测值，就可以对这个未知量进行求解，从而完成基本的接收机定位。

2. 卫星导航系统的误差状态方程

卫星导航系统的定位误差主要包括卫星星历误差、卫星钟差误差、接收机钟差误差、接收机本身的测量误差、多路径效应误差、电离层延迟误差、对流层传播延迟误差等，而其中最主要的误差源是接收机钟差，包括时钟相位偏差和时钟漂移。

在卫星导航系统应用中，常选用两个与时间相关的误差量作为系统状态量：一个是与时钟等效的距离误差 δt_{u}，一个是与时钟频率等效的距离误差 δt_{ru}。根据卫星导航系统误差特性，可以建立系统状态 δt_{u}、δt_{ru} 的微分方程组为

$$\begin{cases}\delta\dot{t}_{\mathrm{u}}=\delta t_{\mathrm{ru}}+\omega_{\mathrm{tu}}\\ \delta\dot{t}_{\mathrm{ru}}=-\beta_{\mathrm{tru}}\delta t_{\mathrm{ru}}+\omega_{\mathrm{tru}}\end{cases} \tag{13.16}$$

定义

$$X_{卫}=\begin{bmatrix}\delta t_{\mathrm{u}}\\ \delta t_{\mathrm{ru}}\end{bmatrix}$$

则系统的状态方程可表示为

$$\dot{\boldsymbol{X}}_{卫}=\boldsymbol{F}_{卫}\boldsymbol{X}_{卫}+\boldsymbol{G}_{卫}\boldsymbol{w}_{卫} \tag{13.17}$$

其中，$\boldsymbol{F}_{卫}=\begin{bmatrix}0 & 1\\ 0 & -\beta_{\mathrm{tru}}\end{bmatrix}$；$\boldsymbol{G}_{卫}=\boldsymbol{I}_{2\times2}$；$\boldsymbol{w}_{卫}=[\boldsymbol{w}_{\mathrm{tu}},\boldsymbol{w}_{\mathrm{tru}}]^{\mathrm{T}}$。

卫星导航的优点是适用于全球和全天候导航或定位，导航精度很高；缺点是设备复杂、造价昂贵，卫星信号易受到干扰，另外卫星设备失效时对其更换的过程和技术十分复杂。

13.2 组合导航系统的组合方式

随着科学技术和国防事业的不断发展，人们对导航技术也提出了越来越高的要求。导航设备除了一般设备要求的安全可靠、体积小、质量轻和价格低廉等以外，在军事上应用的要求是十分苛刻的，具体如下所述。

(1) 导航精度高。如当用于军事侦察和作战时，为了准确地确定攻击对象和地标，要求导航定位精度在 0.04～1 n mile/h。

(2) 工作范围宽。导航系统能够满足全球导航的要求。

(3) 自主性强。希望导航系统能够不依靠地面辅助设备或其他任何信息，独立地进行工作。这样一方面可以扩大飞机的活动范围，另一方面可以避免被敌人发现而受到攻击或干扰。

(4) 提供导航参数多。希望导航设备能够为轰炸和空投提供姿态、速度等信息外，还能准确提供风速、风向、偏流角、加速度以及投放轨迹和投放时间；对歼击机来说，还希望能够提供姿态变化率信息，以便配合雷达使瞄准系统更有效地发挥战斗力；同时还希望能为飞机自动驾驶仪提供所需的各种导航参数，并能与飞机着陆系统配合，保证安全可靠地着陆。

(5) 使用条件宽。希望导航设备不受气象条件的限制，能满足全天候导航的要求；希望具有很强的抗干扰能力，对磁场、电场、光、热以及核辐射等条件的变化不敏感；希望反应时间短，一旦接到起飞命令导航设备就可以立即投入正常工作，并且操作简单，不需要操作者具有很高的技术水平。

纵观各种导航的工作原理和特点可以发现，没有一种导航方法能够完全满足上面提出的对导航技术的要求，比较可行的方法是将不同的导航系统组合起来，扬长避短，发挥各自的优点以满足总的要求。就导航精度、自主性和提供导航参数的全面性等主要方面来说，惯性导航较其他导航方法具有不可替代的优越性。因此，通常以惯性导航系统作为主导航系统。

13.2.1 基于古典控制的组合导航

本书以所谓的惯性—速度组合系统为例来介绍基于古典控制的组合导航技术，该技术其实就是把惯性导航系统的速度信息与另一种导航系统的速度信息，组合在一起构成的导航系统。

为便于说明这种组合导航方式的原理，本节现以惯性—多普勒雷达组合系统为例，进行简单分析。系统的原理框图如图 13.13 所示。

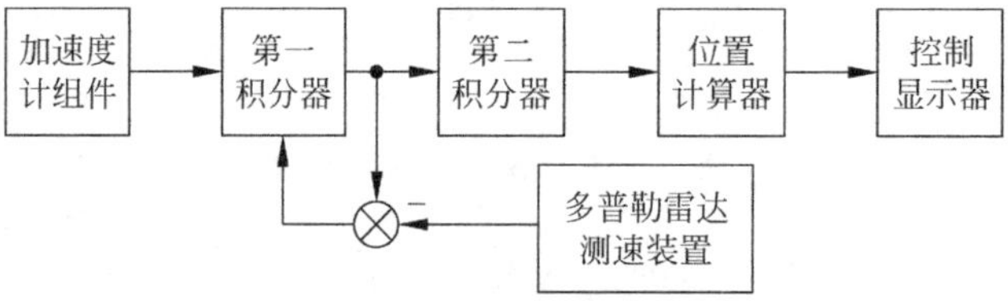

图 13.13 惯性—多普勒雷达组合示意图

图 13.13 中多普勒测速雷达装置测出准确的地速信号，用以代替或校正惯导系统中由加速度积分而来的速度信号，使惯导系统中速度信号的误差大大减小。若两速度信号相等，则差值为零，说明惯导的速度信号是准确的，无需校正。若两速度信号不等，说明惯导速度信号有误差，需将两速度信号的差值送入第一积分器，使第一积分器输出的速度信号发生变化，直到两者相等为止。

为进一步研究这种组合导航的原理，本书取指北方位惯导系统中的北向加速度计与东向陀螺组成的回路为研究对象，并忽略交叉耦合的影响，仅考虑加速度计的零位偏差及陀螺漂移。这样，在除去有害加速度之后，进入系统第一积分器的信号就是 $\dot{v}_{\mathrm{Nd}}+\phi_x g+\nabla_y$。

设多普勒测速雷达的北向地速 v_{Nd} 为

$$v_{\mathrm{Nd}}=v_{\mathrm{N}}+\delta v_{\mathrm{d}} \tag{13.18}$$

惯导系统北向地速的计算值 $v_{\mathrm{N}}^{\mathrm{C}}$ 为

$$v_{\mathrm{N}}^{\mathrm{C}}=v_{\mathrm{N}}+\delta v_{\mathrm{N}} \tag{13.19}$$

式(13.18)和式(13.19)中，v_{N} 为飞机的真实北向地速，δv_{d} 为多普勒雷达速度误差，δv_{N} 为惯导系统速度误差。

由式(13.18)和式(13.19)可得

$$v_{\mathrm{N}}^{\mathrm{C}}-v_{\mathrm{Nd}}=\delta v_{\mathrm{N}}-\delta v_{\mathrm{d}} \tag{13.20}$$

根据图 13.13 可以得出惯性—多普勒雷达组合系统的原理图，如图 13.14 所示。

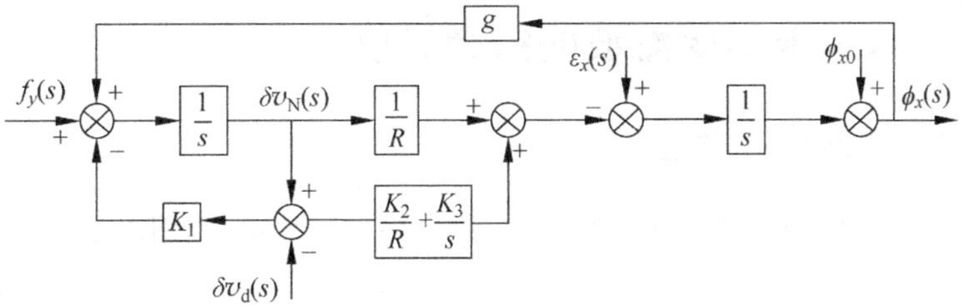

图 13.14 惯性—多普勒雷达组合原理

从图 13.14 可以看出：多普勒地速与惯性地速的差值不是直接加入第一积分器，而是通过一定的校正环节。图 13.14 采用了类似指北方位惯导水平初始对准的形式，所不同的是，水平初始对准所用的校正信号是惯导内部的反馈信号，而惯性—多普勒雷达组合系统是采用外部的多普勒地速信号作为校正信号。

由图 13.14 可得系统的姿态和速度误差的传递函数为

$$\phi_x(s)=\frac{1}{\Delta(s)}\left\{s(s+K_1)[s\phi_{x_0}+\varepsilon_x(s)]-[(1+K_2)\omega_s^2 s+RK_3\omega_s^2]\frac{f_y(s)}{g}+\right.$$
$$\left.[K_2\omega_s^2 s^2+(K_3R-K_1)\omega_s^2]\frac{\delta v_d}{g}\right\} \tag{13.21}$$

$$\delta v_N(s)=\frac{1}{\Delta(s)}\{s^2 f_y+sg\varepsilon_x(s)+s^2 g\phi_{x_0}+[K_1 s^2+\omega_s^2(K_2 s+RK_3)]\delta v_d\} \tag{13.22}$$

其中，$\omega_s=\sqrt{\frac{g}{R}}$，为舒勒角频率；$\Delta(s)=s^3+K_1 s^2+(1+K_2)\omega_s^2 s+RK_3\omega_s^2$，为三阶系统的特征式。

若只考虑系统的稳态误差，且误差源均为常值，则系统姿态和速度的稳态误差分别为

$$\phi_x(\infty)=-\frac{f_y}{g} \tag{13.23}$$

$$\delta v_N(\infty)=\delta v_d \tag{13.24}$$

由此可见，对于惯性—多普勒雷达组合系统，其姿态精度主要取决于加速度计的零位偏置；而速度误差则主要取决于多普勒系统的速度误差。因此，当多普勒系统的速度误差小于由陀螺漂移所引起的惯导速度误差时，就可以采用上述三阶阻尼方案，从而降低惯导系统对陀螺精度的要求。此外，从系统的特征方程可以看出，只要适当选取 K_1、K_2、K_3 这 3 个参数，系统不仅可以阻尼掉舒勒振荡，而且还具有任意的振荡周期，这对快速起动很有意义。

需要指出的是，无论是惯性—速度组合系统，还是惯性—位置组合系统，除提高了单一导航系统的可靠性外，惯导系统还起着对另一信息源的平滑滤波作用。因为电子设备的漂移及传播介质的变化，使许多电子导航设备中存在一定的噪声(随机干扰)。当它们与惯导组合后，就使高频振荡或噪声大大衰减了。但是，这种对信息的处理远不是最佳的。因为它们测得的信息中都包含随机噪声或误差，尤其是对于某些噪声我们无法准确地了解其大小，只能了解这些随机过程的统计规律。只有根据对测量过程统计特性的了解，并对信号进行有效的处理，才能得到更为准确的导航参数。所以，从考虑误差统计特性的意义上讲，采用

卡尔曼滤波技术的组合系统才是最优系统。

13.2.2 基于卡尔曼滤波的组合导航

13.2.2.1 滤波估计方法

卡尔曼滤波的作用是估计系统的状态，在组合导航系统中，利用卡尔曼滤波进行估计的主要对象是导航参数（如经纬度 λ、φ 和地速 v_E、v_N 等，这里用 X 表示）或导航参数的误差。根据滤波器状态选取的不同，估计方法分直接法和间接法两种。

1. 直接法滤波

所谓直接法滤波，是指滤波时直接以各种导航参数 X 为主要状态，滤波器估计值的主要部分就是导航参数估计值 $\hat{X}$，如图 13.15 所示。

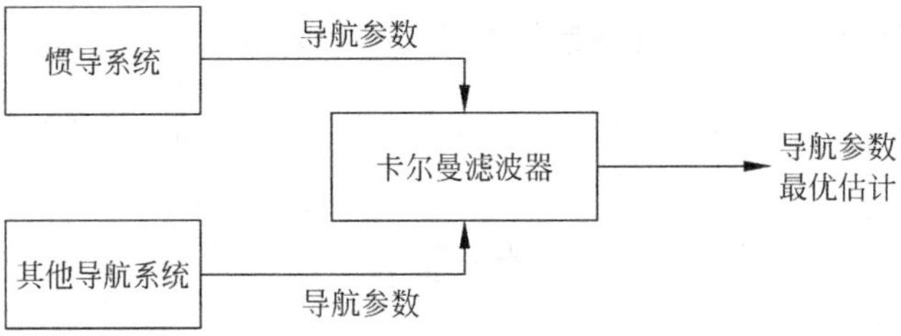

图 13.15 直接法滤波示意图

利用直接法滤波时，系统方程虽能直接描述导航参数的动态过程，较准确地反映系统的真实演变情况，但由于系统方程一般都是非线性的，需采用非线性卡尔曼滤波方程，因而在实际应用中一般不采用此法。

2. 间接法滤波

所谓间接法滤波，是指滤波时以组合导航系统中某一导航系统（经常是惯性导航系统）输出的导航参数 X_I 的误差 ΔX 为滤波器主要状态，滤波器估计值的主要部分就是导航参数误差估计值 $\Delta\hat{X}$，然后用 $\Delta\hat{X}$ 去校正 X_I。如图 13.16 和图 13.17 都是间接法滤波。

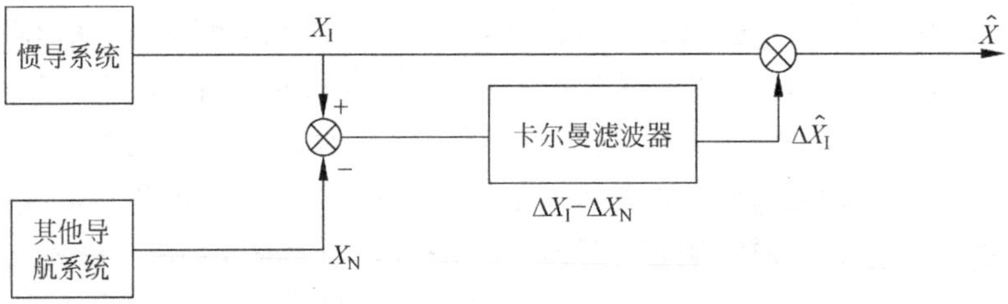

图 13.16 输出校正的滤波示意图

采用间接法滤波时，系统方程中的主要部分是导航参数误差方程。由于误差属于小量，一阶近似的线性方程就能足够精确地描述导航参数误差的规律，所以间接法滤波的系统方程和测量方程一般都是线性的。间接法滤波时，所谓"系统"实际上就是导航系统中各种误

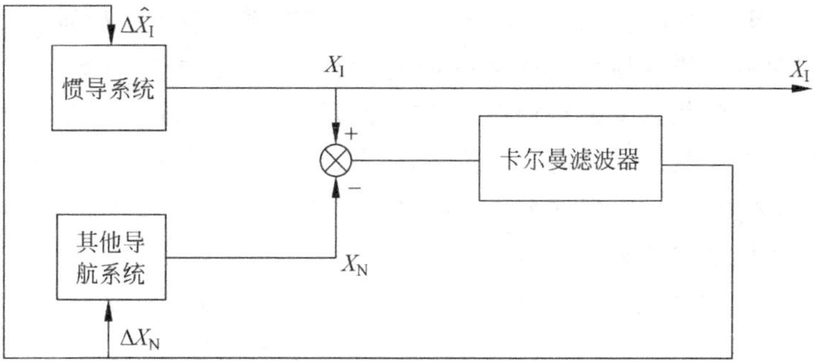

图 13.17　反馈校正的滤波示意图

差的"组合体",它不参与原系统(导航系统)的计算流程,即滤波过程是与原系统无关的独立过程。对原系统来讲,除了接收误差估计值的校正外,系统也保持其工作的独立性,这使得间接法能充分发挥各个系统的特点。所以,组合导航系统一般都采用间接法滤波。

13.2.2.2　滤波估计值对系统的校正方法

从卡尔曼滤波器得到估计值后,有两种利用状态估计值来校正系统的方法。估计值不对系统进行校正或仅对系统的输出量进行校正的方法,称为开环法,或称为输出校正;将系统估计值反馈到系统,用于校正系统状态的方法称为闭环法,或称为反馈校正。

1. 输出校正

所谓输出校正,指的是用导航参数误差的估计值 $\Delta\hat{X}$ 去校正系统输出的导航参数,得到组合导航系统的导航参数估计值 $\hat{X}$(见图 13.16),即

$$\hat{X}=X_I-\Delta\hat{X}_I \tag{13.25}$$

若以 $\tilde{X}$ 表示估计值 $\hat{X}$ 的估计误差,则有

$$\begin{aligned}\tilde{X}&=X-\hat{X}\\&=X-(X_I-\Delta\hat{X}_I)\\&=X-(X+\Delta X_I)+\Delta\hat{X}_I\\&=\Delta\hat{X}_I-\Delta X_I\\&\triangleq-\Delta\tilde{X}_I\end{aligned} \tag{13.26}$$

式(13.26)说明,组合导航系统导航参数的估计误差等同于惯导系统导航参数误差估计值 $\Delta\hat{X}$ 的估计误差 $\Delta\tilde{X}_I$(负号是由估计误差定义与导航参数误差定义的不同造成的)。

2. 反馈校正

所谓反馈校正,指的是将惯导系统导航参数误差 ΔX_I 的估值 $\Delta\hat{X}_I$ 反馈到惯导系统内,并对误差状态进行校正,如图 13.17 所示。

需强调的是,虽然从形式上看,输出校正仅校正惯导系统的输出量,而反馈校正则校正

系统内部的状态,但可以证明,利用输出校正的组合导航系统输出量和利用反馈校正的组合导航系统输出量具有同样的精度。从这一点讲,两种校正方法的性质是一样的。但是,输出校正的滤波器所估计的状态是未经校正的导航参数误差,而反馈校正的滤波器所估计的状态是经过校正的导航参数误差。前者数值大,后者数值小,而状态方程都是经过一阶近似的线性方程,状态的数值越小,近似的准确性越高。因此,利用反馈校正的系统状态方程,更能接近真实地反映系统误差状态的动态过程。

从工程实现来看,两种校正各具优缺点。输出校正的优点是工程上实现简单,而且滤波器的故障不会影响惯导系统的工作;它的缺点是当工作时间较长时,滤波精度会下降,甚至不能正常工作。而反馈校正的主要优点是在较长工作时间里,滤波方程不会出现模型误差,滤波精度不会削弱;其缺点是工程上实现比开环校正复杂,而且一旦滤波器发生故障,由于反馈作用,惯性导航系统将受到"污染",不能正常工作,系统的可靠性下降。

13.3 惯性—卫星组合导航系统

惯性导航系统与卫星导航系统构成的组合导航系统在实际中应用比较广泛,组合有多种方案,主要可分为硬件一体化组合与软件组合。硬件一体化组合是指将惯导的主要部件与卫星接收机的主要部分构成硬件一体化设备,它提高了卫星接收机快速捕获卫星信号的能力,适用于高动态应用环境。软件组合则是指由安装在载体上的惯导和卫星接收机各自独立观测并通过专用接口将观测数据输入中心计算机,作时空同步后,按滤波方法进行组合处理,并通过相应的理论及算法提取所需要的信息。软件组合是目前研究得最多的方案,它又可分为位置组合和伪距差(伪距率)组合。

位置组合利用惯性导航误差模型与卫星导航位置误差模型进行组合,这种方法首先要求解卫星导航系统定位结果,组合系统性能依赖卫星导航系统位置误差模型的精确性。伪距差组合方法直接利用接收机观测的伪距数据与根据惯性导航系统计算的伪距之差作为观测量进行组合运算。本节介绍的惯性—卫星组合导航系统即按伪距差方案进行组合。

13.3.1 惯性—卫星组合导航系统状态模型

惯性导航系统的状态向量取为

$$X_{惯}=[\delta\lambda,\delta\varphi,\delta h,\delta v_{\mathrm{E}},\delta v_{\mathrm{N}},\delta v_{\mathrm{U}},\phi_{\mathrm{E}},\phi_{\mathrm{N}},\phi_{\mathrm{U}},\varepsilon_{\mathrm{b}x},\varepsilon_{\mathrm{b}y},\varepsilon_{\mathrm{b}z},\nabla_{\mathrm{b}x},\nabla_{\mathrm{b}y},\nabla_{\mathrm{b}z}]^{\mathrm{T}}$$

卫星导航系统的状态向量为

$$X_{卫}=[\delta t_{\mathrm{u}},\delta t_{\mathrm{ru}}]^{\mathrm{T}} \tag{13.27}$$

于是,惯性—卫星组合系统的状态向量就是这两个子系统状态向量的组合,即 $X=[\delta\lambda,\delta\varphi,\delta h,\delta v_{\mathrm{E}},\delta v_{\mathrm{N}},\delta v_{\mathrm{U}},\phi_{\mathrm{E}},\phi_{\mathrm{N}},\phi_{\mathrm{U}},\varepsilon_{\mathrm{b}x},\varepsilon_{\mathrm{b}y},\varepsilon_{\mathrm{b}z},\nabla_{\mathrm{b}x},\nabla_{\mathrm{b}y},\nabla_{\mathrm{b}z},\delta t_{u},\delta t_{ru}]^{\mathrm{T}}$ 组合系统状态模型如下:

$$\dot{X}=FX+\boldsymbol{G}\boldsymbol{w} \tag{13.28}$$

其中,$\boldsymbol{F}=\mathrm{diag}[\boldsymbol{F}_{惯},\boldsymbol{F}_{卫}]$;$\boldsymbol{G}=\mathrm{diag}[\boldsymbol{G}_{惯},\boldsymbol{G}_{卫}]$;$\boldsymbol{w}=[\boldsymbol{w}_{惯}^{\mathrm{T}},\boldsymbol{w}_{卫}^{\mathrm{T}}]^{\mathrm{T}}$。

13.3.2 惯性—卫星组合导航系统量测模型

卫星导航系统接收机需要从可观测的卫星中选取 4 颗卫星用于定位解算。假设选星程序确定的卫星位置为(x_{sj}, y_{sj}, z_{sj})，下标 sj 表示选定的第 j 颗导航星($j=1,2,3,4$)。

惯性—卫星组合系统通常选择由惯性导航系统和卫星导航系统两者获得的伪距之差作为系统的量测量。

设由惯性导航系统得到的位置为($x_{\mathrm{I}}, y_{\mathrm{I}}, z_{\mathrm{I}}$)，则相应可以得到惯性导航系统所在位置的伪距为

$$\rho_{\mathrm{I}j}=\left[(x_{\mathrm{I}}-x_{sj})^2+(y_{\mathrm{I}}-y_{sj})^2+(z_{\mathrm{I}}-z_{sj})^2\right]^{\frac{1}{2}} \tag{13.29}$$

将式(13.29)在惯导系统所在真实位置(x, y, z)处展开成泰勒级数，且仅取到一次项，得

$$\rho_{\mathrm{I}j}=r_{\mathrm{j}}+\frac{\partial\rho_{\mathrm{I}j}}{\partial x}\delta x+\frac{\partial\rho_{\mathrm{I}j}}{\partial y}\delta y+\frac{\partial\rho_{\mathrm{I}j}}{\partial z}\delta z \tag{13.30}$$

其中，$r_{\mathrm{j}}=\left[(x-x_{sj})^2+(y-y_{sj})^2+(z-z_{sj})^2\right]^{\frac{1}{2}}$

显然有：$\frac{\partial\rho_{\mathrm{I}j}}{\partial x}=\frac{(x_{\mathrm{r}}-x_{sj})}{r_{\mathrm{j}}}=e_{j1}, \frac{\partial\rho_{\mathrm{I}j}}{\partial y}=\frac{(y_{\mathrm{r}}-y_{sj})}{r_{\mathrm{j}}}=e_{j2}, \frac{\partial\rho_{\mathrm{I}j}}{\partial z}=\frac{(x_{\mathrm{r}}-x_{sj})}{r_{\mathrm{j}}}=e_{j3}$。

则得到

$$\rho_{\mathrm{I}j}=r_{\mathrm{j}}+e_{j1}\delta x+e_{j2}\delta y+e_{j3}\delta z \tag{13.31}$$

再设卫星导航系统接收机相对于卫星 S_{j} 测量到的伪距为 $\rho_{\mathrm{G}j}$，有

$$\rho_{\mathrm{G}j}=r_{\mathrm{j}}+\delta t_u+v_{\rho j} \tag{13.32}$$

这样，$\rho_{\mathrm{I}j}$ 与 $\rho_{\mathrm{G}j}$ 之差为

$$\delta\rho_{\mathrm{j}}=\rho_{\mathrm{I}j}-\rho_{\mathrm{G}j}=+e_{j1}\delta x+e_{j2}\delta y+e_{j3}\delta z-\delta t_u-v_{\rho j} \tag{13.33}$$

因为卫星导航系统接收机应选取 4 颗卫星来解算，即 $j=1,2,3,4$，所以由式(13.33)可以得到伪距差的矩阵表示形式为

$$\boldsymbol{\delta\rho}=\begin{bmatrix} e_{11} & e_{12} & e_{13} & -1 \\ e_{21} & e_{22} & e_{23} & -1 \\ e_{31} & e_{32} & e_{33} & -1 \\ e_{41} & e_{42} & e_{43} & -1 \end{bmatrix}\begin{bmatrix}\delta x\\ \delta y\\ \delta z\\ \delta t_u\end{bmatrix}+\begin{bmatrix}v_{\rho 1}\\ v_{\rho 2}\\ v_{\rho 3}\\ v_{\rho 4}\end{bmatrix} \tag{13.34}$$

由于惯性—卫星组合系统采用经度、纬度和高度定位，因此要把($\delta x, \delta y, \delta z$)用($\delta\lambda, \delta\varphi, \delta h$)表示。

空间坐标系(x, y, z)与大地坐标系(λ, φ, h)之间的关系式为

$$\begin{bmatrix}x\\ y\\ z\end{bmatrix}=\begin{bmatrix}(R_{\mathrm{E}}+h)\cos\varphi\cos\lambda\\ (R_{\mathrm{E}}+h)\cos\varphi\sin\lambda\\ (R_{\mathrm{N}}+h)\sin\varphi\end{bmatrix} \tag{13.35}$$

其中，R_{E}、R_{N} 分别为卯酉圈曲率半径和子午圈曲率半径。于是有

$$\begin{cases}\delta x=\delta h\cos\varphi\cos\lambda-(R_{\mathrm{E}}+h)\sin\varphi\cos\lambda\delta\varphi-(R_{\mathrm{E}}+h)\cos\varphi\sin\lambda\delta\lambda\\ \delta y=\delta h\cos\varphi\sin\lambda-(R_{\mathrm{E}}+h)\sin\varphi\sin\lambda\delta\varphi+(R_{\mathrm{E}}+h)\cos\varphi\cos\lambda\delta\lambda\\ \delta z=\delta h\sin\varphi+R_{\mathrm{N}}\cos\varphi\delta\varphi\end{cases} \tag{13.36}$$

将式(13.33)代入到式(13.31)并整理得到伪距差的量测方程，即

$$\boldsymbol{Z}=\boldsymbol{HX}+\boldsymbol{V} \tag{13.37}$$

其中，$\boldsymbol{Z}=[\delta\rho_1 \quad \delta\rho_2 \quad \delta\rho_3 \quad \delta\rho_4]^{\mathrm{T}}$；

$\boldsymbol{H}=[\boldsymbol{H}_{\rho1} \vdots 0_{4\times12} \vdots \boldsymbol{H}_{\rho2}]$；

$$\boldsymbol{H}_{\rho1}=\begin{bmatrix} a_{11} & a_{12} & a_{13} \\ a_{21} & a_{22} & a_{23} \\ a_{31} & a_{32} & a_{33} \\ a_{41} & a_{42} & a_{43} \end{bmatrix},\boldsymbol{H}_{\rho2}=\begin{bmatrix} -1 & 0 \\ -1 & 0 \\ -1 & 0 \\ -1 & 0 \end{bmatrix};$$

$a_{j1}=(R_{\mathrm{E}}+h)[-e_{j1}\sin\varphi\cos\lambda-\sin\varphi\sin\lambda]+[R_{\mathrm{N}}+h]e_{j3}\cos\varphi$；

$a_{j2}=(R_{\mathrm{E}}+h)[-e_{j2}\cos\varphi\cos\lambda-e_{j1}\cos\varphi\sin\lambda]$；

$a_{j3}=e_{j1}\cos\varphi\cos\lambda+e_{j2}\cos\varphi\sin\lambda+e_{j3}\sin\varphi$；

$\boldsymbol{V}=[v_{\rho1} \quad v_{\rho2} \quad v_{\rho3} \quad v_{\rho4}]^{\mathrm{T}}$。

由惯性—卫星组合导航系统状态模型与量测模型，利用卡尔曼滤波方程即可对系统状态量进行估计解算，得到系统定位误差与速度误差等参数的估计值，再采用输出校正或反馈校正即可完成组合系统的导航参数输出。

13.4 小结

本章首先简要介绍了除惯导之外其他几种常用的导航系统，然后介绍了组合导航系统的基本组合方法，在此基础上介绍了惯性—卫星组合导航系统的典型组合导航基本原理。

习题

13.1 简单描述地形辅助导航的基本原理。地形匹配算法有哪些？都有什么优、缺点？

13.2 无线电导航有哪些分类依据，分别可以分为哪几类？

13.3 画图说明多普勒雷达测偏流角的原理。

13.4 卫星导航系统有哪些优势和缺点？

13.5 基于卡尔曼滤波的组合导航系统的状态向量一般如何选择？滤波结果如何应用？

参考文献

[1] 秦永元.惯性导航[M].北京：科学出版社，2014.
[2] Titterton D，Weston J L. Strapdown Inertial Navigation Technology[M]. London：The Institution of Engineering and Technology，2004.
[3] 以光衢.惯性导航原理[M].北京：航空工业出版社，1987.
[4] 严恭敏，李四海，秦永元.惯性仪器测试与数据分析[M].北京：国防工业出版社，2012.
[5] 唐大全.航空惯性导航系统[Z].烟台：海军航空工程学院，2004.
[6] Charles K C，Guanrong C.卡尔曼滤波及其实时应用[M].戴洪德，周绍磊，戴邵武，等译.北京：清华大学出版社，2013.
[7] 朱家海.惯性导航[M].北京：国防工业出版社，2008.
[8] 高钟毓.惯性导航系统技术[M].北京：清华大学出版社，2012.
[9] 张宗麟.惯性导航与组合导航[M].北京：航空工业出版社，2000.
[10] 王巍.惯性技术研究现状及发展趋势[J].自动化学报，2013，39(6)：723-729.
[11] Savage P G. Blazing Gyros：The Evolution of Strapdown Inertial Navigation Technology for Aircraft [J]. Journal of Guidance，Control，And Dynamics，2013，36(3)：637-655.
[12] Farrell J. Aided navigation：GPS with high rate sensors[M]. New York：McGraw-Hill，Inc.，2008.
[13] Grewal M S，Weill L R，Andrews A P. Global positioning systems，inertial navigation，and integration [M]. Hoboken：John Wiley & Sons，2007.
[14] Graves P D. GNSS与惯性及多传感器组合导航系统原理[M].李涛，练军想，曹聚亮，等译.北京：国防工业出版社，2011.
[15] 董绪荣，张守信，华仲春.GPS/INS组合导航定位及其应用[M].长沙：国防科技大学出版社，1998.
[16] Grewal M S，Well L R，Andrews A P. GPS惯性导航组合[M].陈军，易翔，梁高波，译.北京：电子工业出版社，2011.
[17] 高社生，李华星.INS/SAR组合导航定位技术与应用[M].西安：西北工业大学出版社，2004.
[18] Groves P D. Principles of GNSS，Inertial，and Multisensor Integrated Navigation Systems[M]. Boston/London：Artech house，2013.
[19] 王新龙，李亚峰，纪新春.SINS/GPS组合导航技术[M].北京：北京航空航天大学出版社，2015.
[20] 付梦印，郑辛，邓志红.传递对准理论与应用[M].北京：科学出版社，2012.
[21] 刘洁瑜，余志勇，汪立新，等.导弹惯性制导技术[M].西安：西北工业大学出版社，2010.
[22] 王威.导航定位基础[M].北京：科学出版社，2015.
[23] 倪金生，董宝青，官小平.导航定位技术理论与实践[M].北京：电子工业出版社，2007.
[24] 袁赣南，周卫东，刘利强，等.导航定位系统工程[M].哈尔滨：哈尔滨工程大学出版社，2009.
[25] 胡小平.导航技术基础[M].北京：国防工业出版社，2015.
[26] 袁信，俞济祥，陈哲.导航系统[M].北京：航空工业出版社，1993.
[27] 刘建业，曾庆化，赵伟.导航系统理论与应用[M].西安：西北工业大学出版社 2010.
[28] 袁书明，杨晓东，程建华.导航系统应用数学分析方法[M].北京：国防工业出版社，2013.
[29] 李跃，邱致和.导航与定位：信息化战争的北斗星[M].北京：国防工业出版社，2008.
[30] 吴德伟.导航原理[M].北京：电子工业出版社，2015.
[31] 杨晓东，王炜.地磁导航原理[M].北京：国防工业出版社，2009.
[32] 高隽，范之国.仿生偏振光导航方法[M].北京：科学出版社，2014.
[33] 吴杰，安雪滢，郑伟.飞行器定位与导航技术[M].北京：国防工业出版社，2015.

[34] 穆荣军,崔乃刚.飞行器动态导航与滤波[M].哈尔滨:哈尔滨工业大学出版社,2014.
[35] 岳晓奎,袁建平,侯建文.飞行器组合导航鲁棒滤波理论及应用[M].北京:北京宇航出版社,2013.
[36] 王巍.干涉型光纤陀螺仪技术[M].北京:中国宇航出版社,2010.
[37] 章燕申.高精度导航系统[M].北京:中国宇航出版社,2005.
[38] 艾弗理尔 B,查特菲尔德.高精度惯性导航基础[M].武凤德,李凤山,等译.北京:国防工业出版社,2002.
[39] Farrell A J.高速传感器辅助导航[M].陈军,安新源,纪学军,等译.北京:电子工业出版社,2012.
[40] 刘宇.固态振动陀螺与导航技术[M].北京:中国宇航出版社,2010.
[41] 姜复兴,庞志成.惯导测试设备原理与设计[M].哈尔滨:哈尔滨工业大学出版社,1998.
[42] 全伟,刘百奇,宫晓琳,等.惯性/天文/卫星组合导航技术[M].北京:国防工业出版社,2011.
[43] 万德钧,房建成.惯性导航初始对准[M].南京:东南大学出版社,1998.
[44] 王新龙.惯性导航基础[M].西安:西北工业大学出版社,2013.
[45] 刘智平,毕开波.惯性导航与组合导航基础[M].北京:国防工业出版社,2013.
[46] 陈永冰,钟斌.惯性导航原理[M].北京:国防工业出版社,2007.
[47] 邓正隆.惯性技术[M].哈尔滨:哈尔滨工业大学出版社,2006.
[48] 苏中,李擎,李旷振,等.惯性技术[M].北京:国防工业出版社,2010.
[49] 于波,陈云相,郭秀中.惯性技术[M].北京:北京航空航天大学出版社,1994.
[50] 吴俊伟.惯性技术基础[M].哈尔滨:哈尔滨工程大学出版社,2002.
[51] 杨立溪.惯性技术手册[M].北京:中国宇航出版社,2013.
[52] 戴邵武,徐胜红.惯性技术与组合导航[M].北京:兵器工业出版社,2009.
[53] 毛奔,林玉荣.惯性器件测试与建模[M].哈尔滨:哈尔滨工程大学出版社,2007.
[54] 刘繁明.惯性器件及应用[M].哈尔滨:哈尔滨工业大学出版社,2013.
[55] 邓志红,付梦印,张继伟.惯性器件与惯性导航系统[M].北京:科学出版社,2012.
[56] 汪立新,刘春卓,王跃钢.惯性仪表[M].西安:西北工业大学出版社,2014.
[57] 梅硕基.惯性仪器测试与数据分析[M].西安:西北工业大学出版社,1991.
[58] 党淑雯.光纤陀螺的信号分析及滤波理论与技术[M].北京:国防工业出版社,2013.
[59] 王巍.光纤陀螺惯性系统[M].北京:中国宇航出版社,2010.
[60] 刘洁瑜,王新国.光纤陀螺环境适应性分析及应用技术[M].北京:国防工业出版社,2016.
[61] 张维叙.光纤陀螺及其应用[M].北京:国防工业出版社,2008.
[62] 张桂才.光纤陀螺原理与技术[M].北京:国防工业出版社,2008.
[63] 赵桂玲.光学陀螺捷联惯性导航系统标定技术[M].北京:测绘出版社,2014.
[64] 章燕申,伍晓明.光学陀螺系统与关键器件[M].北京:中国宇航出版社,2010.
[65] 宫经宽.航空机载惯性导航系统[M].北京:航空工业出版社,2010.
[66] 房建成,宁晓琳,田玉龙.航天器自主天文导航原理与方法[M].北京:国防工业出版社,2006.
[67] 于先文.即插即用式光纤陀螺全站仪组合定向技术[M].南京:东南大学出版社,2014.
[68] 杨晓东,施闻明,夏卫星,等.舰船半解析式惯性导航原理及应用[M].北京:国防工业出版社,2014.
[69] 周永余,许江宁,高敬东.舰船导航系统[M].北京:国防工业出版社,2006.
[70] 陈哲.捷联惯导系统原理[M].北京:宇航出版社,1986.
[71] 张天光,王秀萍,王丽霞.捷联惯性导航技术[M].北京:国防工业出版社.2007.
[72] 高伟,奔粤阳,李倩.捷联惯性导航系统初始对准技术[M].北京:国防工业出版社,2014.
[73] 王新龙.捷联式惯导系统动、静基座初始对准[M].西安:西北工业大学出版社,2013.
[74] 张树侠.捷联式惯性导航系统[M].北京:国防工业出版社,1988.
[75] 袁信,郑谔.捷联式惯性导航原理[M].南京:航空专业教材编审组,1985.
[76] 房建成,宁晓琳.深空探测器自主天文导航方法[M].西安:西北工业大学出版社,2010.
[77] 付梦印.神奇的惯性世界[M].北京:北京理工大学出版社,2015.

[78] 任思聪.实用惯导系统原理[M].北京：宇航出版社，1987.
[79] 张红梅，赵建虎，杨鲲，等.水下导航定位方法[M].武汉：武汉大学出版社，2010.
[80] 朱海，莫军.水下导航信息融合技术[M].北京：国防工业出版社，2002.
[81] 房建成，宁晓琳.天文导航原理及应用[M].北京：北京航空航天大学出版社，2006.
[82] 胡恒章.陀螺仪漂移测试原理及其实验技术[M].北京：国防工业出版社，1981.
[83] 许江宁，卞鸿巍，刘强.陀螺原理及应用[M].北京：国防工业出版社，2009.
[84] 刘俊，石云波，李杰.微惯性技术[M].北京：电子工业出版社，2005.
[85] 毛奔，张晓宇.微惯性系统及应用[M].哈尔滨：哈尔滨工程大学出版社，2013.
[86] 丁衡高，朱荣，张嵘，等.微型惯性器件及系统技术[M].北京：国防工业出版社，2014.
[87] 袁建平，罗建军，岳晓奎，等.卫星导航原理与应用[M].北京：宇航出版社，2004.
[88] 关肇直.线性控制系统理论在惯性导航系统中的应用[M].北京：科学出版社，1984.
[89] 袁书明，程建华.新型陀螺仪技术[M].北京：国防工业出版社，2013.
[90] 申功勋，孙建峰.信息融合理论在惯性/天文/GPS组合导航系统中的应用[M].北京：国防工业出版社，1998.
[91] 孙伟.旋转调制型捷联惯性导航系统[M].北京：测绘出版社，2014.
[92] 吴铁军，马龙华，李宗涛.应用捷联惯导系统分析[M].北京：国防工业出版社，2011.
[93] 付梦印，邓志红，刘彤.智能车辆导航技术[M].北京：科学出版社，2009.
[94] 吕沧海，冯艳，师海涛.中远程导弹组合导航技术[M].北京：国防工业出版社，2014.
[95] 胡小平.自主导航理论与应用[M].长沙：国防科技大学出版社，2002.
[96] 苏中，马晓飞，赵旭，等.自主定位定向技术[M].北京：国防工业出版社，2015.
[97] 张友安，林雪原，徐胜红.综合导航与指制导系统[M].北京：海潮出版社，2005.
[98] 孙枫，袁赣南，张晓红.组合导航系统[M].哈尔滨：哈尔滨工程大学出版社，1996.
[99] 高社生，何鹏举，杨波，等.组合导航原理及应用[M].西安：西北工业大学出版社，2012.
[100] 罗建军，马卫华，袁建平，等.组合导航原理与应用[M].西安：西北工业大学出版社，2012.
[101] Faurre P.最优惯性导航与统计滤波[M].吴维熊，张在良，译.北京：国防工业出版社，1986.
[102] Giannitrapani A, Ceccatrlli N, Scortecci F, et al. Comparison of EKF and UKF for Spacecraft Localization via Angle Measurements[J]. IEEE Transactions on Aerospace and Electronic Systems, 2011,47(1): 75-84.
[103] Kalman R E, Bucy R S. A new approach to linear filtering and prediction problems[J]. Journal of Basic Engineering, 1960, 82D: 34-45.
[104] Julier S J, Uhlmannn J K, Durrant-Whyte H F. A new method for the nonlinear transformation of means and covariances in filters and estimators. IEEE Transactions on Automatic Control, 2000, 45(3): 477-482.
[105] Julier S J, Uhlmannn J K. Unscented filtering and nonlinear estimation[J]. Proceedings of the IEEE, 2004; 92(3): 401-422.
[106] Arasaratnam I, Haykin S. Cubature Kalman filters[J]. IEEE Transactions on Automatic Control, 2009, 54(6): 1254-1269.
[107] Chui C K, Chen G. Kalman filtering with real-time applications[M]. 5th ed. Switzerland: Springer. 2017.
[108] Simon D. Optimal state estimation-Kalman, H∞, and nonlinear approaches[M]. Hoboken, New Jersey: John Wiley & Sons, Inc, 2006: 400-410.